水运工程监理培训用书

Jidian Shebei Kongzhi

机电设备控制

中国交通建设监理协会 组织编写
交通运输部工程质量监督局 审 定
田冬青 主 编

人民交通出版社
China Communications Press

内 容 提 要

本教材是为水运工程机电项目监理人员学习和掌握有关水运机电设备制造、安装过程的管理及相关基本理论与适用知识而编写的。主要内容包括：材料、金属结构、涂装、金属加工、机械传动装置、电气设备、液压、液力传动装置、设备运输、安装调试、船闸机电设备等方面所涉及的基本专业理论知识，以及制造、安装工艺、质量控制要求和检验方法等。

本教材注重知识性与实践性的结合，既可以作为监理人员业务培训和水运工程监理工程师考试用书，也可用作高等学校水运工程机电专业学生，以及有关工程技术人员和工程管理人员学习监理知识的参考用书。

图书在版编目(CIP)数据

机电设备控制/中国交通建设监理协会组织编写.
—北京：人民交通出版社，2013.8

水运工程监理培训用书

ISBN 978-7-114-10859-4

Ⅰ.①机… Ⅱ.①中… Ⅲ.①机电设备—自动控制系统—教材 Ⅳ.①TH-39

中国版本图书馆 CIP 数据核字(2013)第 205677 号

水运工程监理培训用书

书　　名：机电设备控制
著 作 者：中国交通建设监理协会
责任编辑：韩亚楠　赵瑞琴
出版发行：人民交通出版社
地　　址：(100011)北京市朝阳区安定门外外馆斜街 3 号
网　　址：http://www.ccpress.com.cn
销售电话：(010)59757973
总 经 销：人民交通出版社发行部
经　　销：各地新华书店
印　　刷：北京市密东印刷有限公司
开　　本：787×1092　1/16
印　　张：26.5
字　　数：635 千
版　　次：2013 年 8 月　第 1 版
印　　次：2013 年 8 月　第 1 次印刷
书　　号：ISBN 978-7-114-10859-4
定　　价：68.00 元

《水运工程监理培训用书》

编审委员会

序

交通运输行业是最早开展工程监理制度试点的行业之一，交通建设监理制度与项目法人责任制、招标投标制、合同管理制共同构成我国交通运输基础设施建设的“四项基本制度”。

为了提高公路水运工程监理人员的业务能力与水平，交通运输部工程质量监督局（原交通部基本建设质量监督总站）自1990年开始，组织行业内的有关高校编写了公路水运工程监理培训教材，并开展监理业务培训工作，到目前为止，先后有近20多万人参加培训，近7万人获得交通运输部颁发的公路水运工程监理工程师执业资格证书。作为交通建设监理队伍骨干的监理工程师和专业监理工程师，已经成为交通基础设施建设不可或缺的重要技术管理力量。

为满足公路水运工程建设监理业务教育培训需要，同时为参加交通运输部公路水运工程监理工程师过渡考试人员提供复习参考，中国交通建设监理协会组织相关专家学者对公路、水运工程监理培训教材（第二版）进行了修订完善。修订后的公路工程监理培训用书共分五册，分别是《监理概论》、《工程质量监理》、《工程进度监理》、《工程费用监理》和《合同管理》；水运工程监理培训用书共分六册，分别是《监理概论》、《质量控制》、《进度控制》、《费用控制》、《合同管理》和《机电设备控制》。

本套培训用书以我国公路水运工程建设实际和最新颁布的法规、标准、规范为依据，既注重工程监理基本理论、基本方法的阐述，又充分反映了工程建设管理和监理实践的发展与变化，同时兼顾了公路水运工程监理工程师过渡考试的相关要求，内容系统性与实践指导性并重，可满足广大公路水运工程监理人员学习及提高业务水平需要，同时也作为公路水运工程监理工程师过渡考试主要参考资料。

目前我国交通运输业正处于加快改革发展的重要战略机遇期，交通建设的持续发展，给广大立志从事工程建设监理事业的技术人员提供了更广阔的舞台，让我们不断提升自身业务素质与水平，进一步增强责任感与使命感，为交通基础设施建设的科学发展、安全发展做出新的贡献。

交通运输部工程质量监督局 李彦武

2013 年 5 月

前　言

为满足水运工程建设需要,提高监理从业人员业务水平和现场工作能力,经交通运输部工程质量监督局同意,中国交通建设监理协会联合人民交通出版社于2012年10月10日在北京召开了《公路水运工程监理培训用书》修订工作会议,确定了编写大纲。在教材的修订过程中,编写人员吸纳教学过程中收集的意见和建议,结合水运工程建设实际和监理工作需要,力争体现国际和国内工程建设管理与工程监理领域的新理念、新方法、新进展,修订后的新教材经专家函审、编者修改、专家会审定后出版。

本教材是在水运工程监理培训统编教材《交通机电工程设备质量控制》的基础上,结合国家新颁布的有关水运工程监理的法规、规范性文件、部门规章以及工程监理的实践经验总结修订而成的。

本教材主要是在适应新法律规章、紧密结合水运工程监理工程师注册资格考试等方面进行了修改和完善;对原教材章节的编排也做了一定的调整;更加注重了水运工程施工监理的理论性、系统性、操作性和针对性。

本教材内容涉及面广,专业门类繁杂,涉及材料、结构、机械、金属加工、焊接、铸造、液压、涂装、电气、电子、通信、计算机、测量、检测等专业,是多学科交叉的综合性学科,且与水运工程的专业性质明显不同。

本书共10章54节,由广州港工程管理有限公司组织修订。并由田冬青、邓顺盛、吴彬等共同修编,田冬青任主编,交通运输部工程质量监督局审定,苏炳坤任主审,中国交通建设监理协会等单位专家审阅了本教材,并提出了许多宝贵意见,谨致衷心感谢。

由于时间仓促,缺乏经验,加之编者水平有限,书中纰漏之处在所难免,恳请广大读者批评指正。

编　者

2013年6月

目　　录

第一章　概　论

第一节　水运工程机电设备的组成与特点

水运是交通（铁路、公路、水运、民航、管道五大块）运输事业的重要组成部分。

水运在中国的交通运输历史长河中一直占据着重要位置，随着我国水运工程迅速发展，水运在我国交通中的地位日益突出。

一、我国水运工程现状概述

21 世纪，是我国进入全面建设小康社会，加快推进现代化建设的新阶段。面对经济全球化趋势进一步加强、科技进步明显加快、产业结构调整日趋完善、国际竞争更加激烈的新形势，我国经济和社会发展进入经济结构战略性调整的重要时期，也是进一步完善中国特色社会主义市场经济体制和扩大开放的重要时期。为加快转变交通运输发展方式，交通运输部党组结合交通运输发展的实际，提出了要以科学发展为主题，以加快发展方式转变为主线，以结构调整为主攻方向的"十二五"时期交通运输发展思路。结构调整成为影响交通运输当前和长远发展的重要因素，结构调整的好坏关系到交通运输的科学发展、安全发展和可持续发展。水运结构调整是交通运输结构调整的重要方面。水运具有运能大、运距长、能耗低、污染小的比较优势，是综合运输体系中最符合节能、环保和可持续发展要求的运输方式。经过新中国成立特别是改革开放以来的快速发展，水运已发展成为我国经济社会，特别是对外贸易发展的重要保障，是国民经济运行的先导性、战略性、服务性基础产业，成为沟通国际国内两个市场的重要载体，是国民经济不可或缺的重要组成部分。

"十二五"时期是全面建设小康社会的关键时期，是深化改革开放、加快转变经济发展方式的攻坚时期。水运发展面临着新形势、新要求、自身也存在一些结构性矛盾和问题，机遇和挑战并存。按照"兴内河、优港口、强海运"的总体思路，加快水运基础设施、运输装备结构优化升级、促进现代物流发展和综合运输体系建设，不断提升水运发展的质量、效益、竞争能力和服务水平，促进水运科学发展、安全发展。

二、水运机电设备的组成

水运工程机电设备项目包括：港口工程、航道工程、航运枢纽工程、通航建（构）筑物工程、修造船水工建筑物工程项目中的装卸输送机械、车船、水上航标设备及电气系统、控制系统、信息系统、环保系统、消防系统等，其中又以港口装卸设备为主导。

三、港口装卸机械发展的总体趋势

随着现代港口装卸技术的发展，港口装卸设备也呈自动化和智能化、大型化和高效化、专业化和多用化、标准化和系列化、环保化的总体发展趋势。

1. 自动化和智能化

现代化港口大量采用高新技术，实现港口数字化、信息化和智能化管理。自动化和智能化技术是集机电一体的高新技术，以其安全、准确、高效、高技术含量在港口物流中将会发挥了巨大的作用。目前，PLC（可编程控制器）技术、液压技术等广泛应用于港口机械的控制和驱动系统；变频器调速已成为交流传动系统调速的主导；集装箱吊具自动防摇和精准定位技术、自动化和智能化技术、计算机支持下的协同工作将在港口中普遍应用；港口正在向着现场作业无人化发展。

2. 大型化和高效化

由于市场的需求，港口开始配置起重量大、工作效率高的装卸机械。目前，浮吊的最大起重量达到 8 800t，龙门起重机的最大起重量可达 3 500t，世界发达港口矿石和煤炭装船单机台时效率已分别达 1.6 万 t 和 1 万 t，卸船 6 000t 和 5 400t，集装箱装卸桥台时效率达 60 箱。而且，更加大型化和高效化的设备正在研制过程中。

载箱量在 10 000TEU 以上的超大型集装箱船、30 万 t 级以上超大型油轮和干散货船舶已不再只是设想，适应这些超大型船舶的装卸作业需要，是我国港口机械制造单位正在研发的课题。上海振华重工（集团）股份有限公司（ZPMC）正在试运行的起重量 120t 可吊 3 ×40ft[①] 集装箱的岸边集装箱起重机、在建的 7 000m^3/h 输油臂、在研的 10 000t/h 散货装船机和3 000t/h桥式抓斗卸船机及 3 000t/h 连续式链斗卸船机等项目，标志着我国港口机械行业在向港机设备大型化、高效化的道路上又迈上了一个新的台阶。

为减少大型和超大型船舶在港停泊时间，进一步提高整船装卸作业效率，大型在港船舶水侧装卸作业设备或水中装卸作业设备将会成为港口机械制造单位新的研究课题。

3. 专业化和多用化

为提高装卸效率，各国港口为适应各货种流向和船型的需要，建造了越来越多的专业化码头。如煤炭、散货、集装箱、矿石等货类专用码头，并配备与之适应的专业化设备；为适应生产布局的不断变化和货种、货流不稳定等状况，出现了要求建造多用途码头的趋势，于是要求有与之相匹配的装卸机械。

4. 标准化和系列化

为提高港口机械制造水平，降低生产成本，方便维修和保养，港口装卸机械生产正向标准化、系列化方向发展。如我国岸边集装箱起重机是发展速度最快、技术水平最高、出口最多的港机产品，目前已成系列。

5. 环保化

随着人类社会的不断进步，不论发达国家，还是发展中国家都越来越重视环保问题，环保

注：①1ft = 0.3048m，余同。

型装卸机械越来越受到人们的青睐,“绿色”已成为港口机械发展的潮流。能耗低,噪声小的产品是未来港口的最佳选择。

环保型港口装卸设备主要体现在节能降耗、减小粉尘和噪声排放、降低部件磨损等方面。

四、港口装卸机械种类及特点

港口装卸机械可分为起重机械、输送机械和装卸搬运机械三种基本类型。目前港口应用的装卸机械有百余种,其中应用较广的有30种左右。

(一)起重机械

起重机械主要是各种起重机,它是能够垂直升降货物并具有水平运移功能的机械。它的工作特点是间歇重复工作,在每一工作循环中有空载时间。港口使用较多的有门座起重机、门座抓斗卸船机、桥式抓斗卸船机、门式起重机和浮式起重机(起重船)等。集装箱码头主要使用岸边集装箱起重机。

1.岸边集装箱起重机

岸边集装箱起重机(简称岸桥)为集装箱装卸船的专用起重机(图1-1)。布置于集装箱码头前沿,外形同桥式抓斗卸船机相似。岸边集装箱起重机有多种类型。我国目前采用的是前后两片门框和拉杆组成门架,门架沿码头前沿轨道行驶,桥架支承在门架上。为了避免船舶靠离码头时碰撞,桥架的外伸悬臂有的可以俯仰,有的可以伸缩。

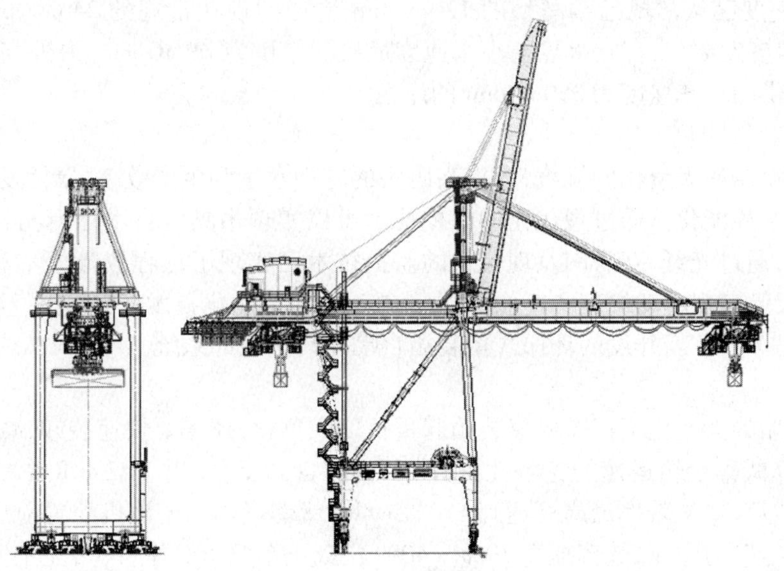

图1-1 岸边集装箱装卸桥

随着集装箱运输船舶的大型化,特别是超巴拿马船型的发展,对岸边集装箱起重机提出了更新更高的要求:一是提高起重机的技术参数,起重机速度参数高速化,外伸距、起升高度增大;吊具下额定起重量提高;二是开发设计高效率的岸边集装箱装卸系统,以满足船舶大型化对起重机生产率的要求。伴随着集装箱运输船舶大型化的蓬勃发展和技术进步而在不断更新换代,科技含量越来越高,正朝着大型化、高速化、自动化和智能化,以及高可靠性、长寿命、低能耗、环保型方向发展。

1）大型化

（1）额定起重量成倍增长，吊具下的额定起重量逐步从30.5t增大到65t，ZPMC为深圳妈湾港建造的3×40ft集装箱岸桥吊具额定载荷已达120t。

（2）外伸距越来越大。集装箱船舶的大型化，其宽度由载箱量600～1 000箱时的26～28m增大到现在载货8 000～13 000箱的56m，增大1倍。考虑到岸桥海侧轨道中心线到码头前沿的距离通常为4～5m，岸桥的外伸距相应的也由32m逐渐增大到了现在常规的65m。目前，世界上前外伸距最大的起重机为ZPMC为阿联酋迪拜港提供的8台前伸距73.75m的超大型岸桥。

（3）轨上的起升高度。岸桥轨上起升高度取决于船舶甲板上堆箱的层高、码头标高、港口的潮高以及船舶轻载时的吃水等多种因素。巴拿马岸桥的轨上起升高度通常为27m以下，超巴拿马岸桥在27～36m，而现在通常要求达到40m。ZPMC为宁波梅山码头提供的4台轨上起升高度为49m的岸桥，可列当今之最。

2）高速化

（1）起升速度从巴拿马型岸桥的50～120m/min，增加到现在的90～200m/min，电动机的功率已经达到了2×925kW（阿联酋迪拜双40ft岸桥）。而ZPMC为天津港提供的6台岸桥空载甚至达到了220m/min，而为智利提供的岸桥满载已经达到了120m/min，可为当今世界上满载速度最高的岸桥。

（2）小车速度已从常规巴拿马型的120m/min增加到现在常规的240m/min，并向300～350m/min的速度发展。目前，世界上小车速度最快的岸桥为ZPMC向上海外高桥、天津、美国长滩等用户提供的小车速度为350m/min的岸桥。

3）自动化和智能化

应对集装箱船舶大型化的挑战，为提高码头的管理水平和生产效率，岸桥发展的趋势也是越来越自动化和智能化。通过现代化的电控技术可以实现吊具的自动运行与检测，并自动防止集装箱坠落，通过光纤、互联网及现代化的监控技术已实现了远程故障显示和检测智能化。通过GPS、磁尺等实现自动纠偏和定位。这些自动化和智能化技术已经应用于ZPMC的多个项目中，特别是ZPMC新开发的环保式集装箱自动化码头装卸系统。

4）新型化

集装箱船舶的大型化不仅需要集装箱起重机的大型化，还需要快速装卸，减少船舶的在港时间，否则将降低集装箱运速的竞争性。ZPMC大胆创新，研发出了双40ft岸桥（一次性可装卸2×40ft集装箱，单机效率最高可达到110TEU/h）、双小车岸桥（该机配置前后2台小车，通过中转平台进行接力作业，效率提高30%～40%）、双小车双40ft岸桥（可完全实现无人操作，效率提高100%以上）、3×40ft集装箱岸桥（在双40ft岸桥的基础上效率再提高10%～20%）等4种新机型。这些新型岸桥的共同特点就是装卸的高效化，可以至少提高生产率50%～100%。

这些产品代表着新一代岸桥的发展方向。相信随着这些产品逐步在各港口的推广使用，必将给世界各集装箱码头带来更大的收益，而且会有效率更高、自动化程度更高、功能更加齐全的岸桥出现。

2. 卸船机

1)桥式抓斗卸船机

桥式抓斗卸船机具有较高生产率的散货专用卸船机械(图 1-2)。它同门座抓斗卸船机的区别在于它的水平移动抓斗是靠抓斗小车在起重机桥架轨道上行驶来实现的,而不靠臂架的俯仰来实现,因而有较高的水平移动速度和生产率。

全自动散货抓斗卸船机在现有手动和半自动卸船机的基础上,增加了船舱位置扫描设备及物料分布扫描设备,即目标位置扫描系统(TPS),实现船舱位置和物料分布的自动检测,完全取代司机的手动设置和操作,实现整舱的连续自动卸船功能,从而达到提高作业效率和安全性能的目的。

全自动散货抓斗装船机在卸船机自动化方案中,利用一个 TPS 传感器实现了船舱位置检测、物料分布检测和返程点检测三个主要功能。在司机室平台前方安装 TPS。卸船作业时,司机室首先运动到作业船舱的中心上方,此时 TPS 扫描窗正对水面,使 TPS 的扫描范围覆盖整个作业船舱。全自动散货抓斗卸船机利用激光测距检测技术,实现了多个目标的自动检测与识别;自动识别船舶所在的位置、船舱的位置、舱口和舱底的高度,以及船舱内的物料种类及其分布情况。

全自动散货抓斗卸船机实现了整舱自动卸船,具有简化操作,安全性能好,效率高的优点,极大地减轻了司机的劳动强度。

2)链斗卸船机

链斗卸船机是由能行走的门座、链斗提升机和胶带输送机等组成(图 1-3)。它与抓斗卸船机相比具有如下特点:

(1)在生产率相同的条件下,自重较轻,码头水工投资较省。

(2)生产率基本不随货位变化而变化。

(3)货物不易撒漏。

(4)易于防尘。

(5)清仓量较小。

(6)能耗和间歇式卸船机一样较低。

图 1-2 双箱梁桥式抓斗卸船机

图 1-3 链斗连续卸船机

现在机械式连续卸船机已经得到了广泛的应用,到目前为止,世界机械式连续卸船机的最高生产效率已经达到了 7 200t/h。机械式连续卸船机已逐渐成为最主要的散货卸船设备。近年来国内外在专业化大型散货码头上装卸矿石、煤炭等流动性比较差的重散货，越来越趋向于采用大型高效的连续卸船机。

3. 门座起重机

门座起重机是旋转臂架起重机的一种，因有门形底座（门座）而得名，又称门吊、门机（图1-4、图1-5）。它有起升、旋转、变幅、行走4个能协调工作的机构。门座起重机沿地面轨道行走。门座下可通行铁路车辆和汽车。这种起重机臂架长，起升高度大，各机构工作速度快，因而工作范围大，生产率高，且可配装不同的取物装置。例如，配装吊钩可装卸件货和钢材等重件，配装抓斗可装卸散货，换用专用吊具可装卸集装箱（但效率不如集装箱专用设备），因而通用性强。

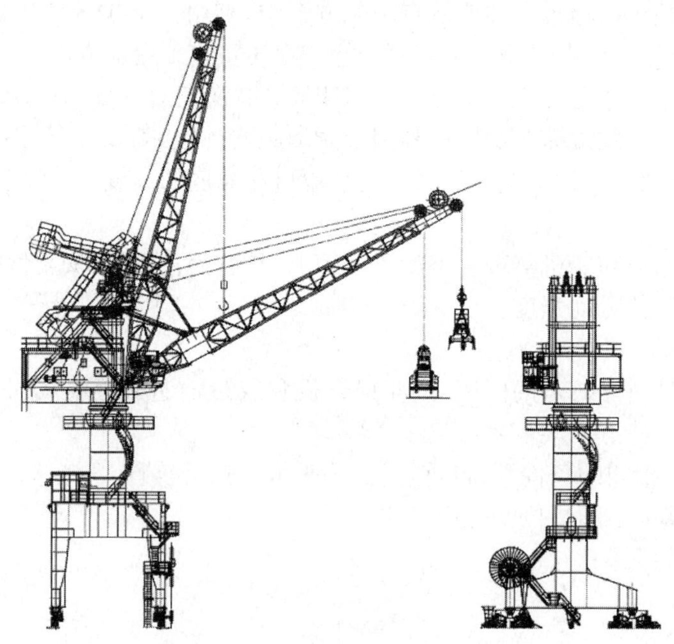

图1-4　单臂架门座起重机

门座抓斗卸船机由门座起重机派生出来的专用机械，又称带斗门机，多用于海港散货卸船作业。结构形式同门座起重机相似，但在门座上装有承接散货用的漏斗和胶带输送机系统，吊具为抓斗。抓斗自船舱抓取散货后，经起升、变幅，将散货卸入门座上的漏斗内，再由胶带输送机系统输送到堆场。门座上的漏斗可以移动，使变幅行程减至最小，因而生产率比一般通用门座起重机高，臂架系统结构强度也较高。门座起重机按用途可分为以下3类：

1）装卸用门座起重机：主要用于港口和露天堆料场，用抓斗或吊钩装卸。起重量一般不超过25t，不随幅度变化。工作速度较高，故生产率常是重要指标。

2）造船用门座起重机：主要用于船台、浮船坞和舾装现场，进行船体拼接、设备舾装等吊装工作，用吊钩作为吊具。最大起重量达300～500t，幅度大时起重量相应减小。有多挡起升速度，轻载时可提高起升速度。有些工作机构还备有微动装置，以满足安装要求。门座高度大者，可适应大起升高度和大幅度作业的要求，但工作速度较低，作业生产率不高。

3)建筑安装用门座起重机:主要用在水电站进行大坝浇灌、设备和预制件吊装等,一般用吊钩。起重量和工作速度一般介于前两类起重机之间。它具有整机装拆运输性好、吊具下放深度大、能较好地适应临时性工作和栈桥上工作等的特点。

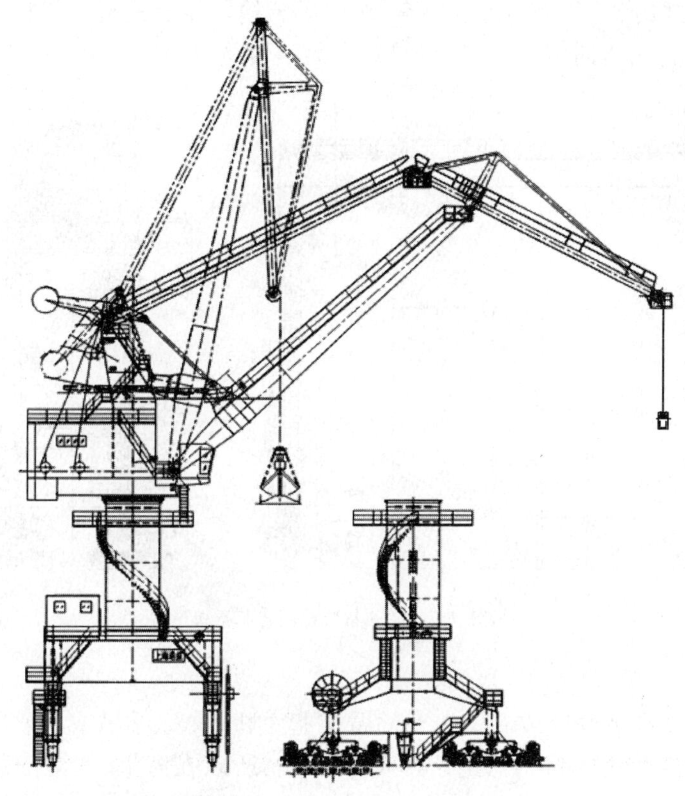

图1-5 四连杆门座起重机

门座起重机的机构有起升、回转、变幅和运行机构四种,前3种机构装在转动部分上,每一周期内都参加作业。转动部分上还装有可俯仰的倾斜单臂架或组合臂架及司机室。运行机构装在门座下部,用以调整起重机的工作位置,带斗门座起重机还装有伸缩漏斗、带式输送机等附加设备,以提高门座起重机用抓斗装卸散状物料时的生产率。

4. 门式起重机

门式起重机是桥式起重机的一种变形(图1-6)。在港口主要用于室外的货场、料场货、散货的装卸作业。它的金属结构像门形框架,承载主梁下安装两条支脚,可以直接在地面的轨道上行走,主梁两端可以具有外伸悬臂梁。门式起重机具有场地利用率高、作业范围大、适应面广、通用性强等特点,在港口货场得到广泛使用。

门式起重机有轨道式和轮胎式两种,轨道式的沿地面轨道行走,轮胎式的移动灵活。主要用于堆场装卸、堆码集装箱。

图1-6 门式起重机

轮胎式集装箱门式起重机是集装箱货物进行堆码作业的专用机械(图1-7)。它由门形支架、动力传动系统、起升机构、大车运行机构、小车运行机构及伸缩式吊具等组成。装有集装箱吊具的行走小车沿主梁轨道行走,进行集装箱装卸和堆码作业,吊具下额定起重量一般为40t,轮距跨度内可放6排集装箱,跨高可堆码5~6层集装箱。轮胎式行走机构可使起重机在货场上行走,并可作90°直角转向,从一个货场转移到另一货场,作业灵活。

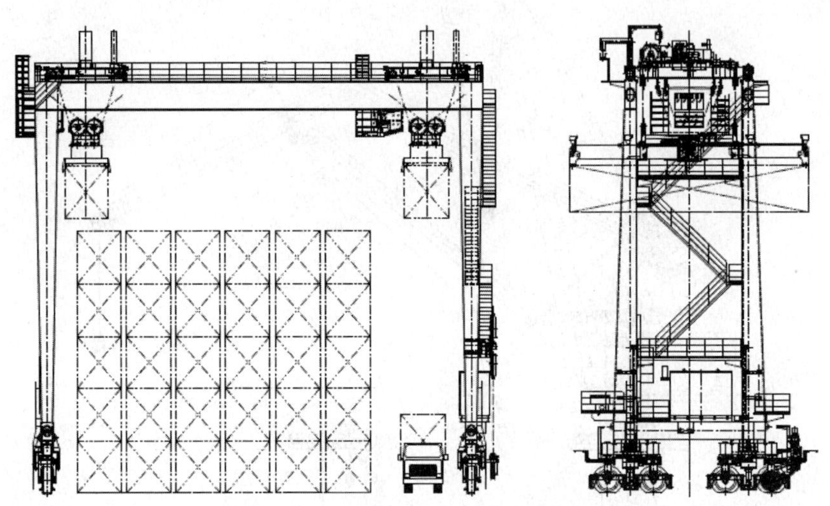

图1-7 轮胎式集装箱门式起重机

5. 浮式起重机

浮式起重机是装在平底船或专用船上的臂架起重机,又称浮吊或起重船(图1-8)。因具有较大的起重量和机动性,同时不受水位变化的影响,所以在海港、河港的装卸作业中应用广泛。在水位差较大的河港,浮式起重机常同缆车配套从事装卸作业。

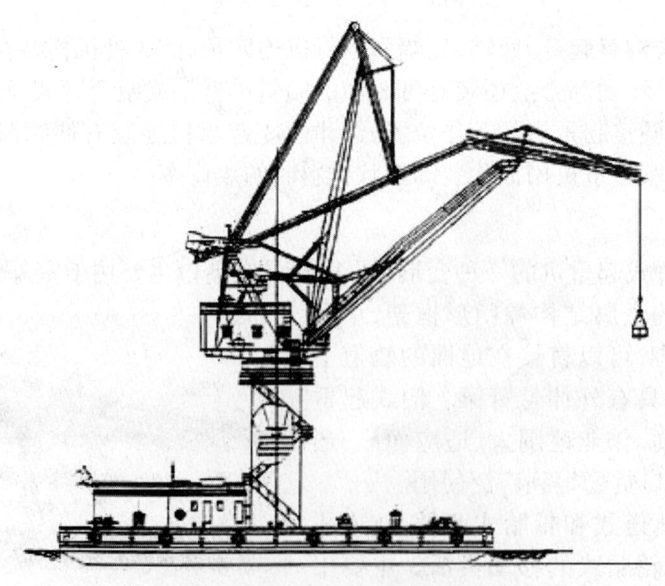

图1-8 浮式起重机

(二)输送机械

输送机械能连续不断输送货物的机械,又称连续运输机械。可在任意平面,即水平面、倾斜面直至垂直面上输送货物。输送机可分为有牵引构件和无牵引构件两类。前者利用带条、链条、绳索等带动承载构件输送货物,主要是带式输送机,还有链式输送机;后者则利用重力、惯性、摩擦、气流等输送货物,主要是气力输送机。

1. 带式输送机

用连续运动的无端输送带输送货物的机械。输送带绕过传动、改向、张紧等滚筒,并支承在许多托辊上。工作时,驱动传动滚筒,通过传动滚筒和输送带之间的摩擦力使输送带运动,将带上的货物运送到卸载地点。应用最广的一种带式输送机为胶带输送机,是用胶带作输送带(图 1-9)。不同的胶带宽度和衬垫层数形成不同的规格。中国已生产出定型产品系列。有的国家生产的胶带带宽达 3 000mm。长距离输送时,为了提高输送带的拉伸强度,采用夹钢绳芯胶带,输送距离可超过 10km。

港口带式输送机因用于大宗散货的装船、转运和堆垛等作业而形成各种专用机械,如煤炭装船机、矿砂装船机。有的国家矿砂装船机的生产率已达 20 000t/h,带速达 6m/s。利用输送机进行大宗散货的卸船作业也可获得较高的生产率。在美国密西西比河沿岸某些煤码头,利用链斗卸船机从煤驳卸煤,生产率可达每小时 3 600t。夹皮带输送机是用两层胶带夹紧货物进行输送的带式输送机,又称压带输送机,也用于散货的卸船作业。

2. 堆取料机

在大宗散货(如煤)堆场上,将输送机械运来的散货堆集起来,或向运输机械供料,多采用堆料机、取料机或堆取合一的堆取料机。选用哪一种机械主要取决于货种和装卸工艺的要求。常用的堆取料机是斗轮堆取料机(图 1-10)。它由装在伸臂上的斗轮和胶带输送机、机架、行走机构等组成。取料时,斗轮转动,从货堆中挖取散货,倒在输送带上输出。堆料时,则将输送机械送来的散货经胶带输送机进行堆集。目前,国内厂家具备了 300 ~ 6 000t/h 斗轮堆取料机系列产品的设计和制造能力。

图 1-9 带式输送机

图 1-10 斗轮堆取料机

臂架型斗轮堆取料机由斗轮机构、回转机构、带式输送机、尾车、俯仰与运行机构组成。它有堆料和取料两种作业方式。堆料由带式输送机运来的散料经尾车卸至臂架上的带式输送机,从臂架前端抛卸至料场。通过整机的运行,臂架的回转、俯仰可使料堆形成梯形断面的整齐形状。取料是通过臂架回转和斗轮旋转连续实现的。物料经卸料板卸至反向运行的臂架带式输送机上,再经机器中心处下面的漏斗卸至料场带式输送机运走。通过整机的运行,臂架的回转、俯仰可使斗轮将储料堆的物料取尽。

3. 气力输送机

利用风机在封闭管路中形成的气流输送散粒货物的机械,又称风动输送机。风机从管路系统中产生真空,货物随气流从吸嘴处被吸入料管,高速气流使散粒货物在料管中呈悬浮状输送;然后经分离器使散粒货物与气流分离并经卸料器卸出,输送过程即告完成。这种输送机在港口多用于散粮卸船作业,因而又称吸粮机。它的优点是设备简单,清舱效果好;缺点是能耗较大,不能输送粒径较大的和黏结性较大的货物,工作时噪声较大。气力输送机的散粮卸船生产率已达1 000t/h。

(三)装卸搬运机械

装卸搬运机械在港口用于装车卸车、货物堆码以及货物短距离水平运输的机械,有叉式装卸车、跨运车、翻车机、螺旋卸车机、牵引车及挂车等。

1. 叉式装卸车

在轮胎式底盘的前方装有升降式门架和货叉的装卸搬运机械,简称叉车或铲车(图1-11)。广泛用于码头、库场、舱内和车内。工作时将货叉插入货板,然后提升货叉举起货物进行堆码作业。叉车结构紧凑,机动性好,能在库内或舱内狭窄的通道上行走。如果配备不同的取物装置如串杆、旋转货夹、货斗、抱夹等,能装卸多种货物。大型叉式装卸车配上专用的集装箱吊具,即成为集装箱专用叉式装卸车。叉式装卸车按动力装置可分为内燃叉式装卸车和蓄电池叉式装卸车;按结构形式则有平衡重式、前移式、插腿式、侧叉式、转叉式等多种。

图1-11　叉式装卸车

2. 跨运车

由门形车架、带有抱叉的提升架和轮胎式行走机构组成的搬运机械,又称跨车(图1-12)。一般由内燃机驱动。跨运车适用于长大件货如钢材、木材、长大箱体的搬运堆码作业。工作时,门形车架跨在货物上,由抱叉抱起货物后进行搬运和堆码。随着集装箱运输的发展,有些国家的港口采用跨运车在码头前沿和库场间搬运集装箱并在库场内进行堆码作业。这种集装箱专用跨运车装有集装箱吊具,当门形车架跨在集装箱上时,吊具降落在集装箱上,用液压旋锁锁紧集装箱,然后进行吊运。吊具的起升高度应满足堆码2～3层集装箱高的要求。

集装箱跨运车是集装箱装卸设备中的主力机型,通常承担由码头前沿到堆场的水平运输以及堆场的集装箱堆码工作。由于集装箱跨运车具有机动灵活、效率高、稳定性好、轮压低等特点,得到普遍的应用。集装箱跨运车作业对提高码头前沿设备的装卸效率十分有利。

3. 翻车机

倾翻铁路敞车,卸出所载散货的专用卸车机(图 1-13)。它有较高的生产率,适用于大型专业散货码头翻车机按结构分为转子翻车机和侧倾翻车机两种。转子翻车机应用较多,卸车时,运载散货的敞车进到翻车机的转子平台上,用压车机构压住,然后同转子一起转动 160° ~ 180°,散货即卸入转子下面的漏斗中,再用给料器和带式输送机运出。

图 1-12　集装箱跨运车

图 1-13　翻车机

4. 螺旋卸车机

螺旋卸车机是卸出铁路敞车所载散煤的专用机械(图 1-14)。由螺旋机构、摇摆机构、起升机构、行走机构等组成。卸车时打开敞车侧门,螺旋机构从敞车上方横压在车内散货上旋转,将散煤卸出,然后由车厢下方的胶带输送机接运。单向螺旋卸车机从一侧卸车,双向螺旋卸车机从两侧卸车。螺旋卸车机轨道铺在铁路卸车线两侧。它一边沿轨道移动,一边卸车,生产率为每小时 300 ~ 400t。

图 1-14　桥式螺旋卸车机

第二节　设备制造过程质量控制点设置原则

设备制造阶段质量控制是工程项目全过程质量控制的关键环节。工程质量很大程度上决定于制造阶段质量控制。其中心任务是要通过建立健全有效的质量监督工作体系来确保工程质量达到合同规定的标准和等级要求。根据工程质量形成的时间阶段,制造阶段的质量控制又可分为事前控制、事中控制和事后控制。

通常的质量监理方法中最基本的是对各项工序的随工检查和验收，即随工监理。通常的随工监理方法所需监理人员较多，从而导致监理成本大大超过额定成本。

一、质量控制点设置

质量控制点是对施工质量进行控制的关键点。质量控制点的设置应根据工程项目的类别、特点，结合影响施工质量的主要因素、关键工序、薄弱环节、隐蔽工程等进行设置。质量控制点根据各项工程中各工序的重要性或质量后果影响程度不同分为R点（文件审核点）、W点（见证点）和H点（停止点）三大类。

1. R点（Review Point）

需要进行文件审核的质量控制点，称为文件审核点，监理在现场对制造方提供的文件（如材质证书、检验报告等）进行随时的审查。

2. W点（Witness Point）

对于复杂的关键的工序、测试、试验要求进行旁站监理，该控制点称为见证点，凡列为见证点的质量控制部位或工序，施工前，施工单位必须提前通知监理人员在约定的时间到现场见证和监督施工，如果监理人员未能按约定时间到达现场监理，施工单位在自检合格后有权进行该项施工或进入下道工序的施工。

3. H点（Holding Point）

对于重要工序节点、隐蔽工程、关键的试验验收点必须在监理工程师监督下进行，并对结果进行确认，该质量控制点称为停止点。停止点又称待检点，它的重要性高于见证点，通常是指该施工过程或工序的质量不易或不能通过其后的检验和试验得到充分验证的部分或工序。凡列为停止点的控制对象，要求进行施工之前必须通知监理人员到现场实施监控，如果监理方因故在约定的时间未能到达检查，施工单位应停止进入该点的其他工序施工，必须等待监理方检查签证。未经认可不能越过该点进行下道工序施工。

二、质量控制点要求

工程开工报告审批前监理方应把审查施工单位的施工组织设计、质量计划作为重点。通过审查要明确质量文件审核点、见证点、停止点的要求和设定。施工单位要承诺在施工过程中起码应到位的技术人员及质量自检查制度的保证。

施工单位在进行到停止点的前一天，施工单位负责用电话通知监理方，并说明要求监理人员到达现场的日期、时间、地点、人员，双方均做好电话记录，并确认通信双方的姓名和通话时刻。

监理单位接到施工单位的电话通知，约定检查时间后，监理方应主动转告建设方随工代表，征询是否共同参加检查。

监理人员按约定时间到达现场检查，对施工单位已经自查并填报好的“随工检查记录”或“隐蔽工程记录”上逐项核对和签字，作为双方认定的凭证。

监理人员发现存在质量问题，现场即刻可以整改的可马上整改，否则根据情节轻重以“监理通知”方式令其整改或暂停施工。

施工单位接通知后,应及时整改,整改完成后应简要写出整改记录或报告提供监理人员复查。

监理方因故不能按约定时间到达现场检查时,施工单位不得进行下道工序施工。监理方应在其后主动用电话同施工单位联系,重新约定检查时间和要求。

三、停止点的实施流程

停止点的监理实施流程与见证点不同之处在于:监理方因故不能按约定时间到达现场检查认证时,施工单位不得进行该项工作或进入下道工序。监理人员应在其后主动用电话向施工单位说明原因,并重新约定检查时间。

施工、监理、建设单位在实施流程中的责任和地位。在实施流程中,施工单位和监理单位直接发生工作关系。其中,监理单位占主导地位,施工单位必须服从监理单位意见。

建设单位负责协调和监督实施,原则上要参与每个停止点或见证点的检查。其随工代表可根据安排,参加对质量控制点的控制,但不应越过或甩开监理单位直接向施工单位发表意见。

施工单位未经监理人员签证认可,自行隐蔽或掩埋的部位,监理人员进行检查时,施工单位应积极配合,按监理单位要求进行剥露、拆除和重新施工,并承担由此引起的拆除和重新施工的费用,不得顺延工期。

施工单位未做好检查前的准备工作(包括自查自验、填好记录等),由此延误检查过程的,监理人员视情节严重程度在施工单位应得的工程价款中提出扣罚意见。

监理人员因故不能按时参加停止点的检查签证,需在24h内回复施工单位,并提出延期要求,延期要求不得超过2天,否则建设单位应按照监理合同规定对监理单位作出处罚。

四、质量控制点设置实例

岸边集装箱装卸桥制造过程质量控制计划如表1-1所示。

岸边集装箱装卸桥制造过程质量控制计划(ITP) 表1-1

报验项目名称		报验计划和内容	QC	监理、用户代表	备 注
钢材	钢板、型钢	钢板取样	P+QC	W	材质报告、材料理化试验报告、表面质量、坡口等
		钢板探伤(有要求时)	P+QC	W	
		材料力学性能试验(拉伸、冲击、硬度、冷弯)	P+QC	W	
		材料化学成分分析(碳C、硅Si、锰Mn、硫S、磷P等)	P+QC	W	
		钢板预处理	P+QC	R	
		数控下料	P+QC	R	
		拼板	P+QC	R	

续上表

报验项目名称				报验计划和内容	QC	监理、用户代表	备 注
结构	箱体结构	前、后大梁		三面成形装配报验	P+QC	H	探伤报告、尺寸报告(包括拱度、扭曲、旁弯、平整度)、气密试验报告、承轨梁检查报告、材质跟踪表
				三面成形焊接后报验	P+QC	H	
				铰点装配报验	P+QC	H	
				有关箱体封板前报验,气密试验	P+QC	H	
				四面成形装配报验	P+QC	H	
				连接梁装配报验	P+QC	H	
				整体完工报验(包括梁的拱度、旁弯、平整度检查)	P+QC	H	
		横梁、立柱、联接梁、梯形架箱体		三面成形装配报验,管道封板前报验(梯形架箱体)	P+QC	H	探伤报告、尺寸报告(包括拱度、扭曲、旁弯、平整度)、材质跟踪表
				四面成形整体报验,立柱翻身前报验	P+QC	H	
	结构框架	机房底盘		底架装配报验	P+QC	H	探伤报告、尺寸报告(包括扭曲、平面度)、材质跟踪表
				底架整体报验	P+QC	H	
				电缆槽封板前报验	P+QC	R	
		小车架	双箱梁	箱梁三面成形焊后报验	P+QC	H	探伤报告、尺寸报告、气密试验报告、材质跟踪表
				封箱前报验	P+QC	H	
				气密报验			
				封箱焊后,及主结构装配报验	P+QC	H	
				整体完工报验	P+QC	H	
		围棚、司机室、俯仰室、理货室		框架焊后报验	P+QC	R	
				整体完工报验	P+QC	H	
	拉杆系统			工字钢预制件报验	P+QC	H	探伤报告、尺寸报告、材质跟踪表
				拉杆焊前装配报验	P+QC	H	
				拉杆焊后整体报验	P+QC	H	
	小件			焊后整体完工报验(列出具体部件)	P+QC	H	
	小车轨道			轨道焊接质量,焊接定位精度(各侧的平整度)和铰点处接头形状	P+QC	H	探伤报告、尺寸报告、材质跟踪表
				装配完工报验	P+QC	H	探伤报告、尺寸报告、材质跟踪表
	维修行车			完工报验	P+QC	H	
	吊具上架			完工报验	P+QC	H	

续上表

<table>
<tr><th colspan="3">报验项目名称</th><th>报验计划和内容</th><th>QC</th><th>监理、用户代表</th><th>备 注</th></tr>
<tr><td rowspan="11">结构</td><td rowspan="11">大车行走机构</td><td rowspan="3">台车</td><td>腹板热弯曲报验</td><td>P+QC</td><td>H</td><td rowspan="9">探伤报告、尺寸报告、气密试验报告、材质跟踪表</td></tr>
<tr><td>三面装配检验</td><td>P+QC</td><td>H</td></tr>
<tr><td>完工报验</td><td>P+QC</td><td>H</td></tr>
<tr><td rowspan="3">中平衡梁</td><td>三面焊前报验</td><td>P+QC</td><td>H</td></tr>
<tr><td>三面焊后报验</td><td>P+QC</td><td>H</td></tr>
<tr><td>完工报验</td><td>P+QC</td><td>H</td></tr>
<tr><td rowspan="3">上平衡梁</td><td>三面成型焊前报验</td><td>P+QC</td><td>H</td></tr>
<tr><td>三面焊后报验</td><td>P+QC</td><td>H</td></tr>
<tr><td>完工报验</td><td>P+QC</td><td>H</td></tr>
<tr><td rowspan="2">大车机构组装</td><td>车轮组装</td><td>P+QC</td><td>H</td><td rowspan="2">装配检验报告</td></tr>
<tr><td>整体组装</td><td>P+QC</td><td>H</td></tr>
<tr><td rowspan="20">拼装</td><td colspan="2" rowspan="2">海、陆侧门框</td><td>焊前拼装报验</td><td>P+QC</td><td>H</td><td rowspan="2">探伤报告(UT/MT)、拼装尺寸报告</td></tr>
<tr><td>整体完工报验</td><td>P+QC</td><td>H</td></tr>
<tr><td rowspan="7">左右侧门框</td><td rowspan="2">联系横梁</td><td>焊前拼装报验</td><td>P+QC</td><td>H</td><td rowspan="2">探伤报告(UT/MT)、尺寸报告</td></tr>
<tr><td>整体完工报验</td><td>P+QC</td><td>H</td></tr>
<tr><td rowspan="3">门框斜撑水平撑杆</td><td>焊前拼装报验</td><td rowspan="2">P+QC</td><td rowspan="2">H</td><td rowspan="5">探伤报告(MT)，密试报告、拼装尺寸报告</td></tr>
<tr><td>焊后封板前报验</td></tr>
<tr><td>完工报验(包括封板后气密性试验)</td><td>P+QC</td><td>H</td></tr>
<tr><td rowspan="2">立柱与上下横梁</td><td>总装焊缝焊前、焊后报验</td><td>P+QC</td><td>H</td></tr>
<tr><td>门架定位合拢报验</td><td>P+QC</td><td>H</td></tr>
<tr><td rowspan="4">后大梁与上横梁</td><td rowspan="2">拼装节点</td><td>焊前拼装报验</td><td>P+QC</td><td>H</td><td rowspan="2">探伤报告(UT/MT)、拼装尺寸报告</td></tr>
<tr><td>整体完工报验</td><td>P+QC</td><td>H</td></tr>
<tr><td rowspan="2">水平撑</td><td>焊后封板前报验</td><td>P+QC</td><td>H</td><td rowspan="5">探伤报告(MT)、气密试验报告、拼装尺寸报告</td></tr>
<tr><td>完工报验(包括封板后气密性试验)</td><td>P+QC</td><td>H</td></tr>
<tr><td colspan="2" rowspan="3">梯形架拼装</td><td>管道封板前报验</td><td rowspan="2">P+QC</td><td rowspan="2">H</td></tr>
<tr><td>封板后气密性试验</td></tr>
<tr><td>整体完工报验</td><td>P+QC</td><td>H</td></tr>
<tr><td colspan="2" rowspan="2">后撑杆</td><td>焊后封板前报验</td><td>P+QC</td><td>H</td><td rowspan="2">探伤报告(MT)、密试报告</td></tr>
<tr><td>完工报验(包括封板后气密性试验)</td><td>P+QC</td><td>H</td></tr>
<tr><td colspan="2" rowspan="2">梯子平台、走道，附件</td><td>冲砂前梯子平台、走道和栏杆的附件安装检查</td><td>P+QC</td><td>H</td><td rowspan="2"></td></tr>
<tr><td>栏杆、梯子平台镀锌前后检查</td><td>P+QC</td><td>H</td></tr>
</table>

续上表

<table>
<tr><th colspan="3">报验项目名称</th><th>报验计划和内容</th><th>QC</th><th>监理、用户代表</th><th>备 注</th></tr>
<tr><td rowspan="4">拼装</td><td colspan="2">梯子平台、走道，附件</td><td>装配期间和总装后梯子平台、走道完工报验</td><td>P+QC</td><td>R</td><td></td></tr>
<tr><td colspan="2">后大梁与机房</td><td>机房座与后大梁筋板对中</td><td>P+QC</td><td>H</td><td>检查报告</td></tr>
<tr><td colspan="2" rowspan="2">滑轮组总成检查</td><td>结构装配和焊接质量</td><td rowspan="2">P+QC</td><td rowspan="2">R
通知抽检</td><td rowspan="2">装配检查报告</td></tr>
<tr><td>滑轮组装配质量</td></tr>
<tr><td rowspan="11">涂装</td><td rowspan="5">箱体内</td><td>1</td><td>箱体内三面成形焊缝除锈报验</td><td>P+QC</td><td>H</td><td rowspan="9">漆膜厚度、油漆附着力试验报告</td></tr>
<tr><td>2</td><td>箱体内四面成形焊缝除锈报验</td><td>P+QC</td><td>H</td></tr>
<tr><td>3</td><td>箱体内底漆前的报验</td><td>P+QC</td><td>H</td></tr>
<tr><td>4</td><td>箱体内中层漆前的报验（注：有面漆的还要提请报验）</td><td>P+QC</td><td>H</td></tr>
<tr><td>5</td><td>油漆整机完工报验</td><td>P+QC</td><td>H</td></tr>
<tr><td rowspan="4">箱体外</td><td>1</td><td>构件冲砂、底漆前的报验</td><td>P+QC</td><td>H</td></tr>
<tr><td>2</td><td>构件外中层漆前的报验</td><td>P+QC</td><td>H</td></tr>
<tr><td>3</td><td>构件外面漆前的报验</td><td>P+QC</td><td>H</td></tr>
<tr><td>4</td><td>油漆整机外表面完工报验</td><td>P+QC</td><td>H</td></tr>
<tr><td rowspan="2">小件</td><td>1</td><td>油漆车间内的小件每道油漆前必须提请质检报验</td><td>P+QC</td><td>R</td><td></td></tr>
<tr><td>2</td><td>其余小件的涂装采取巡查或抽查</td><td>P+QC</td><td>R</td><td></td></tr>
<tr><td colspan="3" rowspan="3">结构连接用高强度螺栓</td><td>开箱检查</td><td rowspan="3">P+QC</td><td rowspan="3">H</td><td rowspan="3">开箱检查报告、扭矩试验报告、终拧检查报告</td></tr>
<tr><td>扭矩试验</td></tr>
<tr><td>终拧报验</td></tr>
<tr><td rowspan="7">零件加工，装配和排装</td><td colspan="2">①滑轮</td><td>尺寸、绳槽形状、硬度、粗糙度检查，审核破坏性试验报告</td><td>P+QC</td><td>H</td><td>尺寸报告、硬度报告</td></tr>
<tr><td colspan="2">②车轮</td><td>尺寸检查，踏面硬度检查，车轮和轴过盈量检查</td><td>P+QC</td><td>H</td><td>尺寸报告、硬度报告和过盈配合报告</td></tr>
<tr><td colspan="2">③销，轴和轴套</td><td>尺寸和硬度检查</td><td>P+QC</td><td>H</td><td>尺寸报告、硬度报告</td></tr>
<tr><td colspan="2" rowspan="3">④卷筒</td><td>卷筒结构报验</td><td>P+QC</td><td>H</td><td>材质跟踪表、探伤报告</td></tr>
<tr><td>卷筒机加工和绳槽淬火报验</td><td>P+QC</td><td>H</td><td>材质跟踪表、尺寸报告、硬度报告</td></tr>
<tr><td>静平衡</td><td>P+QC</td><td>H</td><td></td></tr>
<tr><td colspan="2">⑤吊具转销</td><td>硬度、拉伸试验、尺寸检查</td><td>P+QC</td><td>H</td><td>材质跟踪表、探伤报告、尺寸报告、硬度报告、拉伸试验报告</td></tr>
</table>

续上表

报验项目名称		报验计划和内容	QC	监理、用户代表	备　注
零件加工，装配和排装	⑥镗孔	前、后大梁铰点孔	P + QC	H	尺寸报告
		小车架车轮轴孔			
		前拉杆			
		大车结构（大平衡梁/小平衡梁/台车）	P + QC	R 通知抽检	
	⑦大车，主小车，托架小车排装	大车，主小车，托架小车车轮排装报验	P + QC	H	排装检查报告
	⑧空调，空压机和维修行车安装	空调、空压机（包括管道）和维修行车安装检查	P + QC	H	安装检查报告
	⑨主要机构排装	机房内起升，俯仰和小车机构粗排装	P + QC	H	装配检查报告
		起升，俯仰，小车减速箱齿面接触检查	P + QC	H	
		主起升机构（精排）	P + QC	H	
		俯仰机构（精排）	P + QC	H	
		小车牵引机构（精排）	P + QC	H	
		小车轨道安装（包括刚性和塑性垫板，挡块，压板）小车轨道排装	P + QC	H	
		上下铰点排装	P + QC	H	
		防挂舱装置（支架定位后焊前报验）	P + QC	H	
		应急机构	P + QC	H	
		倾转装置	P + QC	H	
		电缆卷盘排装	P + QC	H	
		大车直线度	P + QC	H	
	⑩驾驶室	完工报验（包括检查小车与司机室之间的移动不受其他安装干扰）	P + QC	H	
	⑪液压系统	液压系统安装	P + QC	R	清洁度检查报告
		液压系统清洁度检查（包括管道清洁，泄漏检查）	P + QC	H	
	⑫电梯	电梯各种试验	P + QC	H	试验报告
电气设备安装	①电气配套件开箱检验	电机，变压器	P + QC	H	
		电气控制箱，高压柜	P + QC	H	
		电梯	P + QC	R	
		各类电气配件到货的开箱检查，重要元件的储存情况，环境检查	P + QC	H	
	②电气工艺施工	电气工艺施工（高压电缆卷筒及其电缆导向架、托架的安装，电气各类支架等在主要结构件上的安装及在主要结构上电气开孔）	P + QC	R	

续上表

报验项目名称		报验计划和内容	QC	监理、用户代表	备注
电气设备安装	③托架，电缆槽等排装	机房	P+QC	R	
		小车架与司机室	P+QC	R	
		前，后大梁，梯形架	P+QC	R	
		左，右门框			
		大车架到下横梁			
	④电缆敷设	前、后大梁，梯形架，左、右门框梁，机房，小车架与司机室，大车架到下横梁，高压电缆，拖令电缆	P+QC	R	
	⑤接线	接线箱、控制屏、电气设备、电气元件等内接线	P+QC	R	
	⑥测试	高压测试，电气件的绝缘测试，维修插座接线极性的准确性，灯光照度，内部通风，各类限位安装	P+QC	H	高压测试、绝缘测试和照度测试报告
	⑦发运前状态检查	发运前状态检查（包括元件表面的清洁、电缆槽内清洁）	P+QC	R	
测试	①	润滑检查	P+QC	H	检查报告
	②	结构调整（包括大梁对中）	P+QC	H	检查报告
	③	紧停/限位开关/互锁、连锁	P+QC	R	
	④	制动器制动力矩、摩擦片间隙	P+QC	H	功能测试报告
	⑤	功能试车	P+QC	H	
	⑥	称重、拉杆应力测试	P+QC	H	
	⑦	噪声检测	P+QC	H	
控制类型		P-执行　T-调试　R-常规巡查　W-通知监造见证			
		QC=质量控制点-质检报验，质检员确认后，方可进入下道工序			
		H=停止报验点-有关检验方，口头或书面同意后，工作方可继续			

说明：

①本《过程质量控制计划》作为制造方质检部各主管向监理、用户方提交报验的准则。监理方可视工程质量控制好坏对报验项目作必要的增减，报验项目增减由监理方与制造方质检部共同协商确定。该计划并不表示放弃未列出但图纸或标书合同要求的任何测试和试验。

②报验的程序：施工队自检合格——质检部专检合格（提交报验单）——提交监理（H 点：提交报验单）。

③向监理提交的报验，至少提前半天预约；外协单位报验，提前一天预约；临时推迟或取消报验的，各部应迅速通知监理或用户方代表。

④涂装报验根据天气情况，可作例外处理。

⑤QC 质量控制点——质检报验（提交报验单），质检员必须认真检验，履行质量把关职能。

⑥验收标准参考图纸及标书要求。

⑦报验后监理或用户方代表应在报验单上写明接收或不接收，及整改意见，以便施工队及时实施整改，验收标准参考图纸及标书要求

编制：	批准：	监理：
日期：	日期：	日期：

第三节 起重机及工作机构的工作级别

起重机具有短暂、重复、周期性循环的工作特点，作用载荷也是变化的，不同用途的起重机，其工作繁忙程度和载荷变化程度差别很大，根据起重机工作繁忙程度和载荷变化程度所划分的工作级别，是表征起重机工作繁重程度的参数，是起重机的综合性能指标和各机构、结构进行设计计算的重要依据。世界各国划分起重机工作级别的标准所规定的级数多少有所不同，但工作级别划分的理论依据基本是一致的。

一、起重机的工作级别

1.起重机的使用等级

起重机的使用等级，用来表征起重机设计寿命期内使用的频繁程度，用总的工作循环次数 N 来表示。由于起升机构是起重机的主要代表机构，根据起升机构工作的频繁程度分为若干级，每一级相应有一个最大工作循环次数 N。不同的设计规范中使用级别级数不同。国家标准《起重机设计规范》规定的使用级别为 10 级，如表 1-2 所示。

起重机的使用等级 表 1-2

使用等级	起重机总工作循环数	起重机使用频繁程度	使用等级	起重机总工作循环数	起重机使用频繁程度
U_0	$C_T \leqslant 1.6\times10^4$	很少使用	U_5	$2.5\times10^5 < C_T \leqslant 5\times10^5$	中等频繁使用
U_1	$1.6\times10^4 < C_T \leqslant 3.2\times10^4$		U_6	$5\times10^5 < C_T \leqslant 1\times10^6$	较频繁使用
U_2	$3.2\times10^4 < C_T \leqslant 6.3\times10^4$		U_7	$1\times10^6 < C_T \leqslant 2\times10^6$	频繁使用
U_3	$6.3\times10^4 < C_T \leqslant 1.25\times10^5$		U_8	$2\times10^6 < C_T \leqslant 4\times10^6$	特别频繁使用
U_4	$1.25\times10^5 < C_T \leqslant 2.5\times10^5$	不频繁使用	U_9	$4\times10^6 < C_T$	

2.起重机的起升载荷状态级别

起重机的起升载荷是指起重机在实际的起吊作业中每一次吊运的物品质量（有效起重量）与吊具及属具质量的总和（即起升质量）的重力；起重机的额定起升载荷是指起重机起吊额定起重量时能够吊运的物品最大质量与吊具及属具质量的总和（即总起升质量）的重力，其单位为牛顿（N）或千牛（kN）。

起重机的起升载荷状态级别是指在该起重机的设计预期寿命期限内，它的各个有代表性的起升载荷值的大小及各相对应的起吊次数，与起重机的额定起升载荷值的大小及总的起吊次数的比值情况。

在表 1-3 中，列出了起重机载荷谱系数 K_p 的 4 个范围值，它们各代表了起重机一个相对应的载荷状态级别。

如果已知起重机各个起升载荷值的大小及相应的起吊次数的资料，则可以算出该起重机的载荷谱系数。

如果不能获得起重机设计预期寿命期内起吊的各个有代表性的起升载荷值的大小及相应

的起吊次数的资料，因而无法通过计算得到它的载荷谱系数及确定它的载荷状态级别，则可以由制造商和用户协商选出适合于该起重机的载荷状态级别及确定相应的载荷谱系数。

起重机的载荷状态级别及载荷谱系数 表1-3

载荷状态级别	起重机的载荷谱系数 K_p	说　明
Q_1	$K_p \leqslant 0.125$	很少吊运额定载荷，经常吊运较轻载荷
Q_2	$0.125 < K_p \leqslant 0.250$	很少吊运额定载荷，经常吊运中等载荷
Q_3	$0.250 < K_p \leqslant 0.500$	有时吊运额定载荷，较多吊运较重载荷
Q_4	$0.500 < K_p \leqslant 1.000$	经常吊运额定载荷

3. 起重机整机工作级别的划分

按照起重机的使用等级和载荷状态级别，起重机整机的工作级别划分为 $A_1 \sim A_8$ 共 8 个级别，如表 1-4 所示。起重机整机工作级别举例如表 1-8 所示。

起重机整机工作级别的划分 表1-4

载荷状态级别	起重机的载荷谱系数 K_p	使用等级									
		U_0	U_1	U_2	U_3	U_4	U_5	U_6	U_7	U_8	U_9
Q_1	$K_p \leqslant 0.125$	A_1	A_1	A_1	A_2	A_3	A_4	A_5	A_6	A_7	A_8
Q_2	$0.125 < K_p \leqslant 0.250$	A_1	A_1	A_2	A_3	A_4	A_5	A_6	A_7	A_8	A_8
Q_3	$0.250 < K_p \leqslant 0.500$	A_1	A_2	A_3	A_4	A_5	A_6	A_7	A_8	A_8	A_8
Q_4	$0.500 < K_p \leqslant 1.000$	A_2	A_3	A_4	A_5	A_6	A_7	A_8	A_8	A_8	A_8

二、起重机机构工作级别

起重机机构按机构的使用等级和载荷状态分 8 级。

1. 机构使用等级

机构使用等级按机构总设计寿命分为 10 级，如表 1-5 所示。总设计寿命规定机构在设计设定的使用年数内处于运转的总小时数，只作为机构零件的设计基础，而不能视为保用期。

机 构 使 用 等 级 表1-5

使用等级	总使用时间(h)	机构运转频繁情况	使用等级	总使用时间(h)	机构运转频繁情况
T_0	$t_T \leqslant 200$	很少使用	T_5	$3\,200 < t_T \leqslant 6\,300$	中等频繁使用
T_1	$200 < t_T \leqslant 400$		T_6	$6\,300 < t_T \leqslant 12\,500$	较频繁使用
T_2	$400 < t_T \leqslant 800$		T_7	$12\,500 < t_T \leqslant 25\,000$	频繁使用
T_3	$800 < t_T \leqslant 1\,600$		T_8	$25\,000 < t_T \leqslant 50\,000$	
T_4	$1600 < t_T \leqslant 3\,200$	不频繁使用	T_9	$50\,000 < t_T$	

2. 机构载荷状态

机构的载荷状态表明机构受载的轻重程度，它可用载荷谱系数 K_m 表征。载荷谱系数可按实际载荷情况，按表 1-6 选择不小于但与它最接近的载荷谱系数，确定该机构载荷状态。

机构的载荷状态级别及载荷谱系数 表1-6

载荷状态级别	机构载荷谱系数 K_m	说 明
L_1	$K_m \leqslant 0.125$	机构很少承受最大载荷,一般承受轻小载荷
L_2	$0.125 < K_m \leqslant 0.250$	机构较少承受最大载荷,一般承受中等载荷
L_3	$0.250 < K_m \leqslant 0.500$	机构有时承受最大载荷,一般承受较大载荷
L_4	$0.500 < K_m \leqslant 1.000$	机构经常承受最大载荷

3.机构工作级别

机构工作级别根据机构使用等级和载荷状态级别,机构单独作为一个整体进行分级的工作级别划分为 $M_1 \sim M_8$ 共8级,如表1-7所示。

机 构 工 作 级 别 表1-7

载荷状态级别	机构载荷谱系数 K_m	使用等级									
		T_0	T_1	T_2	T_3	T_4	T_5	T_6	T_7	T_8	T_9
L_1	$K_m \leqslant 0.125$	M_1	M_1	M_1	M_2	M_3	M_4	M_5	M_6	M_7	M_8
L_2	$0.125 < K_m \leqslant 0.250$	M_1	M_1	M_2	M_3	M_4	M_5	M_6	M_7	M_8	M_8
L_3	$0.250 < K_m \leqslant 0.500$	M_1	M_2	M_3	M_4	M_5	M_6	M_7	M_8	M_8	M_8
L_4	$0.500 < K_m \leqslant 1.000$	M_2	M_3	M_4	M_5	M_6	M_7	M_8	M_8	M_8	M_8

起重机整机工作级别与机构工作级别实例参考表如表1-8和表1-9所示。

起重机整机工作级别实例(参考) 表1-8

起重机形式			工作级别
桥式起重机	吊钩式	电站安装及检修用	$A_1 \sim A_3$
		车间及仓库用	$A_3 \sim A_5$
		繁重工作间及仓库用	$A_6 \sim A_7$
	抓斗式	间断装卸用	$A_6 \sim A_7$
		连续装卸用	A_8
	冶金专用	吊料箱用	$A_7 \sim A_8$
		加料用	A_8
		铸造用	$A_6 \sim A_8$
		锻造用	$A_7 \sim A_8$
		淬火用	A_8
		夹钳、脱锭用	A_8
		揭盖用	$A_7 \sim A_8$
		料把式	A_8
		电磁铁式	$A_7 \sim A_8$
门式起重机		一般用途吊钩式	$A_5 \sim A_6$
		装卸用抓斗式	$A_7 \sim A_8$
		电站用吊钩式	$A_2 \sim A_3$

续上表

起重机形式		工作级别
门式起重机	造船安装用吊钩式	$A_4 \sim A_5$
	装卸集装箱用	$A_6 \sim A_8$
装卸桥	料场装卸用抓斗式	$A_7 \sim A_8$
	港口装卸用抓斗式	A_8
	港口装卸集装箱用	$A_5 \sim A_8$
门座起重机	安装用吊钩式	$A_3 \sim A_5$
	装卸用吊钩式	$A_6 \sim A_7$
	装卸用抓斗式	$A_7 \sim A_8$
塔式起重机	一般建筑安装用	$A_2 \sim A_4$
	用吊罐装卸混凝土	$A_4 \sim A_6$
汽车、轮胎、履带、铁路起重机	安装及装卸用吊钩式	$A_1 \sim A_4$
	装卸用抓斗式	$A_4 \sim A_6$
甲板起重机	吊钩式	$A_4 \sim A_6$
	抓斗式	$A_6 \sim A_7$
浮式起重机	装卸用吊钩式	$A_5 \sim A_6$
	装卸用抓钩式	$A_6 \sim A_7$
	造船安装用	$A_4 \sim A_6$
缆索起重机	安装用吊钩式	$A_3 \sim A_5$
	装卸或施工用吊钩式	$A_6 \sim A_7$
	装卸或施工用抓斗式	$A_7 \sim A_8$

起重机机构工作级别实例（参考） 表 1-9

起重机形式			工作级别					
			主起升机构	副起升机构	小车运行机构	大车运行机构	回转机构	变幅机构
桥式起重机	吊钩式	电站安装及检修用	M_1, M_2	M_2	M_1, M_2	M_1	—	—
		车间及仓库用	M_2, M_4	$M_3 \sim M_5$	M_3, M_5	M_3, M_5	—	—
		繁重工作车间及仓库用	$M_5 \sim M_7$	M_6	$M_5 \sim M_6$	M_6, M_7	—	—
	抓斗式	间断装卸用	$M_6 \sim M_7$	—	$M_6 \sim M_8$	M_6, M_7	—	—
		连续装卸用	$M_7 \sim M_8$	—	M_6, M_7	M_6, M_7	—	—
	冶金专用	吊料箱用	M_7, M_8	—	M_6, M_7	M_7	—	—
		加料用	M_8	M_8	M_8	M_8	M_7	—
		铸造用	M_7, M_8	M_7, M_8	M_7, M_8	M_7, M_8	—	—
		锻造用	M_7, M_8	M_7	M_6, M_7	M_7, M_8	—	—
		淬火用	M_6, M_7	M_7, M_8	M_6, M_7	M_7, M_8	—	—
		夹钳、脱锭用	M_8	M_5, M_6	M_8	M_8	M_7, M_8	—

续上表

起重机形式			工作级别					
			主起升机构	副起升机构	小车运行机构	大车运行机构	回转机构	变幅机构
桥式起重机	冶金专用	揭盖用	M_7，M_8	—	—	M_7，M_8	—	—
		料耙式	M_8	—	M_8	M_8	M_7，M_8	—
		电磁铁式	M_7，M_8	—	M_6，M_7	M_6	—	—
门式起重机		一般用途（吊钩式）	M_5，M_6	M_5，M_6	M_5	M_5	—	—
		装卸用（抓斗式）	M_7，M_8	—	M_7，M_8	M_6，M_7	—	—
		电站用（吊钩式）	M_2，M_3	M_3	M_3	M_3	—	—
		造船安装用（吊钩式）	M_1，M_5	M_1，M_5	M_5，M_6	M_5，M_6	—	—
		装卸集装箱用	M_6 ~ M_8	—	M_6 ~ M_8	M_5 ~ M_8	—	—
装卸桥		料场装卸用（抓斗式）	M_7，M_8	—	M_7，M_8	M_5，M_6	—	M_3
		港口装卸用（抓斗式）	M_7，M_8	—	M_7，M_8	M_6，M_7	—	M_2
		港口装卸集装箱用	M_5 ~ M_7	—	M_5 ~ M_7	M_5 ~ M_7	—	M_3
门座起重机		安装用（吊钩式）	M_4，M_5	M_4，M_5	—	M_3，M_4	M_5	M_5
		装卸用（吊钩式）	M_5	—	—	M_3	M_5	M_5
		装卸用（抓斗式）	M_7，M_8	—	—	M_4	M_6，M_7	M_6
塔式起重机	建筑、施工安装用	$H<60$m	M_1，M_2	—	M_3	M_3	M_3 ~ M_5	M_2，M_3
		$H>60$m	M_1，M_5	—	M_3	M_3	M_3 ~ M_5	M_2，M_3
	输送混凝土用	$H<60$m	M_1，M_5	—	M_5，M_6	M_3 ~ M_6	M_5，M_6	M_1，M_5
		$H>60$m	M_1，M_6	—	M_6	M_3	M_5，M_6	M_1，M_5
汽车、轮胎、履带、铁路起重机		安装及装卸用（吊钩式）	M_1，M_3	—	—	M_1，M_2	M_1	M_1
		装卸用（抓斗式）	M_5，M_7	—	—	M_1，M_5	M_5，M_6	M_1，M_5
甲板起重机		重件装卸用	M_1，M_3	—	—	—	M_1	M_1，M_3
		一般装卸用	M_1，M_5	—	—	—	M_5，M_7	M_4
浮式起重机		装卸用（吊钩式）	M_5，M_6	—	—	—	M_5，M_6	M_5，M_6
		装卸用（抓斗式）	M_6，M_7	—	—	—	M_5，M_7	M_6，M_8
		造船安装用	M_1 ~ M_6	M_1 ~ M_6	—	—	M_5	M_1，M_5
缆索起重机		安装用（吊钩式）	M_3，M_5	—	M_1，M_3	M_1，M_3	—	—
		装卸用（吊钩式）	M_6，M_7	—	M_5，M_6	M_1，M_5	—	—
		装卸用（抓斗式）或输送混凝土用	M_7，M_8	—	M_7	M_1，M_5	—	—

第四节 起重机械钢结构的连接及计算原理

一、连接类型

起重机械钢结构是由若干钢材（钢板或型钢）通过焊缝、螺栓、铆钉等连接成基本构件（受弯构件、轴心受力构件、偏心受力构件等),再通过焊缝、螺栓或铆钉等把基本构件相互连接成能承载的结构件。工程实践证明,起重机械的不少事故发生在钢结构连接处,连接是起重机械钢结构的重要环节,且连接处的加固比构件的加固要困难,因此必须对连接设计予以足够的重视。

1. 焊接

焊接连接是目前起重机械钢结构主要的连接方法,其优点是构造简单、省材料、易加工,并易采用自动化作业;其缺点是质量检验费事,会引起结构的变形和产生残余应力。

2. 螺栓连接

螺栓连接也是一种较常用的连接方法,具有装配方便、迅速的优点,可用于结构安装连接或可拆卸式结构中,缺点是构件截面削弱,易松动。螺栓连接分为普通螺栓连接和高强度螺栓连接两种,普通螺栓又可分为粗制螺栓和精制螺栓。由于高强度螺栓的接头承载能力比普通螺栓要高,还能减轻螺栓连接中栓孔对构件的削弱影响,因此已越来越得到广泛应用。

3. 铆钉连接

铆钉连接是一种较古老的连接方法,由于它的塑性和韧性较好,便于质量检查,故经常用于承受动力载荷的结构中,但制造费工、用料多、钉孔削弱构件截面,因此,目前在机械制造中已逐步由焊接所取代。

4. 销轴连接

销轴连接是一种用于要求精度较高且经常拆卸的承受剪力的连接方式。

5. 胶合连接

在起重机械钢结构中也有采用胶合连接的,胶合连接对构件的截面无削弱,也无残余应力和变形问题,在基础锚固和玻璃幕墙中应用较为广泛,在起重机械领域用于主要受力件的连接还属研究阶段,尚未推广应用。

二、焊缝连接

1. 焊接接头的形式和焊缝种类

在起重机械钢结构中,焊接接头的形式主要有四种:平接、搭接、顶接和角接。

焊缝按构造分有对接焊缝、角焊缝、槽焊缝和电焊钉。在起重机械钢结构中,主要采用对接焊缝和角焊缝两种。按受力方向,对接焊缝又可分为直缝和斜缝;贴角缝又可分为与受力方向基本垂直的端缝和与受力方向基本平行的侧缝。

对接焊缝用于连接位于同一平面的构件[图 1-15a)、d)],用料经济,传力均匀、平顺,没有显著的应力集中,适用于承受动力载荷,但对施焊要求较高,被焊构件应保持一定的间隙。对较厚的钢板,板边还需加工成坡口,施工不便。

角接缝用作平接连接时,需用连接板[图 1-15b)],费料且截面有突变,易引起应力集中,用作搭接连接时[图 1-15c)、e)、f)],传力不均匀,费料,但施工简便,连接两板的间隙大小也无需严格控制。

采用槽缝[图 1-15e)]或电焊钉[图 1-15f)],可以缩短钢材搭接的长度,并使连接紧凑、传力均匀,但增加制造工作量。

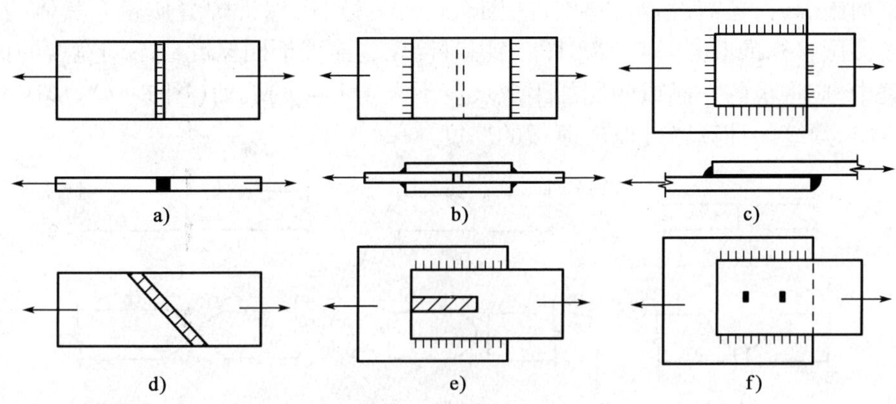

图 1-15 焊接接头和焊缝形式

焊缝按长度的连贯性分为连续焊缝和断续焊缝两种。连续焊缝用于主要构件的连接,能承受外力;断续焊缝用于受力较小或不受力的构造连接。

焊缝按施焊部位不同分为俯焊缝、横焊缝、竖焊缝和仰焊缝。其中俯焊缝施焊最方便,比其他几类易保证质量。因此,应尽量采取俯焊缝,或在焊接时,将结构翻转以采取这种施焊方式。

焊缝按工作性质不同分为强度焊缝和密度焊缝两种。前者能承受构件内力,后者除承受内力外,还需保证连接处不漏气体或液体,适用于储液或储气容器的焊接。

2. 焊缝许用应力

在焊接连接的设计中,熔敷金属至少应具有与母材同等的综合力学性能。

焊缝承受纵向拉压应力时,许用应力不能超过表 1-10 中规定的焊缝拉压许用应力$[\sigma_h]$。

焊缝的剪切许用应力$[\tau_h]$见表 1-10 的规定,按式(1-1)计算:

$$[\tau_h] = \frac{[\sigma]}{2} \quad 或 \quad [\tau_h] = \frac{0.8[\sigma]}{\sqrt{2}} \tag{1-1}$$

根据焊接条件、焊接方法和焊缝质量分级,焊缝的许用应力$[\sigma_h]$、$[\tau_h]$如表 1-10 所示。

焊缝的许用应力(单位:MPa) 表 1-10

焊 缝 形 式			拉、压许用应力$[\sigma_h]$③	剪切许用应力$[\tau_h]$
对接焊缝	质量分级①	B 级	$[\sigma]$②	$[\sigma]/\sqrt{2}$
		C 级		
		D 级	$0.8[\sigma]$	$0.8[\sigma]/\sqrt{2}$
角焊缝	自动焊、手工焊		—	$[\sigma]/\sqrt{2}$

注:①焊缝质量分级按 GB/T 19418—2003 规定;

②表中$[\sigma]$为母材的基本许用应力;

③施工条件较差的焊缝或受横向载荷的焊缝,表中焊缝许用应力宜适当降低。

3. 对接焊缝的构造和计算

1)对接焊缝的构造要求

为保证焊件熔透,当焊件厚度大于 8mm 时,需对焊件边缘进行加工,使其形成一定形状的坡口。坡口基本形式分为 I 形缝、单边 V 形缝、U 形缝、K 形缝和 X 形缝等[图 1-16a)~f)],当只能在单面施焊时,还需设置衬垫施焊[图 1-16g)~i)]以保证焊缝质量。具体的坡口形式和尺寸可参阅国家标准 GB 984—2001。当用对接焊缝连接不同厚度或不同宽度的钢板时,为减少应力集中,应将板的一侧或两侧加工成坡度不大于 1:4 的坡面(图 1-17),形成平缓过渡。在改变厚度时,焊缝的计算厚度取较薄板的厚度。

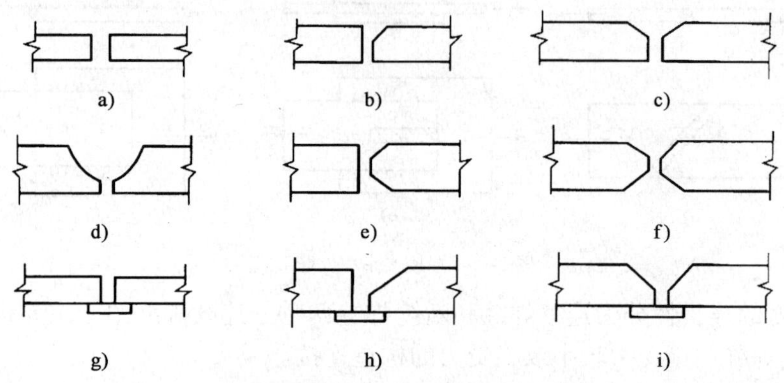

图 1-16 对接焊缝坡口形式

对接焊缝的表面凸出部分易引起应力集中,因此,对受动载荷的重要构件,应顺受力方向将凸出部分加工平整,否则易降低构件疲劳强度。

焊缝的起弧和落弧点,常因不能熔透会形成凹形的焊口。为避免构件受力后产生裂纹和应力集中,焊接时可将焊缝的起点和终点延伸至引弧板上(图 1-18)。待焊完后再将引弧板切除。

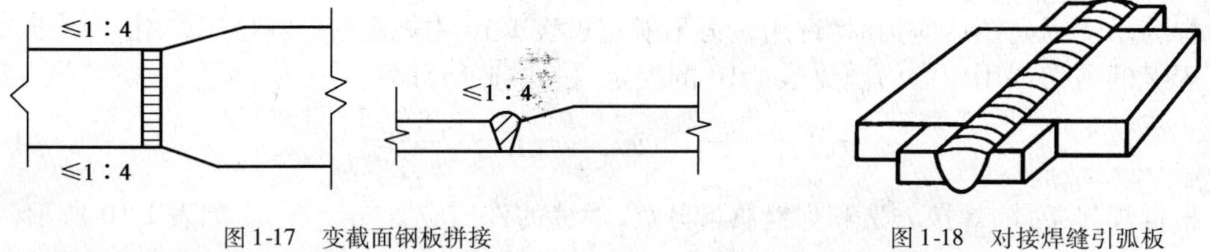

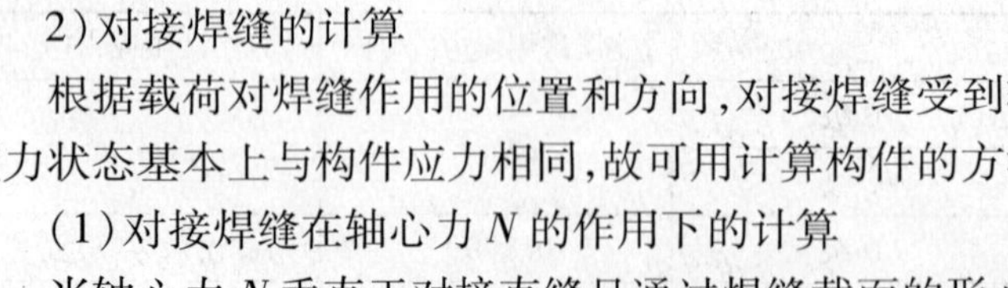

图 1-17 变截面钢板拼接

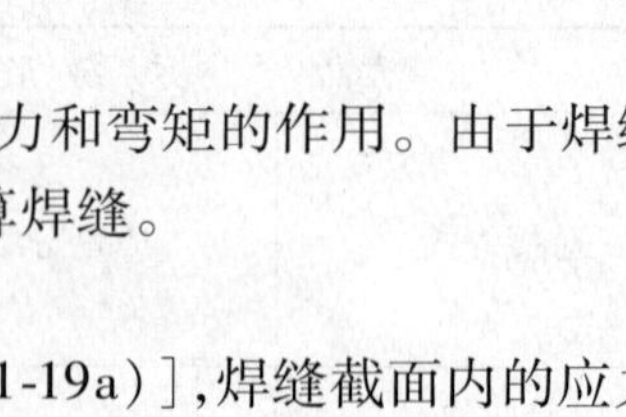

图 1-18 对接焊缝引弧板

2)对接焊缝的计算

根据载荷对焊缝作用的位置和方向,对接焊缝受到轴力、剪力和弯矩的作用。由于焊缝的应力状态基本上与构件应力相同,故可用计算构件的方法来计算焊缝。

(1)对接焊缝在轴心力 N 的作用下的计算

当轴心力 N 垂直于对接直缝且通过焊缝截面的形心时[图 1-19a)],焊缝截面内的应力为均匀分布,其强度按下式计算:

$$\sigma = \frac{N}{\sum l_f \delta} \leqslant [\sigma_h] \tag{1-2}$$

式中:N——轴心力,N;

$\sum l_f$——焊缝计算总长度,mm,当未采用引弧板施焊时,总长度中每条焊缝取实际长度减

去连接中最薄的板厚,当采用引弧板时,取焊缝的实际长度;

δ——连接构件中较薄的焊件厚度,mm;

$[\sigma_h]$——对接焊缝的许用拉(压)应力,MPa。

(2)对接焊缝在斜向力 N 的作用下的计算

受拉连接采用手工焊或半自动焊且用普通方法检查质量时,焊缝的许用应力低于构件的许用应力,直缝强度低于构件的强度,为提高连接的承载能力,可改用斜缝[图 1-19b)]。

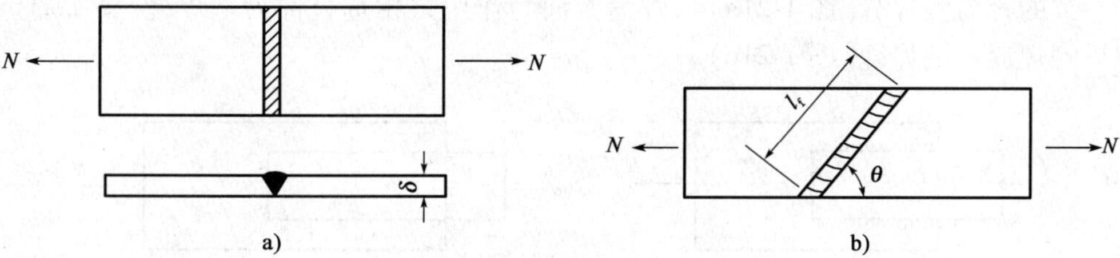

图 1-19　对接焊缝连接图

斜向受力的对接焊缝(或称轴向受力的斜对接焊缝)是处于单向均匀受力状态,其应力分布与相邻母材受力状态相同。故可以分别求得焊缝的正应力和切应力,并控制不超过各自的许用应力。

$$\sigma = \frac{N\sin\theta}{\sum l_f \delta} \leqslant [\sigma_h] \tag{1-3}$$

$$\tau = \frac{N\cos\theta}{\sum l_f \delta} \leqslant [\tau_h] \tag{1-4}$$

由此可见,斜缝与作用力间的夹角 θ 越小,焊缝的承载能力就越大。规范规定,当夹角 θ 符合 $\tan\theta \leqslant 1.5$ 时,可不必计算焊缝强度。需要指出的是,斜缝连接比直缝连接费工又费料。

(3)对接焊缝在轴心力 N、剪力 Q 和弯矩 M 共同作用下的计算

最大正应力验算公式为

$$\sigma = \frac{N}{A} \pm \frac{M}{W_f} \leqslant [\sigma_h] \tag{1-5}$$

式中:A——焊缝的计算截面面积,mm^2;

W_f——焊缝的计算截面抗弯模量,mm^3。

最大切应力验算公式为

$$\tau_{max} = \frac{QS}{I\delta} \leqslant [\tau_h] \tag{1-6}$$

式中:S——焊缝截面中和轴以上部分对中和轴的静矩,mm^3;

I——焊缝截面对中和轴的惯性矩,mm^4;

δ——焊缝的厚度,mm。

对于工字形截面和 T 形截面,在正应力和切应力都较大的地方,如图 1-20 中梁腹板与翼板连接处的对接焊缝,还应按下式验算焊缝折算应力:

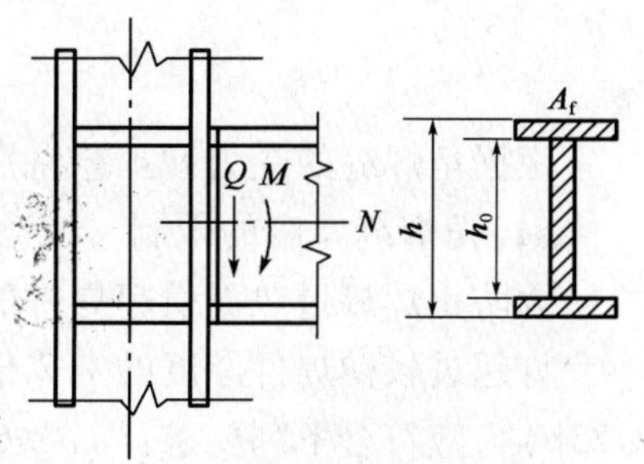

图 1-20　对接焊缝连接

$$\sigma_{zs} = \sqrt{\sigma^2 + 3\tau^2} \leqslant 1.1[\sigma_h] \tag{1-7}$$

式中：σ,τ——腹板与翼板连接处的正应力与切应力，MPa；

1.1——考虑到最大折算应力仅在局部发生，该区域同时遇到材料最坏的概率是很小的，将许用应力进行适当提高的系数。

4. 角焊缝的构造和计算

1）角焊缝的构造特点

根据焊缝与作用力的方向，角焊缝可分为侧焊缝、端焊缝以及围焊缝。焊缝方向与作用力方向相一致的称为侧焊缝［图 1-21a）］；焊缝方向与作用力相垂直称为端焊缝［图 1-21b）］；围焊缝包括侧焊缝和端焊缝［图 1-21c）］。

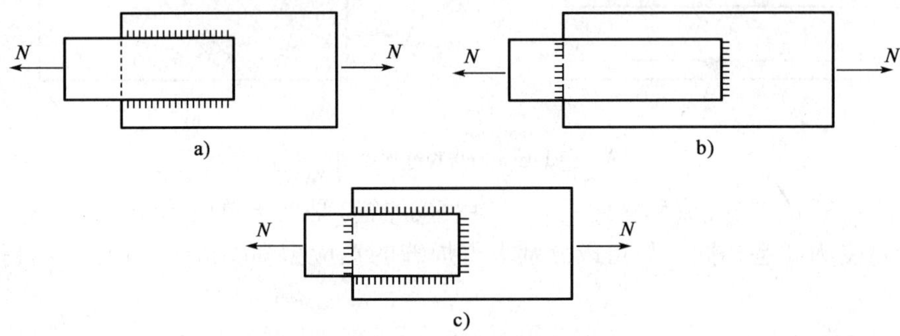

图 1-21　角焊缝连接

角焊缝按其截面形式可分为普通式、坦式和凹面式三种。普通式最常用，正三角形式［图 1-22a）］，斜面的中部稍有凸出。由于这种截面形式的焊缝在端缝处力线转折厉害，易产生应力集中，故对于受动力载荷的构件，为使传力流畅，采用坦式或凹面式［图 1-22b）、c）］。其中坦式焊缝直角边的比为 1∶1.5（长边顺内力方向）。通常把角焊缝截面的直角较小边称为角焊缝的厚度，以 h_f 表示。

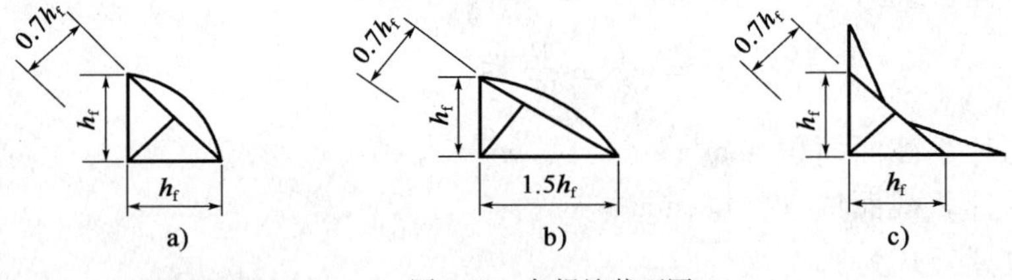

图 1-22　角焊缝截面图

根据角焊缝的受力和工艺特点，为保证连接的质量，设计时应注意以下几个构造问题。

（1）角焊缝厚度的限制

为防止焊接过热而引起焊件的过烧，造成材质变化塑性下降，规范中规定，角焊缝的厚度不允许超过较薄焊件厚度的 1.2 倍［图 1-23a）］。对于搭接头，即角焊缝焊在板的边缘时［图 1-23b）］，应符合下列要求：当 $\delta \leqslant 6$mm 时，$h_f \leqslant \delta$；当 $\delta > 6$mm 时，$h_f = \delta - (1 \sim 2)$mm（其中 δ 为焊件边缘厚度）。

同样，为保证焊件承载能力，焊缝的厚度也不得太薄，否则不易焊透和焊牢。规范中规定，焊缝最小厚度不应小于 4mm，可按经验公式 $h_f \geqslant 0.3\delta + 1$mm（$\delta$ 为较厚焊件厚度）计算得到。

当焊件厚度小于4mm时,则 h_f 取焊件厚度。

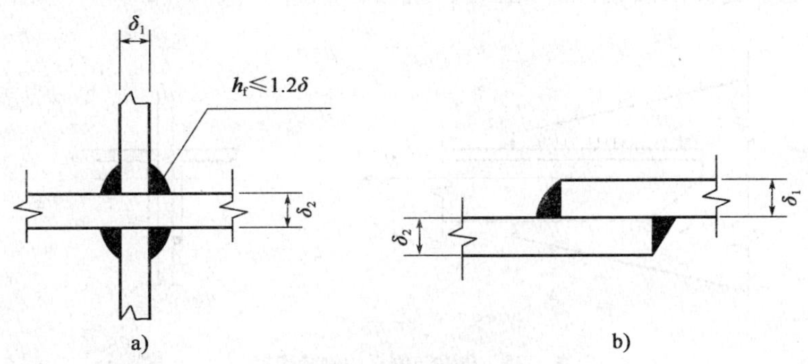

图1-23　角焊缝最大厚度

(2)角焊缝长度的限制

考虑到焊缝若长度过短,起弧落弧缺陷相距过近,易引起应力集中。另外,构件局部加热过剧,会使材质下降。因此,角焊缝的长度不得太小,规定最小计算长度不得小于 $8h_f$。

角焊缝采用侧缝形式时,沿长度方向的焊缝应力分布是不均匀的。而且长度与厚度之比越大,应力分布不均匀现象就越严重。对此,规范中对侧焊缝的最大计算长度作了规定:承受静力载荷时,不得大于 $60h_f$;承受动力载荷时,不得大于 $40h_f$。当实际焊缝长度大于上述数值时,其超出部分在计算中不予考虑。但是,当内力沿侧焊缝全长分布时,其计算长度则不受此限制。

(3)搭接长度和连接板连接要求

用角焊缝连接钢板,可采用搭接,也可用连接板。用端缝和搭接连接应采用双面焊缝[图1-24a)],搭接长度不得小于焊件厚度的5倍。用连接板连接时,对小构件可采用矩形连接板[图1-24b)],对大构件则宜用菱形连接板[图1-24c)],且板端部宽度应大于50mm,以避免连接板的四周尖角出现较大的应力集中。在构件焊缝处的连接板两侧各25mm范围内,不宜焊接,以免焊口过分集中,引起局部烧焊过于剧烈。

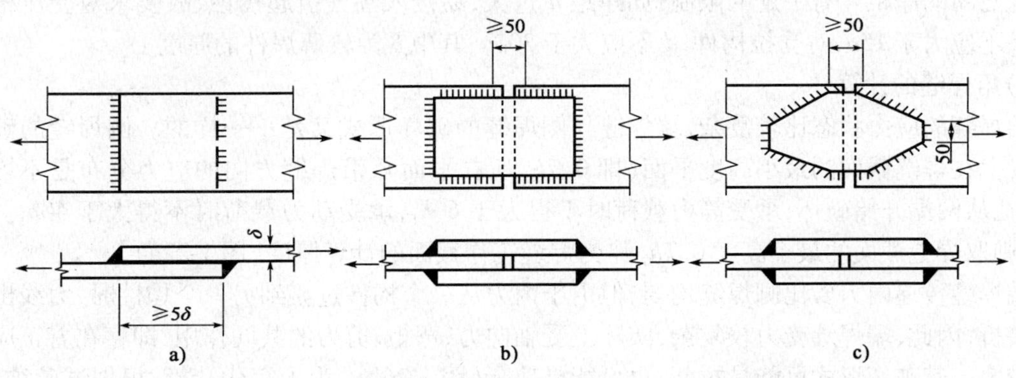

图1-24　角焊缝的钢板连接

(4)连接截面不对称构件侧缝的分布要求

在仅用侧缝连接截面不对称的构件时,为使焊缝截面的形心与被连接构件截面的形心相重合或相接近，需将焊缝截面进行分配。对常见的角钢与钢板的搭接连接（图 1-25），可参见表 1-11 的数值，把焊缝截面按比例分配在肢背和肢尖上。

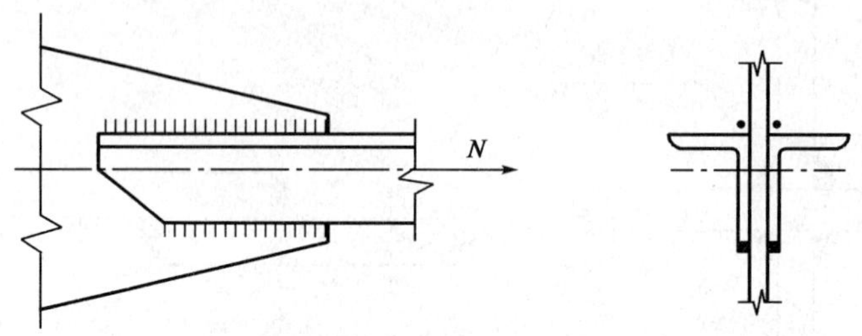

图 1-25　角钢与钢板的侧缝连接

角钢搭接连接焊缝的分配比例　　表 1-11

角钢类型	角钢连接形式	焊缝的分配比例	
		在角钢肢背	在角钢肢尖
等肢角钢		0.70	0.30
不等肢角钢（短肢连接）		0.75	0.25
不等肢角钢（长肢连接）		0.65	0.35

（5）间断焊缝之间的净距

在受力较小的次要构件连接中，如按计算求得的焊缝厚度很小时，可采用间断焊缝。对间断焊缝之间的净距 d 有一定的限制，如净距 d 过大，易侵入潮气引起锈蚀，故要求对受压构件净距 d 不应大于 15δ，对受拉构件，d 不应大于 30δ。其中 δ 为较薄焊件的厚度。

2）角焊缝的计算

角焊缝的应力状态比较复杂，端焊缝与侧焊缝的破坏形式又是不一样的。侧焊缝的破坏通常发生在焊缝截面的最小高度平面（即 $0.7h_f$ 所在平面），沿焊缝方向的应力分布是不均匀的，往往从两端开始破坏，承受静力载荷时不得大于 $60h_f$，承受动力载荷时不得大于 $40h_f$。计算时，则取焊缝截面的最小高度 $0.7h_f$ 作为焊缝工作截面的计算厚度[图 1-22a）]。

端焊缝传递内力要比侧焊缝均匀，但由于内力从一个构件过渡到另一个构件时，力线出现很大转折，因此，端焊缝受力较复杂，实际上受轴向力、弯矩、剪力的共同作用，即存在着正应力和切应力。其破坏形式可能是拉断，也可能是剪断（图 1-26）。为了简化计算，根据试验结果，端焊缝可与侧焊缝一样，计算厚度取最小高度 $0.7h_f$。

在现行的钢结构设计中对端焊缝承受静载荷或间接承受动载荷时，其强度设计值乘了一个 1.22 的提高系数来考虑；对于起重机械来说多承受动载荷，因此，无论是承受静载荷和承受动载荷都不考虑其承载能力的提高情况，在设计计算中角焊缝无论是侧焊缝还是端焊缝，也无论受哪种外力，焊缝中的应力都统一按受剪计算，计算厚度均取 $0.7h_f$。角焊缝的许用应力 $[\tau_t^h]$ 由表 1-10 查取。

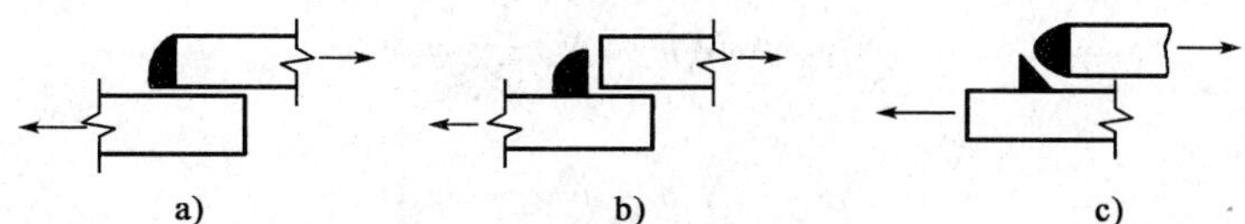

图 1-26 端焊缝的破坏形式

（1）角焊缝在轴心力 N 的作用下的计算

当轴心力 N 垂直于角焊缝且通过焊缝的形心时，可认为焊缝的应力是均匀分布的。验算公式如下：

$$\tau_N = \frac{N}{A_f} = \frac{N}{0.7h_f\sum l_f} \leqslant [\tau_t^h] \tag{1-8}$$

式中：N——轴心力，N；

h_f——角焊缝厚度，取截面直角的较小边，mm；

$\sum l_f$——接缝一侧总计算长度，mm，其中，每条连接施焊的焊缝长度均应减去 $2h_f$（如连续缝或四周环缝则可不减，三面焊时三面总长减去 $2h_f$）；

$[\tau_t^h]$——角焊缝的许用应力，MPa，由表 1-10 查取。

（2）角钢杆件与节点板连接的角焊缝的计算

角钢杆件与节点板连接的角焊缝，由于结构截面形心到肢背和肢尖的距离不相等，靠近其形心的肢背焊缝承受较大的内力，在焊缝设计时，为确保焊缝受力均匀就根据具体结构的受力情况，进行受力分析，然后根据各个焊缝的受力大小按式（1-8）进行设计。常见的角钢杆件与节点板连接的角焊缝的受力分析如下。

角钢用侧缝连接时［图 1-27a)］，设 N_1、N_2 分别为角钢肢背和肢尖焊缝承担的内力，其平衡条件为

$$N_1 + N_2 = N$$
$$N_1e_1 = N_2e_2$$

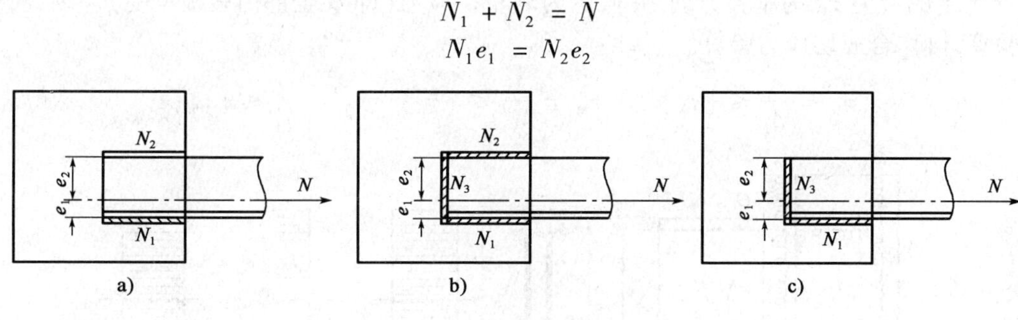

图 1-27 角焊缝

解联立方程得

$$N_1 = \frac{e_2}{b}N = K_1N$$

$$N_2 = \frac{e_1}{b}N = K_2N$$

式中:K_1,K_2——焊缝内力分配系数,$K_1=e_2/b$,$K_2=e_1/b$。

角钢用三面围焊时[图 1-27b)],设 N_1、N_2、N_3 分别为角钢肢背、肢尖和端焊缝承担的内力,其平衡条件为

$$Ne_2 - N_1b - N_3\frac{b}{2} = 0$$

$$Ne_1 - N_2b - N_3\frac{b}{2} = 0$$

解联立方程得

$$N_1 = \frac{e_2}{b}N - \frac{N_3b}{2b} = K_1N - \frac{N_3}{2}$$

$$N_2 = \frac{e_1}{b}N - \frac{N_3b}{2b} = K_2N - \frac{N_3}{2}$$

角钢采用 L 形围焊时[图 1-27c)],设 N_1、N_3 分别为角钢肢背和端焊缝承担的内力,其平衡条件为

$$N_3\frac{b}{2} - Ne_1 = 0$$

$$N_1 + N_3 = N$$

解联立方程得

$$N_3 = 2N\frac{e_1}{b} = 2K_2N$$

$$N_1 = N - N_3 = (K_1 + K_2)N - 2K_2N = (K_1 - K_2)N$$

(3)角焊缝在轴心力 N、剪力 Q 和弯矩 M 共同作用下的计算

按前面假定,角焊缝在各种外力的作用下,焊缝都按对角线上截面受到剪切破坏验算其切应力。图 1-28 所示的连接,轴向力 N 和弯矩 M 产生的应力 τ_N、τ_M 的方向相同,为水平方向。剪力 Q 产生的应力 τ_Q 为垂直方向,并假定为均布切应力(即 Q 全部由腹板承受)。因此,可先分开验算,再作合成切应力验算。

$$\tau_N = \frac{N}{A_f} \leqslant [\tau_h] \qquad \tau_M = \frac{M}{W_f} \leqslant [\tau_h] \quad \tau_Q = \frac{Q}{A'_f} \leqslant [\tau_h] \tag{1-9}$$

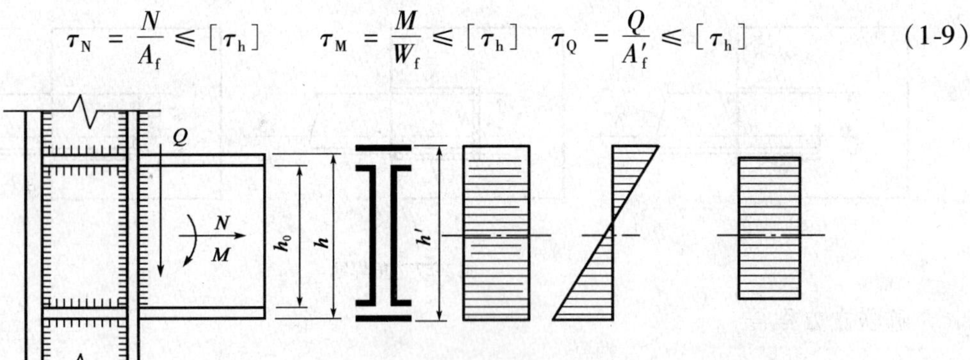

图 1-28　角焊缝连接在 N、Q、M 作用下的计算

对图 1-28 所示焊接,在水平焊缝与垂直焊缝交会处应力较大,需验算其合成切应力:

$$\tau = \sqrt{(\tau_N + \tau_M)^2 + \tau_Q^2} = \sqrt{(\frac{N}{A_f} + \frac{M}{W_f} + \frac{h_0}{h})^2 + (\frac{Q}{A'_f})^2} \leqslant [\tau_h] \quad (1\text{-}10)$$

式中:A_f——焊缝总计算面积,mm^2;

W_f——焊缝计算截面抗弯模量,mm^3;

A'_f——腹板焊缝计算面积,mm^2。

(4)角焊缝在扭矩 M_k 和剪力 Q 共同作用下的计算

在图 1-29 所示连接中,假定焊缝为弹性体,连接体为绝对刚性体,并假定焊缝上任一点的相对位移方向垂直于该点与 O 点的连线,其大小与此连线的长短成正比,在外力 P 作用下,焊缝受到 M_k(P 对焊缝形心的偏心矩 $M_k = Pe$)和 Q(即为 P)的共同作用,这时可近似按下列公式验算。

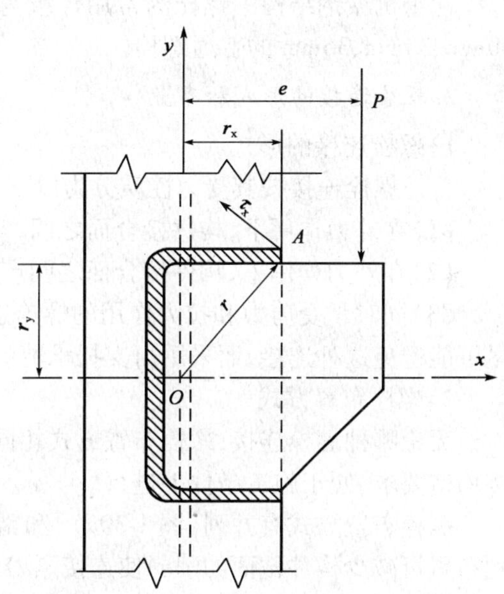

图 1-29 角焊缝在 M_k、Q 的作用下的计算

在 A 点上由剪力 Q 产生的切应力为

$$\tau_Q = \frac{Q}{0.7h_f \sum l_f} \quad (1\text{-}11)$$

在 A 点上由扭矩 M_k 产生的切应力为

$$\tau_k = \frac{M_k r}{I_z} \quad (1\text{-}12)$$

式中:r——焊缝计算截面形心到所求最大应力点的距离,mm;

I_z——焊缝计算截面对 z 轴的惯性矩,mm^4,等于对 x 轴和 y 轴的惯性矩之和,即 $I_z = I_x + I_y$。

将 τ_k 分解到 x 轴和 y 轴上其分应力为

$$\tau_{kx} = \tau_k \frac{r_y}{r} = \frac{M_k r_y}{I_z} = \frac{M_k r_y}{I_x + I_y}$$

$$\tau_{ky} = \tau_k \frac{r_x}{r} = \frac{M_k r_x}{I_z} = \frac{M_k r_x}{I_x + I_y}$$

式中:r_x,r_y——r 在 x 轴及 y 轴上投影的长度,mm;

则 τ_Q 和 τ_{kx}、τ_{ky} 在 A 点上的合成切应力为

$$\tau_A = \sqrt{(\tau_Q + \tau_{ky})^2 + \tau_{kx}^2} \leqslant [\tau_h]$$

三、普通螺栓连接

1. 普通螺栓的种类和连接特点

普通螺栓分为 A、B、C 三级。C 级螺栓常用 Q235 热压制成,表面粗糙,尺寸精度不高,螺孔直径一般比螺栓直径大 1 ~2mm,便于安装。对螺孔制作要求较低,采用Ⅱ类孔,即螺孔一次冲或不用钻模钻成。由于螺杆与螺孔有较大间隙,连接受载时易产生初始滑移,各螺柱受剪

不均。因此,C 级螺栓一般只宜用在螺栓承受拉力的连接中。当在连接中同时承受较大剪力时,必须另设置焊接支托来专门承受剪力。

A、B 级螺栓常采用 Q235 或 35 钢车制而成,表面光滑,尺寸准确,螺孔直径一般比螺杆直径大 0.2 ~0.3mm。对螺孔制作要求很高,通常用钻模钻成,或在装配好的构件上钻成或扩钻成,称Ⅰ类孔。A、B 级螺栓连接的抗剪性好,也不会出现滑移变形,但安装和制造费工,成本较高。

起重机械钢结构中螺栓的常用等级为 4.8、5.8、6.8,直径为 18mm、20mm、22mm、24mm、30mm、33mm、36mm 的普通螺栓。

2. 螺栓连接的形式和布置

1)螺栓连接的形式

普通螺栓连接按其受力性质分为以下三种形式。

(1)在外力作用下,构件接合面之间产生相对剪移,螺栓受剪,称为“剪力螺栓”连接。

(2)在外力作用下,构件接合面之间产生相对脱开。螺栓受拉,称为“拉力螺栓”连接。

(3)同时承受剪力和拉力作用的螺栓连接,称为“拉剪螺栓”连接。在重要受力结构中,应尽可能避免这种连接,而采用由支托承剪的螺栓连接。

2)螺栓布置方式

无论哪种螺栓连接,螺栓布置方式相同,都是根据构件的截面大小和受力特点,在满足连接构造要求、便于施工条件下进行。

螺栓布置方式有并列[图 1-30a)]和错列[图 1-30b)]两种。并列布置简单,应用较多;错列布置可减少构件截面的削弱使连接紧凑,通常在型钢上布置螺栓受到肢宽限制时采用。

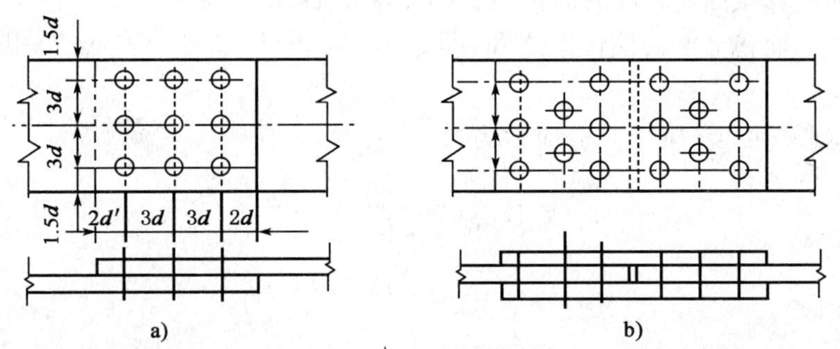

图 1-30　螺栓布置

规范对螺栓布置尺寸有一定的限制:螺栓行列间的间距和螺栓至板边的边距不得过大或过小。距离过大,被连接的板层贴合不紧密,易侵入潮气引起锈蚀;距离过小,会造成构件截面削弱过大,也不便拧紧螺母。螺栓布置的允许距离应符合表 1-12 的规定。

在角钢、槽钢及工字钢等型钢上布置螺栓时,还应注意型钢尺寸对螺栓布置和螺栓最大孔径的限制。另外,对于重要结构,为使连接受力合理,应尽量使螺栓群形心与构件的形心重合,避免出现附加力矩。

3. 螺栓、销轴连接的许用应力

螺栓的许用应力分别按 A、B 级螺栓连接和 C 级螺栓连接选取。

螺栓布置的极限尺寸 表 1-12

<table>
<tr><th>名 称</th><th colspan="2">布置与方向</th><th>最大允许距离
（取以下两者中的小者）</th><th>最小允许距离</th></tr>
<tr><td rowspan="3">中间间距</td><td colspan="2">外排</td><td>$8d$ 或 12δ
$8b$ 或 18δ</td><td rowspan="3">$3d$</td></tr>
<tr><td rowspan="2">中间排</td><td>受压构件</td><td rowspan="2">$16d$ 或 24δ</td></tr>
<tr><td>受拉构件</td></tr>
<tr><td rowspan="3">中心到构件边缘的距离</td><td colspan="2">顺内力方向</td><td rowspan="3">$4d$ 或 8δ</td><td>$2d$</td></tr>
<tr><td rowspan="2">垂直于内力方向</td><td>切割边</td><td>$1.5d$</td></tr>
<tr><td>轧制边</td><td>$1.5d$</td></tr>
</table>

销轴主要承受剪切、挤压、弯曲应力，当销轴在工作中可能产生微动时，其承载能力宜适当降低。螺栓、销轴连接的许用应力如表 1-13 所示。

螺栓、销轴连接的许用应力 表 1-13

<table>
<tr><th>接 头 种 类</th><th>应 力 种 类</th><th>连接件许用应力</th><th>被连接构件许用应力</th></tr>
<tr><td rowspan="4">A、B 级螺栓</td><td>拉伸</td><td>$0.8\sigma_{sp}/n$</td><td>—</td></tr>
<tr><td>单剪切</td><td>$0.6\sigma_{sp}/n$</td><td>—</td></tr>
<tr><td>双剪切</td><td>$0.8\sigma_{sp}/n$</td><td>—</td></tr>
<tr><td>承压</td><td>—</td><td>$1.8[\sigma]$</td></tr>
<tr><td rowspan="3">C 级螺栓</td><td>拉伸</td><td>$0.8\sigma_{sp}/n$</td><td>—</td></tr>
<tr><td>剪切</td><td>$0.6\sigma_{sp}/n$</td><td>—</td></tr>
<tr><td>承压</td><td>—</td><td>$1.4[\sigma]$</td></tr>
<tr><td rowspan="3">销轴连接</td><td>弯曲</td><td>$[\sigma]$</td><td>—</td></tr>
<tr><td>剪切</td><td>$0.6[\sigma]$</td><td>—</td></tr>
<tr><td>承压</td><td>—</td><td>$1.4[\sigma]$</td></tr>
</table>

注：①σ_{sp} 为与螺栓性能等级相应的螺栓保证应力，按 GB/T3098.1 规定选取，其中性能等级为 4.8 的 σ_{sp} 为 310MPa，性能等级为 10.9 的 σ_{sp} 为 830MPa；n 为安全系数；$[\sigma]$ 为相应材料的基本许用应力。

②当销轴在工作中可能产生微动时，其承压许用应力宜适当降低。

4. 剪力螺栓连接的计算

1）剪力螺栓连接的破坏形式

当作用在螺栓连接中的剪力较小时，板层之间靠螺栓拧紧力产生的摩擦阻力传递外力，此时，连接处于弹性工作阶段，螺栓不受力。当外力增大，克服了摩擦阻力后，板层间出现相对滑移，螺杆接触孔壁，于是，由摩擦阻力、孔壁受压以及螺栓受剪共同传递连接件的外力，直至破坏。

螺栓连接发生破坏时，有三种可能性：当螺栓杆直径较小，而构件厚度较大时，一般是因螺栓杆被剪断而破坏[图 1-31a）]；当螺栓杆直径较大，构件厚度相对较薄时，则连接构件由于构件孔壁被螺栓杆挤压而产生破坏[图 1-31b）]；当连接构件由于开孔后截面削弱过多则引起截面被拉断而破坏[图1-31c)];因此,为使连接安全可靠,必须保证上述三方面的承载能力。当然最经济的设计,应该使三者的承载能力相等或相近。剪力螺栓连接的应力状态是比较复杂的,为简化计算,在实际计算中,常采用一些假定:连接构件为刚性的;不计构件之间的摩擦力;螺栓杆受剪时截面上受到均布切应力;孔壁上的承压应力认为是均布的、并作用在螺孔直径平面上,不考虑构件孔边的局部应力等。

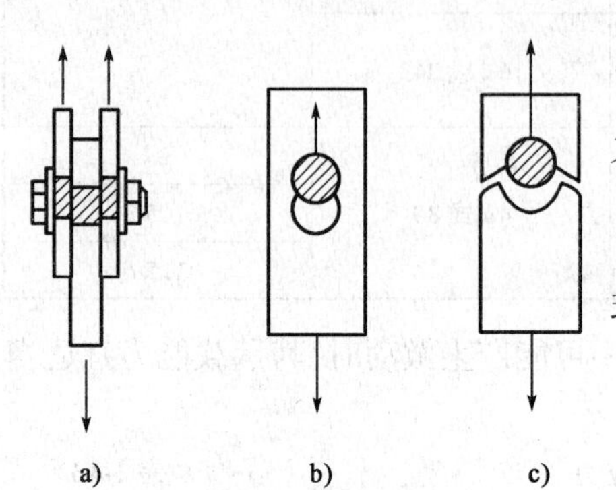

图1-31　螺栓连接破坏形式

2)单个剪力螺栓连接的承载能力计算

根据抗剪条件确定的单个剪力螺栓的许用承载力为

$$[N_{\mathrm{j}}^{1}] = n_{\mathrm{j}}[\tau^{1}]\frac{\pi d^{2}}{4} \tag{1-13}$$

式中:n_{j}——单个螺栓的受剪面数目,单剪螺栓 $n_j=1$,双剪螺栓 $n_{\mathrm{j}}=2$;

d——螺栓杆的直径,mm;

$[\tau^{1}]$——螺栓杆的许用切应力,MPa(见表1-15)。

根据抗压条件确定的单个剪力螺栓的许用承载力为

$$[N_{\mathrm{c}}^{1}] = d\sum\delta[\sigma_{\mathrm{c}}^{1}] \tag{1-14}$$

式中:$\sum\delta$——在同一方向承压构件的较小总厚度,mm;

$[\sigma_{\mathrm{c}}^{1}]$——螺栓孔壁承压许用应力,MPa,见表1-15。

按照式(1-13)和式(1-14)计算,取两者中较小数值作为单个螺栓的许用承载力。

3)受轴心力作用的受剪螺栓连接计算

当轴心力 N 通过螺栓群中心时,假设各螺栓受力相等,即轴心力 N 由每个连接螺栓均匀承受,故验算公式为

$$N_{\max} = \frac{N}{n} \leqslant [N^{1}]_{\min} \tag{1-15}$$

式中:$[N^{1}]_{\min}$——按抗剪和抗压条件算得的 $[N_{\mathrm{j}}^{1}]$ 和 $[N_{\mathrm{c}}^{1}]$ 中的较小值。

对于不对称的搭接连接或用拼接板的单面连接,由于螺栓杆还受到因传力偏心引起的附加弯矩作用,因此,螺栓的数目应按计算结果增加10%。

当型钢(角钢或槽钢)上的螺栓布置不下时,可采用辅助短角钢与型钢的外伸肢相连(图1-32),在短角钢任一肢上的连接所用的螺栓数目,应按计算结果增加短角钢布置数目的50%。

此外,考虑到在轴心力作用下,构件由于截面削弱遭到破坏,故还应按下式验算被接构件的净截面强度:

$$\sigma = \frac{N}{A_{\mathrm{j}}} \leqslant [\sigma] \tag{1-16}$$

式中:A_{j}——构件扣除螺栓孔部分的净截面积,mm^2;

$[\sigma]$——构件许用应力,MPa。

4)受轴心力 N、剪力 Q 和力矩 M 作用下的受剪螺栓计算

当外力没有通过螺栓群中心时，螺栓连接处于偏心受力状态，即受到轴心力和偏心弯矩共同作用。图 1-33 所示的连接就属于这种情况。

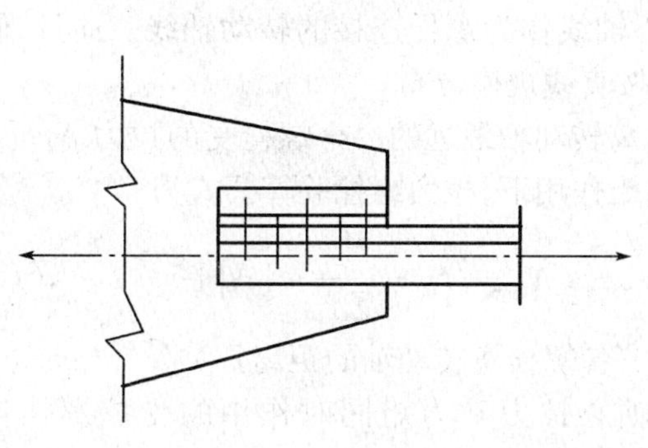

图 1-32　采用辅助短角钢连接

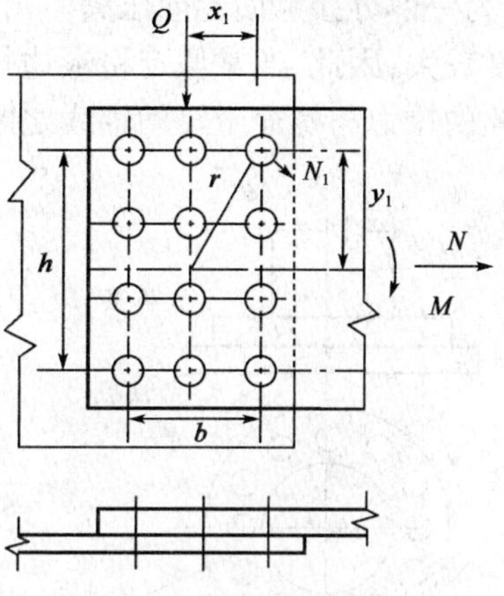

图 1-33　剪力螺栓群连接

在轴心力 N 作用下，计算方法如前所述。在力矩 M（对连接而言承受扭转力矩）作用下，假定被连接构件是绝对刚性的，螺栓为弹性的，被连接的构件之间将绕螺栓群中心，产生相对转动而使螺栓受剪。在这种假定下，可认为每个螺栓所受剪力的大小与其到中心 O 的距离 r_i 成正比，方向垂直于 r_i，离螺栓群中心 O 最远的一个螺栓受力最大。

在轴心力 N、剪力 Q 和弯矩 M 共同作用下，离螺栓群中心最远的螺栓所受合力应不超过单个螺栓的许用承载力，故验算公式为

$$N_{max}=\sqrt{\left(\frac{N}{n}+\frac{M}{\sum x_i^2+\sum y_i^2}y_1\right)^2+\left(\frac{Q}{n}+\frac{M}{\sum x_i^2+\sum y_i^2}x_1\right)^2}\leqslant[N^1]_{min} \tag{1-17}$$

5. 拉力螺栓连接的计算

拉力螺栓常用于法兰和 T 形连接，如图 1-34 所示。受力时，一般存在较大的偏心，构件将发生变形，使得螺栓杆除受外拉力 T，还受到附加拉力 Q。此外，杆颈螺纹处易产生应力集中。

由于螺栓内力的确定较难，因此，常采用降低许用应力的办法，以考虑上述不利因素。

1）单个拉力螺栓连接的承载能力计算

单个拉力螺栓的许用承载力

$$[N_1^1]=\frac{\pi d_0^2}{4}[\sigma_1^1] \tag{1-18}$$

式中：d_0——螺栓杆螺纹处的内径，mm；

$[\sigma_1^1]$——螺栓的抗拉许用应力，MPa（见表 1-13）。

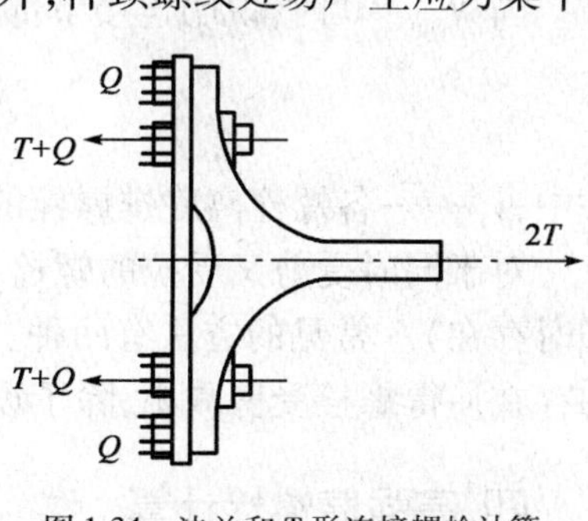

图 1-34　法兰和 T 形连接螺栓计算

2）受轴心拉力作用的受拉螺栓连接计算

当轴心拉力 N 通过螺栓群中心时，可按轴心力平均分配于每个螺栓进行计算。因此，连接所需的螺栓数目按下式计算：

$$\frac{N}{n}\leqslant[N_1^1] \tag{1-19}$$

3)受力矩作用的受拉螺栓计算

当螺栓连接承受力矩时(图1-35),构件之间将发生相对翻转,使一部分接触面逐渐趋向分离,另一部分接触面趋向压紧。由于螺栓只受拉,压力则被连接件的挤压面承受,而挤压面的刚度较大,因此,通常假定将最边排螺栓的中心轴线作为螺栓连接的转动轴线。而且,假定各螺栓的拉力与螺栓至转动轴线之距成正比,即按直线规律分布。

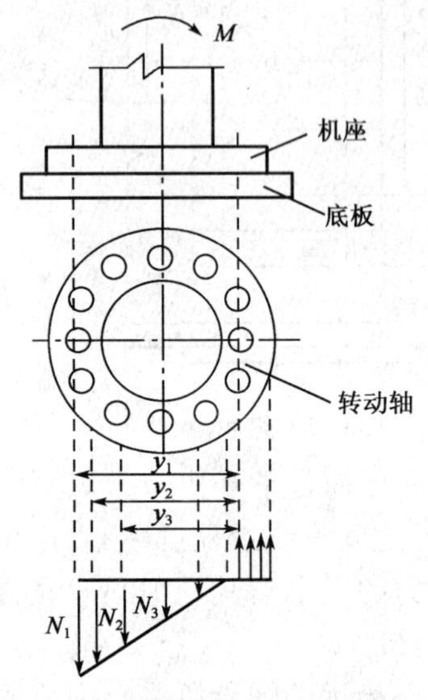

图1-35　在力矩作用下拉力螺栓计算

显然,离转动轴最远的一个螺栓受的拉力 N_1 最大。因此,在力矩作用下,拉力螺栓验算公式为

$$N_{\max}=N_1=\frac{M_{y_1}}{\sum y_i^2}\leqslant[N_1^1] \tag{1-20}$$

式中:y_i——各螺栓离转动轴的距离。

4)受轴心拉力和力矩同时作用的受拉螺栓连接计算

当螺栓连接偏心受拉时,就存在同时受轴心拉力 N 和偏心力矩 M 作用的受力状态。此时,当力矩较小时,构件绕螺栓群形心转动,底排和顶排螺栓的受力分别为

$$N_{\max}=\frac{N}{n}+\frac{M_{y_1}}{\sum y_i^2}$$

$$N_{\min}=\frac{N}{n}-\frac{M_{y_1}}{\sum y_i^2} \tag{1-21}$$

式中:y_i——各螺栓到螺栓群形心的距离。

当 $N_{\min}\geqslant 0$ 时,说明螺栓受拉,构件绕形心转动,应对螺栓群中心取距,必须满足:

$$N_{\max}=\frac{N}{n}+\frac{M_{y_1}}{\sum y_i^2}\leqslant[N_1^1] \tag{1-22}$$

式中:y_i——各螺栓到螺栓群形心的距离。

当 $N_{\min}<0$ 时,说明连接下部受压,构件绕底排螺栓转动,应对底排螺栓取距,必须满足:

$$N_{\max}=\frac{(M+N_e)y_1'}{\sum y_1'^2}\leqslant[N_1^1] \tag{1-23}$$

式中:$y_1'^2$——各螺栓离底排螺栓的距离。

对于同时受剪又受拉的螺栓,目前,国内还无统一的计算方法(设计时要避免剪力和拉力同时存在)。常见的方法有两种:一种方法是验算螺栓的折算应力;另一种方法是考虑到拉力的存在使得螺栓受剪减小,除了设置承受拉力的螺栓外,另外,还设置螺栓或支托来承受剪力。

四、高强度螺栓计算

1. 高强度螺栓连接的原理

高强度螺栓连接是在20世纪50年代发展起来的一种新型连接形式,具有受力性能好,施工简单,装配方便,耐疲劳以及在动载作用下不易松动等优点,故得到越来越广泛的应用。

从力的传递方式来看,高强度螺栓连接可分为三种:摩擦连接(摩擦型),摩擦力、螺栓剪

力和承压力三者共同作用的连接(承压型),以及螺栓轴向受拉的连接。其中摩擦型是主要采用的形式,其工作特点是利用高强度螺栓的强大预拉力将连接构件夹紧,依靠构件接触面间的摩擦阻力来传递构件的内力,而不是像普通螺栓那样靠螺栓杆的抗剪和承压传力。

起重机械钢结构常用高强度螺栓有 8.8、10.9 和 12.9 级,常见规格有 M20、M22 和 M24 三种。常用的材料有 45 优质碳素钢($\sigma_b \geqslant 850$MPa)和 40B 合金钢($\sigma_b \geqslant 1\,100$MPa)。螺母和垫圈均采用 35 钢或 45 钢,需进行热处理。

高强度螺栓连接的形式、尺寸和布置要求与普通螺栓相同,孔径比螺栓杆直径大 1 ~2mm。

2. 高强度螺栓连接的预拉力和摩擦因数

由于摩擦型高强度螺栓连接的特点是靠构件接触面之间的摩擦力来阻止其相互滑移,以达到传递外力的目的,为此必须具备足够大的构件间的夹紧力和接触面间的摩擦因数。

构件间的夹紧力靠对螺栓施加预拉力获得的。《起重机设计规范》中给出的高强度螺栓的预拉力值如表 1-14 所示。

单个高强度螺栓的预拉力(单位:kN) 表 1-14

螺栓等级	抗拉强度 σ_b(MPa)	屈服极限 σ_{s1}(MPa)	M16	M18	M20	M22	M24	M27	M30	M33	M36	M39
8.8	≥800	≥640	70	86	110	135	158	205	250	310	366	437
10.9	≥1 000	≥900	99	120	155	190	223	290	354	437	515	615
12.9	≥1 200	≥1 080	119	145	185	229	267	347	424	525	618	738
螺栓有效截面积 A_1(mm^2)			157	192	245	303	353	459	561	694	817	976

注:表中预拉力值按 $0.7\sigma_{s1}A_1$ 计算,σ_b、σ_{s1} 单位为 MPa。

高强度螺栓中,连接表面的摩擦因数大小对承载力有直接影响。试验表明,摩擦因数与构件的材质、接触面的粗糙程度、法向力大小有关。为提高摩擦因数,应将构件接触面进行喷砂、喷丸或酸洗除锈后再进行涂无机富锌漆防锈等特殊处理。摩擦因数 μ 如表 1-15 所示。

摩擦因数 μ 表 1-15

在连接处接合面的处理方法	构件钢号	
	Q235	Q345 及其以上
喷砂	0.45	0.55
喷砂(酸洗)后涂无机富锌漆	0.35	0.40
喷砂后生赤锈	0.45	0.55
钢丝刷清浮锈或未经处理干净轧制表面	0.30	0.35

3. 高强度螺栓连接的许用承载能力

该连接利用高强度螺栓的预拉伸,使被连接构件之间相互压紧而产生静摩擦力来传递剪力。

1)在抗剪连接中单个摩擦型高强度螺栓的许用承载能力

$$[P] = \frac{Z_m \mu P_g}{n} \tag{1-24}$$

式中:$[P]$——单个摩擦型高强度螺栓的许用承载能力,kN;

Z_m——传力的摩擦面数；

μ——摩擦因数，按表 1-15 选取；

n——安全系数；

P_g——高强度螺栓的预拉力，kN，按表 1-14 选取。

2）承受拉力作用时的许用承载力

在受拉连接中，单个摩擦型高强度螺栓沿螺杆轴向的许用承载力$[P_t]$按下式计算，且不宜大于P_g。

$$[P_t] = \frac{0.2\sigma_{s1}A_1}{1\,000n\beta} \tag{1-25}$$

式中：σ_{s1}——高强度螺栓钢材的屈服极限，有确切数据按值选取，也可按表 1-16 中最低值选取；

A_1——螺栓的有效面积，在表 1-14 中选取；

β——载荷分配系数，与连接板总厚度 L 和螺栓（公称）直径 d 有关，$L/d \geqslant 3$ 时，$\beta = (0.26 - 0.026L/d) + 0.15$，$L/d < 3$ 时，$\beta = (0.17 - 0.057L/d) + 0.33$；

n——安全系数。

也就是说，外拉力在螺栓中引起的最大应力不得大于$[P_t]$

3）单个高强度螺栓抗剪、抗拉的许用承载能力

当高强度螺栓连接同时承受摩擦面间的剪力和螺栓轴线方向的外拉力，显然，构件之间的夹紧力降低，即每个螺栓的许用承载力$[N^1]$也随之降低。因此，当同时承受摩擦面间的剪力和螺栓轴线方向的外拉力时，每个高强度螺栓的许用承载力为

$$[N^1] = \frac{Z_m\mu(P_g - 1.25P_t)}{n} \tag{1-26}$$

式中：n——安全系数；

P_t——每个高强度螺栓在其轴线方向所受的外拉力 N，此拉力应小于预应力 P_g 的 70%。

4. 高强度螺栓连接强度校核

1）承受弯矩作用时的计算

当高强度螺栓群受到弯矩 M 时（作用方向使螺栓受拉，图 1-36），由于高强度螺栓的外拉力 N 必须小于预拉力 P_g，确保连接件在 M 作用下，其接触面始终保持紧密贴合，故可按中性轴位于螺栓群形心轴线上来计算，即每个螺栓受到的力 N 与螺栓到中性轴的距离 y 成正比。

离中性轴最远的螺栓受力最大，其值为

$$N_1 = \frac{My_1}{m\sum y_i^2} < [P_t] \tag{1-27}$$

2）承受剪力和扭矩作用时的计算

如图 1-37 所示，当高强度螺栓偏心受剪时，可转化为剪力（两个方向）和偏心弯矩（作用方向使螺栓受剪）作用。其计算方法与普通受剪螺栓相同，只是许用承载能力不同。计算公式为

$$N_1 = \frac{Q}{n} \quad N_2 = \frac{N}{n} \quad N_3 = \frac{M}{\sum x_i^2 + \sum y_i^2}r_1$$

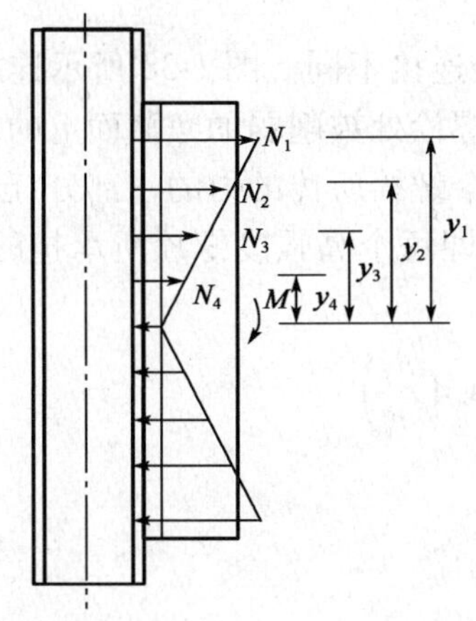
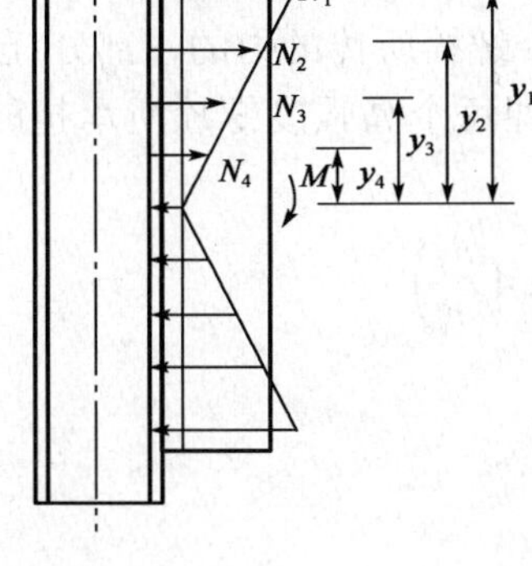

图 1-36 弯矩作用下的高强度螺栓

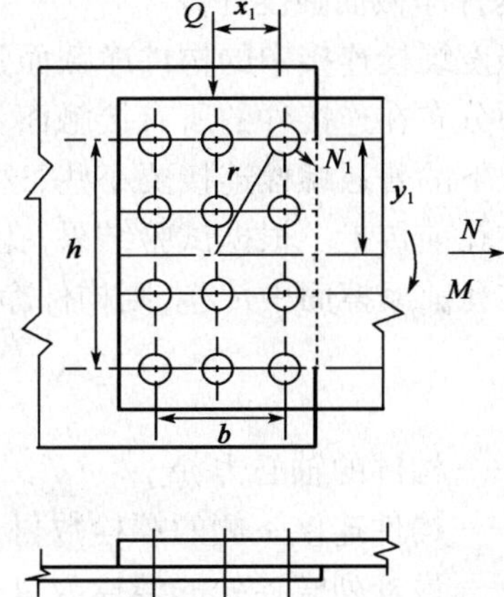

图 1-37 剪力和扭力作用下的高强度螺栓

螺栓受到的合力为 N_1、N_2、N_3 的矢量和 N，即 $N=N_1+N_2+N_3$，并应满足条件：

$$N \leqslant [N^1] \tag{1-28}$$

3）受轴心拉力和力矩作用的受拉螺栓连接计算

当螺栓群偏心受拉即同时受轴心拉力 N 和偏心力矩 M 作用时，为确保连接的可靠性，在外拉力 N 和偏心力矩 M 共同作用下，螺栓承受的力必须小于预拉力 P_g，确保连接件接触面始终保持紧密贴合。

高强度螺栓受力计算，按中性轴位于螺栓群形心轴线来计算：

$$P_k=\frac{N}{m}\pm\frac{My_k}{\sum y_i}$$

$$P_{max}=\frac{N}{m}\pm\frac{My_1}{\sum y_i}<[P_t]$$

式中：y_1——最外排螺栓到螺栓群形心的距离；

M——螺栓群个数；

y_k——第 k 排螺栓到螺栓群形心的距离；

P_k——第 k 排螺栓承受的拉力。

4）承受剪力、拉力和弯矩作用的螺栓连接计算

当螺栓群同时承受剪力 Q、拉力 N 和弯矩 M 同时作用时，为确保连接件接触面始终保持紧密贴合及连接的可靠，应该满足两方面的要求：单个螺栓承受的最大轴向力小于许用承载力 $P_t<[P_t]$；螺栓群的摩擦力之和大于剪力。

当 $P_k \leqslant 0$ 取 $P_k=0$

$$[N_k^1]=\frac{Z_m\mu(P_g-1.25P_k)}{n}$$

当 $P_k \leqslant 0$ 且 $|P_k|>P_g$

$$[N_k^1]=\frac{Z_m\mu P_k}{n}$$

$$\sum[N_k^1]\geqslant Q$$

5)构件净截面强度计算

高强度螺栓连接中的构件净截面强度计算与普通螺栓连接不同。图1-38所示连接中,由于摩擦力分布在连接件的所有接触面上,因此两端最外列螺栓处被削弱的净截面上的内力,比同样情况下的普通螺栓连接要小些,这是因为该截面上每个螺栓所传的力的一部分,已由摩擦的作用在孔前传走。根据试验结果,孔前传力因数为0.4,即每个高强度螺栓所承担的内力有40%已在孔前摩擦面中传递,则构件净截面所受力为

$$N' = N - 0.4n_1 \frac{N}{n} = N\left(1 - 0.4\frac{n_1}{n}\right) \tag{1-29}$$

式中:N——构件的轴心力,N;

n——构件连接一侧的螺栓数目;

n_1——最外列螺栓处的螺栓数目;

0.4——孔前传力因数。

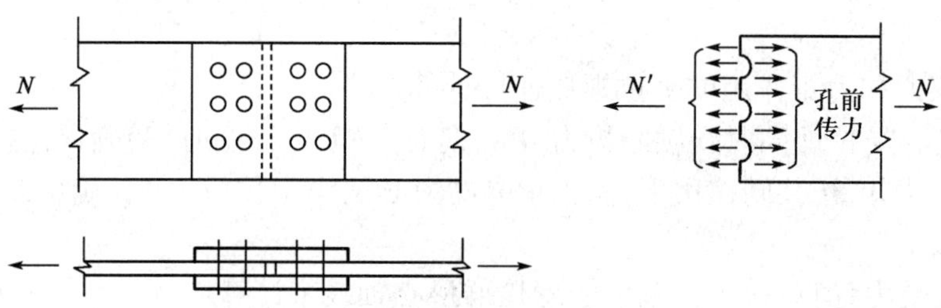

图1-38 孔前压力

因此,高强度螺栓连接的轴心受拉或受压构件的强度应按下式计算:

$$\sigma = \frac{N'}{A_j} \leqslant [\sigma] \tag{1-30}$$

$$\sigma = \frac{N}{A} \leqslant [\sigma] \tag{1-31}$$

式中:A_j——构件最外列螺栓处的净截面积,mm^2;

A——构件毛截面积,mm^2;

$[\sigma]$——构件的许用应力,MPa。

6)高强度螺栓连接应施加的拧紧螺栓、螺母的扭矩

在高强度螺栓连接中为使高强度螺栓达到规定的预拉力,施加的拧紧螺栓、螺母的扭矩计算如下:

$$M = (0.11 \sim 0.2)dP_g \tag{1-32}$$

式中:M——拧紧力矩,kN·m;

d——螺栓中径,m;

P_g——拧紧力,即高强度螺栓的预拉力,kN。

M 的值视螺母与螺纹、垫圈的摩擦情况而异。同时必须满足下列要求,且不得使用硬度

低于螺栓硬度的垫圈；高强度螺栓、螺母和垫圈材料应符合 GB/T 1231—2006 或GB/T 3632—2008 的规定；大于 M24 的扭剪型高强度螺栓副和大于 M30 的高强度螺栓副，应符合 GB/T 3098.1—2010、GB/T 3098.2—2000 等的规定；各种规格的螺栓副除选用 GB/T 1231—2006 规定的材料外，还可采用 GB/T 3077—1999 规定的用于 8.8 级的 40Cr 和用于 10.9 级以上的 35CrMo、42CrMo 等钢材；主要承载连接销轴的材料，宜采用符合 GB/T 699—2008 的 45 钢及符合 GB/T 3077—1999 的 40Cr、35CrMo、42CrMo 等钢材，并进行必要的热处理。

高强度螺栓连接施工要求详见第三章第八节内容。

第五节　起重机械零部件设计及选用原则

一、机械零部件及其设计的概念

从制造和装配的观点看，机器是由许多独立加工、独立装配的单元体组成的，这些单元体称为零件。机械零件是组成机器的基本单元，如螺栓、螺母、垫片、齿轮、轴等。而构件是运动的基本单元，一个构件可以由一个零件或多个零件组成。

按用途不同机械零件可分为通用机械零件和专用机械零件。在各类机器中普遍使用的零件称通用机械零件，例如：起联接作用的零件有螺纹零件、键、销等；起传动作用的零件有带、齿轮、蜗轮、链等；起支承传动零部件作用的零件，如轴；起支承轴的零部件，如滚动轴承、滑动轴承等；还有其他用途的零件，如弹簧、机架等。而专用机械零件是指在某些机器中特殊使用的机械零件，如曲轴、叶片等。

本节所介绍的是在普通条件下工作的具有一般参数的通用机械零部件的设计理论和设计方法。

所谓在“普通条件下工作”是指常温常压的工作条件，高温高压条件下工作的机械零部件的设计具有特殊性，不在本节讨论。“一般参数”是指机械零件的尺寸不是过大或过小。过大的机械零件，如建筑用的地脚螺栓，有的重 1.8t，其设计不能用普通机械零件的设计方法来处理。再如，女式手表中的齿轮直径为 1mm，因尺寸过小，也不能用常规的设计方法来处理，可根据精密机械的理论和方法来解决。

“部件”是指为了完成某项功能而由若干零件组成的零件组合体，如减速器、变速器、联轴器、离合器、制动器等。这些部件可用以完成特定的工作，往往独立加工装配。

“设计”是指为满足某一特定要求而进行的创造过程，一般包括设计计算及画出可用于加工的工作图。“机械零部件设计”是机械设计的关键，其质量直接影响机器的设计质量。

二、机械零部件设计的基本要求和步骤

1. 机械零部件设计的基本要求

机械零部件设计是机械设计的重要组成部分，机械运动方案中的机构和构件只有通过零部件设计才能得到用于加工的零件工作图和部件装配图，同时它也是机械总体设计的基础。

机械零部件设计的主要内容:根据运动方案和总体设计的要求,明确零部件的工作要求、性能、参数等,选择零部件的结构形式、材料、精度等,进行失效分析和工作能力计算,画出零件图和部件装配图。

设计机械零件时,零件主要应满足以下三项基本要求。

1)要有一定的工作能力,即零件不发生失效时的安全工作限度,这是设计机械零件时应满足的首要条件。所谓“工作能力”是指机械零件要有一定的强度、刚度、耐磨性和可靠性等。

2)经济性好,即机械零件的成本要低。想要达到成本低的目的,就应当从机械零件的选材、合理地选定精度等级和采用标准件等方面综合考虑。

3)具有良好的结构工艺性,即机械零件在既定的生产条件下,能够方便而经济地加工出来,且便于装配,同时还要考虑加工的可能性及难易程度等机械零部件设计应满足的要求。

此外,还要满足噪声控制、防腐性能、不污染环境等环境保护要求和安全要求等。以上要求往往互相牵制,需全面综合考虑。

2. 设计机械零部件的一般步骤

1)选择零件的材料。在满足工艺要求的条件下,优先考虑国产材料,尽量选用市场广泛供应、货源充足的材料,并考虑价格、质量等因素综合评价选择。

2)建立零件的受力模型。对零件进行受力分析,确定零件的计算载荷,例如求计算功率:

$$P_c = KP \tag{1-33}$$

式中:P——名义载荷(公称载荷、额定载荷);

K——载荷系数。

3)选择零件的类型与结构。可参考各种图册和手册,或根据实际经验确定。

4)理论计算包括两部分内容:

(1)设计计算。由作用到零件上的力计算零件的几何尺寸,即根据零件的主要失效形式确定零件的设计依据和公式,求零件的主要参数、尺寸。例如,根据齿面接触疲劳强度求出齿轮的主要参数——分度圆直径的计算即为设计计算。

(2)校核计算。即已知零件的几何尺寸求零件的工作能力。例如:根据齿面接触疲劳强度求出齿轮的主要参数——分度圆直径后,为了保证齿轮的另一种工作能力,即轮齿不被折断,还要再代入弯曲强度的公式进行核算,此计算称为校核计算。

5)零件的结构设计。设计出零件的全部结构形式及具体几何尺寸。

6)绘制零件的工作图,并编写计算说明书,即绘制出符合生产要求的零件工作图,包括材料、热处理、形状、尺寸、尺寸公差、几何公差、技术要求等全部内容。

上述设计步骤并非一成不变,有时需要交替进行。

三、机械零部件设计的失效形式及设计准则

1. 机械零部件常见的失效形式

所谓失效即指机械零件因为某种原因不能正常工作。机械零件失效形式归纳如下:

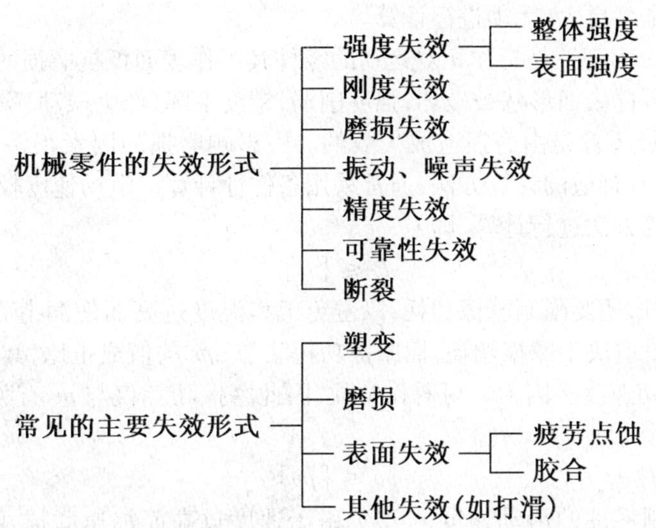

2. 机械零部件的设计准则

为了保证零件能正常工作,在设计零件时应首先进行零件的失效分析,预估失效的可能性,采取相应措施,其中包括理论计算。计算所依据的基本原则称为设计准则,常用的设计准则如下。

1)强度准则。零件抵抗断裂和塑性变形的能力称为强度。常用的强度设计准则是:

$$\sigma \leqslant [\sigma] = \frac{\sigma_{\lim}}{S_\sigma} \quad \tau \leqslant [\tau] = \frac{\tau_{\lim}}{S_\tau} \tag{1-34}$$

$$\begin{cases} \sigma_b(\tau_b) \text{——脆性材料} \\ \sigma_s(\tau_s) \text{——塑性材料} \\ \sigma_r(\tau_r) \text{——疲劳极限} \end{cases}$$

式中: σ——拉(压)应力;

τ——剪应力;

$[\sigma],[\tau]$——许用拉(压)应力,许用剪应力;

S_σ,S_τ——计算安全系数;

$\sigma_b(\tau_b),\sigma_s(\tau_s)$——静强度时材料的断裂极限和屈服极限;

$\sigma_{\lim}$——极限应力。

2)刚度准则。零件在载荷作用下抵抗弹性变形的能力称零件的刚度。零件的刚度可按材料力学所介绍的方法进行计算,即变形量小于许用变形量,变形量可以是挠度、偏转角或扭转角,即

$$\gamma \leqslant [\gamma] \quad \theta \leqslant [\theta] \quad \varphi \leqslant [\varphi] \tag{1-35}$$

式中: γ,θ,φ——挠度,偏转角,扭转角;

$[\gamma],[\theta],[\varphi]$——许用挠度,许用偏转角,许用扭转角。

在机械零件的计算中,轴零件的刚度计算较为常用,一般常按挠度条件判断刚度条件,而偏转角或扭转角一般不进行计算。因为轴经过结构设计后,一般直径较大,刚度足够,尤其偏

转角或扭转角的安全度更大，无须进行计算。

3）耐磨性准则。耐磨性是指作相对运动的零件其工作表面抵抗磨损的能力。

磨损导致机械零件表面形状被破坏，强度削弱，精度下降，产生振动、噪声，造成工作失效。工程中有80%的机械零件是由磨损造成失效的。因影响磨损的因素很多，而且比较复杂，到目前为止，磨损还没有合适的计算方法，通常采用条件性计算。滑动速度较低、载荷大时，可用限制工作表面压强的方法进行计算，即

$$P \leqslant [P] \tag{1-36}$$

滑动速度较高时，还要限制摩擦功耗，以避免工作温度过高而使润滑失效，导致零件表面胶合失效。因发热量取决于摩擦功耗，而摩擦功耗又与 μpv 的值成正比，其中 μ 为摩擦系数，p 为压强，v 为相对滑动速度。因为 μ 可看作常数，因此摩擦功耗仅与 pv 有关，故工程中常用限制 pv 值作耐磨性计算，即

$$pv \leqslant [pv] \tag{1-37}$$

高速时还要限制零件的滑动速度 v，避免由于速度过高而加速磨损，降低零件的工作寿命，即

$$v \leqslant [v] \tag{1-38}$$

式中：$[P]$，$[pv]$，$[v]$均为许用值。

4）振动和噪声准则。高速机械或对噪声有特别要求的机械，振动是噪声产生的原因。为了保护环境，应尽量降低噪声对环境的污染。因此，为了减小振动，要求机械振动频率 f_p 远离机械的固有频率，特别是一阶固有频率 f，即

$$f_p < 0.85f \tag{1-39}$$

如不满足可采取以下措施：

(1)改变机械或零件的刚度。

(2)采取有效的减振措施。

5）热平衡准则。机械零件的温升过高会引起润滑油黏度下降，使润滑失效，造成零件之间的磨损加剧；如果零件表面的温度升高到金属材料的熔点，则金属表面会产生瞬时焊接现象，即产生胶合，导致机械零件的失效。胶合失效难以准确计算，而且计算过程复杂，为了防止胶合失效，通常用限制温升的简化方法进行计算，即

$$\Delta t \leqslant [\Delta t] \tag{1-40}$$

式中：Δt——温升；

$[\Delta t]$——许用温升。

如果不满足上述条件时，可采取以下措施。

(1)进一步改善润滑条件。

(2)设置冷却装置。

6）可靠性准则。按传统强度设计方法设计零件，因材料的强度、外载荷以及加工尺寸等条件存在着离散性，有可能出现达不到预期工作时间而失效的情况。欲将出现这种失效的概率控制在一定范围之内，就对零件提出了可靠性的要求。

可靠性的设计指标用可靠度 R 来衡量。所谓“可靠度”就是指机器或零件在一定工作环境下，在规定的使用期限内连续正常工作的概率。

N 个相同零件在同样条件下同时工作,在规定的时间内有个 N_f 个零件发生失效,剩下 N_t 个零件仍能继续工作,则可靠度为

$$R = \frac{N_t}{N} = \frac{N - N_f}{N} = 1 - \frac{N_f}{N} \tag{1-41}$$

失效概率为

$$Q = \frac{N_f}{N} = 1 - R \tag{1-42}$$

可靠性与失效概率的关系为

$$R + Q = 1$$

如果一台机器是由 n 个机械零件组成的串联系统,每个机械零件的可靠度分别为 $R_1, R_2, \cdots, R_n$,则整个机器的可靠度为

$$R = R_1 R_2 \cdots R_n \tag{1-43}$$

综上所述,要提高整个机器(串联方式)的可靠度,首先应提高组成机器的每个零件的可靠度,即采用高可靠度的零件;其次,组成机器的零件的可靠度应尽量相同,因为整个机器的可靠度低于组成机器中的可靠度最差的零件的可靠度。

对可靠性要求较高的系统与机械必须进行可靠性设计,而机械零件可靠性水平的高低,直接影响到机械系统的可靠性。另外高可靠性的系统一般要有些备用系统,并需经常维护、保养。

3. 机械零部件的标准化

在机械设计中应尽量遵循标准化的原则。机械产品标准化的内容包括标准化、系列化和通用化三方面,简称机械产品的“三化”。

标准化是对机械零件的种类、尺寸、结构要素、利料性能、检验方法、设计方法、公差配合及制图规范等制定出相应的标准,供设计、制造及修配中共同遵照使用,如螺栓、螺母、垫圈等的标准化。

系列化是指产品按主要参数分档,形成一系列的产品,以便用较少规格的产品满足不同的需要,如圆柱齿轮减速器系列。系列化是标准化的重要组成部分。

通用化是对不同规格的同类产品或不同类产品,在设计中尽量采用相同的零件或部件,如几种类型不同的轿车可以采用相同的轮胎。通用化是广义的标准化。

标准化的意义表现如下。

(1)以最先进的方法对用途广泛的零件进行专业化的大规模生产,以提高质量,降低成本。

(2)可以减轻设计工作量、缩短设计周期、提高设计质量及降低设计费用。

(3)具有互换性,便于维修更换。

我国现行标准分为国家标准(GB)、行业标准(如 JB、YB 等)及企业标准等三个等级。标准又分为必须执行(如制图标准、螺纹标准等)和推荐使用(如直径标准等)两种。为了便于国际间的交流与合作,我国的国家标准现已尽可能地靠拢、符合和采用国际标准(ISO)。

第六节　起重机抗倾覆稳定性和防风抗滑安全性

一、起重机抗倾覆稳定性的计算方法

倾翻是起重机常见的一种恶性事故，造成机损和人身伤亡的严重后果。有资料统计，国内外 719 台液压轮式起重机，因倾翻造成的事故占 3.5% ~6.3%。国内某港 1974 ~1981 年 8 年中，有 4 台龙门起重机因被大风吹动造成倾翻或落江事故。1996 年 9 月，湛江港受到 9615 号台风袭击，造成许多大型港口机械翻毁事故。因此，保证起重机具有足够的抗倾覆稳定性和防风抗滑安全性，是设计起重机的基本要求。

1. 稳定性安全系数法

在自重和外载荷作用下，起重机本身所具有的抵抗倾翻的能力，称为起重机的抗倾覆稳定性，简称稳定性。验算起重机稳定性有多种方法，在《规范》发布前主要采用“稳定性安全系数法”。这种方法是把相对于倾覆边的复原力矩与倾覆力矩的比值 $K\left(K=\frac{M_{复原}}{M_{倾覆}}\right)$，即稳定性安全系数作为衡量起重机抗倾覆能力的一个数量指标，只要 K 值大于 1 的规定数值，即认为起重机是稳定的。

起重机失稳是沿着倾覆边而翻倒的。对于轨道起重机，由于基距（沿轨道方向门腿中心线之间的距离）通常大于轨距，故进行稳定性验算时，一般倾覆边取为轨道中心；对于轮胎式和汽车式起重机，它们既可打支腿也可不打支腿作业，因此倾覆边为最外侧的支腿中心或轮胎中心的边线；对于履带式起重机，横向倾覆边为履带板的中心线，纵向倾覆边为履带链轮的轴线。对于带载运行的起重机，还应验算运动时，对相应的危险倾覆边（一般与运动方向垂直）的倾覆稳定性；对于不带载运行的起重机，如无法确定危险倾覆边时，应对支承多边形（车轮或支腿中心间的连线）的每条倾覆边进行稳定性验算。

2. 力矩法

我国新制定的《起重机设计规范》中采用“力矩法”来进行稳定性验算。这种方法规定：包括起重机自重在内的各项载荷对倾覆边的力矩之和大于或等于 0，即 $\sum M \geqslant 0$，则认为起重机是稳定的。用力矩法进行稳定性验算，概念明确，方法简便，可将各类型起重机的稳定性验算公式用统一的形式表达，并且它还能表示出稳定性安全系数法难以表达的突然卸载和吊具脱落的工况，因而更加合理和科学。此外，由于在轨道上运行的露天工作起重机有可能因被大风吹动而导致倾翻，故新规范中还规定对于此类起重机应进行防风抗滑安全性的验算。

由于起重机种类繁多，不同类型的起重机的结构、外形和工作条件各不相同，对它们的抗倾覆稳定性的要求也不相同。用力矩法校核稳定性时，首先按照起重机的特征把起重机划分为以下 4 组：

第 I 组为流动性很大的起重机，如汽车起重机、轮胎起重机、履带起重机等。

第Ⅱ组为重心高，工作不频繁，工作场地经常变更的起重机，如建筑用塔式起重机等。

第Ⅲ组为场地固定的桥式类型轨道起重机，如龙门起重机和装卸桥等。

第Ⅳ组为重心高、速度大、工作场地固定的轨道起重机，如门座起重机等。

根据4组工作特征，起重机抗倾覆稳定性的验算工况也分为4种：

第1组工况为无风静载，此时可不考虑轨道或基础的倾斜度。

第2组工况为有风动载，此时仅第Ⅰ组起重机可不考虑轨道或基础的倾斜度，其余各组均需考虑。

第3组工况为突然卸载或吊具脱落，此时不考虑轨道或基础的倾斜度。

第4组工况为暴风侵袭下的非工作状态，此时也不考虑轨道或基础的倾斜度，并按Ⅲ类风压进行计算。

对于以上4组工况，均应按最不利的载荷组合来进行起重机稳定性验算。如果包括起重机自重在内的各项载荷对倾覆边的力矩之和（规定起稳定作用的力矩为正，起倾覆作用的力矩为负）大于或等于0，即$\sum M \geqslant 0$，则认为起重机是稳定的，其验算公式如下：

$$K_1 \cdot M_G + K_2 \cdot M_Q + K_3 \cdot M_P + K_4 \cdot M_f \geqslant 0 \tag{1-44}$$

式中：M_G——起重机自重产生的力矩；

M_Q——起升载荷产生的力矩；

M_P——包括物品在内的水平惯性力产生的力矩；

M_f——风载荷产生的力矩；

K_1、K_2、K_3、K_4——载荷系数，是考虑各种载荷对稳定性的实际影响程度不同，而将各种载荷力矩分别乘以不同载荷系数。各载荷系数值如表1-16所示。国际标准和一些先进工业国家载荷放大系数取值如表1-17所示。

需要指出，表1-16中第Ⅰ组（轮胎式和汽车式）所列载荷系数只适用于打支腿作业的情况。货物所受的风力和货物的水平惯性力可合在一起考虑，用吊重绳偏摆角来计算总水平力。臂架在风力作用下能自由回转的臂架起重机，臂架应建在倾覆边一面，风从平衡重方向吹向臂架。塔式起重机除了验算上述4种工况外，还要验算其安装状态稳定性，应保证起重机安装和拆装时（包括起立塔架时和放倒塔架时）的自身稳定性。

二、起重机的抗风防滑安全性

在大风作用下，露天轨道起重机被大风沿垂直轨道方向吹倒的情况是罕见的，但沿轨道方向被大风吹动发生溜车，继而撞上轨道终点挡块，出轨倾覆的事故却时有发生，因此对露天工作的轨道起重机，必须验算其防风抗滑安全性。验算应按正常工作状态和非工作状态两种工况进行。

1. 正常工作状态

正常工作状态的验算公式为

$$P_{z1} \geqslant 1.1P_{f\mathrm{II}} + P_\alpha - P_m \tag{1-45}$$

式中：P_{z1}——运行机构制动器产生在车轮踏面上的制动圆周力；

$P_{f\mathrm{II}}$——起重机所受工作状态下的最大风力（沿运行方向）；

P_{α}——由坡度产生的滑行力；

P_{m}——起重机运行摩擦阻力，滑动轴承为0.015，滚动轴承为0.006。

载荷系数 表1-16

起重机组别	验算工况	自重载荷系数 K_1	起升载荷系数 K_2	包括物品在内的水平惯性载荷系数 K_3	风力载荷系数 K_4	备注
Ⅰ	1	1	1.33	0	0	伸缩臂起重机不必验算工况4
	2	1	1.15	1	1	
	3	1	-0.2	0	0	
	4	1	0	0	1.1	
Ⅱ	1	0.95	1.4	0	0	
	2	0.95	1.15	1	1	
	3	0.95	-0.2	0	1	
	4	0.95	0	0	1.1	
Ⅲ	1	0.95	1.4	0	0	带悬臂起重机验算：①纵向（悬臂平面）稳定性（工况1.2）；②横向（行走方向）稳定性（工况4），无悬臂起重机验算横向稳定性（工况4）
	2	0.95	1.2	1	1	
	3	0.95	—	—	—	
	4	0.95	0	0	1.15	
Ⅳ	1	0.95	1.5	0	0	
	2	0.95	1.35	1	1	
	3	0.95	-0.2	0	1	
	4	0.95	0	0	1.1	

载荷放大系数 表1-17

标准	验算工况	惯性力	风载荷
国际标准化组织 ISO 4305—1981	有风动载 无风静载	1.1 1.25	1 0
欧洲搬运工程协会 FEM	有风动载 无风静载	1.35 1.6	1 0
英国 BS2799:74	有风动载 无风静载	1.35 1.6	1 0
德国 DIN15019	有风动载 无风静载	1.1 1.6	1 0
法国 NFE52—08	有风动载 无风静载	1.15 1.6	1 0
中国 GB 3811	有风动载 无风静载	1.15 1.4	1 0

制动力 P_{z1} 应小于车轮与轨道的黏着力，黏着系数取 0.12。

2. 非工作状态

非工作状态一般装设夹轨器等防风抗滑安全装置，夹轨器产生的制动力 P_{z2} 应满足

$$P_{z2} \geqslant P_{f\mathrm{III}} + P_{\alpha} - P_{m} \tag{1-46}$$

式中：$P_{f\mathrm{III}}$——起重机非工作状态下的最大风力（沿运行方向）。无锚定装置时可按地区可能出现的最大非工作风压计算，有锚定装置时按 600 ~ 800N/m^2 计算。

轨道和夹轨钳（表面有刻痕并经淬火）间的摩擦系数取 0.25。手工操作的夹轨器，最大操作力不得大于 200N。

针对湛江港 9615 号台风袭击造成许多大型港口机械的翻毁事故，交通部交建发[1996] 1041 号文件规定，码头和堆场的大型装卸机械的运行机构设置的夹轨器或防爬器、顶轨器这些装置均是摩擦式防风装置，必须满足在 35m/s 大风顺轨道方向作用下装卸机械不发生滑移的要求。同时还规定，码头和堆场的轨道式大型装卸机械还需设防风系缆装置，或有防滑移和防倾覆两种功能的其他新型有效的防风装置。这些防风装置的设计风速，长江口以南（包括长江口地区）沿海港口按不小于 55m/s 风速，长江口以北地区沿海港口可以根据本地区历史统计最大风速并留有一定富裕度的原则，按不小于 55m/s 风速或略低于 55m/s 的某一适当风速；要求这些防风锚定、系缆装置在上述风速的强风作用下，保证装卸机械不滑移，不倾覆。以上规定适用于国产装卸机械和从国外进口的装卸机械。当采用国际招标和国际采购大型装卸机械时，采购技术文件必须明确包含以上要求的内容。码头和堆场轨道式大型机械防风台装置的停放位置及设置锚定坑和防风系缆墩柱的地方，其基础结构设计必须考虑防风锚定装置和防风系缆装置对基础产生的最大水平力和上拔力。轮胎式龙门起重机防风抗台停放位置必须设置防风系缆地锚或系缆墩柱，其基础设计必须承受防风缆绳对基础的最大作用力。

思　考　题

1. 水运工程机电设备由什么组成？
2. 常用港口装卸设备种类有哪些？各有什么特点？
3. 设备制造过程质量控制点设置的原则是什么？停止点流程如何实施？
4. 什么是起重机整机工作级别及机构工作级别？划分为几个级别？划分的依据是什么？
5. 起重机钢结构连接类型有哪些？连接要求及计算原理是什么？
6. 起重机零部件设计及选用准则有哪些？
7.《起重机设计规范》规定满足起重机抗倾覆稳定性的条件是什么？按哪几种工况进行抗倾覆稳定。

第二章 原材料质量控制

第一节 常用工程材料

工程材料有各种不同的分类方法。一般都将工程材料按化学成分分为金属材料、非金属材料、高分子材料和复合材料四大类。

金属材料是最重要的工程材料，它通常划分为钢铁材料（铁>50%）和有色金属。钢是碳质量分数小于2.11%的铁碳合金，是现代化工业中用途最广、用量最大的金属材料。

钢按化学成分分为碳素钢（简称碳钢）和合金钢两大类。工业用碳钢除以铁和碳为主要成分外，还含有少量的锰、硅、硫、氮、氧、氢等常存杂质。由于碳钢容易冶炼，价格低廉，性能可以满足一般工程机械、普通机器零部件、工具及日常轻工业产品的使用要求，故得到了广泛的应用。我国碳钢产量约占钢总产量的90%。合金钢是在碳钢的基础上，为了提高钢的机械性能、物理性能和化学性能，改善钢的工艺性能，在冶炼时有目的地加入一些合金元素的钢。在钢的全部产量中，合金钢所占比重约10%～15%，与碳钢相比，合金钢的性能有显著的提高和改善，随着我国钢铁工业的发展，合金钢的产量、品种、质量也将逐年增加和提高。

一、常用钢的分类和主要用途

1. 常用钢的分类

钢的种类繁多，为了便于生产、选用和比较研究并进行保管，根据钢的某些特性，从不同角度出发，可以把它们分成若干具有共同特点的类别。下面简单介绍一些常用的分类方法。

1）按化学成分分类

按化学成分可把钢分为碳素钢和合金钢两大类。

（1）碳素钢。按含碳量（碳质量分数）不同可分为低碳钢（$w(C)<0.25\%$）、中碳钢（$w(C)=0.25\%\sim0.60\%$）和高碳钢（$w(C)>0.60\%$）。

（2）合金钢。按钢中合金元素总含量可分为低合金钢（合金元素总质量分数小于5%）、中合金钢（合金元素总质量分数为5%～10%）和高合金钢（合金元素总质量分数大于10%）。此外，还可以根据钢中所含主要合金元素种类不同来分类，如锰钢、铬钢、硼钢、铬锰钢、铬锰钛钢等。

2）按钢的质量分类

根据钢中所含有害杂质（S、P）的多少，工业用钢通常分为普通质量钢、优质钢和高级优质钢。

（1）普通质量钢。硫的质量分数$w(S)\leqslant0.035\%\sim0.050\%$，$w(P)\leqslant0.035\%\sim0.045\%$。

(2)优质钢。$w(S) \leqslant 0.035\%$,$w(P) \leqslant 0.035\%$。

(3)高级优质钢。$w(S) \leqslant 0.025\%$,$w(P) \leqslant 0.025\%$。

3)按金相组织分类

(1)按照平衡状态或退火组织可分为亚共析钢(其金相组织为铁素体和珠光体)、共析钢(其金相组织为珠光体)、过共析钢(其金相组织为珠光体和二次碳化物)和莱氏体钢(其金相组织类似白口铸铁,即组织中存在着莱氏体)。

(2)按正火组织可分为珠光体钢、贝氏体钢、马氏体钢和奥氏体钢。但由于空冷的速度随钢试样尺寸大小而有所不同,所以这种分类法是以断面不大的试样(通常选用 φ25mm)为准。

(3)按加热及冷却时有无相变和室温时的金相组织可分为铁素体钢(加热和冷却时始终保持铁素体组织)、奥氏体钢(加热和冷却时始终保持奥氏体组织)和复相钢(如半铁素体或半奥氏体钢)。

4)按冶炼方法分类

(1)按冶炼设备分类,可分为平炉钢(酸性平炉钢、碱性平炉钢)、转炉钢(酸性转炉钢、碱性转炉钢,其中又有底吹、侧吹转炉钢)和电炉钢(电弧炉钢、电渣炉钢、感应炉钢和真空感应炉钢)。

(2)按钢的脱氧程度和浇注制度不同,又可将其分为沸腾钢、镇静钢和半镇静钢。合金钢一般均为镇静钢。

5)按用途分类

按钢的用途分类是钢的主要分类方法。我国冶金行业标准(YB)和国标(GB)一般都是按钢的用途分类法制定的。

根据工业用钢的不同用途,可将其分为结构钢、工具钢、特殊性能钢三大类。

(1)结构钢

①用作工程结构的钢,属于这类钢的有碳素结构钢、低合金结构钢。

②用作各种机器零部件的钢,包括渗碳钢、调质钢、弹簧钢、滚动轴承钢,以及易削钢、低淬钢、冷冲压钢等。

(2)工具钢

工具钢包括碳素工具钢、合金工具钢和高速工具钢三种。它们可用以制造刃具、模具和量具等。

(3)特殊性能钢

这类钢具有特殊的物理、化学性能,它包括不锈钢、耐热钢、耐磨钢、电工用钢、低温用钢等。

此外还有特定用途钢。如锅炉用钢、压力容器用钢、桥梁用钢、船舶用钢及钢筋钢等。

2. 常用钢的主要用途

1)碳素结构钢

碳素结构钢的含碳量一般小于0.38%,而含碳量小于0.25%的碳素结构钢最为常用。普通碳素结构钢的杂质较多,但一般能够满足一般工程用构件和零件的性能要求。碳素结构钢一般适用于工程用的热轧钢板、钢带、型材和棒材等,可用于焊接、螺栓联接、铆接等构件使用。例如,Q235 由于其塑性韧性较好,常用于制造一般的轴、锻件、焊接件等。

2)优质碳素结构钢

优质碳素结构钢的硫磷含量较少,主要用于制造较为重要的构件。

优质碳素结构钢由于含碳量的不同主要用途也略有不同。10、20、25等属于低碳钢,主要用于制造螺钉、垫圈、冲压件等,经过渗碳处理可制成轴、销等零件;30、40、45等属于中碳钢,热处理后可用于制造齿轮、连杆、套筒等;60、65等属于高碳钢,经过淬火、回火后可用于制造弹簧、发条等。

3)碳素工具钢

碳素工具钢一般要先经过热处理方能使用。热处理后碳素工具钢获得较高的耐磨性和硬度,可用于制造较低切削速度的刃具、热处理变形要求较低的模具、精度相对低的量具等。例如,T8韧性好,热处理后还有较好的硬度,多用于在承受冲击的工况下使用,用于制造冲头、木工工具、剪切金属用的剪刀等。

4)合金结构钢

合金钢是为了改善钢材的力学性能而在材料中特意加入一种或几种合金所炼成的钢。因此合金结构钢比碳素结构钢的性能优良,常用于制造尺寸较大、形状复杂或热处理后变形较小的构件。低合金高强度结构钢一般不用热处理即可使用,使用范围比较广泛,如桥梁、建筑、输油管等。合金调质钢是指采用调质处理的合金结构钢,具有良好的综合性能,广泛用于汽车制造、装备制造、机床等各种重要零件,如传动轴、齿轮轴等。

5)合金工具钢

合金工具钢主要是用来制造刃具、模具和量具。合金刃具钢在切削的工程中刃部要切入被加工材料,同时工件对刃具产生很大的压力,会产生冲击、摩擦、高温。因此加入的合金元素主要是用于增加钢的淬透性、热硬性和耐磨性。

6)特殊性能钢

特殊性能钢是用于在特殊环境(高温、腐蚀等)中或特殊工作条件使用的构件和零部件的钢材。特殊性能钢在机械制造、化工、石油和国防工业等部门都广泛使用。不锈钢在食品、石油、医药等工业中都应用广泛,它是在大气和弱腐蚀介质中耐腐蚀的钢;耐热钢则是具有高温抗氧化性和一定高温强度等优良性能的特殊性能钢;耐磨钢用于制造在工作环境中要受到严重磨损和强烈冲击的零件使其具有较好的韧性和耐磨性。

二、铸铁的分类和主要用途

1.铸铁的分类

铸铁是指碳含量(质量分数)大于2.11%的铁碳合金。铸铁含碳、硅较高,并含有较多的硫、磷等杂质,因此其性能与钢的性能有较大区别。

根据碳在铸铁中的存在形式可将其分为白口铸铁、灰口铸铁和麻口铸铁三种。白口铸铁是指碳主要是以游离碳化物的形式出现,端口呈现白色。白口铸铁硬度高,脆性大,难以加工,故较少直接使用。

灰口铸铁是指碳大部分或全部以石墨形式出现,端口呈现灰色。在灰口铸铁中依据石墨不同的形式,可分为灰铸铁、可锻铸铁、球墨铸铁以及蠕墨铸铁四种。灰铸铁中石墨呈片状;可锻铸铁中石墨呈团絮状石墨；球墨铸铁中石墨呈球状；蠕墨铸铁中石墨是介于片状和球状之间的一种形式出现。

麻口铸铁是指铸铁中的碳一部分以游离碳化物的形式出现，一部分以石墨形式出现，端口呈现灰、白相间。该种铸铁因其脆性较大而较少使用。

2.铸铁的主要用途

1）灰铸铁

灰铸铁中由于石墨呈现片状，因此其抗拉强度、塑性和韧性都进一步降低，但是其抗压强度约是其抗拉强度的3～4倍，故主要用于制造承受压力的床身、箱体、机座、导轨等零件。

灰铸铁在铸造后必须进行去应力退火处理，以消除在铸造过程中产生的应力。

2）可锻铸铁

可锻铸铁中石墨呈现团絮状，具有较高的强度，一定的塑性和韧性，因此主要用于制造一些形状比较复杂而在工作中承受一定冲击载荷的薄壁小型零件，如管接头、农具、曲柄、低压阀门等。

可锻铸铁是白口铸铁经过低温时效处理，然后经过高温石墨化退火处理得到的。

3）球墨铸铁

球墨铸铁中石墨呈现球状，因此其抗拉强度、塑性、韧性均比其他铸铁高，具有良好的力学性能，应用也最为广泛，主要用于制造受力较复杂、负荷较大的机械零件，如曲轴、连杆、齿轮、凸轮轴等。

球墨铸铁常用的热处理方法有退火、正火、调质处理和等温淬火。

4）蠕墨铸铁

蠕墨铸铁中石墨呈现蠕虫状，是一种介于片状和球状之间的形式，其性能优于灰铸铁，次于球墨铸铁，主要用于制造内燃机缸盖、阀体等。

三、有色金属及其合金的分类和主要用途

1.有色金属及其合金的分类

人们通常把除钢铁材料外的所有非铁金属及其合金称为有色金属及其合金。有色金属种类很多，工业中应用较广为铝及铝合金、铜及铜合金、钛及钛合金以及轴承合金等。

1）铝及铝合金

（1）纯铝。纯铝在工业生产中仅次于钢铁材料，其导电性、导热性好，具有良好的耐蚀性，塑性好，强度低。

（2）铝合金。铝合金是指通过在铝中添加硅、铜、镁、锰等合金元素，获得较高硬度的一种合金材料。

铝合金主要分为形变铝合金和铸造铝合金。形变铝合金主要包括防锈铝合金、硬铝合金、超硬铝合金以及锻铝合金；铸造铝合金主要包括铝硅合金、铝铜合金、铝镁合金以及铝锌合金等。

2）铜及铜合金

（1）纯铜。纯铜具有较好的导电性、导热性，仅次于银，同时还具有较好的塑性以及抗

磁性。

(2)铜合金。铜合金是指通过在铜中添加其他合金元素,获得较高强度以及优良性能的一种合金材料。

铜合金主要分为黄铜、青铜、白铜。黄铜又分为普通黄铜和特殊黄铜,青铜又分为锡青铜、铝青铜、铍青铜。

3)钛及钛合金

(1)纯钛。具有较好的塑性,易加工成型,有优良的耐蚀性及抗氧化性。

(2)钛合金。在纯钛的基础上添加合金元素。

2. 有色金属及其合金的主要用途

1)铝及铝合金

(1)纯铝。主要用于制作电线、电缆、器皿及配置合金等。

(2)铝合金。根据铝合金种类的不同,用途也不完全相同。防锈铝合金主要用于制造高耐腐蚀性器具;硬铝合金主要用于制造形状较复杂且承受载荷较轻的结构件等;锻铝合金主要用于制造形状复杂的锻件等;铝硅合金主要适用于制造形状复杂且强度要求不高的铸件;铝铜合金多用于高温下不受冲击的铸件等。

铝合金的主要热处理为固溶处理及时效处理。

2)铜及铜合金

纯铜主要用于制造各种电工导体、抗磁仪器、抗磁器械等。

黄铜主要用于冷拉板材、形状较为复杂的冲压件等。

青铜主要用于制造耐磨、耐腐蚀件。

白铜主要用于制造船舶用仪器、医疗器械等。

3)钛及钛合金

纯钛及钛合金主要用于航空、航天、船舶以及化工等行业。

四、钢的编号方法

为了管理和使用方便,必须确定一个编号方法。编号的原则是:以明显、确切、简单的称号反映钢种的冶炼方法、化学成分、特性、用途、工艺方法等,同时还要便于书写、打印和识别而不易混淆。

产品牌号使用汉语拼音字母、化学元素称号和阿拉伯数字来表示。

汉语拼音字母表示产品名称、用途、特性和工艺方法。例如,碳素工具钢,采用“碳”字汉语拼音“TAN”的“T”表示;滚珠轴承钢选用字母“G”表示。

化学元素采用国际化学称号表示。例如,锰用“Mn”表示,硅用“Si”表示,铬用“Cr”表示,镍用“Ni”表示等。

阿拉伯数字用来表示化学元素含量或表示牌号的顺序、分类号及特性。例如,40Cr 钢,“40”表示钢中的平均含碳量为 $w(\mathrm{C})=0.40\%$;Q235 钢,“235”表示此钢的屈服点数值。

目前常用的普通碳素结构钢有:Q195、Q215、Q235、Q255、Q275 等五种牌号,在焊接结构中广泛常用的是 Q235-A。

目前常用的普通低合金钢有：Q295、Q345、Q390、Q420、Q460 等五种牌号，在焊接结构中广泛常用的是 Q345B。

第二节　金属材料进货检验

进货检验是现代化质量检验分工中最前面的一道检验程序，它分在供应方工厂检验和到货后入库前的检验两种，这里专指入库前的开箱检验。加强对原材料的检验体现了全面质量管理要求预防为主的基本质量观点。

港口装卸设备用的金属材料主要指钢材，它是最大宗、最重要的生产原材料之一，根据钢材的应用有 FCM 构件；非 FCM 构件或重要构件；一般结构件。FCM 即是指以受拉为主的断裂危险的构件，非 FCM 板是重要承载（受拉）构件，但如果失效不会发生坍塌性灾难。

对到岸的钢材应核对质量证明书上化学元素、机械性能是否在国家标准范围之内，核对质量证明书上的炉号、批号、材质、规格是否与钢材标注一致。除此之外还要进行理化试验、外观检查、内在缺陷的检验。

一、材料取样及标识

1. 取样

钢材取样分为入库（或上岸）取样和项目取样，入库取样通常采取以“批”为单位，所谓同一批，是指同一炉号、同一规格，以及同一轧制工艺与热处理规范所制成的材料（每批不大于 60t），仅验证钢板的机械性能。项目取样就是各项目港口装卸设备在进入排版之后，根据标书要求制定《项目材料取样要求》和钢板实际用途（如 FCM 或 Z 向板）进行取样，另外，锻件级别为 IV、V 级的原材料，需按重要程度进行取样。取样之后样品须严格按照程序加工成试样，做相应的试验。由于在具体项目上钢材试验更多，更具体，所以相对入库取样，项目取样的数量更加多。

取样时必须要注意的是：

（1）用样必须在钢材具有代表性的部位制取，且样坯应有足够的加工余量，以保证试样加工时去除取样造成的变形和热影响区。

（2）机械性能试验用取样应在钢板端部垂直与轧制方向切取拉力、冲击及弯曲样坯，对于纵轧钢板，应在距边缘为板宽四分之一处切取样坯；对于横轧钢板，则可在宽度的任意位置切取样坯；

（3）化学分析用试样取样条钢样坯用机械或火焰切割方法沿纵向取一段，横断面应完整保留；横断面直径大于 100mm 时，可取半个横断面纵轧厚钢板，钢板宽度大于 1m 时，应在距边缘为板宽四分之一处切取样坯；横轧厚钢板，沿板边自钢板端部至中央之间的 250mm 处切取样坯。

2. 标识

材料跟踪的要求是指每块钢板或者型钢都能在任何状态下，追溯它的资料，如炉批号、板厚、材质等,排版之后需要追溯到项目名称。这就需要对钢材进行标识。在以下工序需要对钢材进行标识或者标识移植:①入库;②预处理之后;③数控下料之后;④车间切割之后。

钢材入库必须有钢种的识别标志。为了标识清晰且不易丢失,须用颜色在制定部位进行标注。

二、材料试验

金属材料试验主要分为机械性能(拉伸、冲击、弯曲、硬度)试验、化学成分分析和金相分析。

1. 机械性能试验

1)拉伸试验

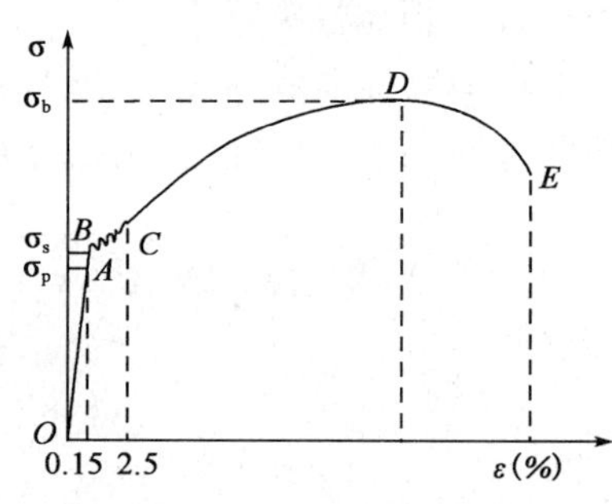

图 2-1 低碳钢应力—应变曲线

钢材一般具有一定的塑性,它的拉力破坏具有一定的规律性,低碳钢应力和应变曲线如图 2-1 所示。整个破坏阶段可分为五个阶段。

(1)弹性阶段(O-A)

在 OA 阶段,当应力处在比例极限 σ_p 之内,应变随着应力的增加而增加,即应变与应力成正比关系,服从胡克定律。此时钢材的变形为弹性变形。此阶段内,当载荷卸除后,试件能恢复原长不出现残余变形。应力与应变的比值为常数,称弹性模量 E。

(2)弹塑性阶段(A-B)

当应力超过比例极限 σ_p,应力与应变成非线性关系,钢材存在少量塑性变形,处于弹塑性状态,直到图中 B 点为止。对应于 B 点的应力 σ_s 称屈服点或屈服极限。

(3)塑性阶段(B-C)

当应力到达屈服极限点后,应力—应变曲线是不稳定的。在经过一定范围内的波动后,逐渐趋于平稳。此时,应力没有明显的增加,应变却急剧增长,钢材在屈服阶段产生塑性变形,即卸去载荷,试件的变形也不能完全恢复,从 B 点到 C 点阶段应变的大小称为流幅,流幅越大,表明钢材的塑性越好。

(4)强化阶段(C-D)

应力过了屈服阶段,钢材又恢复了抵抗载荷的能力,进入强化阶段,应力—应变为曲线关系,直到最高点 D 点。对应于 D 点的应力 σ_b 称为极限强度,或称抗拉强度。

(5)颈缩阶段(D-E)

应力超过 σ_b 后,在试件薄弱处的截面将开始显著缩小,产生明显的颈缩现象,塑性变形迅速增大,应力随之下降,直至最终断裂。

拉伸试验主要测量该试样的抗拉强度 σ_b、屈服点 σ_s、伸长率 A。Z 向拉伸试验主要测定断面的收缩率 Z,以检定钢板的抗层状撕裂性能和冶金缺陷。

2)冲击试验

金属材料一般有一定的韧性,它的显著特点是表示金属材料在抵抗冲击载荷的能力,为了使韧性的指标更有实用价值,用加工成有缺口的试件,以冲击试验代替静力试验,通常缺口的形式有夏比V形、夏比U形。由于金属材料当温度下降到某一数值时,冲击韧性急剧下降,冲击试验就要检验冷脆转变温度是否低于工作温度。

冲击试验的结果影响因素有:①试验温度;②试件的轧制方向;③缺口的加工精度。

3)弯曲

弯曲性能是检验钢材在冷加工产生塑性变形时,对产生裂纹的抵抗能力。弯曲试验一方面是检验钢材是否适应冷加工工艺过程,检验它的工艺性能;另一方面,通过弯曲暴露出钢材的内部缺陷。常作为拉伸试验和冲击试验的补充试验,是一项衡量钢材机械性能的综合指标。

4)硬度

硬度是材料抵抗局部变形,特别是塑性变形、压痕或划痕的能力,是衡量金属软硬程度的性能指标,一般硬度越高,耐磨性越好,其具体物理意义随试验方法改变而不同。金属的硬度与静强度等其他力学性能指标之间虽无严格的对应关系,但可根据大量试验数据进行粗略的换算,即按硬度试验结果大体上可以估计金属静强度及其他性能的数值,因而能敏感地反映出材料的化学成分、组织结构的差异。通常被作为一项重要的性能指标,运用在对原材料的检验上。常用钢材的机械性能参数如表2-1所示。

影响钢材的机械性能的因素很多,主要的因素有化学成分、钢材的冶金和轧制过程、热处理、时效、冷作硬化、工作温度、复杂应力、疲劳现象等。

2.化学成分分析

化学成分是决定金属材料性能和质量的主要因素。因此,标准中对绝大多数金属材料规定了必须保证的化学成分,有的甚至作为主要的质量、品种指标。总体来将讲,钢中含碳量越多,钢材的强度和硬度也越高,塑性降低。港口装卸设备常用的钢材都是含碳量不大于0.25%的低碳钢。如Q345B的含碳量要求为不大于0.20%。除碳元素之外,其他4大元素锰(Mn)、硅(Si)、硫(S)、磷(P)。

锰(Mn):溶解于纯铁,起强化作用,是有利元素,一般含量为0.3%~0.8%,含量过高(≥1.0%时)会使钢材变脆。

硅(Si):能使纯铁结晶均匀,晶粒细微,是有利元素,它能使强度提高而塑性、韧性等不降低,含量过高(≥1.0%时)则会使钢材变脆。

硫(S):有害元素,使钢材"热脆"。

磷(P):有害元素,使钢材"冷脆"。

除此之外,还有如镍(Ni)、铬(Cr)、铜(Cu)、钒(V)、钛(Ti)、铝(Al)等微量元素,一般钢材均无不利影响。我们通常做低碳钢的化学成分分析只测试前5位元素的含量,即碳、锰、硅、硫、磷。

化学成分可以通过化学的、物理的多种方法来分析鉴定,目前应用最广的是化学分析法和光谱分析法,此外设备简单、鉴定速度快的火花鉴定法,也是对钢铁成分鉴定的一种实用的简易方法。还有化学溶解分析法,对化学成分进行定量或定性的分析。常用钢材的化学成分如表2-2所示。

常用钢材力学性能

表 2-1

适用标准	钢号(等级)		拉伸试验:屈服点 σ_s(MPa)(不小于) 钢材厚度(mm) ≤16	>16~40	>40~60	>60~100	>100~150	>150	抗拉强度 b,MPa	伸长率 A(%)(不小于) 钢材厚度(mm) ≤16	>16~40	>40~60	>60~100	>100~150	>150	冲击试验 Akv 试验温度(℃)	冲击功(V型) J(不小于)	冷弯试验 $B=2a$,180° 试样方向	钢板厚度 a 弯心直径 $d=$ mm ≤60	>60~100	>100~200
GB/T 700—2006(中国)	Q235	A	235	225	215	205	195	185	375~500	26	25	24	23	22	21	—	—	纵	a	$2a$	$2.5a$
		B														20	纵 27	横	$1.5a$	$2.5a$	$3a$
		C														0					
		D														−20					
GB/T 1591—2008(中国)	Q345	A	345	325	295	275	—	—	470~630	21	21	21	21	—	—	—	—	$a \leq 16, d=2a$ $16 < a \leq 100, d=3a$			
		B								21	21	21	21	—	—	20	纵 34				
		C								22	22	22	22	—	—	0	纵 34				
		D								22	22	22	22	—	—	−20	纵 34				
		E								22	22	22	22	—	—	−40	纵 27				
ASTM A709/A709M(美国)	36		250	250	250	250	—	—	400~550	23	23	20	20	20	20	+21 +4 −12	FCM 34 非 FCM 20	纵	$d=0.5a$~$3a$		
	36		250	250	250	250	—	—	≥450	21	21	18	18	18	18	+21 +4 −12	FCM 34 非 FCM:δ≤50 20;50<δ≤100 27	横	$d=a$~$3a$		
DIN17100-80(DINEN10025-93)(德国)	ST52-3		355	345	335	325~315	325~315	325~315	490~630	纵	22	21	20	—	0	27(厚度≤63)	27(厚度≤63)	纵	$2.5a$		
										横	20	19	18	—	−20	23(厚度≤63)	23(厚度≤63)	横	$3a$		
	ST50-2		295	285	275	265~255	265~255	265~255	470~610	纵	20	19	18	—	—	—	—	—	—	—	—
										横	18	17	16	—	—	—	—	—	—	—	—

* 冲击试验温度根据使用环境温度另查表选定

A709 的钢板:1 区为不小于 −18℃;2 区为不小于 −18 ~ −34℃;3 区为不小于 −34 ~ −51℃

* GB/T 1591—2008 的 Q345 钢号替代 GB 1591—88 标准中的 12MnV、14MnNB、16Mn、16MnRE、18Nb

常用钢材化学成分 表 2-2

标准	钢号(等级)		化学成分(%)								
			C	Mn	Si	S	P	V	Nb	Ti	Al
					不大于						
GB/T 700—2006(中国)	Q235	A	0.14~0.22	0.30~0.65	0.30	0.050	0.045				
		B	0.12~0.20	0.30~0.70	0.30	0.045	0.045				
		C	≤0.18	0.35~0.80	0.30	0.040	0.040				
		D	≤0.17	0.35~0.80	0.30	0.035	0.035				
GB/T 1591—2008(中国)	Q345	A	≤0.20	1.00~1.60	0.55	0.045	0.045	0.02~0.15	0.015~0.060	0.02~0.20	
		B	≤0.20	1.00~1.60	0.55	0.040	0.040	0.02~0.15	0.015~0.060	0.02~0.20	
		C	≤0.20	1.00~1.60	0.55	0.035	0.035	0.02~0.15	0.015~0.060	0.02~0.20	≥0.015
		D	≤0.18	1.00~1.60	0.55	0.030	0.030	0.02~0.15	0.015~0.060	0.02~0.20	≥0.015
		E	≤0.18	1.00~1.60	0.55	0.025	0.025	0.02~0.15	0.015~0.060	0.02~0.20	≥0.015
ASTM A709/A709M(美国)	36		≤0.25	0.80~1.20	0.15~0.40	0.05	0.04				
	50		≤0.23	≤1.35	≤0.40	0.05	0.04	0.02~0.10			
DIN17100-80(德国)	ST52-3	δ≤30	0.20	≤1.60	0.55	0.040	0.040				
		δ>30	0.22								
	ST50-2			≤1.60	0.55	0.050	0.050				

3. 金相分析

金相分析是检验金属内部缺陷,分为宏观检验和微观检验两种,适合于锻造用钢和焊接试验。宏观金相检验是用肉眼或低倍望远镜,对金属断面进行检验。主要的检验内容为,一次结晶组织的粗细程度和方向性。微观金相检验是用 100~150 倍显微镜观察试样的微观组织、偏析、缺陷等,微观金相一般不作为质量检验的手段,而作为质量分析的和试验研究。钢板的检验方法如表 2-3 所示;锻造用钢检验如表 2-4 所示。

钢板检验方法 表 2-3

序号	检验项目	取样数量	取样方法	试验方法
1	化学分析	1(每一炉号)	GB/T 222—2006	GB/T 223.5—2008 GB/T 223.13—2000 GB/T 223.14—2000 GB/T 223.26—2008 GB 223.28—1989 GB/T 223.40—2007
2	拉伸	1	GB/T 2975—1998	GB/T 228.1—2010
3	冷弯	1	GB/T 2975—1998	GB/T 232—2010
4	夏比(V 型缺口)	3	GB/T 2975—1998	GB/T 229—2007
5	低温冲击	3	GB/T 2975—1998	GB/T 229—2007

锻造用钢检验表

表 2-4

序　号	检验项目	取样数量	取样部位	试验方法
1	化学成分	1	按 GB 222—2006 要求	GB/T 223
2	低倍组织	2	相对于钢锭头部的不同根钢坯或钢材	GB 226—1991 GB/T 1979—2001
3	断口	2	不同根钢材	GB/T 1814—1979
4	硬度	3	不同根钢材	GB/T 1814—1979
5	拉伸试验	2	不同根钢材	GB/T 228.1—2010 GB/T 2975—1998
6	冲击试验	2	不同根钢材	GB/T 229—2007
7	脱碳	2	不同根钢材	GB/T 221—2008
8	晶粒度	1	任一根钢材	GB/T 6394—2002
9	非金属夹杂物	2	不同根钢材	GB/T 10561—2005
10	显微组织	2	不同根钢材	GB/T 13298—1991
11	顶锻试验	3	不同根钢材	YB/T 5293—2006
12	尺寸	逐根	—	卡尺、千分尺
13	表面	逐根	—	肉眼

三、非试验检查项目

1. 交货状态

(1)按照包装方式,检验是否按照技术要求的包装状态,如散装、成捆、成箱、成轴进行包装。

(2)按照制造方式,普通碳素钢钢材以热轧(包括控轧)状态交货。根据需方要求,经双方协议,也可以正火处理状态交货(A 级钢材除外);低合金钢钢材一般以热轧、控轧、正火及正火加回火状态交货;少量薄壁型钢交货状态是冷弯成型。

2. 规格尺寸和外形

规格尺寸指金属材料主要部位(长、宽、厚、直径等)的公称尺寸。不同规格的钢材检验的项目不同:

(1)钢板规格尺寸:厚度(δ),宽度(b),长度(L)。其中厚度在距离边不小于 40mm 处用板厚千分尺或钢板测厚仪测量;长度、宽度用直尺或钢卷尺测量,如 A709 钢板 $\delta \leqslant 100$mm 时,下偏差为 0.3mm。常用钢板按 ASTM 标准钢板正偏差值如表 2-5 所示。

(2)型钢的规格尺寸:以轨道为例,轨道规格:高度(H);踏面宽度(K);底板宽度(F)。

(3)管材的规格尺寸:直径(D);壁厚(S)等。圆管和圆钢都需要测量截面的不圆度;方钢和方管需测量对角线。

常用钢板按 ASTM 标准钢板正偏差值　　表 2-5

规定厚度（mm）	在给定宽度下，规定厚度的正偏差（mm）										
	≤1 200	>1 200 ~ <1 500	≥1 500 ~ <1 800	≥1 800 ~ <2 100	≥2 100 ~ <2 400	≥2 400 ~ <2 700	≥2 700 ~ <3 000	≥3 000 ~ <3 300	≥3 300 ~ <3 600	≥3 600 ~ <4 200	≥4 200
12.0	0.8	0.8	0.8	0.8	0.8	0.9	1.0	1.0	1.3	1.5	1.8
14.0	0.8	0.8	0.8	0.8	0.9	0.9	1.0	1.1	1.3	1.5	1.8
16.0	0.8	0.8	0.8	0.8	0.9	0.9	1.0	1.1	1.3	1.5	1.8
18.0	0.8	0.8	0.8	0.8	0.9	1.0	1.1	1.2	1.4	1.6	2.0
20.0	0.8	0.8	0.8	0.8	0.9	1.0	1.2	1.2	1.4	1.6	2.0
22.0	0.8	0.9	0.9	0.9	1.0	1.1	1.3	1.3	1.5	1.8	2.0
25.0	0.9	0.9	1.0	1.0	1.0	1.2	1.3	1.5	1.5	1.8	2.2
28.0	1.0	1.0	1.1	1.1	1.1	1.3	1.4	1.8	1.8	2.0	2.2
30.0	1.1	1.1	1.2	1.2	1.2	1.4	1.5	1.8	1.8	2.1	2.4
32.0	1.2	1.2	1.3	1.3	1.3	1.5	1.6	2.0	2.0	2.3	2.6
35.0	1.3	1.3	1.4	1.4	1.4	1.6	1.7	2.3	2.3	2.5	2.8
38.0	1.4	1.4	1.5	1.5	1.5	1.7	1.8	2.3	2.3	2.7	3.0
40.0	1.5	1.5	1.6	1.6	1.6	1.8	2.0	2.5	2.5	2.8	3.3
45.0	1.6	1.6	1.7	1.8	1.8	2.0	2.3	2.8	2.8	3.0	3.5
50.0	1.8	1.8	1.8	2.0	2.0	2.3	2.5	3.0	3.0	3.3	3.8
55.0	2.0	2.0	2.0	2.2	2.2	2.5	2.8	3.3	3.3	3.5	3.8
60.0	2.3	2.3	2.3	2.4	2.4	2.8	3.0	3.4	3.4	3.8	4.0
70.0	2.5	2.5	2.5	2.6	2.6	3.0	3.3	3.5	3.6	4.0	4.0
80.0	2.8	2.8	2.8	2.8	2.8	3.3	3.5	3.5	3.6	4.0	4.0
90.0	3.0	3.0	3.0	3.0	3.0	3.5	3.5	3.5	3.6	4.0	4.4
100.0	3.3	3.3	3.3	3.3	3.5	3.8	3.8	3.8	3.8	4.4	4.4

3. 表面情况和平整度、直线度

表面质量检验主要是对材料的外观、形状、表面缺陷的检验，主要有：

1）表面情况

表面缺陷产生的原因主要上由于生产、运输、装卸、保管等操作不当。根据对使用的影响不同，有的缺陷是根本不允许超过限度。有些缺陷虽然不存在，但不允许超过限度；各种表面缺陷是否允许存在，或者允许存在程度，在相关标准中均的明确规定。按 GB 274—2000 表面质量的检验用肉眼观察，必要时可用钢丝刷清理被检验表面。

（1）钢板表面不得有气泡、结疤、拉裂、裂纹、折叠、夹杂和压入的氧化皮，钢板不得有分层。

（2）钢板表面允许有不妨碍检查表面缺陷的薄层氧化铁皮、铁锈、由于压入氧化皮脱落所引起的不显著的粗糙划痕、轧辊造成的网纹及其他局部缺陷，但凹凸度不得超过钢板厚度公差之半，对低合金钢板还应保证不小于允许的最小厚度。

（3）麻点的深度和面积。原材料表面缺陷（锈蚀麻点、剥落）可采用局部打磨方法予以消除，修磨后表面应光洁平顺，修整后原材料任何部位的厚度允许值要根据涉及计算需要确定，但不得减薄到不大于93%原公称厚度，且最大减薄量不大于3mm。

缺陷面积比=缺陷面积/每张钢板或每块板件的总面积。

缺陷面积：当单个缺陷边缘之间的距离大于60mm时，其缺陷面积为各单块缺陷的面积之和，当单个缺陷边缘距离小于60mm时，应以各缺陷的最外端围成的面积作为组块面积，其缺陷面积为组块缺陷的面积之和。

2）平整度/直线度

（1）钢板平整度按表2-6规定执行。用1m直尺检查板材的平面度和平整度，钢材的矫正一般在室温状态下用辊式矫正机或油压机进行。

钢板波浪度规定（单位：mm）　　表2-6

板厚 t	$6 \leqslant t \leqslant 20$	$20 \leqslant t \leqslant 30$	$t > 30$
偏差 max/m	3.0	2.5	2.0

（2）型钢的直线度按表2-7规定执行。

型钢的直线度　　表2-7

角钢	全长直线度误差 $f \leqslant 2/100L$	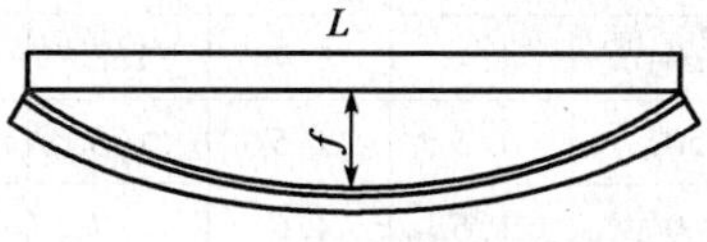 L f
	垂直度误差 $f \leqslant 2/100b$，但不大于1.5（不等边角钢按长腿宽度计算）	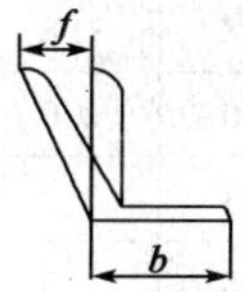 f b
槽钢与工字钢	全长直线度误差 $f \leqslant 2/100L$	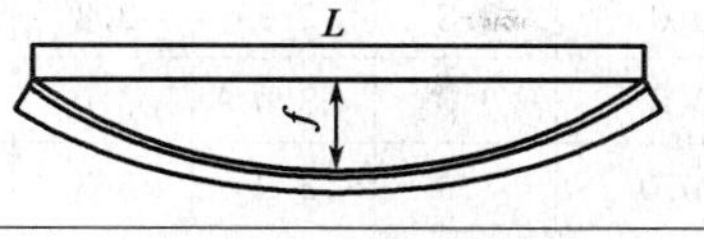 L f
	扭曲度当 $L \leqslant 1\,000$ 时，$f \leqslant 3$ 当 $L > 1\,000$ 时，$f \leqslant 5$	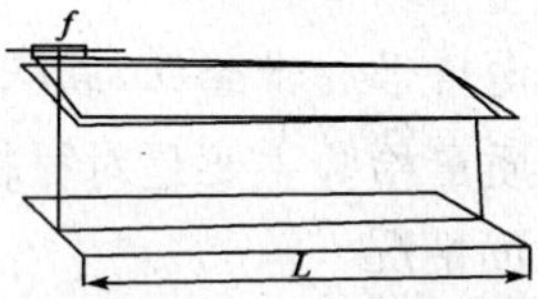 f L
	腿相对腰的垂直度误差 $f \leqslant 1/100b$	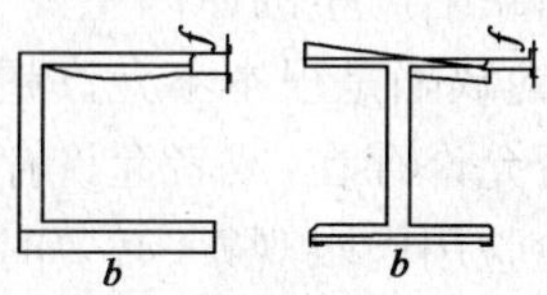 f　f b　b
钢管	$\delta \leqslant 15$mm　1.5mm/m $\delta > 15 \sim 30$mm　2.0mm/m $\delta > 30$mm　3.0mm/m	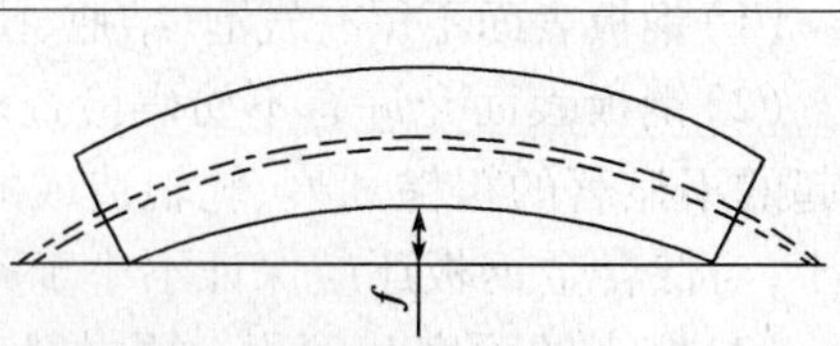 f

四、内在缺陷的检查

钢材的内在缺陷需要通过无损探伤的要求进行检验，常用超声波进行检验，当超声波遇到材料内部有分层、气孔、裂纹、缩孔、夹杂、白点时，则在金属的交界面上发生反射，异质界面愈大反射能力愈强，反之愈弱。这样，内部缺陷的部位及大小就可以通过探伤仪荧光屏的波形反映出来。常用的超声波探伤有 X 光和射线探伤。还可以采用磁粉探伤检测接近表面裂纹、夹杂、白点、折叠、缩孔、结疤等。

五、几种特殊钢材的检验要点

1. 轨道质量检验（按 DIN536 标准）

(1)按型号可分为：标准型号、特殊型号及梁轨型号。

标准型号：A45、A55、A65、A75、A100、A120、A150。

特殊型号：MRS73、MRS86、MRS192、AS86、MRS87A、MRS125、MRS221、RG29 等。

梁轨型号：GCRD42、GCRD45、GCR108、GCR183。

常用的轨道型号：A75、A100、A120 等。

(2)直线度公差：普通直线度：钢轨总长度偏差在水平方向和垂直方向上应保持在 1.5mm/m以内（轨道头部和基座）。

(3)双直线度：根据需求需在定货前确认，垂直和水平方向上偏差应保持在 1mm/m 以内。

(4)扭曲度：在总长度上，扭转偏差应保持在 0.4mm/m，但是最多不能超过 3mm。

(5)表面质量检验：钢轨顶端缺陷的深度不能超过 0.5mm，在其他部位不能超过 0.7mm。缺陷部位可经过打磨或者其他任何工艺进行。

(6)表面硬度测试：使用 10mm 的钢球并以 3t 冲击力撞击轨道测试表面（轨道表面以下 1mm），HB = 260 ~ 360（90 级）；HB = 320 ~ 400（110 级）。

轨道尺寸公差要求如表 2-8 所示。

轨道尺寸公差要求　　表 2-8

	H	P	C	$t_1=(T_1-T_2)$	t_2	A	S	T
A45	+1.0 -1.0	+1.5 -3.0	+0.6 -0.6	2.0	+0.6 -0.0	+1.0 -1.5	+1.0 -1.0	+1.0 -1.0
A55	+1.0 -1.0	+1.5 -3.0	+0.6 -0.6	2.0	+0.6 -0.0	+1.0 -1.5	+1.0 -1.0	+1.0 -1.0
A65	+1.0 -1.0	+1.5 -0.4	+0.8 -0.8	2.0	+0.6 -0.0	+1.0 -1.5	+1.0 -1.0	+1.0 -1.0
A75	+1.0 -1.0	+2.0 -5.0	+0.8 -0.8	2.0	+0.8 -0.0	+1.0 -1.5	+1.0 -1.0	+1.0 -1.0
A100	+1.5 -1.5	+2.0 -5.0	+0.1 -0.1	3.0	+0.8 -0.0	+1.0 -2.0	+1.0 -1.0	+1.0 -1.0
A120	+1.5 -1.5	+2.0 -5.0	+0.1 -0.1	3.0	+1.0 -0.0	+1.0 -2.0	+1.0 -1.0	+1.0 -1.0
A150	+1.5 -1.5	+2.0 -5.0	+0.1 -0.1	3.0	+1.0 -0.0	+1.0 -2.0	+1.0 -1.0	+1.0 -1.0

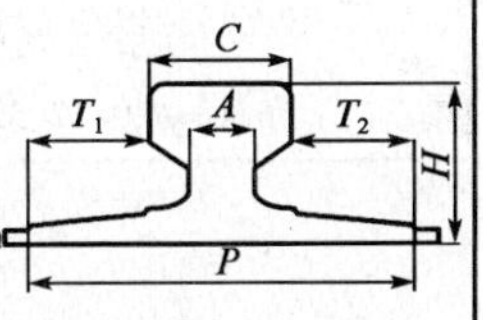

2. 铸、锻件成品的检验

1)铸件

(1)夹砂,夹渣、浇口,冒口、毛边,飞刺、气孔,缩孔、渣眼,浇不足、披锋、凸出与凹进部分,浇冒口应铲除后根部凸出部分不超出5mm,凹入部分不超出3mm。

(2)铸件表面的粗糙度按 GB 6060.1—1997 或图纸的技术要求进行检查。

(3)铸件的外形尺寸按 GB 6414—1999 或图纸的尺寸要求进行检验,是否有加工余量。

2)锻件

(1)检查锻件表面形态是否存在夹层、结疤、折叠、鳞皮和凹坑等缺陷,重要的锻件在去除氧化皮后需进行磁粉或着色探伤,最终必须将所有的缺陷清除,不允许有裂纹、鳞片和缺口。

(2)按图纸要求用钢尺、卡钳和角尺等工具,检验锻件各部分的几何形状和尺寸,锻件加工余量与公差及非加工锻件自由尺寸公差应符合图纸和 GB 6414—1999。

3. 普通角钢的检验

(1)热轧等边角钢外形尺寸及允许偏差按照标准(GB 706—2008)检验

热轧等边角钢尺寸规格符合下列规定:等边角钢的尺寸以相等边宽 b 和边厚 d 的毫米(mm)数标定,等边角钢允许误差如表 2-9 所示。

等边角钢允许误差　　表 2-9

角钢号数	边宽偏差 b (mm)	边厚偏差 d (mm)	长度 (m)	角钢号数	边宽偏差 b (mm)	边厚偏差 d (mm)	长度 (m)
2 ~ 5.6	±0.8	±0.4	4 ~ 12	10 ~ 14	±1.8	±0.7	4 ~ 19
6.3 ~ 9	±1.2	±0.6	4 ~ 12	16 ~ 20	±2.5	±1.0	6 ~ 19

(2)热轧不等边角钢品种按照标准(YB/T 167—2000)检验

热轧不等边角钢尺寸规格符合下列规定:不等边角钢的尺寸以边宽 B、b 和边厚 d 的毫米(mm)数标定,不等边角钢允许误差如表 2-10 所示。

不等边角钢允许误差　　表 2-10

角钢号数	边宽偏差 B、b(mm)	边厚偏差 d(mm)	长度(m)
2.5/1.6 ~ 5.6/3.6	±0.8	±0.4	4 ~ 12
6.3/4 ~ 9/5.6	±1.5	±0.6	4 ~ 12
10/6.3 ~ 14/9	±2.0	±0.7	4 ~ 19
16/10 ~ 20/12.5	±2.5	±1.0	6 ~ 19

第三节　主要机电设备及专用零部件材料的进货检验

组成起重机械的主要机电设备和专用零部件材料种类繁多。检验的一般内容为:外观检查,装配尺寸检查,必要的试验和测试。

一、主要机电设备

1)外观质量的检查。

(1)铸件表面应清除型砂,应无毛刺、瘤疤、气孔、密集针眼及影响铸件强度的其他缺陷。

(2)检查经过加工的金属表面,应无擦伤,碰撞痕迹,裂纹等缺陷,并须有防锈措施。

(3)检查所有紧固螺栓应拧紧,无缺损。

(4)检查外表面油漆,应光洁完整,色调一致。

(5)检查焊接质量,必须符合合同要求。

(6)核对减速箱铭牌、参数。

(7)输入轴转动应灵活,无异声,无滞重感,无卡住现象。

(8)键销应紧密配合在键槽内,输入轴轴端螺母配合良好。

(9)检查油尺应完好无损伤,应无漏油,渗油现象。

2)需要装配的尺寸检查,如轴径、底座螺栓孔。

3)必要时空载试验抽检。

二、电动机

1)外观质量的检查。

(1)检查电机的外表应无裂纹、变形损伤、受潮、发霉、锈蚀等缺陷,零部件齐全。

(2)检查电动机的风叶应无损伤、变形、锈蚀等现象。

(3)检查电机润滑脂无变色、变质及硬化现象。

(4)检查电动机所有紧固螺栓,应无松动现象,电机出线端的接线完好,出线盒应无损伤。

(5)检查电动机电刷提升装置应工作可靠。

(6)检查电动机引导的接线端子应采用焊接或专用工具压接,应保证可靠接触,接线端子的端面应平整、清洁、无油污,其表面镀层不宜锉磨;引线编号齐全。

(7)检查电动机有固定接线板,接线牢固,注意铁质螺栓位置,连接后不得构成闭合磁路。

(8)检查直流电动机的换向火花不超过规定的等级。

(9)检查转轴的外露部分应有防锈措施,键销应镶嵌在转轴键槽内并检查固定措施。

(10)检查电动机的出轴螺纹,应配合良好,无损伤。

2)需要装配的尺寸测量,如轴、底座螺栓孔。

3)测试。

(1)用手转动转子应灵活,细听应无杂音,直流电机须检查电刷与滑环接触面应达到80%。

(2)用兆欧表测量电机定子、转子,励磁线圈的绝缘电阻值不得小于1MΩ。

(3)必要时空载通电试验抽查。

三、低压电气设备

(1)电动机、控制屏、操纵台、接线箱的防护等级,室内使用符合不低于IP23,室外使用符合不低于IP55。当室外设备的防护等级到IP55困难时,应采取相应的补充措施后才能使用。

(2)组合控制屏的排列,目测检查整齐,底座焊接牢固。控制屏的进线孔,应加装封板。

(3)控制屏的散热通风口应有防尘措施。屏内防潮加热器周围100mm处无电缆通过,控制屏内的接线端子板应加透明防护罩。

(4)所有电气设备、正常不带电的金属外壳必须可靠接地,接地线采用多股铜线,导线截面按国家标准,接地线颜色无特殊要求一般为黄绿彩线。

(5)司机室操纵台主令控制器操作手柄挡位清楚,零位明显,操作灵活、无卡塞现象。

(6)所有电气设备的绝缘性能良好,用兆欧表测试绝缘电阻应符合设备各自的标准;进行绝缘测量时,注意是否有电子元件和弱电装置的部件,测量前应将这部分电子元件和弱电装置从线路中解脱。

四、高压设备

高压设备包括变压器、高压滑环箱、大车电缆卷盘等。

1. 外观检查

(1)合格证和各种技术数据、试验报告齐全,按照图纸核对铭牌内容、尺寸大小,是否与图纸相符。

(2)罩壳应接地,其接地线径应在35 ~ 50mm^{2}范围,且在罩壳外有警告标牌。

(3)高压瓷件表面严禁有裂纹、缺损和瓷釉损坏等缺陷,低压绝缘部分完整。

(4)高压滑环箱应有永久性的相序色标(N、A、B、C),箱外应有警告标牌、接地螺栓,且应有明显的标志。

(5)应有足够的接线空间方便接线;高压电缆在内可以很好地固定。

2. 基本尺寸检查

对需要安装和装配的尺寸进行测量,检查是否和实物及图纸相符合。

五、电缆

1. 电缆的分类

1)电缆按电缆等级可分为六大类。

(1)照明电缆:主要为所有步道灯、投光灯用电缆。

(2)通信电缆:主要为电话、编码器用电缆。

(3)动力电缆:主要指各种马达、主/辅变压器二次侧、控制屏内部连线所用电缆。

(4)控制电缆:指限位等各种辅助线。

(5)高压电缆:指变压器一次侧的电缆。

(6)光缆。

2)从电缆的物理性质可分为以下三种。

(1)阻燃型和非阻燃型

阻燃型:指电缆在遇外界因素后不会自我燃烧。

非阻燃型:指电缆在一定外界因素的作用下会自我燃烧,如光缆。

(2)软电缆和硬电缆

软电缆指电缆质地较软,易弯曲,电缆表面字迹后常标有 R。

硬电缆指电缆质地较硬,不易弯曲,表面字迹后无 R 标识。

(3)户外型和户内型

户外型即抗紫外线型,不易龟裂,电缆表面字母后常标有 I。

户内型即电缆应尽可能于结构内安装,电缆表面字母后无 I 标识。

2. 电缆表示方法

常用的船用电缆品种有聚氯乙烯、交联聚氯乙烯绝缘和乙丙橡胶绝缘的各类电缆,主要有阻燃型(DA 型、SA 型),耐火型(NA 型),以及低烟无卤阻燃型(SC 型)和低烟无卤阻燃耐火型(NC 型):

1)型号中各代号表示说明

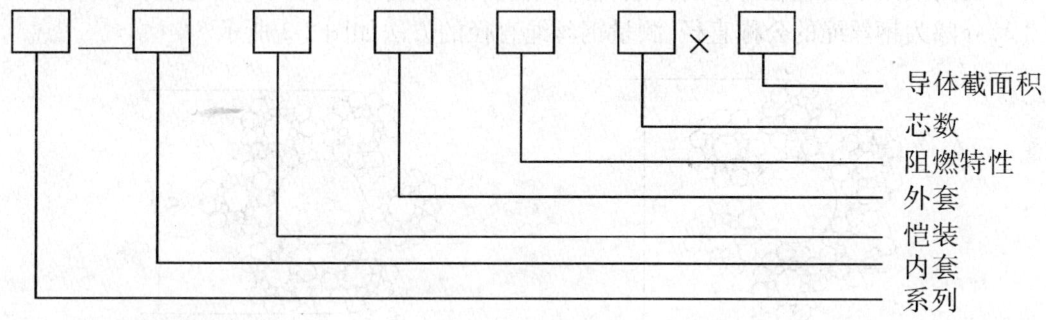

2)电缆符号说明(表 2-11)

电缆符号说明　　表 2-11

项　目	代　号	说　明
系列	CKV	聚氯乙烯绝缘船用控制电缆
	CKJ	交联聚乙烯绝缘船用控制电缆
内套	V	聚氯乙烯
	S	热塑性阻燃聚烯烃
	G	热固性阻燃聚烯烃
铠装	(省略)	无铠装
	8	铜丝编织
	9	钢丝编织
外套	0	无外护套
	2	聚氯乙烯
	S	热塑性聚烯烃
阻燃特性	DA	单根垂直阻燃
	SA	成束阻燃
	SB	低烟低卤成束阻燃
	SC	低烟低卤成束阻燃
规格	芯数×导体截面积(mm^2)	(2－37)×(0.75－2.5)

3. 电缆进货检验

(1)根据清单核对电缆型号、数量及长度。

(2)检查电缆外表是否有绞拧、铠装压扁、护层断裂、压扁、绝缘皮厚薄不均匀、划伤等。

(3)电缆的端末的水密处理。

(4)电缆外径是否在标准范围内。

(5)必要时对电缆进行绝缘测试;高压电缆通电前必须进行耐压试验。

六、钢丝绳

钢丝绳是港口装卸设备重要的零件,是进货检验重要的项目,必须的检验项目有:

(1)目测或用手套轻轻滑移的方法,检查断丝、松股、打结、突出、弯曲、生锈等缺陷。

(2)外圆为钢丝绳的公称直径,测量钢丝绳直径的方法如图 2-2 所示。

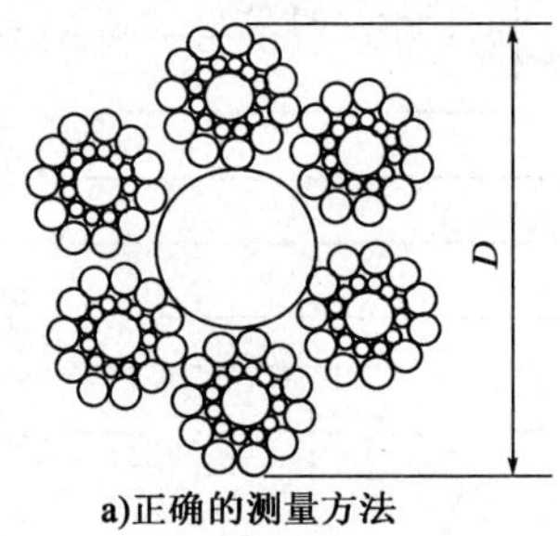

a)正确的测量方法

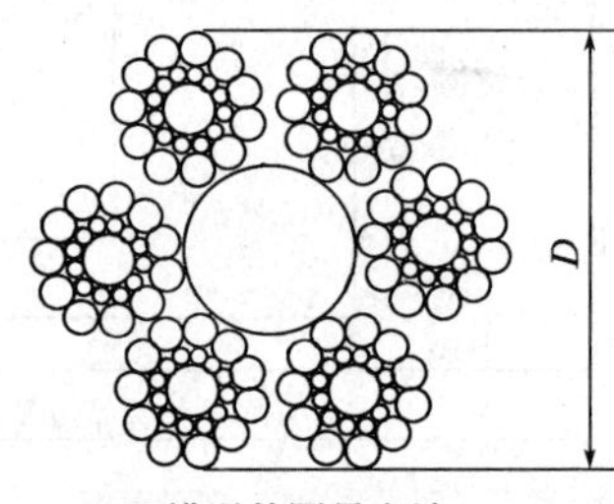

b)错误的测量方法

图 2-2　钢丝绳公称直径的测量方法

(3)钢丝绳分为左右旋、同向、交向捻。

(4)有必要时做破断力试验。

①理论破断力为最大静拉力乘以安全系数,即 $F_o \geqslant nF_{max}$。

②同规格镀锌钢丝绳强度减少 10%。

七、紧固件

紧固件是指将两个或两个以上零件(构件)紧固连接成为一件整体所采用的一类零件的总称。通常包括:螺栓、螺柱、垫圈、挡圈、锚定、防松螺母、组合件。检验形式为抽检,检验内容为:

1. 外观检查

(1)包装和标识是否符合技术协议要求。

(2)表面不得有裂纹、凹痕、皱纹、切痕、爆裂、丝牙损伤等缺陷。

(3)表面处理是否符合要求。

2. 规格尺寸检查

用游标卡尺测量螺栓的长度(L)、螺纹公称直径(D)是否符合要求。

3. 机械性能测试

机械性能试验抽查的项目为:抗拉强度、硬度、楔负载强度(头部坚固度)、扭矩系数试验、脱碳层、韧性等。10.9 级需要进行扭矩系数试验确定其质量。

防止紧固件的氢脆是电镀紧固件检验的重要内容。在电镀前处理和电镀过程中,由于氢的渗入和残留将产生氢脆,一旦出现氢脆就会有延迟断裂的危险,对 10.9 级及其以上的外螺纹紧固件或表面淬硬的钢垫圈尤其敏感。通过拉伸试验检查断面可以分析是否为氢脆断裂。通常供应商对镀锌紧固件在镀锌后的 4h 内采用去除氢脆工序。

八、不锈钢材料

不锈钢的性能是通过特有的合金成分获得的,其中铬起着主导作用。铬同氧结合形成一层极薄的、坚硬无比的氧化铬薄膜,这层薄膜保护着底层的不锈钢。不锈钢的耐腐蚀性归结于在同空气接触时自然形成耐腐蚀氧化层的能力。但其抗腐蚀能力的大小是随其钢质本身化学组成、加互状态、使用条件及环境介质类型而改变的。

1. 不锈钢标示方法

美国钢铁学会是用三位数字来标示各种标准级的可锻不锈钢的。其中:

(1)奥氏体型不锈钢用 200 和 300 系列的数字标示。

(2)铁素体和马氏体型不锈钢用 400 系列的数字表示。

(3)不锈钢、沉淀硬化不锈钢以及含铁量低于 50% 的高合金通常是采用专利名称或商标命名。

2. 304 和 316 不锈钢

(1)304 是最普遍的钢种(非磁性),耐腐蚀性、耐热性、低温强度、机械性能良好。有良好的加工性能较好,但不耐海洋性气候的腐蚀。常使用在户内。

(2)316 含有钼(非磁性),比起 304 耐蚀性、316 耐空气腐蚀性、高温强度更好,还具有良好的抗氯化物侵蚀的性能,耐海洋和侵蚀性工业大气的侵蚀。加工硬化性能良好,可以使用在户外。

3. 几种常用不锈钢中外标准牌号的对照

不锈钢 304 的中外标准牌号对照,如表 2-12 所示。

不锈钢 304 中外标准牌号对照　　表 2-12

中国 GB	国标标准化组织 ISO	日本 JIS	美国 ASTM
0Cr18Ni9	X5CrNi18-10	SUS304	304 或 304H
00Cr19Ni10	X2CrNi19-11	SUS304L	304L

不锈钢 316 的中外标准牌号对照,如表 2-13 所示。

不锈钢 316 中外标准牌号对照　　表 2-13

中国 GB	国标标准化组织 ISO	日本 JIS	美国 ASTM
0Cr17Ni12Mo2	X5CrNiMo17-12-2	SUS316	316
00Cr17Ni14Mo2	—	SUS316L	316L

在进货检验时应注意要求供货商提供不锈钢材质报告,必要时可委托专业检测机构抽检。

九、热镀锌材料

1. 外观检查

所有镀件表面应是清洁、无损伤的。其主要表面应是平滑的,无结瘤、锌灰和露铁现象。

注 * 指热镀锌后的制件在储运过程中,由于环境中潮湿空气的作用,在镀件表面形成很浅的白色斑点。必要时,应由需方提供(或认可)能说明镀层外观要求的样品。

外观检验不合格的镀件应进行修复,但修复总面积不应超过主要表面的 0.5%,且单个面积不超过 $1dm^2$,否则应重新热镀锌。

2. 镀层厚度

镀层的耐蚀性与镀层厚度近似成正比,在较强的腐蚀环境中使用或要求使用寿命特别长时,镀层的技术要求由供需双方共同协商。镀层厚度测量方法为磁性测量和称量测量法,现介绍磁性测量法:

(1)确定基本测量面,确定每个基本测量面不应小于 $0.001m^2$。

(2)并且在每个基本测量面内至少应测量 5 次,镀锌层厚度应满足表 2-14、表 2-15 要求。

热镀锌层厚度要求(不离心处理时)　　表 2-14

制件和厚度(mm)		局部厚度(最小值)(μm)	平均厚度(最小值)(μm)
钢铁零件	>6	70	85
	3~6	55	70
	1.5~3	45	55
	<1.5	35	45
铸件	>6	70	80
	≤6	60	70

热镀锌层厚度要求(离心处理时)　　表 2-15

制件尺寸(mm)		局部厚度(最小值)(μm)	平均厚度(最小值)(μm)
螺纹件	直径≥20	45	55
	直径 10~20	35	45
	直径≤10	20	25
其他零件(包括铸件)	厚度>3	45	55
	厚度≤3	35	45

3. 附着强度

热镀锌层应有足够的附着强度,在无外应力作用使镀件弯曲或变形时,镀层不应出现剥离现象。

思　考　题

1. 钢的分类及编号方法有哪些?

2. 金属材料取样有哪些规定?机械性能试验主要检测什么性能指标?

3. 金属材料非试验项目有哪些内容?如何检验?

4. 起重机械专用零部件材料进货检验的内容一般有哪些?机电设备外观检查的具体内容是什么?

第三章　金属结构质量控制

第一节　金属结构质量控制要求及检验要点

一、金属结构设计原则

金属结构设计的目的，是使结构满足各种预定的功能要求，并具有适当的可靠性。结构应满足的功能包括安全性、适用性、耐久性。

1. 安全性

安全性是指结构能承受正常施工和使用时间可能出现的各种载荷、外加变形等的作用；在偶然事件发生时及发生后，仍能保持必需的整体稳定性，不致倾翻、破坏。

2. 适用性

适用性是指结构在正常使用载荷作用下，应具有良好的工作性能，满足预定的使用要求，如不发生影响正常使用的过大变形等。

3. 耐久性

耐久性是指结构在正常维护下，随时间变化仍能满足预定功能要求，如不发生严重锈蚀而影响结构的使用寿命等。

上述三方面的功能要求称为结构的可靠性。概括地说，结构的可靠性是指结构在规定时间内，在规定的条件下（正常设计、正常施工、正常使用和正常维护）完成预定功能的能力。

用来度量结构可靠性的指标称为可靠度。度量结构可靠性比较科学的方法是用概率来描述。所以，结构可靠度是指结构在规定的时间内、在规定的条件下，完成预定功能的概率，它是结构可靠性的概率度量。

结构或构件能够完成预定功能的概率称为可靠概率（P_S），相对应的结构构件不能完成预定功能的概率称为失效概率（P_F），显然两者互补，即 $P_S + P_F = 1$。

根据以上分析，为了使起重机金属结构能够满足预定的功能要求，必须要进行金属结构的承载能力即安全性（强度、稳定性）、刚度（变形）即适用性，以及使用寿命即耐久性（疲劳强度）等方面的验算。

强度验算是将由外载荷在构件中引起的应力与材料的极限应力相比。材料的极限应力分别指材料的屈服应力（σ_s），构件的临界屈曲应力（σ_{cr}），和构件或接头的疲劳应力（σ_r）。

目前起重机金属结构强度验算有两种方法即许用应力法和极限状态法。我国起重机设计规范采用许用应力法，国外不少起重机设计规范也采用许用应力法。

许用应力法计算简便，它适用于载荷、内力和应力间具有线性关系的结构系统。它是由外载荷在构件中引起的计算应力与材料或构件的许用应力[σ]、许用临界屈曲应力[σ_{cr}]和许用疲劳应力[σ_r]相比较。许用应力等于各种极限应力除以相应的安全系数 n，即

$$\sigma \leqslant [\sigma] = \frac{\sigma_s}{n_1} \tag{3-1}$$

$$\sigma \leqslant [\sigma_{cr}] = \frac{\sigma_{cr}}{n_2} \tag{3-2}$$

$$\sigma \leqslant [\sigma_r] = \frac{\sigma_r}{n_3} \tag{3-3}$$

极限状态法适用于载荷、内力和应力间是线性和非线性关系的结构系统，它是将外载荷乘以相应的载荷系数作用到结构（构件）上，引起的应力与材料或构件的（考虑具体材料情况后）极限强度相比较。极限强度指强度计算时的屈服应力，稳定计算时的临界屈曲应力和疲劳计算时的疲劳极限应力。

用极限状态设计金属结构较为合理，但必须在概率统计的基础上给出各种载荷系数、组合系数和材料不均质系数。目前在起重机领域中尚未具备这些条件，只是在建筑、桥梁等行业采用此方法设计金属结构。

刚度验算也就是结构变形的计算，即使用性的验算。因为结构的过大变形将无法保证起重机装卸作业的正常进行，如桥式起重机大梁挠度过大将影响起重小车在大梁上顺利行驶，臂架式起重机的起重臂刚度不够将无法进行正常作业。

静态刚性验算是以在静力作用下，金属结构产生的静态弹性挠度为比较对象。刚度计算条件为

$$Y_L \leqslant [Y_L] \tag{3-4}$$

式中：Y_L——金属结构在额定载荷（包括重物、吊具和起重小车的质量，不计及动载系数）作用下产生的最大弹性挠度；

[Y_L]——结构验算处的许用挠度值。

许用挠度值是根据实践经验确定的。不同类型的起重机有不同要求。我国起重机设计规范中提出了能确保起重机正常使用的具体许用挠度值，如表 3-1 所示。

起重机金属结构除了计算静态刚性外，还要校核动态刚性。目前动态刚性用结构系统满载下的自振频率来表征。动态刚性不佳将使结构在运动中的振动衰减缓慢，影响正常作业，特别是对生理器官及心理感受引起不良影响。据国际标准 ISO 2631—1974 提供材料，振动频率垂直方向在 4 ~ 8Hz 和水平方向在 1 ~ 2Hz 容易使人疲劳。另外，低频振动(0.1 ~ 0.6Hz)会使人头晕，因此目前对起重机结构系统的固有频率作了明确规定。如桥式起重机规定，满载下结构系统的自振频率应在 2Hz 以上，门座起重机的满载自振频率不应低于 1Hz。

为了提高弹性系统的动刚度（也可从减小振动的振幅来看），有两个基本措施：

第一，避免系统发生共振，即避免频率比 λ 等于或接近于 1。

$$\lambda = \frac{f}{f_n} \quad 或 \quad \lambda = \left(\frac{\omega}{\omega_n}\right) \tag{3-5}$$

式中：f——激振力的频率；

ω——激振力的角频率；

f_n——弹性系数的固有频率。

起重机金属结构的静态刚性要求 表 3-1

起重机类型和级别		验算处位置和位移方向	计算 Y_L 或 X_L 近似公式	许用值[Y_L]或[X_L]
桥式类型起重机	$\leqslant A_5$	跨中垂直挠度	$Y_L = \frac{FL^3}{48EI_z}(L-b)[3L^2-(L-b)^2]$	$\frac{1}{700}L$
	A_6			$\frac{1}{800}L$
	A_7, A_8			$\frac{1}{1\,000}L$
门式装卸桥		悬臂端部垂直挠度	$Y_L = \frac{2FL_c^3}{3EI_x}\times\left[\left(\frac{L}{L_c}+1\right)-\frac{b}{L_c}\left(0.75+\frac{L}{L_c}\right)\right]$	$\frac{1}{350}L$
塔式起重机		塔身上部、臂架连接处的水平位移	$X_L = \frac{(2F_1H+3M)H^2}{6EI}\left(\frac{1}{1-\frac{F}{F_{EX}}}\right)$	$\frac{1}{100}H$
外伸式臂架起重机		臂架端部、垂直于臂架轴线方向的挠度	$Y_L = \frac{(2Fk_{1Y}L_b+3M_X)}{6EI_{dz}}\left(\frac{1}{1-\frac{F}{F_{EX}}}\right)$	$\frac{1}{10^5}L_b^2$
		侧向水平位移	$X_L = \frac{(2Fk_{1Y}L_b+3M_Y)}{6EI_{dy}}L_b^2\left(\frac{1}{1-\frac{F}{F_{Ey}}}\right)$	$\frac{0.7}{10^5}L_b^2$

表中：F_E——欧拉临界载荷，$F_{EX} = \pi^2 E\frac{I_{dx}}{l_{cx}^2}$，$F_{EY} = \pi^2 E\frac{I_{dy}}{l_{cy}^2}$；

伸缩式臂架的当量惯性矩，$I_d = \frac{I_1}{\mu_1^2}$；

l_c——臂架的计算长度，$l_c = \mu_2\mu_3 l_b$，有方向性，随 F_{EY}，F_{EX} 方向而定；

I_1——伸缩式臂架基本臂的惯性矩；

μ_1、μ_2、μ_3——长度系数，可查阅《起重机设计规范》。

$$f_n = \frac{1}{2\pi}\sqrt{\frac{K}{m}} \tag{3-6}$$

$$\omega_n = \sqrt{\frac{K}{m}} \tag{3-7}$$

式中：ω_n——弹性系统的固有角频率；

K——弹性系统的静刚度；

m——弹性系统的质量。

为此，可以改变激振频率 ω，最好使其处于较低水平；也可以改变弹性系统的固有频率 ω_n，最好是具有较高的固有频率。

第二，增加弹性系统的阻尼比。起重机金属结构除了强度、刚度问题外，还有一个突出的问题就是稳定性问题，受弯构件、受压构件、压弯构件都会遇到稳定性的问题。

稳定问题分两大类：第一类稳定问题或具有平衡分岔的稳定问题（也叫分支点失稳）；第二类稳定问题或无平衡分岔的稳定问题（也叫极值点失稳）。

结构稳定问题的求解和应力问题的求解有以下不同：

(1)要考虑结构变形对外力效应的影响。

(2)静定结构和超静定结构对求解稳定问题是同等的。

(3)迭加原理不适合于稳定问题。

(4)稳定问题中一定要有整体观点。

稳定性设计表达式为

$$\sigma \leqslant \frac{\sigma_{cr}}{n_{cr}} \tag{3-8}$$

式中：σ_{cr}——临界应力；

n_{cr}——稳定性安全系数。

二、金属结构使用的材料

1. 金属结构的选材原则

起重机结构用钢，应根据我国钢材生产的实际情况，结合起重机金属结构的工作特点和国内结构工程的实践。

一般来说，评定结构的好坏有下列条件：

(1)安全可靠，不会突然破坏。

(2)在相同载荷下具有自重最轻，便于运输安装。

(3)制造加工方便，具有较高的精度，工业化程度高，能批量生产。

(4)现场拼装、吊装简易、施工周期短。

(5)能提供良好的气密和水密条件。

(6)具有耐热、耐寒及耐腐蚀性。

(7)经济效益好。

按照上述评定金属结构好坏的条件，选择金属结构用材，应考虑以下几个方面的问题：①结构连接方法和形式；②结构载荷特点；③结构的工作温度；④结构构件的重要性；⑤结构构件壁厚的影响；⑥结构构件的受力性质。

2. 金属结构用材的主要性能及影响因素

结构用钢应重视其力学性能(机械性能)，结构用钢的主要力学性能包括：强度[屈服强度 $f_y(\sigma_s)$]、抗拉极限强度[$f_u(\sigma_u)$]、伸长率 A、冷弯性能和冲击韧性 α_k。

1)屈服强度和抗拉极限强度

钢材一次拉伸的应力—应变图(图 3-1)，是确定钢材强度指标和钢材结构设计方法的依据。

图 3-1a)是低碳钢及低合金钢的应力-应变图，图 3-1b)是典型的低碳钢应力-应变图。图中，范围①几乎是直线，就是完成弹性阶段，超出弹性极限后的曲线；范围②为弹塑性工作阶段，卸载后将产生残余变形；范围③呈现一个很小的台阶，常称屈服平台，说明载荷不增加，变形仍在发展，这种现象称为屈服。对应的应力称为屈服应力 $\sigma_s(\sigma_y)$，在结构计算中把它作为弹性计算的强度准则。

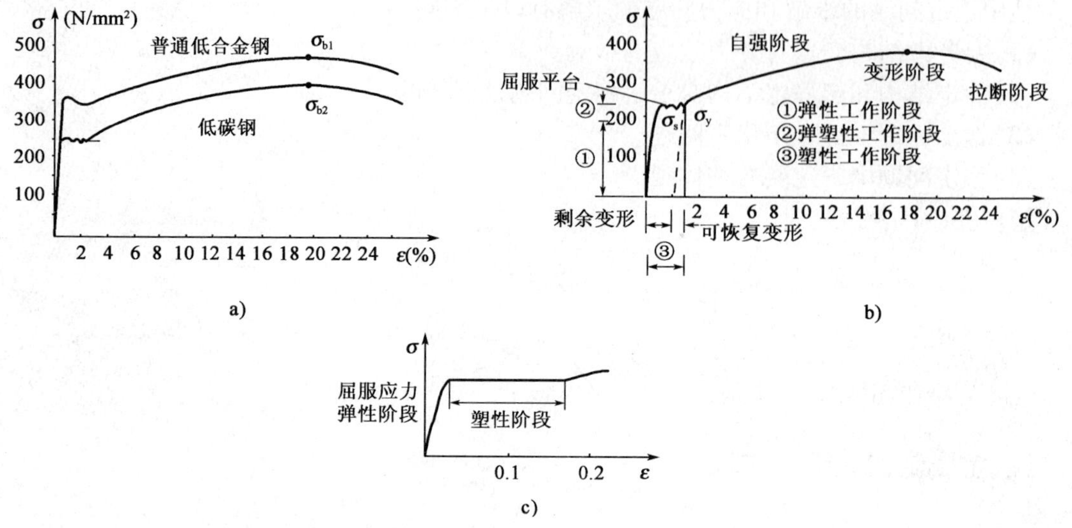

图 3-1 钢材应力-应变曲线

2)伸长率 A 和收缩率 Z

从应力-应变曲线还可看出,达到屈服时的应变 $\varepsilon=0.15\%$,屈服后的应变范围(屈服平台)为 0.15% ~2.5%,破坏时,其变形可达 20% ~22% 以上,说明其塑性变形能力很强。钢材的塑性变形指标用伸长率 A 表示

$$A=\frac{L_u-L_0}{L_0}\times 100\% \tag{3-9}$$

式中:A——伸长率;

L_0——试件原标距长度;

L_u——试件拉断后原标距间的长度。

断面收缩率是指试件拉断后断面面积缩小值与原断面面积比值的百分率

$$Z=\frac{S_0-S_u}{S_0}\times 100\% \tag{3-10}$$

式中:S_0——试件原来的断面面积;

S_u——试件拉断后颈缩处的断面面积。

3)韧性

钢材的韧性是指钢材在塑性变形和断裂过程中吸收能量的能力,即是钢材抵抗冲击或振动载荷的能力,是强度和塑性的综合体现

$$\alpha_k=\frac{A_k}{A}\quad(\mathrm{N\cdot m/cm^2}) \tag{3-11}$$

式中:A——试件断口处的截面积;

A_k——冲击功数值。

4)冷弯性能

冷弯性能是指钢材在常温下加工发生塑性变形时,对产生裂纹的抵抗能力。冷弯性能用冷弯试验来检验,如果试件弯曲 180°,无裂纹、断裂或分层,即认为试件冷弯性能合格。

正是因为钢材具有这种性能，所以能比其他材料易于加工成形，且更能适应应力集中，以致在塑性变形后仍能继续工作。

5）可焊性

钢材的可焊性是指在一定钢种、工艺和结构设计构造的条件下，通过焊接能够获得良好的焊接接头性能。可焊性又分为施工上的可焊性和使用上的可焊性两种。

施工上的可焊性是指焊缝金属产生裂纹的敏感性，所谓可焊性好，是指在一定的焊接工艺条件下，焊缝金属及近焊缝区钢材均不产生裂纹。

使用上的可焊性，是指焊接接头和焊缝的缺口韧性和热影响区的塑性，要求焊接结构在焊接后的力学性能不低于母材的力学性能。

影响钢材性能的因素很多，主要有化学成分的影响、冷加工及温度的影响。

三、钢材预处理的质量检验

组成结构件的钢材元件，如型钢、钢板、钢管等，都必须经过表面预处理。预处理包括：

（1）钢材的矫形质量检验，主要是检查钢板或型钢的平面度和直线度，以保证其形状在一定的精度范围以内。

（2）钢材的预处理及质量检验。一般情况下，钢材表面附有有害物质及锈蚀物，它不但影响施工人员身体健康，污染环境，因此要对钢材进行预处理。钢材预处理的常用方法，是抛丸处理、冲沙处理、酸洗处理和手工处理。

（3）防锈层质量检查。经除锈后的钢材元件，表面应清洁，无浮灰和砂粒，并按规定涂防锈底漆。

四、钢材元件放样下料质量检查

（1）下料切割表面质量检查。下料件表面应无夹渣、夹灰及严重锈蚀等缺陷，如发现板材表面有起皱、脱皮，切削边有裂缝等，要进一步检查其深度及范围。

（2）下料切割件的尺寸检查。一般要对结构件的放样下料件进行尺寸检查，如对角线尺寸，长宽尺寸，形状位置尺寸等。

（3）画线钻孔的质量检查。孔的画线主要检查孔的中心位置偏差及孔径偏差。钻孔后要检查成孔后的中心偏差。

（4）冷加工后质量检查。冷加工后主要检查钢材刨边前的平面度及直线度，同时检查刨边口的尺寸及表面粗糙度。

五、胎架的质量检查

胎架作为构件组装的基础承载物，必须对其刚性和精度有一定要求。

六、装、焊质量检查

结构件组装、焊接和质量检查应按规范、标准要求进行检验，主要是：①材料检查；②组装前的下料质量检查；③元件的定位线尺寸检查；④元件的拼装间隙检查；⑤焊接坡口的尺寸精度检查；⑥焊前质量检查；⑦焊接过程中质量检查；⑧焊接后的质量检查；⑨结构件的外形尺寸、相关尺寸和整体变形量的检查。

七、钢结构工程质量控制条件

钢结构工程质量控制条件如表 3-2 所示。

基本焊接结构件制造允许偏差（单位：mm） 表 3-2

<table>
<tr><th>序号</th><th>检查项目</th><th>简图</th><th colspan="2">允许偏差</th></tr>
<tr><td>1</td><td>构件的直线度</td><td> 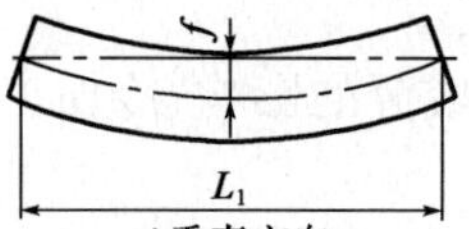a)垂直方向 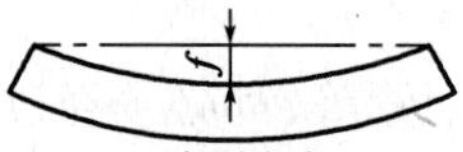
b)水平方向</td><td colspan="2">a) $f \leqslant \frac{1}{1\,000}L_1$
b) $f \leqslant \frac{1}{2\,000}L_1$</td></tr>
<tr><td>2</td><td>梁的上拱度偏差</td><td> 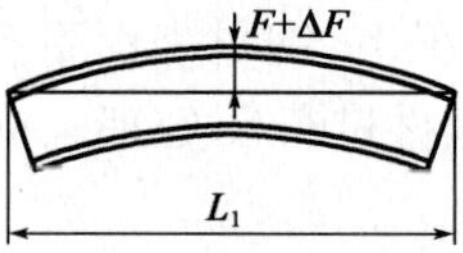</td><td colspan="2">$\Delta F = \begin{matrix} +0.30F \\ -0.05F \end{matrix}$
F 为图纸规定的拱度</td></tr>
<tr><td rowspan="6">3</td><td rowspan="6">箱形梁（工字梁）两端的扭曲度</td><td rowspan="6"> 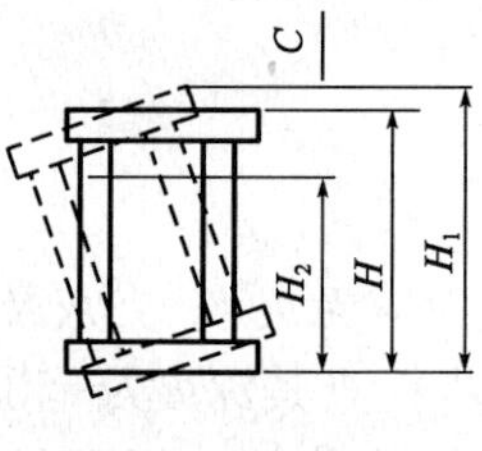</td><td>梁的长度</td><td>C</td></tr>
<tr><td>≤5 000</td><td>≤4</td></tr>
<tr><td>>5 000 ~ 10 000</td><td>≤6</td></tr>
<tr><td>>10 000 ~ 20 000</td><td>≤8</td></tr>
<tr><td>>20 000 ~ 30 000</td><td>≤10</td></tr>
<tr><td>>30 000 ~ 50 000</td><td>≤15</td></tr>
<tr><td>4</td><td>箱形梁（工字梁）腹板的垂直度</td><td> 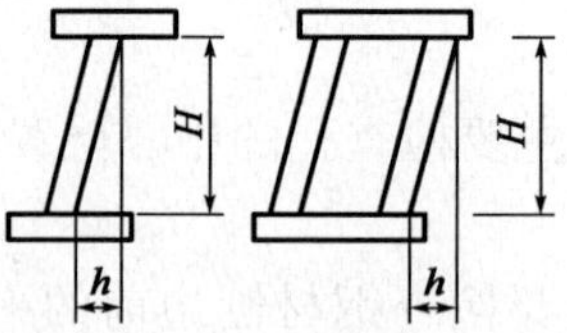</td><td colspan="2">$h \leqslant \frac{1}{200}H$
（此值在钢筋板或节点处测量）</td></tr>
<tr><td>5</td><td>a）工字梁翼缘板的平面度
b）箱型梁（工字梁）上翼缘板的水平倾斜度</td><td>a)　b)</td><td colspan="2">a) $f \leqslant \frac{1}{100}A$（$f$ 值在筋板处测量）
b) $f' \leqslant \frac{1}{200}B$（$f$ 值在筋板处测量）</td></tr>
</table>

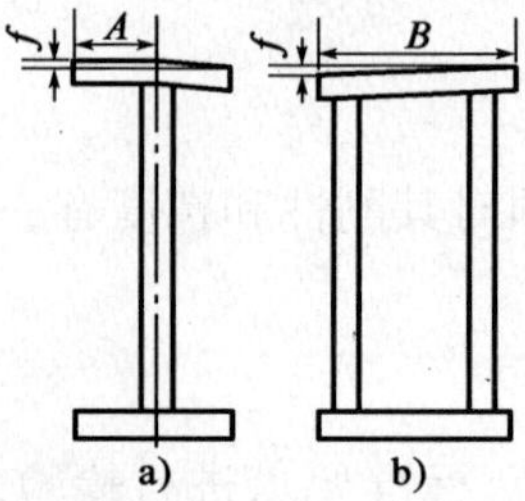

续上表

<table>
<tr><th>序号</th><th colspan="2">检 查 项 目</th><th>简　　图</th><th colspan="2">允 许 偏 差</th></tr>
<tr><td rowspan="5">6</td><td colspan="2" rowspan="5">轨道中心线与腹板中心线的位置偏差</td><td rowspan="5">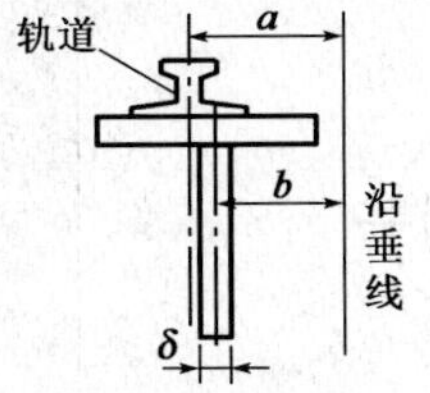轨道
a
b
沿
垂
线
δ</td><td>板厚 δ</td><td>$a-b$</td></tr>
<tr><td>5 ~ 8</td><td>≤3</td></tr>
<tr><td>9 ~ 12</td><td>≤4</td></tr>
<tr><td>13 ~ 20</td><td>≤6</td></tr>
<tr><td>21 ~ 32</td><td>≤8</td></tr>
<tr><td>7</td><td colspan="2">相配梁高度差</td><td>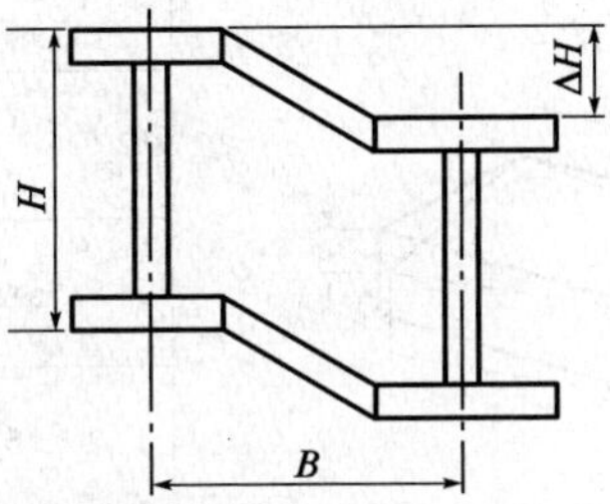ΔH
H
B</td><td colspan="2">$\Delta H \leqslant \frac{1.5}{1\,000}B$，但不大于 10
（ΔH 在筋板处测量）</td></tr>
<tr><td>8</td><td colspan="2">构件尺寸偏差和对角线偏差</td><td>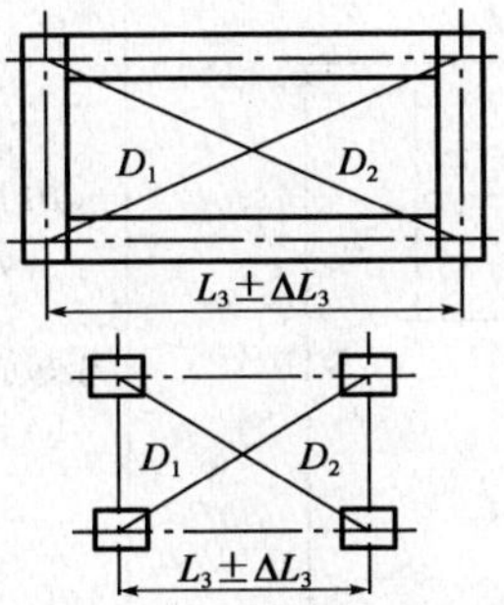D1
D2
L3±ΔL3
D1
D2
L3±ΔL3</td><td colspan="2">当长度 $L_3 < 7\,000$ 时：$\Delta L_3 \leqslant 3$，$|D_1 - D_2| \leqslant 4$
当长度 $L_3 \geqslant 7\,000$ 时：$\Delta L_3 \leqslant 5$，$|D_1 - D_2| \leqslant 7$</td></tr>
<tr><td>9</td><td colspan="2">a）筋板（隔板）相对位置偏差
b）筋板（隔板）对箱型梁（工字梁）腹板或翼缘板的垂直度</td><td>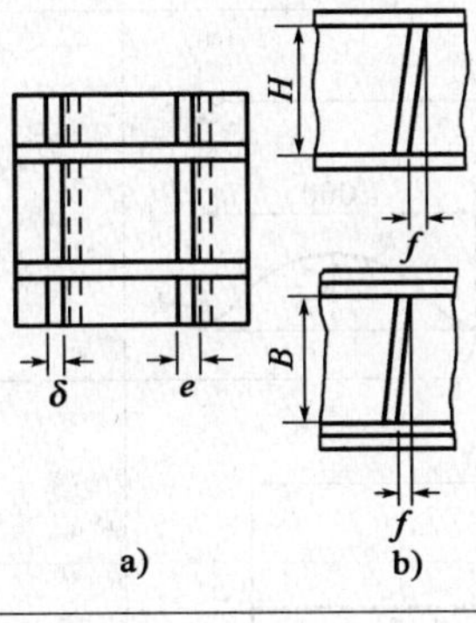H
f
B
f
δ
ea)　　b)</td><td colspan="2">a）$e \leqslant \frac{1}{2}\delta$
b）$f \leqslant \frac{3}{1\,000}H$
$f \leqslant \frac{3}{1\,000}B$</td></tr>
<tr><td>10</td><td>筒体圆度偏差</td><td>圆筒加工</td><td>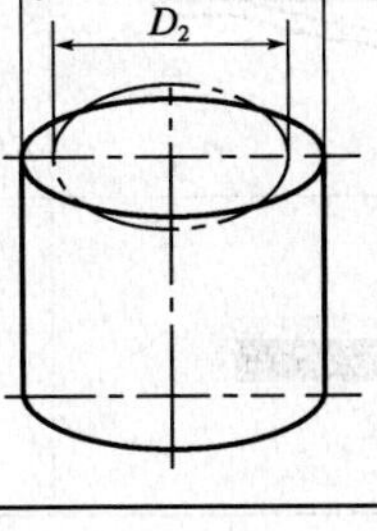D1
D2</td><td colspan="2">$\delta < 6$、$D > 1\,500$：$D_1 - D_2 \leqslant \frac{5}{1\,000}D$
$\delta < 6$、$D < 1\,500$：$D_1 - D_2 \leqslant \frac{3}{1\,000}D$
$\delta > 6$：$D_1 - D_2 \leqslant \frac{3}{1\,000}D$
D 为名义直径；δ 为圆筒壁厚</td></tr>
</table>

续上表

<table>
<tr><th>序号</th><th colspan="2">检 查 项 目</th><th>简 图</th><th colspan="2">允 许 偏 差</th></tr>
<tr><td>10</td><td>筒体圆度偏差</td><td>圆筒对接</td><td>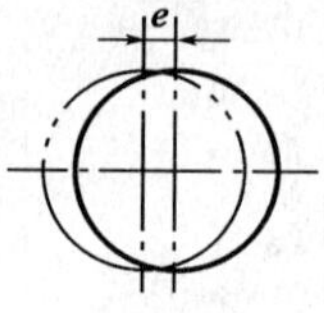</td><td colspan="2">$e \leqslant \frac{1}{5}\delta$
δ 为圆筒壁厚</td></tr>
<tr><td rowspan="4">11</td><td colspan="2" rowspan="4">翘曲变形量</td><td rowspan="4">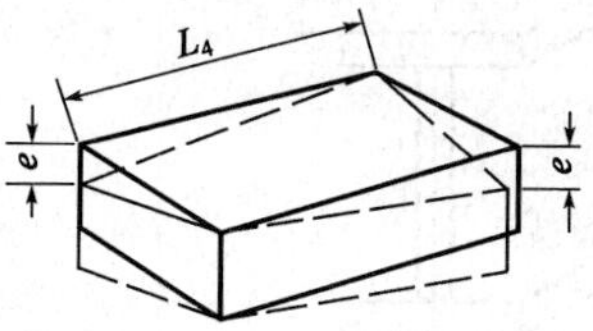</td><td>L_4</td><td>e</td></tr>
<tr><td>≤2 000</td><td>$\leqslant \frac{1}{1\,000}L_4+2$</td></tr>
<tr><td>>2 000 ~ 5 000</td><td>$\leqslant \frac{1}{1\,000}L_4+4$</td></tr>
<tr><td>>5 000 ~ 15 000</td><td>$\leqslant \frac{1}{1\,000}L_4+7$</td></tr>
<tr><td>12</td><td colspan="2">箱型梁（工字梁）腹板的波浪度</td><td>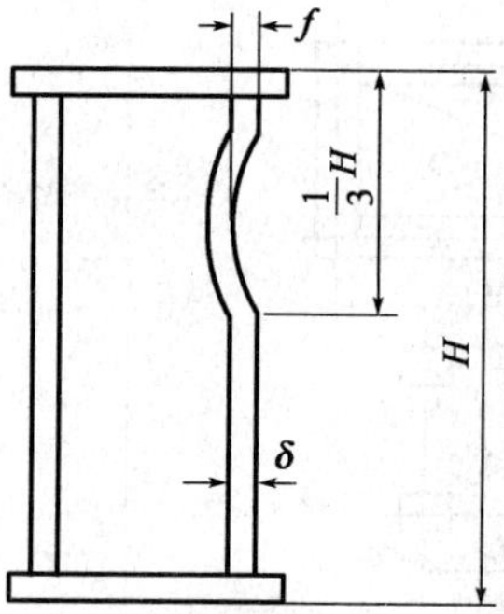</td><td colspan="2">用1m平尺检查：
a)在受压区$\frac{1}{3}H$的区域内：$f \leqslant 0.7\delta$，但在相邻筋板间凹凸不超过一处
b)其余区域内：$f \leqslant 1.2\delta$</td></tr>
<tr><td>13</td><td colspan="2">箱型梁（工字梁）翼缘板的波浪度</td><td>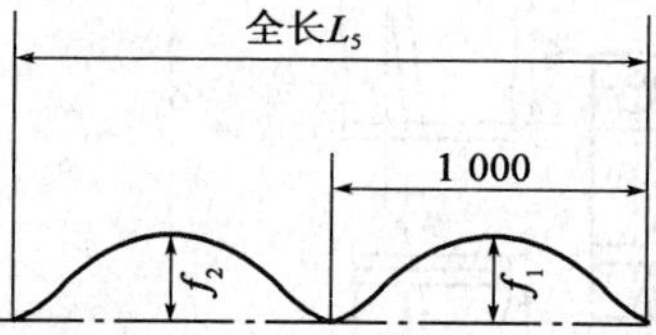</td><td colspan="2">用1m平尺检查$f_1 \leqslant 3$
全长$f_2 \leqslant \frac{1.5}{1\,000}L_5$</td></tr>
<tr><td>14</td><td colspan="2">a)操纵室围壁波浪度
b)机器房围壁波浪度
c)棚顶波浪度
d)平台波浪度</td><td>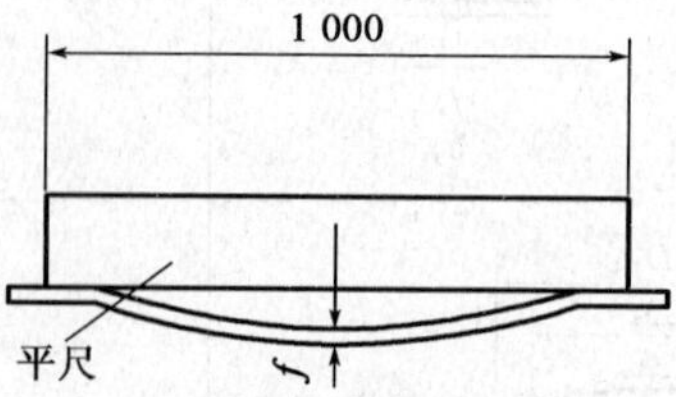</td><td colspan="2">用1m平尺检查
a)$f \leqslant 5$；
b)$f \leqslant 10$；
c)$f \leqslant 6$；
d)$f \leqslant 8$</td></tr>
<tr><td>15</td><td colspan="2">贯通筋板错位量</td><td></td><td colspan="2">$e \leqslant 0.3\delta$</td></tr>
</table>

续上表

序号	检查项目	简图	允许偏差
16	a)桁架复杆轴线对理论轴线的偏差 b)复杆的直线度 c)桁架节距偏差	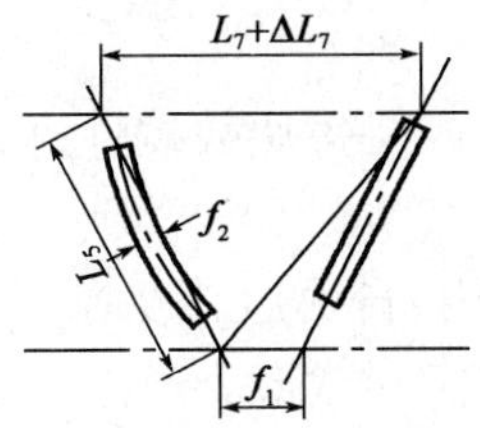 $L_7+\Delta L_7$　L_5　f_2　f_1	a) $f_1\leq 5$ b) $f_2\leq\frac{1.5}{1\,000}L_5$ c) $\Delta L_7\leq\frac{3}{1\,000}L_7$
17	a)支座耳板垂直度 b)支座开挡尺寸偏差	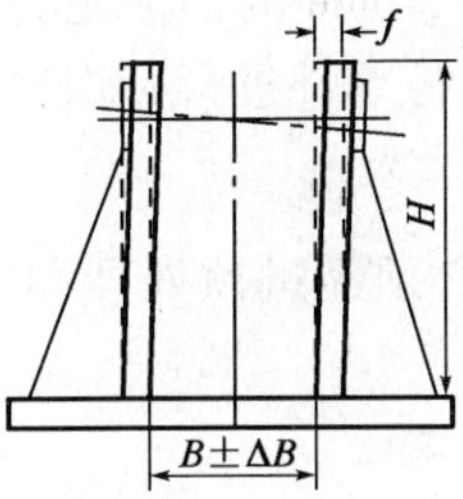 f　H　$B\pm\Delta B$	a) $f\leq\frac{1}{100}H$ b) $\Delta B\leq\frac{1}{100}H$
18	法兰面角度变形偏差	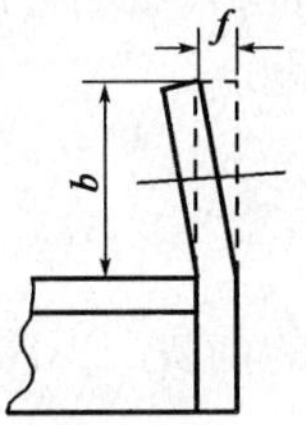 f　b	$f\leq\frac{1}{30}b$

第二节　钢结构件制作

一、材料跟踪概述

材料跟踪是指每块制作钢板表面要有明确的钢板材质、规格和炉批号的标识，以证明此钢板是经过检查合格的钢板，且每个项目都有指定的钢板，严禁混用。

原材料（钢板、型钢）出厂的牌号、规格、炉批号等标识，必须符合标书或图纸的要求，标识的字迹应清晰、工整。当进入预处理工序后，必须进行材料的炉批号跟踪和移植，务必做到准确、无误，应与钢板出厂标识保持一致。

一般FCM钢板在钢板表面会有FCM的标识。A709-50-2的钢板的标识与其他钢板不同，A709-50F-2表示此板为FCM板，A709-50T-2表示非FCM板。

二、材料跟踪的操作流程

1. 钢板预处理

所有钢板在车间内制作时都必须经过表面预处理，表面处理后将钢厂的标识也将破坏。

必须在冲砂车间对预处理后的钢板进行标识移植,将钢板原有的标识移植到钢板左下角。标识包括材质、规格、炉批号、钢板号、图号、项目名称、项目工号、部件名称、件号。

2. 钢板数控切割

对已经预处理的钢板进行数控切割后,要对每块数控件进行标识移植,并根据实际切割做好数控材料跟踪清单。

数控切割的尺寸误差控制在 ±1mm 之内,自由边斜度控制在 1/50 的板厚之内。

3. 冲砂

由于预处理机器的局限性,对板厚大于 30mm 的钢板无法进行预处理,只能送到冲砂车间进行冲砂处理,冲砂后要求对所有钢板和数控零件进行标识移植。

4. 车间拼装和制作

在车间制作使用的钢板和数控件都是必须经过预处理和有明确材料标识的,否则不允许使用。

5. 质量证明书

根据材料跟踪记录表,在数据库中找所有材料的质保书,进行最后的材料核对。任何环节标识出错,都会发生质量证明书无法追溯的问题。

三、焊前准备

焊前的准备非常重要,它是良好焊缝质量的前提,以下是常规焊前准备的具体要求。

1. 下料和坡口

(1)板材的一次下料切割(抽边不小于 20mm)。

(2)坡口准备。主要检查:①坡口角度 α;②钝边 f;③表面光洁度;④有无割痕缺陷,这些要求是否符合图纸的要求。坡口角度偏差不大于 ±2°且坡口横向直线需与纵向直线成角尺,避免长度方向内产生歪斜。

2. 装配

(1)角焊缝连接的部件必须尽可能贴紧。根据间隙严禁超过 3/16in(5mm),只有厚度等于或大于 3in(75mm)的型材或板材、如果在矫直后和装配中、根部间隙不能足够靠近以符合这一公差要求的情况除外。在这种情况下,如采用合适的衬垫,可采用最大根部间隙 5/16in(8mm)。衬垫可以由焊剂、玻璃纤维带、铁粉或类似材料制成,或者是熔敷合适填充金属的低氢方法的焊缝。如果间隙超过 1/16in(2mm),则根据焊脚尺寸必须按根部间隙值而增加,否则承包商必须证明已经达到所要求焊缝的有效厚度。

部分熔透和全熔透坡口焊缝,当药芯焊丝 CO_2 气体保护焊(FCAW)、熔化极气体保护焊(GMAW)和埋弧焊(SAW)使用自动或机械方法焊接时,根部间隙最大差值(装配时最大间隙与最小间隙差值)不超过 1/8in(3mm)。

(2)对接焊缝焊接在同一平面内两块钢板对齐的边缘。根部间隙根据焊接方式不同、对接板厚度不同、坡口形式的不同,装配有不同的公差要求,具体可对照 AWSD1. 1:2002 中的图 3-3和图 3-4。图 3-2 是 V 型坡口对接头的装配间隙。

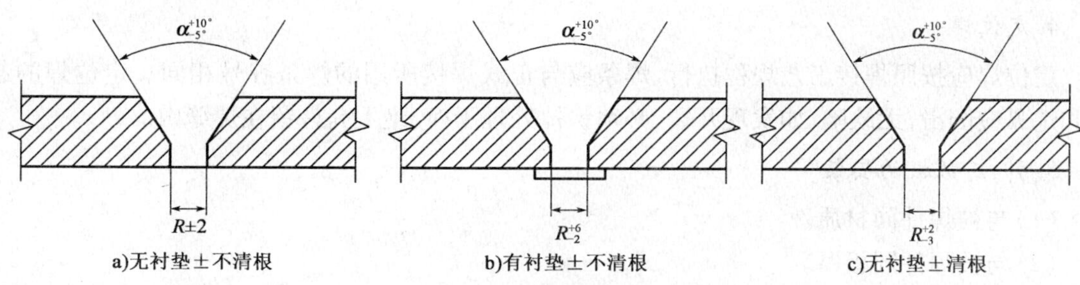

图 3-2　V 型坡口对接头的装配间隙(尺寸单位:mm)

(3)对接缝的错边:控制在 $0.1t$(t 为薄板厚度),且最大错边不大于 2mm(如图 3-3 所示)。

(4)厚薄板斜势:相邻两板厚差 $\Delta T \geqslant 6$mm 时,厚板需打单面或双面斜势。

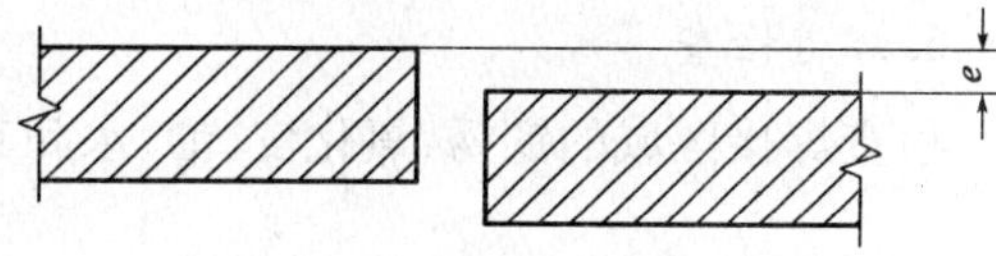

图 3-3　对接缝错边

3. 焊接条件

(1)任何时候焊道内和热影响区域都不允许有水迹存在,不能在雨中和大雾天焊接。

(2)按照工艺进行预热。具体预热温度如表 3-3 和表 3-4 所示。

非 FCM 构件最低预热和层间温度　　表 3-3

板材厚度 t(mm)	$3 \leqslant t \leqslant 20$	$38 \geqslant t > 20$	$65 \geqslant t > 38$	$t > 65$
温度(℃)	0	10	65	110

FCM 构件最低预热和层间温度　　表 3-4

板材厚度 t(mm)	$t \leqslant 20$	$40 \geqslant t > 20$	$60 \geqslant t > 40$	$t > 60$
温度(℃)	40	60	80	140

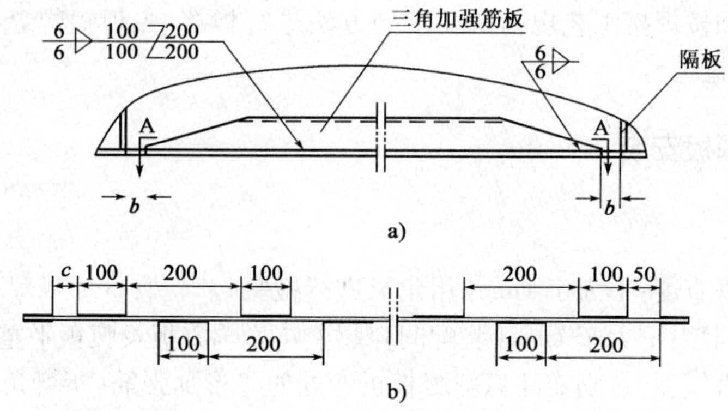

图 3-4　加强筋焊接要求(尺寸单位:mm)

最低预热温度是指就要焊接时接头部位的温度,因此结构件焊接接头的预热,应在就要开始焊接前进行。温度按接头中较厚板的厚度确定。预热加热应均匀进行,母材的最小预热区域离开焊缝应不小于 80mm。

(3)气保焊需要注意有防风措施。

4. 定位焊

定位焊应按照焊接工艺规程执行，焊条应与正式焊接所用的焊条牌号相同。定位焊的起弧和熄弧应圆滑，无缺陷，如发现开裂，必须铲掉处理干净，绝不允许留在焊缝内。

5. 引、熄弧板的安装

(1)与被焊件同材质。

(2)与被焊件同板厚。

(3)与被焊件坡口一致。

(4)规格 100mm × 80mm。

(5)引弧长度不小于 50mm。

6. 焊道检查

检查焊接区域的铁锈、氧化皮、油、水和其他污物必须清理干净。

四、焊接过程中的质量控制

有关焊缝和焊接过程中的质量问题，下面所提为主要控制点：

(1)对装配定位焊要注意坡口角度、装配间隙、定位焊成型及弧坑填满，钢板面不准碰弧等。

(2)对合金钢重要构件焊接，特别要注意预热、道间温度及后热的控制，有线能量要求的要特别注意对焊接规范、线能量的控制。对素质差的焊工，不能遵守 WPS 及工艺规定的，应予以制止。

(3)必要时详细记录焊接的过程，包括焊接电流、电压、焊接道数等。

(4)随时监督焊接过程，保证焊缝内在质量及外观成型，完工焊缝必须清渣和清除飞溅。

(5)焊接顺序须按焊接工艺规程所要求的方法进行焊接，先焊短焊缝，再焊长焊缝，并有预防焊接变形的措施。

五、加强筋、隔板安装

1. 加强筋角钢

(1)角钢安装垂直度：不大于 1mm(用角尺进行检验)。

(2)角钢装配间隙：不大于 1mm(装配间隙超差将影响翼板及腹板平整度)。

(3)角钢安装直线度：特别需注意斜腹板折弯处的 T 形加强筋(折弯角钢)，避免隔板两边角钢装配错位。

(4)焊接要求：一般角钢焊接为间断焊，焊 100 间隔 200，注意间距不大于 200mm，端部焊缝长度大于 75mm。纵向筋端部与隔板的间距尺寸 b 控制在 25 ~ 30mm，装焊纵向筋时，先从筋板一端按设计蓝图规定间隔向另一端施焊，焊至末端时，当相邻焊缝间距 c 小于 15mm 则把这两条焊缝焊接起来，否则就保留间隔空档，如图 3-4 所示。

(5)角钢焊后需将拼板翻身对角钢焊接位置进行校正。

2. 横隔板

横隔板根据受力情况主要有加筋板和隔板两种，它是保证构件形状的重要零件，应重视其尺寸精度和形状。横隔板大多数板中是空口，除图纸有明确要求外，横隔板允许对接，对接焊缝必须熔透，除图纸明确要求外一般不探伤。横隔板是保证构件装配质量的重要因素之一，因此隔板制作必须注意以下几点：

1）隔板拼接余量：由于大部分隔板是由四块板拼接而成，每条拼缝应放2mm的对接收缩余量，如图3-5所示。

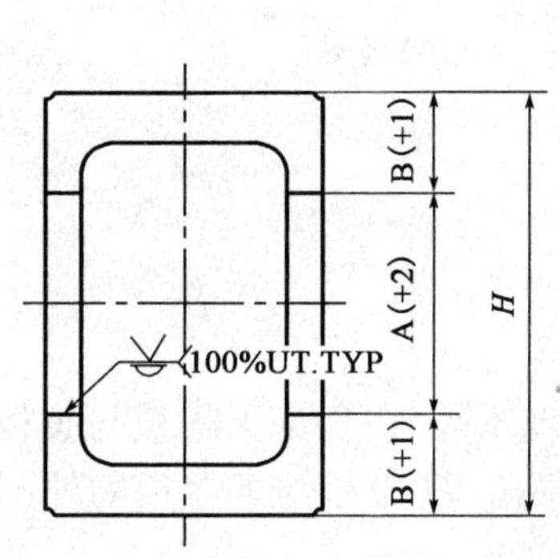

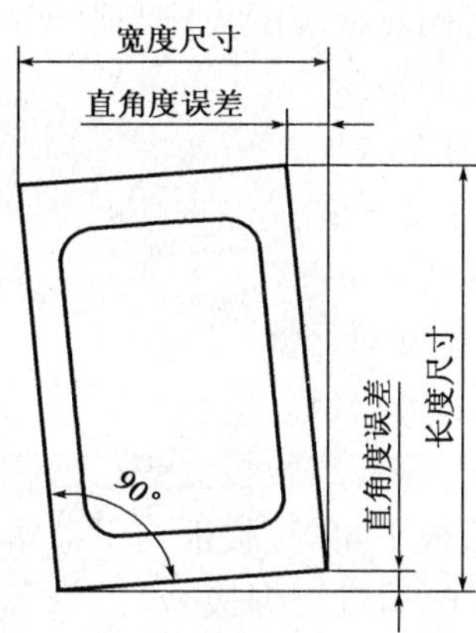

图3-5　隔板制作的尺寸要求

2）焊接

（1）拼缝两侧必须加引、熄弧板，焊后割除，并打磨切割边。

（2）拼缝单面坡口不得小于45°。

（3）反面清根，并对拼缝作100% UT检验。

（4）拼缝焊接均采用二氧化碳气体保护焊（FCAW）。

3）矫正：焊接后必须进行矫平，特别是对接焊缝处，矫平后方可进行加强圈的安装。

4）最终尺寸：隔板尺寸将直接影响箱体装配质量，因此其长度、宽度尺寸及直角度误差均控制在±2mm之内，如果个别横隔板的尺寸偏差大于2mm、但不大于5mm经工艺设计同意可以修边和补焊。

5）外观质量：隔板装配前必须将边缘缺口修补打磨结束，过焊孔必须打磨光滑，所有圆弧切割边应打磨光洁。

6）隔板的安装

（1）每档隔板装配线必须与胎架相对应。

（2）隔板装配线位置油漆打磨清除，隔板与直腹板及斜腹板装配边打磨去除数控切割的氧化渣。

（3）隔板装配线的检验，要明确装配理论线是以外边线还是内边线，需核实以保证隔板开档。

（4）隔板、长腹板边及短腹板边与底板检验是否角尺（使用施工队自制的大角尺），及时对隔板进行修整，并保证隔板与腹板的装配间隙，垂直度不大于$H/500$，并不大于3mm。

六、三、四面装配

三面装配指先将箱形结构两侧腹板与底板装配成型（包括隔板与底板、腹板的装配），三面焊接后再进行第四面盖板装配的装配方式。四面装配指将箱形结构底板、两侧腹板和盖板整体装配完毕后焊接的装配方式。

注意事项：

1）胎架要求水平，如有拱度的大梁，根据图纸要求，调整水平预拱度。

2）底板上每档隔板装配线应与胎架相对应。

3）点焊质量的检验：

（1）严禁存在裂纹。

（2）高度小于2/3 正式焊脚高度。

（3）长度 38 ~ 50mm。

（4）点焊应避开对接缝。

（5）点焊在非坡口侧。

4）焊接顺序：隔板与腹板立焊（上端留 1/4 高度不焊，以保证上盖板与腹板装配时的直线度）、隔板与下盖板平角焊、腹板与下盖板内、外侧平角焊（腹板与下盖板的外侧纵缝平角焊要在上盖板定位装配后进行焊接）。

5）腹板装配线位置油漆须打磨清除，腹板与底板装配边打磨去除数控切割的氧化渣。

6）直腹板上的隔板装配线与底板上隔板装配线保证重合。先定位腹板与底板，用 2m 靠尺检查角接根部直线度，不大于 2mm/2m。后定位隔板与直腹板，同时检查隔板与腹板上的隔板线是否重合或平行，保证隔板开档误差 $\Delta d \leqslant 0.2\% D$（$D$ 为图纸要求隔板开档）。

7）箱体垂直度（在筋板位置测量）：垂线控制在 $H/500$，最大垂直偏差 $b < 3$mm。

8）装配间隙：角接焊缝装配间隙 $d \leqslant 2$mm 之内，$d_{max} = 5$mm（具体见 AWS 5.22.1）。

9）腹板与底板根部直线度：不大于 2mm/2m。

10）焊接区域的清理：底漆、铁锈、切割氧化皮、油、水等必须清理干净。

七、构件

（1）各种箱型梁、工字梁、卷筒及其他各类基本构件，如图纸、订货技术要求和工艺文件没有注明制造公差时，焊接成形后的结构件及有相关配合件时，其尺寸误差如表 3-5 所示。

尺寸误差　　表 3-5

公称尺寸	>30 ~ 120	>120 ~ 315	>315 ~1 000	>1 000 ~2 000	>2 000 ~4 000	>4 000 ~8 000	>8 000 ~12 000	>12 000 ~16 000	>16 000 ~20 000	>20 000
外形	±2	±2	±3	±4	±6	±8	±10	±12	±14	±16
相关	±1	±1	±1.5	±3	±4	±5	±7	±8	±9	±10

（2）为保证焊接成型后的外形尺寸和相对位置尺寸达到要求，结构件装配完成后，在焊接成型之前，应对构件的几何尺寸、零件位置等必须严格按图纸进行检验，经检验合格后方可进行焊接。

第三节　焊接工艺评定

一、概述

为了保证产品的焊接质量，在投产前和生产过程中因某些工艺条件改变，须按规定进行焊接工艺评定。这是企业进行焊接质量管理的重要环节。

焊接工艺评定就是对事前拟定的焊接工艺（PWPS）能否焊出合乎质量要求的焊接接头进行评价和论证。常规的做法是利用所拟定的焊接工艺对试样进行焊接，然后利用各个检验手段检验所焊接头的各项目指标的评定结果判断该 PWPS 是否适用或需要改进，最后由焊接工程师批准后制定焊接工艺规程（WPS），下发生产施工部门执行。

焊接工艺评定试验用的试样必须反映产品结构的特点，其形状和尺寸由国家标准统一规定；评定的内容是对用该工艺焊接的接头使用性能进行评估，其中主要是力学性能；评定接头质量的标准是国家有关法规和产品的技术要求。

焊接工艺评定的记录必须包括：焊接方法、接头类型及坡口形式、母材牌号，批号及技术标准、焊剂或保护气体的牌号及技术标准；电流特性、温度控制、焊接参数表述、设备型号、焊工及记录人员、焊接日期及地点、评定名称及编号等。

因此，通过焊接工艺评定可以证明施焊部门是否有能力制造出符合有关法规、标准和产品技术要求的焊接接头；通过评定试验，施焊部门获得符合产品质量要求的可靠焊接工艺，并以此为依据编制直接指导生产的焊接工艺规程（WPS），最终达到确保产品焊接质量的目的。WPS 需考虑现场的实际情况和生产的需要，制定的 WPS 应既能保证质量，又符合生产进度的需要，符合现场很容易造成由于很难操作，而违反 WPS 的规定。

二、焊接工艺评定的一般程序

各生产单位产品质量管理机构的不同，工艺评定程序可能有一定的差别，一般程序如下：

1. 焊接工艺评定立项

通常由工艺技术部门根据产品结构、材料、接头形式、所采用的焊接方法和钢板厚度范围，提出需要焊接工艺评定的项目，并制定评定任务。

2. 编写预备焊接工艺（PWPS）

由焊接工艺工程师按照焊接工艺评定任务书提出的条件和技术要求进行编制。

3. 编制焊接工艺评定试验执行计划

计划内容包括完成所列焊接工艺评定试验的全部工作，从试件备料、坡口加工、试件组焊、焊后热处理、无损检测和理化试验等的计划进度，费用预算、协作单位及要求等。

4. 试件的准备和焊接

根据 PWPS 的要求，中心试验室开始制作试板，并联系有资格的焊工进行施焊，焊接过程中记录各个必要的参数。如果试件要求焊后热处理,则应记录热处理过程的实际温度和保温时间。

5. 试件的检验

试件焊完后先进行外观检查,后进行无损探伤,最后进行接头的力学性能试验。

6. 编写焊接工艺评定报告

所要求评定的项目经检验全部合格后,即可编写焊接工艺评定报告。报告由完成该项目评定试验的焊接工程师填写并签字,内容必须真实完整。

三、检验和合格的标准

焊接的机械性能试验不同于一般母材的机械性能试验,它有专用的标准。

1. 拉伸试验

应按《焊接接头拉伸试验方法》(GB/T 2651—2008)规定的程序对拉伸试样进行抗拉强度试样。试样合格的标准为:

(1)试样的母材为同样钢号时,每个试样的抗拉强度应不低于母材钢号标准值的下限。

(2)试样母材为两种钢号时,每个试样的抗拉强度应不低于两种钢号标准值下限的较低值。

(3)当采用两片或多片试样时,每片试样的抗拉强度都应符合上述相应规定。

2. 弯曲试验

应按照《焊接接头弯曲及压扁试验方法》(GB/T 2653—2008)规定的程序对弯曲试样进行弯曲试验。试验合格标准按 NB/T 47014—2011 为:弯曲试样达到规定弯曲角度后,其拉伸面上出现长度大于1.5mm的任一横向(沿试样宽度方向)裂纹或缺陷为不合格。试样的棱角开裂一般不计,但由夹渣或其他焊接缺陷引起的棱角开裂长度应计入。若采用两片或多片试样时,每片试样都应符合上述要求。

3. 冲击试验

应按《焊接接头冲击试验方法》(GB/T 2650—2008)规定对冲击试样进行冲击试验。其合格标准为:焊缝和热影响区各三个试样的冲击平均值应不低于母材标准规定值。可允许其中一个试样的冲击吸收功低于规定值,但不低于规定值的70%。

4. 角焊缝试样检验

对角焊缝和组合焊缝试件的外观检查,其表面不得有裂纹、未熔合缺陷。然后取样,并对试样的受检面进行机加工和磨光,选用适当的腐蚀剂侵蚀,直至清楚的分辨出焊缝和热影响区。宏观金相检查的合格标准是:焊缝根部应焊透,焊缝金属和热影响区不得有裂纹和未熔合。

四、免除工艺评定

免除评定在国内的规范,标准和推荐版本中都未有表述。这是 AWS 规范的一个特点。他可以节省大量的试验材料、时间、成本、大大缩短工程的试验准备周期,对产品的制作大有好处。

免除评定,不等于随意编写焊接工艺规程,按自己的习惯随心所欲进行焊接,而且必须符合 AWS 免除评定的条款要求,WPS 才能免除评定。

凡是符合 AWS 规范要素,就可获得焊接工艺规程(WPS)的免除评定,但执行其他的手工焊焊工,埋弧焊焊工,定位焊焊工必须进行焊工资格评定并获得通过,执行相应的项目焊接。以上条件为获得焊接工艺规程(WPS)免除评定的主要内容,更详细内容请查阅 AWSD1.1—2002 有关免除评定章节。

第四节　焊　　接

钢结构件的连接是依靠焊接来完成的,焊接是钢结构成型过程中最重要的工序,根据估算,港口装卸设备 35% 以上的工作量是焊接,或者和焊接直接相关的装配。在保证原材料化学成分和机械性能及材料出厂的技术要求前提下,钢结构承载破坏多发生在焊缝及热影响区内。因此,保证钢结构的焊接质量是非常重要的。

一、焊接工艺要素

从广义上讲,焊接工艺要素包括对接头性能和致密性起决定性作用的所有工艺因素,除焊接方法这一首先考虑的重要工艺要素以外,焊接工艺要素还包括焊接接头的形式与拘束度、焊前的加工准备、焊件材料的种类和规格、焊接材料、焊前预热、层间温度和低温后热处理、焊后热处理、焊接能量参数、操作技术、焊后检查等。

1. 焊接接头的设计

焊接接头由焊缝、热影响区及相邻母材金属三部分组成。在一些重要焊接结构中,如锅炉、压力容器、船体结构中,焊接接头不仅是重要的连接元件,而且与所连接的部件共同承受工作压力、载荷、温度和化学腐蚀介质的作用。为此,焊接接头已成为整个金属结构不可分割的组成部分,它对结构运行的可靠性和使用寿命起着决定性的影响。

焊接接头的设计主要包括确定接头的形式和位置,设计坡口形式和尺寸,制定对接头质量的要求等。设计时必须考虑焊接接头与母材金属的等强性、等塑性以及焊接接头的工艺性和经济性。

焊接接头应布置在便于组装、焊接和检查的部位,焊接坡口形状和尺寸要适合所采用的焊接方法和工艺,具有较高的抗裂性并能防止焊接变形,易于焊透并能避免形成其他焊接缺陷。同时,要尽量减少焊接接头的数量、并在保证接头性能的前提下,减薄焊缝金属的厚度。

2. 焊接热处理

1)焊前预热

焊前预热是防止厚板构件、低合金和中合金钢接头产生焊接裂纹的最有效的措施之一,是决定接头致密性和性能的重要因素。通过焊前预热可改变焊接过程的热循环,降低焊接接头各区的冷却速度,遏制或减少淬硬组织的形成。降低残余应力峰值,同时延长焊接区在 100℃

以上温度的停留时间,有利于氢从焊缝金属中逸出。

确定焊件预热温度,要综合考虑被焊钢材的实际含碳量和合金含量,即实际的碳当量、焊件的结构形状和接头的拘束度、所选用焊接材料的扩散氢含量、所拟定的焊接工艺及操作技术、焊件和周围环境温度、施工条件和焊接环境的相对湿度等因素。

某种钢材焊接所需的最低预热温度通常采用焊接性试验法来确定,对于焊接工程结构,大都采用计算方法,如碳当量计算法、预热温度的精确计算法(冷裂指数计算法)来确定。

2)低温后热处理

低温后热处理是指焊接结束后,将焊件或整条焊缝立即加热到150~250°C温度范围,并保持一段时间。这种工艺简称为后热,以区别于焊后消氢处理和消除应力处理。

后热主要用于焊前预热不足以防止冷裂纹的形成,以及焊接性较差的低合金钢高拘束度接头。后热的温度和时间取决于被焊钢的冷裂敏感性、焊接材料的氢含量和接头的拘束度。低温后热处理也常用于某些难于进行预热的低合金钢焊件,以改善焊工的工作环境和减轻劳动强度。但低温后热处理对于强度级别高于650MPa、壁厚大于80mm接头,并不是可靠的防裂措施。

3)消氢处理

在强度等级高于650MPa和合金总的质量分数大于3%的低合金钢和中合金钢厚壁多层焊缝中,经常会产生横向于焊缝的延迟冷裂纹。这种裂纹起因于多道焊缝中氢在焊缝表层下的富集。焊缝道数越多,富集区的氢含量越高,会大大超过临界氢含量。

为了消除氢在焊缝表层下的富集,防止由此引起的横向延迟裂纹,可将焊件或整条焊缝在300℃以上的温度加热一段时间,即进行消氢处理。消氢处理的温度为300~400℃,消氢时间为1~2h。消氢处理必须在焊接结束后立即进行,否则就起不到消氢的效果。在某些情况下,消氢处理还可代替低合金钢厚壁焊件的中间消除应力处理。

4)焊后热处理

焊后热处理是焊接工艺的重要组成部分,它与焊件材料的种类、型号、板厚、所选用的焊接工艺焊接材料及对接头性能的要求密切相关,是保证焊件使用特性和寿命的关键工序。焊后热处理不仅可以消除和降低结构的焊接残余应力,稳定结构的尺寸,而且能改善接头的金相组织,提高接头的各项性能如冷裂性、抗应力腐蚀性、抗脆断性、热强性等。对于某些合金钢和调质钢焊件,焊后热处理是决定接头性能的重要工序。

根据焊件材料的类别,可以选用不同的焊后热处理方式如消除应力处理、回火、空气调质处理(正火+回火)、调质处理(淬火+回火)、固溶处理(只用于奥氏体不锈钢)、稳定化处理(只用于稳定型奥氏体不锈钢)、时效处理(用于沉淀硬化钢)。

焊后热处理工艺参数如加热温度、加热速度、保温时间和冷却速度等,对常用的钢种在各种焊接结构有关规程中都有明确的规定:对于新钢种或工厂初次使用的钢种,应按钢种类别,通过相应焊后热处理试验和接头性能检验来确定。

二、焊接能量参数和操作技术

1.焊接能量参数

焊接能量参数是指焊接电流、电弧电压、焊接速度。焊接能量参数通常以熔焊时,由焊接能源输入给单位长度焊缝上的热能即热输入(线能量)来表示,它决定了焊缝和热影响区的冷却速度,由此也决定了低合金钢和中合金钢焊接接头的淬硬程度、氢的扩散速度以及焊接残余应力水平,最终影响到接头的冷裂倾向。在焊接对焊接热循环不敏感的钢材时,焊接能量参数的大小对焊接接头的性能不会产生明显的影响,主要根据所要求的熔深和焊缝形状来选择。

在中、低合金钢焊接时,采用焊接热输入高的焊接方法如埋弧焊和电渣焊等,由于延长了冷却时间而提高了接头的抗冷裂性。但对于某些合金钢来说,过高的热输入可能明显地降低接头的冲击韧度和强度,如对铬镍奥氏体不锈钢、含铌稳定元素的铬镍不锈钢,要在保证接头各层焊缝良好熔合的前提下,尽可能采用低的焊接热输入即以较低的焊接电流和较高的焊接速度施焊。

2. 焊接操作技术

焊接操作技术包括焊接位置、焊接顺序、运条方式、焊丝摆动参数、焊道层数和清根方法等。对于大多数结构材料和大多数焊接方法来说,操作技术对接头性能不会产生明显的影响,但对焊件的质量如焊接变形,各种焊接缺陷的形成,焊接应力的分布等会产生一定的影响。在一些特种焊接方法如电子束、激光焊、摩擦焊等方法中,操作技术可能成为重要的焊接参数。

在焊接对焊接热敏感的钢材时,要将改变焊接热输入的操作技术参数作为重要参数来考虑。如在低合金高强度钢中,运条方式、摆动参数和焊缝层数都会明显影响接头的冲击韧度。在奥氏体不锈钢焊接中,必须采用窄焊道技术(小参数、快焊速、严格控制层间温度),焊接过程中不应摆动焊条,以提高焊道的冷却速度,确保接头的耐蚀性。

三、焊后检验

焊件的焊后检验可分为两大类,一类是破坏性检验,另一类是非破坏性检验。

非破坏性检验是采用各种物理手段检验焊接接头的致密性,而不破坏焊接结构完整性的检验方法。在焊接结构中常用的非破坏性检验的方法有外观检查、射线探伤、超声波探伤、磁粉探伤、渗透探伤、水压试验和泄漏试验。

对于重要的焊接结构,原则上要对所有的强度焊缝100%的无损检测,以查明焊接接头中任何不允许存在的焊接缺陷。在焊接质量持续稳定的前提下,为缩短制造周期,降低产品检验成本,可以按结构重要性等级,适当减少焊缝的无损探伤比率。对于一些重要的焊接结构,最好采用综合探伤法,即对所检焊接接头同时采用两种以上的探伤方法,或者在焊接结构制造的不同阶段,采用不同探伤方法,以最大限度地提高缺陷探测的几率。

破坏性检验是指直接从产品的焊接接头上取样,进行各种理化性能的检验方法。从接头取样后,产品的完整性即被破坏。如产品为小直径管件,则直接从产品管件的焊接接头中取样,抽样后按产品图样的结构形状和尺寸规定,将管件重新焊接。在一些大型焊接结构中,如压力容器、钢结构、船体等,不可能也不允许从产品的焊接接头中取样,这时只能单独焊制产品试样板,代表产品的焊接接头进行破坏性检验。

焊接接头理化性能检验项目包括拉伸试验、冷弯试验、冲击试验、金相检验、硬度试验、化学成分分析和晶间腐蚀试验。对于每种焊接接头的具体检验项目,要按产品制造规程的要求进行。总之,焊后检验是保证焊接产品质量的必要手段。

四、常用焊接方法

1. 手工电弧焊

1)概述

手工电弧焊是一种发展较早的电弧焊方法,它是由弧焊电源、焊接电缆、焊钳、焊条、焊件、电弧构成焊接回路。焊接时采用接触短路引弧法引燃电弧,然后提起焊条并保持一定的距离,在焊弧电源提供合适的焊接电流和电弧电压下电弧稳定的燃烧。在电弧的高温作用下,焊条和焊件局部被加热到熔化状态,焊条端部熔化后熔滴和焊件被熔化的母材金属熔合在一起形成熔池,随着电弧的不断移动,熔池也随着移动,熔池中的液态金属逐步冷却结晶后便形成焊缝。

2)焊条电弧焊的特点

(1)设备简单,成本低。

(2)工艺灵活,适应性强。

(3)劳动强度高,效率低。

3)焊接参数

为了获得优质的焊缝接头和较高的生产效率,必须选择正确的焊接参数。所谓焊接参数即焊接时为保证焊接质量而选定的各项参数(如焊接电流、电弧电压、焊接速度、热输入等)。焊条电弧焊的焊接参数主要有焊接电源种类和极性、焊条直径、焊接电流、电弧电压、焊接速度、焊接层数,还有由焊接结构的材质、工作条件等选定的焊条型号、焊件坡口形式、焊前准备、焊后处理等。重要结构的焊接参数需通过工艺评定来确定,焊接时需严格按所确定的焊接参数进行,不能随意改动,以保证焊接质量。

2. 埋弧焊

埋弧焊是电弧在焊剂层下燃烧进行焊接的方法。这种方法是利用焊丝与焊件之间电弧产生的热量,在熔化的焊剂保护下,熔化焊丝和部分母材金属形成焊缝,连接被焊工件。在埋弧焊中,颗粒状焊剂对电弧和焊接区起保护和合金化作用,而焊丝则用作填充金属,熔融的焊剂形成熔渣,凝固成为渣壳覆盖于焊缝表面,如图3-6所示。

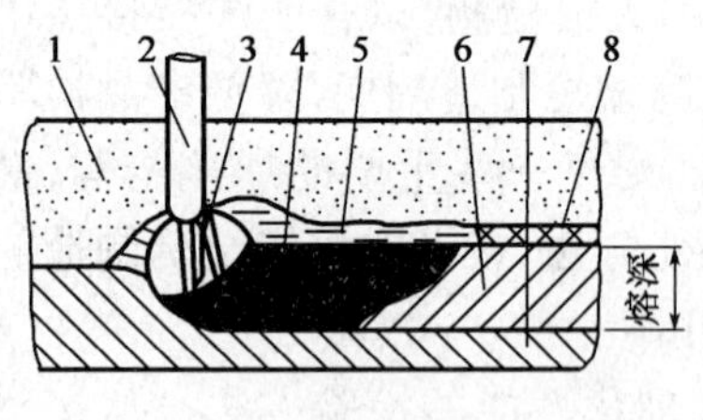

图3-6 埋弧焊过程

1-焊剂;2-焊丝;3-电弧;4-熔池金属;5-熔渣;6-焊缝;7-焊件;8-渣壳

1)埋弧焊的分类

近二十年来,埋弧焊作为一种高效、优质的焊接方法有了极大的发展,已演变出多种埋弧焊工艺方法并在工业生产中得到实际应用,具体方法如图3-7所示。

(1)单丝焊接法

单丝焊接法是埋弧焊中最通用的焊接方法,其原理如图3-8所示。单丝焊可分细丝焊和粗丝焊,焊丝直径φ2.5mm以下为细丝,φ2.5mm以上为粗丝。粗丝埋弧焊通常用于自动焊或机械化焊丝。多半配用缓降外特性电源和弧压控制送丝系统,主要用于20mm以上的厚板焊接。同时利用粗丝大电流深熔的特点,可以一次焊透20mm以下的I形坡口对接缝,进一步提高焊接效率。细丝埋弧焊通常配恒压电源和等速送丝系统。细丝埋弧焊主要用于薄板的焊接,可以获得高的焊接速度和光滑平整的焊缝外形。细丝埋弧焊也常用于焊条埋弧焊。

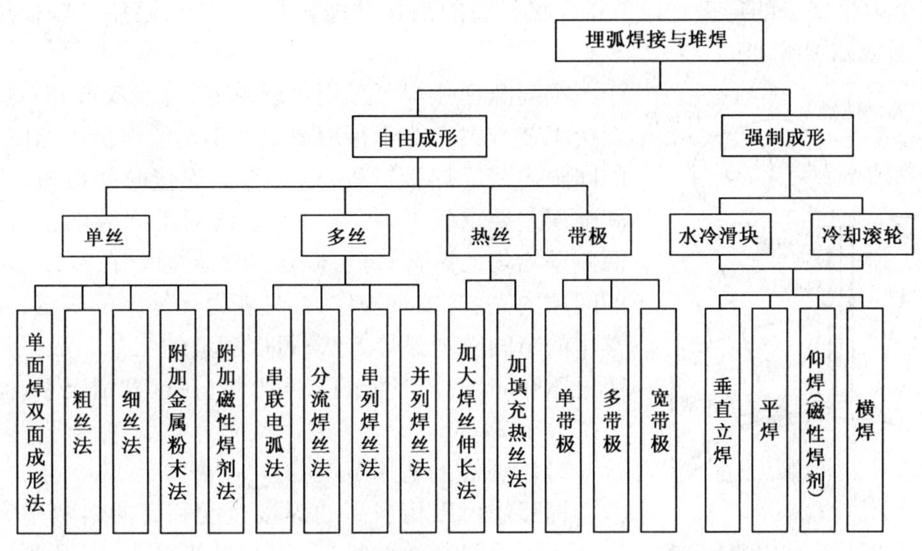

图 3-7　埋弧焊工艺方法

单丝埋弧焊在表面堆焊或不要求深熔的填充焊，应采用直流正接；对要求深熔的平板对接单面焊或双面焊以及厚板开坡口对接接头的根部焊道，则必须采用直流反接。

(2)加金属粉末埋弧焊接法

加金属粉末的埋弧焊接法熔敷率高，稀释率低，非常适用于表面堆焊和厚壁坡口焊缝的填充层焊接。附加金属粉末最常用的方法如图 3-9 所示，其中第一种方法金属粉末通过构轮计量器直接铺撒在焊剂层前面的焊接坡口上[图 3-9a)]，第二种方法金属粉末通过可控管送到焊丝周围，并吸附在焊丝表面进入焊接熔池[图 3-9b)]。

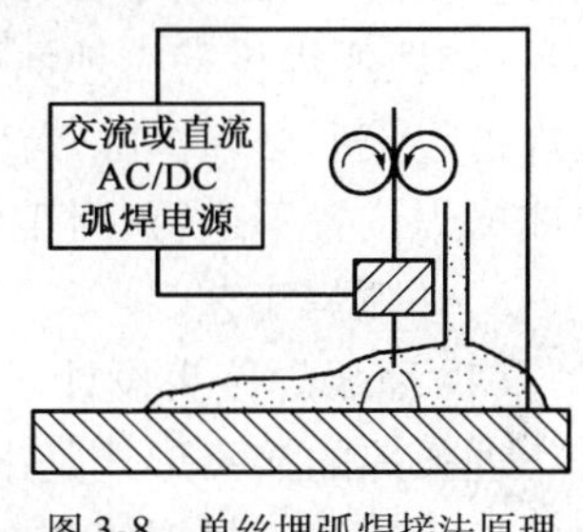

图 3-8　单丝埋弧焊接法原理

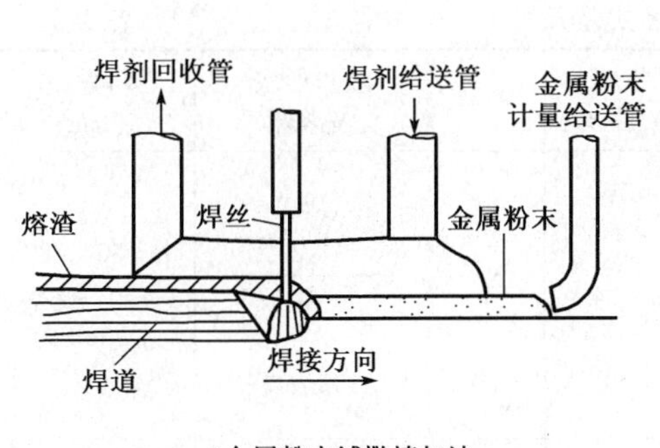

a)金属粉末铺撒填加法

b)金属粉末吸附填加法

图 3-9　附加金属粉末埋弧焊接法

(3)窄间隙埋弧焊

厚板对接接头，焊前不开坡口或只开小角度坡口，并留有窄而深间隙，采用埋弧焊多层焊完成整条焊缝的高效率焊接方法，称为窄间隙埋弧焊(图 3-10)。在宽度 14 ~ 20mm 的窄间隙内完成整个焊接接头的焊接。以节省焊接材料的消耗并缩短焊接时间，避免了厚板接头通常采用的U形或双U形坡口。

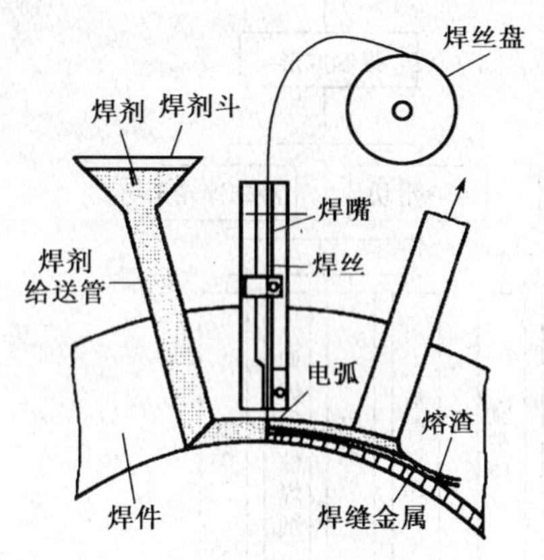

图 3-10　窄间隙埋弧焊时的焊头位置，焊剂和焊丝给送系统

窄间隙埋弧焊可采用每层单道、每层双道和每层三道的焊接工艺方案。对于每层单道的工艺能在最小宽度为14mm的间隙内完成焊接过程，这种方法焊接时间最短，但对坡口间隙误差要求较高，焊丝必须始终对准间隙的中心，以保证两侧壁均匀的熔合；每层双道的工艺通常在宽度18～24mm的间隙内完成，便于操作，容易获得无缺陷的焊缝，是目前最常用的窄间隙埋弧焊方法；每层三道的工艺一般只用于厚度超过300mm的特厚板的窄间隙焊，在这种情况下，间隙宽度可扩大至24mm。

2）埋弧焊的适用范围

埋弧焊可以相当高的焊接速度和高的熔敷率完成厚度实际上不受限制的对接、角接和搭接接头，以及厚板接头和表面堆焊；可以获得力学性能优良、致密性高的优质焊缝；焊接过程无弧光刺激，劳动条件得到改善；焊接过程稳定；易于实现机械化和自动化操作，焊接参数调整范围广，适用于各种形状工件的焊接；也可在风力较大的露天场地施焊。但也存在一些不足，如埋弧焊设备占地面积较大，一次投资费用较高，需要用处理焊丝、焊剂的辅助装置；每层焊道焊接后必须清除焊渣，否则易产生夹渣等缺陷，增加了辅助时间；同时埋弧焊只能在平焊或横焊位置下进行，对工件的倾斜度有严格的限制。

3）埋弧焊工艺

（1）埋弧焊接头设计

埋弧焊的接头形式是由焊件的结构形式决定的，其中对接接头和角接接头是埋弧焊最主要的接头形式。根据接头在结构中的受力条件，对接接头和角接接头可以加工各种形式的坡口，具体如表3-6所示。

埋弧焊焊缝常用的坡口形式及尺寸　　表3-6

序号	板厚（mm）	符号	坡口形式及名称	坡口尺寸（mm）	序号	板厚（mm）	符号	坡口形式及名称	坡口尺寸（mm）
1	6～20①		I形坡口	$b=0\sim2.5$	4	10～24②		Y形坡口	$\alpha=50°\sim80°$ $b=0\sim2.5$ $p=6\sim10$
2	6～12②			$b=0\sim4$					
3	6～24③			$b=0\sim4$	5	10～30①		Y形坡口	$\alpha=40°\sim80°$ $b=0\sim2.5$ $p=6\sim10$

续上表

序号	板厚（mm）	符号	坡口形式及名称	坡口尺寸（mm）	序号	板厚（mm）	符号	坡口形式及名称	坡口尺寸（mm）
6	24～60	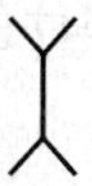	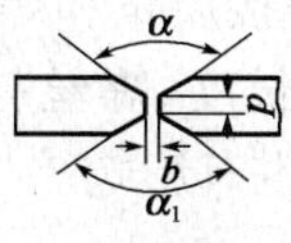 双Y形坡口	$\alpha=50°\sim80°$ $\alpha_1=50°\sim80°$ $b=0\sim2.5$ $p=5\sim10$	8	60～250		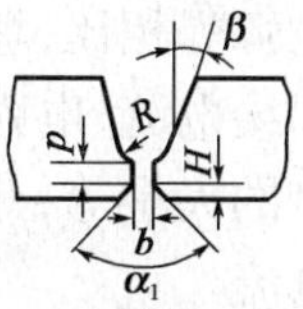 UY形坡口	$\alpha=70°\sim80°$ $\beta=1°\sim3°$ $b=0\sim2$ $p=1.5\sim2.5$ $H=9\sim11$ $R=8\sim11$
7	50～160	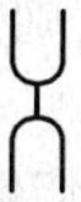	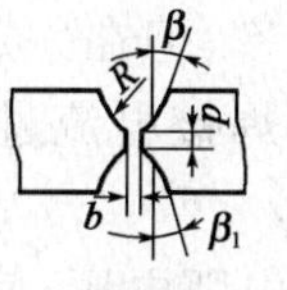 带钝边双U形坡口	$\beta=5°\sim12°$ $b=0\sim2.5$ $p=6\sim10$ $R=6\sim10$ $\beta_1=5°\sim12°$	9	6～14	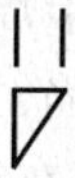	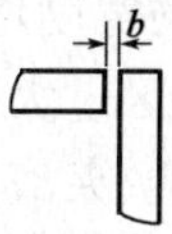 I形坡口	$b=0\sim2.5$

注：①允许后焊侧采用碳弧气刨清根；

②需采用焊剂垫和铜垫保护熔池；

③需采用铜垫保护熔池，并允许后焊侧用碳弧气刨清根。

对于重要的焊接结构如锅炉、受压容器、船舶和重型机械采用对接接头，板厚大于20mm时，要开一定形状的坡口；厚度超过50mm时，为降低生产成本，目前已广泛采用坡口倾角仅1°～3°的窄坡口或窄间隙接头形式。

（2）埋弧焊焊接工艺

①焊前准备

埋弧焊在焊接前必须做好准备工作，包括焊件的坡口加工、待焊部位的表面清理、焊件的装配以及焊丝表面的清理、焊剂的烘干等。

a. 坡口加工

坡口加工要求按GB/T 985.2—2008执行，以保证焊缝根部不出现未焊透或夹渣，并减少填充金属量。坡口的加工可使用刨边机、机械化或半机械化气割机、碳弧气刨等，加工后的坡口尺寸及表面粗糙度等，必须符合设计图样或工艺文件的规定。

b. 待焊部位的清理

焊件清理主要是去除锈蚀、油污及水分、防止气孔的产生。一般用喷砂、喷丸方法或手工清除，必要时用火焰烘烤待焊部位。在焊前应将坡口两侧各20mm区域内及待焊部位的表面铁锈、氧化皮、油污等清理干净。

c. 焊件装配

装配焊件时要保证间隙均匀，高低平整，错边量小，定位焊缝长度一般大于30mm，并且定位焊缝质量与主焊缝质量要求一致。必要时采用专用工装、卡具。

对直缝焊件的装配，在焊缝两端要加装引弧板和引出弧，待焊后再割掉，其目的是使焊接接头的始端和末端获得正常尺寸的焊缝截面，而且还可除去引弧和收尾容易出现的缺陷。

d. 焊接材料的清理

埋弧焊用的焊丝和焊剂对焊缝金属的成分、组织和性能影响较大。因此焊接前必须清除焊丝表面的氧化皮、铁锈及油污等。焊剂保存时要注意防潮，使用前必须按规定的温度烘干待用。

②焊接参数的选择

与焊条电弧焊相比，埋弧焊需控制的焊接参数较多，对焊接质量和焊缝缝成形影响较大在焊接参数有焊接电流、电弧电压、焊接速度、焊丝直径与伸出长度、焊丝与焊件的相对位置、装配间隙与坡口的大小等，此外焊剂层厚度及粒度对焊缝质量也有影响。

a. 焊接电流

焊接电流是决定熔深的主要因素，在一定的范围内，焊接电流增加时，焊缝的熔深和余高都增加，而焊缝的宽度增加不大。增大焊接电流能提高生产率，但在一定的焊速下，焊接电流过大会使热影响区过大并产生焊瘤及焊件被烧穿等缺陷；若焊接电流过小，则熔深不足，产生熔合不好、未焊透、夹渣等缺陷，并使焊缝成形变坏。

为保证焊缝的成形美观，在提高焊接电流的同时要提高电弧电压，使它们保持合适的比例关系，具体对应值如表 3-7 所示。

焊接电流与相应的焊接电压 表 3-7

焊接电流(A)	600 ~ 700	700 ~ 850	850 ~ 1 000	1 000 ~ 1 200
焊接电压(V)	36 ~ 38	38 ~ 40	40 ~ 42	42 ~ 44

b. 焊接电压

焊接电压是决定熔宽的主要因素。焊接电压增加时，弧长增加，熔深减小，焊缝变宽，余高减小。焊接电压过大，熔剂熔化量增加，电弧不稳，严重时会产生咬边和气孔等缺陷。

c. 焊接速度

焊接速度增加时，母材熔合比较小。焊接速度太快会产生咬边、未焊透、电弧偏吹和气孔等缺陷，焊缝余高大而窄，成形不好。焊接速度太慢，则焊缝余高过高，形成宽而浅的大熔池，焊缝表面粗糙，容易产生满溢、焊瘤或烧穿等缺陷。焊接速度过慢，焊接电压又太高时，焊缝截面呈“蘑菇形”，容易产生裂纹。

d. 焊丝直径与伸出长度

焊接电流不变时，可减小焊丝直径，同时因电流密度增加，熔深增大，焊缝成形系数减小。不同直径焊丝适用的焊接电流范围如表 3-8 所示。焊丝伸出长度增加时，熔敷速度和余高增加。

不同直径焊丝的焊接电流范围 表 3-8

焊丝直径(mm)	2	3	4	5	6
电流密度(A/mm)	63 ~ 125	50 ~ 85	40 ~ 63	35 ~ 50	28 ~ 42
焊接电流(A)	200 ~ 400	350 ~ 600	500 ~ 800	700 ~ 1 000	800 ~ 1 200

e. 焊丝倾角的影响

焊接时焊丝相对焊件倾斜，使电弧始终指向待焊部分的焊接操作方法叫前倾焊。焊丝前倾时，焊缝成形系数增加，熔深浅、焊缝宽，适于焊薄板；单丝焊时，通常焊件放在水平位置，焊丝与工件垂直；焊接时电弧永远指向已焊部分叫后倾焊。焊丝后倾时，熔深与余高增大，熔宽明显减小，焊缝成形不良，一般只用于多丝焊的前导焊丝；焊丝倾角对焊道成形的影响如

表 3-9 所示。在实际生产条件下,为了便于安装和调整焊丝,也为了操作的方便,在埋弧焊时一般不使焊丝倾斜。

焊丝倾角对焊缝成形的影响　　表 3-9

焊丝倾角	前倾	垂直	后倾
焊道形状			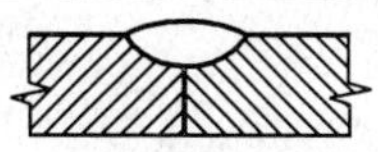
熔透	深	中等	浅
余高	大	中等	小
熔宽	窄	中等	宽
示意图	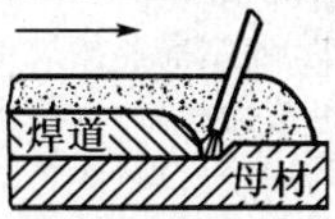 焊道 母材	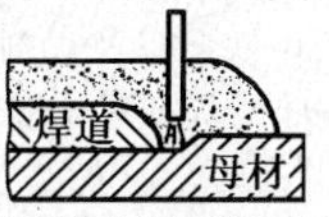 焊道 母材	 焊道 母材

f. 焊件位置的影响

焊件倾斜时,对焊缝成型有十分显著的影响(见表 3-10)。上坡焊时,熔池底部焊缝的熔深和熔高都有增加,而熔池前部熔宽有所减小。上坡角越大,这一影响越显著,但上坡角度越大,易形成窄而深的焊缝,会使焊缝边缘产生咬肉的现象而降低焊接质量,所以实际使用时上坡角不宜过大。下坡焊与上坡焊情况正好相反。但下坡焊角度过大易造成焊件未焊透、焊缝边缘未熔合等缺陷。因此无论上坡焊还是下坡焊,焊件的倾角均不宜大于 6°~8°。

工件倾斜对焊缝成形的影响　　表 3-10

上坡焊	$\alpha<6°\sim8°$	$\alpha>6°\sim8°$	示意图
焊道横截面形状	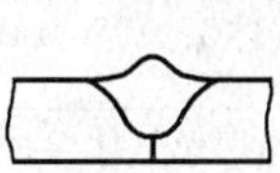	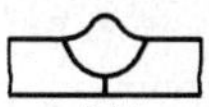 咬边	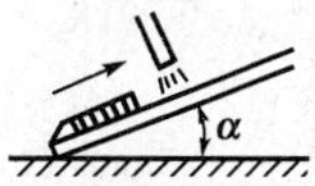 α
下坡焊	$\alpha<6°\sim8°$	$\alpha>6°\sim8°$	示意图
焊道横截面形状	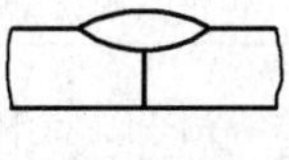	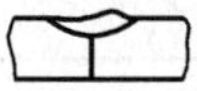 下凹	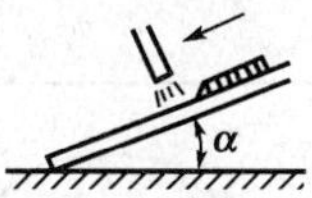 α

由于埋弧焊焊接参数对焊缝的质量和成形影响很大,因此所选择的焊接参数要保证电弧稳定、焊缝质量和成形好、产率高、成本低。

(3)埋弧焊缺陷的防止方法

选择合适的焊接工艺,能有效地防止埋弧焊焊接缺陷的产生。埋弧焊焊接时常见的缺陷及防止措施如表 3-11 所示。

3. 熔化极气体保护焊

1)概述

气体保护电弧焊是用外加气体作为电弧介质并保护电弧和焊接区的电弧焊,简称气体保护焊。合适的保护气体流量,使之形成稳定的层流气帘,有效地防止大气的侵入,是气体保护焊获得优质接头的重要因素之一。

埋弧焊焊接时常见的缺陷产生原因及防止措施 表 3-11

缺 陷	产 生 原 因	防 止 措 施
热裂纹（结晶裂纹）	易发生在焊缝金属中，由焊缝中的杂质引起	控制焊缝金属杂质的含量，减小低熔点共晶物的生成
冷裂纹（氢致裂纹）	常发生于焊缝金属或热影响区，特别是低合金钢、中合金钢和高强度钢的热影响区	采用低氢焊剂，减少氢的来源；选择合理的焊接参数；采用后热或焊后热处理；改善焊接接头设计，防止应力集中，降低接头拘束度等
夹渣	与焊剂的脱渣性、坡口形式、焊件的装配情况及焊接工艺有关	选择脱渣性好的焊剂如 SJ101；采取窄间隙埋弧焊和小角度坡口焊接；深坡口采用多道焊夹渣可能性小
气孔	焊接坡口及附近存在油污、锈等；焊剂中存在水分、污物和氧化铁屑以及焊剂的熔渣黏度过大；电弧磁偏吹及焊剂覆盖不良；环境因素及板材的初始状态等	焊接坡口在焊前必须将其清除干净；焊剂的保管要防潮，使用前要按规范严格烘干；防止电弧磁偏吹，改善焊剂覆盖状态；选择熔渣碱度较低、具有氧化性、黏度较低的焊接材料；改善环境因素等

气体保护焊是一种高效、节能、节材的焊接方法，容易实现自动化焊接，便于观察熔池和焊接区，特别适合于焊接薄板，但气体保护焊不如手弧焊灵便，在现场施工时需采取相应的防风措施。气体保护焊根据所采用的保护气体的种类分别适用于焊接不同的金属。气体保护焊的分类方法很多，通常的分类方法如表 3-12 所示。

气体保护焊方法分类 表 3-12

分类方法	按电极类型分类	按焊丝形式分	按保护气种类分	采用的保护气体
气体保护焊	熔化极气体保护焊	实芯焊丝气体保护焊	二氧化碳气体保护焊	CO_2 或 CO_2+O_2
			惰性气体保护焊（MIG 焊）	Ar、He 或 He + Ar
			活性气体保护焊（MAG 焊）	$Ar+CO_2$、$Ar+O_2$ 或 $Ar+CO_2+O_2$
		药芯焊丝电弧焊	药芯焊丝气体保护焊	CO_2 或 CO_2+Ar
			药芯焊丝自保护电弧焊	—
	非熔化极气体保护焊（TIG）	—	钨极氩弧焊	Ar
			钨极氦弧焊	He

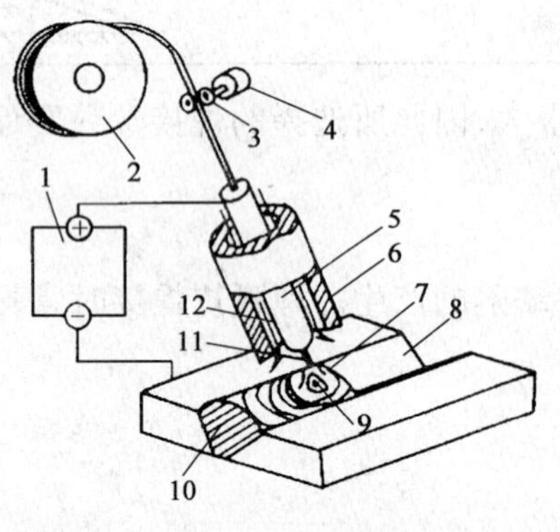

图 3-11 熔化极气体保护焊示意图

1-焊接电源；2-焊丝盘；3-送丝轮；4-送丝电机；5-导电嘴；6-喷嘴；7-电弧；8-母材；9-熔池；10-焊缝金属；11-焊丝；12-保护气

熔化极气体保护焊是使用熔化电极的气体保护焊，如图 3-11 所示。由焊丝盘拉出的焊丝经送丝轮送入焊枪，再经导电嘴后与母材之间生产电弧，以此电弧为热源熔化焊丝和母材，其周围有自喷嘴喷出的气体保护电弧及焊接区，隔离空气，保证焊接过程正常进行。

按所使用的电流种类可分为直流电弧熔化极气体保护焊和脉冲电弧熔化极气体保护焊。

熔化极气体保护焊，还可根据其电弧特征特别是熔滴过渡形式，分为短路电弧焊、潜弧焊、射流电弧焊、脉冲电弧焊以及大电流电弧焊等，具体的焊接方法及保护气体的种类如表3-13所示。

焊接方法及保护气体的种类　表3-13

焊接方法＼保护气体种类	氩气（Ar）	混合气体（Ar + CO_2）（Ar + O_2）	二氧化碳（CO_2）
短路电弧焊	不用	常用	最常用
射流电弧焊	最常用	常用	不用
脉冲电弧焊	最常用	常用	不用
潜弧焊	不用	不常用	最常用
大电流电弧焊	最常用	常用	不常用

2）熔化极气体保护焊的应用

熔化极气体保护焊是一种高效、优质、低成本的焊接方法，设备简单、操作方便、焊接区便于观察，易实现机械化和自动化，并且能在任何位置进行焊接。其缺点是焊接区的气体保护易受穿堂风的干扰，在野外作业时必须加设屏障，防止自然风力侵袭焊接区。

目前，熔化极气体保护焊已广泛应用于重型机械（工程机械）、飞机、船舶、锅炉、机床和各种车辆等制造行业，并正在逐步取代低效的焊条电弧焊。常见的几种焊接方法的比较如表3-14所示。

常见几种焊接方法的比较　表3-14

焊接方法	特　点	应用范围
CO_2 气体保护焊	该方法的优点是生产效率高，对油锈不敏感，冷裂倾向小，便于控制焊接过程，操作简单，成本低。但缺点是飞溅较大，弧光强，抗风力弱，不够灵活	广泛用于焊接低碳钢、低合金钢、与药芯焊丝配合可以焊接低合金高强度钢、耐热钢、耐候钢、不锈钢，还可用于堆焊耐磨零件，补焊铸钢件铸铁件
熔化极惰性气体保护焊（MIG焊）（常采用氩气、氦气等惰性气体做保护气体）	几乎可以焊接所有金属，生产效率比TIG焊高得多，焊接时几乎没有飞溅，具有阴极清理作用，提高了焊接质量；焊接薄、中、厚各种板材，可焊接空间任何位置或全位置焊缝。其缺点是焊接成本较高，对母材及焊丝上的油、锈等很敏感，易产生气孔，抗风力弱，不宜在室外焊接。其熔滴过渡形式包括短路过渡、喷射过渡和亚射流过渡	几乎可以焊接不同厚度的所有金属，但由于其成本较高，目前主要用于焊接有色金属、不锈钢和合金钢。或用于普通碳钢及低合金钢管道及接头打底焊道的焊接
氧化性混合气体保护焊（MAG）（常采用Ar + O_2、Ar + CO_2、Ar + CO_2 + O_2、Ar + He 等混合气体作保护气体）	MAG焊克服了MIG焊和 CO_2 焊的主要缺点，其优点是飞溅率低熔敷效率高、合金元素烧损比 CO_2 焊小、焊缝质量高、焊接薄板时焊接参数范围大、焊缝成形好。其熔滴过渡形式包括短路过渡、喷射过渡	MAG焊可用于焊接碳钢、低合金钢、不锈钢及高强钢，还可焊接铜、铝、镁、钛和它们的合金、镍及镍合金等。能焊薄板、中板和厚板，单面焊双面成形，空间各种位置的焊缝和全位置焊

3）CO_2 气体保护焊

（1）CO_2 气体保护焊的特点及应用

CO_2 气体保护焊（如图3-12所示）具有生产效率高、焊接变形小、适用范围广等特点。此种方法属于明弧焊，电弧可见性好，采用半自动焊接法进行曲线焊缝和空间位置焊缝的焊接十分方便；操作简单，容易掌握；但不足之处是焊接飞溅较大，防风能力差。

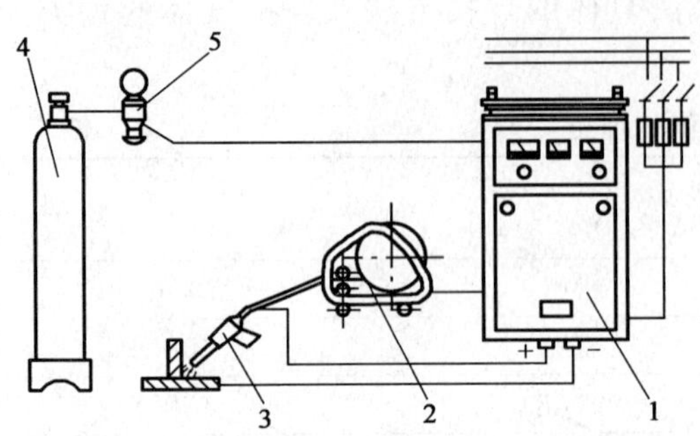

图 3-12　半自动 CO_2 气体保护焊设备示意图

1-电源;2-送丝机;3-焊枪;4-气瓶;5-减压流量调节器

从被焊件材质上看,CO_2 气体保护焊可以焊接碳钢和低合金钢;从工件厚度上看,采用细丝、短路过渡的方法,可以焊接薄板;采用粗丝、熔滴过渡的方法,可以焊接中、厚板;从焊接位置上看可以进行全位置焊接。

(2)药芯焊丝的焊接

药芯焊丝 CO_2 气体保护焊的基本工作原理与普通 CO_2 气体保护焊一样,是以可熔化的药芯焊丝为一个电极(通常接正极,即直流反接),母材作为另一电极。与普通 CO_2 气体保护焊的主要区别在于焊丝内部装有焊剂混合物。焊接时,在电弧作用下熔化状态的焊剂材料、焊丝、母材金属和保护气体相互之间发生冶金作用,同时形成一层较薄的液态熔渣包覆层并覆盖熔池,对熔化金属形成了另一层的保护。实质上这种焊接方法是一种气——渣联合保护的方法。

药芯焊丝 CO_2 气体保护焊的特点有:

a. 焊丝熔敷速度快,熔敷效率(大约为 85% ~ 90%)和生产效率都较高(生产效率比焊条电弧焊高 3 ~ 5 倍)。

b. 采用气-渣联合保护具有极佳的工艺性能和很高的焊缝金属力学性能。由于焊接熔池受到 CO_2 气体和熔渣两方面的保护,因此焊缝成形美观,飞溅少,且飞溅颗粒细,容易清除,抗气孔能力很强。

c. 调整粉剂的成分,就可焊接不同的钢种如各种结构钢以及不锈钢等特殊材料。

因此,药芯焊丝基本上克服了 CO_2 气体保护焊焊丝的缺点,但其本身也存在一些问题,如焊丝制造比较复杂,送丝困难,焊丝外表容易锈蚀,粉剂容易吸潮,所以使用前需经 250 ~ 300℃的烘干。药芯焊丝和实心焊丝的比较如表 3-15 所示。

药芯焊丝和实心焊丝的比较　　表 3-15

项目	焊丝种类	药芯焊丝	实心焊丝	项目	焊丝种类	药芯焊丝	实心焊丝
焊接工艺性	焊道外观	平滑美观	稍呈凸状	焊缝性能	抗拉强度(MPa)	500 ~ 580	560 ~ 580
	电弧稳定性	很好	较好		冲击韧度	一般	良好
	熔滴过渡	微细粒过渡	颗粒状过渡		扩散氢量(mL/100g)	低(2 ~ 4)	极低(0.5 ~ 1)
	电弧类型	软弧	硬弧		抗裂性	一般	良好
	飞溅量	粒小且少	粒大稍多		X 射线探伤	优秀	良好
	熔渣熔敷性	覆盖均匀	覆盖不均匀	效率及经济性	熔敷速度(焊接电流相同)	极快	快
	脱渣性	良好	稍差		熔敷效率(%)	一般(83 ~ 87)	良好(94 ~ 96)
	熔深	较深	深		熔渣、飞溅去除	容易	困难
	送丝性能	稍差	良好		适用电流范围	大	一般
	焊接烟尘量	稍多	一般		焊丝价格	高	一般
	全位置焊接	良好	稍差				

(3)焊接参数

①焊接电流和电弧电压

药芯焊丝 CO_2 气体保护焊时,直流、交流,平特性或下降特性电源均可使用。但通常采用直流平特性电源。

当其他条件不变时,焊接电流与送丝速度成正比。当焊接电流变化时,电弧电压需做相应的变化,以保证电弧电压与焊接电流的最佳匹配关系。采用纯 CO_2 气体保护时,通常采用长弧焊接。其中 ϕ1.6mm 药芯焊丝 CO_2 气体保护半机械化平角焊、船形焊焊接参数如表 3-16 所示。

ϕ1.6mm 药芯焊丝 CO_2 气体保护半机械化平角焊、船形焊焊接参数　　表 3-16

焊接位置	操作方法	焊接电流(A)	电弧电压(V)	焊接速度(cm/min)	气体流量(L/min)	焊丝伸出长度(mm)
平角焊	打底层 右焊法	300~340	32~34	30~40	20~25	30
船形焊	盖面层 左焊法	280~300	31~32	40~50	15~20	15~20
船形焊和平角焊	填充层 左焊法	250~280	30~31	40~50	20~25	20~25

②焊丝伸出长度和焊丝位置

焊丝伸出长度对电弧的稳定性、熔深、焊丝熔敷速度、电弧能量等均有影响。对于给定的焊接速度,焊丝伸出长度随焊接电流的增加而减小。焊丝伸出长度太长会使电弧不稳且飞溅过大;焊丝伸出长度太短会使电弧弧长过短,过多的飞溅物易堵塞焊嘴,使气体保护不良,焊缝中会产生气孔。通常焊丝伸出长度在 19~38mm 范围。

③保护气体流量

保护气体的流量与普通 CO_2 气体保护焊相同。

第五节　焊　缝　检　验

常用的焊接检验方法分为非破坏性检验和破坏性检验两大类。这里我们主要介绍非破坏性检验。

一、焊缝的缺陷

焊接过程中获得无缺陷的焊接接头在技术上是相当困难的,同时也是不经济的。在生产过程中为了满足使用要求,通常将缺陷控制在一定的范围内,使其对钢结构的运行不致产生危害。不同的钢结构由于使用场合的不同,焊缝受力不同,对其质量要求也不一样,对缺陷的容限范围也不相同。我们把焊接接头中产生的不符合标准要求的缺陷称为焊接缺陷。为了减少焊接缺陷一般要求:

(1)焊工应经过专门培训合格,才能担任焊接工作。对担任焊接重要结构的焊工,必须根据产品技术要求验证合格后才能施焊。

(2)焊前对焊缝附近(手工电弧焊与埋弧焊边缘不小于10mm)应预先清除其表面污物,如成块铁锈氧化皮、油渍等。在露天焊接时,凡下雨、大雪、大雾、大风和环境温度低于或等于-18℃等情况下,如无特殊措施不得进行焊接。焊接缺陷按其性质可分为4大类:焊缝形状缺陷、气孔、夹渣和夹杂物、裂纹。

1)焊缝形状缺陷

(1)焊缝形状尺寸不符合要求。主要指焊缝高低不平,宽窄不齐,尺寸过大或过小,角焊缝焊脚尺寸不对称等。焊缝尺寸过小,使焊接接头强度降低;焊缝尺寸过大,不仅浪费焊接材料,还会增加焊件的应力和变形;塌陷量过大的焊缝,使接头强度降低;余高过大的焊缝,造成应力集中,减弱结构的工作性能。

(2)咬边。由于焊接工艺参数选择不正确,或操作工艺不正确,在沿着焊趾的母材部位烧熔形成的沟槽或凹陷,称为咬边。咬边不仅减弱了焊接接头的强度,而且因应力集中易发生裂纹。

(3)未焊透。焊接时焊接接头根部未完全熔透的现象。未焊透处会造成应力集中,并容易引起裂纹,重要是焊接接头不允许有未焊透存在。

(4)未熔合。熔焊时焊道与母材之间或焊道与焊道之间,未完全熔化结合的部分。

(5)烧穿。焊接过程中,熔化金属自坡口背面流出,形成穿孔的缺陷。

(6)焊瘤。焊接过程中,熔化金属流淌到焊缝以外未熔化的母材上形成的金属瘤。

(7)弧坑。焊缝收尾处产生的下陷部分叫做弧坑。弧坑不仅使该处焊缝强度严重削弱,而且还会由于产生弧坑裂纹,而引起整条焊缝被破坏。

2)气孔、夹渣和夹杂物

(1)气孔。焊接时,熔池中的气体在凝固时未能逸出而残留下来所形成的空穴称为气孔。气孔是一种常见的焊接缺陷。根据其产生部位,可分为内部气孔和外部气孔;而根据气孔的分布特点,又可分为分散气孔和密集气孔。为减少焊缝的气孔,应采取以下主要措施:

①施焊前应进行除锈,现在一般采用预处理的板材,即钢材抛丸除锈,然后喷涂防锈底漆。

②焊接材料,如焊剂、焊条使用前,要使用烘干箱烘干。

(2)夹渣和夹杂物。焊后残留在焊缝中的熔渣称夹渣。由于焊接冶金反应产生的,焊后残留在焊缝金属中的非金属杂质称为夹杂物。夹渣尺寸较大,且不规则,减弱焊缝的有效面积,降低焊接接头的塑性和韧性。在夹渣的尖角处会造成应力集中,因而对淬硬倾向较大的焊缝金属,易在夹渣尖角处扩展为裂纹。夹杂物,若尺寸很小且呈弥散分布时,对强度影响不大。

3)裂纹

焊接裂纹指金属在焊接应力及其他致脆因素的共同作用下,焊接接头中局部金属原子结构合力遭到破坏而形成的新界面所产生的缝隙。

(1)热裂纹。在焊接过程中,焊缝和热影响区金属冷却到固相线附近的高温区产生的焊接裂纹叫做热裂纹。它是一种不允许存在的危险焊接缺陷。一般显示为带曲折的波浪状或锯齿状的细条纹。

（2）冷裂纹。焊接接头冷却到较低温度下产生的裂纹，称为冷裂纹。一般显示为直线细条纹。焊接接头冷却到室温后并在一定时间（几小时、几天、甚至十几天）出现裂纹，这些不是在焊后立即出现的冷裂纹也称为延时裂纹，它是冷裂纹中比较普遍的一种形态，具有较大危险性。形成冷裂纹的因素有很多，主要为：①钢种淬硬倾向大；②焊接接头的含氢量高和结构的焊接应力大。特别是由氢促使形成的冷裂纹往往具有延迟的性质，常称"氢致裂纹"。有冷裂纹的出现，这也是要求探伤在24h以后进行的原因。

4）其他缺陷

（1）电弧擦伤。在焊缝坡口外部引弧时产生于母材金属表面上的局部损伤称为电弧擦伤。如果在坡口外随意引弧，有可能形成弧坑而产生裂纹，也容易被忽视、漏检、导致发生事故。

（2）飞溅。熔化的金属颗粒和熔渣向周围飞散的现象称为飞溅。

二、外观检验

外观检验是一种常用的检验方法。以肉眼观察为主，必要时利用放大镜、量具和样板等对焊缝外观尺寸和焊缝表面质量进行全面检查。根据不同的检验标准，检验以下内容：

（1）焊缝外形尺寸是否符合设计图纸和工艺文件要求，焊缝的高度应不低于母材，焊缝与母材应圆滑过度（图3-13～图3-16）。

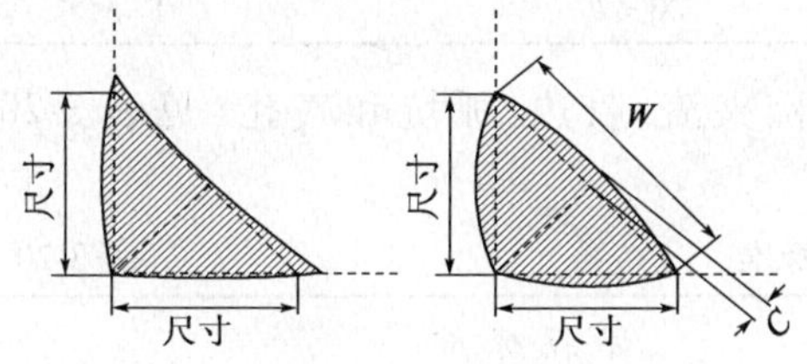

图3-13　理想角焊缝坡面形状

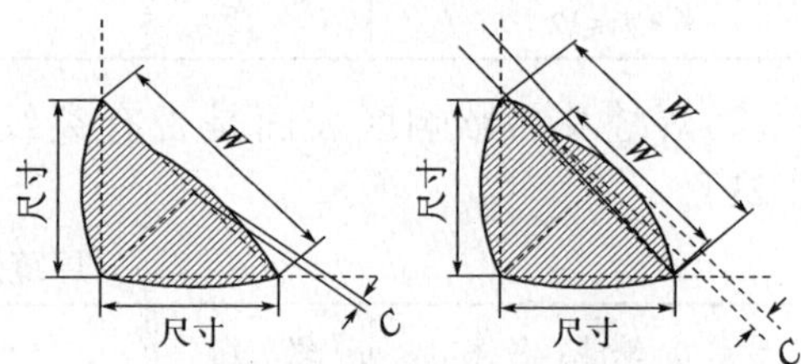

图3-14　合格角焊缝坡面形状

注：宽度尺寸为 W 的个别焊缝或个别表面焊道的凸度 C 不得超过表3-17规定数值。

规定数值　　表3-17

焊缝或个别表面焊道的宽度 W（mm）	最大凸度 C（mm）	焊缝或个别表面焊道的宽度 W（mm）	最大凸度 C（mm）
$W \leqslant 8$	2	$W \geqslant 25$	5
$8 < W < 25$	3		

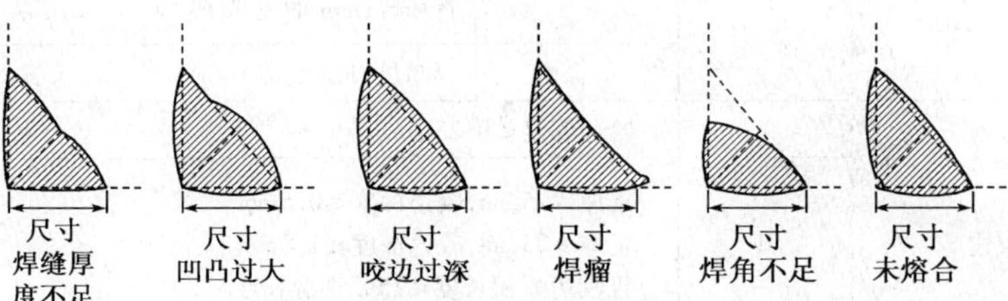

图3-15　不合格焊缝坡面

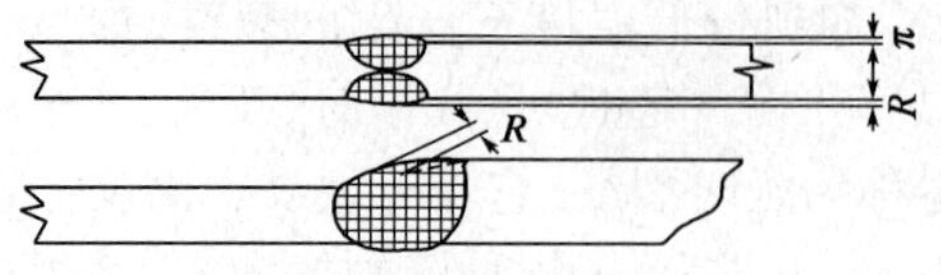

图 3-16　合格的对接接头

注:对接接头的合格坡口焊缝余高不得超过 3mm。

任何连续角焊缝的尺寸当其尺寸小于规定的公称尺寸而符合表 3-18 规定数值,则可不补偿。

规定数值　　表 3-18

规定的公称焊缝尺寸(mm)	允许减小量(mm)	规定的公称焊缝尺寸(mm)	允许减小量(mm)
≤5	≤2	≥8	≤3
6	≤2.5		

所有情况,焊缝尺寸不足的部分严禁超过焊缝长度 10%。大梁腹板和翼缘板连接焊缝,在梁的两端、长度等于两倍翼缘板宽度的范围内不允许焊缝尺寸不足(见表 3-19)。

最小角焊缝尺寸　　表 3-19

母材厚度(T)(mm)	角焊缝的最小尺寸(mm)	母材厚度(T)(mm)	角焊缝的最小尺寸(mm)
$T \leq 6$	3	$12 < T \leq 20$	6
$6 < T \leq 12$	5	$20 < T$	8

(2)焊缝及热影响区表面是否有裂纹、未熔合、夹渣、咬边、弧坑和气孔(见表 3-20 和表 3-21)。

焊缝外观质量标准　　表 3-20

序号	缺陷名称	级别		评级标准
1	飞溅	外表面	I	全部清除
			II	基本清除,在难以清除之处,允许 100mm 焊缝长度内有直径外表面 ≤1mm 的飞溅 2 粒
			不合格	超过 II 级规定
		箱体内表面	I	基本清除,在难以清除之处,允许 100mm 焊缝长度内有直径≤1mm 的飞溅 5 粒
			II	基本清除,在难以清除之处,允许 100mm 焊缝长度内有直径≤1mm 的飞溅 10 粒
			不合格	超过 II 级规定
2	咬边	I		咬边深度≤0.25mm
		II		板厚≤25mm,咬边深度≤0.5mm 板厚>25mm,咬边深度≤1.0mm 且咬边累积长度≤15%焊缝长度
		不合格		咬边深度超过 II 规定

续上表

序号	缺陷名称	级别	评级标准		
3	弧坑、焊瘤、烧穿、表面气孔、未熔合、表面裂纹、焊缝间断	I、II 不合格	不允许存在此类缺陷		
4	对接焊缝的余高	I	增高量	板厚≤12mm,焊缝余高≤2.0mm	余高仅局部有（≤10%焊缝总长）
				板厚>12mm,焊缝余高≤2.5mm	
			减薄量	重要结构焊缝余高=0mm	
				一般结构焊缝余高≤0.5mm	
		II	增高量	板厚≤12mm,焊缝余高≤2.5mm	余高超过I级规定
				板厚>12mm,焊缝余高≤3.0mm	
			减薄量	重要结构焊缝余高=0.3mm	
				一般结构焊缝余高≤1.0mm	
		不合格	焊缝余高>3.0mm 或焊缝余高超过II规定		
5	角焊缝的凹度和凸度	I	凸度	焊脚<6mm,凸度≤1.5mm	凹凸度仅局部有（≤10%焊缝总长）
				焊脚≥6mm,凸度≤2.0mm	
			凹度	重要结构凹度≤0.3mm	
				一般结构凹度≤0.8mm	
		II	凸度	焊脚<6mm,凸度≤1.8mm	凹凸度超过I级规定
				焊脚≥6mm,凸度≤2.2mm	
			凹度	重要结构凹度≤0.5mm	
				一般结构凹度≤1.0mm	
		不合格	凹凸度超过II级规定		
6	焊缝宽度不均匀	I	板厚≤12mm,允许变化量≤1mm,焊缝宽度不允许有突变 板厚>12mm,允许变化量≤1.5mm,焊缝宽度不允许有突变		
		II	板厚≤12mm,允许变化量≤1.5mm,焊缝宽度不允许有突变 板厚>12mm,允许变化量≤2mm,焊缝宽度不允许有突变		
		不合格	允许变化量超过II级标准		
7	表面焊高不均匀	I、II	在每25mm焊缝长度内焊高不等量≤2mm		
		不合格	超过II级规定		
8	间断焊缝长度允差	I	±5mm		
		II	±10mm		
		不合格	超过II级规定		
9	表面成形包角	I	焊缝应具有均匀的鳞状波纹并在全长上保持一致,端部包角必须饱满		
		II			
		不合格			
10	焊渣	I、II	均应全部清除干净		

完工焊缝外观缺陷的容许限度　　表 3-21

序　号	缺　陷	容 许 长 度
1	裂纹	任何焊缝不允许有裂纹
2	未熔合	相邻焊层之间以及焊缝与母材之间不允许未熔合
3	欠焊	单边连续焊缝允许≥10%长度范围内比规定的焊脚尺寸小1.0mm。单段连续欠焊总长≤150mm。但对于梁翼板和腹板的焊缝而言，在梁端长度相当于两倍翼缘板宽度的范围内不允许欠焊
4	咬边	①重要构件中，任何载荷状态下拉应力垂直于其轴线的焊缝，咬边深度≤0.25mm； ②其余焊缝咬边深度≤0.5mm，但箱体构件内部横隔板或加强肋与其他部件（如腹板与翼板）的角焊缝，允许每100mm长度范围内，总长为10mm的≤1.0mm的咬边存在，但这一咬边部位在横隔板或加强肋上。
5	气孔	①重要构件外部焊缝不允许有可见气孔； ②接头完全熔透坡口焊缝（对接接头、T形接头等）不允许有可见气孔； ③箱形结构内部角焊缝：翼板－腹板、横隔板－翼板、横隔板－腹板、翼板、加劲肋等：任何100mm长度，气孔个数≤1个，可见气孔直径之和≤5mm。最大气孔直径≤2mm
6	弧坑	断续角焊缝不允许存在弧坑，弧坑必须填焊饱满
7	偏焊	角焊缝在两部件上的焊脚偏差≤25%，但要求较小的焊脚尺寸应满足设计图纸以及本规定的要求
8	焊脚尺寸不一致	角焊缝（包括T形接头坡口焊缝的加强角焊缝）的焊脚尺寸不一致的最大允许值为25%，但这种不一致应呈逐渐变化，且较小的焊脚尺寸应满足设计图纸以及本规定的要求
9	飞溅	①UT处不允许有飞溅； ②结构件外部不允许有飞溅； ③箱体结构内部难以清除或结合牢固的飞溅，每100mm焊缝长度范围内≤5粒

第六节　焊 接 结 构

一、焊接结构概述

1.影响焊接结构的主要因素

焊接结构或其中的焊接接头必须满足技术条件所规定的各种使用性能，诸如常规的力学性能、低温韧性、抗脆断性能、高温蠕变、疲劳性能、持久强度，以及抗蚀性、耐磨性等。使用条件下所要求的性能有的甚为复杂、苛刻，焊接技术必须赋予焊接结构具备满足使用要求的各种性能。焊接结构的失效，尤其是焊接的桥梁、储罐、管道、船舶等发生的低温低应力脆性破坏，引起广泛的重视并组成国际性的研究。现在已经明确影响焊接结构质量的主要因素：

1）材料

材料是指用于制造结构的金属材料及焊接过程消耗的材料，分别称为母材（或基本金属）

和焊接材料。

母材的影响有钢的化学成分、冶炼轧制状态、热处理状态、组织状态和力学性能等。其中化学成分(包括杂质的分布)是主要的影响因素。对于钢材是否适宜焊接,影响较大的元素有碳、硫、磷、氢、氧和氮。钢中的合金元素,如锰、硅、镍、钼、钒、妮、铜和硼等,不同程度地增加了焊接工艺的困难。

用于制造焊接结构的钢材应当具备良好的焊接性。在设计阶段选材及制造中评定某钢材是否适宜焊接,已有列为国家标准的焊接性试验方法。钢中碳含量对焊接性影响最大。把包括碳在内和其他合金元素对硬化(脆化和冷裂等)的影响折合成碳的影响,建立了“碳当量”的概念。

为了制造超大型船舶结构、海洋工程及压力管道等,从钢的冶炼方法、轧制工艺及热处理状态等改进,近年来研制成焊接性优异的钢材。例如,精炼提纯的 CF 钢、Z 向钢和“细晶粒钢”配合控轧工艺的控轧钢(TMCP 钢),在焊接性方面有重大的改善。

母材选定后,再选用与母材相匹配的焊接材料(焊条、焊丝及焊剂,保护气体等)。在工程上由于母材选择不当,或母材与焊接材料不相匹配而使结构制造中产生停工或结构使用中发生失效的实例不算稀少。监理审查工作对此应给予注意。

2)结构设计

结构设计包括结构总体设计和结构细部设计。对于焊接结构设计要求结构形式合理,如截面变化缓和,焊缝尽量避免密集,结构中力的传递应与钢板纵向轧制方向一致,避免焊接接头受三轴应力状态等;要求焊接区的可达性、可检验性,从而获得质量可信的焊缝;设计阶段有时要求将设计载荷应力与焊接残余应力同时考虑。合理的焊接结构设计是保证焊接结构质量的必要条件。焊接接头的设计应遵照有关的标准。

3)制造工艺

制造工艺是指结构的制造工艺规程,主要包括制造总工艺流程、装配工艺程序、焊接工艺等。其中焊接工艺包括装配焊接工艺、施焊方法等。施焊方法有手弧焊、埋弧焊、气保护焊等。装配焊接工艺包括焊接参数、预热、层间温控、后热、焊后热处理、焊接程序等。

在结构材料和焊接材料选择正确、结构设计合理的情况下,工艺因素就是对结构焊接质量起决定性作用的因素。焊接过程产生的影响可分为两大类:一是焊接温度场,二是焊接结构制造工艺的破坏。这两大类因素产生的后果如图 3-17 所示。

温度场是焊接过程本身不可避免的。控制焊接温度场对获得优质焊接接头具有重大意义。在现代焊接技术中已经积累大量的焊接工艺和规范参数资料。拟定结构焊接工艺及焊接参数时应当利用这些成功的资料。

制造工艺破坏是由于制造焊接结构的企业生产准备不足的结果。完全消除这种因素的影响现在还不可能。焊后跟踪检查,查明产生原因是使这种因素影响减到最低的现实做法。

4)服役环境

服役环境因素是指焊接结构的工作温度、负荷条件(动载、静载、冲击、高速等)和工作环境(化工区、沿海及腐蚀介质等)。一般来讲,环境温度越低、钢结构越容易发生脆性破坏。承受动载、交变载荷的起重机焊接结构可能发生脆性破坏和疲劳破坏。

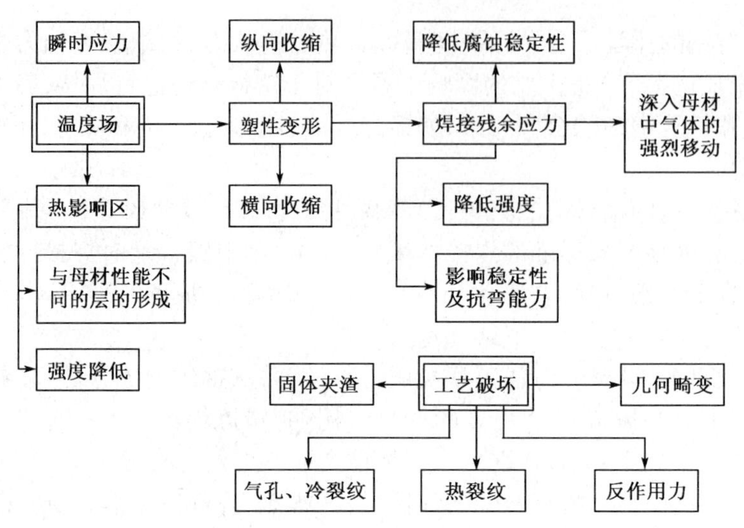

图 3-17　温度场和工艺破坏产生的后果

2. 焊接接头及其在焊接结构中的作用

1)焊接接头

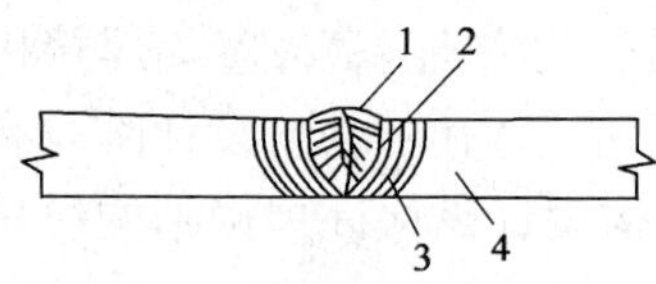

图 3-18　焊接接头的组成
1-焊缝;2-熔合线;3-热影响区;4-母材

焊接接头是指用焊接方法连接的接头。按焊接方法焊接接头可以分为熔焊接头、压焊接头和钎焊接头 3 大类。本节主要讲述水运工程机电设备监理工作中钢结构最常见的熔焊接头。熔焊接头是由焊缝、熔合区、热影响区及其邻近的母材组成,如图 3-18所示。

按照接头的构成形式,焊接接头可以分为对接接头、T 型接头、十字接头、搭接接头、盖板接头、套管接头、塞焊(槽焊)接头、角接接头、卷边接头和端接接头等 10 种类型。从传力情况来看,T 型接头和十字接头可以归并为一类;盖板接头、套管接头和塞焊及槽焊接头实质上都属于搭接接头;而不同的卷边接头可以分属于对接接头、角接接头和端接接头。这样,焊接接头的基本类型实际上只有 5 种,即对接接头、T 型接头、搭接接头、角接接头和端接接头,如图 3-19 所示。

焊接接头是焊接结构最基本组成单元。使构件连接成焊接接头的是焊缝。在熔焊接头中,焊缝是指由熔化的填充金属、局部熔化的母材组成的,即指由熔合线所包围的金属。焊接接头中,在化学成分上焊缝金属与其外部(包括热影响区、部分母材)是不相同的,此即为焊接接头的化学成分不均匀性。

焊缝按其截面形状只有两种类型:对接焊缝和角焊缝。板结构的对接焊缝、管道的对接焊缝,毫无例外在横断面上应当焊透,在长度上应为连续;型材拼装中的对接焊缝可以是沿厚壁不全熔透,长度上不连续的。对接焊依据制造单位的技术条件可以双面焊或单面焊(此种单面焊工艺应当取得工艺试验认可)。对角焊缝除焊接接头性能特殊要求外,一般是不熔透的,在长度上可以是连续的,也可以是断续的。角焊缝是断续的情况,又分为错综式断续角焊缝和链式断续角焊缝。

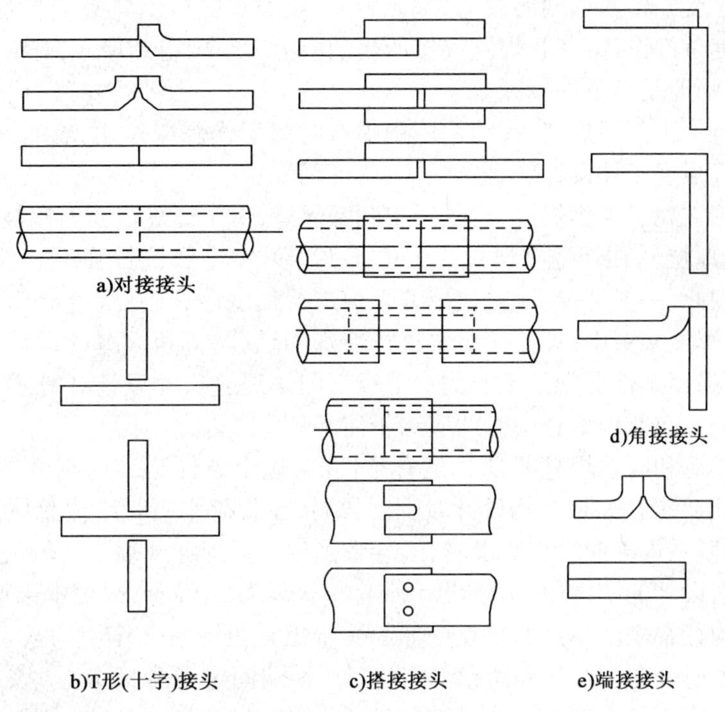

图 3-19　焊接接头的基本类型

2)焊接接头在结构中的作用

焊接结构是由大量的各种类型焊接接头组成的。各种构件通过焊接接头构成不同用途、不同功能的焊接结构。毫无疑问,每个焊接接头都是组成结构的最基本单元。从在焊接结构中所起的作用来看,处于焊接结构不同区域、不同方位的焊接接头,其作用和要求是具有很大差异的。在焊接结构中,仅把构件连接起来并使其被连接的断面在外载荷作用下保持几何特性作用的焊接接头,这类连接接头中的焊缝称为联系焊缝。联系焊缝不承受或承受并传递与构件相比很小的载荷。有的焊接接头把构件连接起来的同时还承受载荷作用,这类接头中的焊缝称为工作焊缝。工作焊缝承受并传递与其被连接构件相同的载荷。工作焊缝及联系焊缝的分类如图 3-20 所示。

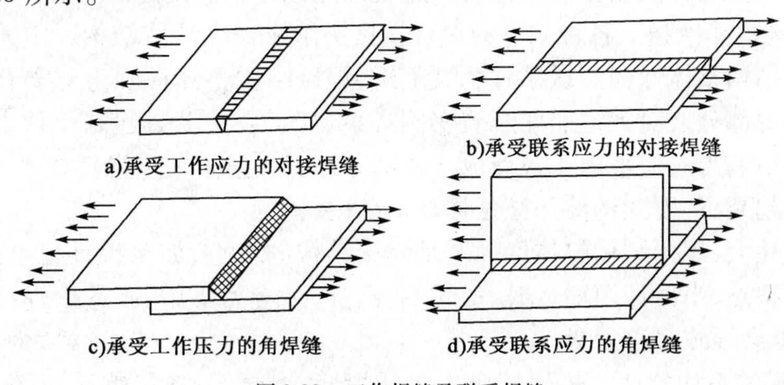

图 3-20　工作焊缝及联系焊缝

上述焊缝按其功能的分类，在结构设计时应按不同的强度条件进行焊缝强度计算。由于工作焊缝与构件承受并传递相同的载荷，毫无疑义，该类焊缝应当具有与构件相等的强度，即工作焊缝按等强度条件设计；联系焊缝仅按所受的应力大小确定其尺寸，焊缝的强度即可被满足，即联系焊缝按强度足够条件设计。

焊接结构中有一小部的焊缝，在结构使用中有时起工作焊缝作用，有时又为联系焊缝，对这类焊缝应当按等强度条件设计。

对接焊缝无论它属于工作焊缝，还是属于联系焊缝，由于焊缝横断面比被连接构件断面积稍大（考虑焊缝增厚层），在焊缝金属抗拉强度不低于基本金属抗拉强度条件下，就必然满足等强度的条件。因此，一般情况下，对接焊缝无须进行强度计算（在焊缝金属强度低于基本金属强度，即低匹配焊接接头中，焊接接头要进行特殊的计算）。角焊缝的设计要比对接焊缝复杂得多，但上述的强度条件准则是不变的。工程上因角焊缝尺寸设计计算不当引起结构失效的实例是不少见的。在监理审查中对此应给予注意。

结构中工作焊缝和联系焊缝的划分是有条件的，这个条件是结构刚度（总刚度和局部刚度），应当满足使用要求。如果结构设计时刚度较弱，在载荷作用时结构总体变形较大或局部过度变形，都将使联系焊缝向工作焊缝转化，导致强度不足焊缝开裂。一般情况下不会出现这种失误。但是在新设计的结构中，由于设计师考虑不周，缺乏经验，或根本未给予刚度计算，往往使被设计的结构存在刚度不足的缺点。如承受弯矩和扭矩联合作用的某一支承点，系由无缝钢管周围 8 块放射分布肘板用角焊缝连接起来（下端固定于台板上）。该节点由于承受弯扭联合作用下总刚度不足，使肘板与无缝钢管之间的相对位置产生过度变形，致使联系角焊缝向工作角焊缝转化，最后角焊缝被撕裂，支承节点失去正常工作能力。局部刚度不足导致联系焊缝失效的情况，也发生在起重机回转结构筋板的角焊缝中。

3）焊接结构的基本问题

设计、制造、试验及使用焊接结构时，必须了解并掌握焊接结构的基本问题。这些基本问题也是研究焊接结构性能、分析焊接结构失效原因必须考虑的。焊接结构的基本问题：

（1）焊接接头刚性大。焊接接头在载荷作用下产生的变形与铆接的和栓接的接头相比要小得多。焊接接头刚性大使构件受力小的不能去“帮助”受力大的构件，也就是焊接接头本身缺乏使载荷在构件间均衡的能力，这种情况使萌生裂纹容易，并且对一个正在扩展的裂纹阻滞不利。从这一角度来看，焊接接头不如铆接接头和栓接接头。随着抗裂性能高的结构用钢的发展，焊接技术的进步，焊接接头的抗开裂和止裂性能也在不断提高。

（2）焊接结构整体性强。各种构件通过焊接接头组成一个整体结构。由于焊接接头刚性大必然导致焊接结构整体性强。从某种意义上讲，焊接结构整体性强意味着在结构中难以区别主要部分和次要部分。对大型船舶断裂实例观察表明，裂纹多数起源于认为并不承受很大载荷构件的焊缝中。当时似乎由于被看成次要部分焊缝质量未被重视存在严重的缺陷。恰恰是从这些缺陷处起裂、扩展到构件乃至延伸整个结构。

焊接接头刚性大，焊接结构整体性强既是焊接结构的优点，如果设计得不好的话，也可能成为焊接结构的缺点，当设计粗糙、结构形式不合理严重应力集中、制造中焊接质量未被保证的情况，这种缺点会导致严重后果。

（3）焊接接头的不均匀性。焊接接头由包括焊缝、熔合区、热影响区及部分母材组成的，因而在化学成分、金相组织、物理性能、化学性能和力学性能上是不均匀的。就一般情况而言，主要是焊接接头的力学性能不均匀性。这种力学性能不均匀性使常规力学分析方法和规律不能直接应用于焊接接头上。此外焊接接头中焊缝尺寸和形状的差异使得焊接接头在几何上产生不均匀性，从而引起焊接接头的应力集中。焊接接头的不均匀性使分析焊接接头的性能变得复杂。

(4)焊接变形和应力。焊接结构在制造过程中就产生焊接变形和应力，它们的数值和方向随焊接过程的进行不断变化，焊接后在结构中存在残余焊接变形(结构形状和尺寸偏离装配时设计规定的形状和尺寸)和残余应力(焊缝区附近的残余应力为拉伸应力，其值达到构件所用低碳钢的屈服极限，在近缝区以外的大部分区域有压缩残余应力，以与拉应力平衡)。焊接变形给结构装配工作带来困难，增加许多工作量以克服产生的变形。残余变形影响结构外观质量，同时使构件工作条件恶化。焊接应力可能导致裂纹，残余应力对结构强度和稳定性将产生不利影响。

(5)焊接结构的应力集中。焊接结构构件通过焊缝连接起来，在设计中随意性较大，因而断面突变，构件被截断，3 条焊缝汇集一处，该留有切口的未做成切口等结构上的不良情况容易出现。因此焊接结构容易形成构造上的应力集中；焊接接头本身及焊缝外形也极易引起应力集中；焊缝缺陷如未熔合、未焊透、咬边、溢流、夹渣、弧坑、气孔、裂纹等都是应力集中因素，特别是裂纹类型的平面缺陷，当缺陷方位与外载荷方向垂直时对焊接结构强度性能危害最大。

焊接结构不但引起应力集中的因素较多，而且应力集中系数变化范围大，较难控制，在各种类型焊接接头中，对接焊缝的应力集中系数最小。然而，同一板厚同样层数施焊的对接焊缝可能由于焊缝增厚层、从焊缝向基本金属过渡的光顺性、焊缝宽度的不同，而具有不同的应力集中系数。对于 T 型接头，因是否开坡口、熔深大小、角焊缝表面形状、焊趾处曲率半径而使应力集中系数在较大范围内变动。

焊接结构的应力集中降低结构抗低温低应力断裂性能，使焊接接头的疲劳强度下降，易引起应力腐蚀开裂。因此，应当从结构设计、焊接接头细部处理、焊缝施焊工艺及焊接质量检验等环节，对应力集中给予高度重视。在这里既有对结构整体的“宏观”控制，也有对焊接接头及焊缝的“微观”处理，不这样做难以获得质量可靠的焊接结构。

(6)焊接缺陷。焊接缺陷是焊接结构不可避免的伴随产物。焊接缺陷的容易形成及检验它们的准确性，使焊接结构工作的可靠性不容易评定。

焊缝的质量可以分为外观的和内部的。焊缝的外观质量对焊接结构强度性能的影响要比内部的大。外观质量是百分之百检验，发现的缺陷未补救，必定使焊接结构发生失效，因而应当重视焊缝外观百分之百的检验。那种连渣壳都未清除，就涂漆交付使用的焊接结构难免不发生事故。焊缝内部质量检验一般为无损探伤，这种检验可以查明焊缝中的内部缺陷。对于一般产品结构，无损探伤的焊缝仅占焊缝总长的百分之几，被探伤焊缝评级为合格，并不意味着未被探伤的整条焊缝便是合格的(现行标准认为被探伤焊缝合格，产品就可验收)。因此，焊接结构中缺陷的容易形成、缺陷的隐蔽性对安全使用构成危险。工程上焊接结构失效事例充分证实这点。

3. 决定焊接结构断裂类型的因素

固体物质在力作用下分成若干部分的现象称为断裂。力的作用除机械作用外，还有热、电、磁、物理——化学等作用。断裂几乎是所有变形过程发展的最后阶段，因此，研究断裂规律不仅具有重要的科学意义，而更有很大的工程实际意义。

1）断裂类型和断裂方式

（1）两种断裂类型。根据断裂前是否存在明显的宏观塑性变形，可将断裂分为两种类型：脆性断裂和韧性断裂。

脆性断裂的特征是，断裂前不发生明显的宏观塑性变形，即断裂发生在弹性变形阶段，事实上，金属中绝对的脆性断裂（在微观上为纯解理断裂）是很少见的，因为在断裂前总归伴随发生很小的塑性变形。

很显然，这样的断裂类型的划分是按某一宏观塑性变形量为依据的。究竟取多大宏观塑性变形量为准则呢？前苏联将总断面收缩率 $Z<5\%$（光滑试样）的断裂称为脆性断裂，$Z=5\%$ 称为准脆性断裂；德国将总延伸率 $A_t<10\%$（光滑试样）的断裂称为准脆性断裂。脆性断裂的断口齐平，断口上看不到纤维区剪切唇，只存在放射区。光滑圆形试样的放射区一般都是从某一边缘处起始而遍布整个断面，如图 3-21a）所示，如果是无缺口的矩形断面试样，则其放射区呈人字形花样，如图 3-21b）所示，图 3-21c）为人字形花纹形成过程示意简图。图中虚线为正在扩展中的裂纹前沿的轮廓线。由于放射线总归是垂直于裂纹前沿每瞬时的轮廓线，并逆指向裂纹的起源点。这是金属宏观断口分析中寻找裂纹起源位置的一个重要依据，在断口分析中有着十分重要的意义。材料处于极脆性状态时，放射线消失，此时，矩形断面的断口上无人字形花纹，而呈结晶状断口，若晶粒较粗则可以看到许多强烈反光的小平面（或称刻面），这些小平面就是解理面，这种断口也称晶状断口。

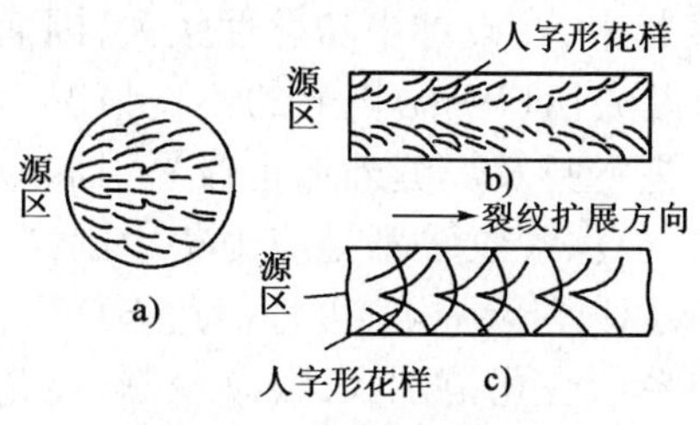

图 3-21　脆性裂纹的宏观断口
（图中虚线为正在前进中的裂纹前缘线）

韧性断裂的特征是，断裂前有明显的宏观塑性变形，断口呈纤维状，发暗，看得出塑性变形后的痕迹。

（2）宏观上两种断裂方式。无论是脆性断裂或韧性断裂，宏观上从相对于外作用的正应力和切应力来看，都可能有两种不同的宏观断裂方式：正断和切断。

垂直于最大正应力 S_{max} 或最大正应变 C_{max} 方向发生的断裂称为正断。沿着最大切应力 τ_{max} 方向发生的断裂称为切断。

2）决定焊接结构断裂类型的因素

材料及其由它们制作的结构（包括焊接结构）是产生脆性断裂还是韧性断裂取决于外界因素，也就是对于某一结构（材料已给定）是呈脆性状态还是呈韧性状态，是由结构所处条件决定的。如在常温下表现为脆性状态的玻璃，在高温下有很好的塑性，可吹制成各种形状的制品；在常温下呈很好韧性的低碳钢，在极低的温度下表现得如同玻璃那样的脆性。工程上总是要求结构（或构件）处于韧性状态下工作，不希望出现对安全极为危险的脆性断裂。根据对实验结果和真实结构断裂的研究，归纳出决定材料和结构断裂类型的因素主要有 4 个，即应力状态、温度、加载速率和材料本质。

（1）应力状态。已知任何应力状态都可用切应力和正应力来表示，这两种应力对变形和断裂起着不同的作用。只有切应力才能引起金属发生塑性变形，因此，构件上各点处能否发生塑性变形,主要看该处的切应力成分如何而定。塑性变形过程的最后阶段即断裂。因此,切应力对变形和断裂的发生和发展都起作用。而正应力则只影响断裂的发展过程,因为只有拉应力促使断裂扩展。

金属的屈服和切断是在切应力作用下产生的。因此,金属有一个用切应力表示的屈服强度 t_T 和一个抗切断的断裂强度 t_K;正断是在正应力作用下产生,因此金属有一个用正应力表示的正断抗力 S_{OT}。

在载荷作用下,如果是韧性断裂,应遵循第三、第四强度理论;如系脆性断裂,则应遵循第一、第二强度理论。因此,当结构所受载荷条件已知时,用第三强度理论求出该状态下的最大切应力 $t_{max}=\dfrac{\sigma_1-\sigma_3}{2}$,根据第二强度理论求出当正应力 $S_{max}=\sigma_1-\gamma(\sigma_2+\sigma_3)$,然后将计算结果绘制在以 t_{max} 为纵轴,S_{max} 为横轴的坐标系中(图 3-22),同时在纵坐标和横坐标注出制造结构材料的 t_T,t_K,S_{OT}。

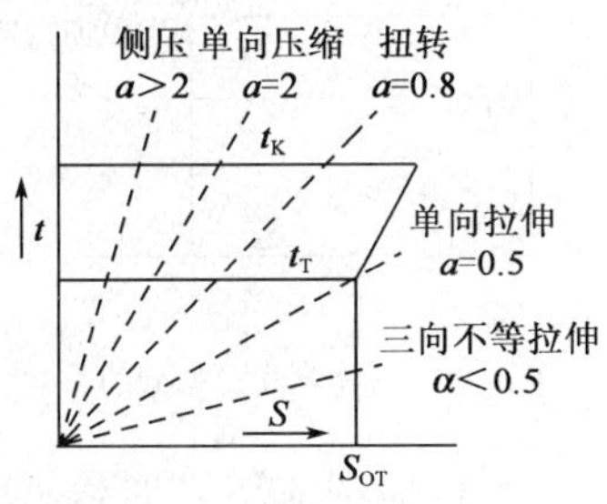

图 3-22　力学状态图

塑性变形主要取决于该点处切应力的成分,即比值 t_{max}/S_{max} 的大小,把比值 $t_{max}/S_{max}=\alpha$ 称为应力状态软性系数。当材料一定时,任何增加正应力对切应力比率的应力状态,亦即使 $a=t_{max}/S_{max}$ 值减小的应力状态都将增加金属的脆性。这样,对于同一材料,不同的应力状态可以呈现不同的断裂类型。例如,灰铸铁在单向拉伸($\alpha=0.5$)时,呈现典型的脆性材料特征(正断式韧性断裂),而在单向压缩($\alpha=2$)时表现出切断式的韧性断裂,在作布氏硬度试验时(相当于侧压力应力状态 $\alpha>2$)可以压出一个很大的压痕窝,表现出很好的塑性变形。

在 $t_{max}-S_{max}$ 坐标图上,具有一定类型的应力状态 $\alpha=t_{max}/S_{max}$ 均可由通过原点 O,斜率 a 的射线上的各点来表示。图 3-22 中画出了几种代表简单应力状态的射线,如代表单向拉伸的射线 $\alpha=0.5$,代表扭转的射线 $\alpha=0.8$,代表单向压缩的射线 $\alpha=2$ 等。标志某一材料屈服强度 t_T,切断强度 t_K 和正断抗力 S_{OT} 可以认为是常数(当然,这只能是一种假定,很不确切的假定)。因此该材料强度的 3 种极限状态在图中用 3 条直线来代表,即屈服线 t_T、切断线 t_K 和正断线 S_{OT}。这 3 条直线上的各点分别代表要使材料发生屈服、切断和正断所需的极限应力。其中 S_{OT} 线在 t_T 以下画成与纵轴平行,超过 t_T 后是斜线,这表明认为 S_{OT} 在弹性状态时不受应力状态影响,而在大于 t_T 后则随塑性变形的发展而增大,t_T 和 t_K 线都画成与横轴平行的直线,这表示认为 t_T 和 t_K 都与应力状态无关。3 条直线把图画划分为表示力学性能的两个重要区域:t_T 线以下,S_{OT} 线以左的弹性变形区,和 t_T 线以上 t_K 线以下的弹塑性变形区。这个图表明了所研究点的力学状态,因而被称为力学状态图,是由前苏联学者 Я. Б. Фрцаман 表达联合强度理论而建立的。根据力学状态图判定某一材料(或结构构件)在各种应力状态下,所处的状态和失效行为。如图 3-22 所示,材料在三向不等拉伸(即缺口试样拉伸)情况下,由于代表该应力的射线($\alpha<0.5$)直接与 S_{OT} 线相交,故知其在断裂前只发生弹性变形,表现为宏观正断式的脆性断裂。当此材料在单向拉伸情况下,$\alpha=0.5$,代表此应力状态的射线在碰到 S_{OT} 线之前与线 t_T 相交,故知其断裂前发生塑性变形,但断裂仍表现为宏观正断方式,即正断式的韧性断裂。若此材料受到扭转载荷作用时,由于代表应力状态的射线先与线 t_T 相交,然后与 t_K 线相交,故知其断裂前不但有宏观塑性变形,并且还表现为切断式的韧性断裂。

(2)温度。温度对屈服强度有很大影响,总的规律是 t_T 随温度的降低而升高。但是,温度对断裂抗力的影响却较小,至少不像对屈服强度影响那么大,有些情况下甚至可近似认为切断抗力 t_K 和正断抗力 S_{OT}是与温度无关。断裂强度理论表明,决定断裂抗力的基本要素是弹性模量 E 和表面能,而它们受温度的影响较小,所以温度对断裂发展过程没有显著影响。断裂前塑性变形在高温时容易产生,而在低温时不容易产生。

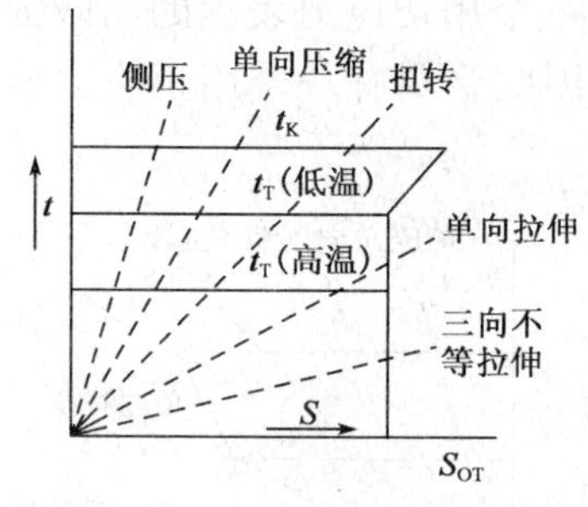

图 3-23　温度对断裂类型的影响

温度怎样决定断裂类型也可以从力学状态图上来分析。图 3-23 所示,在室温下进行单向拉伸试验时,呈正断式的韧性断裂。当温度降低时,t_K 和 S_{OT}对温度不敏感,t_r 将急剧上升(图中虚线),这时尽管仍然是进行单向拉伸试验(应力状态软性系数不变),但表现为正断式的脆性断裂,即处于脆性状态下工作了。

(3)加载速率。加载速率对断裂类型的作用,与温度降低的作用很相近。加载速率提高会使屈服强度 t_T 增大,使金属从韧性状态向脆性态转变。

在评定金属脆性倾向时,根据以上所述,可以制成带有缺口的试样(造成三向不等拉伸的应力状态,a 值很小),在低温下(使 t_T 升高)进行冲击加载(使 t_T 进一步升高)试验。这就是工程上最常用的所谓低温缺口冲击试验(或称系列冲击试验)的实质。

(4)材料本质。用于制作结构的金属不同,其对脆性断裂的抗力差异很大。这主要与金属的晶格类型、化学成分、热处理状态有关。研究结果指出,在面心立方晶格的金属和合金(如 γ - Fe、Al、Cu)中,随温度降低屈服极限与强度极限之比,即屈服比提高不明显,不呈现低温脆性,称这类金属和合金为抗冷脆性强的金属材料;而体心立方晶格的金属和合金(如 α - Fe、Cr),温度降低时屈强比提高急剧,塑性明显下降,称这类金属和合金为倾向冷脆的金属材料。

在温度降低时,碳素结构钢和低合金结构钢的塑性下降的比较多。在其他金属中下降比较少。在某些情况下,一些铝合金和铜合金塑性提高。

存在尖缺口时,对应力集中的敏感性增加,在铁、碳素钢和强度不高的低合金钢中冲击韧性明显下降。

4. 缺口效应

结构本身因使用要求,设计上必须有各种形式的开口、缺口等。构件本身也可能由于制造工艺过程带来某种缺口。金属材料在冶炼轧制时存在缺口。焊接接头中的焊接缺陷,如裂纹、未熔合和未焊透、夹渣、气孔等,它们都使焊接接头带有缺口。在存在缺口的时候,尽管构件所受原始载荷是单向拉伸的,由于缺口根部应力集中和应变集中,使缺口处附近的金属形成二轴(平面应力时)或三轴(平面应变时)应力状态,应力状态软性系数数值很低,因而增加了金属的脆性倾向,称这种现象为金属的缺口效应。

如何避免和降低缺口效应,对焊接结构和接头是极为重要的问题。焊接结构的设计,尤其是细部的设计应充分考虑缺口效应。焊接接头的质量检验中,同样需要防止“缺口”类型缺陷的放过,以免给结构造成隐患。

5.应变时效

某些金属经过塑性变形后,又受到温度200~300℃的加热,再进行冲击试验时会发现冲击韧性下降的倾向,这种现象称为应变时效。金属的塑性变形可以是发生在结构制造过程中,如焊接前构件的剪切、冷作成形、矫正等;也可以是结构在服役过程中产生塑性变形(指局部应力集中区的变形)。如果在塑性变形发生的同时又处于温度200~300℃的加热中,即塑性变形与加热同时作用时,会发现金属的冲击韧性下降更强烈,为区别于前述应变时效,把这种现象称为动应变时效或热应变脆化。

广泛被用来制造焊接结构的低碳钢和低合金结构钢是属于倾向于应变时效的金属。因此,用这些金属制作的焊接结构具有应变时效敏感性。焊接时的局部塑性变形发生在温度为200~300℃的冷却过程中,即焊接接头中塑性变形和受热是同时作用,因此,焊接接头必然存在动应变时效。这样,应变时效和动应变时效是焊接结构在选材、设计、制造工艺、焊后热处理等必须给予充分考虑的。焊接接头应变时效敏感性试验法(GB 265—89),可供监理工作中使用。

6.保证焊接结构可靠性的三个阶段

各种类型结构的焊接规范标准已经制定出来并且贯彻执行,这对设计、制造到服役的整个过程中,控制焊接结构质量无疑起到良好的作用。一般来讲,完全遵照这些规范标准设计、制造和服役的焊接结构的可靠性,基本上是得到保证的。但是,工程实际中焊接结构破坏的事例却并不稀少,甚至20世纪50年代那种非常严重的船舶断裂也在70年代发生。因此,研究焊接结构的安全性问题仍然是世界范围的重点内容之一。

在解决保证焊接结构可靠性问题上,可以分成三个阶段:

(1)结构的设计、计算,这种设计、计算应当保证在计算载荷、给定的计算条件下,整个服役期间结构安全工作的可能性。

(2)结构的试验,在试验中考核各个构件和整个结构的强度。

(3)在服役过程中,焊接结构状态的诊断和剩余寿命的预测。结构状态的诊断是指发现结构中的缺陷并评定它们强度的影响。剩余寿命的预测是制定出结构继续服役而不产生破坏的条件。

整个问题的解决有赖于材料强度、结构力学、现代电子技术的科学成就,相类似结构的制造和服役经验的广泛积累。前两个阶段的实现也只能在比较简单的情况下,对具体的焊接结构得到足够精确的结果。这是因为在结构的设计计算和试验中预先确定与实际使用条件相应的载荷是极困难的。于是,在设计阶段采用过多的承载能力储备,这样使得结构的重量增大。有时也产生该加强的构件未得到较大的储备,结果导致结构承载能力不足的情况。因此第一和第二阶段设计计算和试验对被研究结构的精确计算、正确设计结构、提高可靠性是很重要的过程。

二、焊接结构疲劳强度

1.影响焊接接头疲劳强度的因素

在焊接结构中,焊接接头的持久极限与材料、焊接工艺过程、结构形式及载荷类型、应力比等有关。焊接工艺过程对交变载荷强度的影响,一般用含有对接焊缝的标准试件来研究。在标准试件中焊缝的增厚层被去除,因而实际上不存在应力集中。实验指出,用低碳钢和某些低合金结构钢焊成的试件中,比值$\sigma'_{-1}/\sigma_{-1} \geqslant 0.9$,其中$\sigma_{-1}$为对称循环时基本金属的持久极限；$\sigma'_{-1}$为对称循环时对接接头的持久极限。自动焊接头的持久极限比手弧焊时的要稳定，这是因为前者焊缝质量比后者好而且恒定。

在静载和脉动循环（$R>0$）条件下，采用高强度钢可以显示有效性。而在趋于对称循环（$R\rightarrow-1$），同时应力集中系数很高时，采用高强度钢的有效性急剧下降。前苏联巴顿电焊研究所的研究指出，在这种情况下，对于强度级别完全不同的钢材，它们的持久极限几乎没有差别。欧洲钢结构协会疲劳委员会及其他国家在焊接钢结构最新疲劳设计规范中，对于相同的构造细节，不同强度级别的钢材均采用相同的疲劳设计曲线。充分认识这种规律对合理选材是很有益的。

2. 焊缝连续性及尺寸的影响

（1）纵向焊缝（即与受力方向平行的焊缝，包括对接焊缝、熔透或未熔合角焊缝），当是连续焊缝时疲劳裂纹一般起源于焊缝缺陷处，未熔透角焊缝根或焊缝表面波纹等处。试验结果表明，焊接缺陷的大小是影响该类接头疲劳性能的主要因素。

当采用不连续焊缝时，疲劳裂纹一般产生在断续焊段的端部，接头的疲劳强度远低于连续角焊缝接头的疲劳强度。

（2）横向角焊接头中，对于非传力焊缝接头，裂纹总是产生焊趾处［图 3-24a）］；对于传力角焊缝接头，裂纹可能产生在主板焊趾处，也可能产生在焊根处，取决于所设计的焊脚尺寸的大小［图 3-24b）、c）］。试验证明，对于传力横向角焊缝接头存在一个临界焊喉厚度 a_c，当设计焊喉厚度 $a<a_c$ 时，裂纹产生在焊根处；当 $a\geqslant a_c$ 时，裂纹产生在焊趾处。

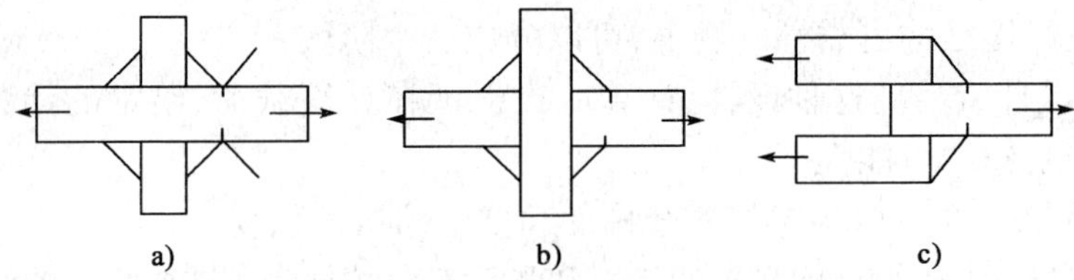

图 3-24　横向角焊接头疲劳裂纹的起源位置

横向角焊缝接头因截面几何形状突然变化而引起应力集中，以及焊趾存在不可避免的咬边缺陷，其疲劳强度较低。在进行结构设计时应尽可能用横向对接接头代替传力的横向角焊缝接头，若做不到时，应使设计的焊喉厚度 $a>a_c$。在布置焊缝时应使焊缝离开受拉应力较大的区域。

3. 载荷频率及循环数

在某些技术领域，结构承受低频（每分钟、每小时、每昼夜几个循环）载荷的作用，这种交变载荷下焊接接头的疲劳强度比高频时的低得多。实验指出，低频载荷降低所有种类材料和各种类型焊接接头的疲劳强度。承受低频载荷的结构有：水下潜艇、锅炉容器、起重机械、桥梁、船闸闸门等结构。

为了表明应力集中对疲劳强度的影响，引用有效应力集中系数概念。把光滑试件的持久极限与存在应力集中时试件的持久极限的比值，称为有效应力集中系数，用 K_e 表示，显然 $K_e\geqslant1$，并且 K_e 愈接近于1，构件的工作愈好。脆性材料的 K_e 接近于理论应力集中系数 K_t。而对于塑性材料 K_e，显著小于 K_t。K_t 是指应力集中处的最大应力 σ_{max} 与构件断面上的名义平均应力 σ_{av} 之比值。

实验指出，当交变载荷应力比 $R(=\sigma_{min}/\sigma_{max})$ 接近于1时（即接近静载），应力集中不影响持久极限。随应力比 R 减小，应力集中使持久极限明显降低。当对称循环（$R=-1$）时，持久极限最小。

此外，温度和介质也影响钢及焊接接头的持久极限。一般是当温度提高时，持久极限下降。在腐蚀性介质中，持久极限比空气中要低。

对于焊接结构中承受交变载荷的焊接接头，已有理论计算并实验证实各种类型接头的有效应力集中系数 K_e 值，供结构设计时参考。在比较结构形式时，设计者应优先选择 K_e 值较低的接头。此外，应当采用提高交变载荷时焊接接头疲劳强度的措施，如机械加工使熔敷金属向基本金属光顺过渡，钨极氩弧重熔，锤击焊缝及近缝区等。

4. 焊接缺陷的影响

焊接缺陷有裂纹、未熔合、未焊透、气孔、夹渣和外形不良（包括咬边、焊瘤和飞溅）等，有些焊接缺陷在焊接结构中是难以避免的。研究表明，焊接缺陷对静载强度（在常温下）不会有明显影响，如当密集气孔断面积减小值低于7%时，接头的抗拉强度不会降低。然而，在疲劳载荷作用下会形成疲劳裂纹源。一般说，垂直于受力方向的二维缺陷（裂纹、未熔合）要比三维缺陷（气孔等）对疲劳强度影响严重得多；表面缺陷要比内部缺陷严重。有人认为，内部缺陷尺寸足够大，大到由它引导起的疲劳强度降低到超过焊缝外表形状变化引起疲劳强度降低时，内部缺陷才构成威胁。这告诉人们，检查焊接质量不应把注意力仅放在焊缝的无损探伤上，外部质量的检验同样应当重视。

5. 焊接残余应力的影响

残余应力的影响是一个比较复杂的问题。在分析上可以从下面的表达式看出

$$\sigma'_{-1}\leqslant\sigma_{-1}\left(1-\frac{\sigma_r}{\sigma_b}\right)$$

式中：σ_r——在可能产生疲劳破坏区域的残余应力；

σ_b——材料的抗拉强度；

σ_{-1}——无残余应力的试件在对称循环时的疲劳极限；

σ'_{-1}——有残余应力的试件在对称循环时的疲劳极限。

当 $\sigma_r>0$，即残余拉应力时，$\sigma'_{-1}<\sigma_{-1}$，残余拉应力降低疲劳强度；当 $\sigma<0$ 时，即为残余压应力时，$\sigma'_{-1}>\sigma_{-1}$，残余压应力是会提高疲劳强度的。曾经做过的焊态试样和消除应力试样对比试验，并未显示消除应力能提高疲劳强度的结果。这是因为试样制成过程中，残余应力峰值已有很大降低。英国用较宽的试样（板宽150 mm）进行了试验，表明消除应力后特别是在低应力长寿命范围内，疲劳强度有显著提高。

在设计起重机焊接结构时，若结构属于尺寸很大的构件，一般是不能用整体热处理方法消除残余应力的。

三、钢结构细部制作要求

钢结构细部制作要求主要分为四个方面：自由边、应力释放孔、转换过渡、筋板对中。

1. 自由边

自由边是指焊缝到结构件边缘的距离，要求结构件自由边不得小于10mm，如图3-25和图3-26所示，左侧的是不符合要求的，右侧是符合要求的。

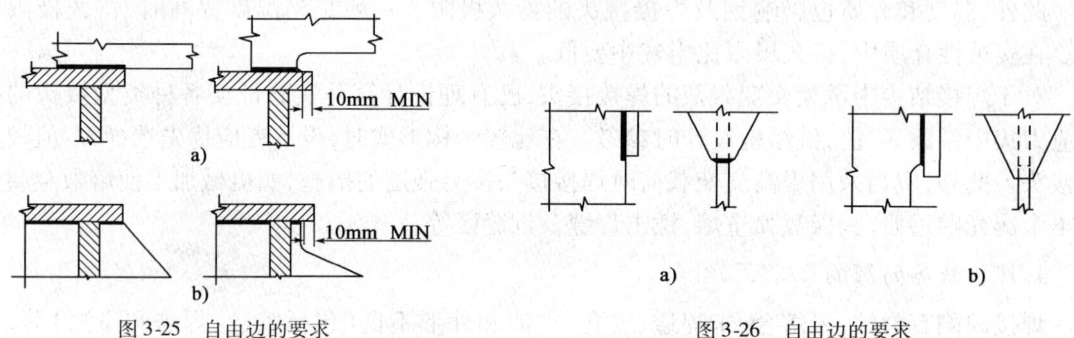

图3-25　自由边的要求

图3-26　自由边的要求

2. 应力释放孔

应力释放孔是指在结构件上内应力集中的部位开圆孔，达到释放应力的作用。要求应力释放孔位置的插板必须保留10mm自由边，且孔要圆滑，必须用模板画圆，自动切割。如图3-27所示，左侧是不符合要求的，右侧是符合要求的。

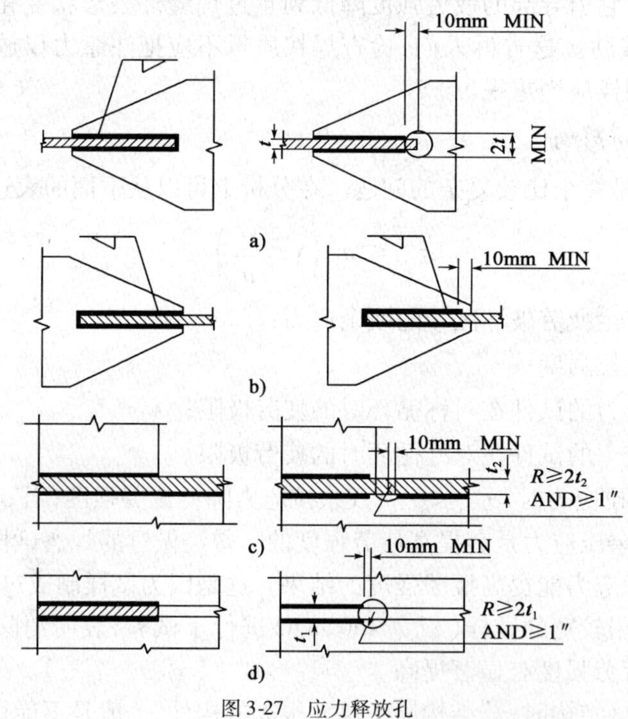

图3-27　应力释放孔

3. 转换过渡

转换过渡是指构件不同的两种装配形式之间相互转化时的过渡形式（图3-28和图3-29）。要求过渡的长度尺寸必须符合图纸要求；过渡要圆滑；圆弧用模板校验，符合图纸要求；过渡处焊缝要磨平。

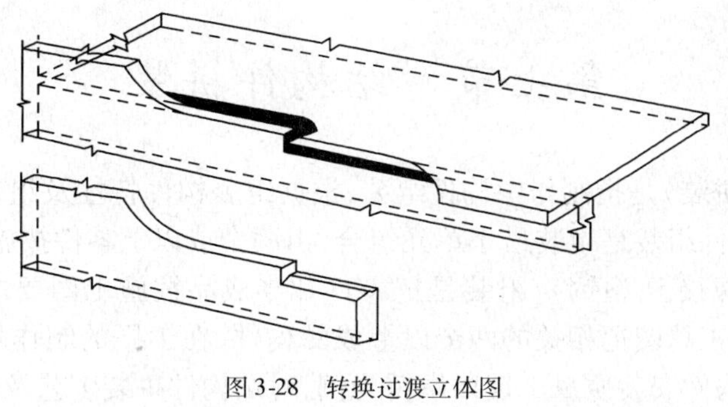

图 3-28　转换过渡立体图

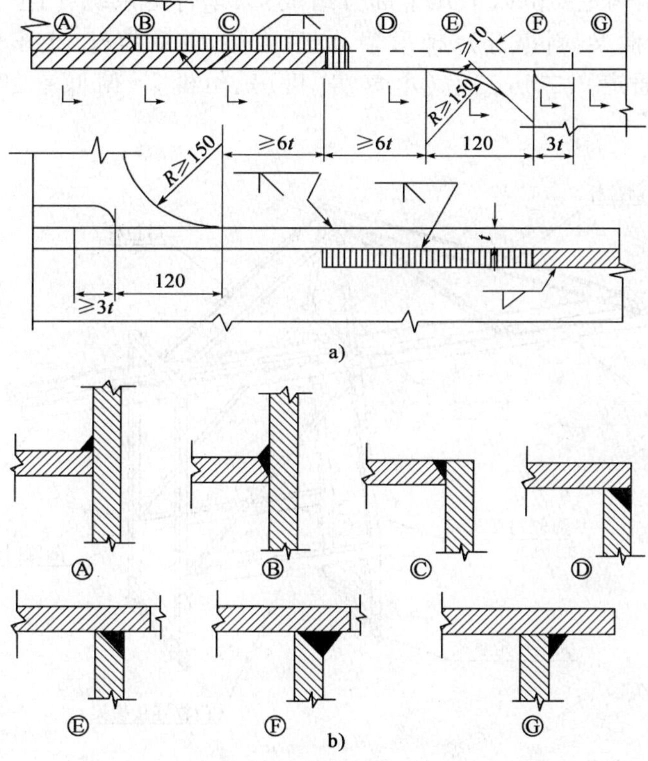

图 3-29　转换过渡细部图(尺寸单位:mm)

4. 筋板对中

筋板对中指所有十字对接处的钢板必须中对中,钢板折弯处的对应筋板必须对应钢板折弯线。对中误差不大于 1/10 板厚,Max 不大于 3mm。如图 3-30 所示,图 3-30a)、3-30c)是符合要求的,图 3-30b)、3-30d)是不符合要求的。

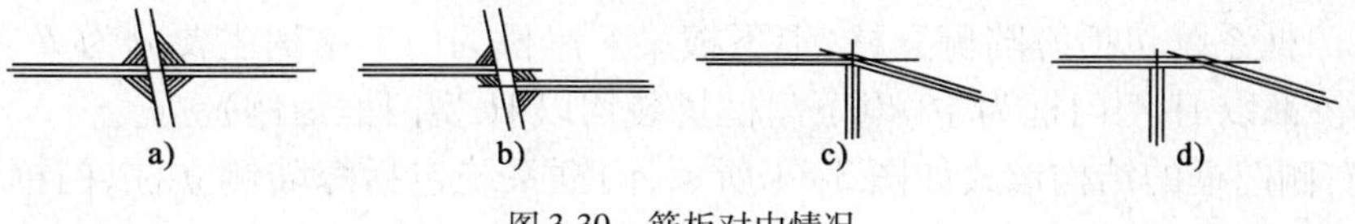

图 3-30　筋板对中情况

第七节　结构件拼装

钢结构组装(或拼装)是指制作中构件组装,根据组装构件特性及组装程度可分为部件组装、组装、预总装。部件组装是组装最小单元组合,由两个或以上零件按施工图要求,组装成半成品的结构部件(如焊接 H 型钢),组装是把零件和半成品按施工图要求组装为独立成品构件。预总装是根据施工总图把相关的两个以上成品构件,在工厂的制作场地上按构件的空间位置总装起来,保证构件安装质量。现以岸桥为例,对结构件拼装工艺及质量控制要求作一详细介绍。

岸桥整机金属结构主要由以下几个部分组成:大车行走系统、门框系统(海陆侧门框、上下横梁、门框联接横梁、斜撑杆)、梯形架、前后大梁、前后拉杆、小车架、梯子平台(主通道、检修通道、逃生通道)、二房三室(电气房、机房、司机室、俯仰室、理货室),如图 3-31 所示。

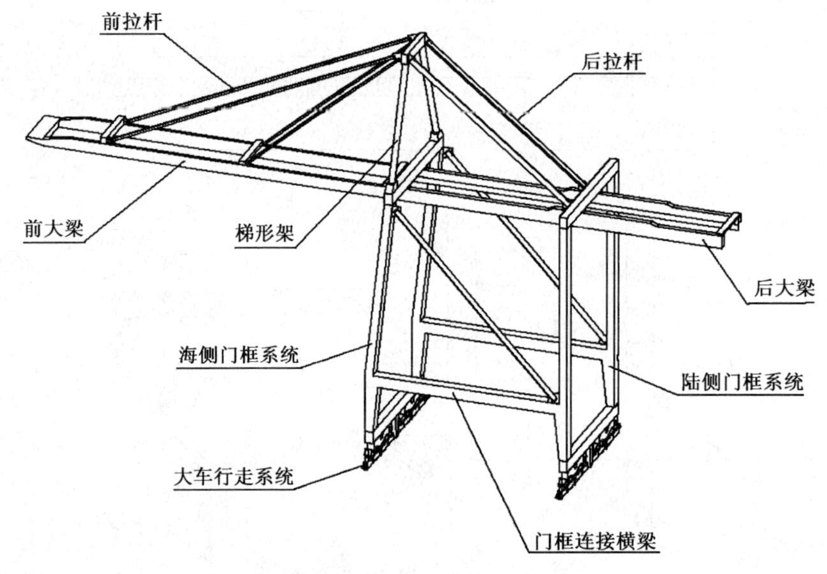

图 3-31　岸桥金属结构

一、门框

门框系统是岸桥的主要构件,它的作用是承受着来自岸桥自身和外载的重力。目前岸桥的门框结构分类:海、陆侧门框与左、右侧门框。

(1)海、陆侧门框的结构形式如图 3-32 和图 3-33(海侧门框的上、下横梁大部分都具有高低差)所示。门框系统包括海陆侧立柱、上下横梁。岸桥的门架结构主要分为 A 型和 H 型两种,目前的岸桥都以 H 型门框为主(以下门框拼装均以 H 型门框为例)。

(2)左、右侧门框的结构形式如图 3-34 所示,门框系统包括海陆侧立柱、门框横梁及门框斜撑(现阶段门框斜撑数量 1 ~5 根不等)。

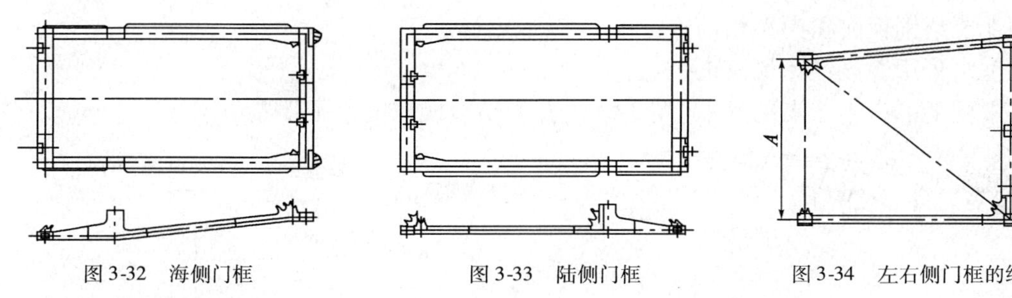

图 3-32　海侧门框　　图 3-33　陆侧门框　　图 3-34　左右侧门框的结构形式

二、门框拼装检验

海侧门框的水平位置图如图 3-35 所示。

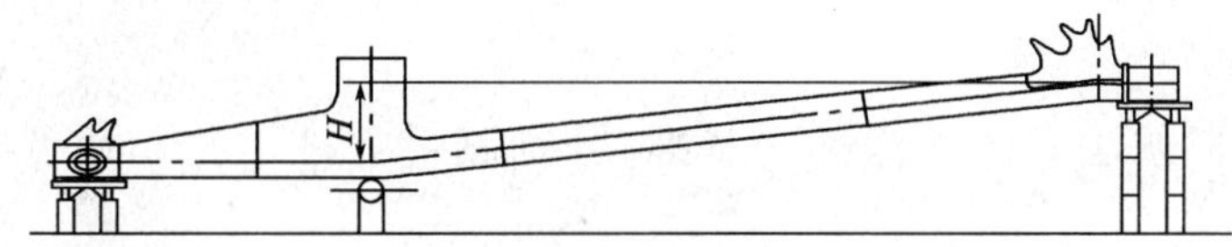

图 3-35　海侧门框的水平位置图

1）按照图纸要求，立柱与横梁定位时要保证立柱与横梁板内平，最大错位值为 1/3 的薄板板厚，且不大于 6mm。定位焊：应由有定位焊资格证的焊工进行，符合正式焊缝的质量要求，严禁裂纹、夹渣等缺陷，尺寸如表 3-22 所示。

焊接尺寸（单位：mm）　　表 3-22

焊接厚度	定位焊焊缝高度	焊缝长度	间　距
≤4	<4	5 ~10	500 ~ 100
>4 ~ 12	3 ~ 6	10 ~ 20	100 ~ 200
>12	6	15 ~ 30	100 ~ 300

2）焊前检查

（1）水平误差值小于等于 6mm。

（2）左右开档均要求 +10mm。

（3）对角线之差 $|L_1 - L_2| \leqslant 7$mm。测量拉力同开档测量。

（4）等高线，左右侧等高线均要求 +5mm。

（5）错位值测量时要保证所有的错位值均小于 1/3 薄板板厚且不大于 6mm。

（6）坡口须打磨光滑。

3）完工检验

（1）探伤及检查焊缝外观均合格后，复核水平以及开档等各个尺寸，检验这些尺寸是否符合上述公差范围。

（2）左、右侧门框的拼装步骤及检验。

①拼装注意事项

a. 立柱的摆放必须保证图 3-36 中 S、A 尺寸。门框的放置胎架的布置情况应按照工艺要求（图 3-36）布置好数量及位置，胎架必须对准箱体内隔板放置，千斤顶也须对准箱体内隔板且千斤顶上要垫钢板面积为3倍的千斤顶上口面积。

b. 门框水平用激光经纬仪校正

测出立柱上下口4个点的水平(图3-37),并调整至四点的水平误差小于等于4mm。

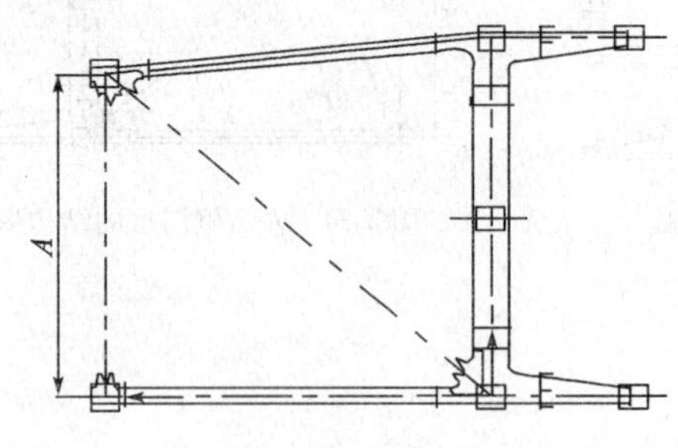

图3-36 左右侧门框拼装

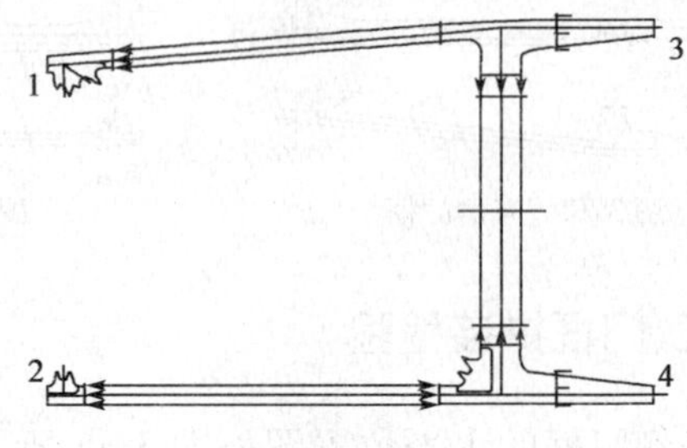

图3-37 左右侧门框找水平

c. 调整立柱垂线

以立柱两侧翼板或法兰两侧洋冲为基准,分别测量立柱4个口垂线,垂线误差小于等于3mm。

d. 修割立柱余量

根据图纸尺寸划出立柱联系梁口的余量线,并用爬行割刀切割,并开坡口。

e. 第一次修联系梁余量

修割时联系梁两头均要留25~30mm余量,以备第二次精确修割。

f. 上联系横梁

调整海陆侧立柱开档,并使之为$50+S+50$;调整海陆侧立柱角尺线(使用激光经纬仪以海侧立柱上下口洋冲为基准对直线后转90°)使之偏下0~3mm。将联系横梁摆放到位,使之于海陆侧对齐。

g. 精修余量

门框联系横梁摆到位后,测量开档。根据实际情况划出联系梁两端余量切割线,切割并开坡口。划余量切割线时注意,对接缝应留6~10mm间隙以保证衬垫焊的要求。

h. 联系横梁定位

将海陆侧立柱移动到位,复测开档、角尺、垂线无误后开始定位联系横梁。定位时保证厚薄板内平并用马板卡住。

i. 装配门框撑杆

装配门框撑杆时要注意撑杆上下坡口间隙要一致,撑杆需加工艺撑杆防止因撑杆下坠而引起门框上口开档、垂线超差。

②焊前检验

a. 门框整体水平误差小于等于5mm。

b. 下口开档+10mm,上口开档0~2mm。

c. 垂线,立柱上下口垂线误差小于等于3mm。

d. 厚薄板对接保证内平。

e. 撑杆保证上下坡口一致及中间加装工艺撑。

f. 检验合格后施焊,施焊时注意施焊顺序(先烧立焊,后烧平焊;先烧对接缝,后烧门框撑杆),施焊时的保护措施,门框斜撑施焊前进行预热,以减少撑杆焊缝 裂纹的产生。

③完工报验

a. 复测各项尺寸,开档、角尺线、垂线、水平等。

b. 检查对接缝、角钢间断焊、隔板结构焊、撑杆封板焊缝成形以及对接缝处是否由于焊接变形产生错位,注意修补时要做好防护措施,防止裂纹的产生。

c. 撑杆气密试验,将撑杆压气,压力为 0. 010 5MPa,封板焊缝刷肥皂水无漏气现象且保压 120min 无降压现象即为合格。

三、后大梁与海陆侧上横梁拼装

后大梁与海陆侧上横梁拼装,又称骑上横梁(图 3-38),在拼装前需具备如下条件:

第一,后大梁 6 个零位点(铰点处、陆侧上横梁处、尾部撞头处)首先需保证在水平状态下。

第二,大梁旁弯尺寸需校正至范围内,一般控制在 8mm 之内。

第三,承轨梁开档根据工艺要求,机房在海陆侧上横梁中间,轨距比理论尺寸放小 10mm;机房在陆侧上横梁后,轨距需放小 6mm。

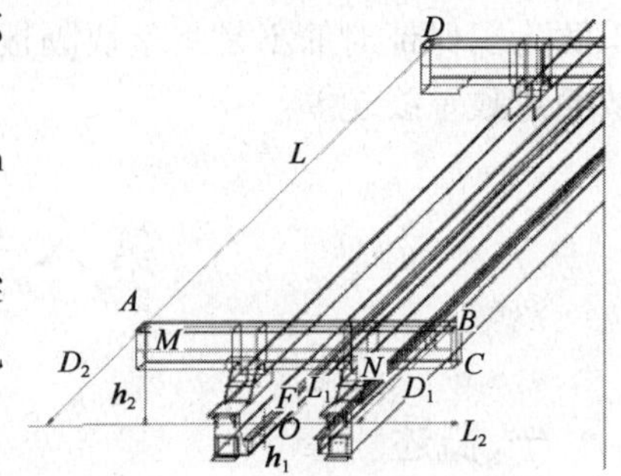

图 3-38 上横梁拼装

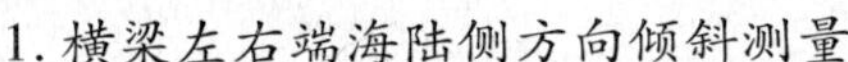
1. 横梁左右端海陆侧方向倾斜测量

(1)确定左右侧大梁平行度:以铰点处承轨梁开档及小车停止处承轨梁开档中心对直线 L_1,激光线转 90°得出直线 L_2 测量大梁前后,基准以上铰座中心点 F(一次画线时在承轨梁边丝上洋冲标识),激光线 L_2 至左右承轨梁边丝上 F 点前后距离的差值,即为大梁前后,一般不允许超过 2mm。

(2)确定上横梁角尺度:分别以海侧上横梁面板中心点 A、B,拉尺至该激光线 L_2,得出前后距离 D_1、D_2,(D_1-D_2) 差值即为海侧上横梁前后倾斜,不允许超过 2mm。(海侧上横梁面底板中心线即海侧门框水平线)。

2. 横梁至承轨梁上平面高度测量

一般方法我们都是直接使用卷尺测量承轨梁上平面尺寸至横梁腹板中心尺寸,虽然这种测量方法我们经常采用,但测量不够精确,因海陆侧门框所划高度线都在一定程度进行了借正,横梁节点板处的中心线与横梁两端的中心线不一定在一条直线上。精确的测量方法如下:

(1)激光水平状态下测量出承轨梁上平面至激光线 L_2 高度尺寸 h_1。

(2)测量出横梁两端腹板上中心点 M、N 至激光线的高度尺寸 h_2。

(3)(h_1+h_2) 即得出横梁的高度尺寸,一般放 5mm 焊接收缩余量。

注:以上所讲的横梁中心非其结构件理论中心,而是海陆侧门框划线时得出的高度线。

3. 横梁垂直度测量

找到横梁两端封板上的样冲(即海陆侧门框划线时划的水平线 AB、BC 在横梁面板自由边以及法兰自由边上的洋冲),激光水平状态下,以一端洋冲为基准,测量另一端洋冲与激光线偏差值即得出垂线偏差,一般控制在2mm 之内。

4. 海陆侧上横梁开档测量

根据海、陆侧上横梁左右侧端部样冲 A、D(海陆侧门框所划水平线)使用弹簧拉镑测量,一般开档尺寸在 20 ~ 30m 之间,弹簧拉镑拉至 160N 左右,开档尺寸误差一般控制在 3mm 之内。

5. 节点板与隔板对筋测量

后大梁节点板与上横梁隔板以及上横梁节点板与后大梁隔板对筋形式都是中对中,对筋错位 1/3t (薄板),利夫坦克要求 0.1t(薄板),并且需注意隔板及节点板的垂线尺寸,有些施工队为了保证对筋不是将整块隔板平移,而是将筋板或节点板根部直接使用千斤顶强行定位,从而导致垂线超差。

第八节　高强度螺栓连接

一、概述

普通螺栓连接是最早出现的连接形式,螺栓按传力方式可分为抗剪螺栓和抗拉螺栓连接。普通螺栓又分粗制和精制两种。粗制螺栓锻压制成,表面粗糙,尺寸不够准确,但成本低。一般孔径比栓径大 2 ~ 4mm,故插入安装容易。由于配合间隙太大,受剪情况不好且连接变形也大,常用于不太重要的部位。精制螺栓是经机械加工制成的,表面光洁,尺寸准确,但成本高。一般孔径比栓径大 0.3 ~ 0.5mm,安装时需轻轻敲打才装入,因此精制螺栓安装比较困难,仅适用于受剪力的连接。

在港口装卸设备等主要结构上广泛地采用了高强度螺栓这一连接形式。高强度螺栓在受剪和受拉两方面的性能都比较好。它在安装时通过拧螺母使栓身中出现很大的顶紧拉应力,从而在被连接板件间产生较大的摩擦力,靠这个摩擦和传递外力。我国目前生产供应的高强度螺栓没有摩擦型和承压型之分,只是在确定承载能力时区分摩擦型与承压型,即按设计准则来区分。

二、高强度螺栓连接

选用高强度螺栓作为连接的紧固件,并对螺栓施加紧固轴力,从而起到连接作用的钢结构连接称为高强度螺栓连接。现在常采用的是 GB 1228—2006 和 ASTM 标准 A490 大六角头高强度螺栓有 8.8 和 10.9 两个等级,一般标注在螺栓头部顶面。高强度大六角螺栓连接副由一个大六角螺栓、一个大六角螺母和两个高强度垫圈(螺栓和螺母两侧各一个垫圈)组成。高强度螺栓连接副在一个节点上应该使用同一厂商、同一批号的螺栓,为了防腐的需要,使用的高强度螺栓通常采用达克罗表面处理。

三、材料要求

1. 螺栓、螺母、垫圈用材

高强度螺栓用20MnTiB钢制作，螺母用15MnVB钢或35号钢，垫圈用45号钢制作。

2. 孔允许偏差

高强度螺栓（六角头螺栓、扭剪型螺栓等）孔的直径应比螺栓杆、钉杆公称直径大1.0~3.0mm。螺栓孔应具有H_{14}（H_{15}）的精度。孔的允许偏差如表3-23所示。

孔的允许偏差　　表3-23

<table>
<tr><td>序号</td><td colspan="2">名称</td><td colspan="7">公称直径允许偏差(mm)</td></tr>
<tr><td rowspan="4">1</td><td rowspan="2">螺栓</td><td>公称直径</td><td>12</td><td>16</td><td>20</td><td>(22)</td><td>24</td><td>(27)</td><td>30</td></tr>
<tr><td>允许偏差</td><td colspan="2">0.43</td><td colspan="3">0.52</td><td colspan="2">0.84</td></tr>
<tr><td rowspan="2">螺栓孔</td><td>直径</td><td>13.5</td><td>17.5</td><td>22</td><td>(24)</td><td>26</td><td>30</td><td>33</td></tr>
<tr><td>允许偏差</td><td colspan="2">+0.43
0</td><td colspan="3">+0.52
0</td><td colspan="2">+0.84
0</td></tr>
<tr><td>2</td><td colspan="2">不圆度
（最大最小直径之差）</td><td colspan="2">1.00</td><td colspan="5">1.50</td></tr>
<tr><td>3</td><td colspan="2">中心线倾斜度</td><td colspan="7">应不大于板厚的3%，且单层板不大于2.0mm
多层板叠组合时不大于3.0mm</td></tr>
</table>

3. 孔距允许偏差

在编制施工图时，零件、部件上孔的位置宜按照国家标准《形状和位置公差》（GB 1184—1996）计算标注。设计无要求时，成孔后任意二孔间距离的允许偏差如表3-24所示。

孔距的允许偏差　　表3-24

序号	项目	允许偏差(mm)			
		≤500	>500~1 200	>1 200~3 000	>3 000
1	同一组内相邻二孔间	±0.7			
2	同一组内任意二孔间	±1	±1.2		
3	相邻两组的端孔间	±1.2	±1.5	±2	±3

4. 孔的分组规定

（1）在节点中接板与一根杆件相连的所有连接孔划为一组。

（2）接头处的孔：通用接头，半个拼接板的孔为一组；阶梯接头，二接头之间的孔为一组。

（3）在两相邻节点和接头间的连接孔为一组，但不包括（1）、（2）所指的孔。

（4）受弯构件翼缘上，每1m长度内孔为一组。

四、高强度大六角螺栓施工

1. 螺栓试验

通常取三副试样在螺栓拉力校准仪上进行试验。如果试验所测定的最大扭矩与最小扭矩的差值不超过此三次试验所得扭矩平均值的40%，即

$$(T_{max} - T_{min})/T_{ave} \leqslant 40\%$$

式中：T_{max}——三副试样中的最大扭矩；

T_{min}——三副试样中的最小扭矩；

T_{ave}——三副试样的平均扭矩。

那么，当天的施工扭矩须为这三副试样所确定的扭矩的平均值增加5%，即当天的施工扭矩为：

$$T_i = (T_1 + T_2 + T_3)/3 \times 105\%$$

式中：T_i——当天的施工扭矩；

T_1,T_2,T_3——三副合格试样的扭矩。

如超过平均值的40%，则另外测试两个试样，然后去掉五个试样中最高及最低的两个扭矩值，重新计算扭矩平均值及最大扭矩与最小扭矩的差值，然后确定施工扭矩。

除此之外，高强度螺栓还需计算扭矩系数。按照GB/T 1231—2006的规定扭矩系数的平均值应在0.11~0.15之间。过大或过小，都是会对施工造成不利影响。

2. 摩擦面加工方法和处理

(1)高强度螺栓连接，必须对构件摩擦面进行加工处理。处理后的摩擦系数应符合设计要求，其方法有喷砂、喷(抛)丸；酸洗；砂轮打磨，打磨方向应与构件受力方向垂直。如设计无要求，可不经除锈即行组装或加涂无机富锌漆；也可在生锈后，安装时用钢丝刷清除浮锈。

(2)处理好摩擦面的构件，应有保护摩擦面的措施，并不得涂油漆或污损。出厂时必须附有三组同材质同处理方法的试件，以供复验摩擦系数。

(3)高强度螺栓板面接触应平整。

3. 安装高强度螺栓

1)高强度螺栓紧固要求

(1)安装高强度螺栓必须分初拧和终拧。初拧扭矩值不得小于终拧矩值的50%，如果螺栓的安装面大，中间需要增加中拧，中拧值应达到螺栓预紧力的75%左右。终拧扭矩值应符合设计要求，并按下式计算

$$M = (P + \Delta P)Kd$$

式中：M——终拧扭矩值，kN·m；

P——设计预拉力，kN；

ΔP——拉力损失值，一般为设计的预拉力值的5%~10%；

K——扭矩系数；

d——螺栓公称直径，mm。

表3-25和表3-26是假定扭矩系数为0.13时的施工扭矩值。

GB/T 1228—2006 标准　　表 3-25

项目 / 规格＼内容	8.8 级		10.9 级	
	轴力(kN)	终拧扭矩(N·m)	轴力(kN)	终拧扭矩(N·m)
M22	135	386	190	543
M24	155	483	225	702
M27	205	719	290	1 018
M30	250	975	355	1 385
M36	—	—	—	—

ASTM　标　准　　表 3-26

项目 / 规格＼内容	A325 和 A325M		A490 和 A490M	
	轴力(kN)	终拧扭矩(N·m)	轴力(kN)	终拧扭矩(N·m)
M22	176	503	220	629
M24	205	639	257	802
M27	267	937	334	1 172
M30	326	1 271	408	1 591
M36	475	2 223	595	2 785

(2)高强度螺栓的紧固顺序应使螺栓群中所有螺栓都均匀受力,从节点中间向边缘施拧,初拧和终拧都应按一定顺序进行。当天安装的螺栓应在当天终拧完毕,其外露丝扣不得少于2扣。

(3)扭剪型高强度螺栓,以拧掉尾部梅花卡头为终拧结束。初拧和终拧的高强度螺栓必须用不同颜色的涂料作出标记,以防漏拧、误拧(扭剪型高强度螺栓终拧不需作出标记)。

2)大六角高强度螺栓的施工方法

(1)扭矩法施工

扭矩法施工,机具应在班前和班后标定检查。检查时应将螺母回退30°~50°再拧至原位,测定终拧扭矩值,其偏差在±10%范围内。当高强度螺栓连接副的扭矩系数确定后,由于螺栓的轴力由设计确定,所以螺栓应施加的扭矩值就可以计算出来,根据计算确定的施工扭矩值,用扭力扳手按计算的施工扭矩进行施拧。在采用扭矩法终拧前,应先进行初拧和中拧。初拧、中拧和终拧的螺栓都应作不同的标记,以避免漏拧、超拧等现象,也有利于紧固质量的检验。

(2)转角法施工

在采用扭矩法施工时,由于螺栓制造质量和施工管理等原因,容易使扭矩系数超过标准值,这样用扭矩值控制螺栓轴力就会出现很大的误差,产生欠拧、超拧等质量隐患。用转角法施工可以避免此类现象的发生,如图3-39所示。

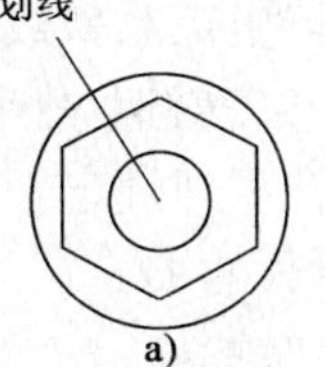

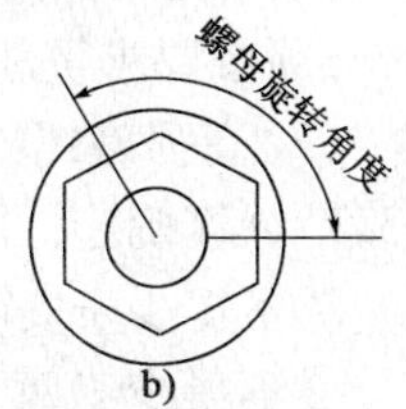

图3-39　转角法施工

转角法的基本原理是利用螺栓初拧后,螺栓受拉力处于弹性范围内时,螺母的旋转角度和螺栓轴向力成线性关系,当施工预紧力确定后,就可得到螺母的旋转角度,根据此角度进行施工就可以满足设计的预紧力要求。采用转角法施工,初拧结束后,应在螺母与螺杆端面同一处刻划出终拧角的起始线和终止线以待检查。终拧后的螺栓应逐个检查螺母旋转的角度是否符合要求,终拧完的螺栓要用不同颜色作出标记,以防漏拧和重拧,也便于检验。

五、施工过程质量检查要点

1. 高强度螺栓施工检验

1)对接触面积的检验

由于高强度螺栓紧固后,螺栓均不宜承受剪力,而是通过被连接板之间的摩擦力起到连接作用,因此对连接板之间的接触面积必须加以控制。

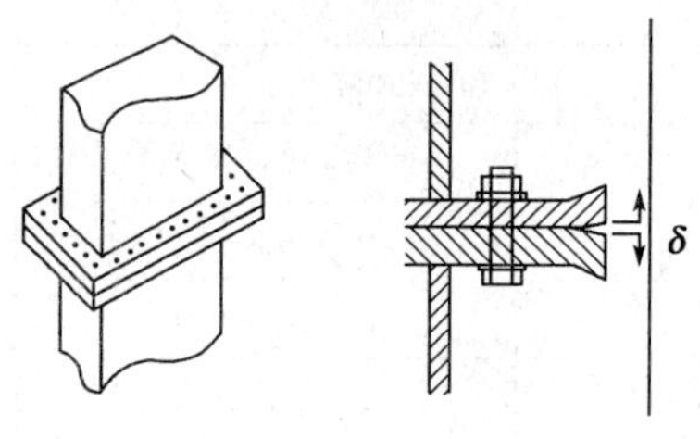

图 3-40 法兰面间隙

为了保证连接有较大的摩擦力,应对构件接触表面进行喷砂、喷小铁丸和酸洗等除锈处理,再涂以无机富锌漆,以防止再生锈。一般允许摩擦面有一层底漆。对连接板无拘束力时,一般要求板材平面平整度不大于 2/1 000。对于有拘束力的连接板,如图 3-40 所示,则要求接触面积不小于 70%,螺栓拧紧后,螺孔周围不得有间隙,连接板边缘局部允许有0.25~0.5mm的空隙用塞尺检查,插入深度不大于 30mm。

对部分接触面间隙处理方法如表 3-27 所示。

接触面间隙处理方法 表 3-27

序　　号	示　意　图	处　理　办　法
1		$t<1.0$mm 时不予处理
2		$t=1.0\sim3.0$mm 时,将板厚一侧磨成 1∶10 的缓坡,使间隙小于 1.0mm
3		$t>3.0$mm 时加垫板,垫板厚度不小于 3mm,最多不超过 3 块,垫板材质和摩擦面处理方法应与构件相同

2)螺栓的施工过程控制

(1)高强度螺栓连接副应按批配套进场,并附有出厂质量保证书。高强度螺栓连接副应在同批内配套使用。

(2)高强度螺栓连接副的保管时间不应该超过 6 个月。当保管时间超过 6 个月后使用的,必须按要求重新进行扭矩系数或紧固轴力试验,检验合格后方可使用。

(3)高强度螺栓连接安装时,在每个节点应穿入临时螺栓和冲钉数量,有安装时可能承担的载荷计算确定,并符合下列规定:

①不得少于安装总数的 1/3。

②不得少于两个临时螺栓。

③冲钉穿入数量不宜少于临时螺栓的 30%。

不得用高强度螺栓兼做临时螺栓,以防损伤螺纹引起扭矩系数的变化。

(4)螺母带圆台面的一侧应朝向垫圈有倒角的一侧,螺栓头下垫圈有倒角的一侧应朝向螺栓头。

(5)安装高强度螺栓时,严禁强行穿入,当不能自由穿入时,该孔应用铰刀进行修整,修整后孔的最大直径不应大于1.2倍螺栓直径,且修孔数量不应超过该批螺栓数量的25%。修孔前应将四周螺栓全部拧紧,使板迭密贴后再进行铰孔,严禁气割扩孔。

(6)安装高强度螺栓时,工件的摩擦面应保持干燥,不得在雨中作业。

(7)对因板厚公差、制造误差或安装偏差等产生的接触面间隙,应符合表3-37要求。

(8)施工所使用的扳手,必须经过校验,其扭矩误差不得大于±5%,合格后方可使用。校正用的扭矩扳手,其扭矩误差不得大于±3%。

(9)螺栓穿入方向尽量一致,个别由于现场条件的螺栓可以方向相反。

(10)高强度螺栓在初拧和终拧时,连接处的螺栓应按一定顺序施拧,一般由螺栓群中央顺序向外拧紧。

(11)在同一连接接头中,高强度螺栓连接不应与普通螺栓连接混用。承压型高强螺栓连接不应与焊接连接并用。

2. 高强度螺栓施工后检验

(1)用5磅小锤敲击法对高强度螺栓进行普查,以防漏拧。

(2)对每个节点螺栓数的10%,不少于一个进行扭矩检查。如发现不符合规定的,应再扩大检查10%,如仍有不合格者,则整个节点的高强度螺栓应重新拧紧。

(3)扭矩检查应在螺栓终拧后1h以后,24h之前完成。

(4)转角检查,在装置上做试验时得出基准转角α,α为在装置做试验的三副合格试样转角的平均值,也只把转角超差的螺栓副编号记录,α的公差为±30°。

(5)高强度螺栓终拧后螺栓头部应露出2~3牙,如图3-41所示。

(6)初拧和终拧后贴合面间隙的记录,间隙超过1~1.5mm,深度超过接触面的75%2~3牙露头。

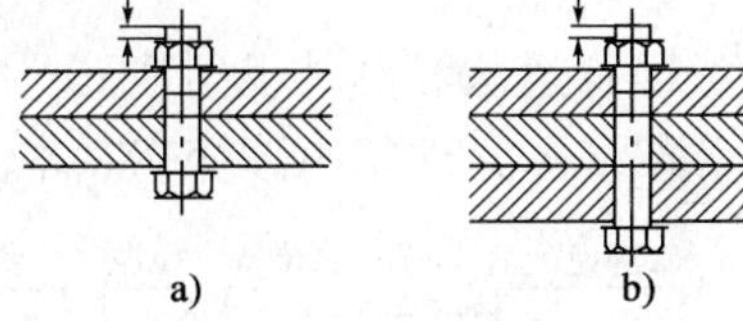

图3-41　螺栓的露牙情况

3. 涂装

(1)对于表面经达克罗处理的螺栓副,检验合格后如果达克罗涂层有损坏,则须用由螺栓制造厂提供的达克罗处理涂料进行修复。

(2)对于露天使用或接触腐蚀性气体的钢结构,在高强度螺栓拧紧检查验收合格后,连接处板缝和螺栓副四周应及时用特殊密封胶封闭。

(3)经检查合格后的高强度螺栓连接处,应按涂装工艺要求涂漆防锈。

第九节　无损检测

无损检验是利用射线、超声、电磁、渗透等物理方法,在不破坏不损伤被检物(材料、零件、结构件等)的前提下,掌握和了解其内部状况的现代检测技术。无损检验主要用于材料或制件的非破坏性检验,它不但可以探明金属材料有无缺陷,而且还可给出材料的定量评介,其中包括对缺陷的定量(形状、大小、位置、取向等)测量和对有缺陷的材料的质量评介。同时,也可测量材料的力学性能和某些物理性能。

无损的检验方法很多,最常用的有射线检验、超声检验、磁粉检验、渗透检验和涡流检验等五种常规方法。

一、超声波探伤

超声波探伤是无损检验方法之一。超声波探伤技术主要用于在不破坏金属材料的情况下,采用物理、化学等手段和方法来探测所检对象内部和表面的各种潜在缺陷。近年来,超声波广泛用来检验金属材料的质量,并逐步成为金属材料预检或正式检验的手段。

1. 超声波探伤原理

超声波探伤时用的波,其频率一般在 0.5 ~ 25MHz 的范围。在此频率范围内的超声波具有直线性束射性,像一束光一样向着一定方向传播,即具有强烈的方向性。若向被检材料发射超声波,在传播的途中遇到障碍(缺陷或其他异质界面),其方向和强度就会受到影响,于是超声波发生反射、折射、散射或吸收等,根据这种影响大小就可确定缺陷部位的尺寸、物理性质、方向性、分布方式及分布位置等。

图 3-42 为脉冲反射法原理图。在被测材料表面涂有油、甘油、水玻璃等耦合剂,使探头(由水晶石、钛酸钡等构成,一般是收发共用)与其接触,在探头上加上脉冲电压,则超声波脉冲由探头向被测材料上发射。该图为垂直法的情况,纵波从表面垂直的方向射入。从底部和缺陷反射的波,即探头接收的反射波,经增幅和检波后,在阴极射线管上显示出来。在阴极射线管上,根据缺陷反射波的位置和振幅,就能知道缺陷到材料表面的距离和缺陷的大小。

2. 超声波探伤方法

1)穿透法和脉冲反射法

按基本原理超声波探伤基本上可分为穿透法和反射法两类,穿透法如图 3-43 所示。

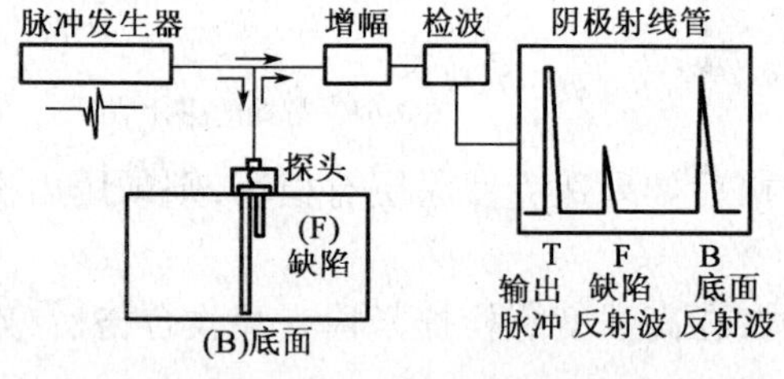

图 3-42 超声波垂直法探伤原理

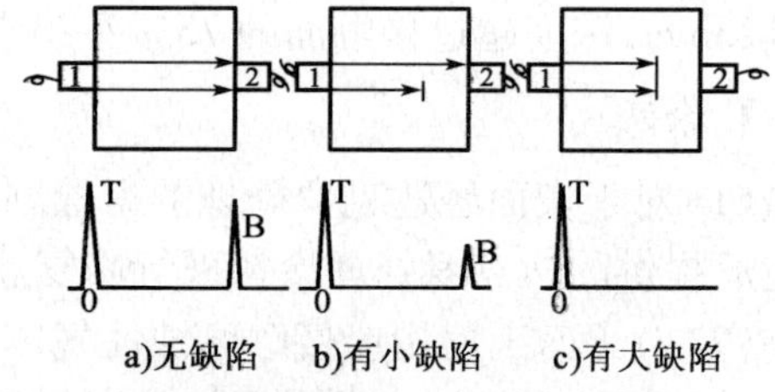

图 3-43 穿透法探伤原理和波形图

在被检工件相对两侧各放一个探头,其中一个探头向工件中发射超声波,另一个探头接收超声波。当工件完好时,可接收到较强信号;当工件有小缺陷时,部分声能被反射,只能接收到较弱信号;当工件内有面积大于声束截面的缺陷时,声能被缺陷全部反射,另一个探头完全接收不到超声波信号。此法的优点是几乎不存在盲区,声程衰减小。其缺点是由于声波衍射现象的存在检测灵敏度低,不能对缺陷定位,此外操作不方便,故应用较少。

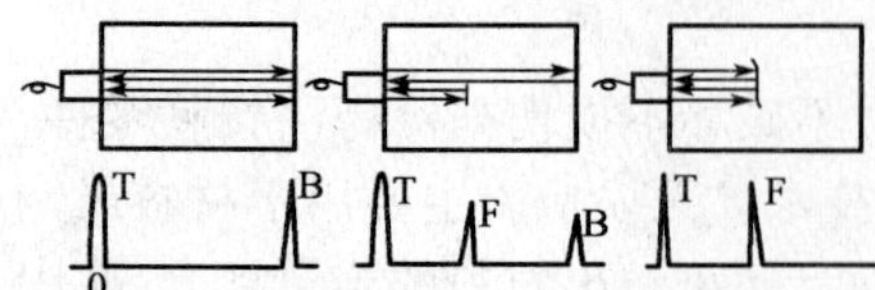

图 3-44 脉冲反射法探伤原理和波形图

脉冲反射法如图 3-44 所示,一般只需采用一个又发射又接收的探头进行检测。

当工件完好时,荧光屏上只有始脉冲和底波显示,当工件中有小于声束截面的小缺陷时，在始波和底波之间有缺陷波显示，缺陷波在时，基轴上的位置可以确定缺陷在工件中的位置，缺陷波的高度取决于缺陷对超声束的反射面积，当有缺陷波出现时，底波高度下降；当工件中有大于声束截面的大缺陷时，全部声能被缺陷所反射，荧光屏上只有始波和缺陷波，底波消失。脉冲反射法的优点是检测灵敏度高，缺陷可定位，操作灵活方便，适用范围广。其缺点是存在盲区，对近表面缺陷的检测能力差，当缺陷反射面与声束轴线不垂直时容易漏检。且要走往复声程，对高衰减材料困难更多。此法是当前国内外应用最广泛的超声检测方法。

脉冲反射法又可分为垂直探伤法、斜角探伤法、表面波探伤法和板波探伤法等。

（1）垂直探伤法。此法使用直探头，发射纵波，垂直材料表面射入，用于铸件、锻件及轧件等的内部缺陷检测，有时也用于焊缝及管件内部缺陷检测。超声波在材料内传播，遇到缺陷时将发生反射，与材料表面平行的缺陷很容易检验出来。检验锻钢时，由于缺陷的方向和形状不固定，可从各个方面进行探伤，基本上能检验出所有的缺陷。锻钢件有时直径大于2m，如果晶粒比较细小，超声波探伤特别方便；对于铸钢件，过去主要用射线探伤，现在也广泛采用超声波探伤。然而，铸钢件逐渐大型化，射线透射检验比较困难，从经济效果来看也应该采用超声波探伤。但铸钢件中晶粒比锻钢粗大，超声波受晶界反射生成的林状反射波的影响，如果不是较大的缺陷就不能检验出来。特别是奥氏体不锈钢的铸件，不能通过热处理细化晶粒，一般不用超声波探伤。

（2）斜角探伤法。此法采用斜探头，发射横波，从材料的表面以一定角度（30°～70°）射入，主要用于焊缝及管件等的内部缺陷检测。

（3）表面波探伤法。采用斜探头，发射板波（也称兰姆波），此法对于厚度与其波长相近的薄板、带及薄壁管的探伤最有效。它可以灵敏地发现这些材料中的分层，其灵敏度能达到沿轧制方向1mm长的缺陷。

2）直接接触法

它是利用探头与工件表面直接接触而对缺陷进行检测的一种方法。在探头与工件之间除敷液体，排除空气间隙。如果探头与工件表面之间有空气层，则空气与工件的界面将会使入射超声波完全被反射，而不会透入工件内。涂敷在探头与工件之间的液体称为耦合剂，经常使用的耦合剂是油类，一般情况下采用中等黏度的机油平滑表面可以用低黏度的油类，粗糙表面可用高黏度油类，由于甘油的声阻抗高且易溶于水，所以也是一种常采用耦合剂。为了获得良好的声耦合，工件探测表面粗糙度应小于6.3μm。这是因为粗糙度为6.3μm时表面不平度约为0.084mm，对探伤灵敏度影响不大。此时，工件表面曲率对探伤灵敏度也有影响，表面曲率大时，因接触面积小会合灵敏度下降，因此对大曲率表面的工件检验时，应采取小直径探头。直接接触法具有方便、灵活、耦合层薄、声能损失小等优点，应用最为广泛，它可用于纵波检测、横波检测、表面波检测和板波检测等不同场合。但它有对探头所加压力大小、耦合层厚度、接触面积的大小等影响因素难于操纵，以及探头容易磨损、检测速度低等缺点，使用受到限制。

3. 超声波探伤在钢材质量检验中的应用

超声波检测是无损检测中应用最为广泛的方法之一。就无损探伤而言，超声波法适用于各种尺寸的锻件、轧制件、焊缝和某些铸件，无论钢铁、有色金属材料和非金属材料，都可用超声波法进行有效的检测，其中包括各种机器零件、结构件、电站设备、船体、锅炉、压力容器和化工设备等。就物理性能检测而言，用超声波法可以无损检测工件厚度、材料硬度、淬硬层深度、晶粒度、液位和流量、残余应力和胶接强度等。

1）低倍组织超声波预检

在钢材质量检验中，超声波检验可以发现的低倍组织缺陷有：白点、残余缩孔、内部裂纹、轴心晶间裂纹、非金属夹杂物和夹渣、翻皮、带气泡的点状偏析，以及二级以上的一般疏松、中心疏松、锭型偏析等。但目前超声波检验尚不能发现不带气泡的点状偏析（如38CrMoAl钢中的点状偏析）和过渡型异金属夹杂物。因此，那些容易产生上述两种缺陷的钢号，应采用酸浸试验法来检验。

2）碳素钢拉伸试验无损预检法

钢材拉伸性能的无损预检法是近来国外发展起来的一种新型测试方法，其实质就是在拉伸试验之前先将试样进行超声波预检，预检不合格者全面做拉伸试验，预检合格者只在其中选取5% ~10%试样做拉伸试验。

检验是在140mm长试样端面上，相当于拉伸试样取样的位置上进行，用机油作耦合剂，采用直接接触法检测。具有下列情况之一者判为不合格：

（1）有明显伤波。

（2）杂波幅度超过有关标块规定。

（3）不正常的底波减弱或消失。

预检不合格试样全面做拉伸试验，预检合格试样，取5% ~10%试样做拉伸试验。

3）板材超声波检测

钢板的缺陷可分为表面缺陷和内部缺陷两大类。表面缺陷主要有裂纹、重皮和折叠；内部缺陷主要有分层和白点（白点多出现于厚板中）。分层主要由板坯中的缩孔残余、气泡和夹杂物等在轧制过程中形成的。

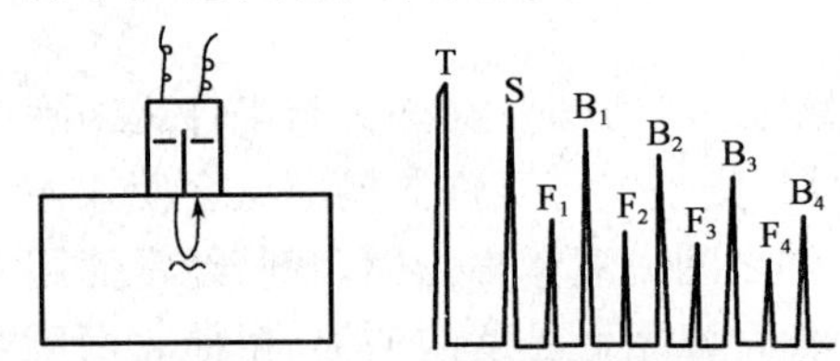

图3-45　小尺寸缺陷的探伤图形

T-始脉冲；S-延迟块界面波；F-缺陷波；B-底波

中厚钢板（6 ~40mm）超声波检测执行国家标准GB/T 2970—2004中厚钢板超声波检验方法。当采用纵波直探头检测时，使用机油为耦合剂以直接接触法耦合在钢板表面进行探测，如图3-45所示；当采用加有水套的纵波直探头（单晶片或双晶片探头）检测时，使用水为耦合剂，向水套内冲水以填满探头与钢板之间的间隙进行探测。冲水纵波单晶片直探头，采用高水层耦合，如图3-46所示；而冲水纵波双晶片直探头，采用低水层耦合，如图3-47所示。

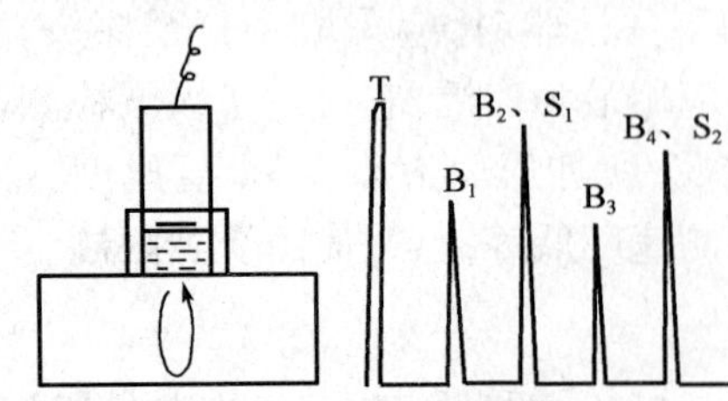

图3-46　高水层耦合

T-始波；B-底面回波；S-水程波

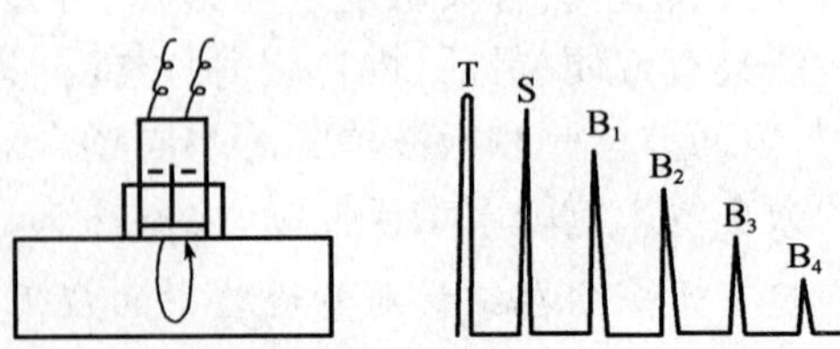

图3-47　低水层耦合

T-始波；B-底面回波；S-延迟块界面波

钢板缺陷可根据探伤仪示波屏上的底波、缺陷波的衰减特性来进行判断。当无缺陷时,示波屏上可获得没有规律的底面回波的多次反射,如图3-48a)所示;当缺陷尺寸比较大且接近探测面时,底面回波消失,只有一片紊乱的缺陷回波,如图3-48b)所示;当缺陷尺寸较大且距离探测面有一定深度时,底面回波消失,只有缺陷波的多次回波,如图3-48c)所示;当缺陷较小时,缺陷回波和底面回波同时存在,在一定条件下(如缺陷正好在板厚中心),由于叠加效应,缺陷多次回波会出现逐渐升高的现象,如图3-48d)所示;到一定次数再下降。

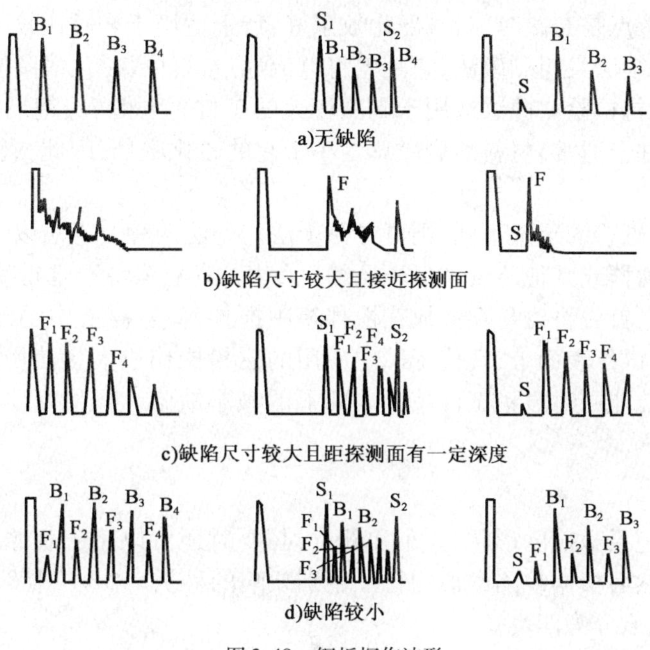

图3-48　钢板探伤波形

二、磁力探伤

磁力探伤是在不损坏原材料和制品的前提下,利用材料的铁磁性能以检验其表层中的微小缺陷(如裂纹、夹杂物、折叠等)的一种无损检验方法。这种方法主要用来检验铁磁性材料(铁、镍、钴及其合金)的表面或近表面的裂纹及其缺陷。采用磁力探伤法检测磁性材料的表面缺陷,比采用超声波或射线检测的灵敏度高,而且操作方便,结果可靠,价格便宜。因此,得到了广泛应用。

1.磁力探伤原理

进行磁力探伤时,首先要将被检工件磁化,通常,无缺陷的工件其磁性分布是均匀的,任何部位的磁导率都相同,因此,各个部位的磁通量也很均匀,磁力线通过的方向不会发生变化。如果材料的均匀度受到某些缺陷(如裂纹、孔洞、非磁性夹杂物或其他不均匀组织)的破坏,也即材料中某处的磁导率较低时,通过该处的磁力线就会偏离原来方向,绕过这种磁导率很低的缺陷。这样就会形成局部"漏磁磁场",而这些漏磁部位便产生弱小磁极。此时,如果将磁粉喷洒在试件表面上,则有缺陷的漏磁处就会吸收磁粉,且磁粉的堆积与缺陷的大小和形状近似。一般来说,表面缺陷引起的磁漏较强容易显示出来,而表面下的缺陷所引起的磁漏较弱,其痕迹也较模糊。为了使磁粉图像便于观察,可以采用与被检工件表面有较大反衬颜色的磁粉,常用的磁粉有黑色、棕色和白色。为了提高检测灵敏度,还可以采用荧光磁粉,在紫外线照射下使之更容易观察到工件中缺陷的存在。

2. 检验方法

按照磁化和喷射磁粉的时间关系,可分为连续法和不连续法。连续法是在喷射磁粉的同时使试件通电磁化。采用此法时,需待工件上所喷射的磁悬浮液的流动基本停止后再切断磁化电流,这种方法的特点是充磁时间长,磁化效果好,特别适用于剩磁比较小的工件材料,检验灵敏度比较高。不连续法又叫剩磁法,它是先将电流通过试件或磁化线圈使试件磁化,然后停止通电,喷射磁粉,进行检验。此法适用于剩磁较大的工件,例如高碳钢或经热处理的结构钢工件,特别是批量小件。通常,材料的剩磁总是小于它的磁化磁场,因此,剩磁法的检测灵敏度比连续法低。

按照检验所用的磁粉的干湿不同,则可分为干法与湿法两种。干法以干磁粉为检验媒质,检验时,用橡胶球喷射器或其他装置如低压压缩空气机、喷枪等将干磁粉喷射到工件表面上。湿法是使用磁悬浮液,首先将磁悬浮液放在搅拌箱中搅拌,使悬浮液中的磁粉均匀分布,然后经油泵和喷嘴喷射到试件表面上,现代工厂中应用的磁粉探伤机大多使用湿法。磁悬浮液具有良好的流动性,因此能同时显示工件整个表面上的微小缺陷。操作简便,灵敏度高,此法应用广泛。

3. 结果评定

试验完成后,应记录磁痕的形状、大小和部位,必要时还可以用宏观照相或采用复印的方法把磁痕记录下来,然后根据缺陷磁痕的特征鉴别缺陷的种类。GB/T 15822—1995 磁粉探伤方法标准中把缺陷磁痕分为四类。

(1)裂缝状磁痕。呈线状或树枝状、轮廓清晰的磁粉痕迹。

(2)独立分散状缺陷磁痕。呈分散的单个缺陷磁痕,其中又可分为两种,一种是线状缺陷磁痕,其长度为宽度3倍以上的缺陷磁痕;另一种是除线状缺陷磁痕以外的缺陷磁痕称为圆状缺陷磁痕。

(3)连续状缺陷磁痕。多个缺陷磁痕大致在同一直线上连续存在,其间距又小于2mm时,可将缺陷磁痕长度和间距加在一起看作是一个连续的缺陷磁痕。

(4)分散状缺陷磁痕。在一定面积内多个缺陷分散存在的磁痕。

采用磁粉进行检验时,若操作正确,便能真实地显示出表面层中缺陷的形状和大小。但应注意的是,有时由于操作不当而出现假象。如在磁化时,试件表面被其他磁性材料碰划,喷射磁粉后,磁粉即聚集在碰划处,即出现所谓“磁泻”,或磁化电流过强所显出的流线等。当对检验结果产生疑问时,应将试件完全退磁,再重新磁化进行检验。

三、射线探伤

应用X射线或γ射线透照或透视的方法来检验成品和半成品中的内部宏观缺陷,统称为射线探伤。采用这种方法检验金属制件中的内部缺陷,主要是利用射线通过制件后,射线强度将有不同程度的减弱,根据减弱情况,可以判断缺陷的部位、形状、大小和严重性。

1. 射线探伤原理

X 射线和 γ 射线与可见光及无线电波一样，均属于电磁波，其本质相同，具有相同的传播速度，但频率与波长则不同，射线的波长短，频率高。X 射线是由一种特制的 X 射线管产生的，从阴极灯丝发射的高速电子撞击到阳极靶上，部分电子在原子核场中受到急剧阻止，使内层电子跃迁而产生 X 射线。γ 射线是由放射性同位素（例如钴 60、铱 192、铯 137、铥 170 等）产生的，放射性同位素是一种不稳定的同位素，处于激发态，其原子核的能级高于基级，它必然要向基级转变，同时释放 γ 射线。

X 射线和 γ 射线都具有穿透物质的能力。能量较大（波长较短）的射线穿透物质时被吸收较少，叫做硬辐射（或称硬射线）；能量较小（波长较长）的射线穿透物质时被吸收较多，叫做软辐射（或称软射线），γ 射线一般属于硬射线范围，射线穿透物质时能量的损失称为能量衰减。能量的衰减主要是形成了光电子（光电效应）而吸收了射线的能量，其次是由于弹性碰撞和非弹性碰撞引起的射线能量的吸收和散射，此外，由于电子对的形成也要吸收射线的能量。

射线探伤是利用其穿透物质时能量衰减的原理来发现和测定材料缺陷的。射线穿透物质时部分射线的能量被吸收，其强度将依下列指数定律减弱

$$I = I_0 e^{-ud}$$

式中：I_0——入射射线的强度；

I——透射射线的强度；

e——自然对数底；

d——物体厚度；

u——射线在物质中的衰减系数。

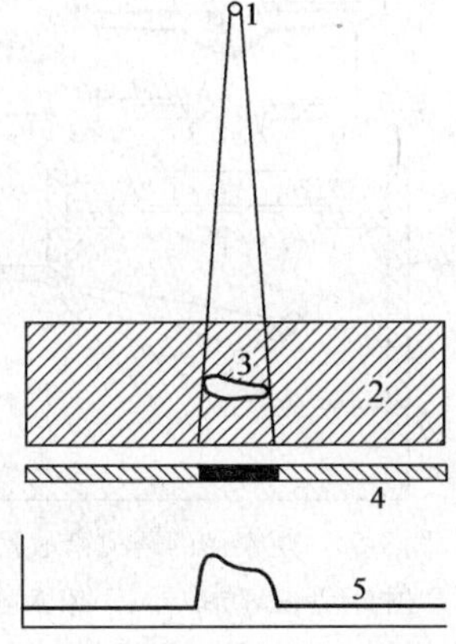

图 3-49　射线透照探伤示意图
1-射线源；2-被检验物体；3-物体内缺陷（气孔）；4-照相底片；5-透照到底片上的射线强度或感光并冲洗后底片的黑度

射线探伤就是利用射线通过物质被不同程度的吸收这一原理，来检验金属制件中的缺陷的。探伤过程如图 3-49 所示。

显然，被检验物体中的缺陷的类型、形状、大小和部位等，可以从底片上的影子加以判别。

2. 射线检测方法

目前所采用的射线检验方法很多，根据测定和记录射线强度方法的不同，通常有照相法，荧光显示法、电视观察法、电离法和发光晶体记录法等。

1）照相法

照相法是目前最普遍使用的记录方法。射线透过试件时，装有软片的暗盒在一定的时间内（曝光时间）受到射线的作用，软片再经过显影和定影后就成为摄有检验材料内部缺陷的底片。

用照相法在软片上透射记录材料缺陷时，要想获得很高的灵敏度，必须力求获得底片上的最大反差。底片上图像的反差指的是底片上各部分的黑度差，这种黑度差的大小即表明衬度大小。衬度系数大的软片，照相底片上缺陷与基体金属黑度差大，缺陷影像明显，反之则不明显，所以衬度系数高的感光底片透照灵敏度高。射线底片的衬度除与软片种类有关外，还与显

影液的成分有很大关系，如高衬度显影液可获得高衬度的照相底片。照相法就是根据底片影像来确定被透照材料内部是否存在缺陷。

2）荧光显示法

通过被检工件的射线照射到荧光屏上而显示被检工件内部缺陷，并用肉眼直接观察缺陷图像的方法称为荧光显示法。荧光显示法目前多应用于X射线探伤。荧光屏上各点的亮度与落在这些点上的射线强度成正比。用肉眼观察时，为了获得可见图像，荧光屏应当发出较多的可见光。这种屏通常称作透视屏，以区别于使软片感光的增感屏。透视屏绝大多数是用以银作激活济的硫化锌镉[ZnCdS(Ag)]制成，其外观呈黄绿色，而用钨酸钙（$CaWO_4$）制成的增感屏则呈纯白色。用肉眼观察时，屏上的缺陷处是光亮的，无缺陷处则呈暗黑色。

为了便于观察，通常使用一种专用设备——透视箱来进行透视观察，其结构如图3-50所示。透视箱的X射线管装在防护罩2中。X射线从射线管阳极通过防护罩和铅遮光板3的孔落在被透照工件4上。透视屏5直接置于工件下方，屏的发光层朝下。因X射线作用而产生的荧光投射到木箱6内的镜子7上。木箱内壁包着能完全吸收散辐射的铅皮。通过铅玻璃8可以见到镜上反射出来的图像。

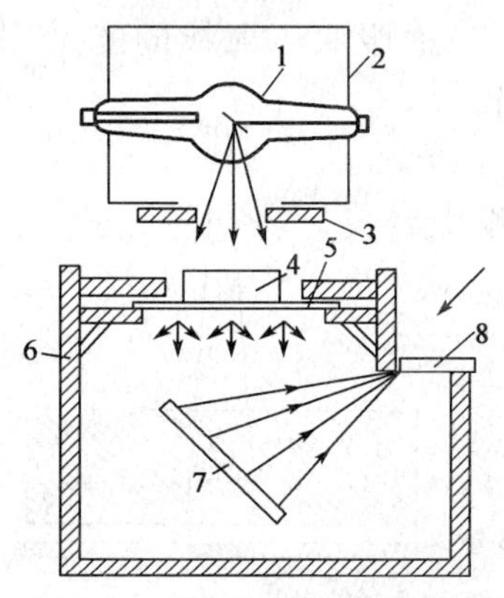

图3-50　观察用的透视箱示意图
1-X射线管；2-防护罩；3-铅遮光板；4-工件；5-透视屏；6-透视箱；7-平面镜；8-铅玻璃

肉眼观察到的透照图像可用照相机从透视屏上摄取，以作为进一步分析的技术资料用。很明显，肉眼观察法有严重的缺点，即与照相法相比，灵敏度较小，而且需要配备使观察人员免受直接辐射作用的专用防护设备；此外，观察图像应在肉眼能适应的暗黑的地方进行；肉眼观察法不适合透视很厚的金属（轻合金不能厚于50mm）；X射线的强大射源（例如电子感应加速器）的一次射线和散射线太强，对观察人员身体有害，肉眼不能直接观察。

肉眼观察法尽管存在上述一些缺点，但其所需的透照时间较短，因而仍经常用于检查工业中许多成批的轻合金制件和其他薄钢件，以及可以用来对许多工件及整条焊缝进行全面检查。

3. 电视观察法

图3-51所示为用电视装置在电视屏上观察图像的原理图。X射线管1发出的X射线通过透视物2，作用于荧光屏3上，使荧光屏发光。屏上亮度较弱的图像被集光能力较强的物镜4所接受，落在电视机传送管6的阴极5上。荧光屏3上的光学图像经电视传送管6转换为电子图像。最后在电子显像管的荧光屏9上可以观察到透照图像。

4. 电离记录法

当用放射性示踪原子进行工作以及用X射线或γ射线探伤时，广泛使用电离箱和计数器测量电离辐射的强度，这种测量方法叫做电离法。图3-52为透视电离记录法原理示意图。X射线或γ射线源1发出的射线束7经过被透视材料2落在电离仪器4上，仪器便产生电离，电流被放大器5放大。放大器输出端接指示器6。示波器毫安表、单独脉冲机械计数器、声响或光信号装置等都可作为指示器。辐射源和接收器装在被透视材料的两边，它们与被透视物表面同时平行移动，并与该表面始终保持相同的距离。也有辐射源和接收器是固定的，只移动被透视物。

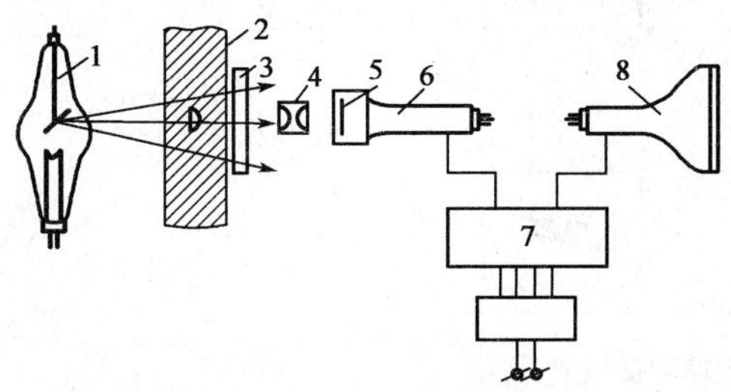

图 3-51　电视观察原理图

1-X 射线管；2-试样；3-荧光屏；4-物镜；5-阴极；6-电视机传送管；7-放大转换器；8-荧光屏

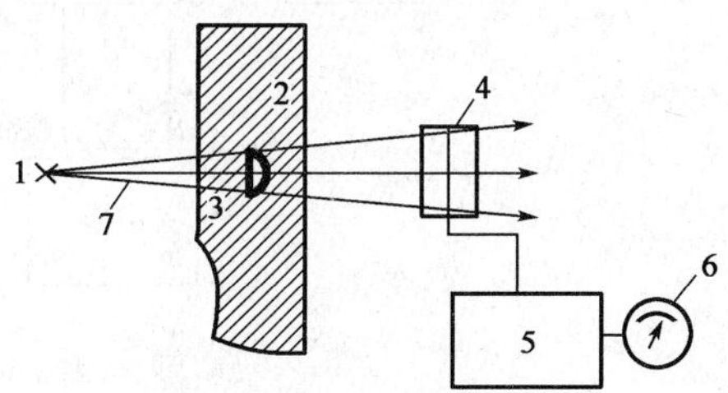

图 3-52　电离记录法示意图

1-射线源；2-工件；3-缺陷；4-电离仪器；5-放大器；6-指示器；7-射线束

材料中若存在缺陷时，透过缺陷的射线强度较大，接收器内的电离电流增加，因而接在变压器输出端上的指示器就指出了材料中存在缺陷。电离法还可以测定材料的绝对或相对厚度。

5. 发光晶体记录法

图 3-53 为发光晶体记录法的示意图。由射线源 1 发出的射线束 2 经过被照物 3 落在不透光装置 10 内的发光晶体上。在发光晶体上引起的闪烁频率通常与落在晶体上的辐射强度成正比。通过缺陷处的辐射强度大，而无缺陷处则较小。晶体与发光管或光电倍增管 6 接触。在闪烁时发出的光的作用下，光电管形成电脉冲，这些脉冲用放大器 8 放大，经检波后输送给指示器或电子管伏特计 9。

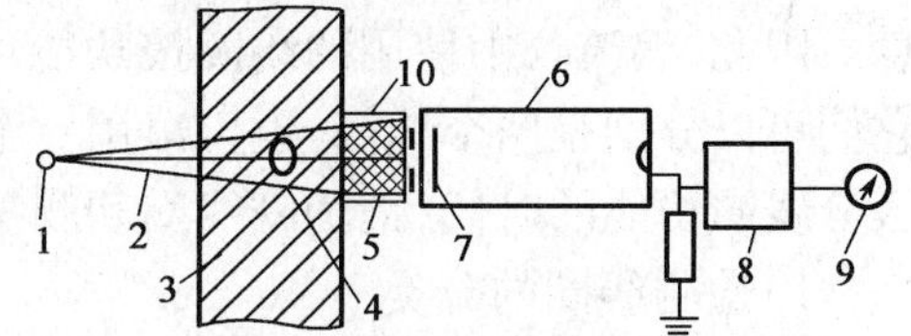

图 3-53　发光晶体记录法示意图

1-射线源；2-射线束；3-工件；4-缺陷；5-发光晶体；6-光电倍增管；7-感光板；8-放大器；9-指示器；10-不透光装置

用铊激活的硫化钠以及用铊激活的碘化钾、碘化铯晶体等都是受 X 射线和 γ 射线激发可以发光的物质（磷光物质）。这些晶体的透明度良好，密度大，晶体内物质的原子序数适中，所需的光谱范围内发光率大。

与电离记录法相比较，用发光晶体记录的探伤仪体积小，灵敏度高，能测出辐射强度的微小差别。由于闪烁发光时间短（$10^{-6} \sim 10^{-3}$s），而且使闪光转变为脉冲的光电倍增管的惯性小，仪器内的电流随晶体上的辐射强度（频率为 $10^5 \sim 10^6$/s 脉冲）的增加而线性地增大，这些都是发光晶体记录法的优点。

四、涡流检测

1. 涡流检测仪

各种涡流检测仪中，具体的电路可能差异很大，但是它们的工作原理基本相同。通常涡流检测仪的组成部分有：振荡器、探头（检测线圈及其装配件）、信号输出电路、放大、信号处理、显示、电源等，原理框图如图 3-54 所示。

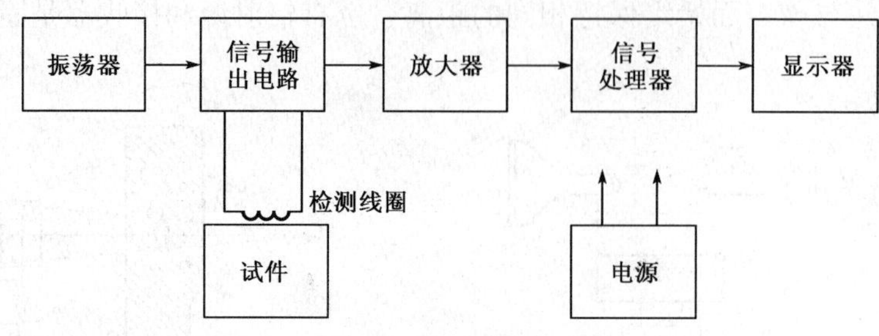

图 3-54　涡流检测仪原理框图

涡流检测仪的工作原理是:①振荡器产生的各种频率的振荡电流流经检测线圈;②线圈产生交变磁场并在试件中感生涡流;③互感后带有检测信息的涡流通过信号输出电路将检测线圈的变化信息输出;④经放大器放大;⑤信号处理器消除各种干扰;⑥显示。

2. 涡流检测线圈

进行涡流检测必须在被检试件上及其周围建立一个交变磁场,因此,在涡流仪中首先要有一个励磁线圈,用于通过交变电流并在线圈的周围激励交变磁场。同时,在励磁线圈产生的交变磁场作用下,试件中会感生涡流,并产生一个反作用的交变磁场。为了检测涡流磁场受试件性能的影响,还要有一个检测线圈,通过线圈阻抗的变化或感应电压的变化来检出所需要的信息。因此,涡流仪中使用的线圈按功能可分为励磁线圈和测量线圈两种(磁饱和线圈除外),它们可以分别是两个线圈,也可以用一个线圈同时承担励磁和测量两项任务。但是在不需要区分线圈功能的时候,把励磁线圈和测量线圈称为检测线圈。

1)检测线圈的分类

实际应用的检测线圈可以按励磁电源分为正弦波和脉冲波电源激励线圈,按运动形式分为固定式、平移式、旋转式线圈,由旋转式线圈构成的旋转探头,它是绕着工件以圆轨迹或螺纹轨迹旋转的放置式线圈,图 3-55 所示为其几种形式。按获取信号的方式分为磁差式和电差式线圈,但是最常见的是按检测时试件和工件的相互位置分为三大类,即穿过式线圈、内通过式线圈、放置式线圈。

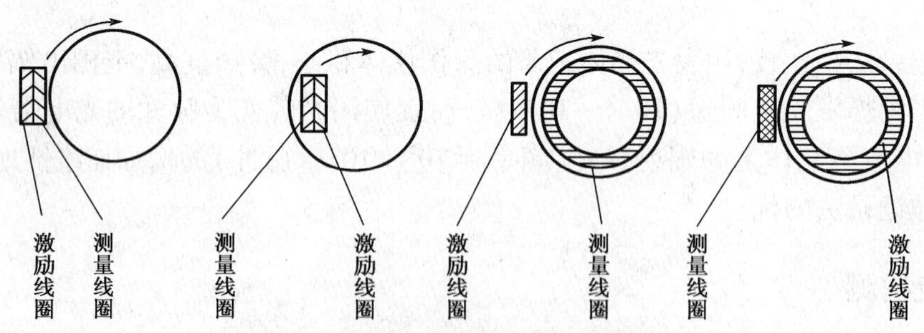

图 3-55　旋转探头应用举例

2)检测线圈的使用方式

检测线圈使用方式分为绝对式、自比较式和标准比较式三种,表 3-28 为绝对式和自比较式线圈。

线圈分类示意图　表 3-28

线圈形式 \ 工作方式		绝对式	自比较式
穿过式线圈	单一线圈	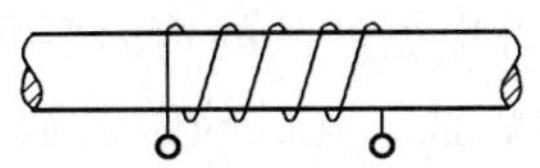	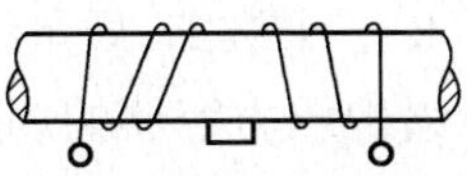
	双线圈	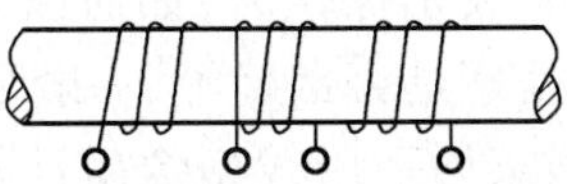	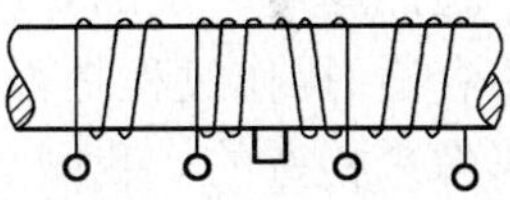
内通过式线圈		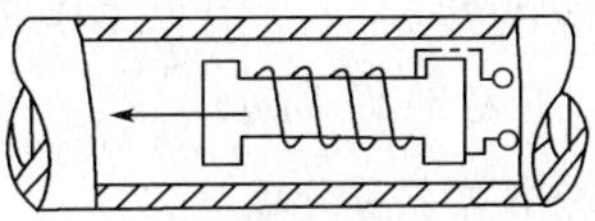	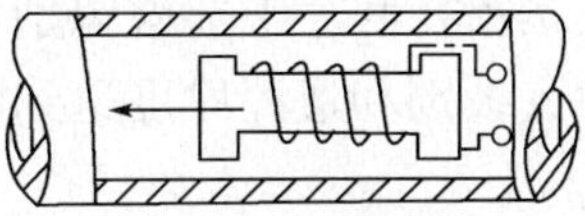
放置式线圈	单一线圈	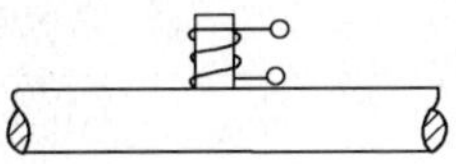	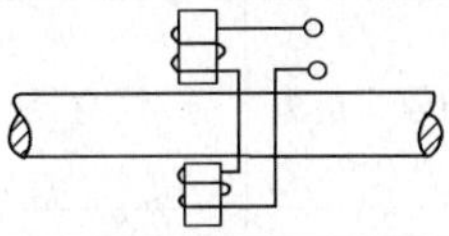
		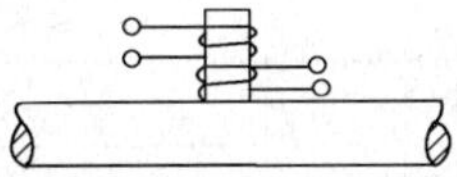	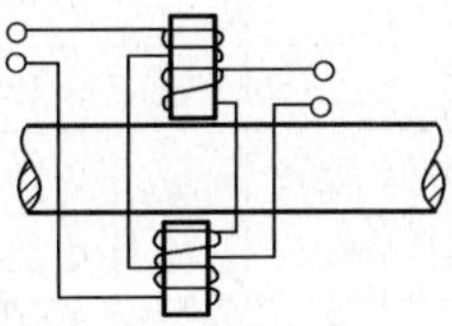
	双线圈	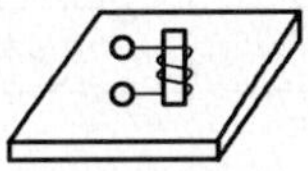	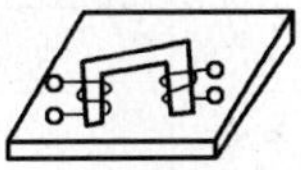
		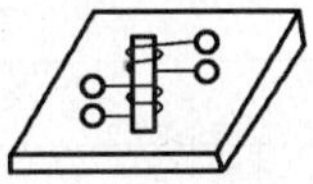	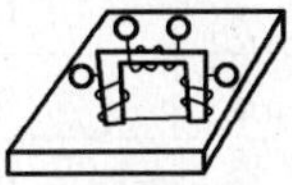

需要指出的是，上面介绍的工作方式都是采用反射法工作，也就是励磁线圈所产生的交变磁场被在同一侧的测量线圈所接收。但是，在对薄管进行涡流检测时，有时还采用透射法，它是将励磁和测量线圈分别放在管道壁内外两侧，通过测量线圈测量透过管壁的交变磁场的变化来进行检测的工作方式。

近年来，在对管、棒材进行的涡流检测中，还研制了各种旋转探头，特别适合于大口径管、棒材检测，这实际上是围绕工件以圆或螺纹轨迹旋转的放置式线圈。

五、焊缝无损探伤及评级

1.射线探伤和质量评级

焊缝射线探伤是利用 X，γ 射线源发出的贯穿辐射线穿透焊件后使胶片感光，这样焊缝中的缺陷影像便显示在经过冲洗处理后的射线照相底片上。

1）射线探伤质量评级

射线探伤的设备和器材有射线源、胶片及增感屏、像质计、胶片洗处理器材等。

底片上影像的质量与射线照相技术有关，根据采用的射线源种类及其能量的高低、胶片种类、增感方式、底片的黑度、射线源与底片间的距离等参数，射线探伤被分为若干个质量等级。国标 GB 3323—2005《钢熔化焊对接接头射线照相和质量分级》中，把射线探伤技术质量划分为 A、AB、B 三个级别，质量级别依次增高。可根据产品的检验要求选择合适的检验级别。AB 级适合于锅炉压力容器的焊缝检验。起重机焊接结构的检验级别一般为 A 级。

对于透照厚度一定的焊件，按选定的检验级别探伤时，如何衡量探伤工作质量，例如技术参数是否合适、操作过程是否正确以及胶片处理是否良好等，一般是采用射线照相像质计在底片上的影像来检查的。我国与世界上多数国家均采用线型像质计，其影像质量指标是像质指数。它是指在底片上能够识别出的最细影像的线编号。根据 GB 3323—2005 标准中的规定，不同检查级别和透照厚度达到的像质指数，如表 3-29 所示。

射线探伤技术质量分级　　表 3-29

要求达到的像质指数	线直径(mm)	透照厚度 T_A		
		A 级	AB 级	B 级
16	0.100	—	—	≤6
15	0.125	—	≤6	>6~8
14	0.160	≤6	>6~8	>8~10
13	0.200	>6~8	>8~12	>10~16
12	0.250	>8~10	>12~16	>16~25
11	0.320	>10~16	>16~20	>25~32
10	0.400	>16~25	>20~25	>32~40
9	0.500	>25~32	>25~32	>40~50
8	0.630	>32~40	>32~50	>50~80
7	0.800	>40~60	>50~80	>80~150
6	1.000	>60~80	>80~120	>150~200
5	1.250	>80~150	>120~150	
4	1.600	>150~170	>150~200	
3	2.000	>170~180		
2	2.500	>180~190		
1	3.200	>190~200		

焊接射线探伤的一般程序如图 3-56 所示。

2）底片上缺陷影像的识别

焊缝的缺陷一般分为下述 6 类：①裂纹；②未熔合和未焊透；③夹渣；④气孔；⑤形状缺陷；⑥其他缺陷。

常见焊缝缺陷的影像特征如表 3-30 所示，在 X 射线底片上除上述缺陷影像外，还可能出现伪缺陷影像。在评定缺陷应注意分，真伪缺陷影像，避免造成误差。

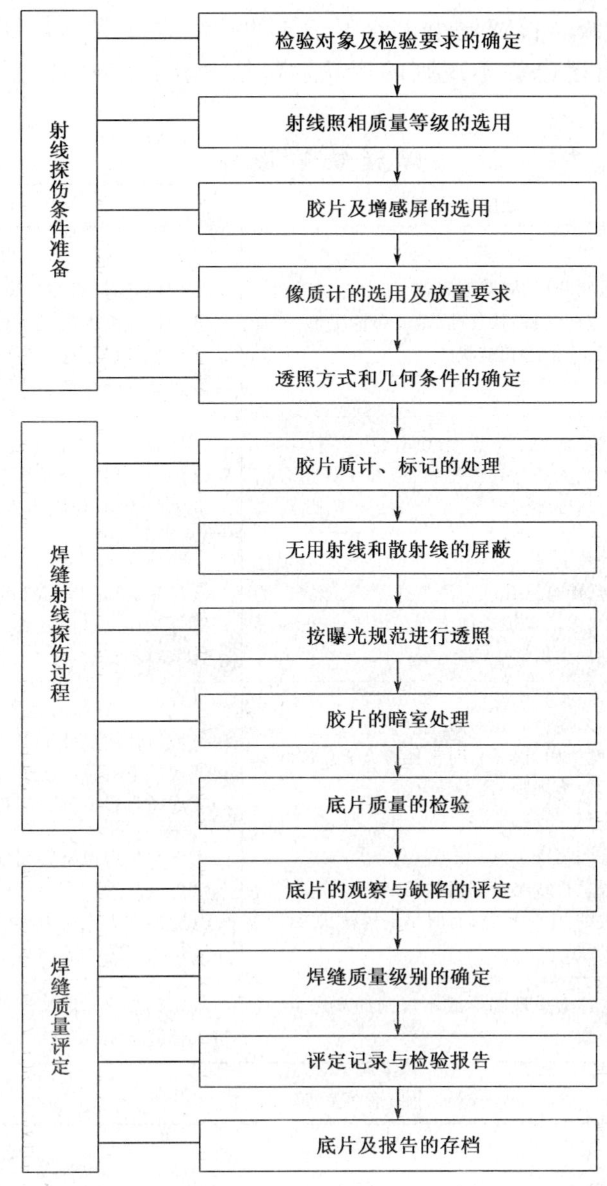

图3-56　焊缝射线探伤的一般程序

3)探伤结果的评定

(1)焊缝质量的分级。GB 3323—2005 标准根据缺陷的性质和数量,将焊缝质量分为4个级别:

Ⅰ级焊缝:焊缝内无裂纹、未熔合、未焊透和条状夹渣。

Ⅱ级焊缝:焊缝内无裂纹、未熔合、未焊透。

Ⅲ级焊缝:焊缝内无裂纹、未熔合以及双面焊和加垫板的单面焊中的未焊透。不加垫板的单面焊中的未焊透允许长度按表3-31中的条状夹渣长度Ⅱ级评定。

Ⅳ级焊缝：焊缝缺陷超过Ⅲ级。

(2)图形缺陷的分级。长宽比小于或等于3的缺陷定义为图形缺陷。它们可以是圆形、椭圆形、锥形或带有尾巴等不规则的形状。包括气孔、夹渣。圆形缺陷分级如表3-31所示。

焊缝缺陷影像　　表3-30

缺陷种类	缺陷影像特征	产生原因
气孔	多数为圆形、椭圆形黑点，其中心处黑度较大，也有针状、柱状气孔，其分布情况不一，有密集的，单个的和链状的	①焊条受潮； ②焊接处有锈、油污等； ③焊接速度太快或电弧过长； ④母材坡口处存在夹层； ⑤自动埋弧焊产生明弧现象
夹渣	形状不规则，有点、条块等，黑度不均匀。一般条状夹渣与焊缝平行，或与未焊透未熔合混合出现	①运条不当，焊接电流过小，坡口角度过小； ②焊条上留有锈及焊条药皮的性能不当等； ③多层焊时，层间清渣不彻底
未焊透	在底片上呈现规则的，甚至直线状的黑色线条，常伴有气孔或夹渣。在V、X形坡口的焊缝中，根部未焊透都出现在焊缝中间，K形坡口则偏离焊缝中心	①间隙太小； ②焊接电流和电压不当； ③焊接速度过快； ④坡口不正常
未熔合	坡口未熔合影像一般一侧平直另一侧有弯曲，黑度淡而且均匀，时常伴有夹渣。层间未熔合影像不规则，且不易分辨	①坡口不够清洁； ②坡口几何尺寸不当； ③焊接电流及电压小； ④焊条直径或种类不对
裂纹	一般呈直线略带锯齿状的细纹，轮廓分明，两端尖细，中部稍宽，有时呈现树枝状影像	①母材与焊接材料成分不当； ②焊接热处理不当； ③应力太大或应力集中； ④焊接工艺不正确
夹钨	在底片上呈现圆形或不规则的亮斑点，且轮廓清晰	采用钨极气孔保护焊时，钨极爆裂或熔化的钨粒进入焊缝金属

圆形缺陷分级　　表3-31

评定区(mm) / 条件(mm) / 质量等级	10×10			10×20		10×30
	≤10	>10~15	>15~25	>25~50	>50~100	>100
Ⅰ	1	2	3	4	5	6
Ⅱ	3	6	9	12	15	18
Ⅲ	6	12	18	24	30	36
Ⅳ	缺陷点数大于Ⅲ级者					

注：表中的数字允许缺陷点数的上限。圆形缺陷长径大于$1/2T$时，评为Ⅳ级。

(3)条状夹渣的分级。长宽比大于3的夹渣定义为条状夹渣。条状夹渣分级如表3-32所示。

条状夹渣分级　　　　表3-32

质量等级	单个条状夹渣最大长度(mm)	条状夹渣总长(mm)
Ⅱ	板厚 $T\leqslant12$,4 $12<T<60$,$\frac{T}{3}$ $T\geqslant60$,20	在任意直线上,相邻两夹渣间距均不超过6L的任意一组夹渣,其累计长度在12T焊缝长度内不超过T
Ⅲ	$T\leqslant9$,6 $9<T<45$,$\frac{2}{3T}$ $T\geqslant45$,30	在任意直线上,相邻两夹渣间距均不超过3L的任慧一组夹渣,其累计长度在6T焊缝长度内不超过T
Ⅳ	大于Ⅲ级者	

注:①表中L为该组夹渣中最长者的长度;

②长宽比大于3的长气孔的评级与条状夹渣相同;

③当被检查焊缝长度小于12T(Ⅱ级)或6T(Ⅲ级)时,可按比例折算。当折算的条状夹渣总长小于单个条状夹渣长度时,以单个条状夹渣长度度为允许值。

2.超声波探伤及质量评级

脉冲反射法超声波探伤是利用焊缝中的缺陷与正常组织具有不同的声阻抗(材料密度与声速的乘积)和声波在不同声阻抗的异质界面上会产生反射的原理来发现缺陷的。探伤过程由探头中的压电换能器发射脉冲超声波,通过声耦合介质(水、油、甘油或浆糊等),传播到焊件中,遇到缺陷后产生反射波,然后再用另一个类似的探头或同一个探头接收反射的声波,经换能器转换成电信号,放大后显示在荧光屏上或打印在纸带上。根据探头位置和声波的传播时间(荧光屏上回波位置)可求得缺陷位置;观察反射波的幅度可以近似地评估缺陷的尺寸。图3-57表示A型显示脉冲反射式焊缝超声波探伤方框图。

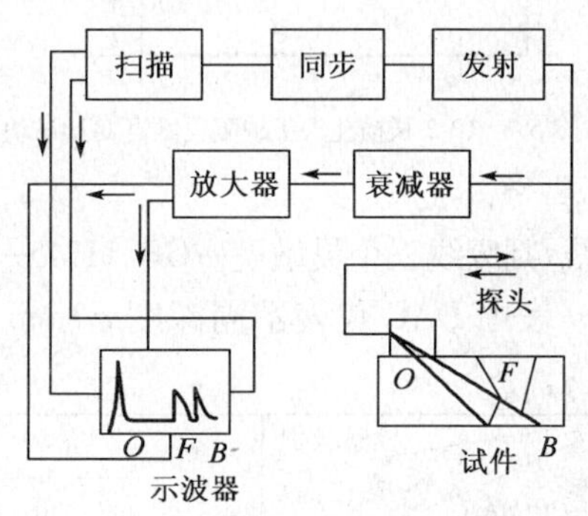

图3-57　A型显示脉冲反射式焊缝超声波探伤方框图

国标GB 11345—89《钢焊缝手工超声波探伤方法和探伤结果的分级》对探伤装置及附件、探伤准备、装置准备、斜角探伤、垂直探伤、灵敏度、等级分类及记录等做了详尽地规定。

1)检验级别

焊缝中缺陷的位置、形状和方向直接影响缺陷的声波反射率。超声波探测焊缝的方向愈多,波束垂直缺陷平面的几率愈大,缺陷的检出率就愈高,评定结果也就愈准确。一般根据对焊缝探测方向的多少,把超声波探伤划分为若干个检验级别。在GB 11345—89《钢焊缝手工超声波探伤方法和探伤结果的分级》标准中,检验划分为A、B、C三个级别。检验的完善程度逐级升高。其中,B级适合于受压容器。起重机焊接结构可用A级检验。三个级别所要求的探伤面、探伤侧和探头角度如图3-58和表3-33所示。各级别中规定的探伤表面应打磨光洁,粗糙度不超过6.31μm,以保证良好的声波耦合。超声波探伤的灵敏度是以发现与工件同等厚度、同样材质对比试块上最小的人工缺陷来判断的。

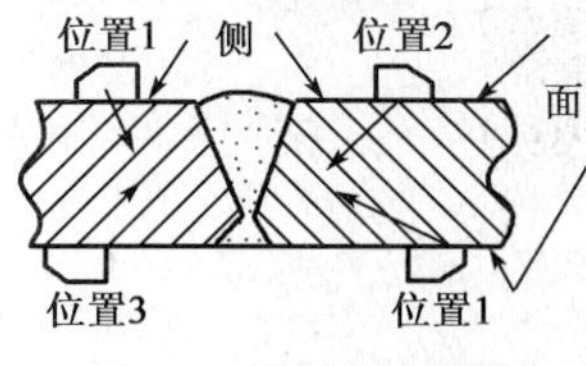

图3-58　探伤面和探伤侧

A、B、C 三个级别的探伤面、探伤侧和探头角度 表 3-33

板厚(mm)	探伤面			探伤方法	使用的探头折射角
	A	B	C		
<20	单面单侧	单面双侧(1 和 2 或 3 和 4)或双面单侧(1 和 3 或 2 和 4)		直射法及一级反射法	70°
>50~100					70°或 60°
>50~100					45°或 60°;45°或 70°;45°和 70°并用
>100		双面双侧		直射法	45°或 60°并用

常用的人工缺陷有长横孔、平底孔和短孔等。长横孔对比试块如图 3-59 所示。为了提高钻孔精度,保持孔的声波反射重现性和单一性,孔径不能选得太小或太大,一般取孔径 $d \geqslant 1.5\lambda$(λ 为超声波的波长)。GB 11345—89标准中选定的长横孔直径为 3mm。这样,不同检验级别的探伤灵敏度的规定方法可以通过取 φ3 孔反射波幅度的一定百分比来实现。如 16%,20% 等。另一方面,超声波探伤灵敏度很高,可以发现很细小的焊缝缺陷,几乎可探伤厚度不受限制的工件。实际上,对焊缝宏观质量控制来说,只有当缺陷尺寸超过毫米数量级时才有意义。因此,标准中对超声探伤灵敏度规定了 3 档,即评定线、定量线、判废线三个灵敏度。GB 11345—89 标准中规定的各级灵敏度如表 3-34 所示。

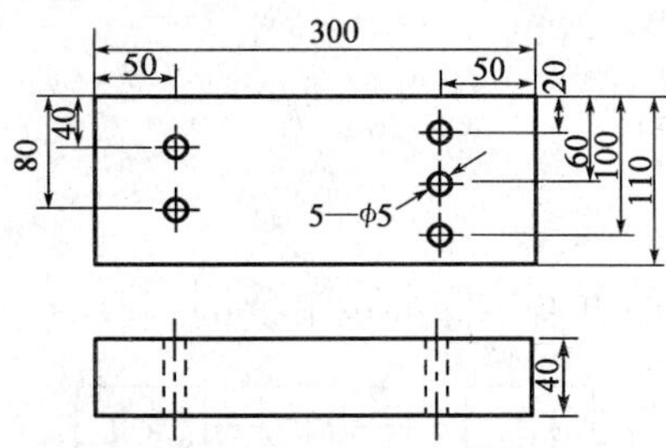

图 3-59 RB-2 长横孔人工缺陷灵敏度对比试块

表中 DAC 代表不同深度 φ3mm 反射波的高度在距离波幅坐标中的连线,如图 3-60 所示。

A、B、C 三个级别的灵敏度 表 3-34

检验级别 / 板厚(mm) / 灵敏度 DAC	A	B	C
	8~50	8~300	8~300
判废线	DAC	DAC-4dB	DAC-2dB
定量线	DAC-10dB	DAC-10dB	DAC-8dB
评定线	DAC-16dB	DAC-16dB	DAC-14dB

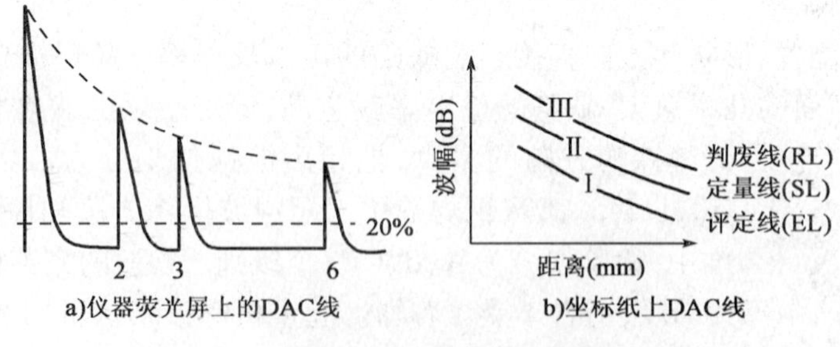

图 3-60 距离波幅曲线(DAC)

2)缺陷参数的测定

在脉冲超声波方法中,缺陷参数主要是指缺陷波幅度和缺陷指示长度。

缺陷指示长度的确定有两种情况:

(1)缺陷反射波只有一个高点起伏小于4dB时,采用降低波幅6dB相对灵敏度法测出的长度为缺陷指示长度,如图3-61a)所示。

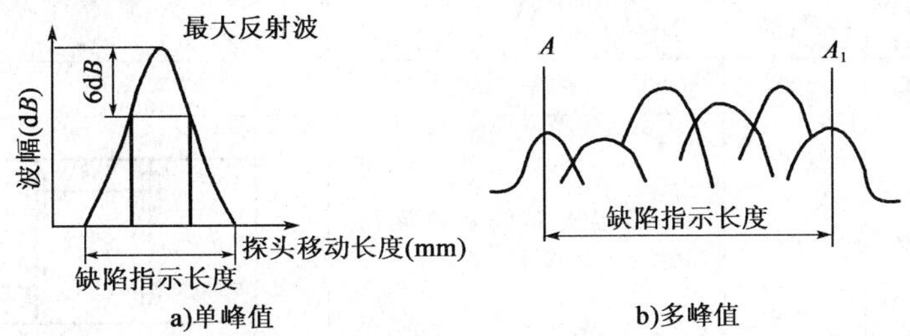

图3-61　缺陷指示长度的测定方法

(2)反射波峰值起伏变化,有多个高点时,采用两端点峰值测出的长度为缺陷指示长度,如图3-61b)所示。

(3)缺陷的评定。GB 11345—89标准规定:超过评定线的缺陷信号应注意其是否具有裂纹等危害性缺陷的特征,如怀疑有这种特征,就要改变探头角度,增加探伤面,观察动态波形,结合结构焊接工艺做出判定,或者附加其他检验方法以提高判定的准确性。

最大反射波幅超过定量线的缺陷,应测定缺陷指示长度,其值小于10mm时,按5mm计,相邻两缺陷各方向间距小于8mm时,两缺陷指示长度之和作为单个缺陷的指示长度。

最大反射波幅在定量线和判废线之间[图3-60b)]的Ⅰ区缺陷,根据最大反射波幅不超过评定线的缺陷,均评为Ⅰ级。

最大反射波幅超过评定线的缺陷,检验者判定为裂纹等危害性缺陷时,无论其波幅和尺寸如何,均评为Ⅳ级。

反射波幅超过判废线进入Ⅲ区的缺陷,无论其指示长度如何,均评为Ⅳ级。缺陷指示长度与评级如表3-35所示。

缺陷指示长度与评级　　表3-35

检验级别 / 板厚(mm) / 评定等级	A	B	C
	8~50	8~300	8~300
Ⅰ	$\frac{2}{3}\delta$;最小12	$\frac{\delta}{3}$;最小10,最大30	$\frac{\delta}{3}$;最小10,最大20
Ⅱ	$\frac{3}{4}\delta$;最小12	$\frac{2}{3}\delta$;最小12,最大50	$\frac{\delta}{3}$;最小10,最大30
Ⅲ	$<\delta$;最小12	$\frac{3}{4}$;最小16,最大75	$\frac{2}{3}\delta$;最小12,最大50
Ⅳ	超过Ⅲ级者		

注:① δ为坡口加工侧母材板厚,母材厚度不同时,以较薄侧板厚为准;
②管座角焊缝s为焊缝截面中心线高度。

3. 起重机焊接结构焊缝探伤部位及级别

起重机焊接结构中,对接焊缝一般要进行射线或超声波探伤。探伤部位、探伤比例按工作级别、焊缝所处的位置的不同有所区别,如表3-36所示。

GB 3811—2008《起重机设计规范》规定,起重机焊接结构对接焊缝的质量应达到GB 3323—2005标准规定的Ⅱ级,或GB 11345—89标准规定的Ⅰ级。

对接焊缝探伤部位及百分比 表 3-36

对接焊缝类别	对称板名称工作级别	焊缝探伤比例(%)	探伤部位及长度(m)	示意图
横向焊缝	受拉翼缘板	100	100	
	受压翼缘板	20%	T形接头部位必须探伤,20%含T形接头	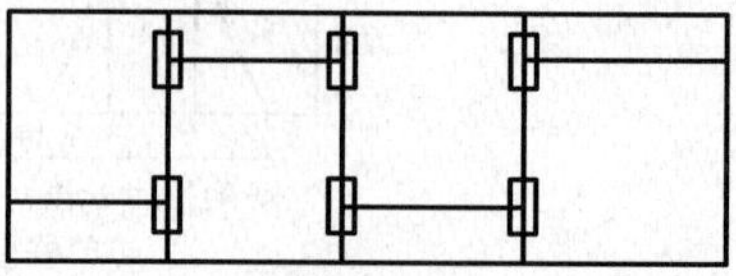
	主腹板 A6 ~ A8 级		每个横向焊缝:①邻近受拉翼缘板 300mn 范围内;②邻近受压冀缘板 160mm 范围内	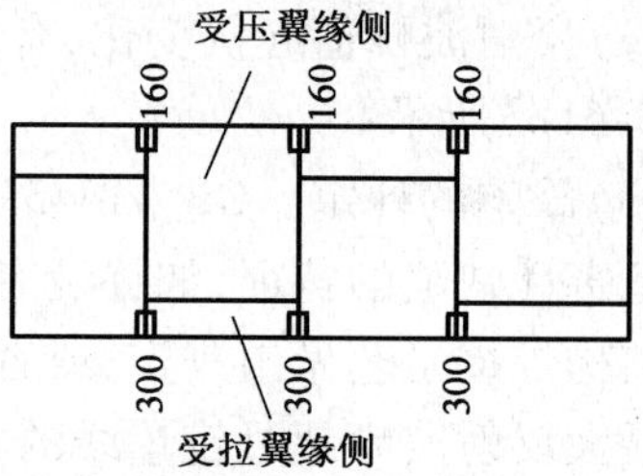 受压翼缘侧 160 160 160 300 300 300 受拉翼缘侧
	主腹板 A3 ~ A5 级		每个横向焊缝邻近受压冀缘侧 160mm 范围内	
	副腹板 A3 ~ A5 级		每个横向焊缝邻近受压冀缘侧 300mm 范围内	
	T 型钢	100%	T 型钢的全部翼缘和腹部接头	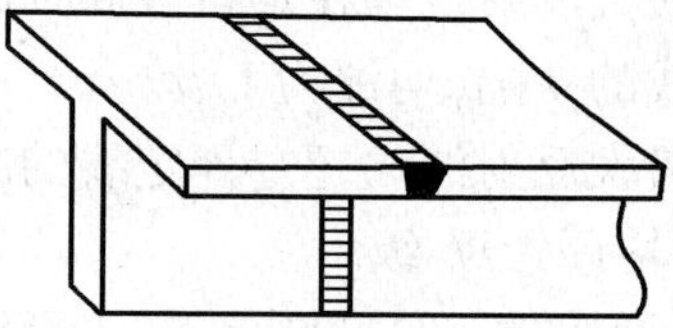
纵向焊缝	受拉翼缘板	手弧焊 30%	包括每条纵缝两端	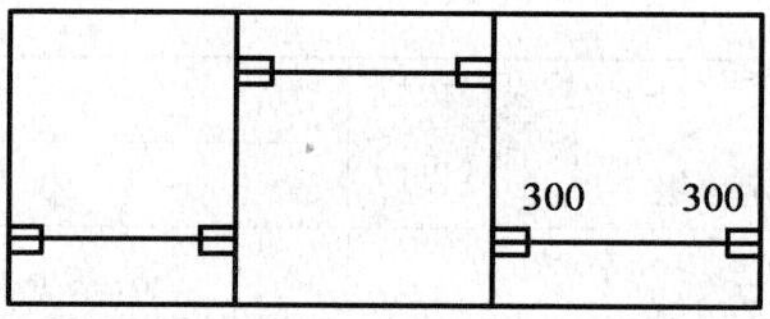 300 300
		埋弧焊	每条纵缝起弧端和灭弧端各 300mm	
	受压翼缘板 A6 ~ A8 级	>20	纵缝与 T 型钢横向对接缝焊缝处,其余不探伤	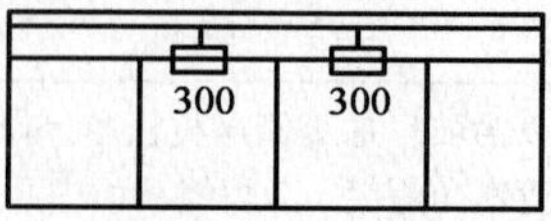 300 300
	主腹板 A6 ~ A8 级		纵向焊缝两端各 160mm 范围内	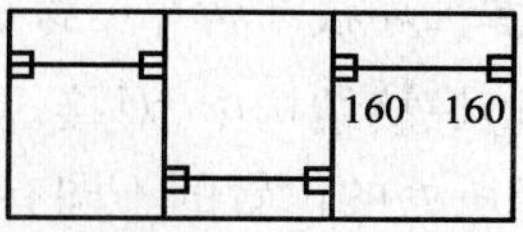 160 160
	主腹板与 T 型钢纵向焊缝		20% 中应包括 T 型钢横向接头处及两端	

思　考　题

1. 金属结构件的可靠性的含义有哪些？

2. 金属结构选材的基本原则是什么？常用材料包括哪些类别？

3. 金属结构有哪些类型？主要破坏形式？

4. 金属结构件质量检验包括哪些基本内容？

5. 钢结构制作主要工序有哪些？各工序制作要求及检验内容是什么？

6. 焊接工艺评定一般程序要求是什么？免除工艺评定有哪些规定？

7. 焊接工艺要素主要包括哪些？各有什么规定和要求？

8. 如何选择焊后热处理的方法？

9. 焊后检验包括哪些内容？

10. 常用的焊接方法有哪些？对焊接工艺有什么要求？

11. 焊接质量检验的内容有哪些？为什么对焊缝外观质量要进行100%的观察？

12. 焊缝缺陷的种类有哪些？无损检测的内容是什么？

13. 在焊接结构设计阶段,如何合理地选择基本金属和焊接材料？

14. 影响焊接结构质量因素有哪些？哪些是可控制的和不可控制的因素？焊接结构的基本问题是什么？

15. 结构件细部制作主要分为哪几方面？各有什么要求？

16. 岸桥结构件拼装主要指什么？如何检验？

17. 常用的无损检测方法有哪些？焊缝的X射线探伤和超声波探伤技术等级是如何划分的？焊接质量评定分为几个级别？

18. 高强度螺栓施工方法有哪些？检验的内容是什么？

第四章　涂装质量控制

第一节　概　　述

腐蚀与防护技术是20世纪30年代发展起来的一门独立的综合性学科,至今仍在不断发展。腐蚀是材料在各种环境条件下发生的变质和损坏,遍及国民经济各部门,会给国民经济带来巨大损失。根据工业发达国家的调查,每年因腐蚀造成的经济损失约占国民生产总值的2%~4%,我国每年因腐蚀造成的经济损失至少达200亿元人民币。而水运机电设备钢结构的腐蚀还能直接影响到设备的安全生产,由此造成的损失要比结构本身的损失大很多。因此,做好水运机电设备防腐蚀工作具有重要的经济和社会意义。

水运机电设备,特别是港口装卸设备大都长期处在盐雾多、湿度大及温差变化大的海洋性气候条件下工作,腐蚀的程度主要取决于聚集在钢板表面上的盐粒或盐雾的数量。沿海地区大气中氯离子和钠离子的含量与距海边的距离有关,如表4-1所示。

沿海地区大气中氯离子和钠离子含量与距海边距离的关系　　表4-1

离子含量(mg/l)	海岸距离(km)	
	Cl^-	Na^+
0.4	16	8
2.3	9	4
5.6	7	2
48	4	—

在海洋大气的盐分中,氯化钙和氯化镁是吸潮剂,易在表面形成液膜,特别是在空气达到露点时尤为明显。但距海边1.6km以外处,基本对金属腐蚀影响不大,在内河岸边工作的港口装卸设备会受到工业大气、恶劣气候的影响产生腐蚀。现代港口装卸设备大型化和不间断的繁忙工作的特点,对涂装防腐能力和施工工艺提出了更高的要求。业主及制造商都清楚地看到,防腐工程中涂料的抗腐蚀能力、使用寿命、维修、涂装施工技术对企业经济效益的影响是巨大的。涂装赋予了设备美丽的外表,同时也保护它不受外界各类介质的侵蚀,是它的保护神。

涂料防腐有隔绝型、抑制型和牺牲型3种类型。抑制型涂料是抑制剂和水发生化学反应,从而防止钢板电化学反应;牺牲型涂料是利用电位比铁低的金属如锌等和介质反应防止钢板的电化学反应;隔绝型涂料防腐最显著的特点是阻隔空气中的水分及其他介质与钢板表面的接触。

第二节　设备涂装工艺要求

通常，在水运机电设备制造的整个过程中，涂装工作分以下工艺阶段：

(1)钢材预处理后涂车间底漆。

(2)钢结构完工后表面二次冲砂处理。

(3)部件涂装。

(4)总装后整机的涂装。

漆膜总厚度设计应在钢板表面最大粗糙度的三倍以上。

按水运机电设备的结构可将涂装工作划分为以下几个系统：主结构外表面油漆系统；箱型结构件内表面油漆系统；封闭箱体内表面油漆系统；镀锌件表面油漆系统；三室（司机室、理货室、俯仰室）、二房（机房、电气房）内油漆系统；有特殊要求的油漆系统；标准机电配套件油漆系统和涂层修补工艺。

1)主结构外表面油漆系统

涂刷环氧富锌底漆＋环氧中层漆＋聚氨酯面漆，漆膜总厚度：$70\mu m + (100 \sim 225)\mu m + 50\mu m = 220 \sim 345\mu m$。

涂刷无机富锌底漆＋环氧中层漆＋聚氨酯面漆，漆膜总厚度：$70\mu m + 20\mu m + 100\mu m + 50\mu m = 240\mu m$。

2)箱型结构件内表面油漆系统

涂刷环氧富锌底漆＋环氧中层漆，漆膜总厚度：$50\mu m + 100\mu m = 150\mu m$。

涂刷环氧中层漆，漆膜总厚度：$150\mu m$。

3)镀锌件表面油漆系统

涂刷磷化底漆＋环氧中层漆＋聚氨酯面漆，漆膜总厚度：$(5 \sim 10)\mu m + 100\mu m + 50\mu m = 155 \sim 160\mu m$。

涂刷纯环氧底漆＋聚氨酯面漆，漆膜总厚度：$50\mu m + 50\mu m = 100\mu m$。

4)封闭箱体内油漆系统

封闭箱体内除焊缝处打磨至St3级补一道底漆外，一般不用涂装。另外，也可涂一度环氧富锌底漆$50\mu m$左右（特殊工艺要求）。

三室、二房内油漆系统相对于主结构外表面油漆系统来说，只是面漆厚度存在少量差别。

5)有特殊要求的油漆系统

有特殊要求的油漆系统，构件上平面人需在上面行走的地方需涂防滑漆；存在安全隐患的地方需涂警示漆；铭牌标识等。

6)标准机电配套件油漆系统

用户可指定外购机电配套件的外表颜色，否则，即按该供应商传统习惯颜色。机电配套件的涂装应保证底面经过良好的预处理和高含锌的底漆和面漆。

7)涂层修补工艺

对结构件表面因焊接、火工校正或机械碰撞而造成的涂层破坏。对损坏表面的修复，不能照搬主结构件涂装工艺,需要有专门的涂层修补工艺。

8)漆膜厚度

漆膜厚度不但与防腐蚀耐久性有关,而且直接影响产品的工程造价。港口装卸设备一般按照防腐蚀及油漆的产品寿命和所选用油漆产品的技术参数来确定涂层的厚度。现代港口装卸设备要求所用的油漆防腐蚀能力达 10 年以上。油漆厚度是由不同的油漆配套系统决定的,油漆商根据防腐寿命选用不同的油漆配套系统,新制造的设备推荐漆膜厚度在 220 ~ 280μm。

第三节　钢材的表面处理

钢材的表面处理在整个水运机电设备涂装过程中具有十分重要的地位。表面处理的方法有多种,最主要的有喷射处理(冲砂)、手工和动力工具处理、火焰处理、酸洗和磷化处理等。常用的是前两种处理方式。有数据表明,表面处理对防腐寿命的影响率可达 50% 以上,如表 4-2所示,是涂装工程中不可忽视的一项重要工序。通常在钢板表面会附有氧化皮、锈或油脂、灰尘等污垢物,如果在涂装前不把这些异物除去,必将造成涂膜剥落、龟裂、返锈,尤其是锈蚀如不除去,将会在膜层下继续扩展而失去涂装的意义。涂装预处理的目的可以归纳为以下两点:

第一,去除金属表面附着的或生成的异物,使金属表面有一定的耐蚀性。

第二,提高金属与涂膜的附着力。

涂膜的寿命和各种因素的关系　　表 4-2

影响因素	涂装预处理	涂装工艺	涂装品种	涂装施工
影响率(%)	55	20	15	10

由于水运机电设备的钢结构或钢材体积(面积)较大,而其所用的底漆多数为富锌类底漆,这类底漆需要一定的表面粗糙度来提高其涂膜的附着力,因而采用机械预处理较为合适。化学处理如酸洗等方式更适合小型或形状更为复杂的构件。

一、表面预处理

在未处理的钢板或加工后的钢结构表面,通常有油污、油渍、锌盐及其他盐分等污染物。此类污染物必须在喷砂前用清洁剂进行清洗。盐分通常用热的清水清洗,油污、油渍用碱性清洗剂清洗。如清理不适当,将导致在喷砂或工具打磨后,油类等污染物被扩散至整个钢表面,造成新的污染并影响油漆附着力。冲砂能够彻底清除钢材表面的氧化皮,冲砂常用的磨料为钢丸、钢砂、矿砂及钢丝段。这些材料可以单独作为冲砂磨料,也可以按一定比例混合使用。为了保证被处理的钢表面有一定的粗糙度和能有效地去除氧化皮及铁锈,要求磨料具有一定的形状和大小,带有棱角的磨料冲砂效率最高和有一定的硬度,硬度的检验在现场可以简单地用锤子敲击来检查,磨料选用如表 4-3 所示。

钢板喷丸、抛丸清理弹丸选用表　　表4-3

钢板厚度(mm)	3~4	4~6	7~12	14
丸径(mm)	0.8	1.0	1.5	2~2.5

水运机电设备大都使用中段级，2~2.5mm的磨料使用最多。由于多次使用磨料会使设备钢结构很快磨损，因此较小尺寸的磨料用于较薄板冲砂，或适当加入一些较大尺寸的磨料混合使用较宜。

1.环保冲砂机械的应用

随着环境保护越来越重要，新型环保冲砂设备能在冲砂时同时回收磨料、氧化物及粉尘，但效率一般只有敞开式冲砂的20%。该方案广泛应用于油漆修补时的表面处理，如焊缝处、火工校正等区域。

用动力工具进行水运机电设备结构的表面处理，这种方法一般作为重要的辅助手段，多数用于修补或用在外部条件（如环保要求）不允许冲砂的地方。

用动力工具对钢材表面进行打磨处理也能完全清除表面的锈、氧化皮和其他杂物，但表面难以达到较高的粗糙度，对油漆的附着力会有一定影响，此时就需要使用对表面处理敏感低的涂料来弥补粗糙度的不足。

2.表面粗糙度

在实际表面处理过程中，过高或过低的表面粗糙度都是不利的。过高的表面粗糙度会在被处理的钢材表面留下较深的凹孔，同时造成较高的峰尖。凹孔太深会在同样涂膜厚度的情况下消耗更多的油漆；峰尖过高会因为峰尖处的涂膜过薄而出现顶峰锈蚀，即使涂层有足够的厚度，由于顶峰部分的防护膜厚度仍不足而达不到良好的防腐作用，以致使产品在使用过程中过早生锈。

一个合适的表面粗糙度与漆膜厚度密切相关，而漆膜厚度取决于产品特定的使用环境及其防腐要求，如表4-4所示。

不同产品的防腐要求在特定环境的涂层厚度与表面粗糙度的关系　　表4-4

防腐及环境	设计涂层厚度(μm)	表面粗糙度(μm)
一般性涂层	80~100	25~30
装饰性涂层	100~150	30~50
保护性涂层	150~200	50~70
含有盐雾的海洋环境	200~250	70~80
含浸透液体冲击设备	250~350	80~100
耐腐蚀涂层	250~350	80~100

一般情况下，表面粗糙度是设计膜厚的1/3，水运机电设备的涂层厚度大都在220~280μm，表面处理时钢板表面粗糙度大约为70~80μm。由于尖峰容易产生锈蚀，一般喷砂后

用砂纸打磨去除过高的尖峰。实际施工中粗糙度略低于1/3的设计膜厚的粗糙度，理想粗糙度为35～50μm左右。

除了表面粗糙度之外，清洁度是一个重要的指标，特别是在通风条件还不是很理想的条件下，清洁度的影响很突出，钢材表面的灰尘和油脂会严重影响附着力，在现场可以用简单的胶带黏着来测试。

3. 钢材表面处理常用的国际通行标准

在国际招标中，水运机电设备表面处理常用标准为瑞典工业标准SIS和美国涂装协会SSPC标准（见表4-5）。

两种不同标准表面处理级的对照 表4-5

SSPC	SIS	SSPC	SIS
SSPC-SP-2	St1-STt3	SSPC-SP－6	SIS-Sa2.0
SSPC-SP-3			
SSPC-SP-5	SIS-Sa3.0	SSPC-SP-10	SIS-Sa21/2

钢材或钢结构表面必须用喷砂、喷丸，所使用的等级达到SSPC-SP-10或SIS-Sa2.5，并及时（一般在4h内）涂上底漆。

SSPC-SP-3（SIS-ST-3）等级常用在水运机电设备钢结构成形后对机械损伤、焊接、矫正等表面漆膜损伤处进行表面处理的辅助手段。这种方法是通过电动或气动的打磨机，钢丝刷或其他动力机械，除尽游离锈，松动的氧化皮、漆膜及其他黏附物，用清洗溶剂将表面的油脂清除干净并尽快涂上底漆。由于动力工具处理的表面比喷砂方法逊色些，所涂底漆一般采用“容忍性”高的底漆。

二、表面二次处理

（1）除了钢材表面预处理外，在施工中由于钢结构焊接、矫正、搬运、探伤等造成了油漆损坏，因此须进行钢材表面二次处理。二次处理有冲砂、动力工具打磨、手动工具磨铲、清洗等。

（2）钢结构冲砂前，被涂件所有的锐角均要打磨成C0.5～C1.5mm的倒角，因为呈锐边角上涂的油漆无法达到规定的漆膜厚度，且咬不住，是最易产生锈蚀的地方。

第四节　油漆施工

油漆施工在整个水运机电设备涂装工程质量控制中占有很大的比重，涂装行业中称之“七分施工，三分油漆”。由此可见油漆施工的重要性。

一、环境要求

大多数油漆施工受环境条件的严格限制，比如温度、湿度、灰尘等的限制，如表4-6所示。

环境条件对油漆施工的影响　表4-6

环　境	对施工的影响	环　境	对施工的影响
温度过高	溶剂挥发过快,易干喷	湿度过低	无机锌底漆不易固化
温度过低	不易固化,干燥期过长	工业灰尘	影响外观,易产生锈点
湿度过高	表面发白,影响油漆性能	风速过大	不易控制膜厚,油漆损耗过大

一般油漆的施工在温度5～38℃,相对湿度小于85%时最佳,也可以控制钢材表面的温度,即钢材表面温度应高于露点温度3℃以上,方允许施工。如测得的环境温度为20℃,空气相对湿度为85%,查表得露点温度为17.4℃,则钢材表面温度应在17.4+3=20.4℃以上时,才能施工。当然,每一种油漆对环境的适应性不尽相同,施工时要严格按照油漆的使用说明书进行,雨天严格禁止进行油漆施工(有些油漆产品的环境适应性较强,温度-5～45℃、湿度90%左右均可施工)。空气中的灰尘(或工业粉尘)及打磨时的金属飞溅物对油漆的质量也会产生极不利的影响。灰尘颗粒会造成漆面不光滑,附着力差,较大颗粒的嵌附使该处漆膜较薄,磨损后极易产生锈蚀。飞溅铁粉、氧化物造成漆表面"黄斑",必须及时清理。

二、预涂漆施工

预涂漆施工是很重要的一道工序。在钢结构的焊缝、触角、凸角、狭小区域及喷涂不易的地方,必须进行油漆的预涂。预涂的作用是更有效的控制构件的漆膜厚度,使构件整体膜厚均匀一致。由于这些区域施工空间的限制,喷涂不能达到规定的膜厚,所以,通常用漆刷或滚筒先将这些部位均匀地预涂一遍。另外,这些被预涂的部位如焊缝,表面凹凸不平,喷涂时难免疏漏,预涂能良好地弥补喷涂的不足。

三、涂漆方法

涂装施工方法很多,有刷涂、滚涂、有气喷涂、高压无气喷涂、刮涂、浸涂、淋涂、电泳涂装、粉末涂装等。常用的是高压无气喷涂、滚涂和刷涂,其中喷涂最常用,滚涂和刷涂一般作为辅助手段。涂装作业应遵顺先难后易、从上到下、先里后外的顺序。

1. 高压无气喷涂

高压无气喷涂与有气喷涂的区别在于它不是将空气与油漆混合而形成漆雾,故称"无气",其雾化是凭借液压压力使油漆在特别设计的喷嘴处完成的。雾化所需的液压一般由气动泵产生,这种气动产生的液压与进气之间的压力比为20:1～60:1,但压力比45:1左右的气动泵最常用。它是利用压缩空气作为动力驱动高压泵,将涂料吸入并加压至10～25MPa,通过高压软管和喷枪,由喷嘴喷出。当涂料离开喷嘴时,雾化成很细的微粒,喷射到被涂物表面,形成均匀的涂膜。无气喷涂的关键是操作者的技能,良好的操作姿势能保证膜厚均匀,减少油漆的损耗。喷涂作业时,复杂构件及阴角部位应先做好预涂,喷枪应与被涂面保持30～50cm的距离,并与被涂面保持垂直运行,交叠程度在40%～50%的范围,并用湿膜卡连续测试湿膜厚度以便更好地控制干膜厚度。

高压无气喷涂的优点是涂装效率高、不用稀释即可喷涂厚浆型油漆、涂层附着力好、涂膜光滑致密,缺点是涂料浪费大。另外无气喷涂设备工作时油漆管道中压强可达 325kg/cm^2,危险性也很大,设备操作时应特别注意。

喷漆嘴大小选择:底漆,0.017 ~ 0.023in[①],压力 150kg/cm^2;中层漆,0.021 ~ 0.023in,压力 200 ~ 250kg/cm^2;面漆,0.017 ~ 0.019in,压力 150kg/cm^2。油漆干、湿膜、理论涂布率及固体含量换算公式:

$$干膜厚度(\mu m)=\frac{湿膜厚度(\mu m)\times 固体含量(体积百分比)}{1+稀料加入量}$$

$$固体含量=\frac{干膜}{湿膜}\times 100\%$$

$$理论涂布率=\frac{固体含量\times 10}{湿膜厚度}$$

2. 刷涂

刷涂是一种最简单的手工涂装方式。使用漆刷时,应该选用优质纤维或人造毛刷,其尺寸应该与所用涂料相配,蘸漆时不宜过多过深,应蘸漆刷毛的二分之一,同时在漆桶边口刮二下进行涂刷,防止油漆漆滴飘落到别处,引起交叉污染。然而这种施工方法速度较慢,一般用于小范围涂覆装饰漆或者涂覆表面处理程度比较低的底漆,因为在这种情况下,只有刷涂才能使涂料渗透到细孔和缝隙中去。它的优点在于可涂装喷涂工具难以达到的地方和喷涂难以确保膜厚的地方(预涂)。刷涂的另一个优点是涂料浪费少,对环境污染也较少。可是大多数厚浆型涂料均采用高压无气喷涂,只是因为刷涂通常不能一次获得较大的膜厚。总的来说,与高压无气喷涂相比,要达到同样的膜厚,刷涂层数要多一倍甚至几倍。在没有转换性的涂层上刷涂同类涂料时,使用刷涂须特别小心,在这种情况下新的涂层中的溶剂会溶解先前所涂的涂层,因此即使是轻轻的一刷,也有可能将旧的涂层揭起造成外观不佳,应该均匀地顺一个方向按直线涂覆,在一个部位刷一二次即可,注意切勿将漆刷毛掺进涂层中去。刷涂对于快干性、流平性较差的涂料不大适合,易留下明显的刷痕而影响涂层的平整性与美观。

3. 滚涂

滚涂适合于因某些原因而难以喷涂的大面积的涂装。应该注意的是,必须根据涂料类型按表面粗糙度选择绒毛合适的滚筒,在一般情况下,应采用酚醛芯滚筒,配以短绒的滚筒套,使用前应先洗净滚筒套,清除松散的纤维。滚涂的效率低于喷涂高于刷涂,滚涂的涂料浪费也少,对环境污染也较少,与刷涂相似,滚涂也有较好的渗透力,但对于结构复杂部位或凹凸不平的表面,滚涂方式则受到限制,滚涂时要注意油漆滴流到其他部位。

四、底漆施工

表面处理及冲砂后 4h 内必须进行底漆施工。无机锌底漆施工较为复杂,从喷涂开始到结束,应不停地搅拌油漆,因为锌粉的比重较大,易沉淀,会造成漆膜锌含量不均匀,无机锌底漆一般不宜采用滚涂或刷涂,施工时温度控制在 5 ~ 38℃之间,固化时间一般为 7d,表面干燥

注:①1in = 0.025 4m,余同。

2～4h，即2～4h后才可以搬运，喷涂结束后应增加周边环境湿度，如环境湿度较小，则漆膜固化时间较长。

五、中层漆施工

从理论上讲，底漆一经固化，除去表面的灰尘、油污即可进行后道油漆施工。但实际施工中，中层漆的施工往往要间隔很长时间，此时底漆表面除了灰尘和油污外，还有锌粉的氧化物——锌盐，锌盐的存在严重影响油漆层间附着力而导致涂装失败，同时，构件在搬运、拼装过程中对底漆表面的损坏及油漆的重涂间隔，因此中层漆施工前要用砂皮打磨表面，并配以清水清洗，底漆损坏处需按油漆修补工艺进行处理。

中层漆允许用滚涂和刷涂作为辅助手段。中层漆漆膜较厚，施工时要合理使用稀释剂，避免流挂，中层漆的固化时间为7d左右，表面干燥为4～24h，施工温度5～38℃，冬用型油漆可在-5℃的情况下施工，施工时应用湿膜卡进行测量湿膜厚度以便更好地控制干膜厚度。

六、面漆施工

面漆施工前先进行表面清洁，清除灰尘、水分和油污，并用细砂皮轻轻地打磨，使表面有一定的粗糙度。聚氨酯面漆对水分极为敏感，要确保清除构件表面水分和相对湿度低于85%以下进行施工。

面漆作为构件的最后一度漆，表面清洁工作及施工环境十分重要。施工前应该完成所有的焊接工作和表面漆膜修补工作，整台港口装卸机械的面漆施工应在较短的时间内同时完成，以避免颜色上的差异，部分面漆可在交付用户前施工。

港口装卸设备涂装用滚涂和喷涂相结合的方法进行施工，除手不可及的高空部位或无法操作的狭小部位外，应尽量采用喷涂，以追求最佳的表面效果。

面漆施工时要非常重视漆膜均匀和油漆完全覆盖。避免漏漆和露底，表面应光亮、平滑，无任何油漆弊病，施工温度控制在5～38℃之间。

七、镀锌件及不锈钢表面油漆

镀锌及不锈钢表面油漆前，先用溶剂彻底清除构件表面的油脂、水分，并用砂纸或动力工具将构件表面打毛，使之有一定的粗糙度并在一个干燥的环境中油漆。

一般在表面处理后先涂磷化底漆一度5～10μm，然后按产品油漆配套施工，但不能将锌粉底漆作为后道漆，直接涂中层漆都是可行的，采用哪种工序，视工艺要求而定。

目前，国际上逐渐采用新型无溶剂纯环氧类油漆代替磷化底漆。因为环氧渗透力强，比磷化底漆有更好的附着力，同时更适合环保要求。

八、涂层修补

目前由于各种各样的因素，在港口装卸设备的制造过程导致涂层破坏，需要修复。这是对涂装质量控制的重点，因为无论采取什么样的修补工艺，修补后的油漆不管从任何方面都要比在相同条件下整体喷涂的油漆质量差。尽可能减少修补量是提高涂装质量有效的方法之一。

涂层修补的方法为：先去除表面油污和松脱涂层，将被破坏的涂层区域打磨至St3级，并留有一定的斜坡过渡面,然后按工艺要求逐层修补。

九、无机锌底漆施工

无机锌底漆施工较为复杂,表面处理较高,必须达到 Sa2.5 级,从喷漆开始到结束,应不停地搅拌油漆,因为锌粉的比重较大,易沉淀,会造成漆膜锌含量不均匀或龟裂等现象。无机锌底漆一般不宜采用滚涂或刷涂,施工时温度控制在 5~38℃之间,固化时间一般为 7d,表面干燥 2~4h,即 2~4h 后才可以搬运,喷涂结束后应增加周边环境湿度(湿度应达 70% 以上),如环境湿度较小,则漆膜固化时间较长。

对于无机硅酸锌涂料的固化测试,可以应用标准 ASTMD4752－87MEK 测试法。涂层表先用清水清洁,除去锌盐。用一块白色的布蘸了 MEK 试剂(甲乙酮),来回摩擦表面 50 次。如果 MEK 溶剂对其影响很小或几乎没有影响,涂膜可以认为已经固化。

另一种简易的检查方法是用刀或硬币刮擦涂层表面,固化后的涂膜显示闪亮的痕迹,仅有很少的锌粉产生。

无机锌底漆上复涂中层漆应注意事项:

(1)除去涂层表面的锌盐,确认无机锌底漆已固化,用细砂皮或旧砂皮打磨去除表面漆雾,漆膜厚度不足或破损处只能用环氧富锌底漆进行修补(因无机硅酸富锌底漆不能复涂)。

(2)采用专用封闭漆或稀释的中层漆进行雾喷,雾喷的目的是对无机锌底漆表面进行封闭,把孔内的空气逼出(因锌粉底漆表面有许多肉眼所看不到的细孔),避免产生气泡和针孔。所以雾喷工作十分重要,应特别注意油漆的调配和厚度。油漆调配:将雾喷的专用封闭漆或中层漆加入 30%~40% 稀释剂;雾喷的油漆厚度不宜过厚,控制在 20~30m 左右,即薄薄地飘一度即可,但要喷涂到位将各个部位都封闭。

(3)待雾喷的涂层干透后进行常规中层漆施工。如还发现中层漆表面出现针孔或气泡应再返回“2”的程序重新进行表面雾喷工作。

第五节　涂装检验及标准

涂装质量是港口装卸设备整体质量中一个重要环节,越来越引起人们的重视,也是反映一个企业制造及质量管理水平的重要标志,油漆质量在很大程度上与其结构和机构返工有关,因此严禁在已做好油漆的构件上焊割,是提高油漆质量的一个重要条件,先进的涂装技术可以保证油漆的寿命长达 10 年或更长。搞好涂装工作是一项系统工程,它牵涉到设计、工艺、质检、安装、涂装等各个部门的协调,体现一个企业的综合水平。

1. 钢材表面预处理的质量检查

钢材表面预处理是在抛丸、喷漆流水线上进行,其质量的好坏主要取决于设备的调整。检查的内容分抛丸质量和喷漆质量两大部分。

钢材、型材必须经过预处理方可应用。良好的预处理是涂装能否保持较长使用寿命的关键。预处理应用机械方法进行,钢结构冲砂前应先检查设备是否正常,检查压缩空气是否有油或水,空压机是否安装油水分离器,检查通风及除尘系统是否良好,喷砂嘴是否磨损过大(标准0.8mm左右)，钢丸、钢砂、钢丝段配比是否合理，磨料是否干燥、干净，钢材、型材表面应无油污，该焊接的附属件应尽量装配完毕，自由边丝应倒角，冲砂质量符合SSPC-SP-10(或SIS-Sa2 1/2)标准，表面无氧化皮，呈金属灰色(参照标准卡)，不得有片状及连续点状大面积残余氧化皮。用粗糙度检测仪检查表面粗糙度，应达到国际通用的SSPC-SP10标准的要求，推荐粗糙度在50μm左右(可用标准卡对照或用粗糙度仪测量)。预处理后，必须彻底清除钢材表面的粉尘，不得有油、水和杂质。钢材预处理后应立即(4h内)喷涂规定的车间底漆或工作底漆，硅酸锌粉底漆喷涂时应不停地搅拌，测量平均膜厚的方法是，在喷漆的钢材上放一块光滑平整的钢材样板，待喷涂及油漆干燥后测量样板上的漆膜厚度，该厚度即为被测件底漆的平均厚度。

2. 对结构件油漆工作的质量要求

(1)按涂装工艺的规定检查所用的车间底漆、底漆、中层漆、面漆及所用稀料、固化剂的品质。检查油漆的生产日期是否在保质期内，包装是否完好，油漆是否有沉淀现象，检查油漆的牌号、色号是否与工艺要求相符，常用型和冬用型油漆不能混用，检查油漆的固体含量是否与厂家的说明书相符。

(2)喷涂油漆工作必须在环境温度不低于-5℃，湿度不超过85%，钢板温度必须高于露点温度3℃的条件下进行，低温时应用更换低温固化的油漆，不准在雨、雾、大风天、黎明或夜晚钢板表面结露时喷涂油漆。

(3)喷涂油漆前，工件表面不得有灰尘、杂物及水、油渍，底层涂膜是否存在缺馅及是否按正确的方法修补好，覆涂前必须用砂皮打磨、清洁油漆表面，保证粗糙度，确保层间附着力，每道油漆的复涂间隔应按油漆供应商的规定进行施工，油漆的混合配比是否符合说明书的要求，同时对周围物件及不要涂装的零部件要进行有效的保护，防止油漆交差污染。

(4)漆膜厚度测量，使用测厚仪(干膜测厚仪、湿膜测厚仪)检查漆膜厚度，层间漆膜厚度应符合工艺要求(特别是槽钢反面、箱体内隔板、R孔内、死角部位、筋板边缘等部位的油漆厚度)。在进行干膜厚度(DFT)测量时，我们要遵守其测量原则:“80-20”、“90-10”原则或相似的测量原则。“80-20”原则的意思为:80%的测量值不得低于规定干膜厚度，其余20%的测量值不得低于规定膜厚的80%。对于集装箱涂装，或者储存成品油或化学品的储存罐舱室来讲，这个原则要更为严格，通常使用“90-10”测量原则。

除了ISO 2829—97中介绍的干膜厚度的测量方法外，美国SSPC-PA2标准关于涂膜厚度测量原则：

①每10m^2测量5个点。

②每一个点的测量在一个很小面积内测量3个点的平均值。

③5个测量点的平均值必须符合规定的涂膜范围。

④单一测量点不能低于规定膜厚80%。

⑤不同测量点内的读数可以低于规定膜厚的80%。

⑥对于一定面积内的测量，SSPCPA2规定。

⑦10m^2取5个测量点，每一测量点要有三次测量。

⑧30m^2内的测量，按上面规定进行。

⑨100m^2 面积的测量，选取三个代表性的 10m^2 面积进行测量；超过 100m^2 时，第一个 100m^2 按照③进行，接下来的 100m^2 内可随意选取 10m^2 进行测量；在③和④的测量中，如果发现测量不符合规格书要求，则每一个 10m^2 都要进行测量。

(5)轴类、卡轴板、端盖、轨道压板、法兰螺栓孔、平台与扶手栏杆螺栓连接处等零部件除配合面和摩擦面外必须油漆后进行装配，避免雨后出现“流黄水”现象。

(6)检查油漆表面质量，不得有色差、漏涂、流挂、厚度不匀、起泡、气孔、皱皮、分层、龟裂等涂装缺馅。

对于涂膜干燥或固化，需要参考产品的技术说明书和施工记录来进行判断。技术说明书中会有关于该产品的固化或干燥时间。涂膜的固化或干燥受到诸如通风、温度、涂膜道数等诸多因素的影响，而且实际施工后涂层不可能像在实验室中一样有恒定的固化或干燥环境。所以说明书上的时间只能进行基本参考。涂膜的固化和干燥在实验室中所测定的条件是 20℃以及 60% ~70% 的相对湿度。

指触干——用手指轻触涂层表面不留下痕迹亦不感到粘手。

干燥至搬运——通常是对于车间底漆而言。

表干——根据 ISO9117—90 测试，使用小玻璃球在涂层表面滚过而不损伤涂膜。

硬干——根据 ISO9117—90 测试，涂膜彻底干透。

完全固化——对于双组分涂料的固化时间，受到温度影响。不同的温度对于固化时间是不同的。

通常可以认为，温度升高 10℃，固化时间减少一半。

对于无机硅酸锌涂料的固化测试，可以应用标准 ASTMD4752—87MEK 测试法。涂层表先用清水清洁，除去锌盐。用一块白色的布蘸了 MEK 试剂(甲乙酮)，来回摩擦表面 50 次。如果 MEK 溶剂对其影响很小或几乎没有影响，涂膜可以认为已经固化。

另一种简易的检查方法是用刀或硬币刮擦涂层表面，固化后的涂膜显示闪亮的痕迹，仅有很少的锌粉产生。

(7)用检测仪测量油漆的附着力，构件油漆的附着力应大于 3.5MPa。

3. 相关检验标准

1)锈蚀等级

钢材表面的锈蚀程度分为四个等级，分别用字母 A、B、C、D 表示。其文字叙述如下：

A. 全面覆盖着氧化皮而几乎没有铁锈的钢材表面。

B. 已发生锈蚀、并且部分氧化皮已经剥落的钢材表面。

C. 氧化皮已因锈蚀而剥落，或者可以刮除，并且有少量点蚀的钢材表面。

D. 氧化皮已因锈蚀而全部剥离，而且已普遍发生点蚀的钢材表面。

2)喷射或抛射除锈

国家标准对喷射或抛射除锈过的钢材表面设有四个除锈等级，分别用字母表示为 Sa1、Sa2、Sa2.5、Sa3，其文字叙述如下：

Sa1——轻度的喷射或抛射除锈，在不放大的情况下进行观察，钢材表面应无可见的油脂和污垢，并且没有附着不牢的氧化皮、铁锈和油漆涂层等杂物。

Sa2——彻底的喷射或抛射除锈，在不放大的情况下进行观察，钢材表面应无可见的油脂和污垢,并且氧化皮、铁锈和油漆涂层等附着物已基本清除,任何残留物应是牢固附着的。

Sa2.5——非常彻底的喷射或抛射除锈,在不放大的情况下进行观察,钢材表面应无可见的油脂、污垢、氧化皮、铁锈和油漆涂层等附着物,任何残留物的痕迹应仅是点状或条纹状的轻微色斑。

Sa3——使钢材表面洁净的喷射或抛射除锈,在不放大的情况下进行观察,钢材表面应无可见油脂、污垢、氧化皮、铁锈和油漆涂层等附着物,该表面应显示均匀的金属光泽。

3)手工和动力工具除锈

用手工或动力工具,例如手工铲刀、手工或机动钢丝刷和动力砂纸盘或砂轮等工具进行表面处理设有两个等级,以字母 St2、St3 表示。本标准不设 St1 级,因为达到这个等级的表面也不适宜涂装。

St2——彻底的手工或动力工具除锈,在不放大的情况下观察时,钢材表面应无可见的油脂和污垢,并且几乎没有附着不牢氧化皮、铁锈、油漆涂层和异物。

St3——彻底的手工或动力工具除锈,同 St2,但表面处理要彻底得多,表面应具有金属底材的光泽(注意表面不要被人为抛光)。

钢材表面处理除锈等级的确定,是涂装设计的主要内容。确定等级过高会造成人力、财力的浪费;过低会降低涂层质量,起不到应有的防护作用,反而是更大的浪费。单纯从除锈等级标准来看,Sa3 级标准质量最高,但它需要的条件和费用也最高。据文献报导,达到 Sa3 级的除锈质量,只能在相对湿度小于 55% 的条件下才能实现。瑞典除锈标准说明书中指出:钢材除锈质量达到 Sa3 级时,表面清洁度为 100%,达到 Sa2(1/2)级时则为 95%。按消耗工时计算,若以 Sa2 级为 100%,Sa2(1/2)级则为 Sa3 级则为 200%。因此不能盲目要求过高的标准,而要根据实际需要来确定除锈等级。

除锈等级一般应根据钢材表面原始状态,可能选用的底漆,可能采用的除锈方法,涂装维护周期等来确定。

4. 湿度和露点

湿度:在一定的大气温度下,定量空气中所含水蒸气的量与该温度时,同量空气所能容纳的最大水蒸气的量之比值(%)。

露点:在一定温度条件下,具有一定相对湿度的空气在逐渐冷却时,相对湿度就会不断提高,当冷却到水蒸气饱和时,水汽则开始凝聚,此时的温度则为该空气的露点。湿度越大露点也越大。

5. 油漆施工应注意事项

(1)首先要了解油漆的性能和按工艺规定施工,不同油漆具有各自的性能和施工方法,因此在产品油漆施工中应事先了解熟悉其性能按油漆说明书的涂装工艺规范施工。

(2)做完整的表面处理,表面是否处理适当,表面油污异物等是否处理干净对漆膜性能与寿命有很大影响,因此必须完全彻底除去铁锈、油污、异物并要充分干燥后才能施涂。

(3)油漆应做到充分搅拌,油漆的混合配比要按油漆厂商说明书的规定混合,并要熟化一段时间。

(4)一次刷涂油漆不能太厚,刷涂如果太厚,很容易产生流挂现象,还会产生起皱现象,因此要适当控制油漆厚度。

(5)叠层涂装时应待下层油漆干透后再涂漆,如下层漆膜未干透很容易产生起皮,甚至发生剥离、针孔等现象(因底层油漆的溶剂要往外挥发,容易产生气泡、针孔)。

(6)避免在低温和潮湿气候中施工,气温降至5℃以下应停止施工或用低温固化油漆,同时湿度超过85%时会产生油漆表面减光,甚至影响涂层附着力,因此要避免在此环境中施工。

(7)除去灰尘,灰尘不但会影响漆膜性能,也会影响美观,因此被涂物表面必须彻底清洁干净。

(8)避免在高温太阳光直射下涂漆,特别在夏天太阳光直射下很容易产生针孔、气泡、油漆干喷等现象。

(9)在涂装过程中应遵循先里后外,先难后易、从上到下的原则,涂层之间喷涂时必须用砂皮打磨油漆表面,保证粗糙度,确保油漆层漆附着力。

(10)注意稀释剂的用量,不能因油漆太厚而随意稀薄,如果稀释剂用量不当会影响涂层遮盖力,容易产生流挂,影响漆膜厚度,影响光泽度等,一般情况下不超过5%为原则。

(11)安全,施工场地要通风良好;前处理时需戴好防护镜、穿好工作服;高空作业必须佩带安全带;箱体内通风条件无法改善时,需戴氧气面罩并缩短工件时间,并要有专人监护;搬运工件时不能违章操作;电器工具发生故障时,应立即切断电源并及时报修;油漆施工现场严禁明火作业。

(12)以下有些部位不做油漆(或中层漆和面漆):

①电缆。

②液压油管。

③机加工面。

④法兰面和高强度螺栓接触面。

⑤不锈钢。

⑥液压油缸推杆。

6. 油漆施工记录

油漆施工记录是待产品发运后需要存档的报告。内容包括设备各构件的底漆、中层漆、面漆的施工时间,施工时的环境情况,干膜厚度及外观质量状态等,将涂装的技术数据反映到检查报告中。

第六节　涂层缺陷预防及处理

涂装的质量,在施工时应时时注意。一旦发现有问题或者缺陷,应立刻分析其产生原因,并按正确的方法进行修正。尽可能使缺陷在湿膜状态和小范围内修正好,到干膜状态或大范围发现问题时修正和返工则造成的损失就较大。表4-7列出了常见的涂层弊病及处理方法。

常见的涂层弊病及处理方法　　表4-7

弊病	现　　象	原　　因	预防与处理方法	备　　注
缩边	涂料表面弹性收缩，形成凹孔或不沾边的现象	被涂表面沾附水、油等污物，漆刷或喷漆机中混入水、油等污物	清洁被涂表面，充缩孔或分洗净涂装工具	有弊病的涂层进行返工处理
		被涂表面过于光滑，下层涂膜过于坚硬	砂纸打磨表面，使其具有一定粗糙度	
起泡	涂装涂料中混入的空气，在形成涂膜时未能排出产生气泡	涂料在激烈搅拌后立即涂装	避免激烈搅拌，搅拌后稍加放置再进行涂装	起泡严重的涂层，应作返工处理
		涂料中溶剂挥发过快，被涂表面温度过高	适当调整稀释剂，一次涂装时宜薄，避免温度过高时涂装	
		涂料黏度过高	适当添加稀释剂，降低涂料黏度	
流挂	垂直涂装的涂料一部分向下流淌，形成局部过厚的不平整表面	喷涂时不均匀，局部过厚或全面超厚	规范施工，提高喷漆工的操作技能	除去流挂的部分，返工
		稀释剂添加过量	按规定添加稀释剂	
		被涂物的温度或环境温度过低时涂装	在适当的温度下涂装	
咬底	底层涂料被面层涂料溶剂软化引起皱皮，甚至脱落	面层涂料溶剂过强，底面漆配套不当	改进涂料的配套	返工
		底层涂料干燥不足	待底层涂料干燥后再涂面层涂料	
起皱、橘皮	涂层表面起皱，或呈橘皮状	底层涂料未干即涂面层涂料，或一次涂装过厚	注意涂装间隔和推荐膜厚	打磨平整后再涂装
		被涂物温度过高，或涂装后受高热曝晒等	注意适当的温度条件，避免高温高热	
		干燥剂（固化剂）过量	调整干燥剂用量	
白化	涂层表面发白模糊	湿度高的时候涂装或被涂物温度过低，致使表面潮湿引起涂层发白	加强温湿度控制或实行露点管理	轻微的白化用稀释剂涂擦，严重则磨去重涂
		涂装后，夜间气温下降，表面凝结水分，或涂装后遇到雨水等	避免在傍晚以后涂装干燥较慢的涂料	
		涂料溶剂迅速挥发，使涂面产生冷凝水	调整稀释剂，使挥发较为缓慢	
针孔	涂层表面产生尤如针刺过一样的小孔	喷涂时存在水分或油分	除去水分和油分	对轻微细小针孔表面用砂纸打磨，再薄涂一层，显著严重的返工处理
		被涂表面温度过高	在适当的温度条件下涂装	
		一次涂装过厚	按推荐膜厚涂装	

续上表

弊病	现　象	原　因	预防与处理方法	备　注
细裂、龟裂	涂层表面呈现裂纹，细小者称细裂，较大较深者称为龟裂	底层涂料未干即涂面层涂料或底层涂装过厚	待底层涂料干燥后再涂面层涂料，按推荐膜厚涂装	除去裂纹部分，重新涂装
		涂层配套不当，如底层涂料较软而面层涂料较硬时	注意涂层配套系统的正确性	
		温度急剧下降时	预见到温度将骤冷时，注意采取措施	
片落、剥落、脱皮	涂膜从底材表面脱落，$6mm^2$ 以下的小片脱落称为片落，稍大于 $6mm^2$ 的脱落叫剥落，大片脱落称为脱皮	被涂表面附有油脂、水分、锈、尘埃等杂质	注意表面处理的质量	剥落部分认真打磨后重新涂装，脱皮严重者全面返工
		底面漆配套不当	注意涂层配套系统的正确	
		被涂表面过于光滑	注意涂装表面的粗糙度	
		超过最大重涂间隔	拉毛涂装表面，按规定的涂装间隔施工	
		干燥剂(固化剂)过量	调整干燥剂用量	

思　考　题

1. 港口装卸设备涂装工艺有哪些要求?
2. 钢材表面处理的方法有哪些? 常用的国际通行标准清理等级分几级? 如何检验?
3. 油漆施工环境要求及方法有哪些? 涂层施工工艺有何要求和规定?
4. 涂装缺陷有哪些? 如何预防和处理?

第五章　金属加工质量控制

第一节　机加工基础

一、零件机械加工

机械零件均由几何形体组成，并具有各种不同的尺寸、形状和表面状态。为了保证机器的性能和使用寿命，设计时根据零件的不同作用对制造质量提出要求，包括表面粗糙度、尺寸精度、形状精度、位置精度以及零件的材料、热处理和表面处理（电镀、发黑）等。尺寸精度形状精度和位置精度统称为加工精度。加工精度和表面粗糙度是由切削加工保证。

1. 尺寸精度

尺寸精度是指零件实际尺寸与设计理想尺寸的接近程度。尺寸精度是用尺寸误差的大小来表示的。尺寸误差由尺寸公差（简称公差）控制。

（1）公差。是指尺寸的允许变动量。公差越小，精度越高；反之，精度越低。公差等于最大极限尺寸与最小极限尺寸之差，也等于上偏差与下偏差之差（如图5-1所示）。

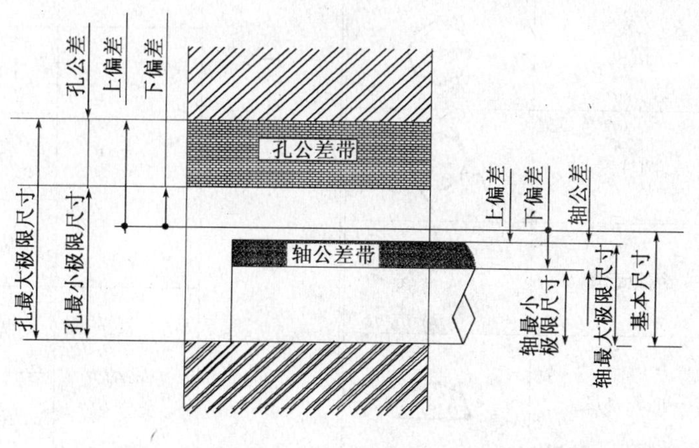

图5-1　公差示意图

（2）公差等级。国际GB/T 1800.3—1998和GB/T 1800.2—1998将反映尺寸精度的标准公差（代号为IT）分20级，表示为IT01～IT18，IT01的公差最小，精度最高。常用公差为IT6～IT11级。

2. 机加工表面粗糙度

在切削加工过程中，由于刀痕及振动、摩擦等原因，会使已加工工件表面产生微小的峰谷。工件表面上具有较小间距和峰谷所组成的微观几何形状表面特征称为表面粗糙度。表面粗糙度的评定参数很多。最常用的是轮廓算数平均偏差 R_a。在机械加工中常用的参数分别为 50、25、12.5、6.3、3.2、1.6、0.8、0.4、0.2、0.1、0.05、0.025、0.012、0.008。单位为微米（μm），通常销轴孔的表面粗糙度为 12.5。

3. 形状和位置精度

图纸上画出的零件图是没有误差的理想几何体。但是由于在加工过程中机床、刀具、夹具、和工件所组成的工艺系统本身存在着各种误差，而且在加工过程中出现受力变形、振动、磨损等各种干扰，致使加工后零件的实际形状和相互位置与理想几何体的规定形状和相互位置存在差异。这种差异就是形状误差。相互位置间的差异就是位置误差。两者统称为形位误差。零件的形位误差对零件使用性能产生着重大的影响，所以它是衡量产品质量的重要指标。形位公差在零件图纸上采用符号标注（如表 5-1 所示）。标注包括：公差框格、被测要素指引线、公差特征符号、公差值及基准符号等。

形位公差项目和符号 表 5-1

<table>
<tr><th>分类</th><th>项目</th><th>符号</th><th colspan="2">分类</th><th>项目</th><th>符号</th></tr>
<tr><td rowspan="9">形状公差</td><td>直线度</td><td>⏤</td><td rowspan="9">位置公差</td><td rowspan="3">定向</td><td>平行度</td><td>∥</td></tr>
<tr><td>平面度</td><td>⏥</td><td>垂直度</td><td>⊥</td></tr>
<tr><td>圆度</td><td>○</td><td>倾斜度</td><td>∠</td></tr>
<tr><td>圆柱度</td><td>⌭</td><td rowspan="3">定位</td><td>同轴度</td><td>◎</td></tr>
<tr><td>线轮廓度</td><td>⌒</td><td>对称度</td><td>⌯</td></tr>
<tr><td rowspan="4">面轮廓度</td><td rowspan="4">⌓</td><td>位置度</td><td>⌖</td></tr>
<tr><td rowspan="2">跳动</td><td>圆跳动</td><td>↗</td></tr>
<tr><td>全跳动</td><td>⌰</td></tr>
</table>

二、切削加工

机器和机械装置都是由零件组成的。切削加工的任务是利用切削工具从毛坯上切除多余的材料，获得形状、尺寸和表面粗糙度都符号图纸要求的机械零件。切削加工分为钳工（手工)和机械加工两部分。钳工一般由人工手持工件进行切削加工。其内容有錾削、锉削、锯削、刮削、研磨、攻丝和套扣等。机械加工是人工操作机床进行切削加工。常见的机械加工方式有车削、钻削、铣削、刨削、磨削、镗削。以下我们主要阐述的是机械加工的方法。

1. 车工

在车床上利用工件的旋转运动和刀具的移动来完成零件切削加工的方法称为车削加工。它是加工回转面的主要方法,车削加工是各种加工方法中最常见的方法。车削加工过程连续平稳,加工尺寸公差等级范围为IT11~IT6,表面粗糙度为12.5~0.8μm。

1)车削加工基础

粗加工时主要考虑切削效率,应优先考虑用大的背吃刀量,其次考虑用大的进给量,最后选定合理的切削速度。半精加工和精加工时首先要保证加工精度和表面质量,同时兼顾耐用度和生产率,一般选用较小的背吃刀量和进给量,在保证合理刀具耐用度前提下确定切削速度。

(1)背吃刀量的选择。背吃刀量的选择按零件的加工余量而定,在中等功率的车床上,粗加工时可达8~10mm,在保留后续加工余量的前提下,尽可能一次走刀切完。当采用不重磨刀具时,背吃刀量所形成的实际切削刃长度不宜超过总切削刃长度的三分之二。

(2)进给量的选择。粗加工时,按刀杆强度和刚度、刀片强度、机床功率和转矩许可的条件,选大的进给量;精加工时,则在获得合适的表面粗糙度值的前提下加大进给量。

(3)切削速度的选择。在背吃刀量和进级量已确定的基础上,再按一定的耐用度值确定切削速度(查手册)。车削速度决定后,再按工件最大部分直径 d_{max} 求出车床主轴转速(r/min)。

2)粗车和精车

为了保证加工质量和提高生产率,加工零件应分为若干步骤。中等精度的零件,一般按粗车——精车的方案进行;精度较高的零件,一般按粗车——半精车——精车或粗车——半精车——磨的方案进行。

(1)粗车

粗车的目的是尽快地从毛坯上切去大部分加工余量,使工件接近要求的形状和尺寸。粗车应给半精车和精车留有合适的加工余量(一般为1~2mm),而对精度和表面粗糙无严格的要求。为了提高生产率和减小车刀磨损,粗车应优先选用较大的吃刀量,其次适当加大进给量,而只采用中等偏低的切削速度。当卡盘夹持的毛坯表面凸凹不平或夹持的长度较短时,切削用量应适当减小。

(2)精车

精车的关键是保证加工精度和表面粗糙度的要求,生产率应在此前提下尽可能提高。精车的尺寸公差等级一般为IT8~IT6,半精车一般为IT10~IT9,精车的尺寸公差等级主要靠试切来保证。精车的表面粗糙度 R_a 值一般为3.2~0.8μm;半精车的 R_a 值一般为6.3~3.2μm。精车时为保证表面粗糙度值一般采用如下措施:

①适当减小副偏角或刀尖磨有小圆弧,以减小切削残留量。

②适当加大前角,将刀刃磨得更为锋利。

③用油石仔细打磨车刀的前后刀面,使其 R_a 值达到0.2～0.1μm可有效减小工件表面的 R_a。

④合理选用切削用量。

3)切削液的选择和应用

切削液有冷却刀具、工件和切屑,润滑以降低摩擦和刀具磨损,清洗排屑和防锈的作用。合理使用切削液,可以延长刀具寿命、减少表面粗糙度、提高尺寸精度和降低功率消耗。常用的切削液有水溶性切削液和油溶性切削液两大类。水溶性切削液中以乳化液为典型代表,是由水和油混合形成的乳白色液体,低浓度时以冷却作用为主,高浓度时具有良好的润滑作用。油溶性切削液最常用的是矿物油。

应根据工件及刀具材料、工艺要求等选用切削液。粗加工时切削用量大,切削液的主要目的是降低切削温度,应选用冷却作用好的低浓度的乳化液。精加工时,主要是提高工件表面质量和刀具耐用度,应选用润滑好的油溶性切削液。

硬质合金和陶瓷刀具一般不用切削液;切削铸铁和青铜时,为了避免细碎切削黏附划伤配合面一般也不用切削液。

4)孔加工

在车床上可以使用钻头、扩孔钻、铰刀等定径刀具加工孔,也可以使用内孔车刀镗孔。内孔加工由于在观察、排屑、冷却、测量及尺寸控制等方面都比较困难,刀具的形状、尺寸又受内孔尺寸的限制而刚性较差,所以内孔的加工质量会受到影响。同时由于加工内孔不能用顶尖,因而装夹工件的刚性也较差。另外,在车床上加工孔时,工件的外圆和端面必须在同一次装夹中完成,这样才能靠机床的精度保证工件内孔、外圆表面的同轴度,以及工件轴线与端面的垂直度。因此,在车床上适合加工轴类、盘类零件中心位置的孔,而不适合于加工大型零件及箱体、支架类零件上的孔。

(1)钻孔

在车床上钻孔与在钻床上钻孔的切削运动是不一样的,在钻床上加工的主运动是钻头的旋转,进给运动是钻头的轴向进给;而在车床上钻孔时,主运动由车床主轴带动工件旋转,钻头装在尾座的套筒里,用手转动手轮使套筒带着钻头实现进给运动。因此在车床上加工孔,不需要画线,而且容易保证孔与外圆的同轴度及孔与端面的垂直度。一般在车床上用麻花钻钻孔来完成低精度孔的加工,或作为高精度孔的加工。在车床上钻孔应注意以上几点:

①钻孔前,先车好端面,便于钻头定心。

②钻孔时,要及时退钻排屑,用切削液冷却钻头。快钻透时,进给要慢,钻透后要退出钻头后再停车。

③一般 ϕ30mm以下的孔可用麻花钻直接在实心的工件上钻孔。若孔径在 ϕ30mm以上,先用 ϕ30mm以下的钻头钻孔后,再用该尺寸钻头扩孔。

(2)扩孔

扩孔就是把已用航空麻花钻钻好的孔再扩大的加工。一般单件低精度的孔可直接用麻花钻扩孔;精度要求高、成批加工的孔可用扩孔钻扩孔。扩孔钻的刚度好,进给量可较大,生产率较高。扩孔详见钳工中的有关内容。

(3)镗孔

①镗孔及其操作。镗孔是用镗孔刀对已铸、锻或钻出的孔作进一步加工,以扩大孔径,提

高孔的精度和降低孔壁表面粗糙度的加工方法。在车床上可镗通孔、镗盲孔、镗台阶孔及孔内环形沟槽等。镗孔操作与车外圆操作基本相同,但应注意以下几点:

a.开车前先使车刀在孔内手动试走一遍,确认车刀不与孔干涉后,再开车镗孔。

b.粗镗时,切削用量要比车外圆时略小。刀杆越细,背切刀量也应越小。

c.镗孔的切深方向和退刀方向与车外圆正好相反。

d.由于刀杆刚性差,会产生“让刀”而使内孔成为锥孔,这时需降低切削用量,采取多次镗孔方式。镗孔磨损严重时,也会产生锥孔,这时需重磨车刀后再进行镗孔。

②镗孔尺寸的控制和测量。内孔的孔深可用控制镗孔深度后,再用游标卡尺或深度千分尺测量来控制孔深。

③内径的测量:精度较高的孔径,用游标卡尺测量;精度高的孔径则用内径千分尺或内径百分表测量。对于标准孔径,可用塞规检验,过端能进入孔内,止端不能进入孔内,说明工件的孔径合格,这是内孔尺寸和形状的综合测量方法,适合成批加工时的检验。

(4)铰孔

铰孔是高效率成批精加工孔的方法,孔的加工质量稳定。钻-扩-铰连用是孔加工的典型方法之一,多用于成批生产,或用于单件小批生产中加工细长孔。

2.其他加工方法简介

1)铣工

在铣床上利用铣刀的旋转和工件的移动来完成零件切削加工的方法称为铣削加工。铣削主要用来加工平面、台阶、沟槽、成型表面、齿轮、切断和螺旋槽等。另外,利用铣床还可以钻孔和镗孔加工。铣削加工是机械制造业重要的加工方法。

2)磨工

在磨床上用砂轮以高线速度对工件进行切削加工的方法称为磨削加工。磨削加工是零件精加工的主要方法。磨削时可采用砂轮、油石、磨头、砂带等作磨具,而最常用的磨具是用磨料与结合剂制成的砂轮。通常磨削能达到精度为IT7～IT5,表面粗糙度 R_a 一般为0.8～0.2μm。

采用超精磨削或研磨,工件的尺寸精度可达到IT5～IT3级,表面粗糙度 R_a 为0.1～0.05μm。

常见的磨削方法及特点:

①外圆磨削。

②内圆磨削。

③平面磨削。

④花键磨削。

⑤螺纹磨削。

⑥齿形磨削。

磨削也是一种切削加工,它和通常的车削、铣削相比有以下的特点:

①砂轮上每个磨粒相当于一把小铣刀,所以磨削相当于多刀刃的高速铣削。

②磨削属于微刃切削,每个磨粒切削厚度极薄,或获得高质量的加工表面。

③速度快、效率高,尤其是外圆磨和平面磨,砂轮线速度可达3 000～1 200m/min。

④由于磨粒硬度很高,因此磨削可以加工普通刀具难以完成的高硬度、高脆性材料的切

削,如淬火钢、硬质合金、不锈钢、陶瓷和玻璃等。

3)钳工

钳工是主要使用各种手动的工具进行零件加工及完成机械装配、调试等工作的工种。主要工作有:

(1)零件加工前的准备工作。

(2)机器装配前对零件进行钻孔、铰孔、套丝、攻丝等。

(3)对精密零件的加工。

(4)机器设备的装配、调试和维修等。

4)画线

根据图样的要求,在毛坯或半成品上画出加工界线的操作称为画线。

(1)画线的作用

①明确地表示出加工余量、加工位置,使机械加工有明确的尺寸界线。

②便于复杂工件在机床上安装,可以按画线找正定位。

③用来检查毛坯尺寸和形状是否合乎要求,避免不合格的毛坯投入后续机械加工造成损失。

④采用借料画线可以使加工余量不大的毛坯得到补救,使加工后的零件仍能符合要求。

(2)画线的种类

画线分平面画线和立体画线两种。

①平面画线:只需要在工件的一个表面上画线后即能明确表示加工界线的,称为平面画线。

②立体画线:在工件上几个互成不同角度(通常是互相垂直)的表面上画线,才能明确表示加工界线的,称为立体画线。

(3)画线要求及精度

画线要求:线条清晰均匀、尺寸准确、粗细一致、样冲眼分布均匀。画线精度:能达到0.25~0.5mm。通常不能依靠划线直接确定加工时的最后尺寸,而必须在加工过程中通过学习测量来保证尺寸的准确度。

5)数控加工基础

数控即数字控制(Numerical Control,NC),在机床领域指用数字化号对机床运动及其加工过程进行控制的一种方法。数控机床即采用了数控技术的机床。数控机床是一种灵活性极强的、高效能的自动化加工机床。

第二节　金属热处理工艺

金属热处理是将金属工件放在一定的介质中加热到适宜的温度,并在此温度中保持一定时间后,又以不同速度冷却的一种工艺方法。

金属热处理是机械制造中的重要工艺之一,与其他加工工艺相比,热处理一般不改变工件的形状和整体的化学成分,而是通过改变工件内部的显微组织,或改变工件表面的化学成分,赋予或改善工件的使用性能。其特点是改善工件的内在质量,而这一般不是肉眼所能看到的。

为使金属工件具有所需要的力学性能、物理性能和化学性能,除合理选用材料和各种成形工艺外，热处理工艺往往是必不可少的。钢铁是机械工业中应用最广的材料，钢铁显微组织复杂，可以通过热处理予以控制，所以钢铁的热处理是金属热处理的主要内容。另外，铝、铜、镁、钛等及其合金也都可以通过热处理改变其力学、物理和化学性能，以获得不同的使用性能。

热处理工艺一般包括加热、保温、冷却三个过程，有时只有加热和冷却两个过程。这些过程互相衔接，不可间断。

加热是热处理的重要步骤之一。金属热处理的加热方法很多，最早是采用木炭和煤作为热源，进而应用液体和气体燃料。电的应用使加热易于控制，且无环境污染。利用这些热源可以直接加热，也可以通过熔融的盐或金属，以至浮动粒子进行间接加热。

金属加热时，工件暴露在空气中，常常发生氧化、脱碳（即钢铁零件表面碳含量降低），这对于热处理后零件的表面性能有很不利的影响。因而金属通常应在可控气氛或保护气氛、熔融盐和真空中加热，也可用涂料或包装方法进行保护加热。

加热温度是热处理工艺的重要工艺参数之一，选择和控制加热温度，是保证热处理质量的主要问题。加热温度随被处理的金属材料和热处理的目的不同而异，但一般都是加热到相变温度以上，以获得需要的组织。另外转变需要一定的时间，因此当金属工件表面达到要求的加热温度时，还须在此温度保持一定时间，使内外温度一致，使显微组织转变完全，这段时间称为保温时间。采用高能密度加热和表面热处理时，加热速度极快，一般就没有保温时间或保温时间很短，而化学热处理的保温时间往往较长。

冷却也是热处理工艺过程中不可缺少的步骤，冷却方法因工艺不同而不同，主要是控制冷却速度。一般退火的冷却速度最慢，正火的冷却速度较快，淬火的冷却速度更快。但还因钢种不同而有不同的要求，例如空硬钢就可以用正火一样的冷却速度进行淬硬。

金属热处理工艺大体可分为整体热处理、表面热处理、局部热处理和化学热处理等。根据加热介质、加热温度和冷却方法的不同，每一大类又可区分为若干不同的热处理工艺。同一种金属采用不同的热处理工艺，可获得不同的组织，从而具有不同的性能。钢铁是工业上应用最广的金属，而且钢铁显微组织也最为复杂，因此钢铁热处理工艺种类繁多。

整体热处理是对工件整体加热，然后以适当的速度冷却，以改变其整体力学性能的金属热处理工艺。钢铁整体热处理大致有退火、正火、淬火和回火四种基本工艺。

1. 退火

将工件加热到适当温度，根据材料和工件尺寸采用不同的保温时间，然后进行缓慢冷却（冷却速度最慢），目的是使金属内部组织达到或接近平衡状态，获得良好的工艺性能和使用性能，或者为进一步淬火作组织准备。它可分为：

1）完全退火和等温退火

完全退火又称重结晶退火，一般简称为退火，这种退火主要用于亚共析成分的各种碳钢和合金钢的铸，锻件及热轧型材，有时也用于焊接结构。一般常作为一些不重要工件的最终热处理，或作为某些工件的预先热处理。

2）球化退火

球化退火主要用于过共析的碳钢及合金工具钢（如制造刃具，量具，模具所用的钢种）。其主要目的在于降低硬度，改善切削加工性，并为以后淬火作好准备。

3）去应力退火

去应力退火又称低温退火(或高温回火),这种退火主要用来消除铸件,锻件,焊接件,热轧件,冷拉件等的残余应力。如果这些应力不予消除,将会引起钢件在一定时间以后,或在随后的切削加工过程中产生变形或裂纹。

2. 正火

将工件加热到适宜的温度后在空气中冷却,正火的效果同退火相似,只是得到的组织更细,常用于改善材料的切削性能,也有时用于对一些要求不高的零件作为最终热处理。

3. 淬火

将工件加热保温后,在水、油或其他无机盐、有机水溶液等淬冷介质中快速冷却。淬火后钢件变硬,但同时变脆。为了提高硬度采取的方法,主要形式是通过加热、保温、速冷。最常用的冷却介质是盐水,水和油。盐水淬火的工件,容易得到高的硬度和光洁的表面,不容易产生淬不硬的软点,但却易使工件变形严重,甚至发生开裂。而用油作淬火介质只适用于过冷奥氏体的稳定性比较大的一些合金钢或小尺寸的碳钢工件的淬火。

4. 回火

为了降低钢件的脆性,将淬火后的钢件在高于室温而低于 710℃ 的某一适当温度进行长时间的保温,再进行冷却,这种工艺称为回火。回火的作用:

(1)降低脆性,消除或减少内应力,钢件淬火后存在很大内应力和脆性,如不及时回火往往会使钢件发生变形甚至开裂。

(2)获得工件所要求的机械性能,工件经淬火后硬度高而脆性大,为了满足各种工件的不同性能的要求,可以通过适当回火的配合来调整硬度,减小脆性,得到所需要的韧性,塑性。

(3)稳定工件尺寸

(4)对于退火难以软化的某些合金钢,在淬火(或正火)后常采用高温回火,使钢中碳化物适当聚集,将硬度降低,以利切削加工。

退火、正火、淬火、回火是整体热处理中的“四把火”,其中的淬火与回火关系密切,常常配合使用,缺一不可。

“四把火”随着加热温度和冷却方式的不同,又演变出不同的热处理工艺。为了获得一定的强度和韧性,把淬火和高温回火结合起来的工艺,称为调质。某些合金淬火形成过饱和固溶体后,将其置于室温或稍高的适当温度下保持较长时间,以提高合金的硬度、强度或电性磁性等。这样的热处理工艺称为时效处理。把压力加工形变与热处理有效而紧密地结合起来进行,使工件获得很好的强度、韧性配合的方法称为形变热处理;在负压气氛或真空中进行的热处理称为真空热处理,它不仅能使工件不氧化,不脱碳,保持处理后工件表面光洁,提高工件的性能,还可以通入渗剂进行化学热处理。

表面热处理是只加热工件表层,以改变其表层力学性能的金属热处理工艺。为了只加热工件表层而不使过多的热量传入工件内部,使用的热源须具有高的能量密度,即在单位面积的工件上给予较大的热能,使工件表层或局部能短时或瞬时达到高温。表面热处理的主要方法,有激光热处理、火焰淬火和感应加热热处理,常用的热源有氧乙炔或氧丙烷等火焰、感应电流、激光和电子束等。

化学热处理是通过改变工件表层化学成分、组织和性能的金属热处理工艺。化学热处理与表面热处理不同之处是后者改变了工件表层的化学成分。化学热处理是将工件放在含碳、氮或其他合金元素的介质(气体、液体、固体)中加热,保温较长时间,从而使工件表层渗入碳、氮、硼和铬等元素。渗入元素后,有时还要进行其他热处理工艺如淬火及回火。化学热处理的主要方法有渗碳、渗氮、渗金属、复合渗等。

热处理是机械零件和工模具制造过程中的重要工序之一。大体来说,它可以保证和提高工件的各种性能,如耐磨、耐腐蚀等。还可以改善毛坯的组织和应力状态,以利于进行各种冷、热加工。例如白口铸铁经过长时间退火处理可以获得可锻铸铁,提高塑性;齿轮采用正确的热处理工艺,使用寿命可以比不经热处理的齿轮成倍或几十倍地提高;另外,价廉的碳钢通过渗入某些合金元素就具有某些价昂的合金钢性能,可以代替某些耐热钢、不锈钢;工模具则几乎全部需要经过热处理方可使用。

第三节　常用零件的检测方法

一、轴类零件的检测

轴类零件是用来支撑传动零件,传递扭矩和承受载荷的,主要检测尺寸精度、形状精度、位置精度和表面粗糙度。

1. 直径检测

(1)量规检验。量规分通止两端,用量规的过端检测,在用止端检测,如果通端能通过,止端不能通过,则该轴轴径合格。

(2)游标卡尺测量:右手握住尺身,左手扶住固定卡脚,卡爪自上向下,放在被侧件上,放后查出尺寸。

(3)千分尺测量:(小尺寸轴径测量)右手的两个手指将尺回压在手心中,拇指和食指调整活动套管,左手捏住被测件,将被测件放入千分尺的两测量面之间,调整活动套管,读出尺寸。

(4)中等尺寸轴径:左手握尺架,右手调整活动套管检测。大尺寸轴径:左手握尺架,右手调整活动套管的尺寸检测。

2. 直线度检测

(1)平尺测量:将平尺与被测面贴紧,然后用厚薄规测量间隙,测量若干点,取其中最大的误差值为该被测量件的直线度误差。

(2)百分表测量:将被测零件放在平板上,并使其紧靠在直角铁上,用百分表被测线的全长范围的测量,取最大的误差值作为该零件的直线度误差。

3. 圆度检测

将被测零件放置在V形铁上,使其轴线垂直于测量截面,同时固定轴向位置。用百分表测量零件回转一周过程中读数的最大差值用一半作为单个截面的圆度误差,接上述方法测量若干截面,取其中最大的误差值作为该零件的圆度误差。检测工具:V形铁、百分表。

4. 垂直的检测

将被测零件放在导向块内以导向块内孔为基准轴线，然后用百分表测量整个被测面记录读数并取其中最大读数值作为该零件的垂直误差。检测工具：百分表、导向块。

5. 同轴度检测

将被测零件固定在可旋转的活动支座上，百分表固定在固定支座上，调整被测零件，使其基准轴线与百分表测量头的回转轴线同轴，在被测量件的基准面和被测面上测量若干截面，取其中最大读数误差值作为同轴度误差值。检测工具：固定支座、活动支座、百分表。

二、套类零件的检测

套类零件用来支承旋转轴及轴上零件的，在工作中承受轴向力和径向力。加工过程中主要检测其尺寸精度、形状精度、位置精度、表面粗糙度等。

1. 内孔直径检测

(1)用游标卡尺的内孔测量面平正地放在孔内，用力要适当，调整后读出最大值。要注意将测量结果加上两个量爪尺寸。

(2)用内径千分尺的两个卡脚平正地放在内孔中，调整活动套管。当量爪测量面将接近孔壁时，转动棘轮，推进轴杆，同时使内径百分尺作轻微的轴向和径向摆动。当棘轮发出响声后，锁紧轴杆，拿出千分尺读数。

(3)内径百分表，先根据内径的尺寸范围，换上百分表的测量头。检测时，略微摇摆百分表，其中最大的读数即是正确的尺寸。百分表测量范围有：6～10，10～18，18～35，35～50，50～100，100～160。

2. 同轴度

(1)用壁厚百分尺或刀口游标卡尺测出零件壁厚最薄点与最厚点。

(2)将被测零件套在两顶尖间的轴上，百分表测量头放在被测零件上记录回转一同过程中测量截面上各点，取数据最大值为同轴度误差。

三、齿轮减速箱检验

1. 齿轮的检验

港口装卸设备上主要工作机构使用的齿轮多为硬齿面齿轮，对硬齿面齿轮检查的内容较多，主要分材料及热处理检验、机加工精度检验两个部分，齿轮加工的精度分为12个精度，其中1级精度最高，12级最低。

1)材料及热处理检验

硬齿面齿轮都是采用优质合金结构钢锻造而成，最好选用经真空冶炼的钢材。材料的化学成分和机械性能应严格符合相关标准。锻件进厂时，必须对化学成分予以复验，除复验C、S、Si、Mn、P等常规检查外，还应分析Cr、Ni、Mo、Cu、Ti等元素的含量，其中S、P含量不得超过0.035%，另外还对H、O含量及夹杂物的级别有一定要求。加工前，齿坯锻件必须是回火状态。

硬齿面齿轮的制造和检验工序为：

齿坯→检验→粗车→UT(超声波)探伤→半精车→滚齿→倒棱→检验→渗碳→切碳→淬火回火→检验→精车→键槽加工→磨齿(粗)→检验→磨齿(精)→MT(磁粉)探伤→清理齿根→检验油漆。

按 AGMA 标准对齿轮热处理的检验方法要求非常严格,除了检测齿面硬度外,必须通过对同批号材料同炉热处理的试棒切片解剖检查渗碳层深度、芯部硬度、硬度梯度和金相分析,利用试棒的检验结果来判断齿轮的热处理质量。

齿轮的探伤也是对材料和热处理质量检验的必要手段。UT(超声波)探伤主要检查齿轮内部材料的裂纹、疏松、气孔、夹杂等缺陷,MT(磁粉)探伤则主要检查齿轮表面热处理和机加工可能产生的裂纹。

2)齿轮的加工尺寸及精度检验

齿轮机加工和精度检查是使齿轮装配顺利和保证传动性能的首要条件。齿轮加工和检验通常都是由作出标记的平行端面和轴孔的中心线为基准,内齿轮则是以一个端面和外圆为基准。不同形式的齿轮检验内容也不一样。对于渐开线圆柱齿轮,一般除检查孔径、外径、齿宽、键槽尺寸、表面粗糙度和形位公差外,对齿部还须检验齿形、齿向、螺旋角、齿厚、公法线尺寸偏差、周节和基节偏差、端面跳动量及径向跳动量等都必须进行严格的检查。

2. 减速箱箱体检验

齿轮减速箱的箱体一般有铸造箱体和焊接箱体两种,港口装卸设备的减速箱以焊接箱体为主。对材料和焊接方面的检验要求在第三章中已经说明,这里要讲一下箱体其他方面的检验内容。

(1)箱体和箱盖均应进行回火处理,通常是粗加工后将箱体和箱盖垫平放入回火炉内按图 5-2 进行控制。

(2)渗透试验。对箱体每条焊缝外侧涂以白垩粉,在箱体内侧焊缝区域刷煤油,如果煤油渗透到焊缝外侧即说明存在渗漏。

(3)结合面检查。将完工的箱盖放置在箱体上,结合面应贴合,间隙不允许超过 0.05mm。

(4)轴孔平行度检查。公差值根据箱体大小及精度要求决定,一般不平行度允差为 0.01 ~ 0.04mm。

(5)对放油孔的要求。箱体底部放油孔应能保证放油阀装好后使箱内润滑油彻底放完。

(6)油漆。箱体回火并经渗漏试验后,应按规定除锈,箱体外部按涂装工艺涂漆,内部须涂白色或浅色的耐油漆。

3. 齿轮减速箱的装配检验

齿轮减速箱装配时,应检查以下内容:

(1)轴承的轴向位移量。轴承外圈定位后,轮轴完全没有位移是不行的,要根据不同类型和规格的轴承确定合理位移量,一般为 0.05 ~ 0.20mm 范围。

(2)齿轮副侧隙。每对齿轮副都要有适量的齿侧间隙,以保证减速箱温度升高时仍能正常运转和润滑,通常是根据齿轮副的中心距来决定保证侧隙(见表 5-2)。但侧隙过大,也会产生机构起制动时的冲击声。所以要求侧隙适当,具体侧隙的大小可以用塞尺测量(如图 5-3 所示),或用百分表测量,另外还可以用软锚压实法直接千分尺测量。

(3)啮合面检验。齿面良好的接触才能保证齿轮平稳地运转和传递动力,硬齿面齿轮要求齿长方向的接触不少于 70%,齿高方向不少于 50%。在齿面涂刷一层 DYKEM 涂料可以永久性检查齿轮副的齿面接触精度。

齿轮副的保证侧隙　　表 5-2

中心距(mm)	80~125	125~180	180~250	250~315	315~400	400~500	500~630	630~800	800~1 000
较小侧隙(μm)	87	100	115	130	140	155	175	200	230
较大侧隙(μm)	220	250	290	320	360	400	440	500	550

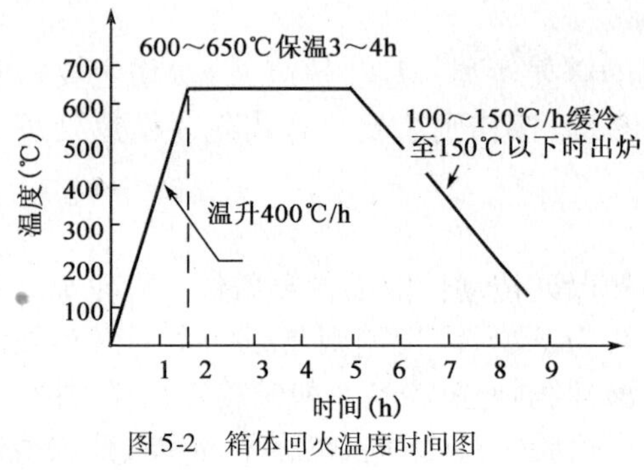

图 5-2　箱体回火温度时间图

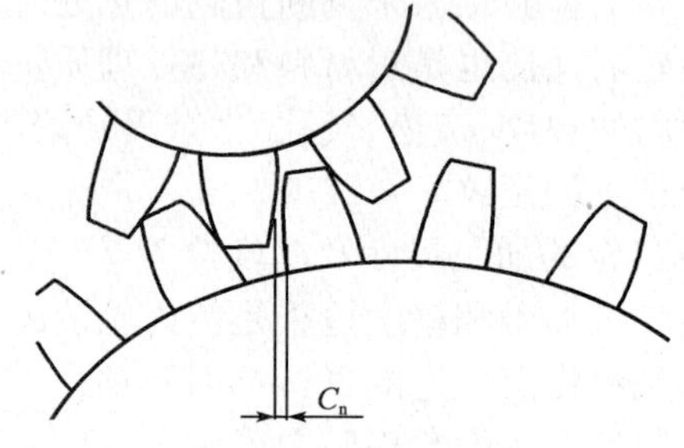

图 5-3　齿侧间隙示意图

4. 减速箱的试验

齿轮减速箱装配结束后,应在车间内进行试验,确认合格才能在设备上安装使用。试验的步骤是在额定转速下,空载正反向运转各一小时,再带载(不少于额定负载的 50%)正反向运转各一小时,试验时须检查漏油、温升、噪声、润滑等项目。

漏油——新制的减速箱不允许有漏油现象,因此应检查减速箱的箱体结合面、轴承端盖、放油口等处,同时要特别注意输入输出轴处密封情况;

温升——通常应检查轴承的温升和齿轮油的温升,轴承温度升高最大不应大于 60℃。油液的温升有两个因素须考虑,一是油液的绝对温度最高不应超过 90℃,二是油液的温升不宜超过 50℃。温度测定一般采用红外线温度检测仪或热电偶式温度传感器来测量。

噪声——噪声是反映齿轮的加工精度和减速箱装配质量的综合指标,同时,噪声又与齿轮的动平衡及轴承的质量有着密切的关系。对于减速箱的噪声,目前还没有一个统一的国际或国内标准。目前的要求是在距减速箱 1m 处用积分声级仪测量的噪声量为:车间内空载运转时不大于 75dB(A),车间内带载运转应不大于 80dB(A)。测量时,环境噪声必须小于 65dB(A)。

润滑——减速箱试验时还必须检查齿轮和轴承的润滑情况。试验后,打开放油阀,放掉箱内试验用油,并用柴油冲洗干净,要求齿轮箱在安装状态下能自行彻底放清残油。

由于润滑油中若含有水分,将会使油液的黏度下降,影响润滑效果,还会造成油的乳化。水分较多时,还会引起齿轮及其他零件锈蚀,因此如何防止水分混入油内是必须引起重视的问题。其实,大部分减速箱内的水并非是漏进去的,而是由于箱内温度变化,温差使得空气中的水分在箱体内结露形成。改进透气帽,采用合理结构和过滤装置防止潮湿空气进入箱体,可减轻箱内的结露现象。

5. 减速箱的运行后的检查

在试验和制造阶段,减速箱在运行过程有异常,经常发生的故障是轴承处发热,径向跳动,齿轮啮合噪声,此时往往是要对齿轮进行检验。

1)磨损

港口装卸设备上最常见的齿轮失效形式是磨损，原因有很多种，如润滑油问题、过载、硬度不够等。对于齿轮的磨损，我们要进行有针对性的测量：

(1)齿厚的测量。

(2)公法线长度的测量(如图5-4所示)。

2)点蚀

疲劳点蚀也是齿轮常见的失效形式。所谓点蚀就是在靠近节圆(偏下)的齿面出现麻坑，是由于齿面接触应力达到一定的极限，出现疲劳裂纹之后，金属块的剥落。点蚀面在齿宽或齿高方向超过60%应报废。

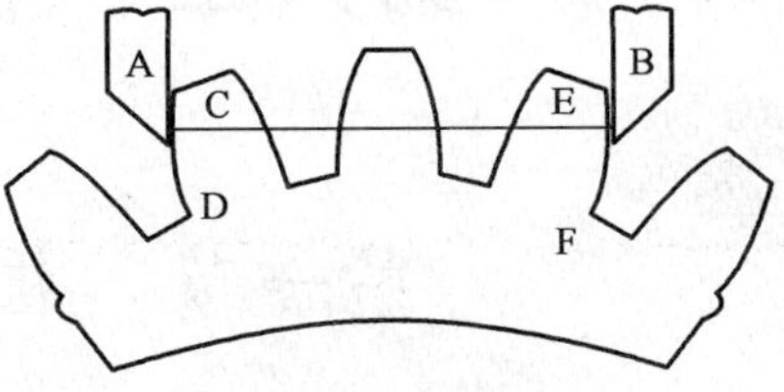

图5-4 齿轮公法线长度的测量

3)接触状况

由于机构变形等原因，啮合面会出现变化，如图5-5所示，其中除图5-5a)的情况，如啮合面积达到要求可以照常使用，其余的或须调整，或已报废。

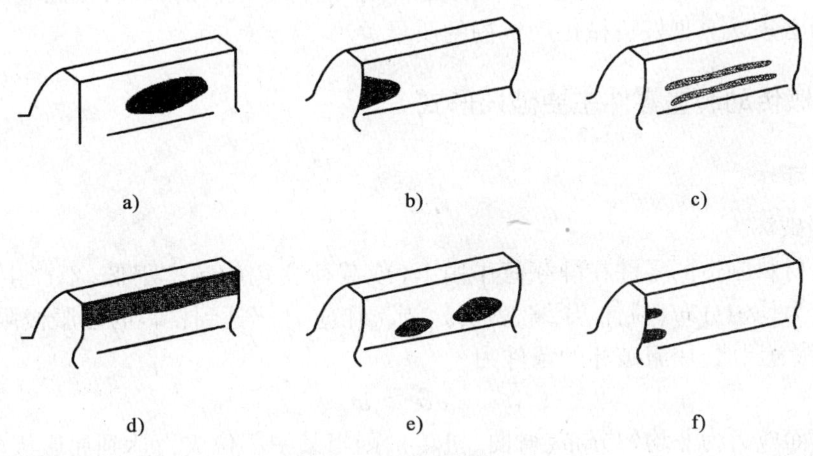

图5-5 不同的齿面接触

4)其他

在任何时候，齿面出现裂纹、断齿和塑性变形时，该齿轮就应报废，齿轮不允许焊补。齿轮减速箱安装详见第六章第二节内容。

思考题

1. 国际GB/T 1800.2～3—1998将反映尺寸精度的标准公差分为几级？代号是什么？

2. 形位公差符号标注方法有几种？含义是什么？

3. 常用的切削加工方法有哪些？各有什么作用？

4. 基本的热处理工艺有哪些？各有什么要求？

5. 常用零部件检测的方法有哪些？如何检测？

6. 齿轮减速箱装配及试验检查内容有哪些？

第六章　机械传动装置质量控制

第一节　机械传动装置质量控制含义

机电设备中的机械传动装置包括从动力部分到工作装置之间的传动零件，如传动轴、联轴器、齿轮传动、链传动、皮带传动、减速装置、换向装置、离合器、制动装置、车轮、滑轮、轴承及为实现将动力传递到工作装置并满足其功能要求的其他零部件。传动装置的质量不仅直接影响产品的质量及安全，而且对产品的成本、效能、维护运行有很大的影响，在机电设备监理工作中的质量控制必须认真把好机械传动机构的质量关。

一、机械传动装置零件主要破坏形式

1. 强度破坏

1）屈服破坏

用塑性材料制造的零件在静载荷作用下（或载荷变化的频率很低，不产生疲劳效应），如果截面中应力均匀分布（拉伸、压缩、剪切），当工作应力 σ 达到材料的屈服极限 σ_s 时，即产生永久变形，称为屈服，屈服破坏的条件为

$$\sigma \geqslant \sigma_s \tag{6-1}$$

如果截面应力为非均匀分布（弯曲、扭转），则当某一部位应力达到屈服极限时，将会在这个部位产生局部变形。

2）破断破坏

用脆性材料制造的零件没有明显的屈服现象。当截面中工作应力达到材料强度极限 σ_b 时，零件即破坏。破坏条件为

$$\sigma \geqslant \sigma_b \tag{6-2}$$

2. 疲劳破坏

在变载荷作用下的零件，由于疲劳裂纹的形成和扩展，虽然零件截面中工作应力低于屈服极限，但零件最终出现断裂。轴类零件的破坏多属于低应力高周疲劳。齿轮、轴承的表面破坏多属接触疲劳。疲劳破坏条件是：当零件的应力循环次数达到某一定值，其工作应力也大于相应的疲劳极限，即

$$\begin{cases} N \geqslant N_0 \\ \sigma \geqslant \sigma_{rk} \end{cases} \qquad \begin{cases} N_s < N < N_0 \\ \sigma_s > \sigma \geqslant \sigma_{rk} \end{cases} \tag{6-3}$$

式中：N——零件实际应力循环次数；

N_s、N_0——零件基本应力循环次数；

σ_{rk}——考虑应力的非对称性和应力集中后的疲劳极限。

3. 刚度破坏

当零件的变形或位移超过某一许可值时，就不能保证正常工作，称刚度破坏。随着高强度材料的使用日益增多，刚度破坏的可能性增大。刚度破坏的条件是变形值 f 大于允许值 $[f]$。

$$f > [f] \tag{6-4}$$

4. 失稳破坏

用塑性材料制造的细长零件受轴向压力作用时，一般不是屈服破坏，而是压弯失稳，即零件丧失原有的几何形状，不能继续工作。压弯失稳的条件是：工作应力（或载荷）大于临界应力（或临界力载荷）。即

$$\begin{aligned} \sigma &> \sigma_{临} \\ P &> P_{临} \end{aligned} \tag{6-5}$$

5. 磨损破坏

当零件在不具有液体摩擦的情况下相互滑动时，接触应力或挤压应力的作用使零件出现磨损。零件磨损不应超过规定的限度。在具有液体摩擦的情况下，磨损的出现开始于油膜的破坏。破坏条件是挤压应力 P 大于极限应力 $P_{极限}$，即

$$P > P_{极限} \tag{6-6}$$

在没有液体摩擦的情况下，磨损决定于单位接触面积上的摩擦功 A，磨损条件为

$$A = fPv > A_{极限}$$

式中：f——摩擦系数；

v——两个接触零件的相对滑动速度，m/s。

当摩擦系数为定值时，磨损条件为

$$Pv > \frac{A_{极限}}{f} = 常数 \tag{6-7}$$

6. 振动破坏

随着起重机机械工作速度等参数的提高，机器自重减轻，在不稳定运动过程中可能使动力载荷加大。振动使机器不能正常运转，并且加速零件的疲劳破坏，一旦出现共振现象，后果将十分严重。振动破坏的条件是在外力作用的频率 f 与系统自振频率 f_0 相等或互成倍数。即

$$f = mf_0 \tag{6-8}$$

式中：m——任意正整数。

对于高速传动轴的静挠度 $\delta_{静}$，有一定的限制。高速传动轴振动破坏的条件是，轴的转速 n 等于临界转速 $n_{临}$

$$n = n_{临} = 300\sqrt{\frac{1}{\delta_{静}}} \tag{6-9}$$

7. 低应力脆断破坏

零件在受载过程中出现明显的宏观塑性变形以前突然断裂，称为脆性断裂。如果零件的

材料是均匀连续,内部没有宏观裂纹,按照传统的计算方法,只要满足强度条件。$\sigma \leqslant [\sigma]$就能保证零件的安全工作。如果材料内部存在着微观裂纹,或者在零件加工制造过程中产生了微观裂纹,那么,用无裂纹小试样测得的强度指标就不能代替有裂纹零件的真实强度。另一方面,在外载荷和其他因素影响下,裂纹可能失稳扩展。随着材料强度的提高,构件尺寸的增大,焊接工艺使用的推广,低应力脆断的问题日益突出。

对于高强度材料,低应力脆断的判据是裂纹尖端应力强度因子 K_Z 大于材料的断裂韧性 K_{IC}。

$$K_Z > K_{IC}$$

对于中、低强度的钢材,断裂判据为裂纹实际张开位移 δ 大于临界张开位移 δ_C。

$$\delta > \delta_C$$

二、机械传动装置质量控制要点

(1)传动零部件的几何尺寸及精度必须满足设计图样、技术文件及相应标准规定要求。

(2)传动零部件材料型号及性能,加工工艺、热处理工艺等必须符合设计技术文件及标准规定。

(3)传动装置的强度、刚度、稳定性必须满足设计规范、标准规定要求,保证安全可靠地工作。

(4)传动装置的功能,如减速、换向、离合、变速、制动、润滑等应满足工作装置功能要求,制动可靠,操作方便。

(5)传动装置的相对运动结合部应保证良好的密封性,不得出现油、气的渗漏现象;相对运动部位不得有相互阻滞、摩擦、碰撞等现象。

(6)传动装置应具有良好可维修性和维修保障性,装拆方便。

(7)传动装置应保证运行平稳,变速、换向灵活,制动安全可靠,不得出现不正常的振动和异常声响,温升过高等现象,并满足设计技术文件及标准规定要求。

(8)对室外工作的传动装置以及运动部分的传动装置必须加装安全防护设备;对于设计任务书和相应标准中明确规定的安全保护装置,如限位开关、超速保护、超负荷保护、相互联锁保护、档止保护装置等,必须配备,并安全可靠。

(9)传动装置应布置紧凑,排列整齐,颜色符合图样规定,外观造型力求稳定、均衡、协调、美观。

(10)其他在设计技术文件和产品标准中所规定的技术要求。

第二节　传动装置通用零部件装配检验

将合格的零件按工艺规程装配成组(部)件的工艺过程为部装。部装检验的依据是相关标准、图样和工艺文件。为了检验方便,便于记录和存档,必须设立部装验查记录单。

一、一般要求

1. 零件外观和场地的检查

在部装之前,要对零件外观质量和部装场地进行检查,要做到不合格的零件不准装配,场地不符合要求不准装配。

(1)零件加工表面无损伤、锈蚀、划痕。

(2)零件非加工表面的油漆膜无划伤、破损,颜色要符合要求。

(3)零件表面无油垢、污物,装配时要擦洗干净。

(4)零件不得碰撞。

(5)零件出库时要检查其合格证或质量标志或证明文件,确认其质量合格后方准进入装配线。

(6)中、小件转入装配场地时不得落地(要放在工位器具内)。

(7)大件吊进装配场地时需检查放置地基的位置,防止变形。

(8)大件质量(配件)的处理记录。

(9)重要焊接零件的超声波或射线探伤检查质量记录单。

(10)装配场地要清洁,无不需要的工具和多余物。装配场地要进行定置管理。

2. 装配过程的检查

监理人员根据检验依据,采用巡回方法,监督检查每个装配工位,操作人员遵守装配工艺规程,检查有无错装和漏装的零件。装配好后,要按规定对产品进行全面检查。

二、滚动轴承装配前检查

(1)轴承的型号及尺寸应符合设计规定。

(2)轴承内圈主要项目公差与外圈主要项目公差应符合有关规定。

(3)轴承用手转动时应平稳、轻快,无阻滞现象。

(4)可分离型轴承在不装套圈时,滚动体不允许从保持架兜孔中掉出。

(5)轴承零件不允许有锐角和毛刺。

(6)C、D 级轴承不允许有氧化皮。

(7)轴承经酸洗后工作表面不应有烧伤、配合表面不应有未经酸洗看到的烧伤,工作表面上酸洗层应清除掉。

(8)轴承零件不允许有裂纹及严重卡伤、锈蚀和缺陷。

(9)轴承代号、标志必须齐全、完整,字迹必须端正、清晰,线条粗细均匀。

三、减速箱安装

在机房内安装减速箱前,先要确认机房底盘水平,然后开始安装。

(1)减速箱在安装时,先划出机房的十字中心线,然后定位减速箱底座(如图 6-1 所示)。可以用角尺进行测量,调整并保证减速箱横向及纵向水平,用框式水平仪检查减速箱横向、纵向水平(如图 6-2 所示),横向水平安装误差≤0.08mm。

(2)检查减速箱底座与机房底架主、辅筋板是否对中,错位数值≤2/3 薄板厚度(其他机构底座筋板错位同)。

(3)根据要求,为了有利于安装和防止今后可能有的结构变形,减速箱底座的高度必须高出马达和卷筒的底座 6mm。

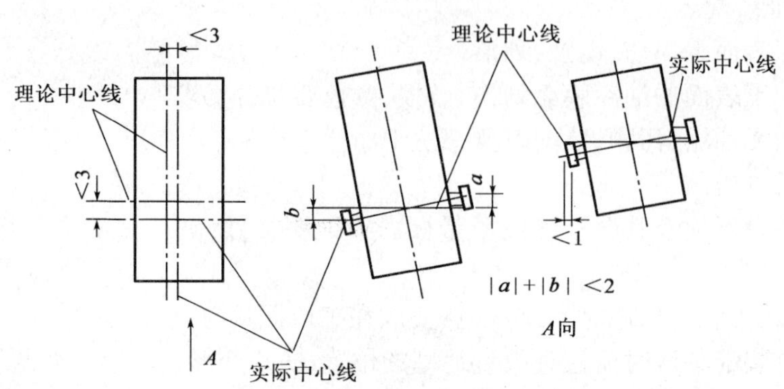

图 6-1　减速箱定位标准图

（4）检查减速箱与底座之间的接触面积，要求≥70%，合格后检查减速箱固定螺栓、螺母的型号和规格，螺栓要求高出螺母 2～3 牙，扭矩按照图纸要求进行检查。

图 6-2　减速箱横向和纵向水平

（5）按照图纸要求检查减速箱抗剪块位置是否符合图纸要求，抗剪块与减速箱之间应无间隙，并且保证与减速箱接触超过 2/3 抗剪块的高度。

（6）减速箱底座螺栓必须用扭力扳手按规定扭矩拧紧；减速箱定位紧固后，用手转动高速轴应无异感，同时须复核齿面的接触斑点与安装前没有变化；如果齿面接触情况变差，则说明底座平面不平引起减速箱箱体变形；

（7）要检查是否按规定的牌号加妥齿轮油并核实油位，检查每对齿轮都能正常润滑，飞溅式润滑的齿轮减速箱，应保证每对齿轮副的被动齿轮齿面部分应浸入油池内，同时要检查有否油液渗漏及放油口能否顺利排放废油。

四、齿轮及齿条

齿轮是机械传动中普遍采用的传动形式，除了设计技术文件中规定的特殊要求外，一般应满足下列要求：

（1）齿轮应经热处理，尽可能采用中硬齿面或硬齿面啮合。

（2）齿轮副的精度应不低于 GB 10095 中规定的 8－8－7 级，齿条的精度应不低于 GB 10096 中规定的 9－8－8 级。

（3）传动齿轮的啮合间隙与接触斑点应符合设计要求，如设计未作规定，传动齿轮接触斑点的百分值与检验方法应符合表 9-42 的规定。

五、卷筒安装

吊装卷筒时必须先清洗低速联轴节内外齿圈确保联轴节内无杂物，安装好低速联轴节密封圈。

(1)保证联轴节开档(具体可参照卷筒联轴节端盖上的磨损刻度指示线),在卷筒轴承座底座螺栓终拧好的情况下,方可架磁性底座百分表测量读数(将百分表底座贴于低速联轴节上,百分表指针接触卷筒端面,匀速转动一周,记录数据),卷筒轴向中心线的偏差要求为≤0.3mm。

(2)轴线平行位移量最大不超过0.30mm;平面角度偏差最多不超过0°30′。

(3)检查卷筒支座固定螺栓超出螺母2~3牙,并检查是否有防松措施。检查卷筒支座垫板厚度≥6mm(最多不能超过10mm)。

(4)检查联轴节与抗剪块之间是否有间隙,及焊接需要考虑进行的维修,即方便打磨。

六、电机安装

1.电机安装基本要求

(1)电机机组应用共同底座。

(2)电机安装部位应留有足够空间,以便拆装、检查及维修。

(3)电机的联轴器、皮带和链轮传动部分必须有可拆的护罩,以防外界偶然触及传动部分。

(4)电机按安装图要求落位安装,用地脚螺栓牢固固定,不准采取焊接固定。

(5)电机引线长度应有一定余量,接线按图编号正确连接,电机附件无接线端子的元件,应加装过渡接线盒。

(6)电机安装完毕进行试运行前,先检查下列各项:

①电机旋转方向应符合机械要求。

②电机运行平稳无异常杂声。

③电机换向器、滑环及电刷工作正常。

④发电机电压变化率符合产品要求。

⑤电机的起动电流、空载电流符合产品要求。

⑥电机稳定温升符合电机绝缘等级要求,不应有过热现象。

2.电机安装

电机安装根据减速箱高速输出轴为基准,必须保证联轴节装配尺寸,因为如果联轴节开档不对,那将会造成以后联轴节的磨损件不易更换。轴承座底座的调节垫片根据FEM标准不得超过3张,调整垫片必须是机加工或不锈钢,不得有卷边等现象。调整完毕安装定位块。

检验时必须先将电机底座螺栓终拧到位后,方可打表测量(如图6-3所示)。电机的安装要求相对卷筒的精度要高,如果螺栓没有拧紧,测量的误差就很大。电机的测量分为轴向和径向两个跳动量,两者反映电机的安装状态,轴向高低及左右偏移量不得超过0.05mm,半联轴节间的平面夹角不得大于0°15′(或不大于0.08mm),调整完毕加定位块,防止电机松动。

注:百分表测量数据与安装的角度换算:百分表的指针绕轴向中心线转一周,取最大值和

最小值，测量的直径为 d；运用公式：$a=\arctan(\Delta h/d)=\arctan[(h_2-h_1)/d]$，其中，$h_2$——表针最大值；$h_1$——表针最小值；$d$——表针触点直径。

七、联轴节安装

联轴节主要用于港口装卸设备中各机构的减速箱输入输出轴的连接，也使用于其他类似的既传递转矩又承受径向载荷的机械设备，但不能用作需承受轴向载荷的传动。按照形式分为：齿形联轴节（如图 6-4 所示）、梅花形联轴节（如图 6-5 所示），用于联接减速箱和电机之间的动力传递。另外，还有用于卷筒输出轴的编码器联轴节。

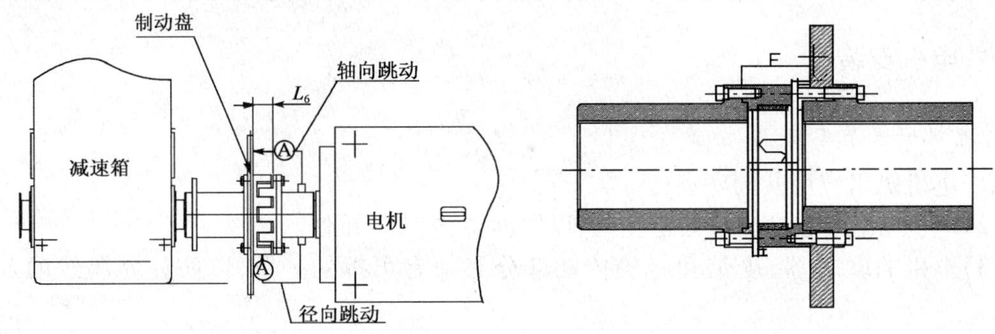

图 6-3　电机安装　　　　图 6-4　齿形联轴节

1. 高速联轴节安装（齿形）

港口装卸设备一般采用两种高速联轴节，梅花形联轴节和齿形联轴节。梅花形联轴节具有弹性好，承载能力大，安装精度要求低，少维护，无润滑的特点。齿形联轴节能承受较大的转矩和冲击载荷，过载能力大，工作平稳可靠。但相对来将讲按照要求高，维护量大。它的安装要求如下：

（1）先将内齿圈套在轴上，并扣上密封圈，然后将外齿套在轴上，两只外齿套装好后，然后进行找正（如图 6-6 所示），特别要根据产品说明书要求确保轴端之间的距离。安装密封圈时需要特别注意是否卡住。

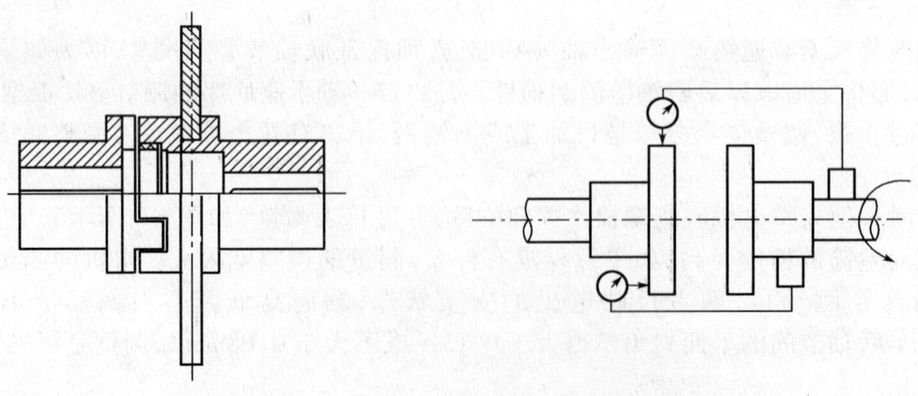

图 6-5　梅花形联轴节　　　　图 6-6　联轴节打表情况示意图

(2)根据规定的扭矩值拧紧联接螺栓,并做好防松措施。

(3)确保内外齿在油浴内啮合工作,根据说明书加正确的润滑油。

2. 低速联轴节安装(鼓形齿式)

鼓形齿式联轴节,用于减速箱和卷筒之间能传递较大转矩,径向承载能力大,可补偿轴线偏移,带有磨损指示。

(1)联轴节应以解体热套为宜。加热应在油浴中进行,油温不超过130℃,加热时间不超过4h。

(2)必须保证定位磨损指针位置正确,装好后,指针两侧刻线与轴向定位刻痕平齐,确定安装轴向位置正确;指针前端刻线正对齿侧隙界限刻痕之间,确定磨损量(如图6-7所示)。

(3)根据规定的扭矩值拧紧连接螺栓。

(4)安装完毕之后,即应注入润滑脂。

3. 编码器联轴节安装

港口装卸设备上常用的编码器联轴节形式有两种:ML系列梅花形弹性联轴节(如图6-8所示)和JM系列膜片联轴节。功能是反馈数据和信号给电脑。连接凸轮限位开关、超速测速开关、编码器。虽然在运行时扭矩极小,但在这联轴节上易发生问题,安装时须重视。

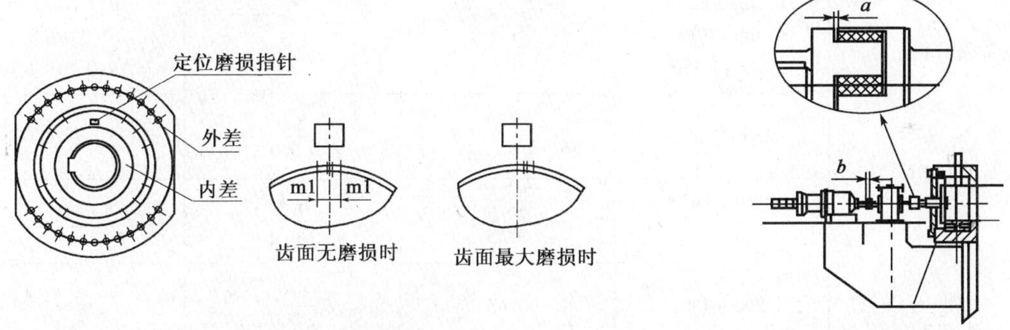

图6-7　低速联轴器齿隙磨损

图6-8　编码器联轴器安装

(1)对各支座平面,棱角、毛刺修正,调整分动箱进轴与卷筒轴承座出轴的同轴度,可用直尺、厚薄规来测量。用不锈钢垫片调整高低差。分动箱出轴各组与编码器、超速测速开关、凸轮限位开关的进轴保持同轴度,上下、左右开口均用厚薄规测量,高低差、左右差用直尺测得,前后差直接量的,确保同轴度要求(一般情况下,上下、左右差允许为0.5mm)。

(2)检查卷筒输出的轴头的加工,为了避免应力集中导致断轴,必须要有R角过渡,R角至少1.5mm(如图6-9所示)。另外,还要检查该轴头是否倾斜。

(3)拧紧定位螺栓,防止销轴的串动,尽可能采用键传动。

4. 联轴器偏差情况如图6-10所示。

5. 联轴器的允许偏差如表6-1所示。

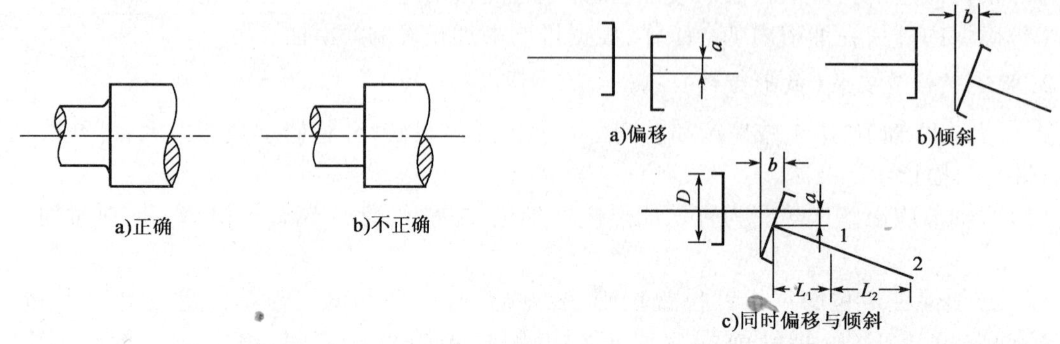

图 6-9　轴头

图 6-10　联轴器偏差情况

常用联轴器的允许偏差(单位:mm)　　表 6-1

联轴器形式	联轴器直径(D)	径向偏移值	两轴倾斜值	端面间隙(C)
十字滑块形式和挠性爪	≤300 300～600	0.1 0.2	$\frac{0.8}{1\,000}$ $\frac{1.2}{1\,000}$	
蛇形弹簧式联轴器	≤200 200～400	0.1 0.2	$\frac{1.0}{1\,000}$	1.0～4.0 1.5～6.0
	400～700 700～1 350	0.3 0.5	$\frac{1.5}{1\,000}$	2.0～8.0 2.0～10.0
	135～2 500	0.7	$\frac{2.0}{1\,000}$	3.0～12.0
CL 型、CLZ 型 齿轮联轴器	170～185 220～250	0.3 0.45	$\frac{0.5}{1\,000}$	2.5
	290～430	0.65	$\frac{1.0}{1\,000}$	5.0
	490～590	0.90	$\frac{1.0}{1\,000}$	
	680～780	1.2		7.5
	900～1 100	1.5	$\frac{2.0}{1\,000}$	10.0
	1250			15.0
弹性圆柱销联轴器	120～140	0.05	$\frac{0.2}{1\,000}$	1～5
	170～220			2～6
	220～260			2～8
	260～330	0.10		2～10
	330～410			2～12
	410～500			2～15
刚性联轴器		两轴轴心的径向位移不大于 0.03		

续上表

<table>
<tr><th>联轴器形式</th><th>联轴器直径(D)</th><th>径向偏移值</th><th>两轴倾斜值</th><th>端面间隙(C)</th></tr>
<tr><td rowspan="5">棒销联轴器</td><td>145 ~ 270</td><td>0.1</td><td rowspan="5">$\frac{0.2}{1\,000}$</td><td>5.0</td></tr>
<tr><td>290 ~ 170</td><td>0.2</td><td rowspan="2">10.0</td></tr>
<tr><td>520 ~ 750</td><td>0.3</td></tr>
<tr><td>850 ~ 1 110</td><td>0.5</td><td>15.0</td></tr>
<tr><td>90 ~ 150</td><td rowspan="2">0.05</td><td>2.0 ~ 3.0</td></tr>
<tr><td rowspan="5">柱销联轴器</td><td>170 ~ 220</td><td rowspan="5">$\frac{0.2}{1\,000}$</td><td>2.5 ~ 4.0</td></tr>
<tr><td>275 ~ 320</td><td rowspan="3">0.10</td><td>3.0 ~ 5.0</td></tr>
<tr><td>340 ~ 490</td><td>4.0 ~ 6.0</td></tr>
<tr><td>560 ~ 610</td><td>5.0 ~ 7.0</td></tr>
<tr><td>150</td><td rowspan="3">0.05</td><td>2.0 ~ 3.0</td></tr>
<tr><td rowspan="5">带制动轮柱销联轴器</td><td>170</td><td rowspan="5">$\frac{0.2}{1\,000}$</td><td>2.5 ~ 4.0</td></tr>
<tr><td>220 ~ 275</td><td>3.0 ~ 5.0</td></tr>
<tr><td>340 ~ 410</td><td>0.10</td><td>4.0 ~ 6.0</td></tr>
<tr><td>490 ~ 560</td><td rowspan="3">0.5</td><td>5.0 ~ 7.0</td></tr>
<tr><td>112</td><td>8 ~ 10</td></tr>
<tr><td rowspan="10">TD 型胎形弹性联轴器</td><td>140</td><td rowspan="3">$\frac{1.0}{1\,000}$</td><td>10 ~ 13</td></tr>
<tr><td>180</td><td rowspan="4">1.0</td><td>15 ~ 18</td></tr>
<tr><td>215</td><td>18 ~ 22</td></tr>
<tr><td>265</td><td rowspan="4">$\frac{1.5}{1\,000}$</td><td>20 ~ 25</td></tr>
<tr><td>310</td><td>24 ~ 30</td></tr>
<tr><td>405</td><td rowspan="3">1.5</td><td>30 ~ 38</td></tr>
<tr><td>460</td><td>40 ~ 48</td></tr>
<tr><td>560</td><td rowspan="4">$\frac{2.0}{1\,000}$</td><td>50 ~ 60</td></tr>
<tr><td>700</td><td>2.0</td><td>70 ~ 82</td></tr>
<tr><td>950</td><td>0.2</td><td>100 ~ 115</td></tr>
<tr><td rowspan="5">胶板弹性联轴器</td><td>300 ~ 360</td><td>0.3</td><td>30 ~ 32</td></tr>
<tr><td>450</td><td rowspan="4">0.5</td><td rowspan="2">$\frac{0.5}{1\,000}$</td><td>45 ~ 47</td></tr>
<tr><td>520 ~ 690</td><td>30 ~ 32</td></tr>
<tr><td>880</td><td rowspan="2">$\frac{1.0}{1\,000}$</td><td>70 ~ 72</td></tr>
<tr><td>1 000</td><td>40 ~ 42</td></tr>
</table>

注:弹性圆柱销联轴器指标准型,TD 胎型采用第一重型机器厂工厂标准。

八、链条及链轮

链条及链轮安装应符合下列要求:

(1)链条与水平线夹角不大于 45°时,从动边的弛垂度应为两链轮中心距离的 2%。

(2)链条与水平线夹角大于45°时,从动边的弛垂度应调整到两链轮中心距离的1% ~ 1.5%。

(3)主动及被动链轮齿宽中心线应重合,其偏差值应≤$2L/1\,000$(L为链中心距)。

九、液力耦合器

液力耦合器安装的允许偏差和检验方法应符合表6-2的规定。

液力耦合器安装允许偏差和检验方法 表6-2

序　号	项　目	允许偏差(mm)	检验方法
1	径向圆跳动	≤0.10	用百分表和专用工具检测
2	端面圆跳动	≤0.10	

注:液力耦合器的径向圆跳动和端面圆跳动,应在液力耦合器端面和圆周上均匀分布的4个位置,即0°、90°、180°、270°进行测量。

第三节　传动机构总装检验

一、机构总装的检验

1. 检验依据

机构总装检验依据是产品图样、装配工艺规程以及产品标准。

2. 检验内容

总装过程的检查方法与部装过程的检查方法一样,采用巡回方法监督检查每个装配工位,监督操作人员遵守装配工艺规程,检查有无错装和漏装等。

(1)装配场地必须保持环境清洁,光线要充足,通道要畅通。

(2)总装的零、部件(包括外购、外协件)必须符合图样、标准、工艺文件要求,不准装入图样未规定的垫片和套等多余物。

(3)装配后的螺栓、螺钉头部和螺母的端部(面),应与被紧固的零件平面均匀接触,不应倾斜和留有间隙,装配在同一部位的螺钉长度一般应一致,紧固的螺钉、螺栓和螺母不应有松动的现象;影响装配精度的螺钉,紧固力应一致。

(4)螺母紧固后,各种止动垫圈应达到制动要求。根据结构的需要,可采用在螺纹部分涂上低强度防松胶代替止动垫圈。

(5)机构传动和移动部件装配后,运动应平稳、轻便、灵活,无阻滞现象,定位机构应保证准确可靠。

(6)总装时应注意高速旋转的零部件的动平衡精度(其精度值由设计规定)。

(7)必须检查两配件的结合面配合的接触质量。若两配合件的结合面均是刮研面,则用涂色法检验,刮研点应均匀,点数应符合规定要求。

(8)若两配合件的结合面均是用机械切削出来的,则用涂色法检验接触斑点,检验方法应按标准规定进行。

(9)重要固定结合面和特别重要固定结合面应紧密贴合。重要固定结合面在总装紧固后,用塞尺检查其间隙量,其量值不得超过标准的规定。

(10)特别重要固定结合面,除用涂色法检验外,紧固前、后均应用塞尺检查间隙量,其量值应符合标准规定。

(11)与水平垂直的特别重要固定结合面,可在紧固后检验。

(12)滚动轴承的结构,检验位置是否保持正确,受力是否均匀,有无损伤现象;对过盈配合的轴承,检验加热是否均匀;检查轴承的清洁度及其润滑脂的用量,润滑脂应符合规定要求。

(13)齿轮装配时,检验齿轮与轴的配合间隙和过盈量应符合标准及图样的规定要求;两啮合齿轮的错位量不允许超过标准规定;装配后齿轮转动时,啮合斑点和噪声应符合标准规定。

(14)机构经过总装检验合格,要将检验最后确认的结果填写在《总装检验记录单》内方可转入下序。

《总装检验记录单》要汇总成册、存档,作为质量追踪和质量服务的依据。

二、机构性能的检验

1. 外观质量的检验

(1)机构外观不应有图样未规定的凸起、凹陷、粗糙不平和其他损伤,颜色应符合图样要求。

(2)防护罩应平整、匀称,不应翘曲、凹陷。

(3)零部件外露结合面的边缘应整齐、均匀,不应有明显的错位,其错位及不均称量不得超过规定的要求。

(4)当配合面边缘及盖边长尺寸的长、宽不一致时,可按长边尺寸确定允许值。

(5)外露的焊缝应修整平直、均匀。

(6)装入深孔的螺钉不应突出于零件表面,其头部与沉孔之间不应有明显的偏心。固定销一般应略突出于零件表面。螺栓尾端应略突出于螺母端面。外露轴端应突出包容件的端面,突出值约为轴端倒角值。

(7)外露零件表面不应有磕碰、锈蚀,螺钉、铆钉和销子端部不得有扭伤、锤伤、划痕等缺陷。

(8)金属手轮轮缘和操纵手柄应有防锈镀层。

(9)镀件、法兰件、发黑件色调应一致,防护层不得有褪色或脱落现象。

(10)润滑管道的外露部分,应布置紧凑、排列整齐、美观,必要时应用管夹固定。管道不应产生扭曲、折叠等现象。

(11)未加工件的表面,应涂油漆,涂漆应符合相应的规定要求。

2. 机构性能参数及几何尺寸检验

根据机构的设计性能参数,检验各机构在空载与额定载荷下的实际性能参数是否符合设计的性能参数,误差应符合相关标准规定的要求。检查机构安装于整机后的几何尺寸,几何尺寸应符合图样的规定。

3. 机构空载的运转检验

(1)机构空载运转应在机构无负荷状态下进行,以检验各机构的运转状态的温度变化、功率消耗,操纵机构动作的灵活性、平稳性、可靠性及安全性;检查各机构的联锁装置、限位装置的可靠性及安全性。

(2)空载运转,各机构应从最低速度起,依次运转,每级速度的运转时间按规定要求进行,在最高速度时应运转足够的时间,使滚动轴承达到稳定温度。

(3)检验变速机构运转速度,其变速装置是否灵活、可靠,以及指示标牌的准确性。

(4)检验机构转位、定位、分度动作是否灵活、准确、可靠。

(5)检验读数指示装置和其他装置是否灵活、准确、可靠。

(6)检验各机构动作有无障碍与异常声响。

(7)检查制动器各转动铰点的灵活性,制动瓦与制动轮的接触面应符合图样中有关标准规定。

4. 机构负荷检验

(1)机构负荷检验是机构在承受额定载荷状态下运转时工作性能及可靠性,即承载能力、运转状态平稳性、噪声、润滑、密封等。

(2)各机构的负荷运转工作应从中速起至最高速度。在最高速度时应持续工作 8h,以检验轴承、电动机、减速器的温升情况是否满足规定要求。

(3)测取减速器运转时的噪声,噪声应小于 85dB(A)。

(4)测取各机构起、制动时间,起、制动时间应符合设计规定。

(5)运转中各机构应工作正常,无异常响声;固定结合面不得渗油,运动结合面不得滴油;制动器作用应有效、可靠。

(6)运转后检查各机构零、部件应无裂纹、永久变形、油漆打皱;连接处应无松动。

第四节　起重机专用零部件

一、钢丝绳

钢丝绳是起重机械的重要零件之一,主要用于起升机构、变幅机构(俯仰机构)、牵引机构(绳索牵引小车机构)。

国标 GB 3811、国际标准 ISO 43008/1—86、FEM Sect. 1 - 87 标准规定了钢丝绳直径的计算与选择。因为这些标准是按选择系数法选择钢丝绳,具有较大的安全储备。

1. 钢丝绳结构形式的选择

优先采用线接触钢丝绳,腐蚀较大的环境采用镀锌钢丝绳。

2. 钢丝绳直径的计算与选择

(1)钢丝绳直径根据钢丝绳最大工作静拉力,按下式计算

$$d = C\sqrt{S} \tag{6-10}$$

式中：d——钢丝绳最小直径，mm；

C——选择系数，按表6-3选取；

S——钢丝绳最大工作静拉力，N。

起升机构钢丝绳最大工作静拉力，由起升载荷并考虑滑轮组效率和承载分支数后确定。

双绳抓斗的闭合绳和支持绳载荷按如下规定分配：

如所使用的系统能短期地和自动地使闭合绳和支撑绳中的载荷平均分配，则闭合绳和支持绳各取总载荷的66%；如所使用的系统在提升过程中不能使闭合绳和支持绳的载荷平均分配，则闭合绳取总载荷的100%，支持绳取总载荷的66%。

当钢丝绳的充满系数ω、捻制折减系数κ和钢丝公称抗拉强度σ_t值与表6-3不同时（表中值ω为0.46，κ为0.82时的C值），可根据工作级别从表中选择安全系数n，按下式计算C：

$$C = \sqrt{\frac{n}{\kappa \cdot \omega \cdot \frac{\pi}{4} \cdot \sigma_t}} \tag{6-11}$$

其中

$$\omega = \frac{\text{钢丝断面面积之总和}}{\text{绳横断面毛面积}}$$

C 和 n 值　　表6-3

机构工作级别	选择系数 C 值 钢丝公称抗拉强度 σ_t（N/mm^2）			安全系数 n
	1 550	1 700	1 850	
$M_1 \sim M_3$	0.093	0.089	0.085	4
M_4	0.099	0.095	0.091	4.5
M_5	0.104	0.100	0.096	5
M_6	0.114	0.109	0.106	6
M_7	0.123	0.118	0.113	7
M_8	0.140	0.134	0.128	9

（2）按钢丝绳的安全系数选择钢丝绳直径，所选钢丝绳的破断拉力F_0应满足

$$F_0 \geqslant S_n \tag{6-12}$$

设计时，按具体情况可任选一种方法。

起重机用钢丝绳检验和报废标准在GB/T 5972—2009（等效采用ISO 4309—81）中有具体规定。

3. 钢丝绳安装技术要求

（1）在安装新钢丝绳之前，应检查卷筒与滑轮上的绳槽的磨损程度，必要时应进行修整，使绳槽形状、尺寸与所选钢丝绳直径相适应。

（2）新更换的钢丝绳的结构形式、直径及破断载荷，应与原使用的钢丝绳相同。采用不同结构和直径的钢丝绳，应具有与原来钢丝绳的等效性能。

(3)钢丝绳在切断前,应对切口两边采取有效措施,以防切断处钢丝绳股的松散。

(4)新钢丝绳安装前尽量避免砂粒等污物粘在表面,以减少钢丝绳的损伤。

(5)钢丝绳开卷时,应在钢丝绳轴(卷)转动的情况下逐圈引出。安装钢丝绳时应采取有效的措施防止打结、扭曲或弯折等现象,卷入卷筒时防止乱绳。

(6)为了使钢丝绳稳定就位,钢丝绳安装后,起重机应按不小于10%的额定负载进行运转操作。

(7)钢丝绳在卷筒上的卷绕,除固定绳尾的圈数外,安全圈数不应小于2圈。

(8)用绳卡连接时,应符合GB 6067的规定,保证连接强度不得低于钢丝绳破断拉力的85%。绳卡压板在钢丝绳的工作段一边,绳卡间距不应小于绳直径的6倍。绳卡数量按表6-4选用。

绳卡数量的要求 表6-4

钢丝绳直径(mm)	7~17.5	19~27	28~37
绳卡数量	3	4	5

(9)凡能使用钢丝绳压制接头的,应优先采用钢丝绳铝合金压制接头,其技术要求应符合GB 6946规定。

(10)用编结连接时,应用索具套环,编结长度不应小于21道花。编结要求平整、收紧、避免产生插人不均、夹丝、有气露芯等现象。插接完毕后应留毛头20~30mm,多余的应切除。

(11)用楔块、楔套连接时,楔套应采用钢材制造,其连接强度不得小于钢丝绳破断拉力的75%。

(12)用锥型套浇铸连接时,连接强度应达到钢丝绳的破断拉力。

4.钢丝绳检验

钢丝绳检验的一般要求是:

(1)钢丝绳应符合设计选择的型号,并与卷筒和滑轮上的槽形相适应。

(2)从卷筒上抽出钢丝绳时,应采取措施防止钢丝绳打环、扭结、弯折或粘上杂物。

(3)在钢丝绳的两端处应进行处理,以防钢丝绳松散。

(4)当钢丝绳空载时与整机的某个部位发生摩擦,则应将能接触到的部位加以适当防护。

(5)钢丝绳在使用前应涂刷润滑脂,新机上不得使用旧钢丝绳。

(6)钢丝绳的检验和报废,按GB5972起重机械用钢丝绳检验和报废实用规范执行。

钢丝绳检验的部位和内容如下:

外部检验:

(1)对钢丝绳应作全长检验,检验的主要部位如下:

①运行钢丝绳和固定钢丝绳尾端的固接部位。

②通过滑轮组和绕过滑轮的绳段;对起升、变幅等频繁工作机构,应特别注意检验在吊重状态下绕过滑轮的那部分钢丝绳。

③绕过平衡滑轮和卷筒的绳段。

④可能受到外部因素(如舱口、缘围等)损伤的部位。

(2)检查内容应包括以下各项:

①磨损程度。测量各磨损部位绳的直径。

②断丝情况。断丝根数及断丝分布状况和程度。

③腐蚀程度。是否有生锈、腐蚀情况。

④润滑油脂情况。检查是否储存有合适的润滑油脂,油脂上有无附着细屑杂物。

⑤变形及其他异常现象,检查扭结痕迹、压偏、损伤、凹处、松股或松捻的程度及位置。

⑥绳端紧固情况,检查可拆装的装置(楔形接头、绳夹、压板等)与钢丝绳的紧固性,以及固定装置本身的变形或磨损。

内部检查:钢丝绳内部检查,主要是检查腐蚀及疲劳。

检查周期:

(1)日常检查。司机在交接班时,应对钢丝绳进行肉眼检查。绳端或其附近出现断丝时,即使数量很少也应查明损坏原因。如果绳长允许,应将钢丝绳切短重新安装绳端装置。遇到特殊情况或判断不清时,应请有关专职技术人员给予解决。

(2)定期检查

①根据港口装卸设备的使用工况,钢丝绳至少半个月或一个月进行一次定期检查。检查结果应登记在钢丝绳检查记录表上。

②钢丝绳停止使用一段时间后再继续使用时,应对钢丝绳作全面检查。

二、卷筒和滑轮卷绕直径的确定

当钢丝绳绕入卷筒或绕过滑轮时,钢丝绳中的钢丝产生附加的弯曲应力,卷绕直径与绳径之比 D/d 值越小,弯曲应力越大。试验表明,钢丝绳的使用寿命随 D/d 的增大而增加,但当 D/d 到达极限值(其大约值为60)后寿命不再增加。试验还表明,一次升降中钢丝绳通过的弯曲次数越多,钢丝绳使用的小时寿命越短,而且与弯曲的形式和次序有关,例如,钢丝绳绕过滑轮的包角小于5°对寿命无影响;绕过滑轮比绕进卷筒对寿命的影响要大1倍,反向绕比顺向绕影响要大1倍等。为了考虑这些因素对钢丝绳使用寿命的影响,相应的标准规定了按钢丝绳中心计算的卷筒和滑轮的最小卷绕直径计算式。

1. 滑轮、卷筒的卷绕直径

按钢丝绳中心计算的卷筒和滑轮的最小缠绕直径 D_{0min} 按下式计算

$$D_{0min} = hd \tag{6-13}$$

式中:h——与机构工作级别和钢丝绳结构有关的系数,按表6-5选取;

d——钢丝绳直径(mm)。

系　数　h　　表6-5

机构工作级别	卷筒 h_1	滑轮 h_2	机构工作级别	卷筒 h_1	滑轮 h_2
$M_1 \sim M_3$	14	16	M_6	20	22.4
M_4	16	18	M_7	22.4	25
M_5	18	20	M_8	25	28

注:1. 采用不旋转钢丝绳时,h 值应按比机构工作级别高一级的值选取;

2. 对流动式起重机,建议取 $h_1 = 16$,$h_2 = 18$。与工作级别无关。

2. 钢丝绳允许偏角

(1)钢丝绳绕进或绕出滑轮槽时推荐偏斜的最大角度不大于5°。

(2)钢丝绳绕进或绕出卷筒时推荐钢丝绳偏离螺旋槽两侧的角度不大于3.5°。

(3)对于光卷筒和多层缠绕卷筒,推荐钢丝绳偏离卷筒轴垂直平面的角度不大于2°。

3. 滑轮的检验

(1)滑轮的钢丝绳卷绕直径及绳槽及尺寸应符合设计的规定。

(2)铸造滑轮不得有裂纹、气孔、夹渣等影响滑轮正常使用的缺陷。

(3)焊接滑轮与热轧滑轮的焊缝应进行外观检验,不得有弧坑、飞溅、熔渣、严重咬边、表面裂纹等影响性能及外观质量的缺陷。

(4)滑轮绳槽的表面粗糙度应不低于相应标准规定值。

(5)滑轮绳槽底圆跳动公差应不大于相应标准规定值。

(6)采用ZG230-450、HT20、QT40-17材料铸造的滑轮应进行退火处理。

(7)滑轮表面应光滑、平整,不得有影响使用性能和有损外观的缺陷。

(8)装配好的滑轮应能灵活地转动。

三、吊钩和吊钩滑轮组

吊钩是起重机械取物装置之一。吊钩通常由锻造制成(少数大起重量吊钩采用片式形状板片铆接、焊接制成)。吊钩经常受荷载冲击,因而制造吊钩的材料用镇静钢,它可锻性好,冲击值大且不易产生时效脆应变。吊钩需用整料进行热锤或热模锻,锻后要进行热处理,以消除内应力。其表面不得有裂纹和其他缺陷。机械加工处应减少应力集中。

国际劳工组织(ILO)规定了吊钩必须用规定的试验载荷(表6-6)进行试验,试验载荷去除吊钩钩口处的永久变形不超过0.25%为合格。试验以抽样形式进行。从表6-6可见,小吊钩的试验荷载为额定起升载荷的两倍,随着起重量的增加,超载试验载荷的倍数逐渐减少,当起重量 $C_p \geqslant 160$t时,试验载荷为额定起升载荷的1.3倍。

吊钩试验载荷的规定值(g=9.8)　　表6-6

起重量 C_p(t)	≤25	32	40	50	63	80
试验载荷(kN)	$2gC_p$	$1.85gC_p$	$1.75gC_p$	$1.65gC_p$	$1.6gC_p$	$1.5gC_p$
起重量 C_p(t)	100	112	125	140	≥160	
试验载荷(kN)	$1.45gC_p$	$1.41gC_p$	$1.38gC_p$	$1.35gC_p$	$1.33gC_p$	

GB 3811、ISO 2141对吊钩作出了相关规定,FEM Sect. I对吊钩滑轮组作出了相关规定。GB 10051.1列出了在不同的强度等级和机械工作级别下各吊钩的起重量,如表6-7所示。在该表中应优先采用M、P级,尽量避免采用括号内的强度等。

(1)吊钩采用优质低碳镇静钢或低碳合金钢。

(2)采用平面弹性曲杆方法设计吊钩时,计算载荷应考虑起重动载系数 φ_2,但许用应力对一般吊钩可取为材料的屈服点,对铸造起重机用的片式单钩,许用应力取为屈服点的0.4倍。

(3)吊钩可根据起重机和工作级别,从制造厂提供的性能表中选择。

吊钩起重量　　表 6-7

强度等级	机构工作级别(按 GB 3811)									强度等级
M	—	—	—	—	M_3	M_4	M_5	M_6	M_7	M_8	M
P	—	—	—	M_3	M_4	M_5	M_6	M_7	M_8	—	P
(S)	—	—	M_3	M_4	M_5	M_6	M_7	M_8	—	—	(S)
T	—	M_3	M_4	M_5	M_6	M_7	M_8	—	—	—	—
(V)	M_3	M_4	M_5	M_6	M_7	M_8	—	—	—	—	—
钩　号	起　重　量(t)										钩　号
006	0.32	0.25	0.2	0.16	0.125	0.1	—	—	—	—	006
010	0.5	0.4	0.32	0.25	0.2	0.16	0.125	0.1	—	—	010
012	0.63	0.5	0.4	0.32	0.25	0.2	0.16	0.125	0.1	—	012
020	1	0.8	0.63	0.5	0.4	0.32	0.25	0.2	0.16	0.125	020
025	12.5	1	0.8	0.63	0.5	0.4	0.32	0.25	0.2	0.16	025
强度等级	机构工作级别(按 GB 3811)										强 度 等 级
04	2	1.6	1.25	1	0.8	0.63	0.5	0.4	0.32	0.25	04
05	2.5	2	1.6	1.25	1	0.8	0.63	0.5	0.4	0.32	05
08	4	3.2	2.5	2	1.6	1.25	1	0.8	0.63	0.5	08
1	5	4	3.2	2.5	2	1.6	1.25	1	0.8	0.63	1
1.6	8	6.3	5	4	3.2	2.5	2	1.6	1.25	1	1.6
2.5	12.5	10	8	6.3	5	4	3.2	2.5	2	1.6	2.5
4	20	16	12.5	10	8	6.3	5	4	3.2	2.5	4
5	25	20	16	12.5	10	8	6.3	5	4	3.2	5
6	32	25	20	16	12.5	10	8	6.3	5	4	6
8	40	32	25	20	16	12.5	10	8	6.3	5	8
10	50	40	32	25	20	16	12.5	10	8	6.3	10
12	63	50	40	32	25	20	16	12.5	10	8	12
16	80	63	50	40	32	25	20	16	12.5	10	16
20	100	80	63	50	40	32	25	20	16	12.5	20
25	125	100	80	63	50	40	32	25	20	16	25
32	160	125	100	80	63	50	40	32	25	20	32
40	200	160	125	100	80	63	50	40	32	25	40
50	250	200	160	125	100	80	63	50	40	32	50
63	320	250	200	160	125	100	80	63	50	40	63
80	400	320	250	200	160	125	100	80	63	50	80
100	500	400	320	250	200	160	125	100	80	63	100
125	—	500	400	320	250	200	160	125	100	80	125
160	—	—	500	400	320	250	200	160	125	100	160
200	—	—	—	500	400	320	250	200	160	125	200
250	—	—	—		500	400	320	250	200	160	250

注:机构工作级别低于 M_3 的按 M_3 考虑。

(4)吊钩的检验

①吊钩应有制造厂的合格证等技术文件方可使用。选用的吊钩应符合设计规定的钩号。

②吊钩的表面不得有裂纹,如有裂纹,则应报废。吊钩的内部不得有裂纹、白点、夹杂物等。

③吊钩的缺陷不允许焊补。

④吊钩的钩柄不得有塑性变形,否则应报废。

⑤检查吊钩扭转变形情况,钩身扭转角 α 超过的10°应报废。

⑥当吊钩试吊规定的试验载荷后,吊钩号为006 ~5 的吊钩应检查其开口度,其余钩号的吊钩应检查测量长度 Y,其值超过试验前实际尺寸的10%时,应报废。

⑦吊钩的检验和报废可按国标 GB 1051.2 ~ GB 1051.3 有关规定执行。

四、车轮及轨道

车轮是港口装卸设备中较易磨损、损坏的零件之一。车轮通常是根据最大轮压来选择的。为了满足车轮工作的安全、合理及使用周期,GB 3811 规定了选择车轮的计算方法(见《规范》)。

车轮及轨道的检验包括:

(1)车轮踏面直径尺寸公差不低于 GB 1801 ~1802 中的 h_9 级。

(2)车轮踏面对基准线圆跳动公差值不低于 GB 1184 中9级。

(3)车轮宜采用钢材轧制,铸造车轮的踏面和轮缘内侧不得有气孔、夹渣等缺陷。

(4)车轮水平偏斜的偏差值 $P \leqslant 0.001l$,l 为测量长度,水平偏斜方向如图6-11 所示。

(5)车轮垂直偏斜的偏差值 f,如图6-12 所示。

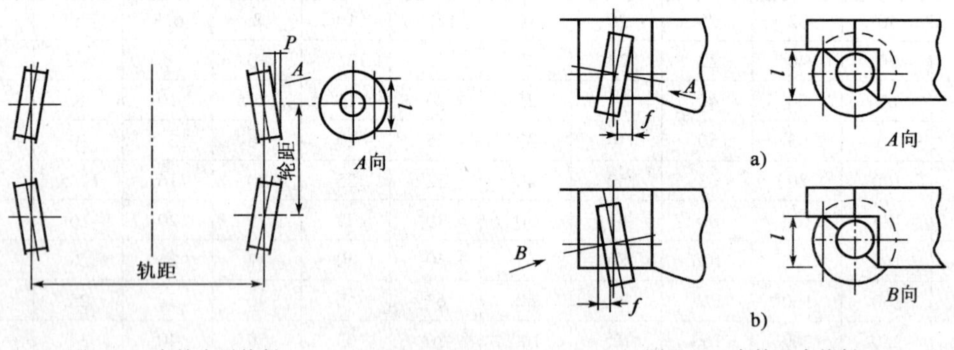

图6-11　车轮水平偏斜　　图6-12　车轮垂直偏斜

车轮向外倾 $f \leqslant 0.025l$,如图6-12a)所示,车轮向内倾 $f \leqslant 0.001l$,如图6-12b)所示。

(6)同一侧轨道上相邻车轮的同位偏差值 Δd 不大于2mm,如图6-13 所示。

(7)同一侧两水平导轮距离的中心线同轨道中心的偏差值不得大于 ±1mm,如图6-14 所示。

(8)小车轨道中心线与轨道梁支承腹板中心线的位置偏差值如图6-15 和表6-8 所示。

(9)小车距与名义尺寸 S 的允许偏差值 ΔS 如图6-16 所示。

轨道设在承轨梁中部:$\Delta S = \pm 3$mm。

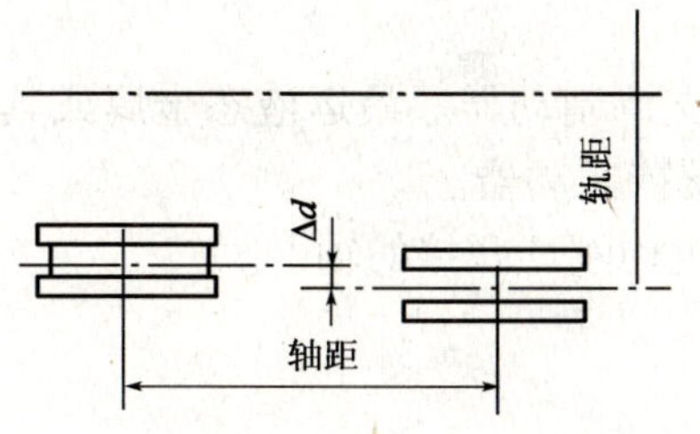

图 6-13　同侧轨道上相邻车轮的同位偏差

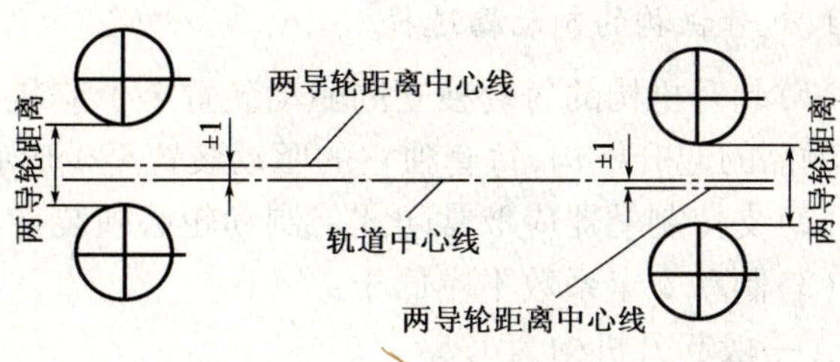

图 6-14　同一侧两水平导轮距离的中心线同轨道中心的偏差

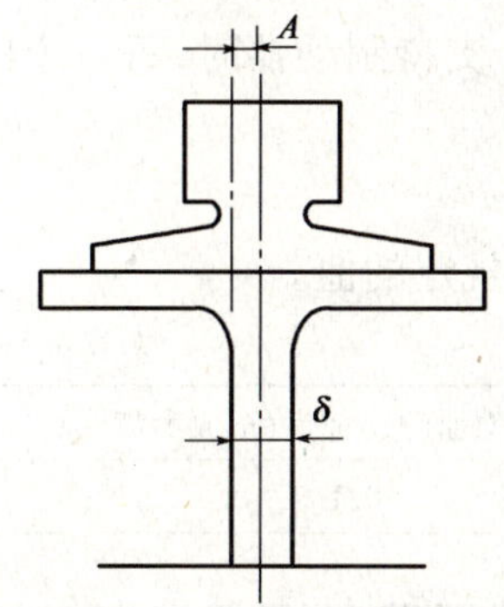

图 6-15　小车轨道中心线与轨道梁支承腹板中心线的位置偏差

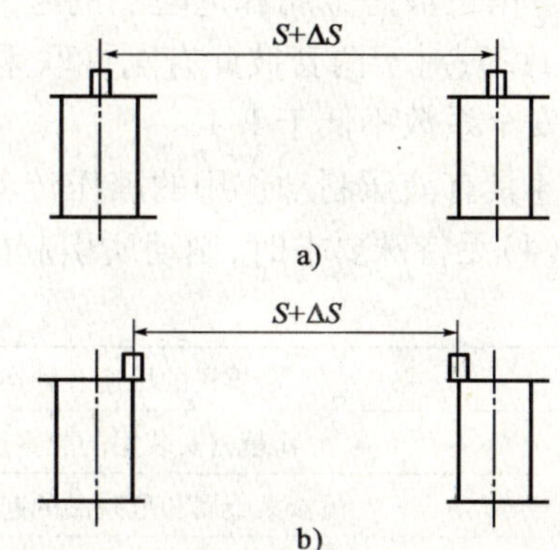

图 6-16　小车距与名义尺寸 S 的允许偏差

轨道中心线与轨道梁支承腹板中心线位置偏差值　　表 6-8

板厚 δ	A	板厚 δ	A	板厚 δ	A
5 ~ 8	≤3	9 ~ 12	≤4	13 ~ 20	≤6

轨道设在承轨梁内侧：$\Delta S \leqslant 0 \sim 6$mm。

(10)垂直于小车运行方向的平面内，两根轨道顶面的高低偏差值 ΔH 不得大于轨距的 0.15%，最大值不得超过 10mm，如图 6-17 所示。

(11)同一小车的 4 个车轮踏面应在同一平面上，支承的最大不平度当轨距不超过 2m 时，不大于 3mm；当轨距大于 3m 时，不大于轨距的 ±0.1%。

(12)小车轨道中心线同小车轨道理论中心线之差，在 2m 长度内不得超过 1mm，在 10m 长度内不得超过 2.5mm。

(13)轨道接头应对齐，允许两个接头的高低和侧向错位值不大于 1mm，间隙不大于 2mm。

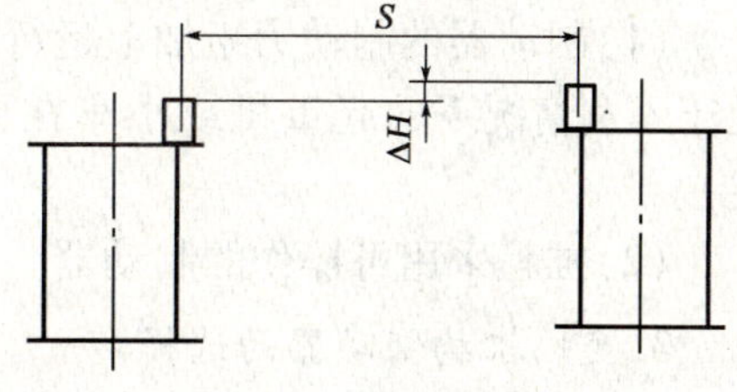

图 6-17　两根轨道顶面的高低偏差

五、制动器

制动器是标准化部件，它是起重机械各个机构中不可缺少的组成部分。制动器的作用十分重要，必须安全、可靠。GB3811 对制动器的选择作了相应的规定。

1. 起升机构的制动器选择

(1)起升机构的每套独立的驱动装置至少应装设一个支持制动器。吊运液态金属或其他危险物品的起升机构,每套独立的驱动装置至少应有两个支持制动器。

(2)支持制动器应取常闭式。制动轮必须装在与传动机构刚性联接的轴上。

(3)制动安全系数不应低于:

①一般起升机构为1.5。

②重要起升机构为1.75。

③吊运液态金属和危险品的起升机构,装有两个支持制动器时,每一个的制动安全系数不低于1.25;对于两套彼此有刚性联系的驱动装置,每套装置装有两个支持制动器时,每一个的制动安全系数不低于1.1。

④具有液压制动作用的液压传动起升机构为1.25。

(4)无特殊要求时,制动所引起的物品升降减速不应大于表6-9规定的值。

平均升降加(减)速度 表6-9

起重机的用途及种类	平均加(减)速度(m/s^2)
作精密安装用的起重机	0.1
吊液太金属和危险品的起重机	0.1
一般加工车间、仓库及堆场用吊钩、电磁和抓斗起重机	0.2
港口用吊钩门座起重机	0.4~0.6
港口用抓斗门座起重机	0.5~0.7
冶金工厂中生产率高的起重机	0.6~0.8
港口用吊钩门式起重机	0.6~0.8
港口用装卸桥	0.8~1.2

(5)推荐支持制动与控制制动并用。在与控制制动并用时,支持制动器的最低制动安全系数仍应满足制动安全系数要求。

2. 运行机构制动器的选择

(1)制动器的制动力矩加上运行摩擦阻力(不包括轮缘与轨头侧面的摩擦阻力),应能使处于不利情况下的起重机或小车在要求的时间内停住(所要求的时间按起重机工作条件规定)。

(2)推荐采用可操作的制动器。

3. 变幅机构制动器的选择

(1)应采用常闭式制动器。

(2)对于平衡变幅机构,其制动安全系数在工作和非工作状态下分别取1.25和1.15;对于重要的非平衡机构,应装两个支持制动器,其制动安全系数的选择原则与起升机构相同。

(3)制动减速速度不应超过$0.6m/s^2$。

4. 制动器驱动元件

(1)制动器驱动器的选型要注意以下问题:

①制动器驱动元件须按电源电压和频率、环境条件及其对应机构的工况（接电持续率、每小时工作次数）选定。驱动元件的推力、行程等不应小于制动器所要求的额定值。

②对交流传动系统，运行机构一般采用液压推杆，在接电持续率低（JC 值不大于 25%）、每小时通电次数较少（不大于 300 次/h），以及制动力矩小的情况下，允许采用单相短行程制动电磁铁。起升机构宜采用液压推杆，若对停电有严格要求时，应有相应措施。

③对直流传动系统，柴油机——发电机供电的系统应采用串联电磁铁，其他供电系统，起升机构应尽量采用串联电磁铁，也可采用并联电磁铁，并联电磁铁应有放电电阻和加速激磁措施。运行机构采用并联电磁铁。

（2）校验。直流串联电磁头应校验起动第一挡电磁铁起始拉力和最小负载时电磁铁的吸持力。

5. 制动器安装

1）制动器安装要求

（1）盘式制动器安装应符合下列要求：

①制动状态时，衬垫与制动盘间隙为 0.5 ~ 0.8mm，且两边间隙应保持一致。

②液力推动器的工作行程调整在总行程的 2/3。

③制动盘端面圆跳动不大于 0.2mm。

检验方法是：间隙用塞尺检查，行程用尺量检查，端面圆跳动用百分表检查。

（2）块式制动器安装应符合下列要求：

①制动器松动闸时，制动瓦的最大间隙不大于 2.5mm，最小间隙应符合表 6-10 的规定，且两边间隙保持一致。

制动瓦最小间隙　　表 6-10

制动轮直径（mm）	200	300	400	500	600	700
最小间隙（mm）	0.7	0.7	0.8	0.8	0.8 ~ 1.0	1.2 ~ 1.5

②制动时，两制动瓦应同时紧压制动轮，制动瓦与轮面接触面积不小于 75%。

③制动力矩应调整至设计要求，此时的制动弹簧及推动器均应有足够的余量。

检验方法是：间隙用塞尺检查，接触面积用着色法检查或检查瓦面磨损痕迹，其余观察检查。

（3）带式制动器安装应符合下列要求：

①制动带在松闸时，其各处的间隙 δ 应大致相等。当制动轮直径 $D \leqslant 600$，取 $\delta = 1.2 \sim 1.5$mm；制动轮直径 $D > 600$，取 $\delta = 1.5 \sim 2$mm。

②制动带在制动状态时，与制动轮的接触面积不小于 60%。

③带式制动器安装后，所有铰接处应能自由转动，无卡阻现象。

检验方法是：间隙用塞尺检查，接触面积用着色法检查或检查瓦面磨损痕迹，其余观察检查。

（4）带轮装配应符合下列要求：

①两轮轮宽中心线的偏差（指两轴系平行者），三角带轮不应超过 1mm，平带轮不应超过 1.5mm。

②两轴的平行度不应超过0.5/1 000。

2)高速制动器

高速制动器是保证港口装卸设备安全运行的重要部件,安装高速制动器时需注意制动刹车片的径向高低差,即刹车片的中心与制动盘的水平中心线的高低差,要求为 ±3mm 范围内;刹车片外圆弧到制动盘外圈留有 5mm 间隙(图 6-18);制动器安装之后,摩擦片中心与理论中心线的偏移量,应≤2mm(图 6-19)。

图 6-18　制动器安装　　图 6-19　制动器间隙

(1)制动盘应为锻造材料制造,制动盘必须经淬火 + 回火处理,摩擦面硬度应达到 HB210 以上。

(2)安装后的制动盘端面跳动量不应超过 0.10mm,外圆径向跳动量不应超过 0.05mm。

(3)制动器开启时摩擦片的摩擦面必须和制动盘平行,并有不少于 0.50mm 的间隙;闭合时摩擦片和制动盘的接触面积应不少于 75%。制动片及制动盘摩擦面必须清洁,不得有毛刺、垃圾及油污。

(4)制动器具有补偿功能(如图 6-20 所示)。当制动片磨损后,能自行补偿调整制动片和制动盘之间的间隙,保证制动效果。因此,制动器安装后,必须检查补偿装置的功能。

(5)确认位置正确后(如图 6-21 所示),根据图纸要求安装抗剪块或定位销。

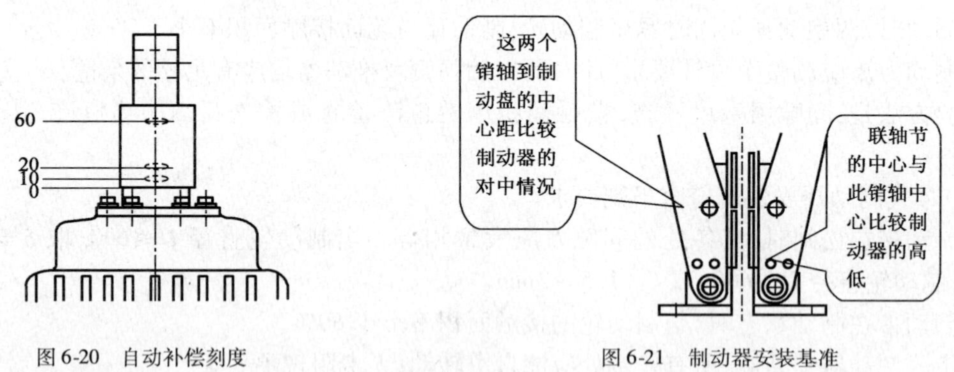

图 6-20　自动补偿刻度　　图 6-21　制动器安装基准

3)低速制动器

低速制动器又叫卷筒制动器,安装低速制动器必须注意摩擦片前后错位,一般不能超过 5mm,刹车片外圆弧到制动盘外圈留有 5mm 间隙;制动器安装之后,摩擦片中心与理论中心线的偏移量,应≤2mm。

(1)制动盘应为机加工,不需经过热处理。

(2)安装后的制动盘端面跳动量不应超过0.20mm。

(3)制动器开启时摩擦片的摩擦面必须和制动盘平行,并有不少于1mm的间隙;闭合时摩擦片和制动盘的接触面积应不少于75%。制动片及制动盘摩擦面必须清洁,不得有毛刺、垃圾及油污。

(4)制动器的有效行程在2mm。

(5)制动器底座下有4个调节螺母,必须压紧,否则将影响制动力矩。

六、起重机工作机构的检验

起重机工作机构包括起升、运行、回转、变幅4大工作机构,沿轨道运行的回转类型起重机,通常具有4个工作机构;桥式类型起重机通常包括起升、大车运行和小车运行3个工作机构,有的岸边集装箱起重机还有俯仰机构;需要通过大桥航行的浮式起重机,当上层高度超过允许通过的净空高度时,还需设置放倒机构。起重机工作机构质量的好坏对整机质量影响很大,因此,必须认真做好工作机构装配后的检验工作。下面以具有4大机构的回转类型起重机为例,介绍其各机构的检验的内容及要求。

1.起升机构

(1)检查钢丝绳绕进绕出卷筒与滑轮槽的偏角:对螺旋槽卷筒,偏角为≤3.5°;卷筒偏角为<2°;滑轮槽偏角为<5°。

(2)检查钢丝绳在卷筒上的排列是否整齐,排绳器是否有效、可靠。

(3)测取起升、下降速度,测量值与设计值的误差应<10%;测量起升范围,测量值应等于或大于设计值。

(4)检查在起升范围,限位装置的有效性与可靠性。

(5)检查起升载荷超负荷限制装置的有效性、可靠性。

(6)检查钢丝绳在卷筒和滑轮中卷绕是否正确。

(7)检查各润滑部位是否按规定加入润滑油,润滑系统是否畅通。

(8)检查减速箱是否漏油。

(9)检查取物装置位于最低位置时,卷筒上剩余钢丝绳的卷绕圈数应大于2圈。

(10)检查卷筒上钢丝绳压板个数是否符合设计要求。压板夹紧时,以钢丝绳被压扁1/5~1/3较为适宜。

2.运行机构

(1)同侧轨道行走车轮沿轨道方向的中心应在同一中心线上,其实际偏差应满足图样及有关标准规定。

(2)开式齿轮的啮合,应保证齿轮中心平面偏差不大于1mm,齿面啮合沿齿长上不少于60%,沿齿高上不少于50%。

(3)检查机构运行10~20m距离过程中,车轮与轨道是否有啃轨现象。

(4)检查各润滑部位是否按规定加人润滑油,润滑系统是否畅通。

(5)检查减速箱是否漏油。

(6)测量运行速度,测量值与设计值的误差应<10%。

(7)整机运行与夹轨装置、锚定装置联锁系统动作应符合设计要求。

3. 回转机构

(1)回转制动器手轮拧紧后,与回转控制开关动作联锁应有效、可靠。

(2)检查回转小齿轮与大齿圈啮合情况,齿面啮合沿齿长不得少于50%,沿齿高不得少于40%。

(3)测量回转速度,测量值与设计值的误差应<10%。

(4)检查各润滑部位是否按规定加入润滑油,润滑系统是否畅通。

(5)回转与锁定销联锁系统动作应符合设计要求。

4. 变幅机构

(1)检查变幅范围限位装置的有效性与可靠性。

(2)测量变幅速度,测量值与设计值的误差应<10%。

(3)检查变幅小齿轮与齿条啮合情况,齿面啮合沿齿长不得少于50%,沿齿高不得少于40%。

(4)检查最小幅度时,齿条箱轴线应与臂架轴线在同一平面。

(5)检查取物装置在幅度范围的水平位移,水平位移差值Δh_{max}应符合设计规定。

(6)检查减速箱是否漏油。

(7)检查摇架上、下压轮与齿条箱的接触是否符合图样规定,摇架护板的连接螺栓是否与轴承座相碰擦。

第五节　带式输送机械

根据输送机械工作机构的工作原理,这类机械属连续工作机构。港口常用的输送机械有:带式输送机、埋刮板输送机、螺旋输送机、带斗式提升机、链斗式提升机等。由于输送机械类型多样化,各类机械的结构形式均有较大差别,受篇幅所限,本节主要介绍使用较广的带式输送机。

一、带式输送机基本参数与尺寸

1. 带式输送机的基本参数

带式输送机的基本参数包括带宽、名义带速、滚筒直径、托辊直径,这些参数应符合国际GB 987的规定。

1)带宽

带宽分300、400、500、650、800、1 000、1 200、1 400、1 600、1 800、2 000、2 200、2 400、2 600、2 800mm等数种。

2)名义带速

名义带速有0.2、0.25、0.315、0.4、0.5、0.63、0.8、1.0、1.25、1.6、2.0,2.5、3.15、4.0、5.0、6.0、7.1m/s等。

3)滚筒直径

滚筒直径有200、250、315、400、500、630、800、1 000、1 250、1 400、1 600、1 800mm等数种。

4)托辊直径

托辊直径有63.5、76.89、108、133、159、194、219mm等数种。

2. 滚筒、托辊的参数与尺寸

1)国标GB/T 10595—2009对滚筒的规定

国标GB/T 10595—2009规定了带式输送机滚筒基本参数与尺寸。滚筒的基本参数与尺寸应符合图6-22和表6-11的规定。

滚筒的基本尺寸　　表6-11

<table>
<tr><th>带宽 B</th><th>L</th><th>D</th></tr>
<tr><td>300</td><td>400</td><td>200、250、315、400</td></tr>
<tr><td>400</td><td>500</td><td rowspan="2">200、250、315、400、500</td></tr>
<tr><td>500</td><td>600</td></tr>
<tr><td>650</td><td>750</td><td>200、250、315、400、500、630</td></tr>
<tr><td>850</td><td>950</td><td>200、250、315、400、500、800、1 000、1 250、1 400</td></tr>
<tr><td>1 000</td><td>1 150</td><td rowspan="2">200、250、315、400、500、630、800、1 000、1 250、1 400</td></tr>
<tr><td>1 200</td><td>1 400</td></tr>
<tr><td>1 400</td><td>1 600</td><td>200、250、315、400、500、630、800、1 000、1 250、1 400</td></tr>
<tr><td>1 600</td><td>1 800</td><td rowspan="2">200、250、315、400、500、630、800、1 000、1 250、1 400、1 600</td></tr>
<tr><td>1 800</td><td>2 000</td></tr>
<tr><td>2 000</td><td>2 200</td><td rowspan="3">500、630、800、1 000、1 250、1 400、1 600、1 800</td></tr>
<tr><td>2 200</td><td>2 500</td></tr>
<tr><td>2 400</td><td>2 800</td></tr>
<tr><td>2 600</td><td>3 000</td><td rowspan="2">800、1 000、1 250、1 400、1 600、1 800</td></tr>
<tr><td>2 800</td><td>3 200</td></tr>
</table>

注:滚筒直径 D 不包括包层厚度在内,与带宽组合为推荐组合。

2)国标GB/T 10595—2009对托辊的规定

国标GB/T 10595—2009托辊的基本参数与尺寸,应符合图6-23和表6-12的规定。

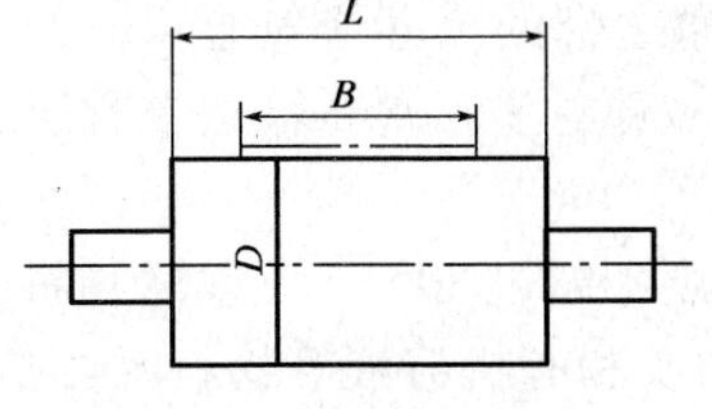

图6-22　滚筒的基本参数

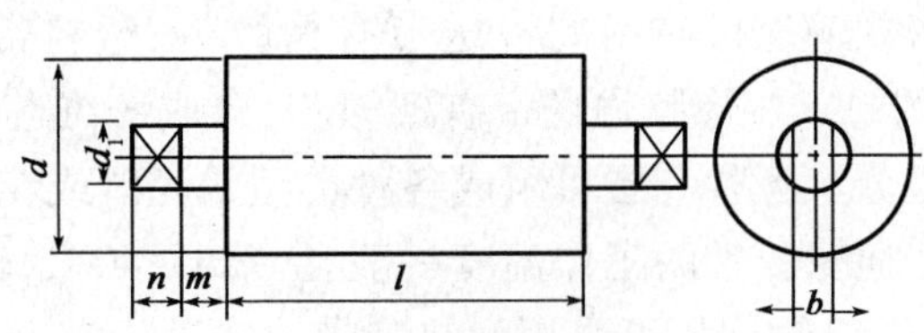

图6-23　托辊的基本参数

托辊的基本尺寸 表 6-12

<table>
<tr><th>带宽 B</th><th>d</th><th>l</th><th>d_1</th><th>b</th><th>n</th><th>m</th></tr>
<tr><td>300</td><td rowspan="3">63.5、76、89</td><td>160、380</td><td rowspan="4">20</td><td rowspan="4">14</td><td rowspan="4">10</td><td rowspan="15">4</td></tr>
<tr><td>400</td><td>160、250、500</td></tr>
<tr><td>500</td><td>250、315、600</td></tr>
<tr><td>650</td><td>76、89、108</td><td>250、380、750</td></tr>
<tr><td>800</td><td>89、108、133</td><td>315、465、950</td><td rowspan="2">25</td><td rowspan="2">18</td><td rowspan="11">12</td></tr>
<tr><td>1 000</td><td rowspan="3">108、133、159</td><td>380、600、1 150</td></tr>
<tr><td>1 200</td><td>465、700、1 400</td><td rowspan="3">30</td><td rowspan="6">22</td></tr>
<tr><td>1 400</td><td>530、800、1 600</td></tr>
<tr><td>1 600</td><td rowspan="4">133、159、194</td><td>600、900、1 800</td></tr>
<tr><td>1 800</td><td>670、1000、2 000</td><td rowspan="3">35</td></tr>
<tr><td>2 000</td><td>750、1 100、2 200</td></tr>
<tr><td>2 200</td><td>800、1 250、2 500</td></tr>
<tr><td>2 400</td><td rowspan="3">159、194、219</td><td>900、1 400、2 800</td><td rowspan="2">45</td><td rowspan="3">32</td></tr>
<tr><td>2 600</td><td>950、1 500、300</td></tr>
<tr><td>2 800</td><td>1 050、1 600、3 150</td><td>50</td></tr>
</table>

二、带速与输送带的选择

1. 带速的选择

根据生产率确定带速。带速除应符合 GB/T 10595—2009 的规定外，还应考虑物料特性、工作条件及工艺要求。

(1)水平输送时，应选较高的带速；输送机倾角越大，带速应越低。

(2)一般用于给料或输送粉尘很大的物料时，带速可取 0.8 ~ 1.0m/s，或根据物料特性和工艺要求而定。

(3)人工配料称重时，带速不应大于 1.25m/s。

(4)采用犁式卸料器时，带速不宜超过 2.0m/s。

(5)有计量秤时，带速应按自动计算秤要求而定。

(6)输送成件物品时，带速一般小于 1.25m/s。

2. 输送带的选择

带式输送机使用的输送带有橡胶带、塑料带等。各种输送带的尺寸应符合 GB 4490—2009 的规定。橡胶输送带有棉织芯、合成纤维芯、钢绳芯等多种材质。塑料输送带有层芯和整芯之分。各种芯层可组成各种类型的光滑或花纹输送带。

普通橡胶带的工作温度一般在 -25 ~ 40℃，输送物料温度不超过 80℃。当输送物料的温度在 80 ~ 10℃时，可采用耐热胶带。输送酸性、碱性、油类物质和有机溶液等物料时，需采用耐油、耐酸碱的橡胶带或塑料带。

与不同被运物料和不同工作条件相适应的橡胶运输带如表 6-13 所示。

橡胶运输带选型　表 6-13

物料及工作条件特征	选用橡胶输送带的型别
密度和摩擦性较小的物料，如谷物、纤维、木屑、粉末及包装物品等	轻型
密度约在 $2.5t/m^3$ 以下的中小块矿石，如原煤、焦炭和砂砾等	普通型
密谋较大、冲击力较大、磨损较重，输送量较大，距离较长的大、中、小块矿石，原煤等	强力型
矿井下输送物料	井巷型
工作区域易于爆炸、易于起火（如地下矿井）	防燃型
输送 80～120℃的焦炭、水泥和铸件等	耐热型
工作环境温度低达 －30～－40℃	耐寒型
输送 120～300℃的矿渣和铸件等热物料	防燃型
输送机倾角较大	花纹型
输送量大、输送距离长	钢丝绳型
物料冲击较严重	耐冲击型

在设计选型中，选择橡胶输送带应注意如下几个问题：

（1）橡胶输送带的性能，必须与输送物性能相一致。特殊输送必须选特殊性能的橡胶输送带。

（2）进行系统设计时，应认真研究运输量、运输距离、运输速度及橡胶输送带宽度之间的关系，从而对整个运输系统作出经济合理的设计。应根据生产率合理选择。

（3）根据橡胶输送带的工作条件，合理确定安全系数，经济合理地选择胶带的带芯材料和带芯层数。

（4）选型应考虑到覆盖胶与带芯寿命的配合。

三、胶带跑偏的处理

带式输送机经常会发生胶带跑偏。跑偏有以下原因：

（1）安装中心线不是直线。

（2）胶带本身弯曲或接头不直。皮带扣钉歪或胶带切口同带宽不成直角，使胶带受的拉力不均匀，运转时，接头运转到哪里，哪里就发生跑偏。处理方法是将胶带切正，重新胶合或重打钉扣。

（3）滚筒中心线同胶带中心线不成直角，主要是因为机架安装不正产生的。虽可用调整滚筒轴承前后位置予以解决，但滚筒轴承前后移动距离有限，不能从根本上解决问题，唯一的方法是把装歪的机架返工重装。使机头滚筒轴向中心线与机尾滚筒轴向中心线一致。

通常情况下，纠偏采用胶带在滚筒上往哪边跑偏，就收哪边的轴承座，使胶带跑偏的一边拉力加大，胶带就往拉力小的一边移动，如图 6-24 所示。

（4）托辊组轴同胶带中心线不垂直引起跑偏。纠正的方法是：当胶带往哪边跑偏，就将哪边的托辊向胶带前进方移动，如图 6-25 所示，一般移动几个托辊组就能纠正。

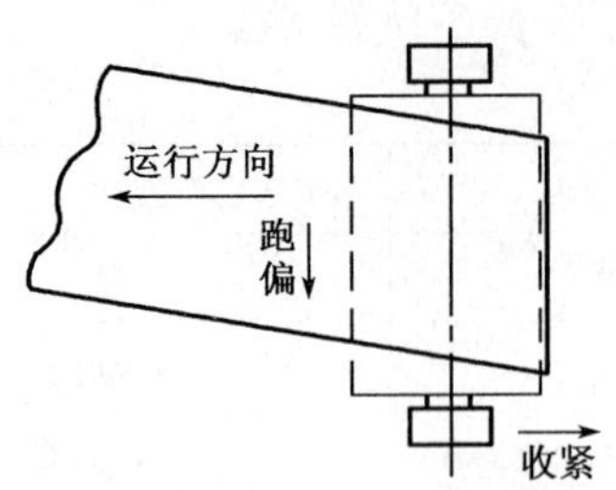

图 6-24　滚筒纠偏示意图

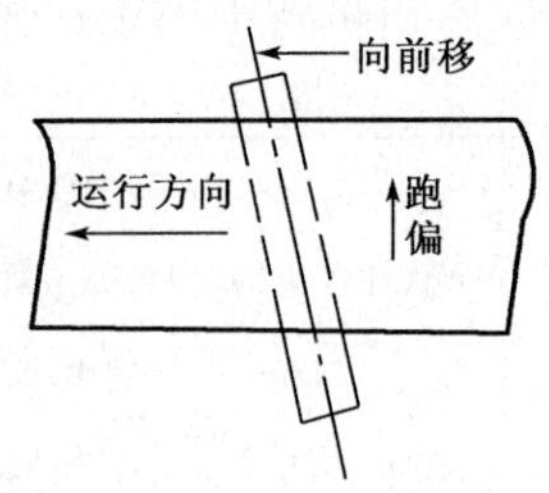

图 6-25　托辊纠偏示意图

(5)滚筒不水平引起胶带跑偏。如果是一般在安全允许范围内超差,应停机调平;如果是滚筒外径不一致时,则要重新加工滚筒外圆。

(6)滚筒表面黏结物料,使滚筒成了圆锥面,会使胶带向一侧偏离。特别是输送物料湿度大且机尾处密封不好,容易使物料落人空载胶带而黏结于滚筒上,造成胶带跑偏。因此要经常检验清扫器工作是否正常和采用人工清扫。

(7)胶带加上负载就跑偏。出现这种情况,一般是由于物料的落料点不在胶带中间。出现这种情况,应改变运进料口处挡板的位置或结构。

(8)机架两侧高低不一使胶带不水平,运行时,胶带上荷重向低的一边移动,导致跑偏。此时必须将机架重焊或将托辊组加垫片垫平。

(9)胶带空车跑偏,加物料就能得到纠正。这种现象一般都是由于初张力太大造成的,进行适当调整即可。

四、带式输送机的布置形式及一般要求

带式输送机的基本布置形式有 5 种,如图 6-26 ~ 图 6-30 所示。布置时要注意以下几点:

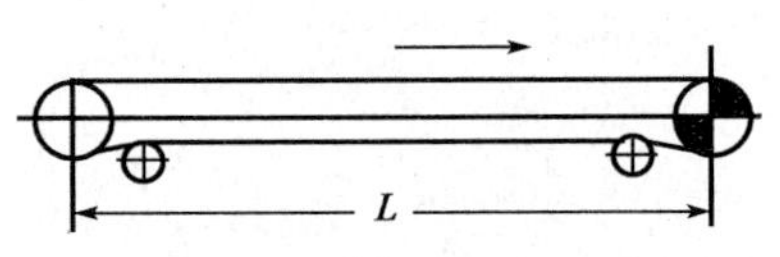

图 6-26　水平输送机

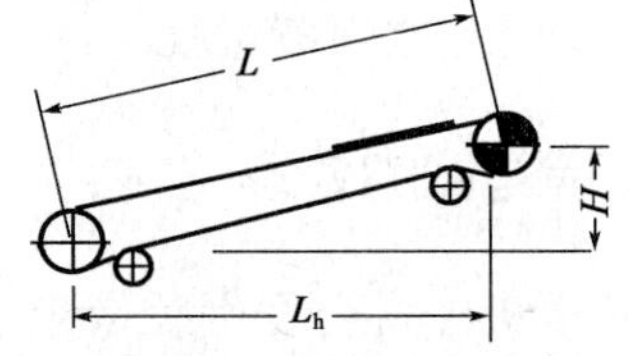

图 6-27　倾斜输送机

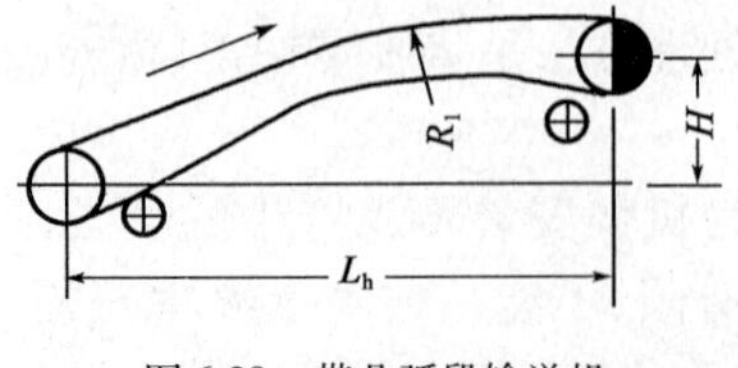

图 6-28　带凸弧段输送机

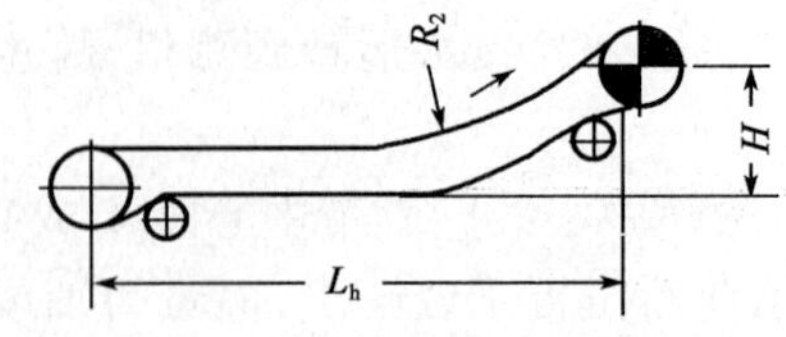

图 6-29　带凹弧段输送机

(1)在曲线段内,不允许设给料和卸料装置。

(2)给料点最好设在水平段内,也可设在倾斜段但倾角不得大于 10°,一般在 6°以下。生产实践表明,倾角大时,给料点设在倾斜段内容易掉料。设计大倾角输送机时,推荐将给料区段尽量设计成水平,或将该区段的倾角适当减少。

(3)各种卸料装置应设于水平段或输送机头部。

(4)图6-27所示的倾斜输送机向上输送时,不同物料所允许的最大倾角β如表6-14所示,向下输送时,允许最大倾角为表6-14所示的所列值的80%。若需要采用大于表6-14倾角输送时,可选用花纹带式输送机或波纹档边带式输送机。

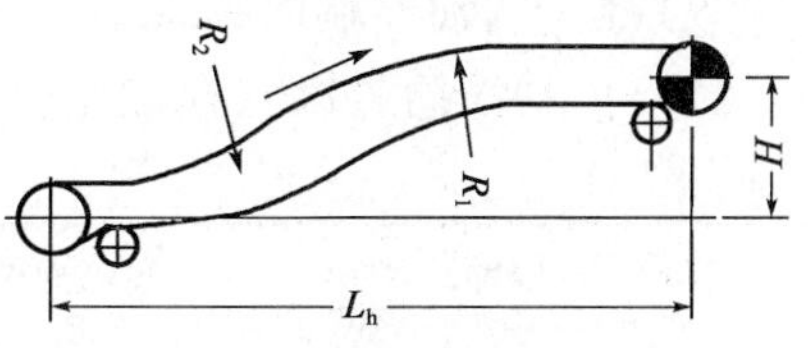

图6-30　带凹弧凸弧段输送机

不同物料允许的最大倾角　　图6-14

物料名称	β	物料名称	β	物料名称	β
块煤	18°	20~40mm油母页岩	20°	湿沙	23°
原煤	20°	0~20mm油母页岩	22°	盐	20°
煤粉、水洗后煤产品①	21°	干松泥土	20°	型砂	24°
筛分后的焦炭	17°	湿土	20°~23°	废砂	20°
0~25mm焦炭	18°	湿精矿(含水12%)	20°	未筛分的石块	18°
0~3mm焦炭	20°	干精矿	18°	水泥	20°
0~350mm矿石②	16°	筛分后的石灰石	12°	块状干黏土	15°~18°
0~120mm矿石	18°	干砂	15°	粉状干黏土	22°
0~60mm矿石	20°	混有砾石的砂	18°~20°		
0~80mm油母页岩	18°	采石场的砂	20°		

注:①包括精煤、中煤和尾煤;

②包括黑色金属、有色金属、岩石、石灰石等矿石。

五、输送机械工作机构质量检验

输送机械工作机构的质量检验程序,可参照起重机械机构的质量检验程序进行。

带式输送机质量检验控制要求,可按图样及下述条款规定执行:

(1)输送机中铸钢件的重要部位不允许有影响强度的砂眼和气孔。次要部位上砂眼、气孔的总面积不允许超过缺陷所在面面积的5%,凹人深度不允许超过该处壁厚的1/5,每个铸件上有缺陷不得超过3处。

(2)铸钢件应消除内应力(时效处理)。

(3)金属结构件的焊接应符合GB/T 985.1—2008、GB/T 985.2—2008的规定。焊缝不得出现烧穿、裂纹、未熔合等缺陷。

(4)滚筒筒体对接纵向焊缝应符合GB 3323—2005中Ⅲ级要求。

(5)滚筒筒体对接环形焊缝应符合JB 4730—2005中Ⅱ级或GB 3323—2005中Ⅲ级要求。

(6)制动轮装配后,外圆径向跳应符合GB 1184中9级精度的规定。

(7)滑块联轴器两边半联轴器体径向位移应不大于1.0mm,两轴线夹角不大于0°30′。

(8)盘式制动器装配后应保证各油缸中心线和主轴中心线平行。在松闸状态下,闸块与制动盘的间隙为1.0mm。制动时,闸块与制动盘工作接触面积不小于80%。

(9)链式联轴器端面圆跳动和径向圆跳动为0.10mm。

(10)传动滚筒外圆直径偏差应符合表6-15所示的规定。

传动滚筒外圆直径偏差 表6-15

滚筒直径(mm)	≤400	>400～1 000	>1 000
极限偏差	1.5 0	2.0 0	2.5 0

(11)滚筒装配后其外圆径向跳动应符合表6-16所示的规定。

滚筒装配后外圆径向跳动规定 表6-16

滚筒直径(mm)	≤800	>800～1 600	>1 600
无包层滚筒(mm)	0.6	1.0	1.5
有包层滚筒(mm)	1.1	1.5	2.0

(12)托辊辊子外圆跳动应符合表6-17所示的规定。

托辊辊子外圆跳动规定 表6-17

带速(m/s)	辊子长度			
	<550	≥550～950	>950～1 600	>1 600～2 400
>3.15	0.5	0.7	1.3	1.7
≤3.15	0.7	1.0	1.5	1.9

(13)托辊辊子装配后,在500N轴向压力作用下,辊子轴向位移量不得大于0.7mm。

(14)卸料车的滚筒中心线对卸料车机架中心线的对称度3mm。

(15)架体直线度为全长的1/1 000。对角线长度之差大于两对角线长度平均值的3/100。

(16)喷射除锈的表面应立即涂上底漆。涂漆应在清洁干净的地方进行,环境温度在5℃以上,湿度应在85%以下,工件表面温度不应超过60℃。

(17)输送机各部件无特殊要求时,底漆涂一层(不包括保养底漆)、面漆两层。不允许漏漆。每层漆颜色不同。每层漆干膜厚度为25～35μm,干膜总厚度不小于75μm。

(18)输送机机架中心线直线度应符合表6-18的规定,并应保证在任意25m长度内的直线度为5mm。

输送机机架中心线直线度规定 表6-18

输送机长度L(m)	≤100	>100～300	>300～500	>500～1 000	>1 000～2 000	>2 000
直线度(mm)	10	30	50	80	150	200

(19)滚筒轴线与水平面的平行度为滚筒轴线长度的1/100。

(20)滚筒轴线与输送机机架中心线的垂直度为滚筒轴线长度的2/1 000。滚筒、托辊中心线对输送机机架中心线的对称度为3.0mm。

(21)清扫器安装后,其刮板或刷子与输送带在滚筒轴线方向上的接触长度不得小于85%。

(22)输送带连接应平直,在10m长度上的直线度为20mm。

(23)输送机运行应平稳,负荷运动时不应有不转动的辊子。

(24)输送机负荷运动时,驱动装置不得有异常振动。

(25)拉紧装置应调整方便、动作灵活,并保证输送机启动和运行时滚筒不打滑;张紧时应动作准确。

思　考　题

1. 机械传动装置零件的主要破坏形式有哪几种?其基本判断依据是什么?
2. 传动装置通用零部件主要有哪些?装配的要求及检验内容是什么?
3. 机械传动装置质量检验包括哪些主要内容?
4. 起重机专用零部件选用原则是什么?安装和检测有何规定?
5. 对钢丝绳进行检验包括哪些内容?为什么对钢丝绳与滑轮和卷筒直径比有一定要求?
6. 对钢丝绳绕过滑轮和绕出绕进卷筒时的偏斜角加以限制?
7. 起重机工作机构检验的要求和内容是什么?
8. 带式输送机布置形式有哪几种?布置时应注意什么?
9. 带式输送机工作机构的安装要求和检验内容是什么?
10. 带式输送机中如何合理确定输送机带速?
11. 带式输送机发生胶带跑偏的原因是什么?如何防止跑偏现象发生?

第七章　电气设备质量控制

第一节　电气设备质量控制概论

随着水运机电设备自动化程度的不断提高，各种电气设备广泛应用于机械中。电气设备的质量对机械的质量是十分重要的，它不仅影响机械的工作效率和使用寿命，而且直接危及操作人员的人身安全。据机械故障分析，电气故障约占全部故障的70%以上，因此加强电气设备质量检验和控制是一项十分重要的工作。

一、电气设备质量控制的目的

电气设备质量控制的目的包括三个方面：

(1)可靠性。所有电气设备必须满足有关规范、标准的要求，达到要求的性能指标，在有效使用期限内能安全可靠的工作。电气设备所具有保护单元应能有效地实施保护，防止发生电气故障。

(2)安全性。所有电气设备应可靠接地，电气设备导线的相与相之间，相与地之间应有足够的绝缘电阻。有的机械设备应设置避雷装置，确保操作人员安全性。

(3)经济性。选择电气设备时，一是考虑性能指标；二是要考虑价格，使其性能/价格比值适当，保证电气设备既有足够的使用寿命和良好性能，又有较低廉的价格。

二、影响电气设备质量的主要因素

影响电气设备质量的因素主要有三个方面：

(1)设计的合理性。电气设计内容广泛，大到供电方案确定、电气传动及控制方案的选择，小到某个元件参数的计算和选型是否合理，都会直接或间接影响电气设备的质量。

(2)电气元器件的质量。如果电气设计合理，但元器件的质量低劣，势必影响电气性能，发生电气故障。特别是电气绝缘不能满足要求情况下，电气设备质量就根本无法保证。

(3)电气设备安装的质量。电气设备质量除设计及元器件质量外，很大程度上取决于安装工艺水平的高低。安装质量的好坏直接影响设备的性能及使用寿命。不按工艺规范要求施工安装就可能留下故障隐患，在振动、高温、高湿等恶劣环境下就可能产生电气事故，造成设备损坏甚至人身伤亡事故，应该引起足够的重视。

为了确保电气设备的质量，对电气设备的配套、安装、接地及接线等各个环节要进行严格的质量控制。质量控制必须按有关的规范标准，在施工的全过程中进行，以便及时发现问题，解决问题，以防留下隐患，造成不必要的经济损失。

三、电气设备质量控制的基本要求

电气设备的质量控制应当贯穿于设计、制造、安装、调试、检测全过程中。任何一个环节出现不满足规范、标准的要求,就可能出现质量事故。只有对每个环节加强质量控制,才能确保机电设备的整体质量。

1. 电气设备设计阶段的质量控制

电气设计阶段的质量控制包括以下内容:

(1)要求图纸齐全,图纸符合国家标准要求。

(2)核定供电方式及电气传动方式是否满足机械功能的要求。

(3)核定电气控制方式及控制电路设计是否合理。

(4)核定电气照明设计是否满足机械在各工况下的要求。

(5)核定其他控制单元的设计是否合理。

(6)核定电气选择是否正确,配套是否合理。

(7)核定电气安装和接线设计是否符合相关规范和标准的要求。

2. 特殊环境下的电气设备的选用及质量控制

特殊环境是指生产机械在室外、潮湿、多灰尘、高温、湿热、干热带及有危险性或腐蚀性介质的场合。对这些场合的生产机械电气设备选应用符合表 7-1 的要求。

用于室外或有可能进入固体、液体或触及带电部件的电气设备,其防护等级应满足环境要求;用于有爆炸危险介质中的电气设备,一般采用防爆型产品;特殊环境中,电气设备的防护等级、防爆要求应严格按技术合同要求。

3. 成套电气设备安装阶段的质量控制

1)电气设备、元件的质量检查

要求全部电气设备及元件均有合格证(实行生产许可证的产品应有生产许可证)。合格证应表明产品名称、型号规格、生产厂家、生产日期、检查记录、检验员及检验日期。

2)安装前的复查

主要电气设备、元件安装前必须进行质量复查。其电气性能指标不得低于该产品规定的要求,不合格的设备、元件严禁安装。

3)安装质量控制

根据各单元的安装图,现场检查内容包括:

(1)安装位置(方位、间距、高度)应满足设计及安装规范要求。

(2)固定方式应满足设计及安装规范要求。

(3)防护要求按设计及安装要求,采取防水、防潮、防损伤、防高温、防腐污、防雷措施。

(4)安全措施应满足安装规范要求。

4. 电气调试、检测阶段质量控制

1)电气调试及检测质量控制的一般要求

特殊环境下电气设备的选用　　表 7-1

环境条件	电气设备				
	电机	电器	控制站	电线电缆	其他
室外	加保护罩	选择适当安装位置（能避雨）。制动电磁铁加保护罩。行程开关选用防溅式	罩子应有防雨措施或将它置于室内	橡套电缆最好采用户外型。电线都穿钢管或采用聚氯乙烯的氯丁橡胶绝缘线	
高湿*	用湿热带型（TH）	用湿热带型（TH）	用湿热带型（TH）	电线都穿钢管或用护套线。橡套电缆最好用户外型	
多灰尘	一般封闭式具有一定防尘性能。YZR、YZ 冶金用新系列能防尘	应选用能防尘的品种，对无防尘措施品种由用户加强清扫和检查	设于起重机封闭电气室内或罩子采用防尘措施（站内电器要降低容量）	可选用一般产品	
高温高于（40℃）	选用符合使用环境温度设计的产品或降低容量使用	主触头降低容量使用。线圈改用耐热等级较高的绝缘	站内电器、电线电缆都应考虑能耐高温	选用线芯最高工作温度高的品种或降低载流量使用	
湿热带	选用湿热带型（TH）	选用湿热带型（TH）	选用湿热带型（TH）	选用热带型（T）	仪表如用 TH 产品可用船用的，半导体如无 TH 产品，可用军品
干热带	选用干热带型（TA**）	选用干热带型（TA**）	选用湿热带型（TH）代	选用热带型（T）	
有爆炸危险的介质	选用防爆型	选用防爆型		用橡胶套电缆，用户外型更好（不延燃）加穿钢管更好	一般选用鼠笼型电机。不允许用硬滑线供电
有腐蚀性介质	应选用化工防腐蚀型***	应选用化工防腐蚀型***		按腐蚀介质的性能选用适宜品种	

注：①＊为最湿月的月平均最大相对湿度为 90%，同时该月的月平均最低温度不大于 25℃，为一般电气设备允许的工作湿度；

②＊＊为一般常用湿热带型（TH）代，但应注意干热带的最高空气温度为 50℃，而湿热带为 40℃，干热带的防尘要求较高；

③＊＊＊为目前起重机用产品，没有生产。

(1)调试及检测环境条件应满足相应标准、规范的要求。

(2)调试及检测使用的仪表必须符合有关标准的要求。

(3)调试及检测结果的数据处理必须满足有关标准要求。

2)电气调试的质量控制

(1)调试必须按试验大纲逐项进行,并对逐项试验进行数据或波形记录。调试结果应有在场调试人员签字。

(2)调试过程中,因故对原设计、安装进行变动时,必须有详细记录,并有两名或两名以上现场调试人员签字。必要时应先经设计部门(单位)同意后再作调试。

3)电气检测的质量控制

(1)检测必须按要求的项目逐项进行,并逐项进行数据、波形记录。检测结果应有在场检测人员签字。

(2)检测的数据和波形会受电网、负载、环境条件(规范允许范围内)变化的影响,因此检测的最终结果,应是按有关标准要求取平均值。

第二节　供电设备

水运工程机电设备大多采用电能传动。供电设备的作用是以良好的效率、安全供给负荷所需的电能。由于负荷设备的种类、台数、配置、容量等变化,设计人员应从各个方面细致考虑,综合平衡,才能设计较为满意的供电设备。

供电设备的基本要求是操作使用简单,检查维修容易,使用寿命长,做到安全、可靠,经济性好。

一、供电设备正常使用的环境条件

1. 供电设备正常使用的环境条件

(1)海拔 $<1\,000$m。

(2)环境温度(户外为 $-30\sim+40$℃,户内为 $-5\sim+40$℃)。

(3)户外产品风速≤35m/s。

(4)户内产品环境湿度:

相对湿度日平均不大于95%,月平均不大于90%。

饱和蒸汽压日平均不大于 2.2×10^{-3}MPa,月平均不大于 1.8×10^{-3}MPa。

(5)地震烈度不超8度。

(6)户外产品的覆冰厚度,不超过1mm。

(7)户外产品应考虑凝露及日照等影响。

2. 海拔对供电设备中高压电器运行的影响

(1)对外部绝缘是:海拔增加,大气压力降低影响耐压水平降低。

(2)对电器发热温度的影响是:海拔增加,空气稀薄,散热条件差。

3. 环境温度对供电设备中高压电器性能的影响

温度过高过低均会影响供电设备的性能；温度过低使变压器油、液压油及润滑油的黏度增加，影响断路器动作时间，也会使密封材料的性能恶化，造成漏油、漏气、动作失灵；温度过高使空气绝缘能力下降，影响密封材料性能。

有关规定：环境温度每增加 1℃，工作电流降低 1.8%；每降低 1℃，可提高工作电流 0.5%，但不得超过 20%。

4. 供电设备应满足的基本要求

(1)绝缘安全可靠。高压电器既要能承受工频最高工作电压的长期作用，又要能承受内部过电压和外部(大气)过电压的短时作用，因此对绝缘要求很高。

(2)在额定电流下长期运行，其温升合乎国家标准，且有一定的短时过载能力。

(3)能承受短路电流的热效应和电动力效应而不致损坏。

(4)开关电器应能安全可靠地关合和开断规定的电流，提供继电保护和测量用信号的电器应具有符合规定的测量精度。

(5)高压电器、特别是户外工作的高压电器，应能承受一定自然条件的作用。大气压力、环境温度以及风、霜、雨、雪、雾、冰和凝露等自然条件都会影响电器的工作性能。在规定的使用环境条件下，高压电器应能安全可靠地运行。

二、供电设备设计内容及选择原则

(一)供电系统的设计

供电系统的设计包括以下内容：

(1)负载计算。

(2)供电电压选择和变压器容量计算。

(3)短路电流计算。

(4)导线及电缆的选择。

(5)供电系统的保护。

(6)供电系统的防雷和接地。

(二)供电设备的选择

1. 电力变压器

1)使用场合

电力变压器主要用于变电所、配电站及大型机械独立配电系统中的能量传递。

2)变压器容量选择应考虑的因素

选择变压器容量应考虑的因素是：

(1)负载情况。

(2)供电方式及变压器台数。

(3)电压波动与电压下降及瞬时停电的影响。

(4)环境湿度及冷却方式。

(5)短路电流值。

(6)短路保护方式。

(7)接地保护和过电压保护。

(8)其他相关因素。

2. 开关

1)开关的种类

开闭电路中开关有多种类型如表 7-2 所示。选用时,必须了解它的功能、性能及用途。

开 关 种 类 表　　表 7-2

开关种类	隔离开关	负荷开关	电磁接触器	断路器	电力熔断器
功能	仅以改变电路连接或切断其连接为目地,在处于无电流或接近无电流状态后才能安全地开闭电路	具有能开闭正常的负荷电流的功能,没有异常时(过负荷、短路时)的保护功能。基本上是手动操作	能安全地开闭正常时的负荷的电流或稍许过负载的电流,以负荷的开关控制为主要目的,进行频繁地开闭主要是电气操作	能断开正常时的电流,且像短路电流发生事故时大电流也能无障碍地开闭。另外,由于把电路的保护作为主要目的,因此包括机械、控制电路都以跳闸作为优先	开断从某个过负荷电流至短路电流这样大的电流,但没有电路的正常时开断的功能
用途	为变压器或断路器等维护检修而设置,作为电路隔离使用,作为改变电力系统运行方式的电路隔离使用	作为开闭频繁程度低的负荷的开关使用	主要作为负荷的操作、控制用开关(变压器、电容器、电动机开闭用),利用与电力熔断器的组合广泛地作为组合开关使用	主要做电路保护的断路器使用	与高压开关组合使用

2)断路器类型

(1)高压断路器主要按断路器内的灭弧介质不同分类,如表 7-3 所示。

(2)选择断路器主要参数包括:额定电压、绝缘等级及绝缘强度、额定电流、额定频率、额定短时电流、额定操作压力、额定断开时间等。

3)高压电磁接触器

(1)高压电磁接触器按灭弧方式分空气式、真空式、油浸式;按操作方式分常时励磁方式和瞬时励磁方式。

(2)选择高压电磁接触器主要参数包括:额定电压(主回路额定电压,操作回路额定电压)、额定容量(额定使用电流)、额定频率、额定断流容量。

4)隔离开关

(1)隔离开关按构造分,有单极、三极、一点切断、二点切断、垂直切断、水平切断。按操作方式,有直接操作方式、手动操作方式、电动操作方式、压缩空气操作方式。

高压断路器类型　　表 7-3

序号	类型		型号	灭弧介质	特点
1	油断路器	多油	DN DW	油作为灭弧介质和绝缘材料	体积大、重量也大、油量多,目前工厂供电系统较少使用
		少油	SN	油只作为灭弧介质	在工厂供电系统中应用较广泛
2	气体断路器		QW	有机材料(如纤维、有机玻璃等)在电弧高温下,分解为气体灭弧	无火灾危险、但断流能力小、较轻、油断路器重,价格较高,切断后喷出有机物,不易维护。使用不普遍
3	空气断路器		KW	用压缩空气作为灭弧介质及分合闸能源	断流能力大、分闸速度快、无火灾危险、价格较贵,主要用在高压及超高压电力系统中
4	六氟化硫断路器		LN	用六氟化硫气体作为灭弧介质及分合闸能源	绝缘性能好,灭弧能力强,化学性能稳定,无毒。当压力和喷口与序号 3 条件相同时,断流能力较序号 3 大,作为六氟化硫高强度绝缘气体的全封闭组合电器柜,不需安全间隔,体积小,占地面积少密封要求高。目前价格较贵
5	真空断路器		ZN	有真空度为 10^{-6} 的真空灭弧室,保证交流点过零时,由触头分开所产生的电弧间四周扩散,极迅速地恢复触头间的绝缘强度,使电弧熄灭	不用油,不会引起爆炸、火灾,灭弧性能好,机电寿命长,重量轻、可频紧动作,检修周期长,在供电系统中做接通、切断电路用,可提高供电可靠性,维护简单。为我国的新产品,有代替少油断路器的趋势。ZN 型真空接触器可用来控制操作频繁的电动机及小型电弧炉

(2)选择隔离开关主要参数包括额定电压、额定电流、绝缘等级、额定短时电流、额定操作电压、额定操作压力等。

5)电力熔断器

(1)电力熔断器分限流型及非限流型两种。其主要优缺点如表 7-4 所示。

限流型、非限流型熔断器的优缺点比较　　表 7-4

熔断器	优点	缺点
限流型	①体积小,断流容量大 ②限流效果好(最适于作后备保护)	①产生过电压 ②存在最小开断电流
非限流型	①不产生过电压最适于作双重电路用 ②若熔化必然开断(有作过负荷保护的可能)	①体积大 ②限流效果小

(2)选择电力熔断器的主要参数是:

①额定电压,额定电压≥电路线电压。

②断流容量,熔断器必须有充分开断设置点产生短路电流的断流容量。

③额定电流,熔断器的额定电流是与其全部特性有关的重要的参数,因此在整定时必须研究电路特性及熔断器特性,在此基础上决定适当的额定电流。

(三)互感器

1)互感器的种类

互感器通常分为电流互感器和电压互感器两类。电流互感器是把交流大电流交换成为小电流后,供测量和继电保护用的电器;电压互感器是把交流高压变换成低电压后,供测量和继电保护用的电器。

2)电流互感器的选择

电流互感器的主要参数包括:

(1)电流互感器的相数与绕组。

(2)额定电流(一次绕组额定电流标准从1~2 500A,并分若干级,二次绕组的额定电流标准通常为lA或5A)。

(3)额定工作电压(通常以相电压表示,它表明互感器一、二次绕组与大地的绝缘强度)。

(4)准确级(电力系统一般取0.5或1.0级,精密测量采用0.2级)。

(5)额定输出。

(6)额定短时电流。

除上述参数外,应注意电流互感器的使用条件,包括环境温度、海拔高度、大气状况与系统接地方式等,这些都与电流互感器的运行状况有关。

3)电压互感器的主要参数

电压互感器的主要参数包括:

(1)电压互感器的相数与绕组。

(2)额定电压(额定一次电压、额定二次电压及额定电压比)。

(3)准确级(电力系统一般取0.5或1.0级,精密量采用0.2级)。

(4)额定输出。

除上述参数外,应注意电压互感器的使用条件,包括环境温度、海拔高度、大气状况与系统接地方式等。这些都和电压互感器运行状况有关。

(四)开关设备

开关设备是指开关及其同控制、测量、保护和调节装置组合的成套设备。

1)开关设备的种类

开关设备有小车型、金属铠装型及户外型几种。

目前使用的移开式交流金属封闭开关设备是一种典型产品。它由壳体和手车两部分组成,手车按其安装的电器不同,如断路器、电压互感器、电压互感器与避雷器、电容器与避雷器、变压器以及专供隔离用和接地用等7种。

2)开关设备的选择

开关设备为成套设备,选择时应注意以下几点:

(1)主电路导体的容许电流,包括不同环境温度和不同温升条件下。

(2)裸母线间隔。

(3)通风量。

第三节　电气设计内容及选择原则

一、电气设计

电气设计通常分方案设计、初步设计及施工图设计三个阶段，各阶段的设计均有不同的要求和内容。设计时应充分考虑电气设备的环境，供电电源等其他相关条件。

1. 电气设计的内容

水运机电设备电气设计主要包括以下内容：

(1)供电方式的选择。

(2)电气传动方案的选择。

(3)电气控制方案选择及控制电路的设计。

(4)电气元件，包括供电装置、控制装置、电机、电器、电线电缆等设计和选择。

(5)照明电器设计。

(6)遥控、监控、数控、程控及计算机控制单元设计。

(7)电气安装设计。

2. 电气设计的条件

电气设备选择及安装要求受到供电电源及环境条件的影响，一般电气设备设计条件如下：

(1)环境条件。海拔高度小于1 000m，环境温度小于+50℃，相对湿度小于95%。

(2)供电电源。直接供电或采用变压器供电，交流高压为10kV、6kV，低压为400V；直流为400V，220V。

特殊环境下，如高海拔地区或有盐雾、高温、高湿、多尘埃作业场所，或有腐性气体、危险品、爆炸性物质作业场所，电气的设计、选择及安装必须按特殊环境的要求来进行，确保电气正常的运行和操作人员的安全。

二、电工产品的相关标准

我国技术标准分为国家标准、专业(行业)标准和企业标准三级。近几年来，我国对低压电器和电控、配电设备行业标准体系进行了全面更新，参照IEC有关标准对原有技术标准进行了修订，缺口标准已经或正在参照IEC标准补充、配齐，有些标准直接采用(等效)IEC标准制订。

1. 低压电器标准新的概念及其主要修改内容

1)约定发热电流I_{th}和约定封闭发热电流I_{the}

约定发热电流是指不封闭电器和安装在规定外壳中的电器，规定条件下试验时，各部件的温升不超过极限值时所能承载的最大电流值。在IEC标准把发热电流作为额定值，标注在电器铭牌上。近年来国际上改变了这种看法。因为严格地说，I_{th}、I_{the}都不是额定值，只能说是约定值，所以 IEC 决定改称为约定发热电流 I_{th}和约定封闭发热电流 I_{the}。为了和 IEC 一致，1985 年标准引入了这两个概念。对接触器将以额定工作电流 I_e 作为额定电流；对于低压断路器以额定不间断电流作为额定电流。

额定工作电流是在规定条件下，保证电器正常工作的电流值。

额定不间断电流是电器在不间断工作下能承受的电流值。

2）额定绝缘电压 V_i

额定绝缘电压是指在规定条件下，用来度量电器及其部件的不同电位部分的绝缘强度、电气间隙和爬电距离的名义电压值。额定绝缘电压也是一个较新的概念，今后设计的低电压电器都应该明确地给出 V_i 值；过去设计的一些老产品由于当时尚无 V_i 的概念作相应规定，现在可将其最大额定工作电压视作额定绝缘电压。额定工作电压是在规定条件下，保证电器正常工作的电压值。

3）额定脉冲耐压

在规定的试验条件下，电器能承受不被击穿的、具有一定波形和极性的脉冲电压峰值称额定脉冲耐压。电器的电气间隙值与额定脉冲耐压值有关。系统的绝缘配合是以脉冲耐压值为依据的。电器的额定脉冲耐压值应等于或大于相应安装类别的脉冲耐压值。

4）污染等级

所谓污染等级，是迫于微观环境条件中出现导电的、吸湿的尘埃、游离气体或盐类以及其他有关原因，导致表面漏电流增大的频繁程度而对微观环境条件所作出的分级。电器周围环境的污染等级分为 4 级，即污染等级 1，2，3，4。污染程度 1 级最轻，基本是无污染或仅有干燥的非导电性污染；2 级稍重，一般仅有非导电性污染，但必须考虑到偶然由于凝露造成短暂的导电性，除非产品标准另有规定，一般对于“家用”或类似用途的低电压电器产品，通常规定污染等级为 2 级；3 级污染更重些，它有导电性污染或由于预计的凝露出现，使干燥的非导电性污染变为导电性污染，除非另有规定，一般对于“工业用”或类似用途的低压电器产品，通常规定其污染等级 3 级。污染等级与电器的绝缘配合直接有关，就是说不同的污染等级决定了不同的电气间隙或爬电距离数值。

5）安装类别（过电压类别）

在一个绝缘得到良好配合的低压系统中，从电源进线端到用电末端划分为Ⅳ、Ⅲ、Ⅱ、Ⅰ四个安装类别，每一个安装类别中的瞬时过电压抑制装置都有其“规定的瞬时电压击穿值”，因而要求每个安装类别中的电器具有规定的对地额定绝缘电压，其相应的脉冲耐峰值即为上述的“规定的瞬时电压击穿值”。换句话说，电器产品在使用中承受外来过电压（雷击）或电气设备操作过电压的情况，与其自身在系统所处的“位置”有直接关系，为了达到系统绝缘配合的目的，根据可能承受的瞬时过电压峰值的情况，规定了该电器产品所必须的对地额定绝缘电压及其相应的脉冲耐压峰值，从而也就确定了该电器产品的安装类别。安装类别是正式标准的 IEC664，664A 使用的名称，1983 年 1 月英国拉斯斯会议决定“安装类别”改称“过电压类别”，所以 GB 1497—85 将“安装类别”与“过电压类别”并列使用，今后逐渐向过电压类别过渡。常用低压电器的安装类别如表 7-5 所示。

低压电器的安装类别(过电压类别) 表 7-5

低压电器产品类别	安装类别(过电压类别)		
低压熔断器	Ⅳ	Ⅲ	Ⅱ
隔离器、开关、隔离开关及熔断器组合电器	Ⅳ	Ⅲ	
低压断路器	Ⅳ	Ⅲ	Ⅱ
低压接触器	Ⅲ	Ⅱ	
低压电动机起动器	Ⅲ	Ⅱ	
控制电路电器和开关元件	Ⅲ	Ⅱ	Ⅰ

6)电气间隙和爬电距离

电气间隙是指电器中具有电位差的相邻两导体间通过空气的最短距离。爬电距离是指电器中具有电位差的相邻两导电部件之间,沿绝缘体表面的最短距离。

电气间隙和爬电距离牵涉到电气安全性能,同时又牵涉到电器能否小型化和微型化。1985 年标准采用了 IEC664,664A 标准,参考了新文件 IEC17B(S)262 和 284,编制了新的电气间隙和爬电距离标准条款,这样有利于电器小型化和微型化。新标准中电器的电气间隙除了与额定电压有关外,还与污染等级和安装类别有关;爬电距离除了与额定绝缘电压有关外,还与安装类别和材料类别(即 CTI 值)有关。

7)绝缘配合

绝缘配合包括两个方面:一方面是系统的预期过电压及与之相应的过电压抑制装置;另一方面是用于该系统中的电器在其相应污染等级下的电气间隙值。两方面必须协调才能称为绝缘配合,其协调方式为:①系统的过电压必须被控制在规定的水平之下;②电器产品必须具有规定的电气间隙,如小于此规定值,则必须进行脉冲耐压试验,以验证其能否在该系统中进行满意的绝缘配合。

8)使用类别

使用类别如表 7-6 所示。其中 AC-11,DC-11 是 IEC337—1 中的使用类别。AC12、15DC12 和 14 是 IEC 标准修订草案中的使用类别,后者将取代前者。

IEC158—1 的使用类别 DC-2,DC-4,由于使用时有诸多不便,根据发展趋势,国际上将被取消,故 1985 年标准中未采用。1985 年标准中还采用新发展起来的使用类别 AC5 ~ AC8。

对于断路器,IEC157—1 的新动向中采用按使用类别 A 和 B 的分类方法,即非选择型的断路器称 A 类断路器;选择型的断路器称 B 类断路器。B 类断路器还规定了短延时时间不小于 0.05_s 以及至少必须达到的短时耐受电流值。在分组顺序试验中,对 A 类和 B 类断路器做了不同的规定。由于这一分类抓住了断路器的最大特征,是一种比 IEC157—1 正式版本中 P-1,P-2 更为合理的分类法,所以在《低压开关设备和控制设备 第 2 部分:断路器》GB 14048.2—2008 中予以采用。

9)分类

从不同角度考虑电器有不同的分类法,标准中提出的分类法主要是根据 IEC 产品标准的体系并结合我国传统上的低压电器分类法综合而得。其优点是 IEC 产品标准可以较好地一一对应,且照顾到我国传统习惯上的分类法。新的分类方法如图 7-1 所示。

低压电器常见使用类别及其代号　　表 7-6

使用类别代号	典型用途举例	给出试验参数的标准名称	使用类别代号	典型用途举例	给出试验参数的标准名称
AC-1	无感或微感负载,电阻炉	GB 14048.1 ~18《低压开关设备和控制设备》	AC-11	控制交流电磁铁负载	GB 14048.1 ~18《低压开关设备和控制设备》
AC-2	线绕式电动机的起动、分断		AC-12	控制电阻性负载和发光二极管隔离的固态负载	
AC-3	鼠笼型异步电动机的起动、运转中分断		AC-13	控制变压器隔离的固态负载	
AC-4	鼠笼型异步电动机的起动、反接制动与反向、点动		AC-14	控制容量(闭合状态下)不大于72VA电磁铁负载	
AC-5a	控制放电灯的通断		AC-15	控制容量(闭合状态下)不大于72VA的电磁铁负载	
AC-5b	控制白炽灯的通断		DC-1	无感或微感负载,电阻炉	
AC-6a	变压器的通断		DC-3	并励电动机的起动、反接制动、点动	
AC-6b	电容器组的通断		DC-5	串励电动机的起动、反接制动、点动	
AC-7a	家用电器中的微感负载和类似用途		DC-6	白炽灯的通断	
AC-7b	家用电动机负载		DC-11	控制直流电磁铁负载	
AC-8a	密封制冷压缩机中的电动机控制(过载继电器手动复位式)		DC-12	控制电阻负载和发光二极管隔离的固态负载	
AC-8b	密封制冷压缩机中的电动机控制(过载继电器自动复位式)		DC-14	控制电阻中有经济电阻的直流电磁铁负载	

2.基本的电气技术标准

1)额定电压(GB/T 156—2007)

适用范围:本标准所列额定电压适用于直流和50Hz交流的系统、电气设备和电子设备。

本标准不适用于下列设备,但不予限制:

(1)电气设备和电子设备内部的非通用供电电源及其连接器件和设备。

(2)铁路信号和自动闭塞装置。

(3)专用试验设备。

(4)汽车、拖拉机用电气设备。

(5)蓄电池供电的运输设备。

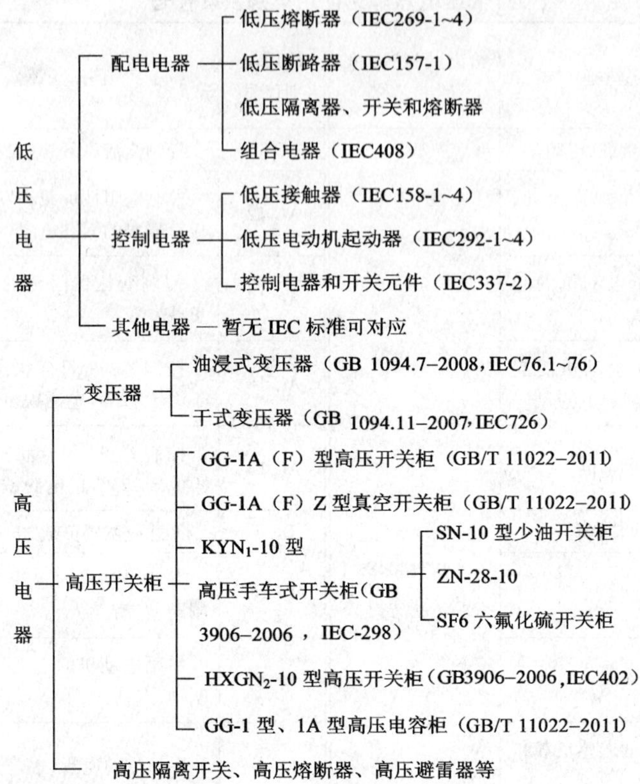

图 7-1 电器分类

3kV 以下的设备与系统的额定电压如表 7-7 所示。

2）安全电压（GB/T 3805—2008）

（1）适用范围是：当电气设备需要用安全电压来防止触电事故时，应根据使用环境、人员和使用方式等因素选用本标准中所列的不同等级安全电压额定值。

本标准不适用于水下等特殊场所，也不适用于有带电部分能伸入人体内的医疗设备。

本标准中的《安全电压》相当于国际电工委员会出版物中的《安全特低电压》（Safety Extra-Low Voltage）。

（2）安全电压等级。为防止触电事故而采用的由特定电源供电的电压系列。系列的上限值，是任何情况下在两导体间或任一导体与地之间不得超过交流（50 ~ 500Hz）有效值 50V。

安全电压额定等级为 42V，36V，24V，12V，6V。当电气设备采用超过 24V 的安全电压时，必须采取防止直接接触带电体的保护措施。

3）电气设备额定电流（GB/T 762—2002）

（1）适用范围是：本标准适用于下列以电流为主参数来命名或标注型号的交、直流电气设备和电子设备，如高压电器、低压电器、半导体整流器和整流变压器、电焊设备、日用电器和插头插座、电流互感器、限流电抗器和电瓷套管、电工仪器和仪表、电子直流稳压电源装置、专用电器。

电气设备与系统的额定电压　　表 7-7

直　流(V)		单相交流(V)		三相交流(V)	
受电设备	供电设备	受电设备	供电设备	受电设备	供电设备
1.5	1.5				
2	2				
3	3				
6	6	6	6		
12	12	12	12		
24	24	24	24		
36	36	26	26	36	36
		42	42	42	42
48	48				
60	60				
72	72				
		100^{+}	100^{+}	100^{+}	100^{+}
110	115				
		$127^{\cdot}$	$127^{\cdot}$	$127^{\cdot}$	$127^{\cdot}$
220	230	220	230	220/380	230/400
400^{∇}、400^{∇}	400^{∇}、460			380/660	400/690
800^{∇}	800^{∇}				
$1\,000^{\nabla}$	$1\,000^{\nabla}$				
				$1\,140^{\cdot\cdot}$	$1\,200^{\cdot\cdot}$

注：①受电设备的额定电压也是系统的额定电压；

②直流电压为平均值，交流电压为有效值；

③在三相交流栏中，斜线“/”左边为相电压，斜线右边为线电压，无斜线是线电压；

④“+”号只用于电压互感器、继电器等控制系统的电压；“∇”用于单台供电的电压；“·”用于矿井下、热工仪表和机床控制系统的电压；“··”限于煤矿井下及特殊场合使用的电压。

(2)本标准不适用于下列设备和回路：

①无线电通信用的接收、发送机和信号呼唤机的内部闭合回路。

②计量、检测仪器和控制回路。

③热继电器的热元件和熔断器的熔断片。

④变压器和电磁铁的绕组线圈。

额定电流如表 7-8 所示。

电气设备额定电流(单位:A)　　表7-8

1	1.25	1.5	2	2.5	3.15	4	5	6.3	8
10	12.5	16	20	25	31.5	40	50	63	80 (750)
100	125 (120)	160 (150)	200	250	315 (300)	400	500	630 (600)	800 (750)
1 000	1 250 (1 200)	1 600 (1 500)	2 000	2 500	3 150 (3 000)	4 000	5 000	6 300 (6 000)	8 000
10 000	12 500 (12 000)	16 000 (15 000)	20 000	25 000					

注:①括号内的值,仅限于老产品使用。

②lA 以下的额定电流等级,按 R10 优选数系的十进分数值来选用($R10\cdot10^{-n}$,式中 n 为正整数)。

③2 500A 以上的额定电流等级,按 R10 优选数系的十进倍数值来选用 $R10\times10^{n}$,式中 n 为正整数)。

三、电器元件、设备及系统

1.操作电器和通用控制站

1)凸轮控制器

(1)使用场合

凸轮控制器主要用于通过改变绕线式电动机定子电路的接法,或转子电路的电阻值来直接控制电动机的起动、调速、换向及制动。凸轮控制器具有操作频率高、容量大、体积小、重量轻等一系列优点,用于控制小型机械中的起升机构、平移机构电动机。

(2)组成

凸轮控制器由装在绝缘方轴上的凸轮元件、触头组、灭弧室、定位机构、手轮、绝缘支架、罩壳组成。

(3)选用原则

为保证凸轮控制器的可靠工作,选择时应注意以下主要参数:额定绝缘电压,额定工作电压,约定发热电流,污染等级、安装类别,同使用类别时的通断能力,操作频率(次/时),辅助触头(额定电压、电流及控制容量),使用寿命考虑机械、电气在不同使用类别时使用寿命,操作方式(水平旋转操作式,立式往复操作式),外形尺寸和安装尺寸。

2)主令电器

(1)使用场合

主令电器是用来接通和断开控制电路的电器,以发布命令或作程序控制,它可以直接作用于控制电路,也可通过电磁式电器间接作用。

(2)主要类型

主要类型有控制按钮、行程开关、万能转换开关、主令控制器、脚踏开关和主令开关等,其中主令控制器应用十分广泛。

(3)主令控制器

①主令控制器使用的场合。主令控制器与机械设备控制站相配合,组成一个完整的控制系统,用来控制电动机的起动、调速、换向和制动。一般在下述情况下被采用:

a. 操作频率高(每小时通断次数接近600次或在600次以上)。

b. 机械工作繁重,要求电气设备较高寿命。

c. 机械机构多,要求降低司机劳动强度。

d. 因操作需要(如抓斗起重机用)。

e. 要求机械工作时有较好的调速、点动的性能。

②组成。主令控制器由转轴、凸轮元件、触头组、手柄(手轮)、绝缘支架、罩壳、定位机构等组成。操作方式分手柄式和手轮式两种;结构形式分卧式和立式两种。

③选用及质量控制原则。主令控制器的选择应当考虑以下主要参数:

a. 结构形式、操纵方法。

b. 档位、回路数,有无零位自锁装置。

c. 触头布置方式、结构形式和参数。

d. 额定工作电流、电压。

e. 使用类别和电寿命。

2. 联动控制台

1)使用场合

水运机电工程机械上常用联动控制台进行控制。通常用设备的手柄,通过联动机构同时或分别控制1~2个机构的运行工况。操作人员可在司机室进行操作,有良好的视野、可用较少的手柄控制较多的机构,操作方便,应用广泛。

2)组成

联动控制台通常由左右两个箱体和中间一把坐椅组成。箱体面板上设控制手柄,左右箱体上盖安装有部分电气元件,如信号灯、按钮、转换开关及指示仪表等。

3)选用的主要原则

(1)联动控制台设计应满足人机工程的要求。

(2)指示仪表及信号清晰。

(3)操作手柄零位明显、档位准确、操作力小,手柄动作方向应力求与机械方向一致。

(4)有足够的机械和电寿命(主令控制器部分)。

(5)仪表为防振型。

(6)内部布线合理。

(7)绝缘满足标准要求。

3. 控制站

1)使用场合

控制站用于机械设备各种工况的电气控制,内部包括电源及开关、保护单元(过电流、欠电压、短路、零压、过载、联锁等)、继电器接触器控制单元、起动电阻单元、变流器单元及制动单元等。

2)分类

控制站分两类:一类是直流控制站(串电阻、V-M系统及晶闸管励磁恒功率控制的V-M系统);另一类是交流控制站(定子调压、转子串电阻、串级、变频及涡流制动器)。按控制对象不同,分为平移、起升、变幅、旋转、起升(支持)、关闭等多种控制。

3)选择的主要原则

(1)电压、电流、功率应满足被控电机的要求。

(2)设置的保护应满足工况的要求。

(3)要求设制动单元的控制站,其控制方式应满足设计要求。

(4)控制站的操作频率应满足设计工况的要求。

(5)设置及布线合理。

(6)绝缘满足标准要求。

第四节 电气保护设备与元件

在水运机电工程中,机械通常长期连续工作,电气保护单元的质量十分重要。合理选择电气保护设备及元件,是质量控制的重要环节,同时也要正确安装和调试,使其达到性能指标的要求。

电气保护单元种类较多,涉及的设备和元件也较多,下面就主要的单元的选择及质量控制作一分析。

一、电源的保护

1. 隔离器及刀开关

隔离器及刀开关的作用,是在电源切除后将线路和电源明显隔开,以保障检修人员的安全。

1)主要种类

隔离器主要是三种:第一种为隔离开关,刀形隔离器,起隔离作用;第二种为熔断器式隔离器,它具有电源隔离及电路保护两种功能;第三种为熔断器式开关,它由开关和熔断器组合而成,有一定的分断能力(一般不用于控制单台电机),具有电源开关、隔离开关、应急开关和电路保护作用。

2)选用隔离器的原则

(1)主要技术参数必须满足要求(额定绝缘电压、额定工作电压、额定电流、额定通断能力及使用寿命)。

(2)除满足上述要求外,还必须注意以下四点:一是安装类别、污染等级(安装类别Ⅲ,污染等级3)的要求;二是操作方式(人力、动力、手柄及操作机构)的要求;三是如需接通短路电流时,应选用有相应能力的隔离开关;四是选择辅助电路特性(电路数、触头种类和数量)的应满足电路要求。

2. 自动空气开关(断路器)

自动空气开关(断路器)既可接通和分断正常负载电流,又可接通和分断过流电路、短路电流的开关。根据用途不同,可配备不同的脱扣器或继电器。

(1)自动空气开关有塑料外壳式(装置式)和框架式(万能式)两种。

(2)选用及质量控制的原则。选择自动空气开关(断路器),首先应根据具体使用的条件选择使用类别,决定产品型号,接着进行具体参数的选择,然后根据额定工作电压、额定电流、脱扣器整定电流和分励、欠压脱扣器的电压、电流等分别进行参数选择,并需对短路特性和灵敏系数进行校验。

①额定工作电压和额定电流时,要求自动空气开关额定工作电压和额定电流不低于线路额定电压和计算电流。应当注意,自动空气开关的额定工作电压与通断能力和使用类别有关,同一台开关可以有几个额定工作电压和相应的通断能力和使用类别。

②长延时脱扣器的整定电流时,该整定电流可以大于或等于线路计算的负载电流,一般为负载电流的1.0~1.1倍确定,同时应不大于线路导体长期允许电流的0.8~1倍。

③选择瞬时或短延时脱扣器的整定电流。该整定电流应大于线路的尖锋电流,并按不低于尖锋电流1.35倍原则确定配备断路器。电动机保护电路中,当动作时间大于0.02s时,按不低于1.35倍起动电流原则确定;当动作时间小于0.02s时,按不低于1.7~2倍起动电流原则确定。

④短路通断能力和短时耐受能力的校验。自动空气开关的短路分断能力和短路接通耐受能力应不低于其安装位置的预期短路电流。当动作时间大于0.02s时,可不考虑短路电流的非周期分量,即把短路电流周期分量有效值作为最大短路电流;当动作时间小于0.02s时,应考虑非周期分量,即把短路电流第一周期内的全电流作为最大短路电流。

如果校验结果说明开关通断能力不够,应采用以下措施:

a.开关的电源侧增设其他保护电器(如熔断器)。

b.采用限流断路器,可按制造厂提供的允许电流特性或限流系数(即实际分断电流峰值和预期短路电流峰值之比)选择相应产品。

c.必要时改选较大容量的自动空气开关。

⑤灵敏系数校验。灵敏系数是指线路中最小短路电流和空气开关瞬时或延时脱扣整定电流之比。两相短路时的灵敏系数应不小于2;单相短路时的灵敏系数可取1.5(适用DZ型)或2(适用其他型)。

⑥分励和欠压脱扣器的参数确定。额定电压等于线路额定电压、电流类别(交、直流)按线路情况确定。

3.熔断器

熔断器广泛地应用于电网或电气设备的短路保护上。

(1)熔断器主要有:螺旋式熔断器、填料封闭管式熔断器、带指示的熔断器等三种。

(2)选用及质量控制原则:

①选用熔断器时,应按实际使用条件确定类型,包括选择合适的使用类别和分断范围。全范围熔断器兼有过载保护功能,主要用于电缆、母线等线路保护;部分范围熔断器主要做短路保护功能,另配过载保护元件。

②参数按以下原则确定:

熔断体按下式计算额定电流(起重机电动机)。

$$I_n = \frac{I_A}{1.6 \sim 2.0}$$

式中：I_A——起动电流。

额定电压要求不低于线路额定电压；熔断器的最大分断电流应大于线路中可能出现的峰值。

二、过电流保护

当工作过电流持续时间过长或设备（如电机、电缆等）的规格选择不当时，便可能发生过载现象。过载电流越大，达到允许温升的时间就越短，负载能承受的时间也越短。

1. 过电流保护电器

过电流保护通常采用电流继电器。电流继电器是一种根据输入电流大小动作的继电器。过电流继电器在电源短路和严重过载时，立即将电源切断。

过电流保护动作范围是：交流继电器为110% ~350% I_e（I_e 是额定电流），直流继电器则为70% ~300% I_e。过电流复位分自动、手动两种方式。

2. 选用原则

（1）除笼型异步电动机驱动机构和辅助机构外，每套机构里的每台电动机必须单独设置过电流保护。三相绕线型异步电动机只允许在两相中设置过电流保护。直流电动机允许设置一个过电流保护。

（2）用瞬时动作的过电流继电器保护绕线式异步电动机，其动作电流为电动机额定电流的2.5倍。保护直流电动机参照电机允许最大电流决定动作电流。

（3）用反时限动作的过电流继电器来保护电机时，电机正常起动时不应动作，且过电流应有良好的保护特性。

（4）选用过电流继电器时，除线圈电压和电流应满足要求外，还应考虑被控对象的电压、电流和负载性质。

三、过载保护

过载保护的任务是，允许正常的工作过载电流通过，且在超过负载允许时间前切断电源。

1. 过载保护的电器

过载保护通常采用热继电器。热继电器是一种利用电流通过元件所产生的热效应而反时限动作的继电器。

2. 选用原则

（1）热继电器动作特性应满足被保护设备的要求（反时限曲线）。

（2）温度补偿范围，一般为+40 ~ -25℃。

（3）控制触头通断能力（工作电压、额定电流、通断电流）应满足控制电路要求。

（4）热元件的热稳定性要求，热元件额定电流大于100A时，通以8倍整定电流；小于或等于100A时，通以10倍整定电流，热继电器应可靠动作5次而不损坏。

(5)控制触头的使用寿命,一般用途的热继电器为10次以上。

(6)复位时间要求:自动复位时间不大于5min,手动复位时间不大于2min。

(7)电流调节范围要求66%～100%,最大50%～100%。

四、欠电压(失电压)保护

欠电压(失电压)保护的任务是,当供电电压过低或失去电压时,控制电路能有效切断主电路以保护用电设备;同时,当电源恢复正常供电后,必须经操作人员按动主令电器后才能重新接通电源,防止电气事故产生。

1.欠电压(失电压)保护电器

失电压、欠电压保护一般采用电压继电器,有时也采用接触器或自动开关来实现。电压继电器是一种根据输入电压大小而动作的继电器。按用途分为欠电压(电压小)和失电压(电压为零)继电器。

2.选用原则

(1)主要技术参数(额定绝缘电压、额定工作电压、电流)应满足要求。

(2)动作特性应满足失压保护要求,重复误差<±10%,整定值误差<±15%。

(3)安装方式应满足设计要求,板前或板后接线安装。

五、零位保护

零位保护的任务,是机构在运行前或电源断电后恢复供电时,必须先将主令控制电器手柄置于零位,该机构或相应机构的电机才能起动。港口装卸设备电气控制必须设零位保护。

1.零位保护电器

零位保护由主令电器和继电器或接触器构成的电路来完成。

2.选用原则

(1)主令电器的零位自锁装置必须可靠。

(2)主令电器必须有较高的操作频率和使用寿命。

六、速度保护

速度保护的任务,是在机械运行的速度有一定要求的场合,当电机速度超范围运行时,切断电路,使电机停车,保护机电设备。

1.速度保护电器

速度保护一般由速度继电器来实现。速度继电器的轴与电机轴相连接。其工作原理如鼠笼式异步电动机一样,永久磁铁的转子固定在轴上,装有鼠笼形绕组的定子与轴同心,产生的感应电流在磁场作用下产生转矩,再通过手柄拨动触点,实现控制的目的。

2.选用原则

(1)应根据电动机的额定转速来选择。

(2)触头或微动开关容量必须满足要求,防止动作失灵。

七、限位及行程保护

水运机电工程机械的工况要求,对某些机构进行限位,或行程控制,当发生意外时,要求做紧急处理,限位及行程保护就是实现这一功能的。

1. 限位及行程保护电器

行程开关主要用于反映工作机械的行程按工况要求,发出命令以控制其运行方向或行程大小的电器。

2. 选用原则

(1)用于提升或变幅的机构至少装置一套上升限位开关,必要时应装置下限位开关。吊运危险品贵重物品的起升机构必须安装两套以上限位开关,两套开关动作要有先后,并应尽量采用不同结构形式和控制方式的断路装置。

(2)平行运行的机构一般两端装置限位开关,大型、重型机构的平行运行机构每个方向必须各装两个限位开关,并采用控制方式不同的断路装置。

(3)用悬挂式电缆供电的回转机构应装限制回转角度的限位开关。用电缆卷筒供电的机械应安装控制电缆放完的行程开关。

(4)选择行程开关必须注意工作电压、工作电流、使用类别、通断能力、使用寿命、操作频率,特别是防护等级,必须满足工况要求。

八、其他保护

1. 其他保护的内容

(1)直流励磁电动机失磁保护(一般用电流继电器)。

(2)紧急停车保护(一般用按钮及其他装置)。

(3)漏电保护(一般用漏电继电器)。

(4)力矩保护(一般用力矩限制器)。

(5)超载保护(一般采用超载限制器)。

2. 选用原则

(1)选用的保护电器必须满足机构工况的要求。

(2)保护电器的误差精度必须满足相关标准的要求。

(3)保护电器的安装位置应合理,防护等级必须满足要求。

第五节　变流与传动装置

随着电力电子技术的迅速发展,电力电子器件和以计算机为代表的控制技术对电能,特别是对大的电功率进行处理和变换,已广泛应用于水运工程机械的变流及传动装置中,因而对变流及传动装置的质量控制是一项重要的工作。

一、变流装置及质量控制

1. 电力电子器件的主要类型

电力电子器件分非可控器件和可控器件两类，如图 7-2 所示。

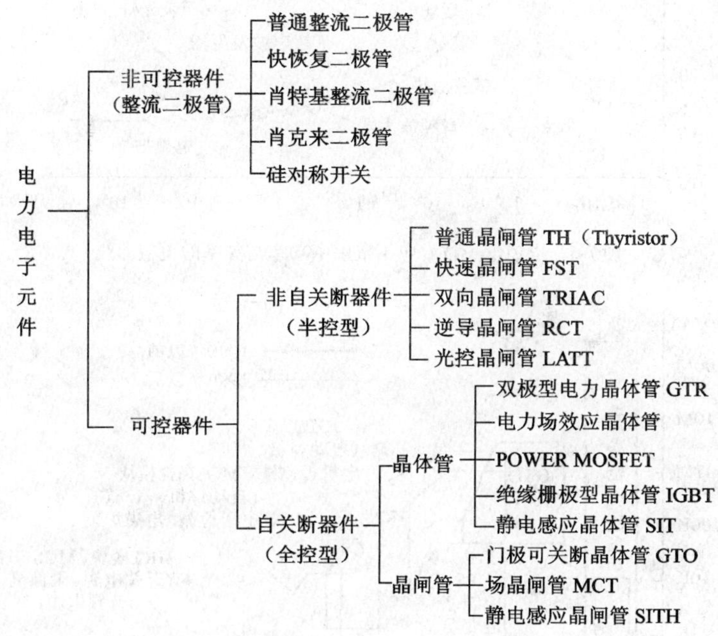

图 7-2　电力电子器件的类型

全控式电力电子器件主要性能包括控制方式(电流、电压)、常态(阻断、导通/关断)、反向电压阻断能力、正向阻断电压范围、正向电流范围、正向导通电流密度(A/cm^2)、浪涌电压耐量(若干倍的额定值)、最大开关速度(Hz)，门栅极驱动功耗(W)、du/dt(V/s)、di/dt(A/s)、最高工作温度(℃)、抗辐射能力、制造工艺及使用难易程度等。

2. 电力电子器件应用

20 世纪 70 年代评价电力电子器件品质因素的主要因素是容量，即电压×电流。20 世纪 80 年代，器件发展的主要目标是高频化，所以，评价器件品质因素的标准是功率×频率。20 世纪 90 年代，电力电子器件发展的主要目标是高性能化，即大容量、高频率、易驱动、低损耗。而评价器件品质因素的主要标准是容量，开关速度、驱动功率、通态压降低、芯片利用率等。

半控型器件晶闸管容量大、易维护等优点，已广泛用于各种变流装置中。全控型器件的应用领域大体可分划为两种类型：一是用量很多的各类电动机传动装置；二是种类很多的各种静止电源。

电力电子技术在各个应用领域中功率和频率的覆盖曲线如图 7-3 所示。

几种电力电子器件输出容量、工作频率及应用领域如图 7-4 所示。

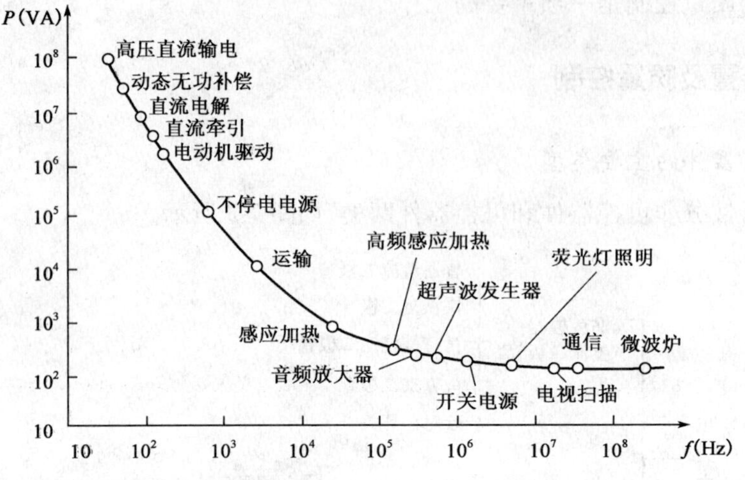

图 7-3　电力电子技术应用范围中功率与频率的覆盖曲线

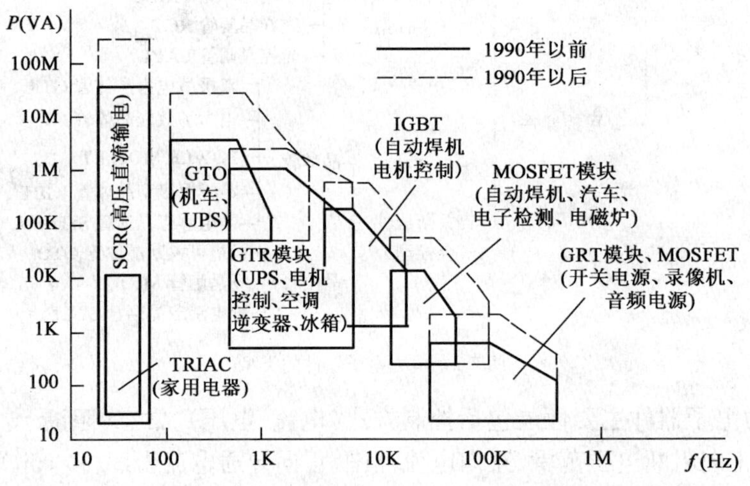

图 7-4　电力电子器件的输出容量和工作频率及其主要应用范围

3. 变流装置

(1)变流装置按其功能分有整流器、逆变器、斩波器、交流调压器和周波变频器。整流器是把交流电变为固定的或可调的直流电,常用于直流电源、直流电动机的调速;逆变器,是把固定的直流电变成固定或可调的交流电,常用于交流应急电源、串调、交—直—交变频器及直流输电装置的逆变单元中;斩波器是把固定的直流电压变成可调的直流电压,常用于电力牵引车、机车的调速;交流调压器是把固定的交流电压变成可调的交流电压,常用于灯光控制、温度控制、电机的调压调速及调功器中;周波变频器是把固定的交流电压和频率变成可调的交流电压和频率,常用于中频加热电源,在交流电机的变频调速中,应用广泛。

(2)变流装置的质量控制方法是:

①合理选择和设计变流装置。应根据负载的性质和负载的大小选择电路及其元件,并确定其电流、电压等参数;同时留有适当的安全余量。

②按变流装置的工况要求，对其元件、电路设置必要的保护，这种保护应根据不同元器件的各自要求来确定。其中包括 du/dt、di/dt、浪涌电流、过电压、控制相位等的限制与保护。

③电力电子器件应有可靠的门、栅极驱动电路。驱动电路的脉冲形成、脉冲功率、脉冲相位等均应符合器件及装置的要求。

④应充分考虑变流装置在不同的工况下产生的谐波，对电网及负载的影响，应在设计中采取有效的措施和方法来抑制谐波。

⑤变流装置的功能指标，主要包括效率、电压调整率及功率因数应满足设计要求。

二、传动装置的质量控制

1. 调速的类型及使用场合

(1)直流调速分类

直流电动机调速分为改变供电电压(调压控制)、改变励磁电流(励磁控制)、改变串在电枢回路的电阻(变阻控制)。

(2)交流调速分类如图 7-5 所示。

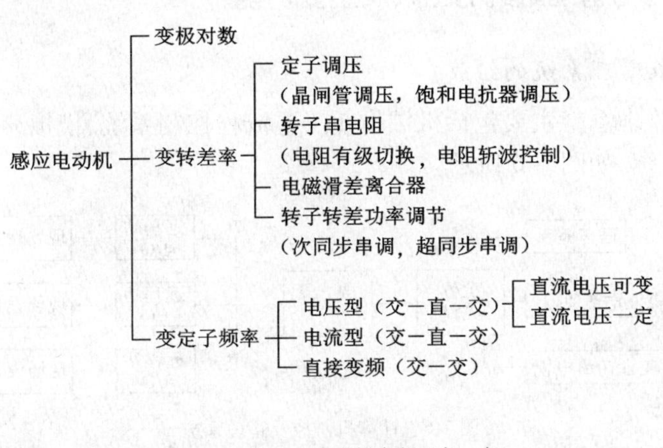

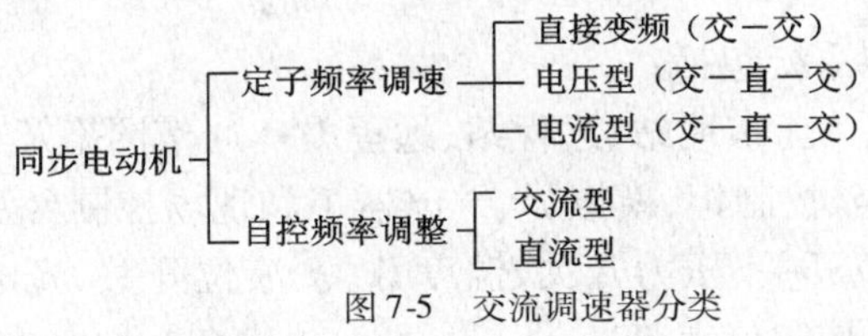

图 7-5 交流调速器分类

水运机电设备作业中广泛采用各种调速方案，如晶闸管装置供电的直流调速系统已广泛应用于翻车机及各种起重机中，定子调压、转子串电阻、次同步串调系统等在起重机中应用；电磁滑差离合器调速系统成功地应用于船闸控制。当前各种变频调速系统已在水运机电工程机电设备调速中应用。由于系统有良好的特性，因而应用前途广泛。

2. 传动装置

电力电子技术、自动控制技术的发展，使得电力传动装置的容量和性能得到迅速提高。

为确保传动装置的质量,在设计中,对型号及参数的选择,应考虑负载的性质和容量、机电设备运行工况的要求、调速的性能指标以及能量转换的性能指标。其主要内容包括以下几个方面:

(1)负载性质。负载性质通常分为恒传动矩负载(又分为反抗性负载和位能性负载)、恒功率负载、通风机负载。

(2)机电设备运行工况包括:启动,加、减速,正、反转,制动(停止),恒速,其他。

(3)调速性能指标包括静特性(调速范围 D,调速精度 $S\%$),动特性即跟随性能指标(上升的时间 T_r,超调量 $\sigma\%$,调节时间 t_s)和抗扰性指标(最大动态降落 ΔC_{max},恢复时间 t_v)。

(4)能量转换的性能指标主要包括能量转换效率和质量。

第六节　计算机监控与管理系统

随着自动控制技术及计算机应用技术的发展,水运工程机电设备的自动化程度越来越高。计算机监控及管理系统已在水运工程机电设备中得到广泛应用。

一、计算机监控与管理系统的组成及主要功能

1. 计算机监控及管理系统的组成

计算机监控及管理系统主要包括机械作业工艺流程控制系统、模拟显示系统、生产报表管理系统、信息管理系统,如图7-6所示。

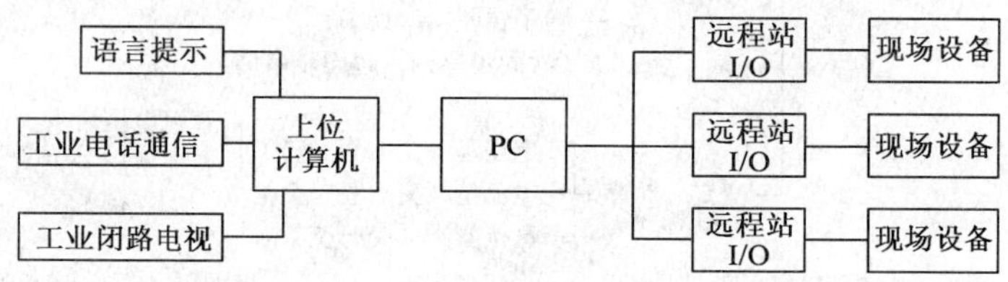

图7-6　计算机监控及管理系统

1)机械作业工艺流程控制系统包括:

(1)可编程序控制器PC系统(本地站、远程站、远程I/O通信网络及冗余系统等)。

(2)系统外部设备(电源柜、控制柜、模拟屏、继电器柜和现场控制台及控制箱等)。

(3)传感及检测单元(限位开关、压力开关、温度开关、液位开关、光电开关、接近开关、电压、电流、转速检测单元及过程控制仪表等)。

2)模拟显示系统。一般在中控室设置系统的模拟显示,就机械作业工艺流程进行监控,显示系统所需信息、数据由PC提供。

3)生产报表管理系统。中控室设置上位管理机,对PC提供的信息、数据作处理后,生成生产报表,由打印机打印出来,供生产管理使用。

4)信息管理系统。信息管理系统包括工业电话通信、工业闭路电视监控、自动语音提示等。

2. 系统主要功能

1)工艺流程控制系统的功能包括:

(1)可编程序控制器及其运行方式选择。PC 运行方式主要包括自动控制、手动控制、就地手动控制。

(2)流程选择根据生产作业要求,预先设定若干流程,运行时根据现场要求选择流程。

(3)流程保护,流程保护包括:顺序启动、停止保护,流程互锁保护,故障急停保护,其他保护。

(4)控制方式。控制方式包括:数字量控制、模拟量控制、复合控制。

(5)数据采集与处理。数据采集与保管包括:运行状态信号、位置信号、计量信号。

2)模拟显示系统功能包括:流程预选和运行状态显示、设备运行状态显示、操作显示、位置显示、计量显示、故障显示等。

3)生产报表管理系统功能包括:将来自 PC 的信息及数据处理后,以各种不同报表形式显示并储存、打印,实现管理自动化(或半自动化)。报表种类,按系统要求确定,包括生产报表、设备管理报表、故障及处理报表等。

4)信息管理系统功能包括:通信调度,主要包括有线、无线、有线/无线转接等方式的调度;工业闭路电视监控,主要包括对作业整体情况、生产线工作情况及主要设备等的监控;自动语音提示,主要是通过广播向现场发出各种命令。

二、计算机监控及管理系统

1. PC 的选择

(1)设计选用 PC 时应注意的问题是:中控室离现场的距离,被控现场对 PC 响应速度的要求,输入开关量的数量及电压值,输出开关量的数量及功率大小,模拟量的输入/输出点数量。

(2)设计选用时应满足的主要技术指标,主要技术指标包括:

①输入器件的数量、性质:如限位开关、无触点开关、光电开关、旋转编码器、按钮等。

②输出器件的数量、性质:如继电器、电子开关、晶体管等所供负载的电压、功率。

③现场工作环境温度、湿度,供电电源,绝缘电阻、电压、振动冲击,电磁干抗等。

④内存容量及内存利用率。

⑤通信能力。

通信能力包括通信方式(单向、半双工、全双工通信);传送速度(数字信号速度(bit/s)、数字传送速度(字/min)、调制速度、Band)、校验方式(奇偶校验、冗余校验等)、通信协议(通信的特点、规格、系统组成)。

2. 系统配置

(1)系统配置应满足监控及管理要求(设备的数量、监控的点及管理范围等)。

(2)系统设备应有良好性能,特别是在工业现场工况下,保证设备的正常工作。

(3)传感及检测单元应有较高的精度及抗干扰能力,在关键部位应考虑备用单元,保证发生事故后系统能迅速恢复工作。

第七节　电气设备安装

一、安装的基本要求

1.低压电器产品的安装要求

1)安装方位

安装面相对垂直平面的倾斜角 α,以安装中心线相对于铅垂线偏转角 θ 均应满足产品的要求。

2)安装类型

各种通用电器在系统中的安装类别如表 7-9 所示。安装时,电器的安装类别和实际位置应相符。

低压电器安装类别　　表 7-9

安装类别	名　称	安装位置	主要电器
Ⅰ	信号水平级	在系统线路的末端	多为特殊设备和部件,如低压电子逻辑系统、小功率信号串路等
Ⅱ	负载水平级	位于类别Ⅰ前面,类别Ⅲ后面	控制电动机的电器、电磁阀、耗能电器及通过变压器供电的主令电器和控制电器的电器等
Ⅲ	配电及控制水平级	位于类别Ⅱ前面,类别Ⅳ后面	安装在配电箱中并与配电干线相连的电器等
Ⅳ	电源水平级	位于类别Ⅲ前面	电源进线处的电器

3)安装方式

电器安装固定,可根据电器的特点及安装位置选择螺栓紧固方式、插拔方式及安装轨安装方式。在有条件的地方,应尽量用安装轨安装方式。

(1)用螺栓紧固方式安装电器,安装时应配以专用或通用的开孔安装板(或安装支架),应按要求进行板前、板后固定。

(2)用插拔方式安装的电器分底座和主要功能单元两大部分,底座一般采用螺栓紧固。

(3)用安装轨安装的电器,用标准化安装轨作为安装辅件,根据电器元件要求,可选择顶帽型,C 型和 G 型安装轨。

2.安装规范要求

低压电气设备的安装,必须符合 GB/T 3797—2005,GB/T 3811—2008,GB 6067.1—2010,GB 50147~149—2010,GB 50150—2006 有关条款的要求,并应符合设计要求。高压开关电气设备的安装,必须符合 GB/T 11022—2011 有关条款要求,并满足产品规定的要求。

3.安装位置的合理选择

(1)电气设备的安装,应考虑安全和便于使用维修。安装场合应有足够的照度,通风良好。

(2)电气设备应安装在无油、水、汽等管路的接头以及无阀门之类有喷溅危害的场合，并远离各种油箱、油柜。特殊情况，设备与其相距至少不得小于50mm，但禁止安装工作时产生高温的电气设备(如电阻器)。

4. 保护要求

(1)安装在有油、水侵蚀或易受机械损伤场所的电气设备，其防护形式应与安装场所相适应，否则应加装必要的防护装置。

(2)安装在电气或司机室(操作室)内的开起式电气设备，其带电部分应加护罩，以防偶然触及。

(3)露天安装的电气设备，一般应配有护罩。

(4)安装场所如有剧烈震动，足以影响设备可靠工作时，设备应采用减震措施，或选用防震型产品。

5. 安装的抗干扰要求

电磁干扰主要由静电耦合感应、泄漏电流感应、电磁感应和电导感应产生。电磁干扰从发生源向远地传输，根据传输途径不同，分为空间传输辐射干扰和电路传输的导电干扰。抗干扰的安装措施主要包括以下几个方面：

(1)用静屏蔽消除静电耦合干扰，如集中安装电子元件时加外壳屏蔽、外壳接地。

(2)用隔离以及合理布线消除电磁耦合干扰。如在变压器外侧磁轭上加铜质短路环，并注意安装方位。施工中应尽量减小两根导线间的距离，缩短导线平行段部分，尽量使导线垂直交叉布置，有时可采用绞合线。

(3)采用单独电源向电子元件板供电消除导电感应干扰。如系统采用浮空单点接地方式，接地点引出均有输出级，以减少对弱电平输入级的干扰。

(4)采用滤波及屏蔽方式消除电磁辐射干扰。对电源线可加滤波电路，这种电路分为对地滤波、线间滤波和多级滤波。有时应用穿心电容滤波，作为简单的LC滤波网络。对传输线可采用双屏蔽电源，增加金属网的编织密度，提高屏蔽效果。

6. 电气设备安装一般要求

(1)电气设备的安装应是可拆卸的，其紧固及连接应牢固，并应有防止受振动松脱装置。紧固件、连接件应采用镀锌件或经法兰处理。

(2)电气设备的安装应整齐，无歪斜现象，并应不影响设备原有的防护及工作特性，也不应使设备外体受力而变形。

(3)电气设备的连接导线的端头设有清晰而耐久的永久性标记，该标记与设备接线柱及原理图标记相符。

7. 电气设备金属构件要求

(1)金属结构的装配应合理，焊接部位必须平整、牢固。

(2)金属构件的整体尺寸及强度应满足安装要求。

(3)金属构件电镀层、油漆层应完整、无损伤。

8. 电气设备安装用的金属预埋件的要求

(1)金属预埋件的数量、材质、尺寸必须满足设计要求。

(2)金属预埋件的安装位置、安装误差必须满足设计要求。

(3)金属预埋件的安装应随施工同步进行,安装后应有记录。

记录包括:预埋件的编号及安装电气设备名称;预埋件的材质、尺寸;预埋件的安装位置、实际的误差;预埋件安装后,防锈防损采用的措施。

二、电气设备安装主要标准

电气设备安装主要标准如表 7-10 所示。

电气设备安装主要标准 表 7-10

GB 14048.1 ~ 18	低压开关设备和控制设备
GB 4208—2008	外壳防护等级(IP 代码)
GB/T 11022—2011	高压开关设备通用技术条件
GB/T 6995.1 ~ 5—2008	电线电缆识别标志方法
GB/T 3797—2005	电气控制设备
GB/T 3811—2008	起重机设计规范
GB 6067.1—2010	起重机安全规程
GB 50147—2010 GB 50148—2010 GB 50149—2010 GB 50150—2006	电气装置安装工程及验收规范,起重机电气装置篇
JB/T 4315—1997	起重机电控设备
JT/T 93—2008	港口机械通用电气检测方法及技术要求

三、工作条件的要求

(1)海拔不超过 1 000m。

(2)周围环境温度为 -20 ~ +45℃,最大相对湿度 95%(有凝露)。

(3)安装部件的最高振动条件为 5 ~ 13Hz 时,位移 1.5mm;13 ~ 150Hz 时,振动加速度为 $10m/s^2$。

(4)安装使用现场的污染等级不得高于污染等级 3 的规定,如表 7-11 所示。

污 染 等 级 表 7-11

污 染 等 级	环 境 条 件
1	无污染或仅有干燥的非导电性污染
2	一般情况下有非导电性污染,偶然产生凝露时有可能造成短时的导电性污染
3	有导电性污染,包括因凝露而使干燥的非导电性污染变为导电性污染
4	有能持久存在的导电性污染,如导电尘埃或雨雪造成的污染

四、设备的配套

设备配套是安装工作的重要组成部分。设备配件质量控制应注意以下方面：

(1)按照设备配套明细表、施工图纸(布置图、接线图、工艺图)进行领料配套。所有电气设备应有制造厂检验合格证,实行许可证制度的产品,必须有生产许可证。

(2)核对电气设备及其保护元件的型号、规格和整定值,应与配套明细表及图纸相符。

(3)电气设备及其保护元件必须完整无损,动作正确。装机前预先进行必要的试验和整定。

(4)根据配套明细表或相关图纸,配齐并装好设备安装底座、底脚(或支架)、减振器及接地附件。

五、电气设备安装

1. 变压器的安装

1)变压器安装的要求

(1)电力变压器周围必须留有足够的空间,前后侧均应有不少于300mm,左右侧均应有250mm间距。变压器周边设围栅(罩),其网孔应小于10mm×10mm,围栅门开起方向朝外。

(2)电力变压器容量在300kV·A及以上时,至少留有一侧不小于600mm的检修通道,并具良好的散热条件。

(3)所有电力变压器均应采用双绕组,其初次级间不应有电气连接。通常情况下,变压器高压侧应置于便于接线处。

(4)安装于露天场所的电力变压器,必须有防晒、防雨、防潮措施,或者提高防护等级。

2)电力变压器安装前的检查

变压器安装前应检查的项目包括：

(1)变压器本身不应有机械损伤,箱盖螺栓应完整无缺,密封衬垫要求严密,无渗漏现象。

(2)外表不可有锈蚀,油漆应完整。

(3)套管不应渗油,表面无缺陷。

(4)800kV·A以上变压器在安装前,应作吊芯检查。

3)控制变压器和照明变压器的安装

控制变压器和照明变压器一般为单相、干式、自冷、室内型,其容量应满足设计要求,安装时应在周围留有空间,以便散热和检修。

2. 开关设备的安装

(1)开关设备通常焊接在基础槽钢上,安装时要求槽钢对地水平平直,每米的允许误差不大于1mm。

(2)安装后,手车到达工作位置时应满足：

①手车的锁定轴销应准确插入工作位置定位孔内,工作位置开关可靠动作,断路器能进行分合闸。

②一次隔离动、静触头融合,其融合深度公差为7±3mm,水平线不对称度为4mm。

③二次隔离插头应被机构锁住,不能拔出。

④脚踏锁定跳闸机构应能可靠地使断路器分闸,而当装有防误拉手车引起开关误跳的机构时,在断路器合闸后,脚踏锁定跳闸机构应被锁住。

⑤接地触头应保证手车与壳体的接地回路可靠相联,其接触电阻应不大于 1 000μΩ。

⑥接地开关闭合后才能拆卸壳体后封板。后封板未装上时,接地开关不能分闸。

3. 配电屏(柜)、控制屏(柜)、箱的安装

1)控制屏(柜)安装

(1)控制屏(柜)底架采用间断焊焊接在机房底架上,间断焊要求焊缝至少大于100mm,焊缝间距至少 100 ~ 200mm,控制屏(柜)离墙留有 50mm 空间。

(2)所有屏(柜)应尽量靠壁安装,如需背面操作,则必须留有不小于 600mm 的通道。屏(柜)前必须留有不少于 800mm 的空间,以便操作及检修。柜对面相对布置,则必须保证当一边的柜门打开时,与对面的距离仍有 600mm 或 600mm 以上的距离。

(3)成排安装的屏(柜)必须排列整齐,屏(柜)间无较宽的缝隙,垂直偏差≤1.5mm,水平偏差≤5mm,不平度偏差≤5mm,平面间隙≤2mm。具体偏差如表 7-12 所示,高压屏(柜)前应铺设厚度为 10mm 绝缘橡胶地毯。

盘柜安装的允许偏差 表 7-12

项　目		允许偏差(mm)
垂直度(每米)		<1.5
水平偏差	相邻两盘顶部	<2
	成列盘顶部	<5
盘面偏差	相邻两盘面	<1
	成列盘面	<5
盘间接缝		<2

(4)对于高于 2m 的控制屏,需在控制屏顶部加以固定,如果控制屏之间有联接孔,需适当用螺栓固定。

(5)司机室内控制屏通常通过螺栓直接固定在地板上,上部用螺栓和墙壁内预埋的钢板(通常预放厚度至少为 5mm 厚的钢板)相连。箱门至少打开 90°。

2)各类电气控制箱安装

内部需接线箱体的称为接线箱,只用于分电缆不需接线的称分线箱,内部有模块的称为模块箱。

(1)各类电气控制箱的安装位置应充分考虑检修方便,进线口避免朝上。

(2)各类电气控制箱的安装高度与施工、操作人员站立的平面距离为标准:顶部不超过 1 800mm,底部不高于 1 200mm,凡两个距离有冲突时,以顶部有准;箱子高于 1m 的箱子准落地安装;成排安装的箱子以顶部对齐为标准;带有操作手柄的箱子,操作手柄转轴中心与地面的距离,宜为 1 200 ~ 1 500mm,侧面有操作用柄的与其他设备之间的距离宜不小于 200mm。

3)仪表箱、操作箱的定位原则

能使操作者操作时清楚、方便地观察或操作为原则。

4)屏(柜)、箱内电气元件的安装要求

(1)安装的电气元件的型号、规格必须与设计图纸相符,并按安装设计要求,确定安装位置。

(2)所有元件必须完好无损,外观清洁,开关、断路器动作灵活、可靠,接触器、继电器触头平整、接触可靠、动作灵活、无卡阻。

(3)元件安装排列整齐,固定牢靠,且注意检查以下几点:

①各种电器元件应能独立拆装更换,而不影响其他元件及线束的固定。

②电器元件的可动衔铁必须在下方。

③电器元件的标牌应尽可能处于可见位置。

④电子元件切勿排列在强电场邻近处,应集中独立安装。

⑤电子元件的散热片应安装在空气对流的位置。

(4)变压器的静电隔离层有良好的接地。

(5)直径大于10mm,长度大于40mm的电阻、电容元件必须用紧固件固定,不得借用连接线固定。

(6)带有电磁装置的元件须用防松垫圈紧固,陶瓷质电器元件要加装绝缘橡胶或胶木垫紧固。

(7)接线端子板、插接件底座必须紧固定位,严禁依靠导线悬挂。

5)屏(柜)、箱内布线要求

(1)屏(柜)、箱内导线型号、规格、长度应按接线图及安装工艺要求截取。主电路、控制器回路、接地回路等导线颜色应符合GB 2681规定。

(2)控制回路导线的敷设,不应妨碍电器元件的拆装。屏(柜)、箱内的连线及相互间的连线必须通过接线端子。

(3)屏(柜)、箱内导线不允许有中间接头。

(4)屏(柜)、箱内导线应配制整齐、美观,横平竖直,转弯处成直角。两根以上导线平敷应扎有线夹,线夹间距不大于100mm,转角处前后各扎一只线夹。

(5)电器元件的接线端不得超过两根导线,同一接线端上两导线如果截面不同,接线时大截面导线在下,小截面导线在上。

(6)单股铜芯线连接时,线端头剥去绝缘层,同螺栓拧紧方向一致弯曲成圆环,圆环直径比螺栓直径大0.5~1.0mm。

(7)多股铜芯线连接时,线端头剥去绝缘层先烫锡,再压制相应的接线片,接线片的选择参照有关要求。

(8)连接可动部位(门上电器元件等)的导线应采用多股钢芯软导线,导线长度应留有余量,可动部位两侧应用卡子固定。

(9)多根成束导线,须增加备用线,可按设计要求预留或按10根备1根(大于3根不足10根也备1根)原则预留。

(10)动力线的端头压接线片时须用专用工具,大电流动力线可从电器元件触头上直接引出。

(11)导线两端都应有永久性编号,编号与图纸编号一致。

(12)导线间的电气间隙和爬电距离应满足JT/T 93标准中有关条款的要求。

6)安装调试的基本要求

(1)对照图纸复查屏(柜)、箱内的电器及接线,保证正确无误。

(2)按设计要求调整所有整定要求的继电器及其他电器,调整后要锁定,并点上珠光红漆。

(3)检查全部带电部件的电气绝缘,其绝缘电阻一次回路大于或等于2MΩ,二次回路大于或等于1MΩ。

4.联动控制台安装要求

(1)联动控制台的安装位置必须保证操作视野开阔,便于操作,操作台必须和司机室中心轴线相平行或相垂直。

(2)安装的电气元件型号、规格应符合设计图纸要求,仪器、仪表、开关、按钮、指示灯性能良好,主令控制电器手感清楚、零位明显。

(3)控制台面板应铆装相应的指示牌或标牌,反面贴有相应的标记。

(4)安装后应作试操作,要求安装、接线无误,仪表调零,操作手柄或手轮在不同挡位时,触头分合顺序均应符合设计图纸要求。

(5)一次、二次回路绝缘电阻大于或等于1MΩ。

5.发热元件的安装要求

(1)电阻器、变阻器、加热器、大功率照明灯等工作时能产生高温的设备应远离其他元件和易燃物,必要时加装保护装置,贴明显的高温警示标记。应使附近元件的温度保持在允许范围内。

(2)发热元件有足够的散热空间。与其他元件重叠安装时,安装在元件上方。通风口前保持一定通风距离。

(3)发热元件安装在人易接触的地方时,应有IP23的防护等级(对元件本身的发热体而言),使维修人员不宜直接接触而烫伤。

(4)电阻器的安装位置应远离其他电气设备及易燃体,电阻器背面应留有10mm以上的间隙作散热通道。

(5)电阻器重叠安装不应超过4箱,超过4箱应采用支架固定,但最多不得超过6箱,超过6箱应另列一组。

(6)电阻器和其他电器重叠安装时,电阻器应安装在上方。

(7)安装在司机室、电器室外的电阻器应有防护措施。

(8)电阻器的接线应符合以下要求:

①引出线夹板或螺钉应有与设备接线图相同的标志。

②叠装电阻箱的引线应有固定支架固定,但不应影响电阻器维修或更换。

③不设接线端子的电阻器,其外部连线应有一段裸露,并应采用耐热绝缘材料保护以防短路。

(9)成套电阻器应标明与图纸一致的箱号。

(10)电阻器最下层应有接地螺钉,有良好的导电表面,并设有明显的接地标记。

6. 集电器的安装要求

(1)集电器的安装位置必须严格执行安装施工图要求。

(2)集电器零部件检查及质量控制按下述要求进行:

①滑环表面光滑、无毛刺、无黑斑、无油污,整个集电环表面的沙眼(直径小于1mm,深度小于0.5m)不得多于5个,且分布在每个电刷长度内不得多于两个。

②绝缘体无裂纹、绝缘漆层均匀,无气泡,绝缘不低于B级。

③同一集电器上电刷必须采用同一型号、同一厂家产品,电刷金属编织带应连接牢固。

④集电器金属结构件均为镀锌件。

⑤集电环和轴应同心,其摆度应满足设计要求。

(3)电刷刷架的安装及质量控制按下述要求:刷架的金属构件应牢靠,在正常振动条件下不应产生松动、扭转、移位等现象。

(4)电刷刷握的安装及质量控制按下述要求进行:

①同一组刷握应均匀排列在同一线上。

②刷握的排列,一般应使相邻不同极的一对刷架彼此错开。

③刷握的安装位置应保证运行时,电刷保持在滑环表面中心位置,不得靠近滑环。

(5)电刷安装调整及质量控制按下述要求:

①每块电刷与滑环的接触面积不少于电刷面积的80%,研磨调节后应将炭粉清扫干净。

②电刷在刷握内应上下自由移动,电刷与刷握间隙一般为(0.10~0.20)mm。

③电刷的金属编织带不得与转动部分或弹簧卡相碰触。

④在电刷弹簧作用下,电刷对集电环接触压强应均匀,一般在(15~25)kPa。

(6)滑环电缆的安装及质量控制。接至滑环的电缆线应不触及集电器任何旋转部位,不得磨损绝缘,且不影响集电器的正常旋转。

(7)集电器上各种零件、辅件的安装及质量控制的要求是:

①集电器各种零件、辅件必须按技术文件和工艺要求安装牢固,不因机械工作而产生松动、扭转、移位和脱落。

②集电器组件的回转中心线应与回转轴中心线重合,允许偏差应满足设计要求。

7. 可编程序控制器的安装

1)可编程序控制器安装前的检查

安装前应检查可编程序控制器的工作条件和耐环境能力,要求其必须满足实际工况的要求。

2)可编程序控制器的安装

(1)安装位置

选择安装位置时,多台控制器之间,或者与其他设备之间应保持一定的间距,以利于通风。一般情况下,控制器及其各单元间的间距不少于50mm;控制器与其他设备的间距不少于100mm;控制器与动力设备或动力线的间距不少于200mm。控制器应尽量远离高压设备、发电设备、变流设备及其他产生干扰的设备。也不应和可能产生较大震动、冲击的电气设备安装在同一面板上。

(2)敷线

①输入、输出线与电源线分开敷设,一般采用不同管道走线,并保持一定的间距。

②所用导线的截面可按表7-13中所列的规格选取。

导线线径规格 表7-13

导线名称	线径(mm)	导线名称	线径(mm)
电源线	≥2.0(绞线)	输入端线	0.5~1.25
接地线	≥4.0	输出端线	0.75~1.25

③直流的输入、输出信号线和交流的输入、输出信号线不得用同一根电缆线。为有效抑制干扰,输入信号线应采用屏蔽线,输出信号线除采用专用管道走线外,一律采用屏蔽电缆。

④输入、输出信号线应避免与高压线、动力线等平行敷设。

(3)接地和屏蔽接地要求

①为抑制附加在电源或输入、输出端的干扰,控制器应有专用地线,禁止将其接到其他装置的地线上或利用其金属体作为地线。

②接地点应尽可能接近控制器,接地电阻应小于10Ω。

③输出电缆的屏蔽接地点应在接收信号端,电缆的另一端可不接地;输出电缆的接地点应在发出信号端,电缆的另一端不接地。

(4)电源安装的要求

①为防止电源、大地、电线等引起的干扰,在电源和控制器之间可安装隔离变压器或滤波器,也可在输入回路中接入吸收回路。

②对于交流输入时,控制器的输入端应接入RC浪涌吸收回路;直流输入时,应接入二极管吸收回路,其反向峰值电压应选用额定电压的3倍以上。

8.照明设备的安装

(1)照明设备的安装位置应考虑发挥其最佳照明效果。成组排列的照明设施应做到整齐、均匀,如有分路电源,灯具应尽可能交叉安排。

(2)各类灯具的定位要求应符合表7-14的要求。

各类灯具的定位要求 表7-14

灯具名称	安装场合	安装方式	安装位置
顶灯	司机室	吸顶	室顶
照明灯	机房、电气室	固定	离地面高度2 500mm以上或按设计要求
步道灯	步道	固定	离步道垂直距离1 900mm以上或按设计要求
投光灯	机身	固定,可调角度	高度视环境定,离地1 900mm以下要有防碰措施
开关、插座、接线盒	司机室、机房、电气室	固定	离地面1 400mm,开关插座中心线离门框150mm,接线盒视环境定
应急灯	司机室、机房、电气室	固定	按设计要求
航空妨碍灯	机顶	固定	按设计要求

(3)照明设备的电源应由工程机械主断路器进线端分接,电源单独设置并设短路保护。固定照明装置的供电电压不超过220V,安全照明和携带式移动照明装置的供电电压不超

过 36V。

(4)交流照明电源须经变压器供电,变压器须采用双圈隔离变压器,初级应由双极开关或断路器控制,低压侧一端须可靠接地。除单一的 24V 以下蓄电池供电的系统外,严禁用接地线或金属结构作照明回路的载流零线。

(5)所有照明设备及其属具均应满足相关产品的技术标准,具有合格证件,且铆有铭牌。应接地(或接零)的照明设备及其属具的金属外壳须有接地螺栓可靠连接。

(6)照明导线的线间及对地的绝缘电阻必须大于 0.5MΩ。

(7)交流单相 220V 照明供电的总电源应装漏电保护装置。

(8)照明线路敷设及质量控制的要求如下:

①照明线采用多股单芯铜线时,截面不小于 1.5mm^2,用多股多芯线时,截面不小于 1.0mm^2。

②不同电压等级及交、直流电源照明导线穿管时分开。

③室内线路应敷设于线槽或金属管中,确因敷设困难或有相对移动的电线,可用金属软管敷设。

④电缆可直接敷设,但在有机械损伤、化学腐蚀或油污侵蚀场合,必须有防护措施。

⑤线路敷设用的各种金属构件、金属管均应作防腐处理,一般为三层防锈底漆,二层面漆。

⑥线路不允许在发热体表面敷设。因安装条件受限,沿发热体近距离敷设时,须采用隔热措施,同时应满足不小于最小距离,如表 7-15 所示。

敷设导线与发热体间的最小净距　　　　表 7-15

敷设形式	敷设位置	导线与发热体间最小净距(mm)
平行	上方	≥30
	水平、下方	≥20
交叉	任何方位	≥20

⑦导线的连结及分支处应设置接线盒或分支器,室外必须用防水型,线孔应有护套并装填防水密封填料。

⑧所有敷设导线的两端,应有与安装图一致的永久性编号。

9. 线管、托架、电缆槽的安装

1)线管敷设

(1)一般在不相对移动的地方尽量采用硬管,有相对移动的地方以及到电气终端设备时(为隔离震动及方便拆装)可使用软管或裸线过渡。但金属软管不适用于快速和频繁运动的场合。

(2)金属 3/4″硬管相邻两个固定点之间的距离不应超过 2 000mm(执行 CSA 标准时 3/4″电缆管的固定间距不大于 1 500mm),离弯头、端头和软管接头处 300mm 之内应设有固定点。如果安装的是金属软管,在每隔至多 900mm 应有固定。

(3)一般分线盒如相对两侧均有硬管时,硬管固定点不能超过距分线盒 900mm 以外,如相邻两侧有硬管时,硬管固定点一个应在 900mm 之内,一个在 450mm 之内,只有一端有硬管固定时分线盒需增加固定。

(4)硬管与分线盒、硬管与硬管、硬管与箱体连接后螺纹最多露出3牙。

(5)风速仪、航空灯使用11/4″硬管,保证其刚性和穿线。

(6)机房内同排线管挺伸应保持一致,固定夹在同一高度。

(7)当水平线管与垂直线管交叉敷设时,水平线管作挺伸避让。同排敷设或交叉敷设时均要考虑到线管有油漆的空间。

(8)管道进入接线盒、箱处应顺直,在接线盒、箱内露出的长度小于5mm。

(9)管路进入电气设备管口位置正确,应低于电气元件的进线口,管路最低点需有漏水孔。电缆管进入室外的接线箱、分线箱时,应优先考虑从底部进入。

(10)每一根独立的连续的电缆管,累计的弯曲角度必须小于360°。超过360°时,需要用分线盒或者三通过渡。每个弯头的弯曲角度不允许超过90°。

(11)丝牙联接处加厚白漆。厚白漆的作用是防水防锈,在现场配管时涂漆,不可干了之后再配管或在车间内涂好漆后再拿到现场安装。使用厚白漆的元件安装要一次到位。

(12)开放式金属管路:

①敷设在非水平开放式金属管路中的电缆,在管口的上方出口处,用电缆扎带将电缆固定在专门的固定架上。

②相邻管口之间的裸线长度、管口到元件之间的裸线长度要符合设计要求。

(13)同一项目不同机上的管路走线,分线盒三通位置、使用软管还是硬管要统一。

(14)金属硬管的弯折必须采用专门的弯管机进行,弯曲处不应有明显的凹陷、褶皱、扁塌。硬管的中心弯曲半径应大于所穿电缆中允许的最小弯曲半径。

2)金属软管配管

(1)金属软管引入设备时,必须用软管接头与钢管或设备牢固连接,并作相应水密处理。除特别允许外,每一段软管的长度不能超过0.9m。超过0.9m的软管要用“U”型螺栓、扎带或其他合适的方法在适当的地方加以固定。

(2)金属软管的配置必须保证足够的弯曲半径。

(3)金属软管应完好无损,无明显皱纹、伤痕和油漆污染。

3)电缆槽、托架的安装

(1)电缆槽和托架的切割不允许使用火焰切割,切割后必须打磨,非不锈钢材质的电缆槽/托架在现场切割,以及开孔后应对断面马上进行喷锌或者油漆处理,对不油漆的电缆槽/托架处理时不得做与镀锌有色差的防锈漆。

(2)所有规格的电缆槽、托架终端的悬空距离≤150mm。

(3)垂直安装的电缆槽应使盖板连接处搭接片开口朝下。电缆槽排装完成后需及时对缺搭接板的电缆槽补烧搭接板。

(4)为确保电缆槽和托架的钢性,电缆槽和托架固定支架的间隔距离应符合表7-16的规定。

(5)电缆槽侧置时,需在电缆槽底部打漏水孔。

(6)托架内隔板的固定间距不得超过1m,而且每一段隔板上至少应有两个固定点,两隔板连接处应平滑过渡无可能损伤电缆的快口。

电缆槽和托架支撑的支架间隔 表 7-16

电缆槽、托架放置形式	电缆槽宽度	托架宽度	花盘角铁固定间距 L
水平或侧置	所有宽度	所有宽度	≤1 500
垂直	≤600	<600	≤1 500
	>600	≤600	≤1 000

(7)对于转弯电缆托架有专门135°和90°连接板,不得随意将连接板锯开连接。

(8)当托架上下两层敷设时,之间最小层间距不能小于100mm,上下两层扎线条位置应相互错开,以方便扎线。

4)箱、管接头、填料函

(1)接头与元件口大小、丝牙制式要良好配合。特别是一些用于户外的外购限位、制动器接线盒进线口经常与普通的接头不匹配。施工时不得勉强,不得配小接头或将元件进线口丝口破坏以配合接头。且一般情况下这两种元件进线口均在侧面,密封不好导致进水的可能性很大。可以更换其他制式接头或申请单独加工。

(2)箱、管接头与元件或设备的连接必须要有密封垫圈。密封圈不应被挤出密封平面。对于进口垫圈,有文字的一面应对着元件或设备。

(3)填料函的橡皮圈内径必须与电缆外径相匹配,不允许使用胶带缠绕来增加电缆外径或削减电缆外皮来减小电缆外径的办法来与填料函匹配。

(4)各类接头的紧固应使用相对应的工具,拧紧接头帽盖时应使用两把扳手或管钳,分别卡在底座和帽盖上。六角形帽盖的应使用呆扳手紧固,塑料接头不允许使用管钳,以免损坏接头。

(5)穿线接线完成以后,接头必须立即紧固,使之水密。特别是从上面、侧面进线的元件和一些如重量传器感等重要元件,一些箱接头排列较多较紧凑时,等完工后再紧已没有空间下管钳了。重要设备从侧面和上部进线时必须单独加罩。

(6)金属以及非金属填料函的选择:原则上设备均都采用塑料填料函,对于金属设备本身有螺纹的情况下,考虑到塑料和金属膨胀系数不同,采用金属填料函。

(7)所有进口箱管接头上的接地桩头(如有)上的固定支头螺丝和连接螺丝应对如流换成不锈钢材料,防止生锈。

5)分线盒的安装应满足以下要求:

(1)分线盒的安装高度应以容易接近、方便操作和维修为标准。

(2)一个线盒至少有两个固定点,线盒盒盖应对着易于检修的方向。

(3)地板下等隐蔽的地方,不允许设置分线盒、接线盒等。

(4)金属接线盒内有接地点,需要将进出线的接地线和接地点上的引线用并帽并在一起。

10. 电气设备进线的安装敷设

引入电气设备中的电缆安装和敷设应符合 GB 50168—2006 标准中有关条款的要求,并满足设计要求。

1)电缆敷设的基本原则

(1)敷设走向选择应满足的要求

①所有电缆远离热源,并避免油、水浸泡。

②电缆应尽可能沿结构边缘和不影响结构强度与美观的部位敷设。

③电缆敷设部位应满足既不妨碍人行通道畅通,且方便操作条件。

④敷设于可能受到非正常损伤部位的电缆应采取保护措施。

(2)电缆敷设方法的选择原则

①正常条件下,电缆根数较少时,可采用扁钢托架敷设方式。

②室外露天条件下成束电缆,可采用电缆桥架敷设方式,要求全封闭敷设时,应采用槽式电缆桥架。

③敷设于室内底部电缆,应采用槽式电缆桥架敷设方式,如底部铺有地板,可选用梯级式电缆桥架。

④敷设于能产生相对位移或分离结构部位的电缆,应采用软线方式。

⑤敷设于易受机械碰伤部位及要求屏蔽或保护的电缆,应采用硬管管敷方式。

⑥敷设于易受高温损伤部位电缆,应采用必要的防火或阻燃措施。

2)电缆敷设的一般规范

(1)电缆敷设前检查的内容

①电缆支架是否齐全、油漆是否完好。

②所敷设电缆型号、规格必须符合设计要求。

③敷设工具、材料是否齐全。

④敷设电缆人员应有上岗合格证。

(2)电缆敷设的顺序

先敷主干电缆,后敷局部电缆;先敷远距离电缆,后敷近距离电缆;先敷有金属铠装电缆,后敷设无金属铠装电缆;先敷主回路电缆,后敷控制回路电缆。

(3)电缆敷设的外观要求

①电缆理齐拉直,无扭曲现象。

②敷设后电缆两端留有足够的接线余量。

③主干电缆的分支线路应尽可能安排在线束上侧。

④重叠敷设原则上不超过3层,大直径电缆安放在下层,电缆束宽度小于200mm,宽高比不超过3:1。

⑤电缆弯曲半径为电缆外径的6倍,成束电缆的弯曲半径就以其中最大直径电缆为基准,有关标准如表7-17所示。

电缆敷设要求弯曲半径 表7-17

绝 缘 层	外 护 层	电缆外径 D	最小弯曲半径
热塑性材料和弹性材料	金属护套、铠装和编织	任何值	$6D$
	其他保护层	≤25mm	$4D$
		>25mm	$6D$
无机材料	硬金属护层	任何值	$6D$

⑥低压动力电缆、控制电缆平行敷设时,最小间距不小于10cm。交叉敷设时,最小间距不小于7.5cm。敷设于同一电缆槽时,需设隔板隔离。高压电缆、通信电缆单独敷设;

⑦以管路形式敷设电缆时,各种性质的电缆应单独穿管,间距不作规定;

⑧敷设到位的电缆,如暂不连接,应整理成圈,妥善吊挂或堆放,注意防水、防潮、防腐蚀;

⑨备用电缆其接头应作绝缘处理。

3)各种敷线形式的工艺要求

(1)扁钢托架敷线形式

①托架采用焊接固定,要求排列整齐,间隔一致。

②户内电缆采用尼龙扎带,户外电缆采用自锁型金属扎带与尼龙扎带交替绑扎。每3道尼龙扎带加一道自锁型金属扎带。扎带间隔25cm,转角与进线各增加一道扎带。扎紧程度以不易转动为宜。

(2)梯级式电缆桥架敷线形式

①底脚采用焊接固定,压板采用带放松垫圈的螺栓固定。

②电缆采用专用夹具或扎带(线)绑扎。

(3)槽式电缆桥架敷线形式

①桥架采用焊接固定,槽与槽用螺栓固定拼接,槽与屏(柜)、箱采用焊接固定连接。

②电缆绑扎与扁钢托架相同,不同电压等级电缆必须分隔敷设,垂直敷设时,也须间断用自锁型金属扎带绑扎。

(4)管路敷线形式

①一般要求

a.穿线管内应作光滑、防腐处理。

b.管外壁应可靠接地。

c.穿线管弯曲半径不得小于所穿电缆的允许弯曲半径,凡外径大于63mm的穿线管其内弯曲半径不小于外径的2倍。

d.电缆总截面积与所穿管内径的截面积之比不大于40%。

e.高压电缆和低压电缆,工频电缆和通信电缆不得穿于同一根穿线管内。

f.除直流回路电缆与接地线外,不允许在单根穿线管内穿单芯电缆。

g.电缆接头必须在分线盒内,不得在任何穿线管内。

②穿线管的固定要求

a.硬管用金属扣通过螺栓与底脚固定,每隔2m左右设一固定点,弯头与接头处各设一个固定点。

b.当穿线管弯度大于90°或穿线与进线口不在同一直线,或穿线管固定在两个能产生相对位移的两个结构件时,应用软管过渡。

管路接头工艺要求:硬、软管连接采用管接头,硬、软管各种电气、敷线装置连接可采用盒接头。

11.保护装置的安装要求

港口起重设备的保护装置应符合GB/T 3811—2008和GB 6067.1—2010的有关要求,所有产品应满足其技术要求和保护设计的要求。

1)行程和限位保护装置的安装位置,必须保证各机械在下列位置上停止升降或移动。

(1)吊钩、抓斗及其他索件的升降,起重臂的变幅离极限位置不小于100mm处。

(2)桥架、小车、大车运行离极限行程末端不小于200mm处。

(3)同一作业现场,两机临近限制间隙不小于400mm处。

(4)其他按设计要求。

2)各种机构的联锁保护装置,以及各种为人身安全设置的联锁保护装置应按设计要求定位、固定,保证其正常工作。

12. 接地保护装置安装要求

接地安装必须符合GB 50169—2006有关条款的要求,并满足设计要求。

1)接地装置安装要求

(1)机电工程机械上所有电气设备,正常不带电的金属外壳、支架、管槽、电缆金属外皮、安全照明变压器低压侧一端等均需可靠接地。

(2)具备整体金属结构的部分,其金属构架可用作接地干线,但在钢结构非焊接处较多的场合,须设接地干线。

(3)低压发电机、电动机、变压器安装于金属结构底座上时,可不另加接地线,但无法保证与底座间良好接触时,须另外接地线。

(4)壳体内有接地点的设备与进线电缆接地线接地,壳体外有接地点的设备与结构接地。

(5)机械不带电金属任何一点到电网中性点的接地电阻不应大于4Ω。

(6)接地线与设备的连接,应用螺栓或焊接。螺栓连接必须保证接触良好,应有可靠的防震防锈措施;焊接应采用搭接焊,应保证焊接质量。

(7)接地装置采用钢材时,接地干线的导体截面应符合热稳定性和机械强度的要求,最小截面(直径)要求如表7-18所示。

接地干线的最小截面(直径)规定值 表7-18

接地干线材料名称	规　格	室内干线	室外干线
圆钢	直径(mm)	6	8
扁钢	截面(mm^2)	75	100
	厚度(mm)	3	4
角钢	厚度(mm)	2	2.5

(8)接地铜导线截面θ与相关载流体截面积S应符合JT/T 93—2008要求。

(9)各种接地分支或接零分支线必须直接与接地干线相连,严禁串联连接;

(10)严禁用接地作载流零线,也不得用金属管外层、金属网、电缆保护层作接地线。

(11)单个低压电气设备的接地支线应选用铜质导线,其最小截面应符合以下要求:

①明敷时,铜裸导线截面不小于$4mm^2$。

②多股铜芯绝缘导线截面不小于$2.5mm^2$。

(12)司机室与机械本体用螺栓连接时,两者间接地线必须采用不小于4mm×40mm截面的扁钢或$12.5mm^2$截面的铜线,接地点应不少于两处。

(13)控制屏(柜)、箱联合操纵台、集电器、电阻器等不带电金属外壳应可靠接地,其接地点电阻应小于或等于0.1Ω。

(14)携带式电气设备的接地线应采用多股铜芯软线,其截面不小于$1.5mm^2$。

(15)电气屏(柜)、箱、台可开起的门应用铜芯软线与接地金属结构件可靠连接,其截面不小于$2.5mm^2$。

(16)内部油漆过的相邻托架、电缆槽之间,不连续的托架、电缆槽之间,整条托架、电缆槽与结构之间,需用接地线连接,使用$16mm^2$黄绿色接地线,所有电气设备的外露可导电部分均应可靠接地。所有接地点应有接地标记。

2)避雷针

避雷针是利用其高耸空中的有利地位,把雷电引向自身,通过设备接地系统或避雷线泄入大地。

它由紫铜的接受器和镀锌白铁管组成。避雷针的紫铜部分通过接地线与结构可靠连接,接地线铜芯截面必须大于$70mm^2$。避雷针的安装高度应使所有电气元件在避雷针45°的保护范围内。

通过绝缘子固定的避雷线或避雷铜排的避雷系统中,管道或铜排每一处与结构、其他电气设备、电缆等要保持一定的距离,具体尺寸可参照施工要求。

第八节　电气设备质量检测与评定

为了保证水运机电工程机械的电气设备在不同工作环境、不同的工况下,安全可靠地运行,对其进行严格地质量控制是十分重要的,检测与评定的项目根据实际的要求决定。

一、电气检测主要标准

质量的检测与评定必须按照标准进行,在参照国际电工委员会IEC标准及欧洲搬运工程协会FEM起重机械设计规范的基础上,国内的有关标准有:

(1)GB/T 14048.1~18　低压开关设备和控制设备

(2)GB/T 1032—2012　三相异步电动机试验方法

(3)GB/T 1311—2008　直流电机试验方法

(4)GB/T 4025—2010　人机界面标志标识的基本和安全规则,指示器和操作器件的编码规则

(5)GB/T 3797—2005　电气控制设备

(6)GB/T 3811—2008　起重机设计规范

(7)GB 4208—2008　外壳防护分级(IP代码)

(8)GB 6067.1—2010　起重机械安全规程

(9)GB 11032—2010　高压开关设备通用技术条件

(10)GB 50147~149—2010、GB 50150—2006　电气装置安装工程施工及验收规范

(11)JB/T 4315—1997　起重机电控设备

(12)JT/T 557—2004 港口装卸区域照明照度及测量方法

(13)GB/T 17495—2009 港口门座起重机

(14)钢质海船入级与建造规范 中国船级社

二、测量仪器仪表的基本要求

(1)应采用不低于0.5级精度的测量仪器、仪表(其中兆欧表、功率因数表及直流电桥应不低于1.0级)。

(2)仪器、仪表的选用应使所测量值在30%~95%仪器、仪表量程范围内。

(3)测量仪器、仪表必须有计量管理机构鉴定的证书,并且在有效使用期内方可使用。

三、测量的环境条件

(1)海拔高度<1 000mm。

(2)环境温度-5~45℃。

(3)最大相对湿度不大于90%,可有凝露。

四、电气设备检测

1. 交流异步电动机检测

1)绕组对机壳及绕组间绝缘电阻的测量

(1)电动机在冷态常温下测定。

(2)测量用兆欧表电压等级按表7-19选用。

电动机额定电压与兆欧表电压等级 表7-19

电动机额定电压	兆欧表电压等级	电动机额定电压	兆欧表电压等级
500以下	500	3 000~10 000	2 500
500~3 000	1 000		

(3)测量每相绕组对机壳的绝缘电阻,用兆欧表"L"端接绕组,"E"端接机壳。

(4)测量时,兆欧表放于水平位置,以接近兆欧表的规定速度均匀转动兆欧表手柄,待指针稳定后读取兆欧表的示值。

(5)绝缘电阻值应满足下述规定:

电机容量等于或小于100kW者不低于1.0MΩ。

电机容量大于10kW者不低于下式计算值

$$R_1 = \frac{3 \times U_1}{1\,000 + P} \tag{7-1}$$

式中:R_1——电机绕组绝缘电阻,MΩ;

P——电机额定功率,kW;

U_1——电机额定电压,V。

2)绕组在实际冷态下直流电阻的测定

(1)功率在300kW及以上的电机,必须测量其绕组的直流电阻。

(2)测量应采用双臂电桥,电动机转子应静止不动。

(3)定子绕组的电阻应在电动机出线端上进行测量,如果电动机每相绕组有始、末端引出时,最好是测量每相绕组的电阻。

(4)电阻值采用3次测量的算术平均值,三相绕组之间直流电阻的偏差不得超过三相平均值的2%。

3)空载测量

(1)测量时应满足以下条件:

①机械不带负载(可带吊钩、空斗、空索具等)。

②电源电压与额定值偏差不超过±5%,频率与额定值偏差不超过±2%。电源电压和频率两者与额定值偏差同时为负(或正值)时,两者偏差的绝对值之和不得超过5%。三相电源电压的不平衡度不超过±2%。

③功率表采用低功率因数瓦特表。

测量电路如图7-7所示。电流互感器CT和电压互感器PT的精度不低于0.5级。

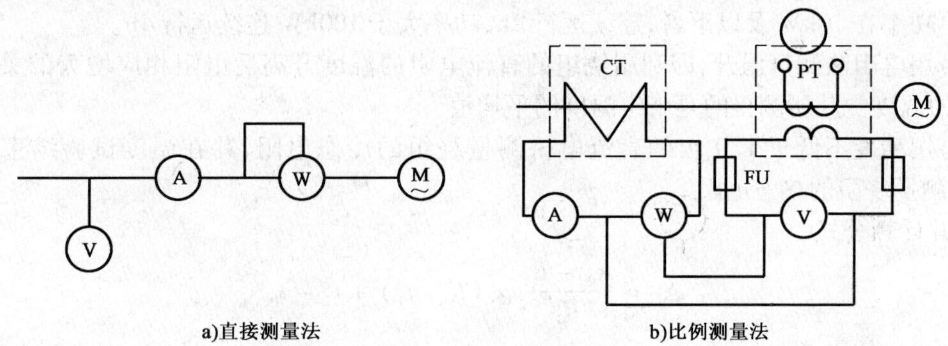

图7-7　测量电路单线图

(2)装卸机械各机构中的交流异步电动机以额定速度正反向全程运转3次(或3个周期),以3次的算术平均值作为最终测定值。

4)额定负载测量

(1)测量时应满足以下条件:

①机械带额定负载;②电源电压、频率的要求同空载测定条件;③功率表采用低功率因数瓦特表。

(2)测量电路如图7-8所示。

(3)测量方法同空载测量方法,以3次的算术平均值作为最终测定值。

2. 交流同步发电机检测

1)绝缘电阻的测量

测量的方法同交流异步电动机有关“绕组对机壳及绕组间绝缘电阻的测量”中的规定。

2)电压变化率测量

(1)交流同步发电机连同调整装置在考虑原动机调整特性的情况下,当发电机在零至满载间任一负载下，其功率因数保持额定值，此时测定发电机的电压稳态变化率应在额定电压的±2.5%以内。

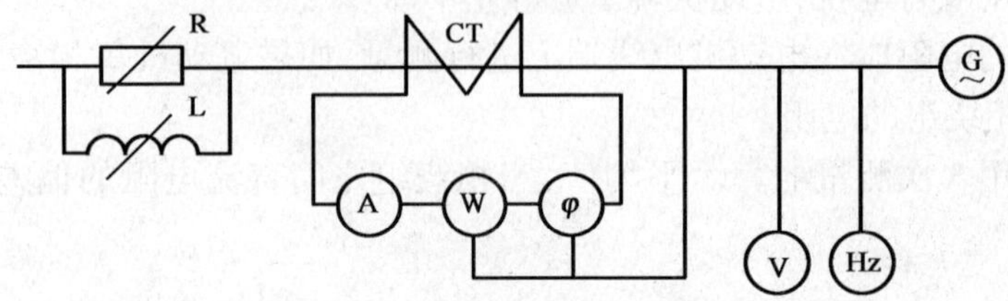

图7-8　测量电路单线图

(2)在发电机空载，转速为额定值，电压接近额定值的状态下，突加和突卸60%额定电流及功率因数不超过0.4(滞后)的对称负载时，测定其瞬态电压降应不大于额定值的15%，瞬态电压上升值应不超过额定值的20%，同时测定其恢复到稳定值的时间不大于1.5s，而电压恢复到最后与稳定值相差在3%以内。测量电路如图7-8所示。

3)温升测量

(1)发电机在额定电压、额定电流、额定功率因数、额定转速下运行。

(2)功率在10kW及以下者，连续运行2h，功率大于100kW连续运行4h。

(3)用电阻法测量温升，即利用绕组的直流电阻的温度升高后电阻相应增大的关系来确定绕组的温度。其所测得的是绕组温度的平均值。

(4)用精度不低于1.0级的直流电桥测量绕组的冷态电阻，并在温度试验结束时停车5min内测量绕阻的热态电阻。

温升计算公式

$$\Delta t = \frac{R_2 - R_1}{R_1} \times (K + t_1) + t_1 - t_0 \tag{7-2}$$

式中：Δt——温升，℃；

R_1——温升试验开始时测得的绕组电阻，Ω；

R_2——温升试验结束时测得的绕组热态电阻，Ω；

t_1——温升试验开始时测得的绕组实际冷态温度，℃；

t_0——温升试验结束时冷却介质的温度，℃。

式中，常数K，铜$K=235$，铝$K=228$，R_1、R_2必须在发电机同样的出线端上测得。

(5)温升Δt不得超过同步发电机绕组绝缘等级所规定的温升。

3. 直流电动机检测

1)绝缘电阻的测量

测量的方法同交流异步电动机有关“绕组对机壳及绕组间绝缘电阻的测量”中的规定。

2)空载测量

(1)测量时应满足的条件

①机械不带负载(可带吊钩、空斗、空索具等)。

②电枢输入额定电压，磁场输入额定电流。

测量电路如图7-9所示。

(2)机械各机构中的直流电动机分别以额定速度正反向全程运转3次(或3个周期),取输入电压、电流3次算术平均值,作为计算输入功率的最终测量值。

功率计算公式

$$P = \frac{I \times U}{1\ 000} \tag{7-3}$$

式中:P——输入电功率,kW;

I——电流算术平均值,A;

U——电压算术平均值,V。

3)额定负载测量

(1)测量时应满足的条件是:

①机械带额定负载。

②电枢输入额定电压、磁场输入额定电流。

测量电路同图7-9所示。

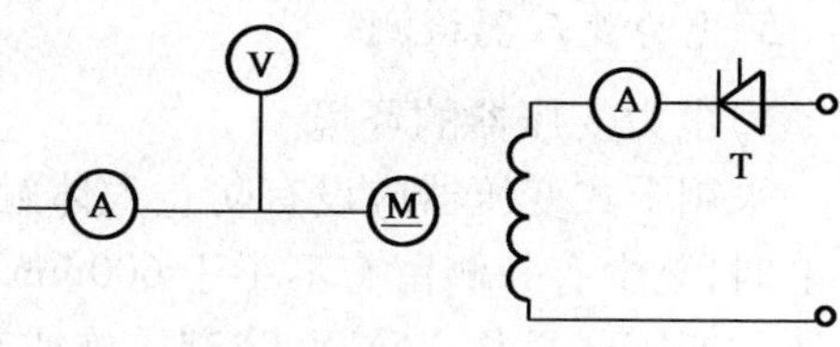

图7-9 测量电路单线图

(2)测量方法同空载测量方法,以3次的算术平均值作为最终测定值。

功率计算公式同式(7-3)。

4)换向火花要求

电动机在额定电压下,由空载到额定负载,换向火花在$1 \sim 1\frac{1}{4}$级范围内;满载起动时不得超过$1\frac{1}{2}$级。

5)电动机的容量

电源电压较电动机额定电压偏差±10%时,电动机的容量必须保证在额定负载下安全、可靠地实现起动、减速、正常运行。

4. 直流发电机检测

1)绕组对机壳及绕组间绝缘电阻的测量

测量的方法同交流异步电动机有关"绕组对机壳及绕组间绝缘电阻的测量"中的规定。

2)电压变化率测量

(1)将被测发电机调整到额定转速,并保持稳定。

(2)调整输出电压到额定值,允许偏差±1%。

(3)在考虑了原动机调整特性的情况下,将发电机负载从20%额定负载增加到100%额定负载,再由100%额定负载逐渐减到20%额定负载时,其任意一点的电压偏差应在额定电压的4%以内。

(4)测量电路如图7-10所示。

电压变化率计算公式如下:

$$\Delta U = \frac{U_0 - U_e}{U_e} \times 100\% \tag{7-4}$$

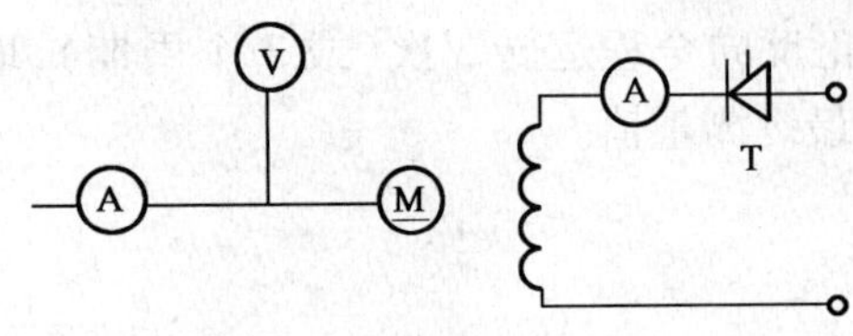

图 7-10　测量电路单线图

式中：U_0——20% 额定负载时发电机输出电压，V；

U_e——100% 额定负载时发电机输出电压，V。

3）温升测量

测量的方法同交流同步发电机有关“温升测量”中的规定。

发电机应在无火花换向区域内运行，在达不到无火花运行时，允许在额定负载时换向火花不超过$1\frac{1}{4}$级。

5. 电力变压器检测

1）电力变压器的环境

采用干式变压器应设有防止人体触及或飞行物体进入的保护措施。容量在 300kV · A 及以上时，至少有一侧留有不小于 600mm 的检修通道，并应具有良好的散热条件。安装于露天场所的变压器必须有防晒、防潮措施或者提高防护等级。

2）电力变压器的绕组形式

所有电力变压器均采用双绕组式，其初级与次级绕组间不应有电的连接。

3）电压调速率

在电阻性负载的情况下，当变压器的负载自空载至额定负载时，次级的电压变化不应超过下列范围：

（1）额定容量在 10 ~ 50kV · A 范围内，不超过 5%。

（2）额定容量在 50 ~ 1 000kV · A 范围内，不超过 6%。

4）初级电压调整分接头

为了适应电网电压的变化，变压器初级绕组应设置无励磁分接头开关或连接片，改变初级进线位置，优先选用的分接头范围是 ±5%，每级 2.5%。

5）交接试验

（1）电力变压器初级电压在 3 000V 以上时，必须进行交接试验。交接试验在水运机电设备总装结束，投入运行前进行。

（2）绝缘电阻的测量：

①高压绕组使用 2 500V 兆欧表测定。绕组对外壳及相间绝缘电阻每千伏不低于 10MΩ。

②低压绕组使用 500V 兆欧表，绕组对外壳及相间绝缘电阻不低于 5MΩ。

③测量应将非测量绕组全部接地确保安全。

（3）测量绕组直流电阻时，各相绕组直流电阻值之间相差不应大于三相平均值的 2%。

（4）电压比测量。采用三相低压可调电源输入变压器高压侧绕组，用电压表分别测量出高、低压侧的电压，经过计算确定电压比及误差。误差范围应小于 1%。

计算公式如下：

$$\text{铭牌比例} = \frac{\text{高压侧线电压}}{\text{低压侧线电压}} \tag{7-5}$$

$$\text{实际比例} = \frac{\text{加在高压侧电压}}{\text{测得低压侧电压}} \tag{7-6}$$

$$误差(\%) = \frac{实际比例 - 铭牌比例}{铭牌比例} \times 100\% \tag{7-7}$$

6.旋转式集电器检测

1)绝缘电阻的测量

在常温下测量,环与环之间,环与非带电金属结构件之间的绝缘电阻值应不低于表7-20所示的值。

旋转式集电器绝缘电阻值　表7-20

集电器额定电压(V)	选用兆欧表(V)	绝缘电阻值(MΩ)
≤500	500	1.5
501~3000	1 000	15
3 001~10 000	2 500	50

2)碳刷压力的测量

用手提式拉力计测量碳刷对环的接触压力,以碳刷有效接触面计算每平方厘米应在$(1.8\sim2.4)\times10^4$Pa范围内。

3)碳刷接触面测量

碳刷与铜环的接触面应占碳刷有效接触面的80%以上。

4)绝缘材料

绝缘材料性能应具有耐热、阻燃、耐油的性能。

5)铜环表面

铜环表面应无明显的裂痕和缩孔,铜环的非加工面无毛刺、砂眼,铜环上的接线孔无毛刺、光滑,其接线端面应平整。

7.电阻器检测

1)绝缘电阻的测量

在冷态常温下,用500V兆欧表测量,其相间及对地绝缘电阻不得低于1.0MΩ。

2)阻值的测量

(1)阻值的测量在冷态常温下进行。

(2)分级起动的调速电阻,设计值与实测值允许误差为±10%。常接电软化电阻、能耗制动电阻的设计值与实测值允许误差为±10%。

3)电阻表面温度测量

机械在额定负载下连续工作0.5h,停机后立即用点温计测量电阻片表面温度。新康铜电阻片温度不大于250℃,铁铬铝电阻片温度不大于300℃。

8.高压开关柜检测

高压开关柜的标准除应符合GB 11022有关条款的要求外,还应满足本要求。

1)主要的电气元件要求

(1)电气元件应符合高压电器的有关标准,满足机械的机械特性、工况条件和环境条件的要求。额定条件下工作时,其温升不得超过允许值。

(2)保护用继电器动作必须灵活可靠,其保护动作值整定准确,误差不得超过±5%的整定值。

2)控制电器的操作试验

控制电器在操作时,连续3次合闸、分闸试验,其动作必须可靠,信号指示必须正确无误。

3)电气间隔和爬电距离

开关柜内电器之间及其与裸露导电部件之间的电气间隙和爬电距离应满足表7-21要求。

高压开关柜的电气间隙及爬电距离　　表7-21

额定电压值(V)	电气间隙及爬电距离(mm)	额定电压值(V)	电气间隙及爬电距离(mm)
3 000	≥105	100 000	≥155
6 000	≥130		

4)绝缘电阻值测量

一次回路用2 500V兆欧表,二次回路用500V兆欧表分别测量一次、二次回路绝缘电阻值。一次回路应不小于10MΩ,二次回路应不小于2MΩ。

5)高压开关柜安装

高压开关柜安装时,前面必须留有不小于1 200mm检修通道,后面必须留有不小于600mm的检修通道。

9. 低压控制柜检测

1)低压控制柜性能

低压控制柜除应符合GB/T 3797—2005及GB/T 14048.1~18有关条款的要求外,还应满足以下要求。

2)主要电气元件

(1)电气元件应满足水运机电设备机构特性、工况条件和环境条件的要求。额定条件下工作时,其温升不得超过允许值。

(2)检验各种接触器、继电器工况,其动作必须灵活可靠、接触紧密、不得粘连、卡阻,吸合时无异常噪声。其中有动作值的继电器应按设计要求选型,其动作值及误差值均应符合设计要求。

(3)低压控制柜中的各种控制变压器和照明变压器可采用室内型干式自冷变压器。其容量符合设计要求,工作时应无异常噪声。

3)外形结构

(1)低压控制柜宜采用整体防护式金属结构,控制柜面板带门,背板带盖。用上、下对流冷却方法通风散热时,控制柜应加防尘措施。

(2)安装于室外的低压控制柜采用喷型结构,其外壳防护等级不低于IP54,安装于室内的低压控制柜其外壳防护等不低于IP23。

(3)控制柜内宜设照明装置,其照度不低于50Lx,必要时应设防潮空间加热器。

(4)柜体内必须有明显的接地标志螺钉,接地螺钉必须是铜质体或镀锌体,柜体必须用螺栓与底座紧固,不得采用其他方式。

4)装配要求

(1)安装在低压控制柜中的各种电器元件应符合有关产品标准的要求,同时必须留有足够的装修距离。安装必须牢固不因受机械振动而产生松动、移位、扭转以至发生脱落现象。

(2)柜内导线不允许中间接头,板前配线要求整齐美观,按垂直或水平有规则地配置,不得任意歪斜、交叉连接。

(3)低压控制柜对外连线应通过接线排。组合式控制柜各柜之间连接线、同一柜内不同结构部件(如门与柜体)之间的连线也应通过接线排。接线排每个端子任一侧连接的导线不得超过两根。

(4)控制柜门板下端与柜体应有软铜导线可靠连接,软铜导线截面不小于4mm²。

(5)控制柜中的交、直流母线以及分支其不同相(或极)的裸露载流部分与未绝缘的金属体之间的电气间隙和爬电距离应符合表7-22要求。

电气间隙与爬电距离　　表7-22

类　别	额定工作电压(V)	电气间隙(mm)	爬电距离(mm)
动力	≤500	≥12	≥20
动力	>500	≥14	≥28
照明	≤500	≥10	≥15

5)控制柜中设置的电气保护环节

(1)用于电气传动的控制柜必须设置的保护环节是:失压保护、至少一级短路保护、紧急停车开关或装置、必要的限位保护、过载保护。

(2)控制柜根据电气传动的不同方案或实际要求,设置的保护环节是:控制器的零位保护、接触器之间的电气联锁保护、电机的过流保护、电机的超速保护、直流电机的失磁保护、电源的缺相保护、电源的相序保护、电源的漏电保护、控制系统零速保护、其他必要的联锁和保护。

10.联动控制台检测

1)联动控制台额定工作电压、电流的规定

联动控制台的额定工作电压、电流应符合表7-23的要求。

联动控制台的额定工作电压、电流值　　表7-23

额定工作电压(V)	额定工作电流(A)	额定工作电压(V)	额定工作电流(A)
直流≤220	5	交流380	5
交流≤220	10		

2)连接导线的规定

(1)联动控制台的连接导线应为铜芯多股绝缘软导线,其截面积一般不小于1.5mm²。所有接线端子必须采用专用钳压制,线端必须有明显的永久性编号。

(2)导线应远离裸露带电体及带尖角边缘的物体。布线应横平竖直,捆扎成束、可靠、固定。

3)其他要求

(1)联动控制台上电器之间及其与裸露导体部件之间的电气间隙应大于12mm,爬电距离应大于20mm。

(2)联动控制台的外壳防护等级应不低于IP30。

(3)联动控制台上的仪表必须是防震型,指示灯和按钮颜色符合GB/T 4025—2010的有关规定。

(4)联动控制台必须带零位自锁环节,各类控制器应操作方便轻松,挡位应手感清楚,零位明显,工作可靠,额定工作频率为600次/h。

(5)联动控制台的绝缘电阻应满足下述要求:一次回路大于或等于2MΩ,二次回路大于或等于1MΩ。

11.照明系统检测

(1)水运机电工程设备各照明场所的照度值及测试点高度、测试点布置要求如表7-24所示。

(2)照度测量方法应符合JT/T 557—2004有关条款的规定。

(3)照明系统的供电电源应单独设置,电气应与主电源隔离。

(4)照明系统应设置短路保护和过载保护装置。

照明场所的照度值及测试点高度,测试点布置　表7-24

照明场所	照度值(Lx)	测试点高度及测试点布置要求
司机室	50	在操纵台面上,按0.1m×0.2m的网格布点
机房	50	距地面lm,按0.5m×0.5m网格布点
电气室	50	距地面0.5m,按0.5m×0.5m网格布点
走道	20	距地面0.15m,在走道中心线上,相距lm布点
作业面	40	按JT/T 557有关规定

12.电线电缆及敷设

1)线路允许的电压降

(1)动力线路中,主控制屏输出端到最后一个受电器之间的线路压降,应小于6%的额定电压。

(2)控制线路中,控制变压器输出端到最后一个受电器的输入端之间线路压降,当控制电压在110V以上时应小于5%的额定电压;当控制电压在110V以下时应小于10%的额定电压。

(3)照明线路中,变压器副边到最远一个受电器的输入端之间的线路压降应小于10%的额定电压。

(4)24V以及以下线路中,电源输出端到任何一个受电器之间的线路压降应小于10%的额定电压。

2)馈电线

(1)电缆供电的水运机电工程设备,移动距离大于10m以上,应设置电缆卷筒或其他收放装置。电缆收放速度应与设备运行速度同步。

(2)电缆卷筒的电缆进出口应有良好的密封措施。滑环箱必须有良好的防水性能。

(3)电缆的导向轮半径不得小于电缆直径的10倍。

(4)电缆放缆终点开关动作必须可靠。当开关切断行走装置电源后,卷筒上至少保留两圈以上电缆。

(5)采用其他收放装置时,要保护电缆弯曲半径不得小于8倍电缆直径。

3)电线电缆的敷设

(1)不同的回路中电线电缆最小允许的截面如表7-25所示。

不同回路中电线电缆最小允许截面　表 7-25

回路名称	允许截面(mm^2)	回路名称	允许截面(mm^2)
动力回路	≥2.5	电子装置弱电回路	不作规定(在确认安全可靠情况下)
照明及控制回路	≥1.5	信号回路	不作规定(在确认安全可靠情况下)
检测通信回路	≥1.0		

(2)动力回路、控制和信号回路、照明回路分别布线,接线排应分开。

(3)装卸机构各机械电动机必须独立配线,不得用公共回路。

(4)导线的连接和分支点应设接线箱和分线盒,用于室外者应水密、防腐蚀。

(5)固定敷设的电缆其弯曲半径不得小于 5 倍的电缆直径,移动敷设的电缆其弯曲半径不得小于 8 倍电缆直径。

(6)在室内,电缆应敷设在线槽或金属管中,金属管应经防腐处理,在线槽或金属管中不便敷设或有相对移动的场合,可穿软管敷设。电缆可直接敷设。在有机械损伤、化学腐蚀和油污浸入的地方,电线电缆必须有防护措施或穿管保护。在室外,电线电缆应敷设在金属管内,金属管同样应经防腐处理。穿线钢管应加保护电缆护口,每根管道的 90°弯头不得超过两处,管道弯曲半径大于 10 倍管道直径。

(7)不同的机构、不同电压等级、交流和直流的导线穿管时应分开,照明线应单独敷设。

(8)电缆端头应用专用工具压制,并有统一的永久性编号。

(9)电缆在接入发热设备时,应剥去一定长度的绝缘层,并套上耐热的绝缘材料。

(10)带有金属护套的主干动力电缆外壳应两端接地,分路及控制电缆外壳应一端接地。

4)电力电缆的耐压试验

电力电缆的直流耐压试验电压与时间应满足表 7-26 要求。

电力电缆直流耐压试验电压与时间　表 7-26

电力电缆种类	额定电压(kV)	试验电压(kV)	试验时间(min)
橡胶电力电缆	2～10	$2V_e+1$	10
塑料电力电缆	2～10	$1.5V_e+1$	10

注:V_e 为电缆的额定电压。

5)电力电缆的绝缘电阻。

电力电缆的绝缘电阻在使用 2 500V 兆欧表测量 1min 时最低允许值如表 7-27 所列。

电力电缆最低允许的绝缘电阻值　表 7-27

额定电压值(kV)	绝缘电阻值(MΩ)	额定电压值(kV)	绝缘电阻值(MΩ)
2	2	6	6
3	3	10	10

6)电力电缆相位及标色

电力电缆的相位必须与电网一致,A 相为黄色、B 相为绿色、C 相为红色。

13. 电气设备的接地检测

(1)交、直流发电机、电动机外壳应可靠接地,接地铜导体截面积 Q 与相关截流导体截面

积 S 关系如下：

①当 $S<2.5\text{mm}^2$ 时，$Q=S$，但不小于 1.5mm^2。

②当 $2.5\text{mn}^2<S\leqslant120\text{mm}^2$ 时，$Q=S/2$，但不小于 4mm^2。

③当 $S>120\text{mm}^2$ 时，$Q=70\text{mm}^2$。

(2)电力变压器与照明变压器外壳应可靠接地，接地铜导体截面积 Q 与相关截流导体截面积 S 的关系符合上条款的规定。

(3)控制柜、开关柜、联合操纵台、集电器、电阻器等电气设备的金属外壳或构架应可靠接地，其接地电阻应小于或等于 0.1Ω，接地电阻值测量采用双臂电桥。

(4)有金属护套的电缆，其金属护套应可靠接地，其导线截面积 Q 与电缆导体截面积 S 间关系如下：

①当 $S\leqslant25\text{mm}^2$，$Q\geqslant1.5\text{mm}^2$。

②当 $S>25\text{mm}^2$，$Q\geqslant4\text{mm}^2$。

(5)机械的轨道为自然接地体，其接地电阻应小于或等于 4Ω。采用接地电阻仪或其他方法测量接地电阻值。在有盐雾、积尘、腐蚀等工作环境有利于轨道有效接地时，应增加辅助接地线。

(6)严禁用接地作为载流零线。

14. 安全保护装置检测

1)超载限制器的要求

(1)用于起重的机械部分必须设置超载限制器。当载荷达 90% 额定载荷时，应发出提示性报警信号；当载荷超过额定载荷时，超载限制器必须立即自动切断相应部位的供电电源，并发出报警的声光信号。

(2)超载限制器的综合误差不应大于 8%。

2)力矩限制器的要求

(1)装卸机械应设置力矩限制器，当负载力矩达到 1.05 倍额定起重力矩时，应立即自动切断相应部位的动力源，并发出禁止性报警信号。

(2)力矩限制器的综合误差不应大于 ±5%。

3)限位开关的要求

(1)用于机械中的各种行程开关必须灵活可靠，保证各动作行程到终点位置时，立即切断相应部位的动力源，并停止运行。

(2)用于户外的限位开关必须有可靠的水密性能。

4)防碰装置的要求

(1)机械的运行台车及抓斗开闭机构应设防碰装置，在相互碰撞前或在行程终点前切断相关电源，以防止发生严重碰撞或事故。

(2)防碰装置在机械安装、维修、保养时进行试验，其动作应十分可靠。

五、电气设备工频耐压绝缘强度试验

(1)变压器容量的选择。试验电压通过试验变压器供给，选择变压器容量的原则：低压设备每 kV 试验电压不小于 1kV · A，高压设备每 5kV 试验电压不小于 1kV · A。

（2）变压器数据的确定。试验电压的数值可通过电压互感器进行测量或通过试验变压器的原、副边间的变化值来计算。试验电路如图 7-11 所示。

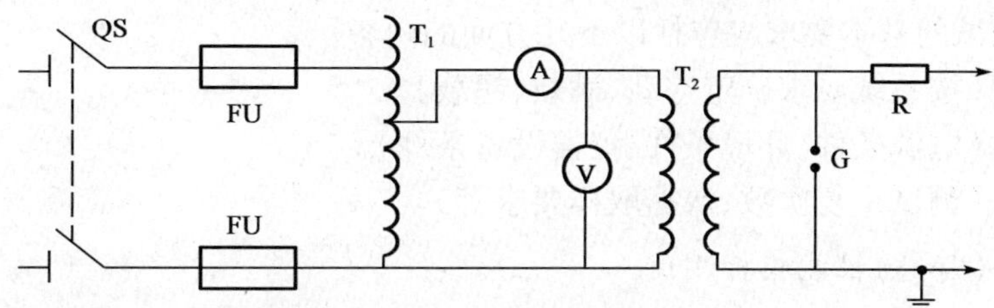

图 7-11　工频耐压绝缘强度试验电路

QS-隔离开关；FU-熔断器；T_1-自耦变压器；T_2-高压试验变压器；G-高压放电铜球

对于额定电压 1kV 以上设备进行试验时，可在试验变压器副边并接入一放电铜球 G，其放电电压不超过试验电压的 110%，在高压输出端接入一高阻值电阻。每 kV 电压串入 1MΩ 电阻以限制击穿时的短路电流。

电气设备工频耐压试验电压值如表 7-28 所示。

电气设备工频耐压试验电压值　　表 7-28

设 备 名 称	额定工作电压（V）	试验电压（V）
直流电机	<500	1 500
直流电机	1 000 ~ 3 000	$5U_e$
交流电机	<500	1 500
交流电机	3 000 ~ 10 000	$1.5U_e$
高压开关柜主电路	3 000 ~ 10 000	$2U_e$ + 1 000
高压开关柜控制电路	<500	2 000
低压传动柜主电路	<500	1 000
低压传动柜控制电路	<500	2 000
电力变压器高压绕组	3 000 ~ 10 000	$2U_e$ + 1 000
电力变压器低压绕组	<500	2 000
电阻箱	<500	1 500
低压开关、插座	<500	1 500
旋转式集电器	<500	2 000
旋转式集电器	3 000 ~ 10 000	$2.5U_e$
照明开关箱	<500	1 500
低压接线箱	<500	2 000
联合操纵台	<500	1 000
照明灯具	<500	1 500

注：①被试验设备中若有电子元件，试验前弱电信号回路应将其与回路解脱；

②同一台电气设备应避免重复进行工频耐压试验；

③U_e 是设备的额定电压值。

六、调速系统的性能测试

1. 系统性能测试的基本要求

系统性能测试的基本要求应包括以下几方面的内容：

1）测试工况（按系统要求确定空载、满载、超载）。

2）测试条件（电源条件、环境条件、仪器设备条件）。

3）测试方法（测试重复次数、数据取样要求等）。

2. 系统稳态（静态）性能指标测试

系统工作达到稳定后测定，主要参数有：

1）调速范围（测 n_{max}，n_{min} 值）

2）调速精度（测 Δn 值）。

3. 系统动态性能指标测试

系统动态性能指标包括跟随性指标和抗扰性指标两类。通常采用记录示波器或记录仪，将不同工况下的波形记录后，进行分析。

1）动态工况

动态工况包括起动，加、减速，正、反转，停车。按系统要求进行相关项目测试。

2）动态性能指标

（1）跟随性指标。在给定信号（或称参考输入信号）$R(t)$ 的作用下，系统输出量 $C(t)$ 的变化情况可用跟随性能指标来描述。当给定信号变化方式不同时，输出响应也不一样。通常以输出量的初始值为零，给定信号阶跃变化下的过渡过程作为典型的跟随过程，这时的动态响应又称 $C(t)$ 作阶跃响应。一般希望在阶跃响应中输出量 $C(t)$ 与其稳态值 C_{∞} 的偏差越小越好，达到 C_{∞} 的时间越快越好。具体的跟随性能指标有下列各项：

①上升时间 t_r 在典型的阶跃响应跟随过程中，输出量从零起第一次上升到稳态值 C_{∞} 所经过时间为上升时间，它表示动态响应的快速性，如图 7-12 所示。

②超调量 $\sigma\%$。在典型的阶跃响应跟随过程中，输出量超出稳态值的最大偏离量与稳态值之比，用百分数表示，叫做超调量。

$$\sigma\% = \frac{C_{max} - C_{\infty}}{C_{\infty}} \times 100\% \tag{7-8}$$

超调量反映系统的相对稳定性。超调量越小，则相对稳定性越好，即动态响应比较平稳。

③调节时间 t_s。调节时间又称过渡过程时间，它衡量系统整个调节过程的快慢。原则上它应该是从给定量阶跃变化起到输出量完全稳定下来为止的时间，对于线性控制系统来说，理论上要到，$t=\infty$ 才真正稳定，但是实际系统由于存在非线性等因素并不是这样。因此，一般在阶跃响应曲线的稳态值附近，取 ±5%（或 ±2%）的范围作为允许误差带以响应曲线达到并不再超出该误差带所需的最短时间，定义为调节时间，如图 7-13 所示。

（2）抗扰性能指标。控制系统在稳态运行中，如果受到扰动，经历一段动态过程后，总能达到新的稳态过程，一般以系统稳定运行中突加一个使输出量降低的扰动 N 以后的过渡过程，作为典型的抗扰过程（图 7-13）。抗扰性能指标定义如下：

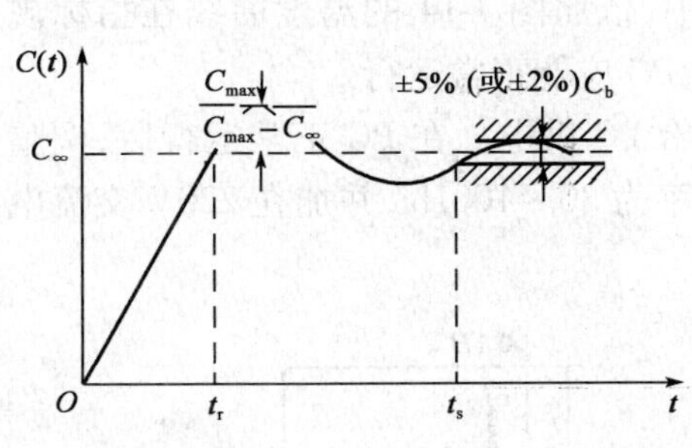

图 7-12 典型阶跃响应曲线和跟随性能指标

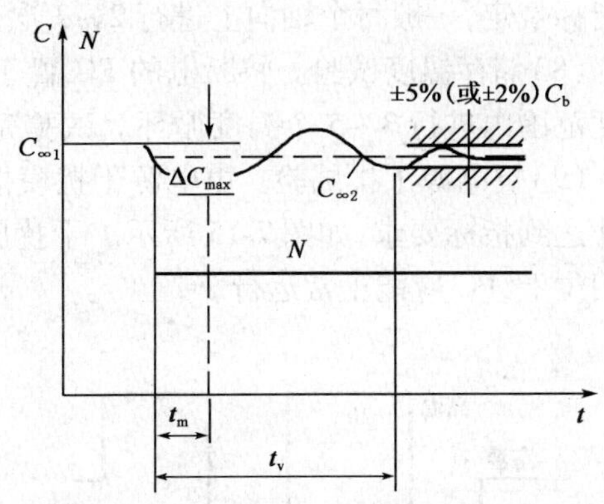

图 7-13 突加扰动的动态过程和抗扰性能指标

①动态降落 $\Delta C_{max}\%$。系统稳定运行时，突加一个约定的标准的负扰动量，在过渡过程中所引起的输出量最大降落值 ΔC_{∞} 叫做动态降落，用输出量原稳态值 $C_{\infty 1}$，的百分数来表示。输出量在动态后逐渐恢复，达到新的稳态值 $C_{\infty 2}$（$C_{\infty 1}-C_{\infty 2}$）是系统在该扰动作用下的稳态降落。动态降落一般都大于稳态降落（即静差）。调速系统突加额定负载扰动时的动态降落称作动态速降 $\Delta n_{max}\%$。

②恢复时间 t_v。从阶跃扰动作用开始，到输出量基本上恢复稳态，距新稳态值 $C_{\infty 2}$ 之差进入某基准量 C_b 的 ±5%（或 ±2%）范围内所需的时间，定义为恢复时间，其中 C_b 称为抗扰指标中的输出量的基准值，视具体情况选定。

七、计算机监控与管理系统检测

1. 可编程序控制器 PC 的测试

（1）温度与湿度试验。为了保证 PC 能在高温的最恶劣情况下工作，通常是同时进行温湿度试验。把运行着的 PC 放入恒温湿箱内，然后将温湿度调至指标规定的极限值（如 55℃、90%），温湿度达到指标后开始计时。PC 至少要在这种环境中正常运行 24h 以上，并且每 4h 观测一次 PC 运行情况。

（2）电源电压变化。用调压器向 PC 供电。在 PC 正常运行后，分别将电源电压调至指标规定的上下限，PC 应在相应的电压值下正常运行 24h。

（3）绝缘电阻。指在 PC 断电的情况下，用 500V 兆欧表测得的机壳与 I/O 端子间的电阻。

（4）绝缘电压。在 PC 断电的情况下，用高压试验台测试。高压试验台的输出分别接至机壳与 I/O 端子间，然后逐渐升压达到指标规定值后持续 60s，不应有飞弧和击穿现象。

（5）外磁场影响。把运行着的 PC 置于交流磁场中，将磁场强度调速到指标规定值。在承受磁场最大影响的相位上，PC 应能正常运行。

（6）振动试验。将 PC 固定在振动台上并使之正常运行。根据指标在三个方向上进行振动，属固定频率时，每个轴向上振动 30min 以上。属非固定频率时，按每分一倍频程的扫描速度对三个轴向各反复振动 10 次以上，PC 应运行正常。

（7）冲击试验。将包装好的 PC 固定在振动台上，分别在三个轴向上进行冲击，其加速度按指标规定，一般每个轴向上进行2～3次。经冲击后的PC应能正常运行。

(8)储存温度试验。将断电的PC置于调温箱中，依照图7-14的温度曲线在指标规定的温度范围内进行3～5个温度循环。试验完成后4h，PC应能正常运行。

(9)抗电源干扰试验。由电源干扰模拟发生器给PC供电。在PC正常运行后，调整干扰脉冲达到指标要求，如图7-15所示。干扰脉冲的频率为30～100Hz，并加在220V交流电的任何相位上，PC应能正常运行。

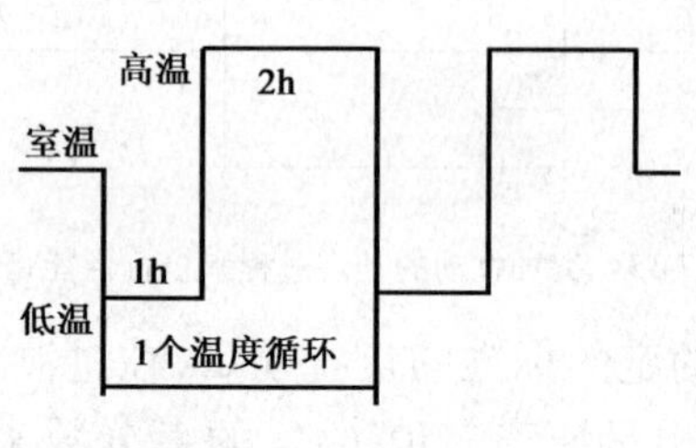

图7-14　PC的温度循环试验

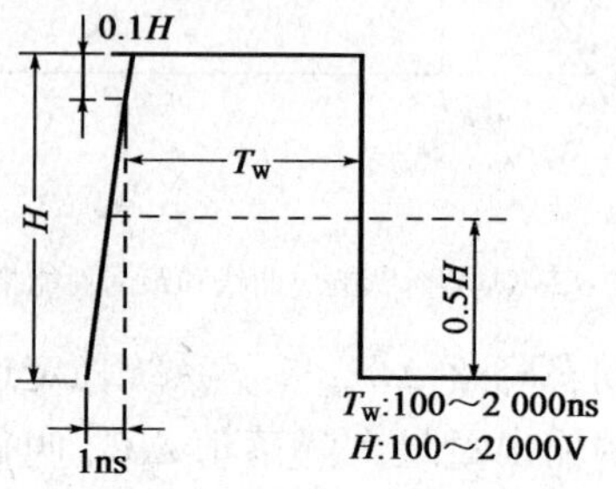

图7-15　干扰脉冲波形

2. 计算机的检测

计算机的检测包括对硬件和软件功能检验和测试。

1)硬件检测

①工作电源检测。各种电源的稳定度、温升、绞波系数、满载运行性能、抗冲击负载干扰的能力，过电压、欠电压及过电流保护能力应符合相关技术规定。

②硬件功能检验。硬件性能检验包括主机CPU的硬件功能和外部设备的功能。

2)软件功能检验

软件功能检验包括汇编程序类、编释程序类、操作系统类、服务程序类。

3. 工业电视的检测

1)电气性能检测

电气性能检测包括绝缘性能、监示器灵敏度、图像分辨能力和辉度等级、最大亮度和大面积对比度、传输损耗、电缆性能、其他备品性能。

2)综合性能检测

综合性能检测包括：以温度指标上限为基准，进行连续性试验；以摄像机为主体，对光栅几何失真及不均性，图像的非线性失真，光栅边缘的振荡波纹，图像幅度的稳定性，电源电压波动对图像的影响，杂频干扰的抑制，摄像机自动增益的控制，视频输出电压的情形、同步范围、低照度、灵敏度以及工作振动进行检验考核。

八、检测注意事项

1. 电器检查注意事项

(1)参加检测的电器操作人员不得少于两人，要有专人指挥。

(2)试验设备、电表及仪器及时检修，出现故障应停止使用。

(3)试验设备的固定线路不可任意更动。工作需要变动时,必须交待清楚,并做出明显标记。

(4)高低压系统的隔离开关、刀开关不得带电分合。在高低压投入运行时,须先合隔离开关,后合断路器,断电时相反。

(5)电源已经切除,电机仍在转动时,不得进行接线或拆线。

(6)工作前,容量大的电容应对地放电后才可工作。

(7)各种专用电器线路未经允许,严禁改动。

(8)高压试验、泄漏试验、介损试验完毕切除电源时,必须对被试器件放电后再拆线。

(9)试验用临时电源线要架空或加保护管,不得任意乱拉。试验用的开关需有专人看护。如果临时中断试验,继续试验时须检查线路,否则不得合闸。

(10)试验前应配戴好防护用品。试验场地应有遮栏,并挂有警示牌。

2. 电机检查注意事项

(1)工作前必须检查仪表、开关、电气设备、电机绝缘电阻等是否正常。

(2)严禁用手接触电机运转部位及电气设备带电部分。

(3)检查电机底脚螺丝是否可靠,旋转方向是否正确。一切正常,再进行试验。

(4)测量电机转速应在后端进行,若不允许时,可在轴前端进行,但要注意测量时的安全。试验时严禁跳越转动部位。

(5)被试的电机必须紧固在试验架上,未紧固前不得起动。

(6)空、负载试验注意事项

①试验前用手转动几转。

②在电机运转时,不许任何人员停留在传动装置两端。传动装置应设保护罩或防护栏杆。

③进行线圈短路试验时,操作人员应坚守岗位,准确控制开关。发生故障,立即切断电源。

3. 耐压试验注意事项

(1)做耐压试验时,周围应设遮栏,并有"高压危险"等警示牌。试验时不得少于两人,并有专人监护。

(2)试验前检查地线是否接地,否则不准试验。

(3)耐压试验后,应对地放电,否则禁止拆线。

(4)耐压试验设备的引线、断路器应保持完好。

(5)耐压试验操作台下要垫绝胶皮。

(6)耐压试验区必须有警铃、警示牌和安全灯。

(7)非试验人员未经允许严禁进入高压试验区。

(8)电器试验完毕后必须对地放电。

(9)试验场地不准放置无关的电器、绝缘材料及易燃易爆物品。

4. 超速试验注意事项

(1)测量线圈电阻、转子电阻、绝缘电阻时,应注意安全。

(2)超速试验时,试验人员不得立于机器旋转的径向位置,防止物件崩出。

(3)轴承状态及油压系统不良时,禁止进行试验,应在修复或更换后进行。

(4)超过额定转速后,任何人员不得接近转子。

(5)超速时应逐步增加到规定转数,不得延长超速时间。

(6)超速和降速时,应严格遵照工艺规程进行操作。

(7)超速时一切人员应在安全地带,防止事故发生。实验应在专门隔离的地方进行。

附　表

接触器主触头标准使用类别　　附表 7-1

电流种类	使用类型	典型用途举例
交流	AC-1 AC-2 AC-3 AC-4	无感或微感负载,电阻炉 绕线式电动机的起动、分断 鼠笼式电动机的起动、运转中分断 鼠笼式电动机的起动、反接制动与反向、点动
直流	DC-1 DC-2 DC-3	无感或微感负载,电阻炉 并激电动机的起动、反接制动与反向、点动、动态分断 串激电动机的起动、反接制动与反向、点动、动态分断

IP 等级代号的简要说明　　附表 7-2

数码	第 1 位数码: 对触及带电零部件和外界固体进入防护等级	第 2 位数码: 对外界液体进入的防护等级
0	无防护	无防护
1	防止直径大于 50mm 的外界物体进入	防止垂直降落的水滴进入
2	防止人的手指触及带电零部件和直径大于 12mm 的外界固体进入	防止沿 15°以内倾角落下的水进入
3	防止直径大于 2.5mm 的导线等触及带电零部件和直径大于 12mm 的外界固体进入	防止沿 60°以内倾角喷洒来的水进入数码
4	防止用直径大于 1mm 的导线等触及带电零部件和直径大于 1mm 的外界固体进入	防止从任意方向溅来的水进入
5	完全防止触带电零部件,并能防止灰尘的有害沉积	防止从任意方向喷射来的水进入
6	完全防止触及带电零部件,并能防止灰尘进入	防止海浪和短时水流造成的进水
7		防止短时浸没造成的进水
8		防止长期浸没造成的进水

接触器辅助触头的标准使用类别　　附表 7-3

电流种类	使用类别	典型用途举例
交流	AC-11 AC-14 AC-15	控制交流电磁铁 控制小容量(≤72VA)电磁铁负载 控制容量在 72VA 以上的电磁铁负载
直流	DC-11 DC-13 DC-14	控制直流电磁铁 控制直流电磁铁① 控制电路中有经济电阻的直流电磁铁负载

注:①与 DC-11 的区别尚未确定。

思　考　题

1. 影响电气设备质量因素有哪些?

2. 特殊环境下电气设备选用的原则是什么?

3. 供电设备正常使用的环境条件是什么? 有哪些环境因素会对供电设备造成影响?

4. 供电设备在设计选用时应满足哪些基本要求?

5. 电气设计分几个阶段进行? 各阶段的质量控制要求和内容是什么?

6. 电器分类的依据是什么? 如何分类?

7. 电气保护元件主要有哪些? 选用原则是什么?

8. 电气保护类型有哪些? 实现保护的原理是什么?

9. 变流装置按功能可分为哪几种? 各有什么作用?

10. 电气传动装置调速类型有哪些? 如何分类?

11. 计算机监控及管理系统由什么组成? PC 在设计选用时应满足的主要技术指标有哪些?

12. 电气设备在安装中有哪些保护要求?

13. 电气设备安装中,对电气设备安装用的金属预埋件有哪些具体要求?

14. 电机安装前应当检查哪些项目?

15. 高低压电气设备安装有什么规定?

16. 电气设备检测中,对测量仪器仪表的基本要求有哪几点?

17. 调速系统的性能测试应包括稳态(静态)特性和动态特性,试说明它们分别包括哪些主要具体指标?

18. 主要电气设备检测项目有哪些? 检测结果如何评定?

第八章　液压、液力传动装置质量控制

第一节　液压系统的组成及系统设计的基本要求

一、液压传动系统的工作原理

1. 液压传动的概念

液压传动是以液体为工作介质，利用液体压力能进行动力（或能量）传递、转换与控制的液体传动。

2. 液压传动系统的工作原理

（1）液压传动的液体为传递能量的工作介质。

（2）液压传动必须在密闭的系统中进行，且密封的容积必须发生变化。

（3）液压传动系统是一种能量转换装置，而且有两次能量转换过程。

（4）工作液体只能承受压力，不能承受其他应力，所以这种传动是通过静压力进行能量传递的。

二、液压传动装置的组成

一个完整的、能够正常工作的液压装置（系统），应该由以下五个主要部件组成。

（1）动力元件。供给液压系统压力油，把原动机的机械能转化成液压能。常见的是液压泵。

（2）执行元件。把液压能转换为机械能的装置。其形式有做直线运动的液压缸，有做旋转运动的液压马达。

（3）控制、调节元件。完成对液压系统中工作液体的压力、流量和流动方向的控制和调节。这类元件主要包括各种液压阀，如溢流阀、节流阀以及换向阀等。

（4）辅助元件。辅助元件是指油箱、蓄能器、油管、管接头、滤油器、压力表以及流量计等。这些元件分别起散热储油、蓄能、输油、连接、过滤、测量压力和测量流量等作用，以保证系统正常工作，是液压传动系统不可缺少的组成部分。

（5）工作介质。它在液压传动及控制中起传递运动、动力及信号的作用，包括液压油或其他合成液体。

三、液压系统设计的基本要求

液压系统设计是整个机械设备设计的一部分，必须与主机设计联系在一起同时进行。一般在分析主机的工作循环、性能要求、动作特点等基础上，经过认真分析比较，在确定全部或局部采用液压传动方案之后才能提出液压系统的设计任务。对液压系统设计的基本要求是，能满足主机的工作需要，操作可靠，维修、保养方便，造价低，使用寿命长。

液压系统设计步骤如下：

(1)明确液压系统的设计要求，进行工况分析，绘制负载循环图与速度循环图。

(2)确定液压系统主要参数

①初选液压缸工作压力。

②计算液压缸尺寸。

③计算液压缸在工作循环中各阶段的压力、流量和功率。

④绘制液压缸工况图。

(3)拟定液压系统原理图，进行系统方案论证。

①选择液压回路。

②组成系统。

(4)设计、计算、选择液压元件。

①选择液压泵和电动机。

②选择其他元件。

③确定管道尺寸。

④确定油箱容量。

(5)验算液压系统主要性能。

验算内容一般包括系统的压力损失、发热温升、运动平稳性和泄漏量等。

(6)设计液压装置，编制液压系统技术方案。

经过对液压系统性能的验算和必要的修改之后，便可绘制正式工作图，它包括绘制液压系统原理图，系统管路装配图和各种非标准元件设计图。正式液压系统原理图上要标明各液压元件的型号规格。管道装配图是正式的施工图，各种液压部件和元件在设备中的位置、固定方式、尺寸等应表示清楚。自行设计的非标准件应绘出零件图和装配图。编写的技术文件包括设计计算书、使用维护说明，各种液压元件明细表以及试验大纲等。

第二节　液压系统工作介质选择原则

在液压传动中，最常用的工作介质是液压油。液压系统能否按设计要求可靠有效地工作，在很大程度上取决于系统中所用的液压油。

一、液压油的作用、性能和分类

1.液压油的作用

作为液压传动介质的液压油主要有以下功能。

(1)传动：把由泵产生的压力能传递给执行部件。

(2)润滑：对泵、阀、执行元件等运动部件进行润滑。

(3)密封:保持由泵所产生的压力。

(4)冷却:吸收并带出液压装置所产生的热量。

(5)防锈:防止液压系统中所用的各种金属部件锈蚀。

(6)传递信号:传递信号元件或控制元件发出的信号。

(7)吸收冲击:吸收液压回路中产生的压力冲击。

2. 对液压油的要求

液压油作为液压传动与控制中的工作介质,在一定程度上决定了液压系统的工作性能。特别是在液压元件已经定型的情况下,液压油的良好性能与正确使用更加成为系统可靠工作的重要前提。为了保证液压设备长时间的正常工作,液压油必须与液压装置完全适应。不同的工作机械和使用情况对液压油的要求也各不相同。

液压油应具有的性能主要是:

(1)具有合适的黏度和良好的"黏度-温度特性",在实际使用的温度范围内,油液黏度随温度的变化要小,液压油的流动点和凝固点低。

(2)具有良好的润滑性,能对元件的滑动部位进行充分润滑;能在零件的滑动表面上形成强度较高的油膜,避免干摩擦;能防止异常磨损和卡咬等现象的发生。

(3)具有良好的安定性,不易因热、氧化或水解而生成腐蚀性物质、胶质或沥青质,沉渣生成量小,使用寿命长。

(4)具有良好的抗锈性和耐腐蚀性,不会造成金属和非金属的锈蚀和腐蚀。

(5)具有良好的相容性,不会引起密封件、橡胶软管、涂料等的变质。

(6)油液质地纯净,尽可能少包含污染物;当污染物从外部侵入时,能迅速分离。液压油中如含有酸碱,会造成机件和密封件腐蚀;含有固体杂质,会对滑动表面造成磨损,并易使油路发生堵塞;如含有挥发性物质,在长期使用后会使油液黏度变大,同时在油液中产生气泡。

(7)应有良好的消泡性、脱气性,油液中裹携的气泡及液面上的泡沫应比较少,且容易消除。油液中的泡沫会造成系统断油或出现空穴现象,影响系统正常工作。

(8)具有良好的抗乳化性,对于非含水液压油,油液中的水分容易分离。在油液中混入水分会使油液乳化,降低油的润滑性能,增加油的酸值,缩短油液的使用寿命。

(9)油液在工作中发热和体积膨胀都会造成工况的恶化,所以油液应有较低的体积膨胀系数和较高比热容。

(10)具有良好的防火性,闪点(即明火能使油面上的蒸气燃烧,但油液本身不燃烧的温度)和燃点高,挥发性小。

(11)压缩性尽可能小,响应性好。

(12)不得有毒性和异味,易排放处理。

3. 液压油的分类

关于液压油的品种,国内外曾采用过许多不同的标准进行分类。2003 年,我国等效采用 ISO 标准制定国家标准 GB/T 7631.2—2003,对液压油进行了品种分类。

目前,我国各种液压设备所采用的液压油按抗燃烧性可分矿物油型(石油基液压油)和不燃或难燃油型(抗燃油型)。

矿物油系主要是由提炼后的石油制品加入各种添加剂精制而成。这种液压油润滑性好，腐蚀性小，化学稳定性好，是目前最常用的液压油，几乎90%以上的液压设备中都是使用这种类型的液压油。为满足液压装置的特别要求，可以在基油中配合添加剂来改善性能。

液压油的添加剂主要有抗氧化剂、防锈剂、抗磨剂、消泡剂等。

不燃或难燃液压油系可分为水基液压液（含水液压液）和合成液压液两种。水基液压液的主要成分是水，并加入了某些具有防锈和润滑等作用的添加剂。它具有价格便宜、抗燃等优点，但润滑性能差，腐蚀性大，适用温度范围小。因此，它一般用于水压机、矿山机械和液压支架等特殊场合。合成液压液是由多种磷酸酯和添加剂用化学方法合成，其优点是润滑性能好，凝固点低，防火性能好，缺点是粘温性和低温性能差，价格昂贵，有毒。因此，这种合成液压油一般用于钢铁厂、压铸车间、火力发电厂和飞机等有高等级防火要求的场合。目前以水作为液压传动介质的研究也得到了越来越多的重视。

液压油按ISO的分类如表8-1所示，供参考。

液压油的分类　　表8-1

组别符号	应用范围	特殊应用	更具体应用	组成和特性	产品符号ISO-L	典型应用	备注
H	液压系统	流体静压系统	用于要求使用环境可接受液压液的场合	无抑制剂的精制矿油	HH		
				精制矿油，并改善其防锈和抗氧性	HL		
				HL油，并改善其抗磨性	HM	有高负荷部件的一般液压系统	
				HL油，并改善其粘温性	HR		
				HM油，并改善其粘温性	HV	建筑和船舶设备	
				无特定难燃性的合成液	HS		特殊性能
				甘油三酸酯	HETG	一般液压系统（可移动式）	每个品种的基础液的最小含量应不少于70%（质量分数）
				聚乙二醇	HEPG		
				合成酯	HEES		
				聚a烯烃和相关烃类产品	HEPR		
			液压导轨系统	HM油，并具有抗粘-滑性	HG	液压和滑动轴承导轨润滑系统合用的机床在低速下使振动或间断滑动（粘-滑）减为最小	这种液体具有多种用途，但并非在所有液压应用中皆有效
			用于使用难燃液压的场合	水包油型乳化液	HFAE		通常含水量大于80%（质量分数）
				化学水溶液	HFAS		
				油包水乳化液	HFB		
				含聚合物水溶液[①]	HFC		通常含水量大于35%（质量分数）
				磷酸酯无水合成液[①]	HFDR		
				其他成分的无水合成液[①]	HFDU		
		流体动力系统	自动传动系统		HA		与这些应用有关的分类尚未进行详细的研究，以后可以增加
			耦合器和变矩器		HN		

注：①这类液体也可以满足HE品种规定的生物降解性和毒性要求。

二、液压油的物理性质

1. 密度

密度是指单位体积油液的质量，单位为 kg/m^3 或 g/ml。体积为 V、质量为 m 的液体密度 $\rho = m/V$。对于常用的矿物油型液压油，它的体积随着温度的上升而增大，随着压力的提高而减小，所以其密度随着温度的上升而减小，随着压力增大而稍有增加。但由于其随压力的变化较小，一般低压系统中可以认为其为常数。在相同的流量下，系统的压力损失和油液的密度成正比，它对泵的自吸能力也有影响。

2. 黏度

液体受外力作用而流动时，由于液体与固体壁面之间的附着力和液体本身之间的分子间内聚力的存在，使液体的流动受到牵制，导致在流动截面上各点的液体分子的流速各不相同，运动快的液体分子带动运动慢的，运动慢的对运动快的起阻滞作用，这种由于流动时液体分子间存在相对运动而导致相互牵制的力称为液体的内摩擦力或黏滞力，而液体流动时产生内摩擦力的这种特性称为液体的黏性。从它的定义可以看出，液体只有在流动（或有流动趋势）时才呈现出黏性，处于静止状态时是不呈现黏性的。

黏度是表征液体流动时内摩擦力大小的系数，是衡量液体黏性大小的指标，也是液压油最重要的性质。油液黏度大可以降低泄漏，提高润滑效果，但会使压力损失增大、动作反应变慢、机械效率降低、功率损耗变大；油液黏度低可实现高效率小阻力的动作，但会增加磨损和泄漏，降低容积效率。

通常用黏度单位来表示黏度的大小，我国常用的黏度单位有三种：动力黏度、运动黏度和相对黏度。

1）动力黏度

动力黏度指的是液体在单位速度梯度下流动时单位面积上产生的摩擦力。它的物理意义是：面积为 $1cm^2$、相距为 1cm 的两层液体，以 1cm/s 的速度相对运动，此时所产生的内摩擦力大小。动力黏度用 μ 表示。从动力黏度的物理意义中可以看出，液体黏性越大，其动力黏度值也越大。动力黏度在法定计量单位中，是用 Pa · s（帕 · 秒）表示的。

2）运动黏度

运动黏度是指在相同温度下，液体的动力黏度 μ 与它的密度 r 之比，用 v 表示，即

$$v = \mu / r \tag{8-1}$$

运动黏度的法定计量单位为 m^2/s，目前使用的单位还有斯（符号为 St）和厘斯（符号为 cSt），$1cSt(mm^2/s) = 10^{-2}St(cm^2/s) = 10^{-6}m^2/s$。

就物理意义而言，v 并不是一个直接反映液体黏性的量，但习惯上常用它表示液体的黏度。液压传动介质的黏度等级是以 40℃时的运动黏度（以 mm^2/s 计）的中心值来划分的。如 L-HL22 型液压油在 40℃时运动黏度中心值为 $22mm^2/s$。

3）相对黏度

液体黏度可以通过旋转黏度计直接测定，也可先测出液体的相对黏度，然后再根据关系式

换算出动力黏度或运动黏度。相对黏度又称条件黏度,是根据一定的测量条件测定的。我国采用的是恩氏黏度(°E),它是用恩氏黏度计测量得到的。

恩氏黏度的测量方法是:将200ml的被测油液放入特制的容器(恩氏黏度计)内,加热到温度t(℃)后,让它从容器底部一个直径$\varphi=2.8$mm的小孔中流出,测出液体全部流出所用的时间t_1;然后与流出同样体积的20℃的蒸馏水所需时间t_2相比,比值即为该油液在温度t的恩氏黏度,用°E_t表示。一般常以20℃、50℃和100℃作为测定液体黏度的标准温度,由此得到的恩氏黏度用°E_{20}、°E_{50}和°E_{100}标记。

液体的黏度是随液体的温度和压力的变化而变化的。液压油对温度的变化十分敏感,温度上升,黏度下降;温度下降,黏度上升。这主要是由于温度的升高会使油液中分子间的内聚力减小,降低了流动时液体分子间的内摩擦力。不同种类的液压油其黏度随温度变化的规律也不相同。通常用黏度指数度量黏度随温度变化的程度。液压油的黏度指数越高,它的黏度随温度的变化就越小,其黏温特性也越好,该液压油应用的温度范围也就越广。液压油随压力的变化相对较小。压力增大时,液体分子间的距离变小,黏度增大。但在低压系统中其变化量很小,可以忽略不计。但在高压时,液压油的黏性会急剧增大。

3. 压缩率和体积弹性模量

液体受压力的作用而发生体积变小的性质称为液体的可压缩性。在压力作用下液压油的体积变化用压缩率β表示,即单位压力变化下的体积相对变化量来表示。而油液的体积弹性模量K则是压缩率β的倒数。

一般情况下可以把液压油当成是不可压缩的。但在需要精密控制的高压系统中,油液的压缩率或体积弹性模量就不能忽略不计。由于压缩率随压力和温度而变,所以它对带有高压泵和马达的液压系统也有着重要的影响。另外在液压设备工作过程中,液压油中总会混进一些空气,由于空气具有很强的可压缩性,所以这些气泡的混入会使油液的压缩率大大提高,所以在进行液压系统设计时应考虑到这方面的因素。

温度对油液体积的影响一般也可以忽略不计,但对于体积很大的密闭液体,则应注意因温度升高而引起的膨胀,这种膨胀能产生很高的压力,往往会使液压系统的某些薄弱部位破裂,造成设备损坏或引发事故。

4. 其他性质

液压油除以上的几项主要性质外,还有比热容、润滑性、抗磨性、稳定性、挥发性、材料相容性、难燃性、消泡性等多项其他性质。这些性质对液压油的选择和使用都有着重要影响,其中大多数性质可以通过在油液中加入各种添加剂来获得,具体说明请参见相关资料或产品说明。

三、液压油的选择原则

正确合理地选择液压油是保证液压元件和液压系统正常运行的前提。合适的液压油不仅能适应液压系统各种环境条件和工作情况,而且对延长系统和元件的使用寿命、保证设备可靠运行、防止事故发生也有着重要作用。

选择液压油通常按以下三个基本步骤进行。

第一,列出液压系统对液压油(液)各方面性能的变化范围要求:黏度、密度、温度范围、压力范围、抗燃性、润滑性、可压缩性等。

第二,能够同时满足所有性能要求的液压油是不存在的,应尽可能选出接近要求的液压油品种。我们可以从液压件生产企业及其产品样本中获得工作介质的推荐资料。

第三,综合、权衡、调整各方面的要求参数,决定所采用的液压油类型。

对于各类液压油,需要考虑的因素很多,其中黏度是液压油的最重要的性能指标之一。它的选择合理与否对液压系统的运动平稳性、工作可靠性与灵敏性、系统效率、功率损耗、气蚀现象、温升和磨损等都有显著影响。

通常,液压油可以根据以下几方面进行选择。

1. 根据环境条件选用

选用液压油时应考虑液压系统使用的环境温度和环境恶劣程度。矿物油的黏度由于受温度的影响变化很大,为保证在工作温度时有较适宜的黏度,必须考虑周围环境温度的影响。当温度高时,宜选用黏度较高的油液;周围环境温度低时,宜选用黏度低的油液。对于恶劣环境(潮湿、野外、温差大)就应对液压油的防锈性、抗乳化性及黏度指数重点考虑。油液抗燃性、环境污染的要求、毒性和气味也是应考虑到的因素。

2. 根据工作压力选用

选择液压油时,应根据液压系统工作压力的大小选用。

通常,当工作压力较高时,宜选用黏度较高的油,以免系统泄漏过多、效率过低;工作压力较低时,可以用黏度较低的油,这样可以减少压力损失。凡在中、高压系统中使用的液压油还应具有良好的抗磨性。

3. 根据设备要求选用

1)根据液压泵的要求选择

液压油首先应满足液压泵的要求。液压泵是液压系统的重要元件,在系统中它的运动速度、压力和温升都较高,工作时间又长,因而对黏度要求较严格,所以选择黏度时应首先考虑到液压泵。否则会导致泵磨损加快、容积效率降低,甚至可能破坏泵的吸油条件。在一般情况下,可将液压泵要求液压油的黏度作为选择液压油的基准。液压泵所用金属材料对液压油的抗氧化性、抗磨性、水解安定性也有一定要求。

2)根据设备类型选择

精密机械设备与一般机械对液压油的黏度要求也是不同的。为了避免温度升高而引起机件变形、影响工作精度,精密机械宜采用较低黏度的液压油。如机床液压伺服系统,为保证伺服机构动作灵敏性,宜采用较低黏度的液压油。

3)根据液压系统中运动件的速度选择

当液压系统中工作部件的运动速度很高、油液的流速也高时,压力损失会随之增大,而液压油的泄漏量则相对减少,这种情况就应选用黏度较低的油液;反之,当工作部件的运动速度较低时,所需的油液的流量很小,这时泄漏量大,泄漏对系统的运动速度影响也较大,所以应选用黏度较高的油液。

4. 合理选用液压油品种

液压传动系统中可使用的油液品种很多,有机械油、变压器油、汽轮机油、通用液压油、低温液压油、抗燃液压油和耐磨液压油等。机械油是最常用的机械润滑油,过去在液压设备中被广泛使用,但由于其在化学稳定性(抗氧化性、抗剪切等)、黏温特性、抗乳化、抗泡沫性以及防锈性能等方面均较差,大多数情况下已无法满足液压设备的要求。变压器油和汽轮机油的某些性能指标较机械油有所提高,但从名称上看这些油主要是为适应变压器、汽轮机等设备的特殊需要而生产的,其性能并不符合液压传动用油的要求。

液压设备一般应选用通用液压油,如果环境温度较低或温度变化较大时,应选择黏温特性好的低温液压油;若环境温度较高且具有防火要求时,则应选择抗燃液压油;如设备长期在重载下工作,为减少磨损,可选用抗磨液压油。选择合适的液压油品种可以保证液压系统的正常工作,减少故障的发生,还可提高设备的使用寿命。

四、液压油的污染与控制

实践证明,液压系统工作性能的优劣,在很大程度上取决于液压油的选择、维护和管理。统计资料表明,液压系统的故障至少有 75% 以上是由液压油污染造成的。因此,为了确保液压系统工作的可靠性和经济效果,就必须严格控制油液污染。在国外,液压油的污染控制已成为一门新兴科学,在国内,液压油的污染已引起液压技术工作者的高度重视。下面着重介绍控制液压油污染的标准及检测方法。

1. 液压系统中液压油污染的原因与危害

1)污染的原因

(1)液压元件在装配、加工、存放和搬运过程中,砂粒、切屑、磨料、焊渣、锈片和灰尘等被带入,以及液压油本身所含的杂质。

(2)液压系统工作过程中,通过往复运动,活塞杆、注入系统中的油液,油箱中流通的空气,溅落或凝固的水滴,流回油箱中的漏油等,使尘埃侵入系统。

(3)工作过程中不断产生的金属和密封材料磨损颗粒、过滤材料脱落的颗粒和纤维、剥落的油漆碎渣等,进入液压油中。

(4)检修过程中带入的灰尘和棉绒等,也进入液压油中。

(5)油液变质后产生化学反应,使金属腐蚀:出现颗粒、锈片,使油液污染。

2)液压油污染后的危害

(1)污染物使节流缝隙、阻尼小孔面积减小甚至堵死,影响系统工作性能或产生故障。

(2)使液压元件磨损加剧,造成系统效率降低,元件寿命缩短。

(3)使运动密封件的磨损加快,提前损坏,密封失效。

(4)污物进入滑阀间隙,使滑阀卡住,导致执行机构动作失控或产生故障。

(5)污物若将过滤器堵塞,导致液压泵吸油困难,回油不畅,产生气蚀、振动和噪声;严重堵塞时,往往会因压力降得过大而将滤网击穿,完全丧失过滤能力,造成污物随着液压油在系统内恶性循环。

2. 控制液压油污染的标准及检测方法

工作油液的污染程度及能否继续使用,必须有一个检测标准和实用的检测方法。

1)污染度检验标准

油液污染度是指单位容积油液中固体颗粒污物染的含量,污染物的含量可以用重量或颗粒数表示。

为了描述和评定液压系统油液污染的程度,实施对液压系统的污染控制,制定出了液压系统油液污染度的等级,下面介绍目前仍被大多数国家采用的美国 NAS1638 油液污染度等级和我国参照国际标准 ISO 406 制订的污染度等级国家标准。

(1)美国 NAS1638 污染度等级。NAS1638 是由美国国家宇航学会 1964 年提出的。它以颗粒浓度为基础,按照 100ml 油液中在给定的 5 个颗尺寸区间内的最大允许颗粒数。划分为 14 个污染度等级,见《液压工程手册》表 14. 2-3。最清洁的等级为 00 级,污染度最高的为 12 级。

(2)我国污染度等级国家标准。我国制定的油液污染度等级标准等效采用国际标准 ISO4406。这个污染度等级标准用两个代号表示油液的污染度等级。前面的代号表示每 lml 油液中大于 5μm 颗粒数的等级,后面的代号表示每 1ml 油液中大于 15μm 颗粒数的等级,两个代号之间用一斜线分隔。例如,污染度等级 20/17。

我国规定的污染度等级标准,见《液压工程手册》表 14. 2-4。总共有 31 个污染度等级代号,颗粒浓度愈高,代号愈大。由表可知,污染度等级 20/17 表示每 1ml 油液中大于 5μm 的颗粒数在 5 000 ~ 10 000 范围。大于 15μm 的颗粒数在 640 ~ 1 300 范围。

经验表明,5μm 左右的颗粒对液压控制阀间隙淤积堵塞的危害作用较大,而尺寸大于 15μm 的颗粒对元件的磨损作用显著增大。这个等级标准用两个代号简明而恰当地反映了油液的污染度,而且等级范围较宽,因而已获得普遍采用。

2)液压油的更换

液压油更换基准,随使用条件而确定。由于液压油的变质和污染度对液压装置的影响不能用数值来表示,所以通常都凭经验来判断。一般都在达一定的使用时间后才进行性能的检查。一般液压油的劣化基准、各种液压装置中液压油污染度的判断基准和液压油含水量的允许界限,如《液压工程手册》中表 24. 3 ~4 ~ 表 24. 3 ~6 所示。

3)油液污染的检测方法

油液污染的检验方法有:目测、比色检测、秤重法检测和颗粒计数法等。

(1)目测检测法。现场维护多采用目测法。所谓目测,就是用眼看油颜色是否混浊,用鼻闻气味是否难闻等来判断。通常的判断方法有以下几种(表 8-2):

油液污染程度的判断与处理措施 表 8-2

外观颜色	气味	状态	处理措施
颜色透明无变化	正常	正常	照常使用
透明,但颜色变淡	正常	混入别种油液	检查黏度,若符合要求,可继续使用
变成乳白色	正常	混入空气和水	分离掉水分,或全换油液
变成黑褐色	有臭味	氧化变质	全部换油
透明而有小黑点	正常	混入杂质	过滤后使用或换油
透明而闪光	正常	混入金属粉末	过滤或换油

①与新油对比,看颜色是否有差别,有无水分及沉淀物等。

②摇动后,比较泡沫的消失程度。

③是否有刺鼻的恶臭。

④将检测的油液滴一滴于赤热的铁板上,如有“哧哧”声,说明油中含有一定的水分。

(2)秤重法检测。秤重法是测定油液单位容积中所含颗粒料污染物的重量,测定值一般用 mg/l 表示,也可以用 100ml 作为单位容积。

目前普遍采用国际标准 ISO 440 秤重法。图 8-1 为秤重法采用的滤膜过滤装置。其测定方法是:取两片直径 47mm,孔径 0.8μm 的微孔滤膜,烘干后分别用精密天平秤重。将这两个滤膜上下重叠并夹紧在滤膜夹持器内,用真空吸滤瓶过滤 100ml 样液,将样液中的颗粒污染物全部收集在上膜的表面,然后将两片滤膜烘干,并分别秤重。样液中颗粒污染物的重量浓度计算式为

$$w = \frac{(M_E - m_E) - (M_T - m_T)}{V} \times 1\,000 \quad (\text{mg/l})$$

式中:M_E——上膜过滤样液后的重量,mg;

m_E——上膜过滤样液前的重量,mg;

M_T——下膜过滤样液后的重量,mg;

m_T——下膜过滤样液前的重量,mg;

V——样液容积,ml。

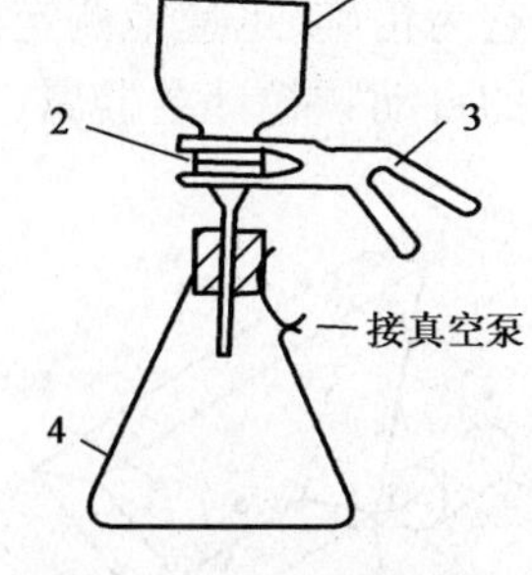

图 8-1 微孔滤膜过滤装置

1-漏斗;2-滤膜夹持器;3-夹子;4-真空吸滤瓶

注意:秤重时天平读数应精确到 0.05mg。

(3)颗粒计数法检测。颗粒计数法是测定样液单位容积中各种尺寸范围颗粒污染物的颗粒数(即颗粒浓度)。表示方法有区间颗粒浓度和累计颗粒浓度两种。区间颗粒浓度是指单位容积油液中含有某给定尺寸区间内的颗粒数。例如,1ml 样液中 5~10μm,10~20μm 等尺寸区间的颗粒数。累计颗粒浓度是指单位容积的油液中含有大于某给定尺寸的颗粒数。例如,1ml 样液中大于 10μm,20μm 等尺寸范围的颗粒数。颗粒计数方法和仪器装置如《液压工程手册》中表 14-2-1 所示。

下面介绍目前普遍采用的两种颗粒计数的检测方法:

①显微镜法。这种方法需要用图 8-1 所示的微孔滤膜过滤装置。通过该装置过滤一定容积的样液,将样液中的颗粒污染物全部收集在微孔滤膜表面。滤膜经过固定处理后制成样片,然后在显微镜下观察并进行计数。滤膜直径为 47mm,滤膜的孔径为 0.8μm,样液的容积一般为 100ml。

为了便于计数,微孔滤膜上印有方格线条。方格每边长 3.08mm,滤膜的有效过滤面积约等于 100 个方格的面积。

在显微镜的目镜内装有测微标尺,用它测定颗粒的尺寸。利用测微标尺可将各面积划为更小的单元面积(约为方格面积的 1/6)和亚单元面积(约为方格面积的 1/20)。根据样液污染程度,选定若干个方格面积,或单元、亚单元面积进行颗粒计数,并用统计法计算整个过滤面积内的颗粒数。

颗粒计数的尺寸范围和选用的放大倍数如下：

尺寸范围(μm)	放大倍数
>5～15	200～400
>15～25	160～200
>25～50	100～200
>50～100	100
>100	100

光学显微镜法所需的仪器设备比较简单，可以直接观察到污染物的大小和形状。其缺点是计数所需的时间长，计数的准确性决定于操作人员的技能。

②自动颗粒计数器法。该法在油液污染度分析中已获得广泛的应用。

它为精确、迅速地测定油液中的颗粒污染度提供了先进的手段。目前用于液压系统污染分析的自动颗粒计数器属于遮光型。

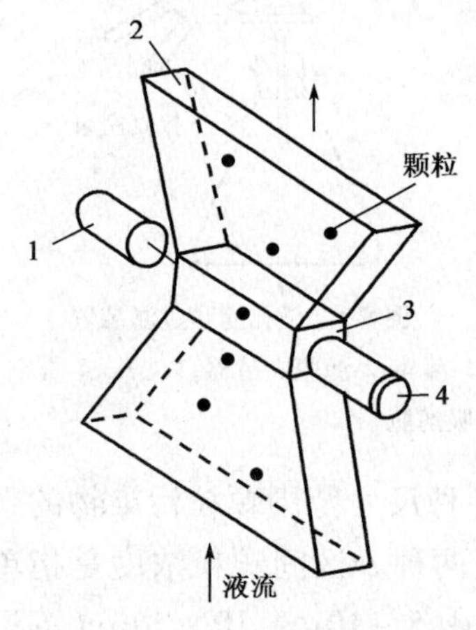

图 8-2 遮光型传感器原理图
1-光源；2-液流通道；3-窗口；4-光电二极管

图 8-2 为遮光型传感器原理图。传感器由光源、透光材料制作的液流通道和光电检测元件组成。从光源 1 发射的平行光束透过传感器液流通道 2 的窗口 3，射向光电二极管 4。光电二极管 4 的输出经前置放大器传输到计数装置。被测试的样液垂直于光束流径窗口。当传感区内的油液没有颗粒污染物时，前置放大器的输出电压为一定值；当有污染颗粒通过传感区时，部分发射光被它遮挡，此时光电二极管接收的光强减弱，此时输出产生一个脉冲。由于被遮挡的光量与颗粒的投影面积成比例，因而输出电压脉冲的幅值直接反映出颗粒尺寸的大小。将输出电压脉冲幅值与预先调定的计数器阀值电压相比较：若脉冲幅值大于阀值电压，计数器即计数，传感器在输出同时输送若干个(如 6 个或 12 个)阀电路。按照所要测定的颗粒尺寸预先调定各个电路的闭值电压，这样就可以测出各处尺寸的颗粒数。电压脉冲幅值可用下式表示

$$E_0 = \frac{a}{A}E_b \tag{8-2}$$

式中：E_0——由颗粒产生的电压脉冲幅值；

a——颗粒的最大投影面积；

A——传感器光束通过的窗口面积；

E_b——无颗粒通过传感器窗口时前置放大器的输出电压。

目前使用的遮光型自动颗粒计数器主要是美国太平洋科学仪器公司生产 HIAC/ROYCO 的系列产品。

3. 液压油污染的质量控制

液压油污染控制的目的，是把油液中的污染控制到最小程度。控制液压油污染的主要途径是：

1)减少潜伏的污物

(1)严格检验元件(特别是外购件)的污染。要向外购元件厂方提出严格要求。运输和保管元件时,所有油口都要加盖密封,防止污染物侵入。

(2)装配前(不论是新装还是检修后重装),所有元件和辅件都必须认真清洗,清洗完毕后用塑料塞子封闭所有的油口。

(3)加强油液的管理。油液进厂后须取样检验,检验合格后再过滤才能注入储油罐。要密封保管,防止油液氧化变质,并定期取样抽查。

2)防止污染物的侵入

防止污染物的侵入,主要从装配和使用两方面控制。

(1)防止环境污染。有条件的装配车间最好能充压,使室内压力高于室外,阻止灰尘进入车间。

(2)采用“湿加工、干装配”的方法。在所有加工工序中,液压零件用润滑剂或清洗液清洗,然后用干燥的压缩空气吹干,再进行装配。

(3)露天作业的液压系统,应防止雨水进入系统。

(4)油箱体与油箱盖交接处应防止漏水。

(5)液压系统主回油油管、溢流阀回油管应放置在油面以下,以免油管回油冲击,使油液产生扰动和飞溅,将空气带入系统。

(6)液压元件须进行台架试验,需要加载、高压跑合和清洗。

此外,还得注意装配用具及加油容器、滤阀等的清洗,防止其将污物带入系统。

3)防止新生的污物

液压系统中新生的污物,主要有摩擦副磨损的金属颗粒、系统中的锈蚀、油漆的剥落和高温下油的变质等。为此应选择适当过滤精度滤油器(一般过滤器精度应与系统中关键元件的精度相适应)。工程机械液压系统中元件的过滤精度要求如表8-3所示。

工程机械液压系统中元件的过滤精度 表8-3

液压元件	过滤精度(μm)	液压元件	过滤精度(μm)
齿轮泵与齿轮马达	50	液压阀(一般的)	30
叶片泵与叶片马达	30	伺服阀	3~10
柱塞泵与柱塞马达	20	滑动元件	小于工作间数
油缸	50		

第三节 液压元件的选择原则

一、液压元件的选择原则

1.液压泵的选择

先根据主机工况、功率大小和系统对工作性能的要求确定液压泵的类型,然后按系统所要求的压力、流量大小、转速、效率和安装方式要求确定其规格型号。

2. 液压油缸的选择

首先对整个液压系统进行工况分析,选定工作压力,确定液压缸的结构形式(安装形式);然后按照负载情况、运动要求、最大行程以及工作压力决定液压缸的主要尺寸和结构形式。

3. 液压马达的选择

选择液压马达要根据转速范围,额定压力值,额定转矩,机械效率,外形尺寸及安装方式来决定。

4. 阀类元件的选择

阀类元件的选择是根据阀的最大工作压力和流经阀的最大流量来选择控制阀的规格,即所选用的阀类元件的额定压力和额定流量要大于系统的最高工作压力及实际通过阀的最大流量。选择依据为额定压力、最大流量、操作方式、安装形式、压力损失数值、工作性能参数和工作寿命等。

选择阀类元件应注意的问题:

(1)应尽量选用标准定型产品,除非不得已时才自行设计专用件。

(2)阀类元件的规格主要根据流经该阀油液的最大压力和最大流量选取。选择溢流阀时,应按液压泵的最大流量选取;选择节流阀和调速阀时,应考虑其最小稳定流量满足机器低速性能的要求。

(3)一般选择控制阀的额定流量应比系统管路实际通过的流量大一些,必要时,允许通过阀的最大流量超过其额定流量的20%。

5. 油管类型的选择

液压系统中使用的油管分硬管和软管,选择的油管应有足够的通流截面和承压能力,同时,应尽量缩短管路,避免急转弯和截面突变。常用液压管有钢管、铜管、软管,根据计算出的油管内径和壁厚,查手册选取适合系统的标准规格油管。

(1)钢管:中高压系统选用无缝钢管,低压系统也可选用焊接钢管,钢管价格低,性能好,使用广泛。

(2)铜管:紫铜管工作压力较低,易弯曲,便于装配;黄铜管承受压力较高,达25MPa,不如紫铜管易弯曲。铜管价格高,抗振能力弱,易使油液氧化,应尽量少用,只用于液压装置配接不方便的部位。

(3)软管:用于两个相对运动件之间的连接。高压橡胶软管中夹有钢丝编织物;低压橡胶软管中夹有棉线或麻线编织物;尼龙管是乳白色半透明管,承压能力为2.5~8MPa,多用于低压管道。因软管弹性变形大,容易引起运动部件爬行,所以软管不宜装在液压缸和调速阀之间。

6. 油箱的选择

油箱的作用是储油,散发油的热量,沉淀油中杂质,逸出油中的气体。选择油箱时必须满足:

(1)油箱应有足够的容积以满足散热,同时其容积应保证系统中油液全部流回油箱时不渗出,油液液面不应超过油箱高度的80%。

(2)吸油管和回油管的间距应足够大。

(3)油箱底部应有适当斜度,泄油口置于最低处,以便排油。

7.滤油器的选择

选择滤油器的依据有以下几点:

(1)承载能力:按系统管路工作压力确定。

(2)过滤精度:按被保护元件的精度要求确定,选择时可参阅相关手册。

(3)通流能力:按通过最大流量确定。

(4)阻力压降:应满足过滤材料强度与系数要求。

二、液压元件的质量控制

液压系统能否长期、可靠地工作,在很大程度上取决于所选用的液压元件的质量。任何一个液压元件的失灵或误动作,均能使整台设备动作紊乱。因此,必须对液压元件进行严格的技术性能鉴定与质量检查。液压元件的质量检查,主要是检查质量的稳定性,也就是检查批量产品基本性能和耐久性。凡属下列情况之一者,必须进行质检:

第一,工厂自身或质量监督单位、主管部门定期考核产品质量稳定性情况时。

第二,用户反映产品质量明显下降或要求进行该产品试验。

检查与试验液压元件质量的依据,是液压元件验收标准。现行的液压元件试验标准如《液压工程手册》中表22.1-2所示。

根据试验结果,对照有关的产品性能指标和该产品质量分等规定,《液压工程手册》表22.1-8,对产品质量进行判定。

1.液压泵的验收与试验方法

液压泵的试验回路如图8-3所示。

试验前先进行跑合,即在额定转速下,以空载压力开始,逐渐加载,分级跑合。跑合时间根据压力分级需要决定。但其额定压力下,运转时间不得少于2min。

1)排量及效率检查

排量检查是在最大排量、空载压力下,测定公称转速的排量。要求空载排量应在公称排量的95%~110%范围内。

效率检查,是在额定工况下测定容积效率和总效率。要求容积效率η_v和总效率η应符合有关质量分级规定。

液压泵的容积效率可按下式计算:

$$\eta_v = \frac{Q_n}{Q_0} \times 100\% \tag{8-3}$$

式中:Q_n——液压泵在最大排量、公称转速和额定压力下所排出的流量,m^3/s;

Q_0——液压泵在最大排量、空载压力下排出的流量,m^3/s。

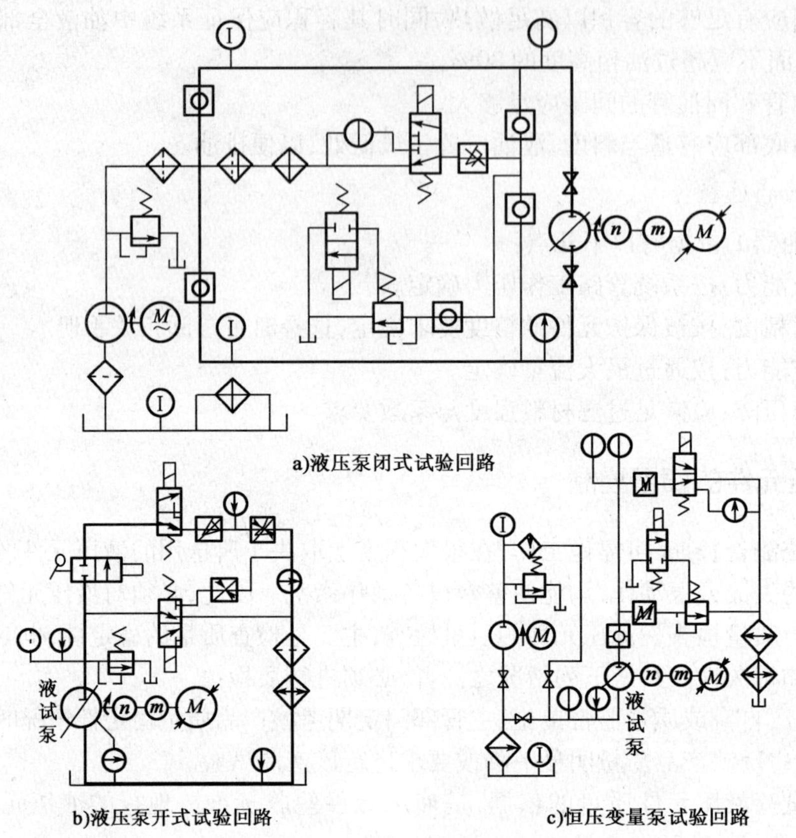

图 8-3　液压泵试验回路

测定液压泵总效率方法是：

(1)测定液压泵的额定压力和该额定压力下的流量，计算液压泵的输出功率。

液压泵输出总功率计算式为：

$$N_{输出} = P_{额} \times Q_{额} / 1\,000 \tag{8-4}$$

式中：$N_{输出}$——液压泵输出功率，kW；

$P_{额}$——液压泵的额定压力，Pa；

$Q_{额}$——相应于额定压力时液压泵的流量，m^3/s。

(2)再测液压泵输出功率为$N_{输出}$时，液压泵的输入功率$N_{输入}$。方法是从安装在电机轴与泵轴之间的扭矩仪读出扭矩值，再按下式求出转速。

$$N_{输入} = M \times \frac{2\pi n}{1\,000} \tag{8-5}$$

式中：$N_{输入}$——输入液压泵的功率，kW；

M——扭矩值，N·m；

n——液压泵转速，r/s。

液压泵的总效率为：

$$\eta = \frac{N_{输出}}{N_{输入}} \times 100\% \tag{8-6}$$

2）冲击试验

(1)定量和手动变量泵。在公称转速下，作冲击耐久性试验。要求冲击频率为 10～30 次/min。在额定压力(P_n)下保压时间应大于 1/3 周期(T)。卸载压力应低于额定压力的 10%。

(2)恒功率变量泵。在 40% P_n 恒功率特性和公称转速下，作冲击耐久性试验，要求冲击频率为 10～30 次/min。在额定压力(P_n)下，保压时间应大于 1/3T，卸载压力应低于额定压力 10%。

(3)恒压变量泵。在公称转速、额定压力下，流量在 10% Q_n～80% Q_n 范围，连续进行恒压段冲击(阶跃)循环试验。

(4)手动伺服变量泵。在公称转速、额定压力下，流量在 Q_{max}～$-Q_{max}$ 范围循环试验。循环频率 5～15 次/min。

冲击试验后应达到的要求：

第一，对(1)、(2)、(3)项连续试验 10 万次以上应无异常现象；试验完毕后检测进口温度为 50±2℃时，额定工况下 η_v，记录冲击循环波形。

第二，对第(4)项除了连续循环 5 万次外，其他要求同(1)。

3）连续超载试验

在最大排量、公称转速下，以最高压力或 125% 额定压力(选择其中高者)作连续运转试验。试验时的进口油温为 30～60℃。要求连续运转 100h 以上无异常现象。

4）连续满载试验

在公称转速、额定压力下，作耐久性连续试验。试验时的进口油温 30～60℃。要求连续运转试验 500h 以上无异常现象。

5）效率检查

完成上述规定项目后，在进口油温 50±2℃条件下，测量额定工况容积效率和总效率。要求额定工况容积效率低于《液压工程手册》表 2.1－8 中规定的有关质量分级规定值允许，压降不大于 3%。

6）变量特性检查

变量特性检查只针对 CY 型斜盘式轴向柱塞泵。

(1)恒功率变量泵

①最低压力转换点的测定。变量特性的检查，松开恒功率变量泵的限位螺钉，将弹簧套调到最上位置，测出最低压力转换点。

②最高压力转换点的测定。松开恒功率变量泵的限位螺钉，调节弹簧套向下压紧弹簧，测出泵的流量转换压力。

③关闭排量检查压力稳定性。不使用限位螺钉，将试验回路中的加载阀关闭(不产生溢流)，调节弹簧套使压力上升至 31.5MPa，保压 3min，观察压力波动大小。

④关闭排量冲击试验。在上述③的工况下，由空载压力上升至 31.5MPa，冲击 10 次。

对上述 4 种测定的要求是：最低压力转换点应在 4～6.5MPa 范围内，最高压力转换点不低于12MPa;压力波动不大于±10%,不允许产生周期振动现象;冲击中漏损稳定,压力平稳,音响正常。

(2)恒压变量泵变量特性的测定

对恒压变量泵进行恒压静特性试验。在最大排量、公称转速下,将恒压泵恒压阀调整至用负载节流阀以不同的开口加载,测定压力31.5MPa时的恒压误差ΔP_n。

要求测定的结果是:

①恒压误差不大于1MPa。

②在压力31.5MPa关闭排量(无流量输出)时,不产生压力振荡现象。

7)外渗漏检查

在上述规定项目试验的过程中,同时检查密封部位的渗漏。要求固定密封处不得渗油,回转密封处不得渗漏成滴。

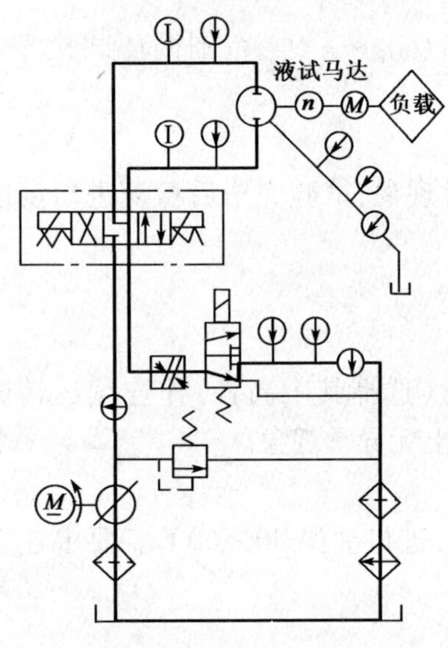

图8-4　液压马达试验回路

8)解体检查

解体后,主要零件不能有疲劳损坏,各摩擦副不得有烧伤、剥落划伤等现象。

这里应特别注意以下几点:

(1)液压泵的验收与试验方法,只限于轴向柱塞。齿轮式、叶片式液压泵的验收与试验方法,参照企业标准并结合上述内容制定。

(2)连续运转试验时间或冲击次数,是指扣除与试验无关的故障时间或次数后的累积值。

(3)序号3)和序号4)可任选一项。

2. 低速大扭矩液压马达的验收与试验方法

液压马达试验回路如图8-4所示。试验以径向柱塞马达为例。

试验前先跑合。跑合要求在额定转速工况下,从空载压力开始,逐渐加载,分级跑合,并根据需要决定跑合时间与压力分级等。额定压力下的试验运转时间不得少于2min。

1)排量检查及效率检查

(1)在最大排量、空载压力下,测定额定转速的排量。要求空载排量应在公称排量的95%~100%范围内。

(2)在额定工况下,测定容积效率和总效率。要求容积效率η_v和效率η_1应符合有关质量分等规定。

液压马达的容积效率按下式计算:

$$\eta_v = \frac{\dfrac{Q_0}{n_0}}{\dfrac{Q_n}{N_n}} \times 100\% \tag{8-7}$$

式中：Q_0——空载压力时的输入流量，m^3/s；

Q_n——额定压力时的输入流量，m^3/s；

n_0——空载压力时的转速，r/s；

n_n——额定压力时的转速，r/s。

液压马达的总效率按下式计算：

$$\eta_t = \frac{2\pi n T_2}{P_n \times Q_n - P_0 Q_0} \times 100\% \tag{8-8}$$

式中：n——输出转速，r/s；

T_2——输出扭矩，N·m；

P_n——输入的额定压力，Pa；

Q_n——输入的额定压力工况下的输入流量，m^3/s；

P_0——额定工况下的输出压力，即背压，Pa；

Q_0——额定工况下的输出流量，m^3/s。

2）起动扭矩试验

用恒扭矩起动或恒压力起动方法，在最大排量工况下，以不同恒定扭矩或恒定压力值，分别测定马达输出轴不同相位角，以及正、反方向在常用范围内的起动压力和起动扭矩。要求正、反转向在额定扭矩下的最小起动效率应符合有关质量分等规定。

液压马达在额定扭矩下的最小起动效率可按下式计算：

$$\eta_{n,\min} = \frac{\Delta P_{I,mi}}{\Delta P_{e,\max}} \times 100\% \tag{8-9}$$

式中：$\Delta P_{I,mi} = \frac{2\pi}{q} \times T_e$，Pa，其中 T_e 为施加的额定扭矩，N·m；q 为公称排量，m^3/r；

$\Delta P_{e,\max}$——对应于给定的额定扭矩值所测得的最大压差，Pa。

3）低速性能试验

在最大排量、额定压力、规定背压条件下，以逐渐降速和升速的方法，分别重复测量正、反转向不爬行的最低稳定转速。

按上述方法测量额定压力的80%时的最低稳定转速。

要求：①各试验压力点在正、反转向各试5次以上；②额定压力时的最低稳定转速应符合有关质量分等规定。

4）连续换向试验

在额定工况下，以5次/min（一个往复为一次）以上的频率作正、反转换向试验。试验时的进口油温为30～60℃。

要求：①连续运转试验10万次以上无异常现象。②试毕后检测进口油温在50±2℃条件下，额定工况的η_v。

单向运转马达允许以频率为10～30次/min的冲击试验代替，冲击过程中额定压力的保压时间应大于1/3周期（T），连续冲击20万次以上。

5）连续超载试验

在最大排量、额定转速工况下，以最高压力或额定压力的125%（选择其中高者）作连续运转试验。试验时的进口油温 30 ~ 60℃。连续运转过程中,定期测量容积效率(或者外泄漏)、进口温度及马达外壳最高温度等。

要求:①连续运转 100h(双向马达可正、反转 50h)以上;②试毕后检测进口油温在 50 ± 2℃条件下,额定工况的 η_v。

6)连续满载试验

在额定工况下作连续运转试验。试验时进口油温为 30 ~ 60℃。

连续运转过程中,定期测量容积效率(或外泄漏)、进口温度、马达外壳最高温度等。

要求:①连续运转 500h(双向马达可正、反转各 250h)以上;②试毕后检测进口油温在 50 ± 2℃条件下,额定工况的 η_v。

7)效率检查试验

在完成上述规定项目试验后,测量额定工况的容积效率和总效率。要求额定工况下的 η_v,比有关质量分等规定值允许下降不大于 2%。

8)外渗漏检查

在上述规定项目试验过程中,检查固定密封和回转密封部位的渗漏情况,要求不得有外渗漏现象。

9)解体检查

解体检查,零件没有不正常磨损或疲劳损坏等。另外,对试验前、后主要摩擦副的几何尺寸等实测数据进行对比。

这里要特别说明以下几点:

①序号 4)、5)、6)的试验顺序可由试验单位决定。

②序号 4)、5)、6)试验时间或次数,是指扣除与被试马达无关的故障时间或次数后的累积值。

③序号 5)或序号 6)两者中任选一项做试验。

3. 液压缸的验收试验方法

液压缸的验收回路如图 8-5 所示。以双作用液压缸为例。试验前先进行试运转。要求被试液压缸在空载工况下全行程往复动作 5 次以上,运转应正常。

1)耐压强度试验

将被试缸活塞停留在行程两端不接触缸盖处,使试验腔压力为额定压力的 1.5 倍(额定压力≤16MPa 时)或 1.25 倍(当额定压力 >16MPa 时),保压 5min。要求全部零件不得有破坏或永久变形等异常现象。

2)最低起动压力检查

在空载工况下向被试缸无杆腔通入液压油,逐渐升压,记录活塞杆起动时最低起动压力。要求最低起动压力符合有关分等规定。

3)内漏检查

将被试缸的活塞分别固定在行程的两端,使被试缸试验腔压力为额定压力,测量另一腔出油口处泄漏量。

要求内泄漏量符合有关质量分等规定。

4）外泄漏检查

在满载工况下，全行程换向 20 次以上，观察活塞杆及结合面渗油情况。要求不得渗漏。

5）全行程检查

使被试缸活塞分别停留在行程两端位置，测量全行程长度。要求其值应符合设计要求。

6）耐久性试验

在满载工况下，使被试缸活塞以不低于 100mm/s 的速度和不小于全行程 90% 的行程连续运转 6h 以上，即累计往复运转 1 万次。要求外渗漏不成滴状。

7）解体检查

解体后检查，要求全部零件不得有损坏和异常现象。

4. 液压阀的验收与试验方法

1）溢流阀的验收与试验方法

溢流阀的试验回路如图 8-6 所示。

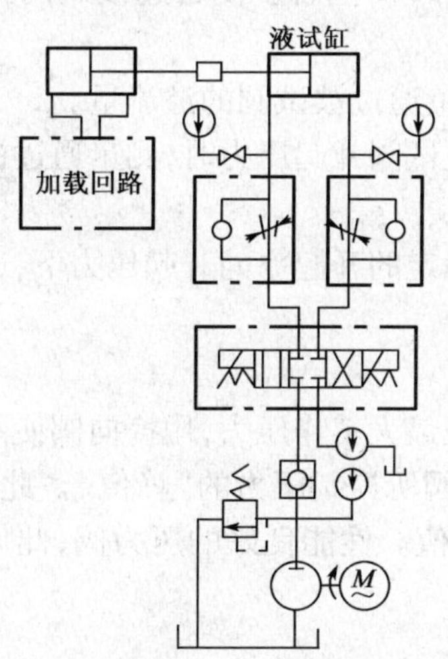

图 8-5　液压缸试验回路

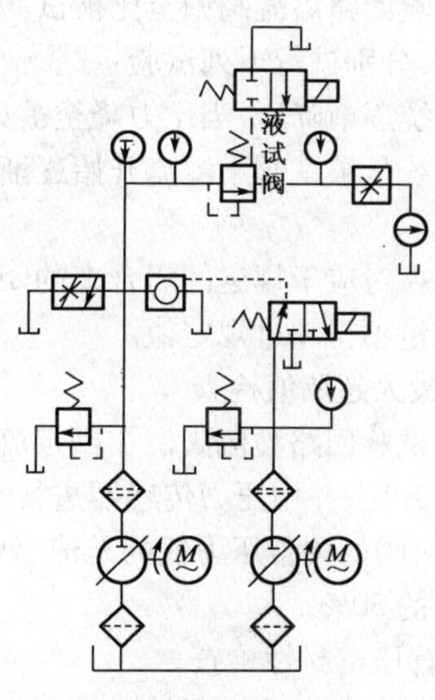

图 8-6　溢流阀试验回路

（1）调压范围及压力稳定性检查

将试验回路溢流阀调至比被试阀的调压范围上限高 15% 左右，使通过被试阀的流量为额定流量，然后分别进行下列试验：

①将被试阀的调压手轮从全松至全紧，再从全紧至全松，观察进口压力上升与下降情况，并测量调压范围，反复试验不少于 3 次。

②调节被试阀至调压范围最高值，测量压力振摆。

③调节被试阀至调压范围最高值，测量 1min 内的压力偏移。

要求：压力表指针应平稳上升或下降，不得有异常噪声和振动等不正常现象，调压范围应符合规定；压力振摆、压力偏移不得超过规定值。

（2）内泄漏检查

调节回路溢流阀和被试阀，使被试阀为调压范围最高值，并使通过被试阀的流量为额定流量,再使系统压力降至为被试阀调压范围最高值的75%,30s后,在被试阀溢流口测量内泄漏量。要求内泄漏量不得超过规定值。

(3)卸荷压力检查(抽试)

对外控式溢流阀进行试验时,使通过被试阀的流量为额定流量,并使该阀卸荷,测定进口和出口压力,其差即为卸荷压力。

对电磁溢流阀进行试验时,使通过被试阀的流量为额定流量,电磁阀通电(或断电),被试阀卸荷,测定进出口压力差。

要求上述两种实验的卸荷压力不超过规定值。

(4)压力损失(抽试)

将被试阀的调压手轮至全松位置,使通过被试阀的流量为额定流量,测定进出口压力差值。要求压力损失不得超过规定值。

(5)起闭特性试验

将试验回路溢流阀调至比被试阀调压范围最高值高15%左右。使通过被试阀的流量为额定流量,分别进行下列试验:

①系统逐渐降压,当压力降至被试阀闭合压力时,测量通过被试阀的溢流量。

②系统从被试阀不溢流开始逐渐升压,当压力升至被试阀开起压力时,测量通过被试阀的溢流量。

要求在对应于规定的闭合率的闭合压力下,和对应规定的开起率的开起压力下,通过被试阀的溢流量不得超过规定值。

(6)最大超调值检查

关闭试验回路溢流阀。在额定流量时,调整被试阀至最大工作压力,用换向阀使系统卸荷后再突然升压,并用压力传感器进行动态测量,测出被试阀所控制压力的"峰值"。此"压力峰值"与溢流阀的调整压力值的差值,就是溢流的最大超调值。性能良好的压力阀,此值不超过额定压力的30%。

(7)背压密封性检查

使被试阀的溢流口保持0.5MPa的背压值,调节被试阀的调压手轮从全松至全紧,再从全紧至全松。在手轮全松位置检查被试阀调节螺钉处的外渗漏情况,观察3min,不得出现外渗漏现象。

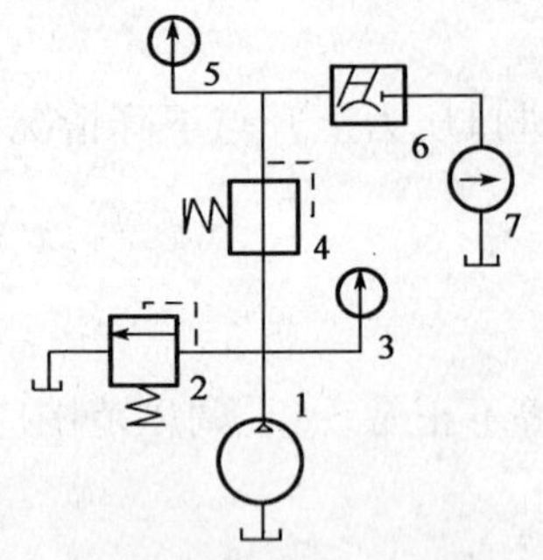

图8-7 减压阀的试验系统图

(8)寿命试验

调节被试阀至调压范围最高值,并使通过被试阀的流量为额定流量。以20~40次/min的频率连续操作电磁阀,记录被试阀的动作次数,达到寿命指标中规定的动作次数后,检查被试阀的主要零件。

要求:①动作次数应不低于规定值。②主要零件不能有损坏和异常磨损现象。③经寿命试验后的各项性能指标出厂试验中的数值不得比规定值超出10%。

2)减压阀的验收与试验方法

减压阀试验回路如图8-7所示。

(1)减压范围检查

调整溢流阀2,将压力上升至减压阀的额定压力。将调速阀6关死,调整减压阀4,此时压力表5指示的数值,即为减压阀4的调整压力。减压阀的压力调节范围应符合该阀规定。

(2)调节性能及噪声检查

在进行减压阀检查过程中,压力表5的指针应平稳地上升或下降。上升下降范围内,表指针不应有不规则的颤动,不应出现噪声。

(3)压力稳定性检查

将减压阀的压力分别调节到5×10^5Pa和额定压力,保持3min,其压力偏移、压力振摆不得超过规定值。该项检查应在零流量和额定流量两种情况下进行。

(4)进口压力变化时对出口压力值的影响检查

将减压阀出口压力调节到5×10^5Pa。用调速阀6将通过减压阀4的流量调节到额定流量,在整个减压范围内,通过减压阀中先导阀的流量不得超过规定值。

(5)密封、耐压强度检查

将调整阀关死,用溢流阀2将压力调至为减压阀额定压力的1.25倍,再调节减压阀使其出口压力为额定值,保持3min。要求各接合面和油塞等处不得漏油。调节溢流阀2,使压力升至额定压力的1.5倍,所有零件正常。

3)顺序阀的验收与试验方法

顺序阀实验的试验台系统与图8-6相同,仅将被试溢流阀换成待试的顺序图,并按自控式装配接入系统中。

(1)压力调整范围检查

调节试验回路溢流阀,使泵排出的油液压力为顺序阀的额定压力。调节调速阀,使通过顺序阀的流量为额定流量。调节顺序阀,检查顺序阀的调压范围是否在规定值内。

(2)压力调节性能检查

在调节顺序阀时,压力表3的指针应平稳地上升或下降,在整个调节范围内,压力脉动不得超过规定值。

(3)调整压力与关闭压力之差的检查

在通过顺序阀的流量为其额定流量的条件下,将顺序阀的压力调节到最大,调整压力,缓缓打开调速阀,测出顺序阀关闭时的压力。要求阀的最大调整压力与关闭压力之差不得超过规定值。

(4)泄漏检查

将顺序阀关死,用试验回路溢流阀将系统压力调节为额定值,测量顺序阀出口的流量(泄漏量)。泄漏量不得大于规定值。

(5)密封、耐压强度检查

将顺序阀的出口用油塞堵死。关死调速阀,用试验回路溢流阀将压力调节至额定压力的1.25倍,保持3min,要求阀的接合面、油塞等处不得漏油。当压力上升至额定压力的1.5倍时,阀内所有零件正常。

4)压力继电器验收与试验方法

压力继电器实验的试验台系统如图8-8所示。检查微动开关动作的电路,按图8-9接线。

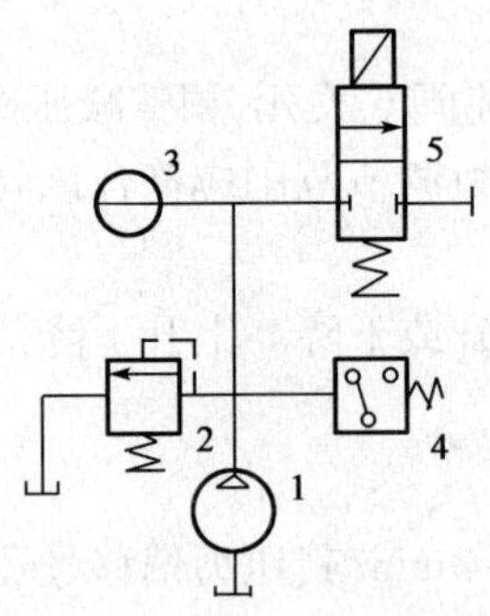

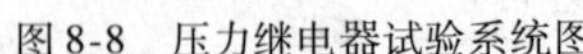
图 8-8　压力继电器试验系统图

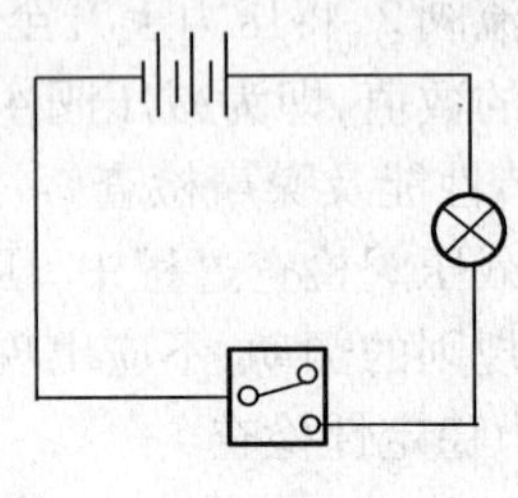
图 8-9　压力继电器接线系统图

(1)压力调整范围检查

将压力继电器的压力调节螺钉调松。调节溢流阀 2 使压力缓缓上升,直到与微动开关相接的电灯接通为止。这时测得的压力为最低调整压力,再将压力继电器的压力调节螺钉调紧,重复上述试验,测出最高调整压力。压力继电器的压力调整范围应包括继电器出厂时所标定的压力调整范围。

(2)动作的重复精度检查

调节压力继电器 4 的压力调节螺钉并用溢流阀 2 调节压力,使压力继电器动作压力为某一值(可在压力继电器的压力调整范围内适当取几个压力值),然后用溢流阀 2 降压,直至电灯熄灭,再缓缓上升,测出微动开关动作时的压力值。重复此项试验 10 次。其动作时的压力值与调节压力值的差不得大于 $\pm 1 \times 10^5$Pa。

(3)开闭区间检查

调节压力继电器 4 的压力调节螺钉与溢流阀 2,使其动作压力为最高调整压力,然后用溢流阀 2 缓缓降压,测出微动开关断电时的压力,两值之差值即为压力继电器的开闭区间。调整开闭区间调整螺钉,使最大差值不得小于 8×10^5MPa。

(4)动作时间的检查

调节压力继电器 4 的压力调节螺钉与溢流阀 2,使其动作压力为最高调整压力,然后用换向阀 5 使系统卸荷,再用换向阀使系统压力升高。从换向动作(使系统升压)至压力继电器动作将微动开关接通,这段时间称为压力继电器的动作时间。压力继电器的动作时间应能在 0.1 ~2s 范围内调节。

(5)密封、耐压强度检查

将试验系统的压力升高至额定压力的 1.25 倍,压力继电器的各接合面、油塞等处不得漏油。将系统中的压力升高到额定压力的 1.5 倍,压力继电器的各个零件工作正常。

5)节流阀的验收与试验方法

节流阀的试验系统图如图 8-10 所示。

(1)调节性能检查

用溢流阀 2 将系统压力调至额定压力。调节节流阀 4,所控制流量应平稳变化。

(2)泄漏检查

完全关闭节流阀 4,用溢流阀 2 将系统压力调至额定压力后,从第二分钟起测量节流阀出口的流量(泄漏量)。此泄漏量不得大于 $5cm^3/min$。

(3)流量调节范围检查

完全打开节流阀,用溢流阀 2 将系统压力调节为 3×10^5Pa。节流阀的通过量必须达到该阀的额定流量值。调节节流阀 4 和溢流阀 2,使节流阀的通过量为其标定的最小流量,系统中的压力为 3×10^5Pa 保持 1h。在此期间内,最小流量的变化率不得大于 ±5%。最小稳定流量允许抽检。

(4)密封、耐压强度检查

将节流阀 4 的出口用油塞堵死。全开节流阀,用溢流阀 2 将系统压力调至额定压力的 1.25 倍,保持 3min,各接合面、油塞等处不得漏油。将压力调至该阀额定压力的 1.5 倍,保持 3min,零件不得损坏。

6)调速阀的验收与试验方法

调速阀的试验系统图如图 8-11 所示。

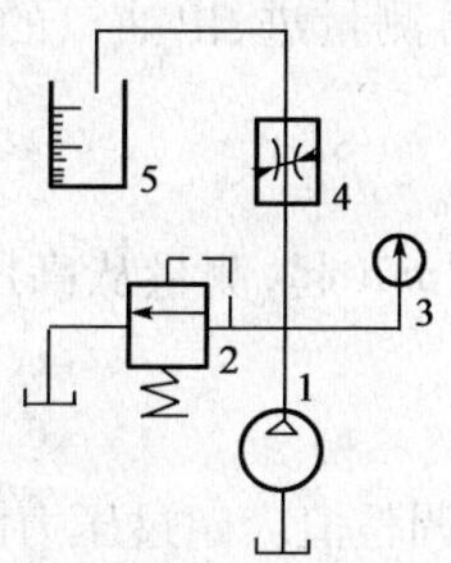

图 8-10 节流阀的试验系统图

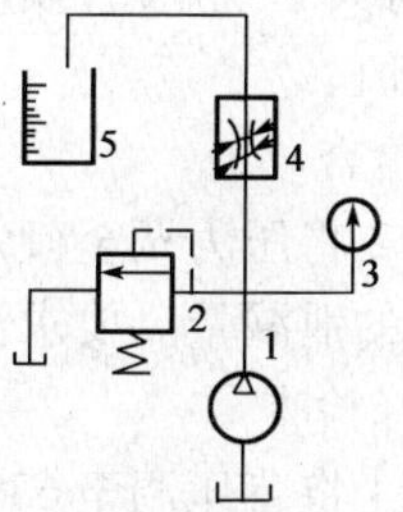

图 8-11 调速阀的试验系统图

(1)调节性能检查

用溢流阀 2 将压力调至该阀的额定压力值,再调节调速阀,所控制流量应平稳变化。

(2)泄漏检查

完全关闭调速阀 4,用溢流阀 2 将压力调至该阀的额定压力值。从第 2min 起,测量调速阀出口的流量(泄漏量)。要求泄漏量不得超过规定值。

(3)流量调节范围检查

用溢流阀 2 将系统压力调至 5×10^5Pa,全开调速阀 4,调速阀的通过量应达到该阀的额定流量值。调节调速阀 4,使之通过额定最小流量并保持 1h,在此时间内,流量变化率不得大于 ±5%。

(4)流量随压力变化的检查

用溢流阀 2 将系统压力调节为 5×10^5Pa。调节调速阀 4,使之通过流量为额定最小流量。再调节溢流阀 2,使系统压力升高至额定压力值,测量其流量,这时流量变化率不得大于 ±10%。

(5)流量随温度的变化检查

用溢流阀 2 将系统压力调至额定值,在油温为 20℃时,调节调速阀 4,使其通过流量为额定最小流量。升高油温,当油温为 60℃时测量流量。流量变化率不得大于 ±5%。此项试验允许抽检。

(6)密封、耐压强度检查

将调速阀的出口用油塞堵死,全开调速阀。用溢流阀 2 将系统压力调至额定压力的 1.25 倍,保持 3min。各接合面、油塞等处不得漏油。将压力升高到额定压力的 1.5 倍,阀的各零件应正常。

7)电磁换向阀的验收与试验方法

电磁换向阀的试验系统如图 8-12 所示。

(1)换向性能检查

将调速阀 3 关闭,溢流阀 2 调松,反复换向 10 次,出油口的油流方向应与阀的机能符合,阀的动作应灵活,无卡死现象。然后将出油口堵死,用溢流阀 2 将压力调至阀的额定值,反复换向 10 次,动作应正常。

(2)压力损失检查

用调速阀 3 调节通过换向阀 7 的流量。当换向阀 7 通过额定流量时,测量进、出油口的压力差,此值不得大于规定值;换向后阀处于另一工作位置时,再测量进、出油口的压力差,此值不得大于规定值。

(3)泄漏检查

用溢流阀 2 将压力调至额定值,从换向动作结束后的第 2min 起,测量从高压腔经滑阀副间隙向回油腔的泄漏量。要求泄漏量不得大于规定值。

(4)电压降检查

用压力阀 4 将背压调至 63×10^{5}Pa(此时溢流阀 2 的压力调整值应超过压力阀 4 的压力调整值),反复换向 10 次,换向阀动作平稳、正常,无卡死与迟滞现象,保持 5min。换向阀电磁铁的电压下降至额定电压的 85%,再换向 10 次。动作应正常,电磁铁没有噪声。

(5)密封、耐压强度检查

用压力阀 4 将压力调至额定压力的 1.25 倍,保持 3min,各接合面处不得漏油。将压力升至额定压力的 1.5 倍,阀的各零件不得损坏。

8)液动换向阀的验收与试验方法

液动换向阀的试验系统如图 8-13 所示。

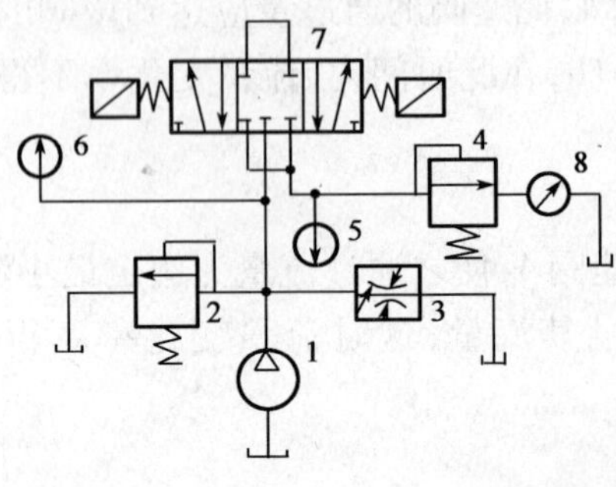

图 8-12 电磁换向阀的试验系统图

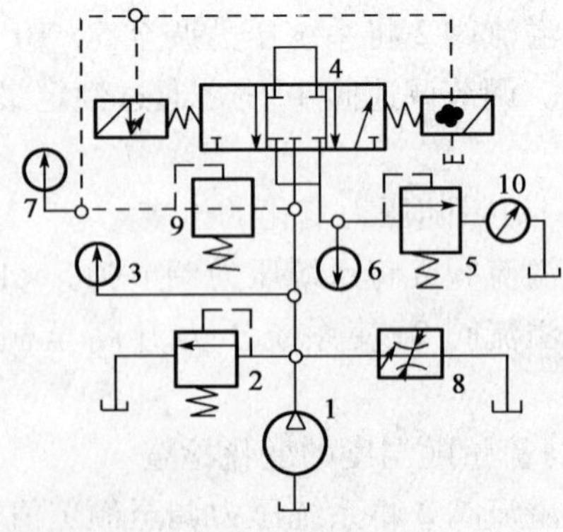

图 8-13 液动换向阀的试验系统图

(1)换向性能检查

当压力表 3 的读数高于 3×10^5Pa 时,反复换向 10 次。阀的动作应迅速、无卡死现象。出油口的油流方向应与阀的机能相符。再将换向阀 4 的出油口堵死。用溢流阀 2 将系统压力调至额定压力值,用减压阀 9 将压力表 7 所示的压力减压至 3×10^5Pa,反复换向 10 次动作仍应正常。

(2)压力损失检查

在换向阀 4 通过额定流量时,测量进、出油口的压力差,其值不得大于规定值。

(3)泄漏检查

用溢流阀 2 将系统压力调至额定压力值,从换向动作结束后的第二分钟起,测量从高压腔经滑阀到间隙向回油腔的泄漏量,其值不得大于规定值。

(4)背压试验

用溢流阀 2 将压力调至被试阀的额定压力值。用减压阀 9 调节压力表 7 所示的压力等于 $2\sim3\times10^5$Pa,反复换向 10 次,阀的动作应平稳、正常,无卡死、迟滞现象。

(5)密封、耐压强度检查

将溢流阀 5 关闭。用溢流阀 2 将压力调至额定压力的 1.25 倍,保持 3min,各接合面处不得泄漏。然后将压力降低后换向,再升至原压力值,各接合面亦不得漏油。再将压力升至额定压力的 1.5 倍,各零件应正常。

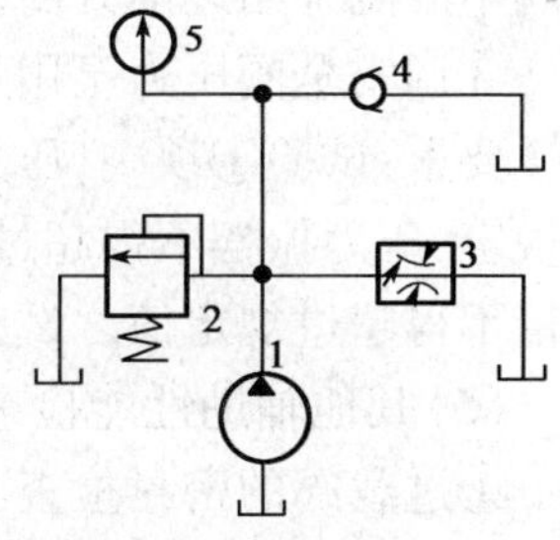

图 8-14　单向阀的试验系统图

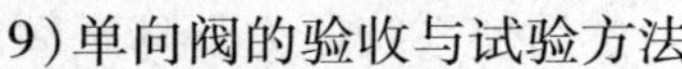

9)单向阀的验收与试验方法

单向阀的试验系统如图 8-14 所示。

(1)压力损失检查。当通过额定流量时,阀的压力损失不得大于规定值。

(2)反向泄漏检查。将单向阀反接,用溢流阀 2 将压力调至被试阀的额定值,这时不允许存在泄漏。

(3)密封、耐压强度检查。再将单向阀正装,出油口堵死,用溢流阀 2 将压力调至额定值的 1.25 倍,各接合面处不得漏油。将压力升至额定压力值的 1.5 倍,各零件正常。

10)多路换向阀的验收与试验方法

多路换向阀的试验回路如图 8-15 所示。

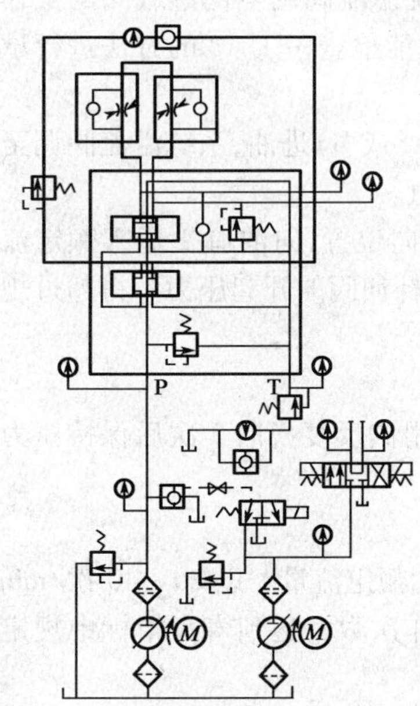

图 8-15　多路换向阀的试验回路

(1)油路形式与滑阀机能检查

观察被试阀各油口通油情况,检查油路形式与滑阀机能。要求油路形式与滑阀机能应符合设计要求。

(2)换向性能检查

将被试阀的安全阀关闭,使油口 P 的压力为被试阀的额定压力,使油口 P 无背压或为规定背压值,并使通过被试阀的流量为额定流量。操作被试阀各换向阀,连续动作 10 次以上,检查换向和复位情况。

要求:①手动多路阀手柄,操作应轻便灵活,无卡紧现象,定位准确可靠。②液动多路阀换向和复位迅速。③气动复位机构的复位压力应低于 0.5MPa。

(3)内泄漏检查

将被试阀的过载阀关闭,被试阀的阀芯处于中间位置,油口 A(或 B)进油并加压至额定压力,除 T 油口外,其余各油口堵住,在油口 T 测量泄漏量,要求内泄漏量不得超过规定值。

(4)安全阀性能检查

被试阀处于换向位置,油口 A、B 堵住,把试验回路溢流阀调至比安全阀额定压力高 15%,并使通过被试阀的流量为额定流量,分别进行下列试验:

①调压范围与压力稳定性试验。将安全阀的调节螺钉由全松至全紧,再由全紧至全松,反复试验 3 次,观察压力上升和下降情况。

②起闭特性试验。调节被试阀的安全阀至额定压力,并使通过安全阀的流量为额定流量,使系统压力逐渐降低,当压力降至规定的闭合压力时,在油口 T 测量溢流量,使系统压力从安全阀不溢流开始逐渐升高,当压力升至规定的开起压力时,在油口 T 测量溢流量。

③调安全阀压力至用户需要的调整压力,然后拧紧锁紧螺母。

要求:试验①项中,压力表指针应平稳上升和下降,不得有异常现象出现。调压范围应符合规定,压力振摆不得超过规定值;试验②项中,在规定的开起压力和闭合压力下,安全阀的溢流量不得超过规定值。试验③项中,定压准确。

(5)其他辅助性能检查

①过载阀的密封检查。将被试阀处于中间位置,从油口 A(或 B)进油,将过载阀调至额定压力,再使系统压力升高,并使通过过载阀的流量为公称流量。然后使系统压力下降至额定压力的 75%,30s 后在油口 T 测量内泄漏量。要求泄漏不得超过规定值。

②过载阀的其他性能检查。将被试阀的安全阀关闭,使系统溢流阀调至比过载阀的工作压高 15% 以上,并使通过过载阀的流量为额定流量,按安全阀性能检查中①、③的方法进行试验。其要求与安全阀性能检查中相同。

③补油阀的密封性检查。将被试阀处于中间位置,从油口 A(或 B)进油,系统溢流阀调至额定压力,在油口 T 测量内泄漏量。要求内泄漏不得超过规定值。

④补油阀和过载阀补油性能检查。滑阀处于中间位置或换向位置,向油口 T 通入额定流量,测量油口 T、A(或 B)的压力,得出开始补油时的压力。要求补油阀的开起压力不得超过规定值。

(6)背压试验

将滑阀处于中间位置,使被试阀油口 T 保持 2.5MPa 背压,滑阀反复换向 5 次后保持压力 3min,此时不得有外漏。

(7)耐久性试验

调节被试阀的安全阀至额定压力,并使通过被试阀的流量为额定流量。以 20 ~ 40 次/min 的频率使被试阀连续换向,记录被试阀的换向次数和安全阀动作次数。达到寿命指标中规定的动作次数后,检查被试阀的主要零件。

要求:①动作次数不得低于规定值。②主要零件不得有损坏和异常磨损现象。③内泄泄漏量增加值不得超过规定值的 10%,安全阀开起率不得低于 80%。

5. 液力元件的质量控制

液力元件是液力耦合器与液力变矩器的总称，它是液力传动的基本单元。

流动式港口装卸机械的运行机构多数用液力传动，因此液力元件质量直接关系到港口装卸机械的质量。液力元件的质量控制，主要依试验检查。

选择液力元件，除与发动机良好匹配外，还应重视检查液力元件与发动机的同心度。如果不同心度过大，应进行校正后再装配；否则，不正常载荷加在轴承上将促使承轴过早损坏。

液力元件试验的内容主要有：密封性能试验、振动、噪声测试、性能和可靠性的测试、油液污染度的检测等。试验方法有两种：实验室台架试验和实际作业情况下的随机试验。将试验结果进行分析比较，才能得出较完善的验证。液力元件的试验分为性能试验、可靠性试验、专项试验和出厂试验。为了确保液力元件的质量，使用部门只需进行出厂试验。下面分别阐述液力变矩器和液力耦合器质量的检验试验。

1）液力耦合器的检验试验

液力耦合器又称液力联轴器。在液力耦合器中，限矩型耦合器和调速型耦合器具有代表性，所以这里只阐述这两种液力耦合器的试验。试验用的工作液体以用 6 号、8 号液力传动油为好。它的代用品为 22 号汽轮机油。

（1）限矩型耦合器的检验试验

限矩型耦合器检验试验主要是进行密封与渗漏检查。检查轴面油封、法兰接合面，注油塞、易熔塞等处的密封。液力耦合器外壳 100℃油液温度下不得渗漏。

检查方法是：将安装在台架上限矩型耦合器的输出轴制动，开动电机，使输入功率在制动工况下全部转化成油液的热能，几分钟后油温可升至 100℃（以红外线测温仪、验温色笔或停机以点温计测量），去掉制动，使液力耦合器在 100℃油温（外壳温度比油温低 10℃左右）下以额定转速运转。同时用白纸板从侧面接近液力耦合器，承接可能渗漏飞溅的油星。停机后检查液力耦合器各处的密封情况和白纸上有无油液点痕，如有渗漏，该液力耦合器不能使用。

（2）调速型耦合器的检验试验

出口调节式调速型耦合器是调速型耦合器的典型性代表，其试验内容有振动检测、噪声检测、滑动轴承温度检测、供油泵流量检测、溢流阀压力调整、密封与渗漏检查，导管操作灵活性检验，过热试验和超速试验等项目。

为确保检测数值的可靠性，在各项试验项目进行的过程中（除过热试验外），均需保持油温在试验温度（65 ±5）℃范围内。

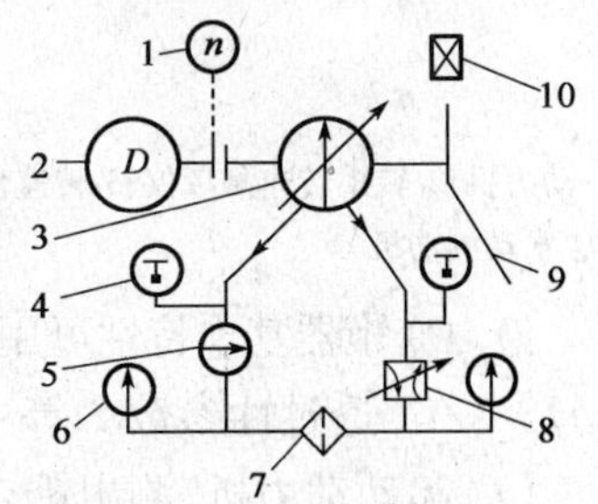

图 8-16　调速型耦合试验台

1-转速仪；2-电机；3-被测液力耦合器；4-温度计；5-流量计；6-压力表；7-滤油器；8-可调节流阀；9-制动杠杆；10-测振仪

按图 8-16 安装好试验装置。先不安装制动杠杆，使液力耦合器空载跑合，调节导管开起度，观察操纵导管的灵活性。然后停机，装上制动杠杆制动输出轴，开机后从零开始逐步增大导管开度，使油温上升，并开动冷却器，控制油温在（65 ±5）℃范围内，开始进行振动检测、噪声检测、滑动轴承温度检测、供油泵流量检测、溢流阀压力调整、密封与渗漏检查。关闭冷却水管进行过热试验，使油温升到 100 ~105℃，观察密封和运转有无异常。停机去掉制动杠杆进行超速试验，在试验温度下使液力耦合器以105%额定转速运转10min，同时检测振动和观察密封效果。按液力耦合器出厂试验的有关规定，若试验结果达不到要求，则该耦合器不得使用。

2）液力变矩器的检验试验

液力变矩器由泵轮、涡轮和导轮组成。安装在发动机的飞轮上，以液压油为工作介质，起传递转矩，变矩，变速及离合的作用。液力变矩器，它有一个密闭工作腔，液体在腔内循环流动，其中泵轮、涡轮和导轮分别与输入轴、输出轴和壳体相联。动力机（内燃机、电动机等）带动输入轴旋转时，液体从离心式泵轮流出，顺次经过涡轮、导轮再返回泵轮，周而复始地循环流动。泵轮将输入轴的机械能传递给液体。高速液体推动涡轮旋转，将能量传给输出轴。液力变矩器靠液体与叶片相互作用产生动量矩的变化来传递扭矩。液力变矩器不同于液力耦合器的主要特征是它具有固定的导轮。导轮对液体的导流作用使液力变矩器的输出扭矩可高于或低于输入扭矩，因而称为变矩器。

液力变矩器检验试验的主要内容是：检查渗漏情况；检查补偿系统进出口压力是否正常；检测零速工况点、最高效率点、耦合工况点及其他变相点的性能参数；检测振动、噪声；性能和可靠性抽检；清洁度抽检。变矩器试验装置如图8-17所示。

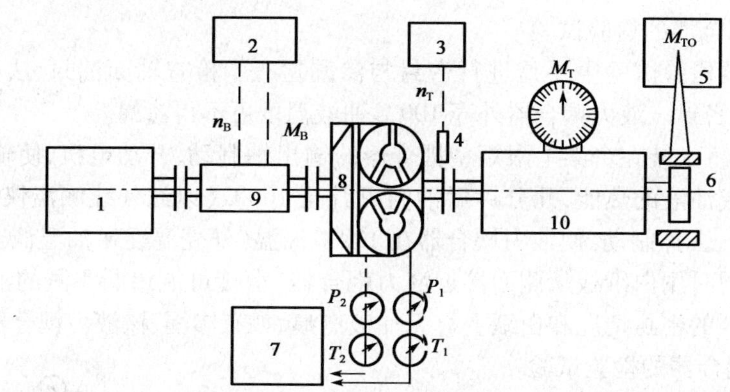

图8-17　液力变矩器试验台

1-动力机；2-转矩转速测量仪；3-转速仪；4-传感器；5-测力计；6-制动装置；7-补偿冷却系统；8-支架；9-转矩转速传感器；10-水动测功机

液力变矩器基本特性可用转速比 $i=0$ 时变矩系数 k_o、最高效率 η^*、高效范围（$\eta > 75\%\eta^*$ 时）$j=i_2/i_1$、透过性参数 T 等主要数据来评价。其测试方法如下：

（1）起动动力机，测出耦合工况（$k=1$）下的泵轮转速 η_B，涡轮转速 η_T、泵轮力矩 M_B、涡轮力矩 M_T 值，然后逐渐加载，分9个工况点进行测试，并利用制动器测出起动或制动工况（$i=0$）时的有关数据。

（2）测量变矩器进出口油压和油温，按各变矩器技术指标进行调节。

（3）密封性能测试，观察有无外泄漏，特别是泵轮座密封处泄漏。

（4）根据直测数据有关公式（$i=\eta_T/\eta_B$，$K=M_T/M_B$，$N=2\pi nM$，$\eta=iK$，$\lambda_B=M_B/\lambda n_B^2D^5$ 等）计算其他主要性能参数。根据各种参数分析，评价其基本性能：变矩性能 $K=f_1(i)$，经济性能 $\eta=f_1(i)$ 和负载性能 $\lambda_B=f_3(i)$。

找出起动或制动工况($i=0$)时的变矩系数 K_0 和泵轮力矩数 λ_B。最高效率 η^*、高效范围($\eta>75\%\eta^*$时)$j=i_2/i_1$,耦合工况的 $\lambda_{BC}(k=1)$,由透过性参数 $T=\lambda_{BO}/\lambda_{BC}$判断变矩器的透过性能。对于港口装卸机械,$K_0$ 值大则适应性好;η^* 和 j 越大,则经济性越好。当 $T=1\sim1.2$ 时,为不透性;$T>1.2$ 时,为正透性;$T<1$ 时,为负透性。大多数港口机械采用不透性和正透性的混合形式,这更有利于港口机械的驱动性和适应性。

(5)在综合测试过程中,利用测试仪检测变矩器的振动和噪声。

第四节　液压系统安装调试

一、液压系统的安装

液压设备除了应按普通机械设备那样进行安装并注意有关固定设备的地基、水平校正等外,由于液压设备有其特殊性,还应注意下列事项。

(1)液压系统的安装应按液压系统工作原理图,系统管道连接图,有关的泵、阀、辅助元件使用说明书的要求进行。安装前应对上述资料进行仔细分析,了解工作原理,元件、部件、辅件的结构和安装使用方法等,按图样准备好所需的液压元件、部件、辅件。并要进行认真的检查,看元件是否完好、灵活,仪器仪表是否灵敏、准确、可靠。检查密封件型号是否合乎图样要求和完好。管件应符合要求,有缺陷应及时更换,油管应清洗干净、干燥。

(2)安装前要准备好适用的工具,严禁用起子、扳手等工具代替榔头,任意敲打等不符合操作规程的不文明的装配现象。

(3)安装装配前,对装入主机的液压元件和辅件必须进行严格清洗,清除液压油中的污物,液压元件和管道各油口所有的堵头、塑料塞子、管堵等在工程未完成前,不要先卸掉,防止污物从油口进入液压系统内部。

(4)在油箱上或近油箱处,应提供说明油品类型及系统容量的铭牌,必须保证油箱的内外表面、主机的各配合表面及其他可见组成元件是清洁的。油箱盖、管口和空气过滤器必须充分密封,以保证未被过滤的空气不能进入液压系统。

(5)将设备指定的工作液过滤到满足要求的清洁度后方可注入系统油箱。与工作液接触的元件外露部分(如活塞杆)应予以保护,以防止污物进入。

(6)液压装置与工作机构连接在一起才能完成预定的动作,因此,要注意两者之间的连接装配质量(如同心度、相对位置、受力状况、固定方式及密封完整等)。

二、液压缸安装的质量控制

(1)液压缸在安装时,先要检查活塞杆是否弯曲,特别对长行程液压缸。活塞杆弯曲会造成缸盖密封损坏,导致泄漏、爬行和动作失灵等现象,并且会加剧活塞杆的偏磨损。

(2)液压缸的轴心线应与导轨平行,特别注意活塞杆全部伸出时的情况,若两者不平行,会产生较大的侧向力,造成液压缸扭曲、换向不良、爬行和液压缸密封破损失效等故障,一般可以导轨为基准,用百分表调整液压缸,使伸出时的活塞杆的侧母线与V形导轨平行、上母线与平导轨平行，允许误差为 0.04 ~ 0.08mm/m。

(3)活塞杆轴心线对两端支座的安装基面，其平行度误差不得大于 0.05mm。

(4)对于行程长的液压缸，活塞杆与工作台的连接应保持浮动，以补偿安装误差产生的扭曲和补偿热膨胀的影响。

三、液压泵和液压马达安装的质量控制

(1)液压泵和液压马达支架或底座应有足够的强度和刚度，以防止振动。

(2)泵的吸油高度应不超过使用说明书的规定(一般为 500mm)，安装时尽量靠近油箱油面。

(3)泵的吸油不得漏气，以免空气进入系统，产生振动和噪声。

(4)液压泵输入轴与电动机驱动轴的同轴度应控制在合理范围以内。安装好后用手转动时，应轻松无卡滞现象。

(5)液压泵的旋转方向要正确，液压泵和液压马达的进出油口不得接反，以免造成故障与事故。

四、阀类元件安装的质量控制

(1)阀类元件安装前后应检查各控制阀移动或转动是否灵活，若出现呆滞现象，应查明是否由于脏物、锈斑、平直度不好或紧固螺钉扭紧力不均衡使阀体变形等情况引起的，应通过清洗、研磨、调整加以消除，如不符合要求应及时更换。

(2)对自行设计制造的专用阀应按有关标准进行性能试验、耐压试验等。

(3)板式阀类元件安装时，要检查各油口的密封圈是否漏装或脱落、是否突出安装平面而有一定压缩余量、各种规格同一平面上的密封圈突出量是否一致、安装 O 形圈各油口的沟槽是否拉伤、安装面上是否有碰伤等，经处理后再进行装配，O 形圈涂上少许黄油以防止脱落。

五、液压管道安装的质量控制

管道安装应注意以下几方面。

(1)管道的布置要整齐，油路走向应平直、距离短，直角转弯应尽量少，同时应便于拆装、检修。各平行与交叉的油管间距离应大于 10mm，长管道应用支架固定。各油管接头要固紧可靠、密封良好，不得出现泄漏。

(2)吸油管与液压泵吸油口处应涂以密封胶，保证良好的密封；液压泵的吸油高度一般不大于 500mm；吸油管路上应设置过滤器，过滤精度为 0.1 ~ 0.2mm，要有足够的通油能力。

(3)回油管应插入油面以下有足够的深度，以防飞溅形成气泡，伸入油中的一端管口应切成 45°，且斜口向箱壁一侧，使回油平衡，便于散热；凡外部有泄油口的阀(如减压阀、顺序阀等)，其泄油管路不应有背压，应单独设置泄油管通油箱。

(4)溢流阀的回油管口与液压泵的吸油管不能靠得太近，以免吸入温度较高的油液。

六、液压系统清洗的质量控制

液压系统在制造、维修、试验、使用和储存中都会受到污染，而清洗是清除污染使液压油、液压元件和管道等保持清洁的重要手段。液压系统的清洗分两次进行。

第一次清洗以回路为主，清洗油多采用液压系统工作用油或试车油，不要用煤油、汽油、酒精等，以防止液压元件、管路、油箱和密封件等受腐蚀。清洗油用量通常为油箱油量的60% ~70%。注入前，先将油箱清洗干净并在系统回油口设置80 ~150目的过滤网。清洗油注满后，一边使泵运转，一边将油加热。清洗前一般对橡胶有溶蚀能力，当加热到50 ~80℃时，则油管内的橡胶渣等杂质容易清除。为使清洗效果好，应使泵转转停停，且在清洗过程中用木棒或橡皮锤不断轻轻敲击油管，清洗时间视系统复杂程度而定，要一直清洗到过滤器上无大量污染物为止，一般需十几个小时。第一次清洗结束后，应将系统中油液全部排出，并清洗油箱，用绸布或乙烯树脂海绵等擦净。对于新装设备，液压泵应在油温降低后再停止运转，以减少湿气停留在液压元件内部而使元件生锈的情况。对于不是新装的设备，应在油温升高后再排出，以便使可溶性油垢更多地溶解在清洗油中排出。

第二次清洗是对整个液压系统进行清洗。清洗前先按正式工作油路接好，然后向油箱注入工作油液和所需油量，再启动液压泵进行空负荷运转。对于系统各部分进行清洗，清洗时间一般为2 ~4h，清洗结束后，过滤器的过滤网上应无杂质。

七、液压系统调试的质量控制

1. 调试前的准备

(1)要熟悉说明书等有关技术资料，力求全面了解系统的原理、结构、性能和操作方法。

(2)了解液压元件在设备上的实际位置、需要调整的元件的操作方法及调节旋钮的旋向。

(3)准备好调试工具和仪器、仪表等。

2. 调试前的检查

(1)检查各手柄位置，确认“停止”、“后退”及“卸荷”等位置，各行程挡块紧固在合适位置。另外溢流阀的调压手柄基本上全松，流量阀的手柄接近全开，比例阀的控制压力流量的电流设定值应小于电流值等。

(2)试机前对裸露在外表的液压元件和管路等再用海绵擦洗一次。

(3)检查液压泵旋向，液压缸、液压马达及液压泵进出油管连接等是否正确。

(4)按要求给导轨、各加油口及其他运动部件加润滑油。

(5)检查各液压元件、管路等连接是否正确可靠。

(6)旋松溢流阀手柄，适当拧紧安全阀手柄，使溢流阀调至最低工作压力，流量阀调至最小。

(7)检查电动机电源是否与标牌规定一致，电磁阀上的电磁线圈电流形式和电压是否正确，电气元件有无特殊的启动规定等，弄清楚后才能合上电源。

3. 空载调试

空载调试的目的是全面检查液压系统各回路、各液压元件工作是否正常，工作循环或各种动作的自动转换是否符合要求。其步骤为：

(1)启动液压泵，检查泵在卸荷状态下的运转。正常后，即可使其在工作状态下运转。

(2)调整系统压力，在调整溢流阀压力时，从压力为零开始，逐步提高压力使之达到规定压力值。

(3)调整流量控制阀，先逐步关小流量阀，检查执行元件能否达到规定的最低速度及平稳性，然后按其工作要求的速度来调整。

(4)将排气装置打开，使运动部件速度由低到高、行程由小至大运行，然后运动部件全程快速往复运动，以排出系统中的空气，空气排尽后应将排气装置关闭。

(5)调整自动工作循环和顺序动作，检查各动作的协调性和顺序动作的正确性。

(6)各工作部件在空载条件下，按预定的工作循环或工作顺序连续运转2～3h后，应检查油温及液压系统所要求的精度(如换向、定位、停留等)，一切正常后，方可进入负载调试。

4. 负载调试

负载调试是使液压系统在规定的负载条件下运转，进一步检查系统的运行质量和存在的问题，检查设备的工作情况，安全保护装置的工作效果，有无噪声、振动和外泄漏等现象，系统的功率损耗和油液温升等。

负载调试时，一般应先在低于最大负载和速度的情况下试车，如果轻载试车一切正常，才逐渐将压力阀和流量阀调节到规定值，以进行最大负载和速度试车，以免试车时损坏设备。若系统工作正常，即可投入使用。

八、液压传动系统的检查与验收

液压系统在调试过程中，应根据设计内容对所有设计值进行检验，根据实际记录结果判定液压系统的运行状况，由用户、设计单位、制造单位、安装单位、监理单位进行交工验收，并在有关文件上签字。

1. 外观检查

(1)液压传动装置表面(除镀铬零件表面外)应按图纸要求喷漆。

(2)液压传动装置上所装设的元件(电气元件、液压元件、测量仪表等)均应符合图纸要求。

(3)油管的直径、壁厚和材质等应符合图纸要求；管道不得弯曲或起皱褶；在配管之前，管道一定要进行清洗，并进行耐压试验，不得漏油。

(4)管路的配置应横平竖直；回油管应伸入油箱面以下200mm；泄油管出油口必须在油面以上；伸人油箱内的油管与油箱盖板之间应具有良好的密封。

2. 运转检查

1)外泄漏检查

起动油泵电机(或原动机)，将油泵出口油压力调节至额定压力。阀的螺丝堵、法兰、底面接合处及管接头等处均不得漏油。

2)压力测量点检查

按系统图检查各压力测量点的连接是否正确。旋转压力表开关手柄，检查各点压力是否有指示。

3)液压传动装置中用的液压元件的性能与调节范围检查

液压传动装置中所用的各液压元件,应具有设计图纸上所标定的各项性能及调节范围。工作中需要调节的元件,在调节过程中应灵活、平稳。

4)工作循环的正确性检查

按液压传动装置系统图的工作循环操纵换向阀时,传动装置所驱动的动作必须符合系统图的要求,各动作的转换应平稳,不得有停顿、冲击等异常现象。如系统中有压力继电器时,应检查压力继电器的动作是否正确,动作的压力是否符合系统图的要求。

5)工作速度稳定性检查

液压传动装置所驱动的执行元件的工作速度,除按设计系统图检查速度快慢外,还应检查外负载变化时工作速度的稳定性,应符合设计要求。

6)液压传动装置工作可靠性检查

按该设备所应完成的工作循环进行1h空运转试验,工作必须正常。再使该液压设备在最大负载和对应的设计速度下移动到终点,并在高压下停留5min,工作仍然正常。

思　考　题

1.液压传动装置主要由哪几部分组成?

2.液压油的选择原则是什么?

3.液压系统中引起液压油污染的主要原因及危害是什么?控制油液污染的主要途径和防止油液内部污染的主要措施有哪些?

4.液压系统中阀类元件的选择原则是什么?

5.液压元件的质量检查主要包括哪些内容?

6.液压元件形式试验和出厂试验包括哪些内容?其试验目的及应用场合有什么不同?

7.液压传动系统的检查与验收主要包括哪些内容?液压系统的试验压力值是如何规定的?

8.液力元件试验的内容主要有哪些?

9.对溢流阀的调压范围和压力稳定性检查,主要满足哪些要求?

第九章　机电设备运输、安装、调试和试运行质量控制

第一节　设备运输与安装方式的选择

一、机电设备的运输、安装

机电设备的运输、安装、调试是产品出厂到投产使用前的重要工作环节，其工作质量的好坏对设备整体技术性能有决定性影响。即使零件加工和部件装配合格，但由于运输、安装或调试不当，设备仍有可能达不到规定的技术要求而无法交付使用。为此，在这一阶段监理方应对以下要素进行质量控制：

(1)运输。合理确定设备的交货状态与运输方式，按存储和运输条件考虑各种包装和固定措施，确保设备在存储、运输、装卸过程中不受损坏和不腐蚀变质，确保设备到达业主指定地点时的质量完好。

(2)安装。包括制订包括警告标志在内的指导正确安装的程序，防止因安装不当而引起的设备质量问题，确保设备安装质量、安全性和其他性能指标符合规定要求。

(3)调试。按预先制定的试验大纲的规定进行调整、检查、试验，使设备的运转正常，技术性能达到规定要求。

(4)试运行。设备投入正常使用后，按规定在一定的期限内进行试运行，承包商在售后服务方面做好工作，继续为业主提供服务。

二、设备运输、安装方式的选择

设备的运输与安装不仅要占用一定的经费，而且对设备投产后的质量使用效果影响很大，因而在设备招标、投标阶段就应予以慎重考虑，作出合理选择。

图9-1所示为设备从制造、总装到运输、安装、调试的流程图。由图可知，产品完成在厂内的制造、装配(含组装、总装)和检验后，主要有3种运输方式：一是整体运输——整体就位；二是解体运输，现场安装；三是组装成部件后在现场进行安装。某些情况下，如用叉装船整体运送大型港口起重机时，也可能将运行台车等部件卸下，待起重机主体上岸时再就位安装，这种整体运输方式中包含了局部解体的工作。

一般情况下，应根据运输、安装两方面各自的工作条件和制约因素进行综合分析，考虑运输和安装的质量、周期、成本等因素，选择最为合理的设备运输安装方式，如图9-2所示。

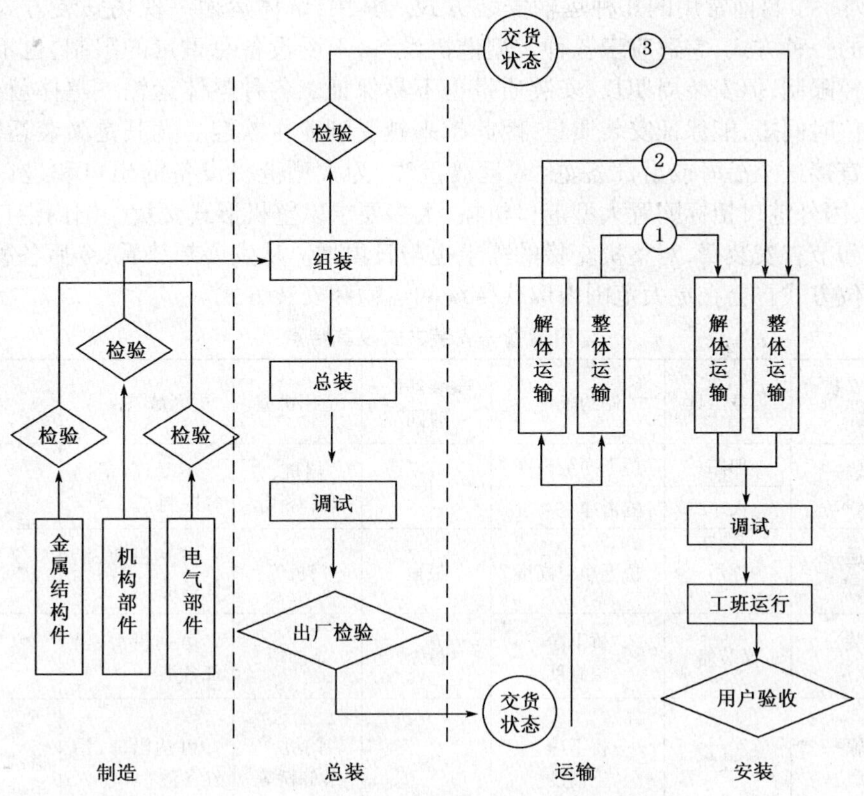

图 9-1　设备的制造、总装、运输和安装流程图

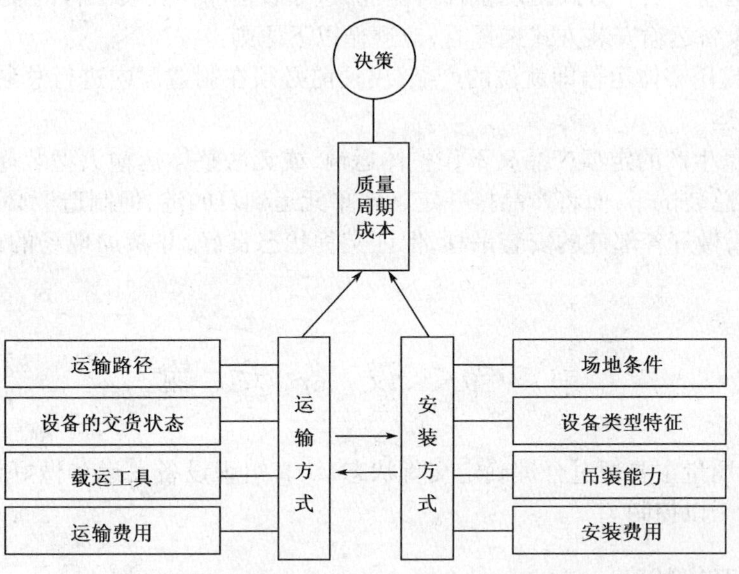

图 9-2　选择运输安装方式的综合因素

表9-1列举了目前常用的几种运输安装方式。其中,解体运输—现场安装方式是传统而通用性最强的一种方式,它适应于各种大型港机设备,不受设备总重量的限制,也不受制造厂到港口的路径限制,但安装周期长,安装质量也不易保证。各种整体运输—整体就位的方式,设备安装就位时间短,能保证安装质量,因此越来越受到业主欢迎。尤其是叉装运输方式,可将大型设备直接送至沿海或沿江各港,或远渡重洋,为大型港机设备的出口和进口提供了方便。近年来,国外港口招标购置大型港口机械,大多要求以整机形式交货。国内港口为减少泊位占用时间和节省安装费,对整机交货的需求也与日俱增。从发展趋势看,今后各种形式的整机运输—就位方式将会在更大范围内取代传统的运输和安装方式。

常用运输—安装方式及其特点 表9-1

	运输—安装方式	运载工具	制约条件	安装就位时间	适用机型	区域条件	说　明
1	解体运输—现场安装	船舶	桥下净空高度	长	门机、装卸桥等	不受厂、港路径限制	
		火车	隧道净空高度				
2	整体吊运—整体就位	浮吊	桥下净空高度	最短	门机等	可达沿海、沿江各港	
3	整体叉装—整体就位	叉装船	桥下净空高度	最短	装卸桥	可达沿海、沿江各港	
4	整体运输—滚装就位	滚装船	桥下净空高度	短	门机、装卸桥等	可达沿海、沿江各港	需在码头的轨道端部进行或行走转向90°

如上所述,机电设备出厂后运抵业主使用现场,因设备规模、运输条件及安装条件等方面制约,使设备的运输—安装方式出现多种可能性,这导致运输与安装工程的质量控制也趋于复杂化。因此,在设备运输安装方式选择时,应遵循以下原则:

(1)新产品或用整体运输即就位的产品,出厂前必须在制造厂内进行总装试车,经出厂检验合格后才能发运。

(2)对于批量生产的定型产品又不作整体运输,或无法整体运输大型装卸机械系统的,允许不在制造厂内总装试车,而将产品按一定运输单元运到目的港,但制造厂必须在厂内对各运输单元进行检查,做好各部件的安装吊耳,保证交货状态良好,并参加现场的设备调试与验收工作。

第二节　设备运输

设备运输的质量主要通过合理确定交货状态、认真组织设备发运和做好设备到港的开箱检验这三个环节予以控制。

一、设备的交货状态

装船机、卸船机、堆料机、取料机及翻车机等大型装卸设备,其交货状态一般包括设备构件在制造厂加工、组装的成型程度和运输包装的分类等内容。在设备订货时,业主方应与建设单位和制造厂详细商定交货状态,以利于安装。

1. 部件的工厂制作、成型程度

为保证安装质量,减少现场安装工作量,设备的零件和部件均应在制造厂制作、组装成符合设计的合理状态。一般应达到如表 9-2 所示的程度。

装、卸船机、堆料机、取料机交货状态　　表 9-2

运输方式	部品名称	交货状态
	行走装置	每组组成一件,并经试运运转
	门座架	主体结构组成一件
	回转架	主体结构可分解成 2～3 件,但回转座架应组装应组装好
	各种悬梁、尾车梁、配重架、框架、拉杆、立柱等	整体或分段,高强度螺栓连接
	驱动装置	安装在所属构件上或组装在单独的座架上,并经运输检查
	漏斗、导料槽等	组成单件或分段制作
	平台、梯子、栏杆、走道等	组成单件或制成片、段
	各类滚筒	装在所属构件上或单独安装在支架上
	各种支承件	单件制作
	水、电配管、供油管等	部分安装在主体结构上,做完油管的酸洗、接头的焊接或外装油漆
	电气室、司机室	安装好室内部件、器件
	大件吊点等	作好个别件运输、吊装所必须的加固,焊好大件的吊点
	防腐、防潮等	完成规定的油漆及防锈工作
	同类件	归类包装并注明用处
铁路或公路运输	同上	重量和尺寸超限件可视具体情况分解成数件。主体钢结构件若采用焊接,应在制造厂做好必要的工艺固定件

2. 预组装和运输

各设备的构件,包括机械、电气、液压部件和钢结构等都应在制造厂预组装并完成规定的检查或试验,再根据运输的可能和安装现场的吊装机械能力分解或组装成合理的组件,以减少吊装的高空作业,提高安装效率。组件的重量和尺寸应考虑以下因素:

(1)输车船的容量和载重量,装卸设备的起重能力。

(2)道路、桥梁、涵洞和架空电线等,对超长、超宽、超高和超重的限制值。

(3)吊装设备的技术性能。

(4)在运输和吊装中的受力和稳定情况。

(5)不影响构件的性能,满足现场安装条件。

(6)主要的钢结构件应设置单件和组合件的吊耳,并标出其重心的位置。

3. 包装

制造厂应根据设备具体情况,采用与其相宜的箱装、半裸装或裸装进行包装,并要采取必要的防潮、防雨、防锈、防腐、防震、防碰等措施,以利设备安全无损运抵安装现场。除此之外,还须做到以下几点:

(1)设备的型号不论相同与否,其零部件均应以台为单元分别装箱。

(2)上、下或左、右的对称件,以及外表相同而不能互换件,应在这些零、部件上作出明显的标志。

(3)多处使用的零、部件,应在装箱清单上注明其用处和数量。

(4)零、部件上应标明与安装图上相同的编号。

二、设备发运

设备发运是指设备整机或散件装船(装车)直至送到目的地的工作过程,发运工作的好坏将直接影响设备的运输质量,因此,监理方应予以重点关注,并须注意以下两点:

(1)不论采用何种载运工具,待运的设备组件或整机必须合理地摆放,牢固地进行塞垫、捆绑、定位,确保运输途中免受机械损伤和外表擦碰。

(2)利用叉装船或滚装船整体运输大型港机设备时,尚须周密地考虑分析发运港、运输航线以及目的港的水文、气象、航道、码头等特点,结合载运船舶几何空间和结构情况,设计好装载方案、辅助支承结构和专用于拆卸、安装的工艺装置,要特别注意防止在设备离岸上船或离船上岸的位移过程中金属结构发生超量变形。

三、开箱检验

机电设备的运输包装中,钢结构常用裸装和半裸装;重要零部件用箱装。不论何种包装,安装前应开箱检验。

1. 开箱

开箱前,根据装箱清单清点箱数,检查包装是否符合要求。对关键设备应运至安装地点后开箱,以防止其因倒运而遭受损伤。开箱时,要注意以下几点:

(1)检查设备型号和箱号,以免开错箱。

(2)清除包装上的尘土。

(3)用起钉器或撬棍拆箱,对装有易震损件的箱,要严禁用锤击拆箱,以减少箱板破损率和震坏设备。

(4)先拆箱盖板,必要时再拆除部件侧板,观察箱内件的安放情况,选定开箱和取件的步骤、方法。

(5)管理好拆松后的箱板,防止其倾倒而砸坏设备和伤人。

(6)拆下的包装要及时运出,堆在存放场内。

2.检验

1)开箱检查的内容

检验的主要目的是检查设备有无损坏或变形,检查零部件有无短缺。

(1)检验时,对照装箱清单,清点货件的规格和数量。

(2)清点出厂合格证书和有关技术说明书。

(3)观察设备有无表面缺陷、生锈、损坏和变形,是否润滑良好。

(4)检查大件的吊点和重心位置标志。

2)检验后注意事项

(1)按原样恢复设备上的防护物。防护物如有破损应及时修补。

(2)切削加工的零、部件的存放,要用垫木支垫。

(3)精密的零、部件取出后,应及时入库存放。

(4)易损备件交使用单位保管。设备专用工具,安装工作完成后亦移交使用单位。

在整个开箱检验中,应作好详细的检验记录,并把存在的问题通知有关单位。

第三节　设 备 安 装

设备安装通常是指大型机械或成套设备运抵使用现场的组合、连接、吊装和就位的过程。对于大型机械设备的安装,往往要借助于大型起重设备,大部分吊装作业须在高空进行,为了确保施工安全和安装质量,监理方应主要从以下三个方面做好质量控制:

第一,检查设备安装的技术准备工作是否充分、合理、可行。

第二,检验设备安装的施工准备以及作业过程是否符合规定的工作流程和工艺规程,发现偏差应及时提出,并由施工单位予以纠正。

第三,按照产品技术标准和安装工程质量标准,对竣工的工程(设备)进行检查和质量评定。对不合格的项目,提出解决办法和要求。

一、吊装工程一般规定

1.大型设备定义

对于吊装工程,凡质量大于等于100t或高度(长度)大于等于60m的设备、构件、模块等均属于大型设备。

2.吊装工程的基本要求

(1)大型设备吊装工程宜采用“一体化”管理模式。

(2)在大型设备吊装工程中,施工单位应根据装备资源、人力资源、现场环境等方面的条件选择吊装工艺。

(3)起重机械应有有效的安全检验合格证。

(4)起重机械的安装、使用和维修保养应执行国家质量技术监督检验检疫总局《特种设备质量监督与安全监督规定》和《特种设备注册登记与使用管理规则》的规定。

(5)吊索、吊具应有质量证明文件,不得使用无质量证明文件的吊索、吊具;自制的吊具应有设计文件,并经检验合格方可使用。

(6)起重机械和吊索、吊具严禁超负荷使用。

(7)吊装作业人员必须取得特种作业相关证件后,方可从事吊装作业。

(8)大型设备吊装应编制吊装方案,并按规定进行审批,方案变更应按原审批程序进行审批。

(9)对风险较大的设备吊装工程,必要时可邀请有关专家对吊装方案进行审查。

(10)吊装方案应由专业吊装技术人员负责编制,按文件管理程序审核和批准,并报送监理和建设单位确认。

(11)大型设备吊装方案编制和审批人员的资格和职责如表9-3所示。

吊装方案编制和审批人员资格和职责 表9-3

岗　位	资　格	职　责
编制	工程师	①现场调查和起重机具调查; ②编制吊装方案; ③编制吊装计算书; ④吊装方案修改。
审核	高级工程师	①审查吊装工艺及计算依据; ②审查起重机具选择及吊装平面布置合理性; ③审查吊装安全技术措施; ④审查进度计划、交叉作业计划; ⑤审查劳动力组织。
批准	企业技术负责人	吊装方案最终批准

(12)吊装作业前应由吊装方案编制人向所有相关作业人员进行吊装方案交底并记录,作业人员应熟知吊装方案、指挥信号、安全技术要求及应急措施。吊装方案交底内容至少应包括:

①设备吊装顺序。

②设备吊装方案和吊装工艺。

③安全技术措施。

(13)吊装方案编制人应负责方案的技术实施,内容至少应包括:

①指导并监督作业人员正确执行方案。

②解决吊装施工过程中出现的技术问题。

③提出方案修改意见并编制补充方案。

(14)吊装方案、吊装计算书及修改或补充方案、方案交底记录和方案实施的过程记录均应存档。

(15)吊装工程施工应建立完善的吊装安全保证体系。吊装施工准备和实施过程中,吊装施工安全保证体系应正常运转,以确保吊装施工安全。

(16)大型设备运抵现场,应按吊装方案的要求卸船、卸车。

(17)在雷雨、大雪、大雾、沙尘、能见度低、台风、风力等级大于五级等恶劣条件下不得进行大型设备的吊装作业。

(18)吊装前应根据吊装方案组织安全质量检查,包括自检、联合检查等内容。

(19)检查中发现的问题,应由各级责任人员组织整改和落实。安全质量部门应对整改结果进行确认。

(20)大型设备正式吊装前应进行试吊。

(21)联合检查确认后,设备吊装准备工作符合吊装方案要求,由吊装总指挥签署“吊装命令书”,方可进行吊装作业。

(22)吊装作业应设置警戒区域,与吊装作业无关的人员不得进入该区域。

(23)吊装过程中设备应设置溜绳等安全措施。

(24)吊装过程不得有冲击现象。

(25)设备不宜在空中长时间停留,若需停留时应采取可靠的安全措施。

(26)拖拉绳跨越道路时,离路面高度不宜低于6m,并应悬挂明显标志或警示牌。

(27)立式设备吊装就位后,应立即进行初步找正,待固定稳妥后方可摘钩。

(28)吊装作业区域应按地基处理方案进行处理,并做好过程记录和确认。

(29)吊装指挥信号应按《起重吊运指挥信号》GB 5082—1985 的规定执行。

(30)起重机械、吊索、吊具及设备与架空输电线路间的最小安全距离应符合表9-4 的规定。钢丝绳从架空输电线路上方经过时,应搭设牢固的竹(木)过线桥架。

起重机械、吊索、吊具及设备与架空输电线路间的最小安全距离 表9-4

项　目	输电导线电压(kV)						
	<1	10	35	110	220	330	500
安全距离(m)	1.5	3.0	4.0	5.0	6.0	7.0	8.5

(31)起重机械的烟气或废气排放应符合环保排放标准要求。废弃的油料应回收集中处理,不得随地倾倒或就地掩埋。

(32)吊装工程应在健康、安全、环境(HSE)方面实施全过程的控制。

(33)大型设备的吊装还应执行水运机电工程施工安全的相关规定。

二、起重工程的特点

起重工程具有如下鲜明的特点:

(1)风险较大,体现在两个方面:首先是起重施工的精度难以达到计算模型的精度,造成实际吊装与理论计算不完全一致而出现误差;其次是一旦发生事故,轻则造成财产的重大损失,重则危及人员的生命安全。因此“安全”是首要点。在确定方案时,须从多方面进行安全论证,尤其要对工艺细节进行仔细研究,在安全与其他指标发生冲突时,应以安全为主。

(2)重型设备或结构一般是一套装置、一幢建筑或一座桥梁的核心或主体,它们的吊装施工,往往处在一个工程的关键线路上,其成败,常常决定整个工程的成败。因此,重型设备或结构的吊装施工受到工程建设各个方面的关注,一般需要施工单位的总工程师签字批准才能进行。

(3)对同一吊装项目,可采用的方案一般不是唯一的,在选择方案时,除首先保证安全外,对其进度、质量、成本等指标的协调必须综合考虑。

(4)起重工程工艺复杂,技术难度高,需要的起重机械多,对起重技术人员的依赖程度较高,因此,一个施工单位的吊装水平,在一定程度上反映了该施工单位的实力和施工水平。

(5)对工程管理人员的综合素质和单位管理体制的规范性要求较高,因此能成功地从事重型设备或结构的吊装,在一定程度上也反映了该施工单位的管理水平。

三、设备安装的技术准备

设备安装的技术准备,是指设备安装工艺方案的制定及工艺文件的编制,它主要包括安装工作流程、安装工艺及其他相关技术文件的编制。

大型港口设备的安装是一项涉及地面运输调度、陆上或水上起重机设备协同工作、多工种人员相互配合的综合性工程,技术性强,施工难度大,其安装工作流程与安装工序、工步的设计质量,将直接关系到安装工程的施工质量、施工进度、工程费用与安全性,所以必须经主管技术部门审查批准后,才能实施。

1. 制定安装工艺的技术依据

(1)产品的有关技术资料,包括总图、各大构件及机构装配图、安装使用说明以及设备发运的交货状态等技术文件。

(2)安装场地的作业条件,包括码头平面布置、结构形式与承载能力,吊装设备规格与技术参数,设备安装地的水文、气象资料等。

(3)有关起重作业的技术标准和安全规程等。

2. 编制安装工艺文件的基本要求

(1)安装工作流程应根据设备各部件(构件)之间的支承、联结关系,按照从下至上、左右(或前后)交替的顺序逐步展开。其技术要点是:确保每一工序的系统平衡与稳定,确保吊装安全性和作业的方便性。

(2)每道安装工艺的工艺卡应按照安装工作流程图的顺序编制。安装工艺卡应以简图和表格形式明确表示出工序、工步的名称,待安装工件的名称、外形尺寸与重量,具体安装工步的技术要求、允许偏差、检测方法与器具,各工步所需起重机器具、工索具的规格、尺寸,并注明安装工艺的指导意见和注意事项等,便于现场施工人员的实际操作。

3. 吊装方法的选择原则及步骤

吊装方法的选择原则遵循八字方针:安全、快捷、经济、有序。

重型设备或构件的吊装,具有较大的风险,一旦发生事故,不仅会导致国家、集体财产的重大损失和人身伤亡,也会导致施工队伍在声誉上和经济上的重大损失。吊装工程的安全关键在于合理地选择吊装方法,所以在选择吊装方法时,首先应考虑“安全”二字,特别不能因工期、成本的原因而忽视安全。

工程中,进度和成本常常是一对矛盾。在保证安全和质量的前提下,在选择吊装方法时,应根据该吊装项目在整个施工进度网络中的节点位置进行,如果处于关键线路上,为保证工期不影响其他工序的进行,应以进度要求为准,即应选择尽可能快捷的方法,而在一定程度上损失成本。但如处于非关键线路上,对工期的要求不高,则应尽可能选择低成本的方案。

吊装工程必须有序进行,才能最大限度地保证安全,在选择吊装方法时,应加以充分考虑,尤其在有较多设备或构件需要吊装的情况下,更要充分考虑各吊装项目的先后次序和相互的影响。

科学地选择吊装方法,应遵循以下步骤:

1)技术可行性论证

每一种吊装方法都不可避免地存在其技术局限,每一种设备都具有其独特的要求,每一次吊装施工,现场环境条件都不同。进行技术可行性论证,就是根据设备特点、现场条件,研究在技术上可行的吊装方法。例如,进行超高层建筑的上部塔楼结构或设备吊装,由于超高层建筑的群楼面积较大,如采用自行式起重机进行吊装,由于起重机无法靠近塔楼,而从技术上不可行。同理,进行桥梁结构的吊装,采用自行式起重机,从技术上也不可行。

2)安全性分析

吊装工作,安全第一,必须结合具体情况,对每一种技术可行的方法从技术上进行安全分析和比较,找出不安全的因素及其解决的办法,并认真分析这些解决办法的可靠性。

安全性分析包括质量安全(设备或构件在吊装过程中的变形、破坏)和人身安全(造成人身伤亡的重大事故)两方面。如自行式起重机吊装体长卧式构件,如不采取措施,构件会发生平面外弯曲和扭转变形而破坏。又如在软地基上采用汽车式起重机吊装重型设备,如不对地基进行特殊处理,则可能在吊装过程中发生地基沉陷而导致起重机倾覆,发生重大吊装事故。

3)进度分析

不同的吊装方法,其施工需要的工期不一样,如采用桅杆吊装的工期要比采用自行式起重机吊装的工期长得多。而在实际工程中,吊装工作往往制约着整个工程的进度,所以必须对不同的吊装方法进行工期分析。所采用的吊装方法,不到万不得已,不能影响整个工程的进度。

4)成本分析

以较低的成本完成工程,获取合理利润,是工程建设的目的,因此,必须对安全和进度均符合要求的施工方案进行最低成本核算,选择其中成本较低的吊装方法。但是要注意,决不允许为降低成本而采用安全性不好的吊装方法。特别不允许为降低成本而省略安全措施。

5)针对具体情况进行上述综合论证分析后,选定科学合理的吊装方法。

4. 大型设备吊装方案的主要内容及其编制依据

1)编制说明及依据

(1)有关规程、规范对吊装工程提出的技术要求。

(2)施工总组织设计对吊装工程提出的进度要求。

(3)被吊装设备(构件)的设计图纸及有关参数、技术要求等。

(4)施工现场条件,包括场地、道路、障碍等。

(5)机具情况,包括现有的和附近可租赁的情况,以及租赁的价格、进场的道路、桥梁和涵洞等。

(6)工人技术状况和施工习惯等。

2)工程概况

(1)工程特点。

(2)设备参数表。

3)吊装工艺设计

(1)设备吊装工艺要求。

(2)吊装参数表。

(3)吊装机具安装拆除工艺要求。

(4)设备支、吊点位置及结构设计图和局部加固图。

(5)吊装平、立面布置图。

(6)地锚施工图。

(7)吊装作业区域地基处理措施。

(8)地下工程和架空设施施工规定。

(9)吊装机具材料汇总表。

(10)吊装进度计划。

(11)相关专业交叉作业计划。

4)吊装组织体系。

5)安全保证体系及措施。

6)吊装工作危险性分析表或 HSE 危害分析。

7)质量保证体系及措施。

8)吊装应急预案。

9)吊装计算书。

四、设备安装的施工准备

1. 安装场地选择及其平面布置

大型设备的安装,因设备总件数多,重、大、长构件多,大型吊装机械多,有时还与土建施工交叉作业,因此,除制定安装方案和吊装工艺外,尚须根据具体情况选择安装场地并做好平面布置。

1)安装场地选择

对于堆、取料机和装、卸船机等轨道上运行的设备,要在已安装的轨道线上选取一段作为安装段;对于翻车机等安装在固定基础上的设备,要在紧靠基础的附近选择一定面积的场地作为吊装场。选择时,须考虑下列因素:

(1)场内土建工程基本完工,设备基础已验收。

(2)面积大小要满足设备件的堆放和拼装,吊装机械的作业和行驶,料库和工具间等的搭设。

(3)地基承载能力应满足起重机吊装和运输机械行走时的轮压要求。

(4)地面平整,排水通畅,接水、接电方便。

(5)场内无障碍吊装、运输、设置晃绳的建筑物或高架电线。

(6)离干道近,交通连接方便,干道的路基和宽度能满足大型设备的接运进场以及起重机械的行驶。

2）安装场地的平面布置

作安装场地平面布置时，须考虑如下内容：

（1）布设供运输机械和起重机械行驶的道路，以及料库和工具间等的搭设点。

（2）在安装段上选定适宜的安装中心位置，先安装的件和重大件布设在距中心的近处，后安装的件按吊装顺序和吊装机械的位置依次离中心布置，以减少场内倒运和满足吊装重大件时所需要的幅度和起升高度。

（3）同时安装两台或两台以上设备时，应综合考虑单台安装或流水安装的利弊。

（4）在梁板式桩基码头承台上安装重大件时，应根据板、梁、桩承受荷重依次较大的特点，把接地面积小而重的件，以及吊装机械吊装时的最大着力点，布设在梁上或梁的端部。运输机械的载重轮压应不超过码头面板的允许承载力。必要时要减载或将码头面划分出重载、空载的行驶区域。

（5）根据安装工艺需要，须事先埋设必要的锚固装置。

2. 安装用起重机械的选择与吊装要点

1）选择起重机械须考虑的因素

（1）安装工程量、现场作业条件和工期要求。

（2）待安装设备的外形尺寸、重量、重心和安装高度。

（3）起重机主要技术性能，如起重量、作业半径、起吊高度、轮压、支腿压力、旋转速度、起落钩速度、行驶速度等。

（4）起重机类型及其适用范围：汽车起重机、轮胎式起重机机动、灵活；履带起重机对地面压强小，并易于带载移动；浮式起重机在水域作业，不占用码头面积，且起重能力大，作业空间范围大，适宜于大型港口设备的岸边吊装作业。

2）吊装要点

（1）核算起重机在吊装过程中可能出现的最大轮压和支腿压力。

（2）起重机吊装驻位处的地基要有足够的强度和稳定性，以防止起重机因地基强度不足而倾斜，甚至倾倒。

（3）起重机的最大起升载荷，臂架不旋转时为所处状态（臂长、臂的仰角和平面转角位置、打支腿或不打支腿）允许起重量的10%；臂架旋转时为所处状态允许起重量的80%。

（4）轮胎式起重机负载起吊时，其最大的起重量应不超过在相应幅度位置时允许起重量的50%。

（5）用两台起重机联合作业时，应尽可能选用同类型的起重机，并合理分配负载，一般负载不宜超过所处状态允许起重量的80%。吊装过程中，两台起重机的动作必须协调，特别要注意防止起重机臂架承受水平力。

五、起重机械的载荷处理

起重机械承受的是非常强烈的直接动力载荷和冲击载荷，必须考虑其影响；在不同的吊装工艺中，常有数台起重机或数分支共同承担载荷，由于实际施工与计算模型存在误差，必须考虑这个误差的影响；在一些大型吊装中，要求的起升高度高，设备或构件的体积大，风载的影响比较大,在设计时也必须加以考虑。

1. 动载荷

由于受强烈的直接动力载荷和冲击载荷的影响,以动载系数计入。一般吊装工程,取 $K_{动}=1.1$。

2. 不均衡载荷

在数台起重机或数分支共同承担载荷时,由于实际施工与计算模型存在误差,从而造成每台起重机或每一分支实际承担的载荷与计算载荷不符,导致其中一台起重机或分支超载,则工程中以不均衡载荷系数计入其影响。一般吊装工程,取 $K_{不}=1.2$。

3. 计算载荷

起重吊装工程中,为了综合考虑动载荷、不均衡载荷的影响,一般以计算载荷代替设备或构件的重量。计算载荷的一般计算公式为

$$Q_{计} = K_{动} K_{不} Q \tag{9-1}$$

式中:Q——设备或构件和索、吊具的重量之和。

4. 风载荷

在露天进行重大吊装施工时,风对被吊装的设备或构件和起重机的作用不可忽视,它会较大地增加起重机的附加载荷。按照起重安全规程的要求,在风力达到或超过 5 级时不允许进行吊装,在 5 级及其以下,应计算风的附加载荷的影响。计算风载荷时应同时计算被吊装设备或构件所受的风载荷和起重机所受的风载荷。

风对起重机、设备或构件的影响按下式计算

$$P = \sum W_k F_i \tag{9-2}$$

式中:W_k——风载荷标准值;

F_i——迎风面积。

按照载荷规范(GB 50009—2012),风载荷标准值 W_k 的计算公式为

$$W_k = \beta_z \mu_s \mu_z W_o \tag{9-3}$$

式中:β_z——z 高处的风振系数;

μ_s——风载体型系数;

μ_z——风压高度变化系数;

W_o——基本风压。

上述各参数按以下方法确定。

1)风振系数 β_z 的确定

起重机的臂架和部分设备或构件应视为悬臂形高耸结构,当自振周期 T_1 大于 0.25s 时,风振系数 β_z 可按下式计算

$$\beta_z = 1 + \frac{\xi \nu \varphi_z}{\mu_z} \tag{9-4}$$

式中:ξ——脉动增大系数,取值见表 9-5;

ν——脉动影响系数,取值见表 9-6;

φ_z——振形系数，对于起重机的臂架，一般取1.0。

脉动增大系数 ξ　　表9-5

$W_o T_1^2$ ($kNs^2 \cdot m^{-2}$)	0.01	0.02	0.04	0.06	0.08	0.10	0.20	0.40	0.60
钢结构	1.47	1.57	1.69	1.77	1.83	1.88	2.04	2.24	2.36
$W_o T_1^2$ ($kNs^2 \cdot m^{-2}$)	0.80	1.00	2.00	4.00	6.00	8.00	10.00	20.00	30.00
钢结构	2.46	2.53	2.80	3.09	3.28	3.42	3.54	3.91	4.14

脉动影响系数 ν　　表9-6

总高度(m)		10	20	40	60	80	100	150	200
地面粗糙度类别	A	0.78	0.83	0.87	0.89	0.89	0.89	0.86	0.84
	B	0.72	0.79	0.85	0.88	0.89	0.90	0.89	0.88
	C	0.66	0.74	0.82	0.86	0.88	0.89	0.90	0.90

注意：计算 $W_o T_1^2$ 时，对于地面粗糙度B类地区可直接代入基本风压，对于A类和C类地区应当将基本风压分别乘以1.38和0.71后代入。对于起重机臂架，自振周期 T_1(s)可近似地按下式计算

$$T_1 \approx \frac{H}{100} \tag{9-5}$$

式中：H——起重机臂架的总高度，m。

2)风载体型系数 μ

其作用是计入风对不同体型的设备、构件的影响。

正面风的压力，以基本风压 W_o 计入其影响；背面风的吸引力和表面的摩擦力，以 μ_s 计入其影响，取值如表9-7所示。

风载体型系数 μ_s 的取值　　表9-7

序　号	设备、构件的结构形式	μ_s	备　注
1	实腹式	1.3	
2	空间桁架(型钢、单榀)	1.3φ	φ 为挡风系数
3	空间桁架(钢管、单榀)	1.2φ	同上
4	加榀桁架(型钢)	$1.3\varphi \frac{1-\eta^n}{1-\eta}$	n 为桁架的榀数
5	多榀桁架(钢管)	$1.2\varphi \frac{1-\eta^n}{1-\eta}$	同上
6	圆载面设备	1.2 0.7 插值法	$W_o d^2 \leqslant 0.002$ $W_o d^2 \geqslant 0.015$ $0.002 < W_o d^2 < 0.015$

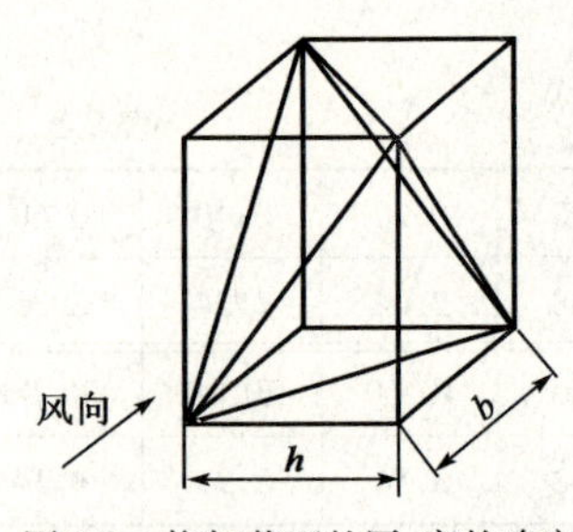

图 9-3　桁架截面的厚、宽的确定

表中 η 为第二片平面桁架的系数，它与桁架截面的厚宽比 b/h 和挡风系数 φ 有关。b 和 h 与风向有关，如图 9-3 所示。与风向平行的桁架截面的厚度为 b，与风向垂直的桁架截面的宽度为 h。

挡风系数 φ 指的是桁架截面的实际迎风面积（桁架杆件和节点板的净投影面积）与轮廓面积之比，对于钢结构桁架，一般可以取为 0.4 ~ 0.5。根据厚宽比 b/h 和挡风系数 φ 查表 9-8，可以确定 η 的取值。

η 的取值　　表 9-8

φ \ b/h	≤1	2	4	6
≤0.1	1.0	1.0	1.0	1.0
0.2	0.85	0.90	0.93	0.97
0.3	0.66	0.75	0.80	0.85
0.4	0.50	0.60	0.67	0.73
0.5	0.33	0.45	0.53	0.62
0.6	0.15	0.30	0.40	0.50

3）风压高度变化系数 μ_z

该系数的作用是反映风压的高度变化规律。按照现行风压测定的规定，基本风压值取的是离地面 10m 高处的平均风压值，但随着高度的增加，风压值会增大，风压高度分布如图 9-4 所示。

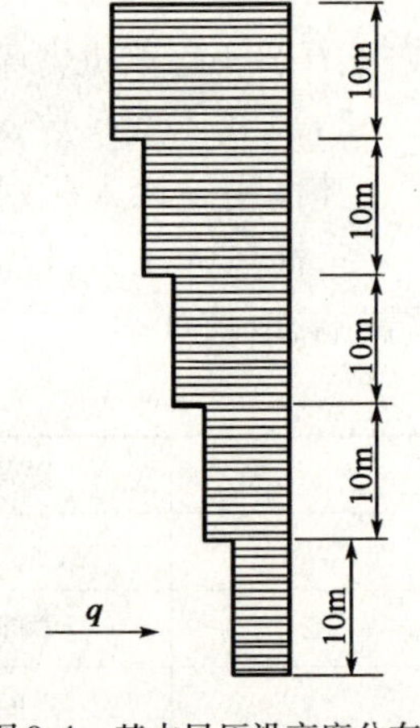

图 9-4　基本风压沿高度分布

按照载荷规范（GB 50009—2012）的规定，风压增大的程度，在不同地面粗糙度的地区，在基本风压值的基础上乘以一个大于 1 的系数，称为风压高度变化系数 μ_z。其取值如表 9-9 所示。

4）基本风压

起重规程规定，不允许在超过 5 级风的情况下进行吊装作业，所以 W_o 取为当地 10m 高处 6 级风的瞬时风压值。

6 级风的平均风速 v 在 10.8 ~ 13.8m/s 范围，瞬时风速 v_o 与平均风速的关系如表 9-10 所示。

风压 w_o 与瞬时风速的关系为

$$w_o = \frac{v_o^2}{1\,600}$$

按照公式可计算其基本风压的瞬时值

$$w'_o = \frac{v_o^2}{1\,600} = \frac{(13.8 \times 1.5)^2}{1\,600} = 0.268\text{kN/m}^2$$

一般计算风载荷的影响时，工作状态下的基本风压值不小于 0.25kN /m²。

风压高度变化系数 μ_z 的取值　　表 9-9

离地面(或海平面)高度(m)	地面粗糙度类别		
	A	B	C
10	1.38	1	0.71
20	1.63	1.25	0.94
30	1.80	1.42	1.11
40	1.92	1.56	1.24
50	2.03	1.67	1.36
60	2.12	1.77	1.46
70	2.20	1.86	1.55
80	2.27	1.95	1.64
90	2.34	2.02	1.72
100	2.40	2.09	1.79
150	2.64	2.38	2.11
200	2.83	2.61	2.36

注:①A 类指近海海面、海岛、海岸、湖岸及沙漠地区;
②B 类指田野、乡村丛林、丘陵以及房屋比较稀疏的中、小城市和大城市郊区;
③C 类指有密集建筑群的大城市市区。

瞬时风速 v_o 与平均风速 v 的关系　　表 9-10

$v(m \cdot s^{-1})$	v_o	$v(m \cdot s^{-1})$	v_o
≥34	1.18v	≥25	1.18v
≥30	1.18v	≥20	1.18v

5)迎风面积 F_i

按 10m 分段计算设备、构件和起重机的实际迎风面积。

六、索、吊具及牵引装置的计算与选择

索、吊具及牵引装置是起重工程中不可缺少的工具,目前工程中常用的索具主要是钢丝绳及吊索,常用的吊具主要是滑轮组和平衡梁,常用的牵引装置主要是卷扬机。

起重工程中,钢丝绳及吊索主要用于捆绑、提升设备或构件,在使用桅杆等非标准起重机时,常采用钢丝绳作为其稳定系统。

1)吊装常用的钢丝绳的材料、规格及其特性

钢丝绳一般由高碳钢丝捻绕而成。起重工程中常用钢丝绳的钢丝的强度极限有1 400MPa(140kg/mm²)、1 550MPa(155kg/mm²)、1 700MPa(170kg/mm²)、1 850MPa(185kg/mm²)、

2 000MPa(200kg/mm^2)等数种。

钢丝绳一般由数股钢丝束和一根绳芯捻绕而成,每一股钢丝束又由多根钢丝捻绕而成。钢丝绳的规格较多,起重工程常用的为6×19+1、6×37+1、6×61+1三种。上述三种规格中,6代表绕成钢丝绳的股数,19(37,61)代表每股中的钢丝数,1代表中间的麻芯。

根据钢丝绳中各钢丝束和钢丝束中各钢丝的捻绕方向,钢丝绳可分为顺绕、交绕和混绕三种。顺绕是钢丝绳中钢丝束的捻绕方向与每一股钢丝束中钢丝的捻绕方向相同,其特点是钢丝绳平滑、柔软,但容易产生自旋、松散和被压扁。交绕是钢丝绳中钢丝束的捻绕方向与每一股钢丝束中钢丝的捻绕方向相反,其特点是钢丝绳平滑、柔软程度比顺绕差,但不会产生自旋和松散。混绕又称交互绕,是相邻两股钢丝束中钢丝的捻绕方向相反,它克服了前两种的缺点,兼具前两种的优点,机械性能较好,但制造困难,价格较贵。

在同等直径下,6×19+1钢丝绳中的钢丝直径较大,强度较高,但柔性差。而6×61+1钢丝绳中的钢丝最细,柔性好,但强度低。6×37+1钢丝绳的性能介于上述两者之间。即柔性比6×19+1钢丝绳好,比6×61+1钢丝绳差;强度比6×19+1钢丝绳差,比6×61+1钢丝绳好。

根据三种钢丝绳的特性,其用途也不一样。6×19+1钢丝绳适合用于需要较高强度,但弯曲较少的场合,如桅杆等非标准起重机稳定系统中的缆风绳;6×37+1、6×61+1两种钢丝绳适合用于对弯曲和强度要求都较高的场合,如滑轮组的钢丝绳(俗称跑绳)和吊索。

在起重工程中,钢丝绳一般用来做缆风绳、跑绳和吊索,做缆风绳的安全系数K不小于3.5,做跑绳的安全系数K一般不小于5,做吊索的安全系数K一般不小于8,如果用于载人,则安全系数K一般取值范围为10~12。

不同用途的钢丝绳的许用拉力是用其破断拉力除以安全系数。钢丝绳的破断拉力是将钢丝绳拉断的力,对于不同规格、不同材料、不同直径的钢丝绳的破断拉力,国家标准中均进行了规定。

2)钢丝绳的技术使用

(1)钢丝绳的破坏机理

钢丝绳在工作时一般要进出滑轮或卷筒,进行弯绕,除了受拉外,还要受弯和扭,同时还要产生接触应力和摩擦磨损,应力状态较为复杂。尤其是弯、扭和接触应力的脉动特性,将引起金属疲劳。实践证明,这种多次弯曲造成的弯曲疲劳和磨损,是钢丝绳破坏的主要原因。

钢丝绳中的钢丝发生弯曲疲劳与磨损,表层钢丝逐渐折断,折断的钢丝数量愈多,其他未断钢丝的拉力越大,疲劳与磨损便愈甚,使钢丝折断速度加快。当钢丝折断发展到一定程度,便保证不了钢丝绳的安全性,这时钢丝绳应折减使用或报废。

(2)绳轮比

为保证钢丝绳不过分弯曲,必须规定不同直径的钢丝绳的最小弯曲半径,称为“绳轮比”。绳轮比按下式计算:

$$D_{\min} \geqslant e_1 e_2 d \tag{9-6}$$

式中:$D_{\min}$——钢丝绳绕过的最小轮径;

d——钢丝绳直径;

e_1——系数，按照工作类型决定，轻型为 16，中型为 18，重型为 20，工程建设中的起重工程，虽然每次吊装的重量较重，但由于连续工作的时间较少，工作类型一般为轻型或中型；

e_2——系数，按照钢丝绳结构决定，交绕、混绕为 1，顺绕为 0.9。

钢丝绳不能承受过分弯曲，更不能发生锐角弯折，在进行设备或构件的捆绑时，如遇钢丝绳必须绕过锐角的情况，必须对锐角部分进行保护。施工现场通用的保护方法是采用破开的钢管垫放在锐角处或在锐角处垫放木块等。

(3)旧钢丝绳的折减使用和报废

使用较长时间后的钢丝绳会出现磨损、锈蚀和断丝，使其破断拉力明显减小，但一般还可折减使用，如损坏严重时，必须报废。

①折减

钢丝绳的破断拉力折减应按其在一个节距内钢丝折断的根数进行，如表 9-11 所示。

钢丝绳破断拉力的折减系数　　表 9-11

钢丝绳破断拉力的折减系数	一个节距内钢丝绳折断的钢丝数量(根)					
	6×19+1		6×37+1		6×61+1	
	捻绕方式					
	交捻	顺捻	交捻	顺捻	交捻	顺捻
0.95	5	3	11	6	18	9
0.90	10	5	19	9	19	14
0.83	14	7	28	14	40	20
0.80	17	8	33	16	43	21
0	>17	>8	>33	>16	>43	>21

钢丝绳出现断丝时，大多数均伴随表面磨损，在这种情况下，应按表 9-12 对折减系数向小的方向进行修正。

钢丝绳表面磨损时折减系数的修正系数　　表 9-12

钢丝表面磨损占直径的百分率(%)	10	15	20	25	30	>30
修正系数	0.8	0.7	0.65	0.55	0.50	0

②报废

如钢丝绳有断股、锈蚀严重、断丝和磨损超过标准、受热退火和发生各种严重变形时应报废。按照国家标准的规定，在一个节距内断丝根数达到表 9-13 所列根数时，钢丝绳即应报废。

钢丝绳的报废标准　　表 9-13

安全系数	钢丝绳折断的钢丝数量(根)					
	6×19+1		6×37+1		6×61+1	
	交捻	顺捻	交捻	顺捻	交捻	顺捻
<7	12	6	22	11	36	18
6~7	14	7	26	13	38	19
>7	16	8	30	15	40	20

3)钢丝绳附件

为保证钢丝绳的正确使用,在使用钢丝绳时,常需要用套环和绳卡等附件。

(1)钢丝绳套环

为保证钢丝绳在弯曲时不因过度弯曲而损坏,常需要采用套环。如钢丝绳用做缆风绳时,在缆风绳与地锚连接处,将钢丝绳的一端嵌在套环中,形成环状,以免钢丝绳承载时损坏。

套环的结构形式较多,吊装工程中,常用的有型钢套环、普通套环和重型套环三种,如图 9-5所示。

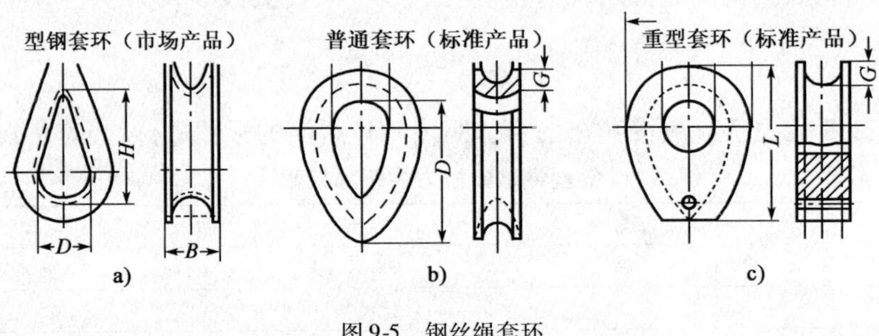

图 9-5　钢丝绳套环

标准产品套环的规格可查国家标准 GB 5974.1—2006、GB 5974.2—2006。型钢套环无国家标准,其规格可查起重手册。

(2)钢丝绳绳夹

钢丝绳绳夹用于固定钢丝绳末端。用时将两绳端并列压紧,以箍卡的方式连接,承受拉力,要求其连接强度大于该钢丝绳的许用拉力,如图 9-6 所示。

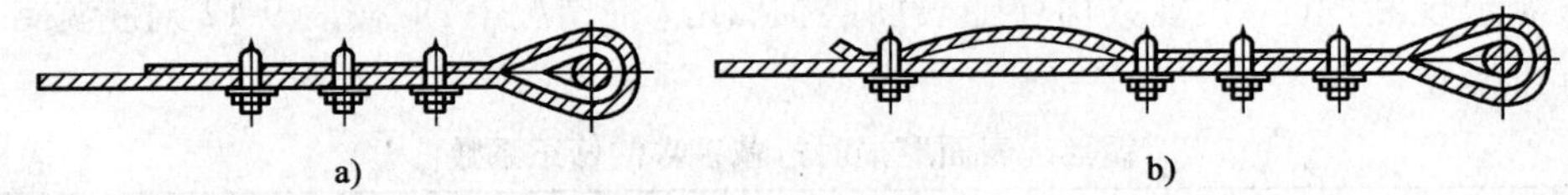

图 9-6　钢丝绳绳夹的使用方法

绳夹的结构形式有数种,常用的是标准绳夹,即 GB 5976—2006 型,其结构如图 9-7 所示。

标准绳夹的规格按照适用钢丝绳直径(即其公称尺寸)从 $\phi6 \sim \phi60$ 共 20 种。见国家标准 GB 5976—2006。

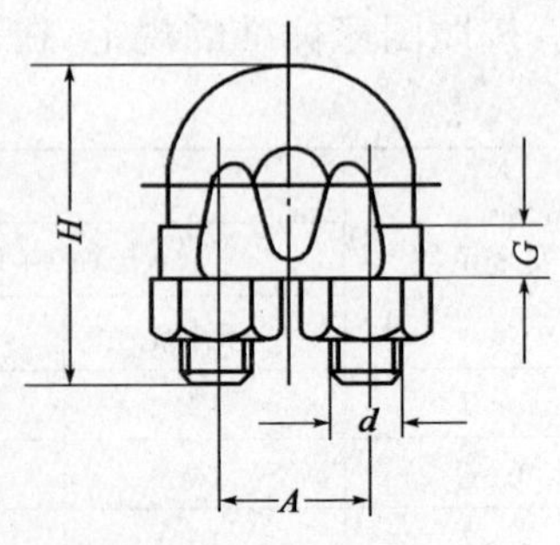

图 9-7　钢丝绳绳夹的结构

钢丝绳绳夹装设应按以下要求进行:

①钢丝绳绳夹装设的数量和间距与钢丝绳直径有关,可参考表 9-14 选用。

②各 U 形螺栓圆环应卡在钢丝绳端头的一侧,如图 9-6a)所示。

③应按图 9-6b)所示安装保安绳夹,以便于及时发现绳夹松动并自动投入工作。

钢丝绳绳夹的数量和装设间距　　表 9-14

公称尺寸(mm)	绳夹数量(个)	绳夹间距	公称尺寸(mm)	绳夹数量(个)	绳夹间距(mm)
6	2	70	26	5	170
8	2	80	28	5	180
10	3	100	32	6	200
12	3	100	36	7	230
14	3	100	40	8	260
16	3	120	44	9	290
18	4	120	48	10	310
20	4	120	52	11	330
22	4	140	56	12	350
24	5	150	60	13	370

4)吊索

吊索俗称千斤绳、绳扣,用于连接起重机吊钩和被吊装设备。吊索用钢丝绳制作,在起重工程中,常用的形式有“万能吊索”和“轻便吊索”2 种。

(1)吊索的形式

①轻便吊索

轻便吊索的端头用插接法连接,在两端形成环状,如图 9-8 所示。其插接长度 a 为 20 ~ 30 倍的钢丝绳直径。其长度 L 根据吊装需要确定。其规格如表 9-15 所示。

轻便吊索一般与钢丝绳套环配合使用。

轻便吊索规格　　表 9-15

钢丝绳直径 d(mm)	钢丝绳的插接长度 a(mm)	钢丝绳长度 L(按需要定)(m)
12	300	$L+2.00$
16	350	$L+2.60$
19	400	$L+3.20$
22	450	$L+3.80$
25	500	$L+4.50$
30	600 ~ 800	$L+5.50$

②万能吊索

万能吊索的端头用插接法连接,形成环状,如图 9-9 所示。其插接长度口为 20 ~ 30 倍的钢丝绳直径,其长度 L 根据吊装需要确定。其规格如表 9-16 所示。

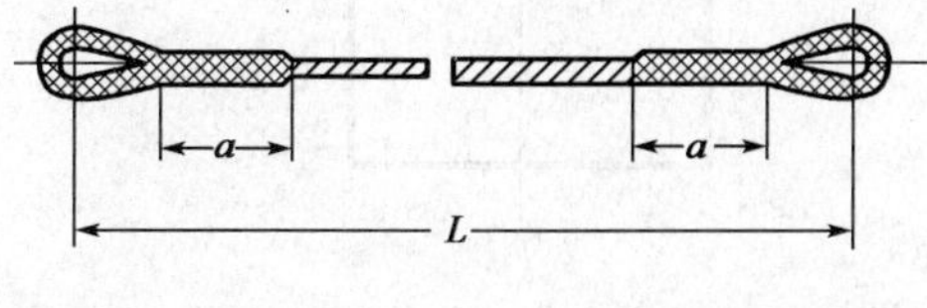

图 9-8　轻便吊索

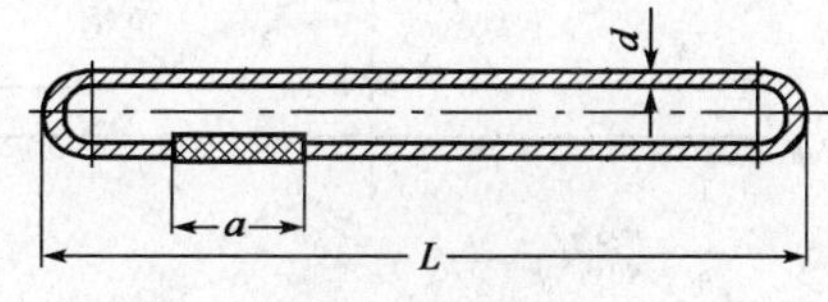

图 9-9　万能吊索

插接规格　　表 9-16

钢丝绳直径 d(mm)	连接处长度 a(m)	每侧的长度 L(m)	钢丝绳长度(m)
19.5	0.40	8	16.5
19.5	0.40	10	20.5
22	0.45	8	16.5
22	0.45	12	24.5
25	0.50	8	16.5
25	0.50	12	24.5
30	0.75	10	21.0
30	0.75	15	31.0

(2)吊索的计算与选择

如前所述,吊索用于捆绑设备,连接起重机或滑轮组的吊钩,所以吊索的计算应按照其捆绑方法进行。

吊装时由于需要平衡,一般不采用单根吊索,而采用多分支。

吊装时,最理想的吊索是垂直的,但一般很难做到,吊索与水平面的夹角 α 一般应控制在 45°~60°范围,特殊情况下,不得小于 30°,如图 9-10 所示。

一般情况下,将各分支吊索设计为平均承担载荷。此时,每分支吊索的计算载荷可按下式计算:

$$P_{\mathrm{jd}} = \frac{1}{n\sin\alpha}K_{\mathrm{d}}K_{\mathrm{b}}Q \tag{9-7}$$

式中:n——吊索的分支数;

α——吊索与水平面的夹角。

用做吊索的钢丝绳,采用 6×61+1 较适宜,在特殊情况下,可采用 6×37+1。由于 6×19+1 这种钢丝绳柔性较差,不适宜用做吊索。只是要注意,本节所列表格中的数据,仅供参考,实际工程应用时,应以国家标准或钢丝绳生产厂家提供的数据为准。

吊索的安全系数一般不应小于 8。

如吊索在使用时有急弯,如图 9-11 所示,一般应将其许用拉力乘上一个小于 1 的折减系数,以保证吊索的安全。折减系数一般不大于 0.70。

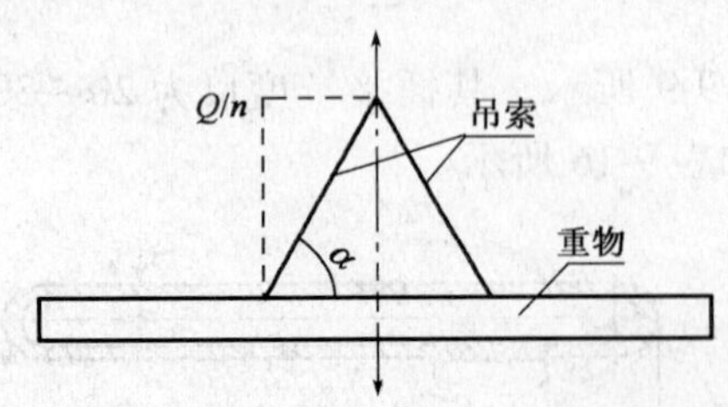

图 9-10　吊索的夹角及受力分析

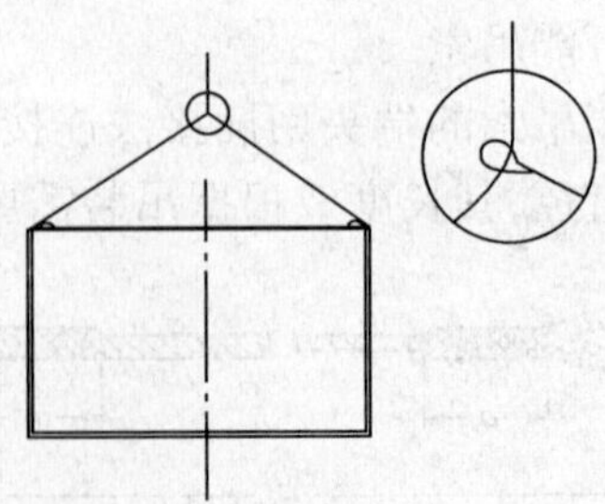

图 9-11　吊索的折减系数

七、滑轮组

滑轮组是一种重要的吊装工具，在吊装工程中使用非常广泛。目前除了少数特殊吊装装置外，不管是标准起重机，还是自行设计的非标准吊装装置，其提升系统基本上采用滑轮组。

1. 滑轮组的计算

吊装工程中，滑轮组的计算主要是计算滑轮组钢丝绳（俗称跑绳）的张力。

1）运动阻力

滑轮组在工作时因滑轮与轴的摩擦和钢丝绳的刚性等原因会产生运动阻力。

（1）摩擦阻力：滑轮组工作时，在滑轮轴承处产生摩擦阻力矩，导致滑轮钢丝绳在拉出端的拉力大于进入端的拉力。

（2）刚性阻力：由于钢丝绳具有刚性，在绕入和绕出滑轮时，钢丝绳不能立即与滑轮密合而产生一定的偏移 e_1 和 e_2，导致滑轮钢丝绳在拉出端的拉力大于进入端的拉力，如图 9-12 所示。

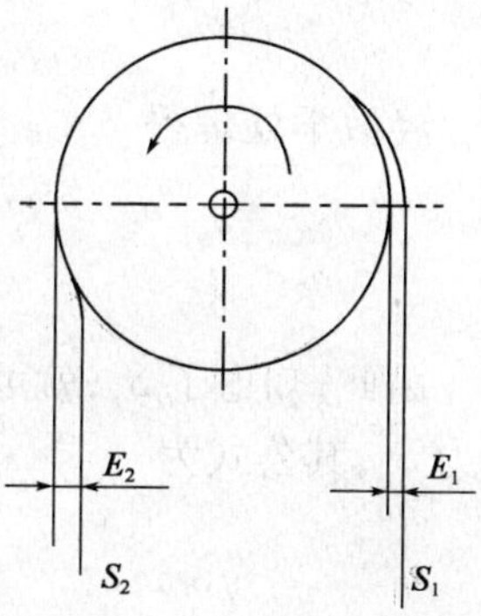

图 9-12　滑轮组的刚性阻力

为了综合计入摩擦阻力和刚性阻力的影响，引入总阻力系数 μ，即

$$S_2 = \mu S_1 \tag{9-8}$$

对于不同滑轮组，总阻力系数 μ 不同。滚动轴承滑轮组，取 $\mu = 1.02$；青铜衬套滑动轴承滑轮组，取 $\mu = 1.04$，无青铜衬套滑动轴承滑轮组，取 $\mu = 1.06$。

2）滑轮组倍率的确定

倍率又称工作绳数，倍率的确定方法如下：

（1）当钢丝绳的固定端（俗称死头）固定在定滑轮组上时，如图 9-13 所示。

倍率 = 动滑轮个数 ×2

（2）当钢丝绳的固定端（俗称死头）固定在动滑轮组上时，如图 9-14 所示。

倍率 = 动滑轮个数 ×2 +1

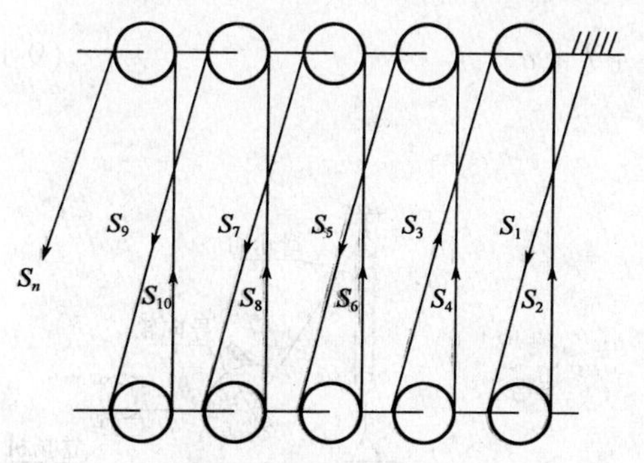

图 9-13　滑轮组分支拉力的计算

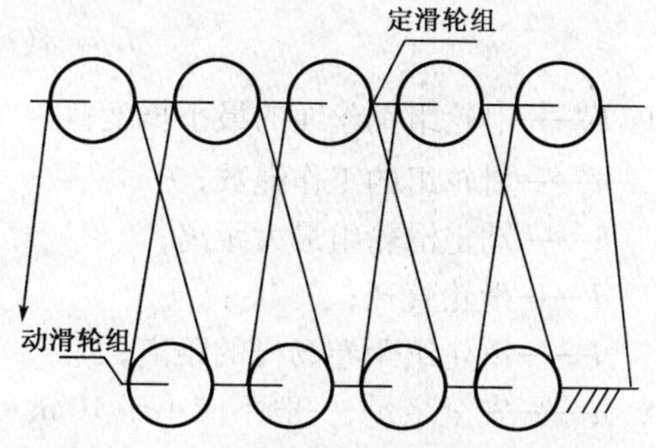

图 9-14　钢丝绳的固定端固定在动滑轮组

3）滑轮组钢丝绳最大张力计算

如图 9-13 所示，设滑轮组的分支数为 n，各分支拉力分别为 $S_1, S_2, S_3, \cdots, S_n$，引入阻力系

数μ后，各分支拉力的关系为

$$S_2 = \mu S_1$$

$$S_3 = \mu S_2 = \mu^2 S_1$$

$$S_4 = \mu S_3 = \mu^3 S_1$$

$$\cdots$$

$$S_n = \mu S_{n-1} = \mu^{n-1} S_1 \tag{9-9}$$

因为吊装载荷Q_j由各分支共同承担，所以有

$$Q_j = S_1 + S_2 + S_3 + \cdots + S_n$$

即

$$Q_j = S_1(1 + \mu + \mu^2 + \mu^3 + \cdots + \mu^{n-1})$$

经数学处理得

$$S_1 = \frac{\mu - 1}{\mu^n - 1} Q_j \tag{9-10}$$

由此，知道了S_1，就可按其关系求出任一分支的拉力。工程中，一般要求求出最大分支的拉力S_n，其公式为

$$S_n = \mu^{n-1} S_1 = \frac{\mu - 1}{\mu^n - 1} \mu^{n-1} Q_j$$

实际使用时，为了方便，令$\frac{\mu-1}{\mu^n-1}\mu^{n-1}$为$\alpha$，称为载荷系数，可查表9-17取得。因此最大拉力又可表示为

$$S_n = \alpha Q_j \tag{9-11}$$

4）滑轮组钢丝绳的长度计算

滑轮组钢丝绳的最小长度可按下式计算：

$$L = n(h + 3d) + I + a \tag{9-12}$$

式中：L——滑轮组钢丝绳的最小长度；

n——滑轮组的工作绳数；

h——动定滑轮组最大距离；

d——滑轮直径；

I——滑轮组距卷扬机的距离；

a——安全余量，一般不应小于10m。

5）导向轮的计算与选择

导向轮用于改变滑轮组钢丝绳（俗称跑绳）的方向，如图9-15所示。为便于跑绳穿入导向轮，一般采用开口滑轮组，开口滑轮组一般为1轮，如H16×1GK（H系列滑轮组）。

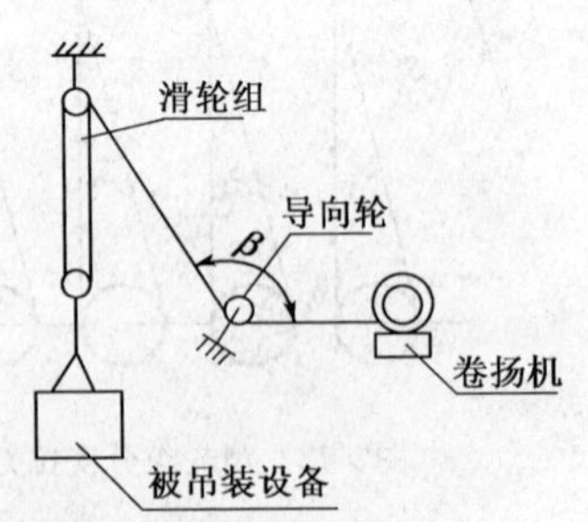

图9-15　导向轮的用途

载荷系数 α　　表9-17

工作绳索数	滑轮个数（定、动滑轮之和）	导向滑车						
		0	1	2	3	4	5	6
1	0	1.00	1.040	1.082	1.125	1.170	1.217	1.265
2	1	0.507	0.527	0.549	0.571	0.594	0.617	0.642
3	2	0.346	0.360	0.375	0.390	0.405	0.421	0.438
4	3	0.265	0.276	0.287	0.298	0.310	0.323	0.335
5	4	0.215	0.225	0.234	0.243	0.253	0.263	0.274
6	5	0.187	0.191	0.199	0.207	0.215	0.224	0.330
7	6	0.160	0.165	0.173	0.180	0.187	0.195	0.203
8	7	0.143	0.149	0.155	0.161	0.167	0.174	0.181
9	8	0.129	0.134	0.140	0.145	0.151	0.157	0.163
10	9	0.119	0.124	0.129	0.134	0.139	0.145	0.151
11	10	0.110	0.114	0.119	0.124	0.129	0.134	0.139
12	11	0.102	0.106	0.111	0.115	0.119	0.124	0.129
13	12	0.096	0.099	0.104	0.108	0.112	0.117	0.121
14	13	0.091	0.094	0.098	0.102	0.106	0.111	0.115
15	14	0.087	0.090	0.093	0.097	0.100	0.102	0.108
16	15	0.084	0.086	0.090	0.093	0.095	0.100	0.104

注：本表的工作绳数是按动滑轮绕出计算的（如图1-50中的 S_{10}），一般滑轮组钢丝绳是从定滑轮绕出，计算时，最后一个定滑轮应算为导向轮。

由图9-15可知，导向轮的载荷是进入和拉出导向轮的跑绳拉力的矢量和，即与跑绳拉力和夹角 β 有关。工程中，为了简化计算，常采用跑绳最大拉力乘以一角度系数来确定导向轮的载荷，即

$$Q_d = KS$$

式中：Q_d——导向轮载荷；

K——导向角度系数，根据 β 查表9-18；

S——滑轮组跑绳最大拉力。

导向角度系数　　表9-18

导向角度 β（°）	<60	60~90	90~120	>120
角度系数 K	2.0	1.7	1.4	1.0

2. 滑轮组的技术使用

正确地使用滑轮组，是保证吊装安全的重要环节，滑轮组的正确使用主要包括：滑轮组的

穿绕方法、滑轮组的最短极限距离、滑轮组轮槽与钢丝绳直径相匹配、钢丝绳在滑轮组中的偏角等内容。

1)滑轮组的穿绕方法

由于每一分支跑绳的拉力不同,造成滑轮组在轴线方向受力不均,会引起滑轮组倾斜而发生事故,因此必须通过穿绕方法去解决。

滑轮组的穿绕方法可分为顺穿和花穿两大类,其中顺穿又可分为单跑头顺穿和双跑头顺穿,花穿的方法很多,其中最常见的是大花穿,俗称“隔轮跳”。三种穿绕方法分别如图9-13、图9-16和图9-17所示。

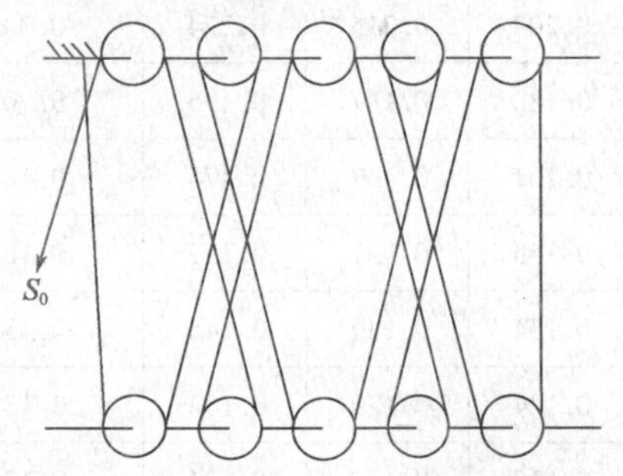

图9-16　滑轮组的双跑头顺穿

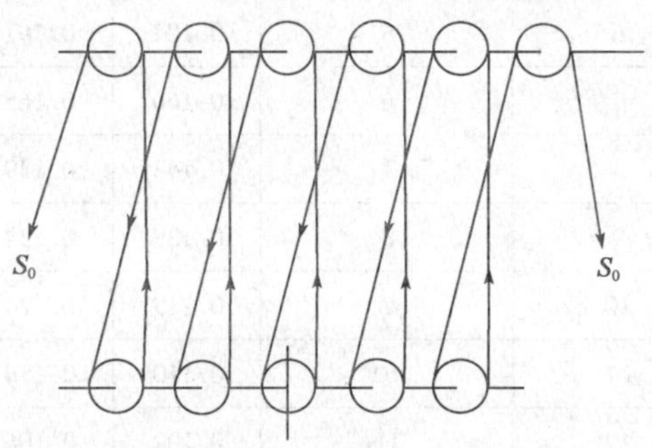

图9-17　滑轮组的大花穿

单跑头顺穿的特点是穿绕简单、容易,但由于运动阻力,各分支拉力由固定端向拉出端逐渐增大,易使滑轮组在轴线方向受力不均而发生倾斜,严重时会导致重大吊装事故的发生。因此该种穿绕方法不适宜用于多轮滑轮组,一般只用于三轮及其以下滑轮组。

双跑头顺穿的特点是穿绕简单、容易,由于无固定端,各分支拉力最小的在它间,最大的在两端,且对称,避免了滑轮组的倾斜。上升速度比单跑头顺穿快一倍,可减少被吊装设备或构件的空中停留时间,在一定程度上减少了偶然事件引发吊装事故的几率。但需要两台牵引装置,成本相应增加。该种穿绕方法一般用于7轮及其以上滑轮组的重型吊装。

图9-17所示大花穿,可在一定程度上减少滑轮组在轴线方向上的受力不均,但穿绕复杂,钢丝绳在滑轮组中的偏角较大,易引起动滑轮组旋转,使跑绳发生相互缠绕。一般用于4~6轮滑轮组。

2)动、定滑轮组的最短极限距离

由于钢丝绳具有刚性,不可过度弯曲,因此,滑轮组的动、定滑轮不可无限接近,有一个最短极限距离的限制,如表9-19所示。

3)其他注意事项

(1)钢丝绳在滑轮组中的偏角

钢丝绳在滑轮组中的偏角不能大于4°。

(2)钢丝绳直径与滑轮轮槽的配合

应使滑轮组轮槽与跑绳直径相配,跑绳直径不可太大,也不可太小。

滑轮的最短极限距离　　　表 9-19

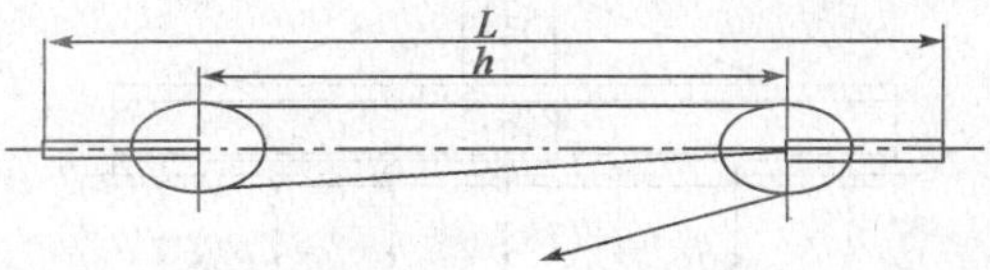

额定起重量(kN)	滑轮轴中心的最小距离 h(mm)	拉紧状态下的最小长度 L(mm)
10	700	1 400
50	900	1 800
100	1 000	2 000
160	1 000	2 000
200	1 000	2 100
320	1 200	2 600
500	1 200	2 600
800	1 400	2 900
1 000	1 400	2 900

注:①本表所列最小极限尺寸中有 500 ~ 800mm 的安全距离;
②本表适用于 HQ 系列和 H 系列滑轮组的顺穿。

八、平衡梁的设计计算

平衡梁是常用的吊装工具,同时平衡梁不是标准产品,必须根据具体工程的需要进行设计和制造。

1. 平衡梁的作用与结构

1)平衡梁的作用

(1)吊装精密设备或构件,采用平衡梁可避免精密设备或构件被吊装绳索擦坏。

(2)吊装长度较长的卧式构件,采用平衡梁可以使构件承受较小的轴向分力,避免其变形破坏。

(3)在同一台非标准起重机(如桅杆)的一个吊耳上,如需要挂两套及其以上的滑轮组,需要采用平衡梁。

2)平衡梁的结构

根据吊装的具体要求,平衡梁可以被设计成很多形式,最常用的有三种,如图 9-18 所示。

2. 平衡梁的计算

平衡梁的计算按照其结构形式不同而不同。图 9-18a)钢管式平衡梁中的钢管只承受吊索的轴向分力,尽管轴向分力是偏心轴向压力(轴向分力没有通过钢管轴线),但工程中仍按轴心压杆进行计算。图 9-18b)型钢式平衡梁主要承受弯矩,可以简化成简支梁受弯进行强度计算。图 9-18c)板式平衡梁计算较复杂,工程中常采用简化计算。

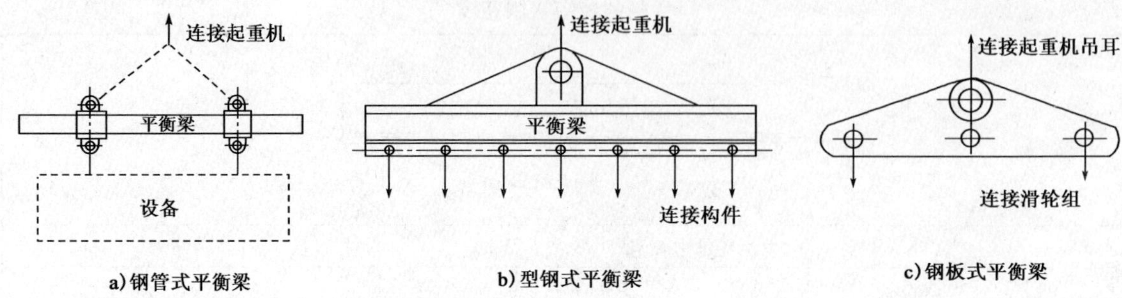

a)钢管式平衡梁　　b)型钢式平衡梁　　c)钢板式平衡梁

图 9-18　常见平衡梁的形式

1)钢管式平衡梁的计算

钢管式平衡梁的受力分析可以简化如图 9-19 所示。

吊索的计算载荷为

$$P_{jd} = \frac{1}{n\sin\alpha}K_d K_b Q \tag{9-13}$$

式中:n——吊索分支数,采用平衡梁时,吊索分支数一般为 2。

则平衡梁所受轴力为

$$N = P_{jd}\cos\alpha \tag{9-14}$$

按经验选择平衡梁钢管截面后,按轴心压杆进行校核,即

$$\frac{N}{\varphi A} \leqslant f \tag{9-15}$$

式中:N——平衡梁所受轴力;

φ——轴心压杆折减系数;

A——平衡梁钢管截面面积;

f——应力设计值,吊装工程中,一般控制在 80 ~ 90MPa。

2)型钢式平衡梁的计算

型钢式平衡梁的受力分析可偏安全地简化如图 9-20 所示。

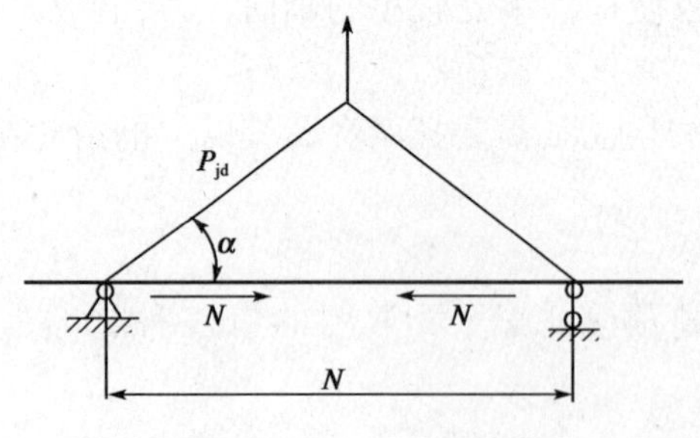

图 9-19　钢管式平衡梁的受力分析

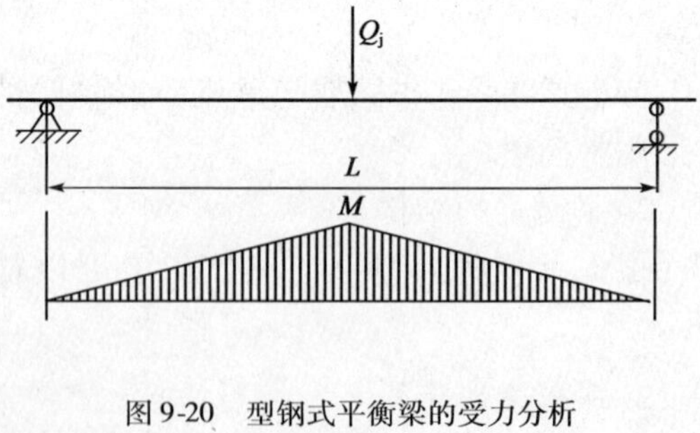

图 9-20　型钢式平衡梁的受力分析

按图 9-20,最大弯矩 M 为

$$M = \frac{1}{4}Q_j L \tag{9-16}$$

按经验选择平衡梁钢管截面后,按弯曲进行校核,即

$$\frac{M}{W} \leqslant f \tag{9-17}$$

式中：W——平衡梁钢管的抗弯截面模数，可查表，也可按材料力学进行计算；

f——应力设计值，吊装工程中，一般控制在80～90MPa。

九、自行式起重机

自行式起重机是吊装工程中一种重要的起重机械，使用非常广泛，可以说，一个国家、一个地区拥有的自行式起重机的吊装能力在一定程度上代表了该国家和地区的吊装水平。因此掌握自行式起重机的合理选择和正确使用，具有自行式起重机的基本知识，不仅是起重专业技术人员必须的，而且对工程建设的各类管理人员科学地管理工程也有着重要的意义。

1. 自行式起重机的分类及特点

自行式起重机一般分为汽车式、轮胎式和履带式三种。

汽车式起重机是将起重机安装于标准汽车的底盘上，行驶和起重操作分开在两个驾驶室进行。吊装时，靠四个支腿将起重机支撑在地面上。因此该起重机与另外两种相比，具有较大的机动性，其行走速度更快，可达到60km/h，并且不破坏公路路面。但一般不可在360°范围内进行吊装作业，其吊装区域受到限制，对地面支撑能力的要求也更高。

履带式起重机是将起重机安装于专用底盘上，其行走机构和吊装作业的支撑均为履带，履带的支撑面积较大，可以支撑较大载荷。因此，一般大型起重机较多采用履带式，履带式起重机对地面的要求也相对较低，并可在一定程度上带载行走。但其行走速度较慢，且履带会破坏公路路面，转移场地时须要拖车。履带式起重机的使用效率也比采用箱型臂的汽车式起重机低。

轮胎式起重机也是将起重机安装于专用底盘上，其行走机构为轮胎，吊装作业的支撑为支腿，其特点介于前二者之间。

2. 自行式起重机的技术使用

自行式起重机的技术使用包括：如何正确地选择起重机；在一些特殊工艺下，如何计算起重机的稳定性是否符合要求；如何进行自行式起重机的基础处理；如何对起重机进行安全管理等内容。

1）自行式起重机的选择

正确、合理地选择起重机是保证吊装工程安全、快捷、低成本的关键环节之一。起重机的选择必须根据其特性曲线进行，同时必须仔细分析、计算吊装过程中的每一个工艺细节对起重机的要求。

一般情况下，选择起重机的具体的步骤为：

（1）根据被吊装设备或构件的就位位置、现场具体情况等确定起重机的站车位置，站车位置一旦确定，其幅度就已确定。

确定起重机的站车位置，首先应保证尽可能地靠近设备就位位置，以减小起重机的工作幅度，同时应考虑地基的承载能力和起重机驾驶员的视线。

确定起重机的站车位置，还应充分考虑起重机的进、退场的路线和设备的卸车位置。对于进场路线,可能比较明显,特别应考虑吊装后,由于设备就位后的阻挡,起重机是否能顺利退出。对于采用格构式高臂架的起重机,还应考虑起重臂的组装场地和拆卸场地。

在确定起重机的站车位置时,应注意保证起重机在整个吊装过程中,起重臂的仰角尽可能地不改变(不改变幅度)。在工艺需要必须改变的情况下,应尽可能保证起重臂向上升(减小幅度),而不能轻易将起重臂向下放(增大幅度)。

在确定起重机的站车位置时,还应充分考虑地面和空中的障碍,特别是起重臂在旋转过程中,与高压电力线路是否具有足够的安全距离。

(2)根据被吊装设备或构件的就位高度、设备几何尺寸、吊索高度等和在步骤(1)中已确定的幅度,查起重机的起升高度特性曲线,确定需要的起重机的臂长。

确定设备或构件的就位高度,不能简单地确定为设备或构件的基础高度。在大多数情况下,吊装过程需要越过障碍,如果需要越过的障碍高度大于基础高度,应以该障碍高度为准确定就位高度,同时还应考虑设备底部与基础高度或障碍高度之间的安全距离,即"腾空高度",腾空高度一般不小于300mm。

计算设备的高度应按设备底部至设备吊耳之间的高度计算。吊索高度应根据吊索的拴接方法进行计算,需要注意的是在设计吊索的拴接方法时,吊索与水平面的夹角应符合有关规定。

(3)根据上述已确定的幅度、臂长,查起重机的"起重量特性曲线"确定起重机能够吊装的载荷。

(4)如果起重机能够吊装的载荷大于被吊装设备或构件的重量,则起重机选择合格,否则应重选。

(5)校核通过性能。"通过性能"指的是设备在被吊装到要求高度时,设备的边缘是否与起重臂相碰。不仅设备在吊装过程中可能与起重臂相碰,在很多情况下基础或障碍也可能与起重臂相碰,也应进行校核。如果发生与起重臂相碰,一般是起重机的幅度选得太小,此时必须通过增大起重机幅度解决。改变起重机幅度,可通过改变起重臂的倾角和起重臂的长度两种方法实现,应根据现场具体情况进行。

2)通过性能的计算

如图9-21所示,设备的通过性能与设备的几何尺寸、吊装高度、起重机幅度、最大起升高度、吊索高度、臂架头部高度、臂架横截面尺寸、起重臂的臂脚铰链的高度以及重物与起重机旋转中心的距离等有关。计算时应正确确定上述各项参数。

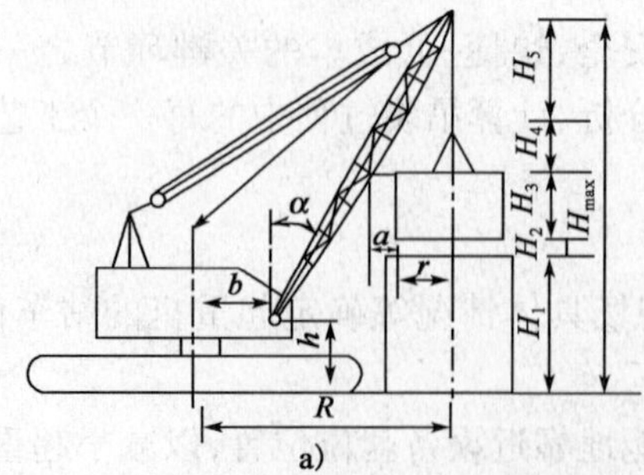

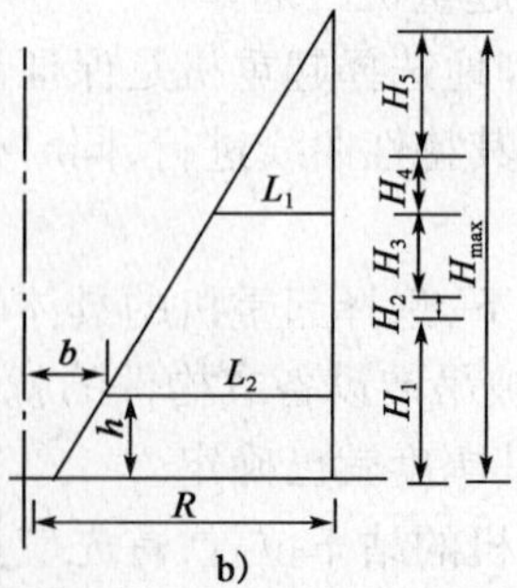

图9-21 设备通过性能计算简图

图中，R——幅度，按站车位置确定；

H_{max}——臂头高度，可按最大起升高度加上滑轮组最短极限距离近似确定；

b——起重机旋转中心至臂脚铰链的水平距离，查阅此参数时应注意起重机变幅机构的形式，如果以起重机旋转中心为坐标圆点，起重机的臂头方向为正，则具有机械式变幅机构的起重机的 b 为正值，而具有液压式变幅机构的起重机的 b 为负值；

h——起重机臂脚铰链高度；

a——设备至臂架的安全距离，一般不小于 300mm；

H_1——基础高度，应计算到地脚螺栓顶部。如设备在吊装过程中，必须跨越高于基础的障碍，则必须取障碍的高度；

H_2——腾空高度，一般取 300mm；

H_3——设备高度；

H_4——吊索高度，按实际设计吊索角度计算；

r——设备半径。

由图 9-21b）所示几何关系可知：

$$L_1 = r + a + \frac{c}{2} \tag{9-18}$$

$$L_2 = R - b \tag{9-19}$$

（1）起升高度计算

$$H = H_1 + H_2 + H_3 + H_4 \tag{9-20}$$

计算 L_1 时应注意，此处计算的是设备是否与起重臂相碰，所以取的是设备上平面处的 L_1，如果需要计算基础或障碍是否与起重臂相碰，L_1 应按基础或障碍的最上部进行计算。如本例中，需要计算基础是否与起重臂相碰，则 r 值应取为设备就位中心线至基础边缘的水平距离，相应其高度也应改为基础上平面高度。

（2）臂头高度计算

由于吊装设备后，起重机的臂头会在重物的作用下，有一个下沉量，这个下沉量随吊装的重量和起重机的臂长、幅度变化而变化，所以一般不宜采用按臂长和倾角进行计算，而是按起升高度曲线规定的最大起升高度加上滑轮组最短极限距离近似确定臂头高度。

（3）通过性能校核

通过性能可通过计算设备或基础与起重臂的安全距离 a 是否不小于 300mm 来判断。从计算简图 9-21b）可知：

$$\frac{L_1}{L_2} = \frac{H_{max} - (H_1 + H_2 + H_3)}{H_{max} - h}$$

整理该式，并注意 $L_1 = r + a + \frac{c}{2}$，可得安全距离 a 为

$$a = \frac{H_{max} - (H_1 + H_2 + H_3)}{H_{max} - h} L_2 - r - \frac{c}{2} \tag{9-21}$$

使用本公式时应注意，本公式是按设备与起重臂碰撞推导的，所以通过高度采用了 H_1 +

H_2+H_3,r 为设备半径,如果是校核基础或障碍的通过性,则"通过高度"应采用基础或障碍的高度,r 应取为基础或障碍至吊装垂线间的水平距离。

通过性校核必须在起重机选出之后进行,否则参数 b、h、c 和 H_{max} 未知。但在某些情况下,为了减少重复计算的次数,也可以偏安全地近似计算。具体方法是,采用设备要求的吊装高度加上滑轮组最短极限距离近似确定臂头高度 H_{max},令 b、h 暂为0,根据经验初步估算 c 值,计算需要的幅度 R,选择起重机后再进行通过性校核。由于该方法偏安全,按此方法计算,选择的起重机一般都能满足通过性要求。如果取 $a=300$,$b=0$,$h=0$ 则上式可变形为

$$R \geqslant L_1 \frac{H_{max}}{H_{max}-(H_1+H_2+H_3)} \tag{9-22}$$

3)自行式起重机的稳定性

在一般情况下,只要严格按特性曲线选机使用,便不需要计算起重机的整体稳定性,但在采用某些特殊吊装工艺时,如多台起重机联合吊装或起重机滑轮组的偏角较大等,则要求进行计算起重机的整体稳定性。

起重机的稳定性分为工作状态稳定性和非工作状态稳定性两大类。其中工作状态稳定性又分为在固定位置吊装时的稳定性和带载行走状态稳定性两类。

(1)在固定位置吊装时的稳定性

起重机在固定位置吊装时的稳定性,通常以稳定力矩 M_w 和倾翻力矩 M_q 的比值表示,这个比值称为稳定安全系数,以 K 表示,要求不小于1.4,即

$$K=\frac{M_w}{M_q} \geqslant 1.4 \tag{9-23}$$

稳定力矩 M_w 指的是保持起重机整体稳定,不倾覆的力矩,由起重机的自重和配重提供,如图9-22所示。

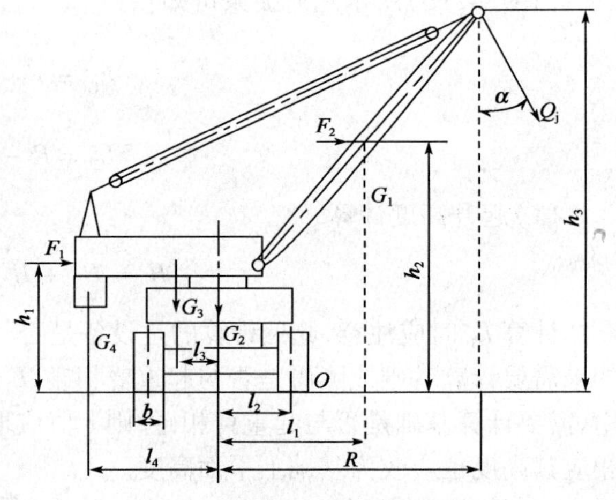

图9-22　自行式起重机稳定性分析

吊装时,在吊装载荷的作用下,起重机沿履带边缘 O 点旋转倾覆,所以稳定力矩也是起重机各部分重力对 O 点的力矩。

图中:G_2——起重机下车的重量;

G_3——起重机上车的重量;

G_4——起重机平衡配重的重量。

由图中几何关系可知,稳定力矩为

$$M_w = G_2\left(l_2+\frac{b}{2}\right)+G_3\left(l_3+l_2+\frac{b}{2}\right)+G_4\left(l_4+l_2+\frac{b}{2}\right) \tag{9-24}$$

倾翻力矩 M_q 指的是导致起重机倾翻的力矩,由被吊装的设备重量、起重机臂杆重量以及惯性力、风载荷、离心力等产生。

图9-22中,F_1 和 F_2 分别为风对起重机和起重臂的载荷,Q_j 为吊装载荷,G_1 为起重臂的重

量(计算载荷),它们对 O 点的力矩之和为倾翻力矩。

由图中几何关系可知,倾翻力矩为

$$M_q = Q_j\left(R - l_2 - \frac{b}{2}\right)\cos\alpha + Q_j h_3 \sin\alpha + G_1\left(l_1 - l_2 - \frac{b}{2}\right) + F_1 h_1 + F_2 h_2 \tag{9-25}$$

上述公式是针对履带式起重机进行推导的,对于汽车式起重机和轮胎式起重机,由于吊装时,在吊装载荷的作用下,起重机沿支腿中心点旋转倾覆,而不是沿履带边缘 O 点旋转倾覆,所以在 M_w 和 M_q 的计算公式中,不应有履带的几何尺寸$\frac{b}{2}$。

(2)带载行走状态时的稳定性

在某些特殊的吊装工艺(如多台起重机联合吊装工艺)中,往往要求起重机吊着重物并行走,以调整吊装位置,此时必须校核其运动中的稳定性,要求稳定安全系数不小于1.15,即

$$K = \frac{M_w}{M_q} \geqslant 1.15 \tag{9-26}$$

起重机运动状态的稳定性校核中,其稳定力矩与固定位置吊装时的区别主要在于由于起重机行走而导致的各部分结构尺寸的变化,如履带式起重机,行走时其两履带间的间距比静止时要小等。对于倾翻力矩,除了应考虑吊装设备重量、起重机臂杆重量以及惯性力、风载荷、离心力等外,还应考虑行走、制动时的惯性力的影响和道路坡度的影响等。

值得注意是只有履带式起重机和轮胎式起重机才可以带载行走,并且所吊装载荷一般不得大于起重机额定起重量的75%(按起重机说明书确定)。汽车式起重机严禁带载行走。

(3)非工作状态稳定性

非工作状态稳定性又称为自重稳定性,主要是考虑当起重机的起重臂伸出较高,而又暂时不工作时,在风载荷作用下的稳定性。由于格构式起重臂在吊装前需要安装,不能像箱型臂一样可以随时伸出、缩回,所以对于具有格构式起重臂的起重机,在工地长时间带着高起重臂间歇工作,则需要进行此项校核。

非工作状态稳定性的稳定系数要求不小于1.15,即

$$K = \frac{M_w}{M_q} \geqslant 1.15 \tag{9-27}$$

式中的稳定力矩 M_w 与前述工作状态稳定性中的稳定力矩 M_w 没有区别,可以参照进行计算,倾覆力矩 M_q 主要包括两大项,第一项是起重臂重量产生的倾覆力矩 M_b,可以参照前述工作状态稳定性的计算方法进行计算,但应注意起重臂的高度和倾角,第二项是风载荷 M_F,为保证安全,建议取当地30年一遇的大风作为计算依据。因此,倾覆力矩 M_q 可以表述为

$$M_q = M_b + M_F = G_1\left(l_1 - l_2 - \frac{b}{2}\right) + F_1 h_1 + F_2 h_2 \tag{9-28}$$

4)自行式起重机的基础处理

自行式起重机尤其是汽车式起重机,是靠支腿支撑在基础上工作的,所有重量包括起重机自身重量和吊装的设备或构件重量均通过支腿传递到基础上。由于起重机要做回转运动,各基础的受力也是不均匀的,并在不断地变化。如果基础在吊装过程中发生沉降,将发生重大吊装事故。

地基基础的承载能力,由吊装区域的地质状况所决定。能否满足要求,取决于起重机对地

的压力。而起重机对地的压力按起重机的支承形式、工作状态的不同而不同。我国幅员辽阔,地质状况复杂,同时,在工程建设工地,因其建设性质的不同,地质状况的改变较大,如在一些改、扩建工地,地面往往浇铸了混凝土地面,给人以假象,而在一些新建工地,由于挖、填方、地下结构等因素,地基承载能力被削弱。因此,在进行基础处理时,必须首先根据起重机的结构形式和不同工作状态,分析其对地的最大压力,再根据具体的地质状况进行承载能力的计算。

自行式起重机一般分为汽车式、轮胎式和履带式三种形式。吊装时,汽车式和轮胎式起重机采用四个支腿将起重机支承在基础上,其支腿是吊装专用支承件,为提高起重机的整体抗倾覆能力,支腿的伸展尺寸较大,但支腿端部的支承面积较小。上部载荷以集中力的形式通过支腿传递到基础,故各基础一般相互独立。履带式起重机则利用履带承重结构进行支承。履带承重结构既是其行走机构,又是吊装时的支承件,伸展尺寸不大,但履带与地面接触面积较大,上部载荷以分布力的形式通过履带传递到基础。其基础可根据情况采用整体式或相互独立。由于支腿和履带两种支承形式在吊装过程中对地压力各不相同,须分别加以分析。

(1)支腿式支承对地压力变化的分析

图 9-23 为某型汽车式起重机的支承简图,并如图建立坐标轴。起重机旋转中心为坐标圆点,令纵轴线为 y,其所在的铅垂面为 Y 平面;横向轴线为 x,其所在的铅垂面为 X 平面。假定起重机吊装的初始位置在尾部 Y 平面内,将起重机的上部载荷(被吊装载荷、起重臂自重、机身自重、平衡重)进行平移迭加,并求其对起重机旋转中心的力矩的代数和,其上部载荷可简化成一个作用于旋转中心的集中力 Q 和一个偏心力矩 M,如图 9-24 所示。

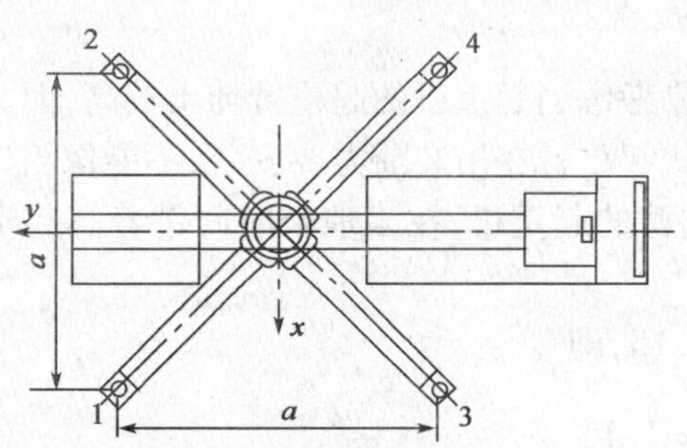

图 9-23 汽车式起重机支腿伸展图

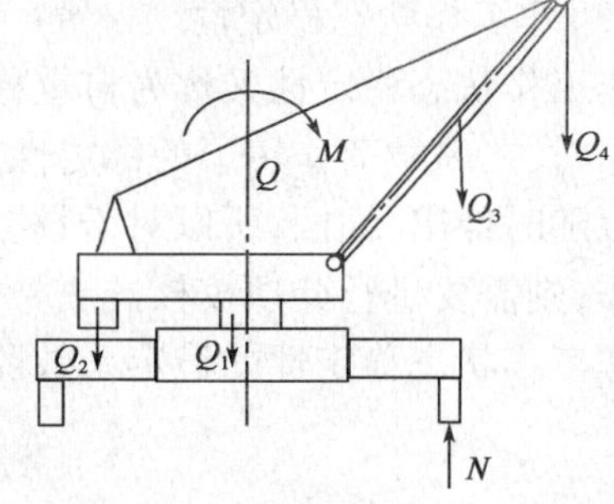

图 9-24 汽车式起重机载荷简化图

$$Q = Q_1 + Q_2 + Q_3 + Q_4 \tag{9-29}$$

$$M = M_1 + M_2 + M_3 + M_4 \tag{9-30}$$

式中: Q_1——起重机机身自重;

Q_2——起重机起重臂重;

Q_3——起重机平衡重;

Q_4——被吊装物体重;

M_1——起重机机身重对起重机旋转中心的力矩;

M_2——起重机起重臂重对起重机旋转中心的力矩;

M_3——起重机平衡重对起重机旋转中心的力矩;

M_4——被吊装载荷对起重机旋转中心的力矩(垂直方向);

上述载荷均为计算载荷。

由于吊装的初始位置在尾部区域的 Y 平面内,尾部支腿1,2相对于 Y 平面对称,可以认为偏心力矩 M 由尾部支腿1,2的支反力共同平衡,平均承担。令尾部支腿1,2的支反力为 N,则 N 由两部分组成:

$$N = N_1 + N_2 \tag{9-31}$$

N_1 由集中力 Q 产生,由于各支腿相对于旋转中心对称,可以认为各支腿平均承担,即

$$N_1 = \frac{Q}{4} \tag{9-32}$$

N_2 由偏心力矩 M 产生,令支腿的伸展尺寸为 a,则

$$N_2 a = \frac{M}{2}$$

即

$$N_2 = \frac{M}{2a} \tag{9-33}$$

所以,当在尾部 Y 平面内吊装时,支腿对地的最大压力为

$$N = N_1 + N_2 = \frac{Q}{4} + \frac{M}{2a} \tag{9-34}$$

如果此时,起重机旋转 α 角度(假设为逆时针),偏心力矩 M 偏离 Y 平面,我们可以将 M 分解为 Y 平面内的分量 M_y,和 X 平面内的分量 M_x。

$$M_y = M\cos\alpha$$

$$M_x = M\sin\alpha$$

M_y 由尾部支腿1,2的支反力共同平衡,产生的支反力为

$$N_{2y} = \frac{M_y}{2a} = \frac{M\cos\alpha}{2a}$$

M_x 由侧面支腿1,3的支反力共同平衡,产生的支反力为

$$N_{2x} = \frac{M_x}{2a} = \frac{M\sin\alpha}{2a}$$

支腿1的支反力增大,其值为

$$N = N_1 + N_{2y} + N_{2x} = \frac{Q}{4} + \frac{M}{2a}(\cos\alpha + \sin\alpha) \tag{9-35}$$

当起重臂旋转时,支腿1的载荷随着 α 的增大而增大,当 $\alpha = 45°$ 时,达到最大值为

$$N = \frac{Q}{4} + \frac{M}{2a}\sqrt{2} \tag{9-36}$$

设计支腿基础时,应以此工况为准。

(2)履带式支承对地压力的分析

图9-25所示为履带式起重机的支承简图。并如前建立坐标轴,令 y 轴与履带平行,x 轴与履带垂直。通过 y 轴的铅垂面为 Y 平面,通过 x 轴的铅垂面为 X 平面。起重机的载荷如前一样简化成一个作用在旋转中心的集中力 Q 和一个偏心力矩 M,假定吊装的初始位置在 Y 平面内。

履带与地面是面接触，履带对地的压力为分布力，为便于分析分布力的分布规律，考虑到起重机的自重和被吊装载荷均较大，与地面的接触应力相应较大，我们可以粗略地将起重机简化成一端固定，一端自由的杆，如图 9-26 所示，由于履带是铰链连接，不是刚性体，其对地的压应力是非线性分布，但工程中，为简化计算一般按线性分布处理。

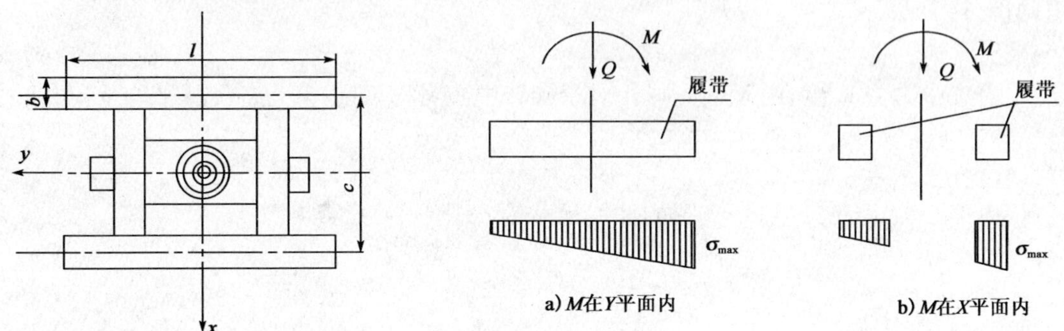

图 9-25　履带式起重机支承简图　　图 9-26　履带对地压应力分布图

在上述简化的前提下，履带对地压应力由两部分组成。

①由集中力 Q 产生的压应力

$$\sigma_1 = \frac{Q}{2F} \tag{9-37}$$

式中：F——一条履带的接地面积。

②由偏心力矩产生的压应力

如图 9-25 所示，有三种不同的工况，应分别分析。

a. 当起重臂在 Y 平面内工作，偏心力矩 M 在 Y 平面内，则履带对地压应力分布如图 9-26a）所示，履带对地最大压应力为

$$\sigma_{2y} = \frac{M}{2W_1} \tag{9-38}$$

式中：W_1——一条履带接地面积的抵抗矩，可近似按矩形计算。

$$W_1 = \frac{bl^2}{6} \tag{9-39}$$

式中：b——履带的宽度；

l——履带的长度，取最前和最后承重轮的中心距离。

b. 当起重臂在 X 平面内工作，偏心力矩 M 在 X 平面内，则履带对地压应力分布如图 9-26b）所示，履带对地最大压应力为

$$\sigma_{2x} = \frac{M}{2W_2} \tag{9-40}$$

式中：W_2——两只履带接触地面积对中性轴 Y 的组合截面的抵抗矩。

$$W_2 = \frac{2}{3}\frac{lb^2}{c} + bcl \tag{9-41}$$

式中：c——两履带中心线间距离。

c. 在起重机臂由 Y 平面旋转至 X 平面过程中，偏心力矩 M 偏离 Y 平面，可将 M 分解成 Y

平面内的分量 M_y 和 X 平面内的分量 M_x。由偏心力矩产生的履带压应力为

$$\sigma_{2a} = \frac{M_y}{W_1} + \frac{M_x}{W_2} \tag{9-42}$$

随着 α 的变化，σ_{2a} 也不断变化，但总有一个最大值，计算该项时应根据具体起重机的结构尺寸，计算其最大值。

由偏心力矩 M 引起的履带压应力 σ_{2a} 应按照上述三种工况，取最大值作为基础设计的依据。

(3)基础的处理

①地基承载能力的验算

按《建筑地基基础设计规范》，基础底面的压应力值应符合以下要求。

a. 当轴心载荷(汽车式起重机支腿的对地载荷)作用时，应满足

$$\rho \leqslant f \tag{9-43}$$

式中：ρ——基础底面的平均压应力值，按下式计算

$$\rho = \frac{N + G}{A} \tag{9-44}$$

式中：N——起重机支腿对地载荷，按前述计算；

G——基础自重；

A——基础的面积；

f——地基承载能力设计值，按《建筑地基基础设计规范》确定。

b. 当偏心载荷(履带式起重机履带的对地载荷)作用时，应同时满足

$$\rho = \frac{\sigma F + G}{A} \leqslant f, \rho_{max} \leqslant 1.2f \tag{9-45}$$

式中：ρ_{max}——基础边缘的最大压应力计算值，按下式计算

$$\rho_{max} = \frac{\sigma F + G}{A} + \frac{M}{W} \tag{9-46}$$

其中：F——起重机履带的面积；

M——偏心力矩；

W——基础底面积的截面抵抗矩。

地基的承载能力，根据具体情况按《建筑地基基础设计规范》确定。对于改、扩建工地，一般已铺有混凝土地面，以该地面为地基时应查明混凝土地面承载能力设计值，不清楚的则只能按分层夯实的土壤的承载能力计算，并应查明地下构筑物的位置并避开。对于新开挖和回填土的场地，应按《建筑地基基础设计规范》查明土质并试验其承载能力。对于软弱地基，应设置桩基础并进行沉降试验。

②基础的处理

大型起重机的基础，为可重复使用，降低工程成本，一般采用钢制活动可拼装式基础，俗称“路基箱”，其结构形式如图 9-27 所示。为运输、保管的方便，每块的长不宜大于 6m，宽不宜大于 3m。起重机需要的基础总面积可按前述公式计算，并应考虑不小于 1.2 的安全系数。

基础可由数块“路基箱”拼装而成，图 9-28 为常见的拼装方式。“路基箱”的梁一般采用热轧型钢(工字钢、H 型钢)，设计“路基箱”时，应考虑以下问题：

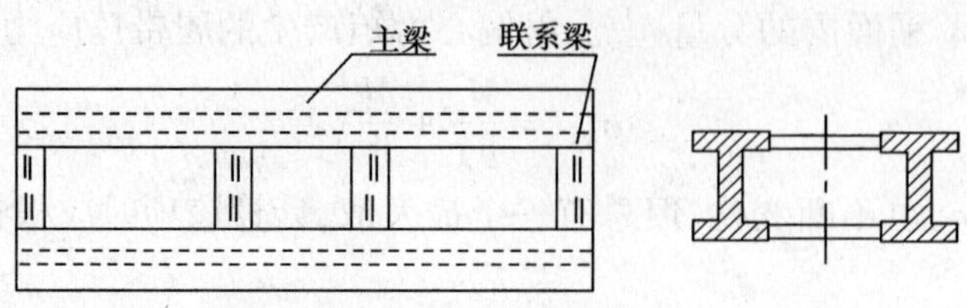

图 9-27 “路基箱”的结构

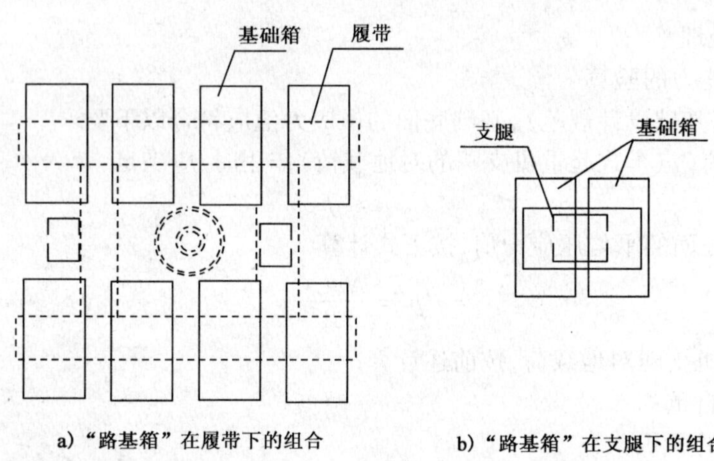

图 9-28 “路基箱”的组合

a. 计算梁的抗弯强度时,可考虑为部分塑性设计。

b. 当梁不满足整体稳定的条件时,将在向下弯曲的同时,突然发生侧向弯曲和扭转变形而破坏,从而导致事故的发生。当受压翼沿的自由长度与其宽度之比大于时,必须进行整体稳定性计算。

c. 必要时,应进行梁的刚度计算。

③桩基础的计算

在软弱地基上进行吊装,在“路基箱”下必须设置桩基础,桩基础分摩擦桩和端承桩,按《建筑地基基础设计规范》,其承载能力的估算方法分别如下。

a. 摩擦桩的承载能力

$$R_k = q_p A_P + \mu \sum q_{si} l_i \tag{9-47}$$

b. 端承桩的承载能力

$$R_k = q_p A_P \tag{9-48}$$

式中:R_k——单桩的竖向承载能力标准值;

q_p——桩端土的承载能力标准值;

A_p——桩身的横截面面积;

μ——桩身周边长度;

q_{si}——桩周土的摩擦力标推值;

l_i——按土层划分的各段桩长。

桩基础的实际承载能力,必须按《建筑地基基础设计规范》进行静载荷试验取得。将“路基箱”放置于桩基础上时,须注意使桩基础只承受轴心载荷,同时须计算“路基箱”的变形量,其允许变形量可参照吊车梁的要求查《钢结构规范》确定。

3. 自行式起重机的安全管理

自行式起重机是一种发展比较成熟的标准起重机,安全性比较好,但如不正确使用,仍然可能发生事故。因此必须严格地进行安全管理。

1)常见事故及其原因

自行式起重机最常见的重大事故主要有“倾翻”、“坠臂”和“折臂”等。“倾翻”也称“翻车”是起重机在吊装过程中整体稳定性被破坏的表现,在三种最常见的重大事故中破坏性最大;“坠臂”是在吊装过程中,起重臂发生“坠落折臂”是在吊装过程中,起重臂被“折断”。此三种最常见的重大事故,轻则损坏起重机,摔坏设备,砸坏建筑物,给国家和集体造成重大经济损失。重则机毁人亡,造成重大安全事故。

(1)“倾翻”事故产生的常见原因

造成起重机“倾翻”事故的原因主要有以下几种。

①超载

在实际工作中由于对所吊装的设备或构件的重量估计不清,或对安全注意不够而超负荷运行,使起重机失去稳定而造成“翻车”事故。

预防超载事故的措施是严格进行“试吊”工序,具体做法是将设备或构件吊离地面不大于300mm 后停止,检查起重机各部分的工作状况是否正常。

②地基沉陷

地基未按规定进行设计、施工和检验,吊装时发生沉陷,使起重机发生倾斜,是导致起重机发生“倾翻”事故的常见原因。

③回转过快

回转会产生离心力,回转越快离心力越大,同时还可能转到顺风等不利于稳定的方位上,这些因素加在一起会造成翻车事故。因此吊装时应注意回转速度不能过快。

④变幅和伸缩臂操作程序错误

在吊装额定负荷时,一般不能改变起重臂的倾角和长短,在必须时,只能“起臂”(减小幅度),不能“落臂”。带有液压变幅机构的起重机,如不是生产厂家有特殊设计,不能在吊装过程中改变臂长,更不能伸臂,否则会造成翻车事故。

⑤汽车式起重机在带有高起重臂时收回支腿

汽车式起重机的吊装支承装置是支腿,其轮胎仅供行驶使用,不能承受吊装载荷。在带有高起重臂时收回支腿,即使不吊装重物,轮胎也不能承受高起重臂产生的倾翻力矩载荷,会造成翻车事故。

⑥危险角度

起重机有一个危险角度。当起重臂很长,而其倾角(与铅垂线的夹角)增大超出规定范围时,即使不吊重物,起重臂自身的倾覆力矩也会导致翻车事故。

除此之外,起重机转弯速度太快,履带式起重机带高起重臂在斜坡上转弯,转盘连接螺栓被切断等,都可能造成翻车事故。

(2)"坠臂"、"折臂"事故产生的常见原因

"坠臂"事故,对于机械式变幅机构,多数是由于变幅绳拉断造成。对于液压变幅机构,主要由于平衡阀或油管的故障造成。

安装检修长大吊臂时,必须在吊臂下面垫以枕木,否则由于吊臂自重也足以造成起重机向前倾翻。

"坠臂"有操作上的原因,也有机构本身的原因。如 Q51 型汽车式起重机的变幅机构制动器是常闭式带式制动器,制动器的闭合是依靠弹簧的张力,如果维修不善,就可能由振动或其他原因发生"坠臂"。

履带式起重机"坠臂"事故较多,常常发生在吊重变幅过程中,由于吊重的原因而挂不上挡,导致事故的发生。目前机构上已有所改进,但也还要注意吊重变幅时有可能发生坠臂的危险。

"折臂"事故多是由于起重臂的倾角(与铅垂线的夹角)过小,再加上惯性力的作用,使起重臂折断。起升滑轮组钢丝绳超卷或变幅机构超过行程都可能导致向后折臂。吊臂与建筑物相撞也是发生折臂事故的原因之一。

防止坠臂、折臂应注意如下安全事项:

①小幅度时,要注意防止起重机向后折臂,特别在是满负荷时松钩,应先把重物放在地上,然后放松钢丝绳再松钩,不准突然松钩。

②当吊装体积较大的重物或基础较大时,要注意进行设备与基础的"通过性能"验算,避免设备或基础与起重臂相碰撞造成折臂。同时,要防止设备发生摆动与起重臂相碰。

③防止起重机与建筑物、高压线等相碰。在建筑工地作业的起重机要特别注意起重臂的活动范围,防止起重机变幅或回转时与建筑物相撞,避免损坏起重臂及建筑物。

此外,还要注意起重臂销轴、变幅绳滑轮的检查。

2)自行式起重机的安全管理

(1)吊装前的安全管理

①吊装前必须全面检查车况,特别是安全装置、警报装置、制动装置等必须灵敏、可靠。

②吊装场地地面及起重臂回转范围内的空中,不应有障碍物,应将起重机的起重臂的回转范围划为危险区域,不准闲人进入,更不准有其他项目在施工。指挥人员应有良好的视觉。

③起重机的基础应按规定设计、施工、试验。

④起重机的就位、安装、拆卸、试验等,应严格按其随机技术文件的要求执行。

⑤重型设备的吊装和多台起重机联合吊装设备或构件时,必须制定详细的方案,并应按规定进行申报和审批。多台起重机联合吊装设备或构件,每台起重机承担的实际载荷应不大于其额定载荷的 85%。

(2)吊装中的安全注意事项

①不准"超载"吊装前必须明确知道设备或构件的实际重量。

②严格进行"试吊"工序,严格检查起重机在承载状态下各部件的工作状态。

③不准"歪拉斜吊"具体应做到下列各项:

a. 车体倾斜时,不准吊装。

b. 吊钩不在设备的重心垂线上时,不准吊装。

c.装卸长、大设备或构件时,不准斜拉。

d.从房屋或车厢中卸货时,不准采用“拉卸”。

e.在输电线路下,不准拉、拽设备或构件。

④在下放设备或构件,尤其是重型设备或构件时,不允许突然刹车,否则易使起重机倾翻。

⑤起重臂的倾角不能超过规定值。

⑥吊装时,设备或构件上不允许站人,其下面也不允许站人。

⑦汽车式起重机的吊装能力从后面、侧面、前面依次减小,在旋转过程中,应特别注意。

⑧风力达到或超过5级时,不允许进行吊装。在风力较大时进行吊装,要注意风的方向,切忌“顺风吊装”。

⑨液压起重机吊装过程中,不允许改变臂长。如必须改变,则必须放下载荷,且每节臂伸出、缩回必须到位,不允许只伸出或缩回一部分。

⑩起升、回转、变幅三种动作应单独进行。

第四节　港口机电设备安装工程的质量检验

港口机电设备安装工程质量检验评定按表9-20所示的程序进行。

港口机电设备安装工程质量检验评定的程序及组织　　表9-20

分项工程	应在班组(工序)自检、互检的基础上,由该项施工技术负责人组织有关人员进行,专职质量检查员核定
分部工程	应在分项工程检验评定的基础上,由工程处或工程项目技术负责人组织进行,专职质量检查员核定,其中主要分部工程应由企业的技术和质量监督部门核定
单位工程	应在分部工程质量检验评定的基础上,由企业技术负责人组织企业有关部门按本标准进行检验评定,并将有关质量检验评定的资料交工程质量机构核定

注:在一个单位工程中,凡有分包工程时,总包单位应对工程质量全面负责;分包单位应对分包项目的质量负责,并按本标准的规定,检验评定所承建的分项、分部工程的质量等级,并将评定结果及资料交总包单位。

一、钢结构安装

1.钢结构安装要求

(1)构件质量必须符合设计要求和规范规定。由于运输和其他原因造成的变形必须矫正并达到质量要求。

检查方法:检查出厂检验报告并观察和测量检查。

(2)吊装钢结构时钢丝绳及卡环选用必须符合GB 6067;吊点设置符合设计要求,吊装过程中不应造成设备或构件变形和损坏。

(3)高强度螺栓连接质量的检查项目、内容及方法见第三章。

(4)主要受力焊缝质量见第三章。

2.一般项目安装

钢结构安装后的涂装见第四章。

3. 实测项目

(1)在工厂制作的构件,安装前应按表9-21 ~ 表9-26进行复测,复测结果不作评定;复测结果如不符合要求,应修正后方可进行安装。现场组装的构件,组装后的允许偏差、检验数量和方法应符合表9-21 ~ 表9-26的规定。

(2)门框、顶架、大梁安装的允许偏差、检验数量和方法应符合表9-27 ~ 表9-29的规定。

(3)门座架和门柱安装的垂直度应不大于门座架或门柱高度的1/1 000,且不大于20mm。检验方法:用经纬仪测量。

(4)转柱安装的垂直度应不大于转柱高度的1/1 500。检验方法:用经纬仪测量。

(5)尾车钢结构安装的允许偏差、检验数量和方法应符合表9-30的规定。

门框、顶架组装的允许偏差、检验数量和方法 表9-21

序号	项目	允许偏差(mm)	检验单元和数量	单元测点	检验方法
1	结构外形尺寸	$L/1\,000$	门框或顶架每一边为一检查单元		用钢卷尺、弹簧秤测量
2	几何轴对角线差	8	每一组门框或顶架	1	用水准仪、钢卷尺测量
3	门框或顶架的翘曲度	10			
4	同一铰点的同轴度	按相应标准规定	每一组铰点		用钢琴弦或激光仪测量

注:①L为单元测长,mm;

②本表适用于桥式卸船机、岸边集装箱起重机。

门架、门座架组装的允许偏差、检验数量和方法 表9-22

序号	项目		允许偏差(mm)	检验单元和数量	单元测点	检验方法
1	支腿跨距	≤16m	±5	每对支腿	1	用钢卷尺、弹簧秤测量
		>16m	±10			
2	支腿基距	≤16m	±5			
		>16m	±10			
3	两对角线差		±10	每台机		

注:本表适用于门座起重机、连续式卸船、装船机、斗轮堆取料机、堆料机、取料机。

大梁组装的允许偏差、检验数量和方法 表9-23

序号	项目	允许偏差(mm)	检验单元和数量	单元测点	检验方法
1	沿着梁纵向两支承点中心距	±8	每件大梁	2	用钢卷尺、弹簧秤测量
2	垂直梁纵向两支承点中心距	±8		1	
3	对角线差	10	一对主销孔	1	用钢琴弦或激光仪测量
4	主销孔同轴度	按表9-26	每个门框	2	用经纬仪测量
5	门框上部结构垂直度	$h/2\,000$			

续上表

序号	项　目		允许偏差（mm）	检验单元和数量	单元测点	检验方法
6	小车轨距		±3	每隔2m为一组	1	用钢卷尺、弹簧秤测量
	同一截面左右的轨道的相对高差	轨距≤2.5m	3	一对钢轨每隔2m为一组	1	用水准仪测量
		轨距>2.5m	5			
	轨道的直线度		1mm/2m且≤2.5mm/10m	每根钢轨每隔2m为一组	1	用经纬仪或钢琴弦测量

注：①h为门框上部结构的高度，mm；

②本表适用于门式起重机、桥式卸船机、岸边集装箱起重机的主梁和悬臂梁；连续式卸船机、装船机、斗轮堆取料机、堆料机、取料机的悬臂梁的组装亦可参照表中3，4项。

门柱组装的允许偏差、检验数量和方法　　表9-24

序号	项　目	允许偏差（mm）	检验单元和数量	单元测点	检验方法
1	两立柱中心线间距	±5	一组门柱	4	用钢卷尺、弹簧秤测量
2	两立柱对角线差	10		1	
3	两立柱中心线平面度	5		若干	用经纬仪、钢直尺测量
4	销孔同轴度	按表9-26要求	每对销孔	1	用钢琴弦或激光仪测量

注：本表适用于装船机、斗轮堆取料机、堆料机、取料机。

斜撑和拉杆组装的允许偏差、检验数量和方法　　表9-25

序号	项　目	允许偏差（mm）	检验单元和数量	单元测点	检验方法
1	轴向长度	±6	每根斜撑和拉杆	1	用钢卷尺、弹簧秤测量

同 轴 度 公 差 值　　表9-26

公称尺寸（mm） 公差值（μm） 公差等级	>10~18	>18~30	>30~50	>50~120	>120~260	>260~500	>500~800	>800~1 250	>1 250~2 000	>2 000~3 150	>3 150~5 000	>5 000~8 000	>8 000~10 000
11	120	150	200	250	300	400	500	600	800	1 000	1 200	1 500	2 000

门框安装的允许偏差、检验数量和方法　　表9-27

序号	项　目	允许偏差（mm）	检验单元和数量	单元测点	检验方法
1	垂直度	h/1 000且不大于20	每一组门框	2	用经纬仪测量
2	跨距	±8	每对门框	2	用钢卷尺、弹簧秤测量
3	基距	±8	每一组门框	1	

注：h为门框高度，mm。

顶架安装的允许偏差、检验数量和方法　　表9-28

序　号	项　目	允许偏差（mm）	检验单元和数量	单元测点	检验方法
1	垂直度	h/2000	一榀顶架	2	用经纬仪测量

注：h为顶架高度，mm。

大梁安装的允许偏差、检验数量和方法 表 9-29

序号	项目	允许偏差(mm)	检验单元和数量	单元测点	检验方法
1	主梁上拱度	$+0.3F$ $-0.1F$	每榀大梁	1	用水准仪测量
2	悬臂翘度	$+0.3F_0$ $-0.3F_0$			
3	主梁旁弯度	$L/2\,000$			拉钢琴弦用直尺量

注:F 为主梁设计上拱度,F_0 为悬臂设计翘度,L 为主梁长度,mm。

尾车钢结构安装的允许偏差、检验数量和方法 表 9-30

序号	项 目	允许偏差(mm)	检验单元和数量	单元测点	检 验 方 法
1	支腿垂直度	$h/2\,000$	每一支腿	2	用经纬仪测量
2	支腿跨距	±5	每对对称的支腿	1	用钢卷尺、弹簧秤测量
3	支腿基距	±5	每对同侧支腿		
4	支腿对角线差	10	每台尾车		
5	尾车架中心线与地面皮带机中心线偏差	5	尾车架	2	用线锤、钢尺测量
6	车轮同位差	5	同侧轨道上,一台机下的全部车轮	车轮数	用钢琴弦、钢尺测量

注:h 为支腿高度,mm。

二、机械设备安装

在各机械设备安装前,应检查核对零部件的型号、规格以及机构的发货号是否与设计技术文件相符,如有不符,更正后安装。

检验方法:查对设计技术文件并观察检查。

(1)行走机构安装质量检验如表 9-31 ~ 表 9-34 所示。

行走机构安装质量检验 表 9-31

项 目 性 质	检验内容与要求	检 验 方 法
主要项目	防爬装置及锚定装置采用焊接或高强螺栓连接部件	按本节钢结构连接的相应标准检验
一般项目	①行走车轮踏面中心与轨道轴线对中 ②防爬装置安装应符合设计要求,如有液压系统,参见第八章进行检验 ③锚定装置安装应符合设计要求	检查施工记录并观察检验
实测项目	①行走机构安装误差	按表 9-32 要求
	②联轴器端面圆跳动、径向圆跳动和端面间隙	按表 6-1 要求
	③制动器调整	按表 9-33 和表 9-34 要求

行走机构安装的允许偏差、检验数量和方法 表 9-32

序号	项目		允许偏差(mm)	检验单元和数量	单元测点	检验方法
1	跨距	≤16m	±5	每对台车为一组	1	用钢卷尺、弹簧秤测量两行走台车
		>16m	±10			
2	基距	≤16m	±5			
		>16m	±10			
3	两对角线差		10	每台机	1	用钢卷尺、弹簧秤测量两行走台车
4	同侧台车水平高差		±2	每对台车为一组	1	用水准仪测量
5	同侧台车中心偏差		5			用线锤、钢直尺、钢琴弦测量

块式制动器调整 表 9-33

制动轮直径(mm)	200	300	400	500	600	700
最小间隙(mm)	0.7	0.7	0.8	0.8	0.8~1.0	1.2~1.5
松闸时最大间隙(mm)	≤2.5 用塞尺检查					
制动力矩	调整至设计要求,此时制动弹簧及推动器均应有足够余量					

盘式制动器调整 表 9-34

1	非制动状态的单边间隙	0.5~0.8mm,且两边间隙应保持一致,用塞尺检查
2	制动盘端面圆跳动	≤0.2mm,用百分表检查
3	液力推动器工作行程	约为总行程的2/3

(2)起升机构安装质量检验如表 9-35 和表 9-36 所示。

起升机构安装质量检验 表 9-35

项目性质	检验内容与要求	检验方法
主要项目	钢丝绳:严禁接长使用,严禁有明显变形、缩径、严重腐蚀、扭结和断丝现象。绳端固定可靠,钢丝绳穿绕必须符合设计要求,左右旋转钢丝绳配置与卷筒绳槽走向相适应,工作至极限位置时,卷筒上必须保留至少2.5圈钢丝绳	检查施工记录并观察检查
一般项目	集装箱吊具;安装应符合设计要求	按设计要求检查
实测项目	①滑轮组安装	按表 9-36 检查
	②联轴器	按表 6-1 要求检查
	③制动器调整	按表 9-33 或表 9-34 要求检查

滑轮组安装允许偏差、检验数量和方法 表 9-36

序号	项目	允许偏差(mm)	检验单元和数量	单元测点	检验方法
1	滑轮组安装中心线偏差	±5	一组滑轮	1	用琴弦检测
2	滑轮端面对支座的垂直度	2			用线锤检测

(3)小车运行机构安装质量检验如表9-37所示。

小车运行机构安装质量检验　　表9-37

项目性质	检验内容与要求	检验方法
主要项目	①对绳索牵引式小车:钢丝绳安装必须符合要求	参见表9-35
	②岸边集装箱起重机的分离式小车;减摇装置安装必须符合要求	按设计要求进行检查
	③自行式小车:运行机构的安装必须符合设计要求	
一般项目	①小车运行装置:水平滚轮的安装必须符合设计要求	检查施工记录并观察检查
	②牵引式小车平稳装置:安装及张力调整应符合设计要求	按设计要求进行检查
实测项目	滑轮组、联轴器、制动器安装质量检验	按表9-36、表6-1、表9-33、表9-34要求检查

(4)俯仰装置或变幅机构安装质量检验如表9-38、表9-39所示。

俯仰液压缸安装的允许偏差、检验数量和方法　　表9-38

序号	项目	允许偏差(mm)	检验单元和数量	单元测点	检验方法
1	油缸对臂架中心线的对称度	10	一对油缸	1	用钢卷尺、线锤测量
2	油缸铰轴中心线对臂架中心线垂直度	在铰轴长度内2	每对铰轴		用经纬仪、钢直尺测量

俯仰装置或变幅机构安装质量检验　　表9-39

项目性质	检验内容与要求	检验方法
主要项目	①卷扬式俯仰装置钢丝绳安装必须符合要求	参见表9-35
	②液压俯仰或变幅机构液压系统安装必须符合设计要求	参见第八章
一般项目	①保险钩在非工作状态下,能将俯仰臂方便、牢固地锁住	检查施工记录并观察检查
	②齿条变幅和螺杆变幅:齿条或螺杆中心线与臂架中心线在水平面上投影重合度或平行度应符合设计要求	按设计要求进行检查
	③齿条变幅:摇架上偏心轮的调整应符合设计要求	
	④配重安装应符合设计要求	检查施工记录
实测项目	①滑轮组、联轴器、制动器安装质量检验	分别按表9-36、表6-1、表9-33、表9-34要求检查
	②俯仰液压缸安装	按表9-39要求检查

(5)回转机构安装质量检验如表9-40~表9-42所示。

回转机构安装质量检验 表9-40

项目性质	检验内容与要求	检验方法
主要项目	①回转支承装置:安装必须符合设计要求	按设计要求进行检验
	②液压驱动装置	参见第八章
实测项目	①联轴器 ②制动器安装调整必须符合设计要求 ③传动齿轮安装精度应符合设计要求 ④回转轴承与座圈安装精度应符合设计要求	按表6-1要求检验 按表9-33、表9-34要求检验 按表9-42检验 按表9-41检验

回转轴承与座圈安装的允许偏差、检验数量和方法 表9-41

序号	项目	允许偏差(mm)	检验单元和数量	单元测点	检验方法
1	座圈上平面倾斜度	$D/2\,000$	座圈上平面	8	用水准仪测量
2	回转轴承中心对门座架中心偏差	5	每台机	1	用线锤、钢直尺测量

注:D为座圈直径,mm。

传动齿轮的接触斑点百分值和检验方法 表9-42

接触斑点	精度等级						检验方法
	5	6	7	8	9	10	
沿齿高不少于(%)	55 (44)	50 (40)	45 (35)	40 (30)	30	25	用着色法进行检查
沿齿宽不少于(%)	80	70	60	50	40	30	

注:括号内数值适用于轴向重合度 $\varepsilon_\beta > 0.8$ 的斜齿轮。

(6)取料装置安装质量检验。

①斗轮堆取料机、斗轮取料机的取料装置质量检验如表9-43所示。

斗轮堆取料机、斗轮取料机的取料装置安装质量检验 表9-43

项目性质	检验内容与要求	检验方法
主要项目	①高强度螺栓连接必须符合标准规定	按表3-25、表3-26检验
	②胀圈连接质量必须符合设计要求 ③斗轮安装质量必须符合设计要求	按设计要求进行检查
一般项目	①溜料板、挡料板:取料时,落料位置正确;堆料时,不应造成物料堆积	观察检查
	②液压系统安装	参见第八章

②连续式卸船机的取料装置安装质量检验如表9-44所示。

料斗安装的允许偏差、检验数量和方法　表9-44

序号	项目	项目	允许偏差(mm)	检验单元和数量	单元测点	检验方法
1	料斗中心线	与轨道中心线偏差	5	每个料斗	1	用经纬仪、钢卷尺、弹簧秤测量
		与门框中心线重合度	5			
2	支座水平度		1/1 000	每组支座		用水准仪测量
3	支座对角线差		10	对称的4个支座		用钢卷尺、弹簧秤测量
4	移动式料斗的中心位置与理论中心线之间的偏差		10	每个料斗		用经纬仪、线锤等测量

(7)料斗装置安装质量检验如表9-45~表9-47所示。

连续式卸船机的取料装置安装质量检验表　表9-45

项目性质	检验内容与要求	检验方法
一般项目	①取料斗与牵引链之间的连接及牵引链条自身连接牢固可靠	检查施工记录并观察检查
	②取料装置机壳或机槽的安装，应符合设计要求	按设计要求检查
	③拉紧装置的调节螺栓和滑板；调整时应无卡阻现象	观察检查
实测项目	①埋刮板和螺旋式取料装置的机壳或机槽内表面在接头处错位应不大于2mm；埋刮板式取料装置机槽错位只允许沿刮板运行方向降低	用钢直尺检验
	②链斗式取料装置取料斗中心线与牵引链条中心线重合度应不大于5mm；牵引链条驱动轮和从动轮中心线连线与机壳中心线重合度应不大于5mm	用琴弦和钢直尺测量检查
	③液压耦合器的调整：径向圆跳动和端面圆跳动≤0.10mm	用百分表和专用工具检测
	④联轴器 ⑤制动器	按表6-1和表9-33、表9-34要求检查

料斗装置安装质量检验　表9-46

项目性质	检验内容与要求	检验方法
主要项目	料斗支座和料斗称量装置测力传感器的安装，必须保证料斗处于浮动状态并符合设计要求	按设计要求进行检查
一般项目	出料装置的安装应符合设计要求	
实测项目	料斗装置和料斗支腿安装	按表9-46和表9-47要求检查

料斗支腿安装的允许偏差、检验数量和方法　表9-47

序号	项目	允许偏差(mm)	检验单元和数量	单元测点	检验方法
1	垂直度	h/1 000	每条支腿	1	用经纬仪测量
2	两支腿间距	±10			用钢卷尺、弹簧秤测量
3	销孔的中心偏差	5			用经纬仪测量

注：h 为支腿高度，mm。

（8）臂架伸缩机构安装质量检验如表9-48～表9-50所示。

臂架伸缩机构安装质量检验　　表9-48

项目性质	检验内容与要求	检验方法
一般项目	①齿条式伸缩机构的齿条和齿轮安装应符合设计要求	按设计要求检查
	②链传动式伸缩机构的链条和链轮安装应符合设计要求	按设计要求检查
	③伸缩机构轨道安装精度应符合设计要求	
实测项目	①齿条式伸缩机构的齿条和齿轮安装误差	按表9-49检查
	②联轴器 ③制动器安装	按表6-1、表9-33、表9-34检查

齿条及齿安装的允许偏差、检验数量和方法　　表9-49

序号	项目	允许偏差（mm）	检验单元和数量	单元测点	检验方法
1	齿条直线度	2	每根齿条	若干	用经纬仪在齿条两端和中间测多个点
2	齿条中心线与臂架中心线平行度	1		1	用经纬仪、钢直尺测量
3	接触斑点	按表9-42中的9级精度	每对齿轮副	若干	着色法检查

伸缩机构轨道安装的允许偏差、检验数量和方法　　表9-50

序号	项目	允许偏差（mm）	检验单元和数量	单元测点	检验方法
1	轨距	±3	每对钢轨每1m为一单位	1	用钢卷尺、弹簧秤测量
2	同一截面轨道高差	3			用水准仪测量
3	轨道直线度	≤1mm/2m且≤2.5m/10m	每2m为单元		用经纬仪或钢琴弦测量

（9）电缆卷取装置安装质量检验。一般项目的电缆卷取装置及导向装置、防松装置应符合设计要求。检查方法是按设计要求检查。

实测项目的安装的允许偏差、检验数量和方法如表9-51所示。

电缆卷取安装的允许偏差、检验数量和方法　　表9-51

序号	项目	允许偏差（mm）	检验单元和数量	单元测点	检验方法
1	卷盘与轨道的平行度	±5	每个卷盘的法兰面	4	用线锤、钢卷尺测量
2	卷盘的位置偏差	±20	每个卷盘	2	用钢卷尺测量

注：亦适用于水管卷取装置。

（10）机内电梯安装检验如表9-52、表9-53所示。

机内电梯安装质量检验　　表9-52

项目性质	检验内容与要求	检验方法
主要项目	①电梯导轨或齿条的安装必须符合设计要求	按设计要求检查
	②曳引钢丝绳型号、规格、数量必须符合要求，严禁有死弯、松股、断丝和锈蚀现象，绳头形式及安装质量必须符合设计要求和规范规定	按设计要求和规范规定观察检查
	③液压驱动电梯的液压系统及各种安全保护装置的安装必须正确、可靠	按第八章要求检查

续上表

项目性质	检验内容与要求	检验方法
一般项目	导轨架安装位置应正确，焊缝应符合设计要求	观察检查
实测项目	①制动器的调整	按表9-33和表9-34检查
	②电梯安装的允许偏差、检验数量和方法	按表9-53检查

电梯安装的允许偏差、检验数量和方法 表9-53

<table>
<tr><th>序号</th><th colspan="2">项目</th><th>允许偏差(mm)</th><th>检验单元和数量</th><th>单元测点</th><th>检验方法</th></tr>
<tr><td>1</td><td colspan="2">两导轨相对内表面间距(全高)</td><td>±2</td><td>全长每隔2~3m为一组</td><td rowspan="2">1</td><td>在两导轨内表面用导轨检验尺、塞尺检查</td></tr>
<tr><td>2</td><td colspan="2">导线垂直度</td><td>L/2 000且不大于10</td><td>全长每5m为一组</td><td>吊线、尺量检查</td></tr>
<tr><td rowspan="2">3</td><td rowspan="2">塔架垂直度</td><td>X</td><td rowspan="2">H/1 000且不大于20</td><td rowspan="2">塔架全长</td><td rowspan="4">2</td><td rowspan="4">用线锤或经纬仪测量</td></tr>
<tr><td>Y</td></tr>
<tr><td rowspan="2">4</td><td rowspan="2">齿条垂直度</td><td>X</td><td rowspan="2">2mm/5mm</td><td rowspan="2">全长每5m为一组</td></tr>
<tr><td>Y</td></tr>
</table>

注：H为塔架高度，L为导轨全长，mm。

三、设备安装就位前对基础、轨道施工质量的检查

1. 对基础的检查

(1)设备安装就位前应对基础尺寸和位置进行检查，检查结果不作为设备安装工程评定项目。设备基础尺寸、位置的允许偏差和检验方法应符合表9-54的规定。如偏差值超过允许值应返工修理或采取相应措施。

设备基础尺寸、位置的允许偏差和检验方法 表9-54

<table>
<tr><th>序号</th><th colspan="2">项目</th><th>允许偏差(mm)</th><th>检验方法</th></tr>
<tr><td>1</td><td colspan="2">基础坐标位置(纵、横轴线)</td><td>≤5</td><td>用经纬仪、钢卷尺检测</td></tr>
<tr><td>2</td><td colspan="2">基础各不同平面的标高</td><td>0
−10</td><td>用水准仪检测</td></tr>
<tr><td rowspan="3">3</td><td colspan="2">基础上平面外形尺寸</td><td>±10</td><td rowspan="3">用钢卷尺、钢直尺检测</td></tr>
<tr><td colspan="2">凸台上平面外形尺寸</td><td>0
−10</td></tr>
<tr><td colspan="2">凹穴平面尺寸</td><td>+10
0</td></tr>
<tr><td rowspan="2">4</td><td rowspan="2">基础上平面的倾斜度(包括地坪上需要安装设备的部分)</td><td>每米</td><td>≤5</td><td rowspan="2">用水准仪、钢卷尺检测</td></tr>
<tr><td>全长</td><td>≤20</td></tr>
<tr><td rowspan="2">5</td><td rowspan="2">竖向偏差</td><td>每米</td><td>≤5</td><td rowspan="2">用钢直尺、线锤检测</td></tr>
<tr><td>全高</td><td>≤20</td></tr>
</table>

续上表

序号	项　目			允许偏差(mm)	检 验 方 法
6	预埋地脚螺栓	标高		+10 0	用水准仪、钢直尺检测
		中心位置偏差(在根部和顶部两处测量)		≤2	
		地脚螺栓垂直度		≤10L/1 000	观察、检查
		钩(环)头离孔壁距离		≤15,且底端不碰孔底	
7	预留地脚螺栓孔	中心位置		+10	用钢卷尺、钢直尺、线锤检测
		深度		+20 0	
		孔壁的垂直度		≤10	
8	预埋活动地脚螺栓锚板	标高		+20 0	用水准仪、钢直尺、钢卷尺检测
		中心位置		±5	
		倾斜度	带槽的锚板	≤5	
			带螺纹孔的锚板	≤2	

注:L 为螺栓长度,mm。

(2)设备安装用垫铁每一组不得超过3块,且垫铁露出设备底座面外缘在20~50mm范围。检验方法为检查施工记录并观察检查。

2.轨道长度检查

(1)轨道及长度测量允许偏差和检验方法:设备就位前必须对港口装卸设备的大车行走轨道安装尺寸进行复测。移动式港口装卸设备的大车行走轨道安装允许偏差和检验方法,应符合表9-55的规定。复测结果不作评定。

港口装卸设备大车行走轨道安装允许偏差和检验方法　　表9-55

序号	项　目		简　图	允 许 偏 差		检 验 方 法
1	轨距误差	ΔL	$L+\Delta L$	$L\leqslant16$m	±5	在轨道全长范围内,每隔10m用钢卷尺和98N弹簧秤进行检测
				$L>16$m	±10	
2	轨道顶面高低差	ΔH	ΔH, L	L/1 000		在轨道全长范围内,每隔10m用精度不低于DS10的水准仪进行检测
3	坡度	i	H, 1 000 $i=\frac{H}{1\,000}$	1/1 000		在轨道全长范围内,每隔10m用精度不低于DS10的水准仪分别检测二根轨道

续上表

<table>
<tr><th>序号</th><th colspan="3">项　目</th><th>简　图</th><th colspan="2">允许偏差</th><th>检验方法</th></tr>
<tr><td rowspan="2">4</td><td colspan="2" rowspan="2">轨道横向直线度</td><td rowspan="2">t</td><td rowspan="2">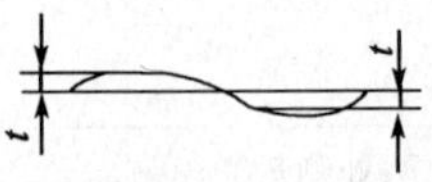</td><td>10m</td><td>≤5</td><td rowspan="2">在轨道全长范围内，每隔 10m 用精度不低于 DJ6 的经纬仪进行检测</td></tr>
<tr><td>150m</td><td>≤30</td></tr>
<tr><td>5</td><td colspan="2">四点共面度</td><td>s</td><td>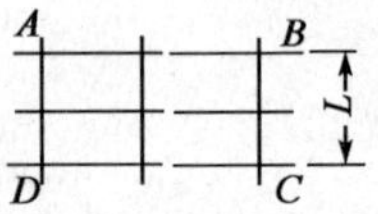</td><td colspan="2">≤5</td><td>在轨道全长范围内，每隔基距长度用精度不低于 DS10 的水准仪进行检测</td></tr>
<tr><td rowspan="4">6</td><td rowspan="4">轨道接头</td><td>轨道顶高低误差</td><td>Δh</td><td>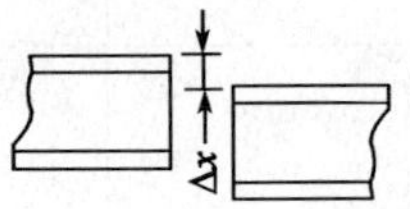</td><td colspan="2" rowspan="2">≤0.5</td><td rowspan="3">在轨道全长范围内，对所在轨道接头用 150mm 钢直尺进行检测</td></tr>
<tr><td>轨道侧面左右错位</td><td>Δx</td><td>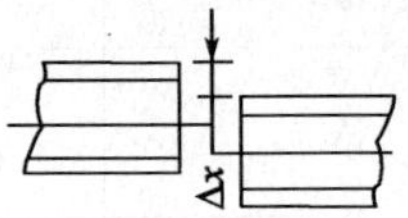</td></tr>
<tr><td>轨道接头间隙</td><td>δ</td><td>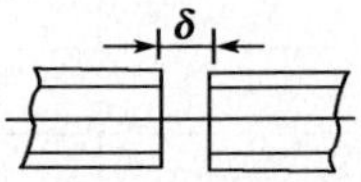</td><td colspan="2">4～5</td></tr>
<tr><td>轨道接头错开距离</td><td>j</td><td>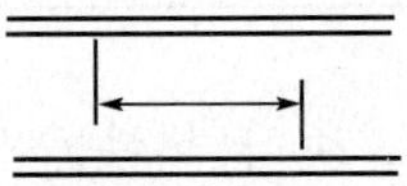</td><td colspan="2">>500</td><td>钢直尺</td></tr>
</table>

注：①δ 值是轨长 12.5m，环境温度 20℃时的数值。

②长度测量的拉力值与修正值如表 9-56 所示。

③表中第 2 项和第 5 项系指要求两根轨道顶面在同一水平面时的规定。

（2）使用钢卷尺测长度数值时，应用弹簧秤张紧并加入长度修正值，弹簧秤拉力值及长度修正值符合表 9-56 的规定。

测量长度采用的拉力值和长度修正值　　表 9-56

<table>
<tr><th rowspan="3">测量长度（m）</th><th rowspan="3">弹簧秤拉力值（N）</th><th colspan="4">钢卷尺截面尺寸（mm）</th></tr>
<tr><th>10×0.25</th><th>13×0.2</th><th>15×0.2</th><th>15×0.25</th></tr>
<tr><th colspan="4">测量长度修正值（mm）</th></tr>
<tr><td>10</td><td rowspan="2">98</td><td>2</td><td rowspan="2">2</td><td>1</td><td rowspan="2">0</td></tr>
<tr><td>18</td><td>2.5</td><td>2</td></tr>
<tr><td>22</td><td rowspan="6">147</td><td rowspan="2">6</td><td>5</td><td rowspan="4">4</td><td rowspan="2">2</td></tr>
<tr><td>26</td><td rowspan="2">6</td></tr>
<tr><td>30</td><td>6.5</td><td>1.5</td></tr>
<tr><td>35</td><td rowspan="3">7</td><td rowspan="2">6.5</td><td rowspan="3">0</td></tr>
<tr><td>40</td><td rowspan="2">4.5</td></tr>
<tr><td>50</td><td>7</td></tr>
</table>

注：①测量时，钢卷尺和被测件温度应该一致，不被风吹动，自然下垂。

②钢卷尺上测量所得读数加上表 9-56 所列修正值，并考虑到钢卷尺的制造误差，即为实际长度。

第五节　机电设备调试、验收与试运行

一、设备调试

设备调试分为检查调整和试车两个阶段。在完成设备的结构、机构和电气系统的安装作业，并全面检验达到要求以后，才可进入调试阶段。

调试工作不论是在制造厂内进行，还是在设备运抵港口码头安装后进行，都应该根据厂方制定的试车大纲要求，由制造厂的技术人员严格按顺序逐项完成。

1. 设备检查与调整

检查调整阶段的任务，是对机械和电气进行全面检查的同时，进行局部的调整调试，为设备的全面试车做好准备。其主要工作包括4个方面：

1)结构总体检查。检查结构的安装尺寸，各人行步道、扶梯栏杆、平台等附属构件的安装连接焊缝及紧固情况，铰轴的安装及固定，高强度螺栓的抽查等。

2)各工作机构检查。各工作机构的安装应符合图纸要求和有关技术标准，如制动器的松闸间隙，开式齿轮传动的侧隙与顶隙，钢丝绳卷绕的路径和方向，车轮与轨道的接触状态，离合器或极限力矩限制器的结合力度等。

3)润滑系统检查。润滑系统检查包括润滑系统的安装、泵送情况，减速箱内润滑油的添加和漏油情况等。

4)电气部分检查。电气部分检查是较为复杂的工作，它主要包括以下几个方面：

(1)线路正确性检查。本项检查包括检查外部敷设的高、低压线路的连接是否正确，是否符合国家电气线路规程(如安全距离、导线和端子的固定方式、防水措施、防机械碰伤措施、防干扰措施、安全接地等)，以及电气元件间导线的连接是否正确，低压回路和绝缘值等。为此，必须对照图纸对电气原理图逐条检查，发现有错误应立即改正。

(2)高压电路检查。采用高压供电和高压电机等器件的港口机械设备，必须对高压电柜、变压器、开关、继电器及有关电器的功能、绝缘程度逐一检查。测量高压线路相间及相地之间、操纵回路的相间及相地间的绝缘电阻，作高压耐压试验，且都须符合国家标准。

(3)继电回路动作正确性检查。对于有PC控制系统的港口机械设备，须先将PC及故障诊断系统与常规的继电控制系统脱离，以人工操纵方式进行调试。

调试过程中，所有主回路的自动开关全部置于开路状态，将控制电源分别引入各控制柜的控制回路，根据图纸分机构有序地操纵司机操纵手柄、按钮，注意观察相应继电器、接触器动作是否与图纸一致，各时间继电器动作时间是否符合要求，各限位开关能否正确控制有关电路，安装位置能够确定的即行调准固定好。观察验漏表的指示值是否在允许范围内。

上述工作完成后，即控制回路一切正常时，才具备了主回路通电动车的条件。

2. 设备空载试验

机械部分空载试车的工作内容是：

(1)分别开动各机构电动机,检查和校正电动机与各自控制器的转向是否一致,同时观察机构动作时有无异常冲击和振动。

(2)各机构在规定参数范围内,做10~20min的重复动作,调整限位开关和主令控制器的行程,初步测定各机构空载运行的电机电流、电压和转速。

(3)观察各机构运转情况,是否有异声、振动、发热、颤抖等异常情况发生。

(4)观察车轮与轨道、闸瓦和制动轮、齿轮与齿轮之间的接触情况和间隙情况。

(5)观测各种行程开关、安全保护装置的工作情况和控制保护功能,根据实际情况予以调整、定位。

(6)电气系统空载试车。根据设备不同的电力拖动方式和电控方式,对交流拖动系统、直流拖动系统、晶闸管整流柜、电缆卷筒系统等分别进行空载运行调试,直至正常。

3. 负载运行状态

(1)设备在负载状态下,操作各机构手柄,考察机构的启动、加速、减速、停止的性能及工作状态下行程开关的动作情况,并予以必要的调整处理,如制动器上闸力、行程开关位置、电阻箱电阻阻值等。

(2)设有可编程序逻辑控制器(PC)系统的港口机械,待人工控制系统工作正常后,即可进行PC调试。

将编程器接插到PC的主体CPU上,接入“试验”工况。操作编程器,对照PC控制梯形图,一项一项地“读”出CPU内存的数据是否与梯形图一致(控制柜出厂前已在工厂内输入梯形图),有错误的地方用编程器作“写入”修改,然后检查PC柜的输出是否正常。

梯形图设计正确,即转入“运行”状态进行负载运行试验,根据机构实际负载运行的需要,分析需要做什么修改,通过编程器的键钮进行修改,直至正常。

二、设备验收

设备的验收,通常是指设备的购方对供方所提供产品的质量及技术文件进行的检查与验收。检查验收合格并签字后,才能正式接收设备。

1. 机电设备的验收

如前所述,机电设备根据其体积、重量、运输路径和运输方式的不同,设备的安装、交付方式可能有多种形式。但从设备购方的验收地点考虑,大体可分为两类:

第一类,制造厂厂内验收,即设备在制造厂内总装、调试、检验和试验合格后,购方予以验收。

第二类,使用现场验收,即设备在使用现场整体就位或现场安装、调试、检查和试验合格后,需进行生产性试运行8h或完成1~2条实船装卸作业,证明设备能满足使用要求,再由购方予以验收。

如果不考虑运输过程以及设备整体就位或现场安装可能造成的损伤因素,以上两种验收方式均应按照产品出厂试验(或出厂检验)合格的条件进行检查、验收。

1)检查项目

(1)由制造厂外购的重要机电配套产品(如支承转盘大轴承、电动机、减速器、电缆卷筒、力矩限制器）的合格证及有关使用说明书。

（2）由制造厂外购或自行冶炼的重要结构材料或特殊材料（如高强度钢、低合金结构钢、特种耐腐蚀材料、工程塑料）的成分化验单和物理试验报告单。

（3）对生产厂制造的重要零件、部件和构件的质量检验记录单和试验报告进行检查（如重要构件的焊缝探伤检查记录、高强螺栓的破坏试验报告、液压油缸的耐压试验报告、吊钩的检查报告等）。

（4）检查制造厂提供的产品试车大纲是否符合该类产品现行的试验规范与标准。

2）验收项目

（1）出厂试验的验收。按照产品试验方法标准的规定，由制造厂逐项完成出厂试验必须进行的主要性能参数测定和产品工作性能试验，并出具试验报告。必要时，购方监制人员可参加产品的出厂试验。在使用现场安装试车的设备，按相同的规定试验，制造厂必须派员参加现场试验和验收。

（2）设备外观检查：

①零、部件表面应光滑、平整，不得有明显变形及损伤，不得有余留冒口、粘砂和毛刺。焊缝要均匀、美观。

②油漆颜色应符合合同规定，色泽均匀，没有涂斑、漏漆和剥落。

③紧固件无松动、漏装，各相同部件的紧固件的外露长度要基本一致。

④电线管路线路和液压管路排列整齐，定位牢实。

⑤液压系统和稀油润滑的各密封端和结合部位不得有油液外漏。

⑥产品标牌、性能标牌、吊装标志、功能标志、警惕标志应齐全，安装位置要合理，表示要清楚。

（3）产品出厂应交付的文件包括：产品合格证明书，产品使用与安装说明书，产品总图及部件图、电气原理图及布线图，试验报告，易损件清单及施工图，主要外购机电产品的合格证和说明书，随机专用工具、用具清单，产品装箱发运清单。

3）其他

（1）设备运输与安装、就位过程中如出现结构变形、损伤和机械、电气部件的磕碰、破损等情况，应视其严重程度及产生原因，分别与制造厂、承运单位和安装单位进行交涉，形成处置意见并进行处理（包括修复、更换、直至赔偿）。

（2）设备的交付与验收按供购双方的合同进行。合同中规定不详的内容，供购双方应根据国家的有关规定、产品技术条件和试验方法标准协商解决，以保证验收和交付顺利进行。

2.机电设备的鉴定验收

机电设备中的新产品、改型产品和非标设计产品如需定型及批量生产，必须由生产厂上级主管部门或产品行业归口部门组织鉴定验收，由同行专家组成产品鉴定验收委员会对产品提出鉴定验收意见，确认该型产品的设计质量、制造质量、技术性能、经济性，定型生产的可能性及其推广应用价值。提交鉴定验收委员会审查的技术文件一般应包括如下内容：

（1）产品设计委托书与设计任务书。

（2）产品设计计算书与安装使用说明书。

（3）产品总图及主要装配图（新产品投产鉴定时，需提供产品全套图纸）。

(4)产品鉴定大纲。

(5)产品设计(研究)报告。

(6)产品制造报告。

(7)产品测试报告。

(8)工业性试验报告或用户使用意见报告。

(9)产品标准化审查报告。

(10)国际联机查新检索报告(必要时)。

三、设备试运行

设备验收并投入正常使用后,按合同的规定在一定期限内进行试运行,进一步验证产品适应实际生产的能力及工作可靠性、安全性。承包商应在售后服务方面做好工作,继续为业主提供技术服务。

第六节　常用检测设备及检测项目

水运机电设备在制造过程中,检测项目相当多,除了在外观上要求做到"横平竖直",消除"顽症",必要的感官检测等之外,大量的检测项目需要借助检测设备和工具来完成,这些工具就像工程质量的"眼睛",通过使用这些设备和工具获得尺寸、温度、电流、振动等,运用正确的设备和工具和对具体的问题采取正确的测量、检测方法,是现场监理人员必须要掌握的工作。

一、计量器具的选择

产品检查验收使用的计量器具应具备计算测量能力指数 M_{CP}值。M_{CP}值是衡量计量器具的测量方法准确度,是参数精度要求的重要质量指标,也是分析评价选择计量器具合理性的标准。

测量能力指数值评价标准如表 9-57 所示。表中根据测量能力指数 M_{CP}值划分为 A、B、C、D、E 级。一级计量合格单位基本参数检测必须达到 A 级;二级、三级计量合格单位基本参数检测必须达到 B、C 级。

测量能力指数值评价标准　　表 9-57

级挡		A			B			C			D			E
		超高精度	正常	超低精度	超高精度	正常	超低精度	超高精度	正常	超低精度	超高精度	正常	超低精度	
检验与监控	M_{CP}^2	3~5	7.5	1.3	2~3	4.5	1	1.5~2	3	0.7	1~1.5	2.3	<1	
	T/u	4	6~10	15	2.7	4~6	9	2	3~4	6	1.3	2~3	4.5	<2
	T/u_1	6	9~15	23	4	6~9	14	3	4.5~6	9	2	3~4.5	7	<3

续上表

级挡		A			B			C			D			E
		超高精度	正常	超低精度	超高精度	正常	超低精度	超高精度	正常	超低精度	超高精度	正常	超低精度	
测量	M_{CP}	1.1	1.7~2	3	0.9	1.3~1.7	2.5	0.7	1~1.3	2	0.5	0.7~1	1.5	<0.7
	Δ_2/u_1	1.7	2.6~3	4.5	1.4	2~2.6	3.8	1	1.5~2	3	0.7	1~1.5	2.3	<1
	T/u_1	3.3	5~6	9	2.7	4~6	7.5	2	3~4	6	1.4	2~3	4.5	<2
能力评价		高			足够			基本满足			不足			低
说明		一级计量合格单位，基本参数检测必须达到A级			二级、三级计量合格单位，基本参数检测必须达到B、C级						不符合计量器配备要求			

注：①表中的“精度”是指参数的精度范围。

②本表根据国家计量局工业处《工业企业计量网络图设计规定》编制。

二、检测设备和工具

1.常用检验工具精度

港口装卸设备的制造过程中需要借助于各种检测设备和工具，利用物理或化学的方法，测量得到“长、热、力、电”等数据。常用的工具如表9-58所示。

常用工具　　表9-58

序号	测量检测设备/工具	应用范围		说明
		项目	精度	
1	钢丝、钢直尺	同轴度、直线度、平行度	0.5mm	
2	钢卷尺	长度尺寸	1.0mm	需考虑修正值
3	线锤或磁力线锤吊	铅锤度	0.5mm	
4	靠尺	平整度、麻点深度、错边	0.5mm	
5	焊缝量规	各焊缝尺寸	0.5mm	
6	孔径尺	装配间隙、小于50mm的孔径	0.5mm	
7	千分尺	外径、内径、深度	0.01mm	
8	游标卡尺	外径、内径、长度、深度	0.02mm	
9	水平尺	水平度、垂直度		
10	塞尺			
11	激光经纬仪	直线度、大梁对中、扭曲度、水平度、垂直度	2″	
12	Leica全站仪	直线度、大梁对中、扭曲度、水平度、垂直度	2″	
13	百分表	减速箱齿隙、机构对中		
14	激光对中仪(ROTALIGN)	机构对中		

续上表

序号	测量检测设备/工具	应用范围		说明
		项目	精度	
15	有刻度的液体连通器	相对高低差		
16	TT300 超声波测厚仪	钢板厚度	$\pm(1\%H+0.1)$mm	
17	漆膜测厚仪	漆膜厚度	±0.1μm	
18	附着力试验仪	漆膜附着力		
19	里氏硬度计	表面硬度		
20	电器万用表	电流、电压、频率		
21	兆欧表	绝缘值	0.1MΩ	

2. 钢丝、盘尺测量修正值

(1)测量钢丝梁主梁拱(翘)度修正值的方法,是在主梁两端放置等高支座 A、B,A、B 支座间拉钢丝拉力为 P。两支座距离为 l,钢丝单位长度重量为 q。取悬垂钢丝的最低点中点 O 为坐标原点,Ox,Oy 分别为横坐标轴和纵坐标轴,如图 9-29 所示。

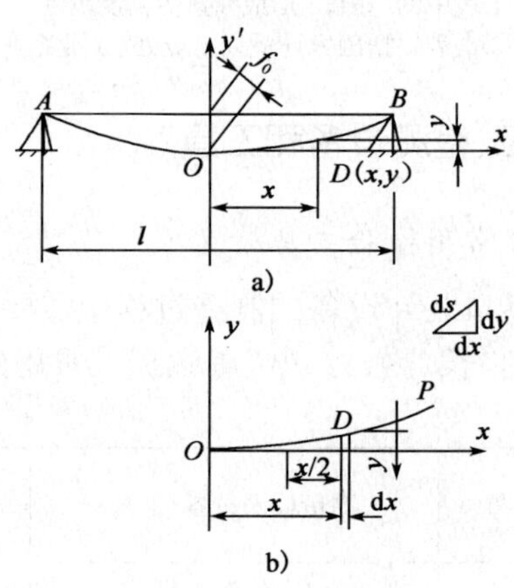

图 9-29 钢丝自垂悬垂

通常用直径为 0.49~0.52mm,拉力为 147N 的钢丝来测量主梁的拱度和翘度。测量时,须扣除钢丝悬垂量的影响,我们把这个悬垂量称为钢丝自重修正值。由计算可得跨中修正值(悬垂量)f_0 和距跨中 x 处的修正值(悬垂量)f_x,如表 9-59 所示。

钢丝自重修正值 表 9-59

l(m)	1	2	3	4	5	6	7	8	9	10	11	12	13	14	15
f(mm)	–	0.05	0.1	0.2	0.3	0.5	0.6	0.8	1.0	1.3	1.6	1.9	2.2	2.5	2.9
l(m)	16	17	18	19	20	21	22	23	24	25	26	27	28	29	30
f(mm)	3.3	3.7	4.2	4.6	5.1	5.7	6.2	6.8	7.4	8.0	8.7	9.4	10.1	10.8	11.6
l(m)	31	32	33	34	35	36	37	38	39	40	41	42	43	44	45
f(mm)	12.4	13.2	14.0	14.9	15.8	16.7	17.6	18.6	19.6	20.6	21.6	22.7	23.8	24.9	26.0
l(m)	46	47	48	49	50	51	52	53	54	55	56	57	58	59	60
f(mm)	27.2	28.4	29.6	30.9	32.1	33.4	34.8	36.1	37.5	38.9	40.3	41.8	43.3	44.8	46.3

(2)盘尺悬垂测量偏差校正。钢制盘尺测量起重机大车跨度时,除应考虑计量部分对盘尺刻度鉴定的修正值外,还要计算盘尺悬垂后长度的变化。盘尺规定的拉力及不同截面盘尺的修正值如表 9-60 所示。

测量跨度采用的拉力值和修正值 表 9-60

跨度(m)	拉力值(N)	钢尺截面尺寸			
		10×0.25	13×0.25	15×0.2	15×0.25
		修正			
10.10.5	98	2	2	1	1
13、13.5		2	2	2	1
16、16.5		2	2	2	0
19、19.5		3	3	2	0
22、22.5	147	6	5	4	2
25、25.5		6	6	4	2
28、28.5		7	6	4	2
31、31.5		7	6	4	1
34		7	6	4	0

①测量时，钢尺和桥架温度应该一致，并不被风吹动，钢尺应自然下垂。

②测量所得钢尺上的读数加上修正值即为起重机的实际跨度。

3. 常用检测设备及使用方法

1）激光经纬仪

（1）简介

激光经纬仪在公司的生产过程中得到了广泛的使用，主要运用在画线和测量方面。它可以在三维空间内测量任意两点水平夹角，也可以测量三维空间任意一点和仪器之间的竖直角。反之，经纬仪还有通过任意角度的锁定，对设定好的水平角和竖直角的可以进行画线，或者根据该角度进行测量。配合激光的经纬仪可以从物镜内发射一束可见光，有利于画线和测量。图 9-30 是苏光 J2 – JDA 激光经纬仪的组成。

（2）使用方法

①架立三角架。选择没有外界因素影响的区域，调整脚架到适合观察的高度，并锁紧，如果在钢结构等表面，需做好防滑的措施。

②安置仪器。可靠锁紧脚架和仪器。

③对中和安平。再次调整脚架，观察圆水准器，调至粗平；根据下图先将长水准器和任意两个脚螺旋平行，左右手对称运行（注：右手食指方向就是长水准器气泡的运行方向），调平后，将仪器旋转 90°，使长水准器和原先的两个脚螺旋垂直，将气泡调中（图 9-31）。上述两个过程反复调整，直至仪器在任何位置都水平。此时就可以测量水平角的测量。如果要进行竖直角的测量，还需调整竖直指标水准器内的水泡，并考虑仪器的指标差。

④调焦和照准。通过瞄准器（一般为盘左状态），调整焦距，使十字丝和目标完全重合。

⑤度盘读数和调整。观察读数目镜，读取角度。同时也可以调整换盘手轮设定水平角度的初始值。读数可以达到 2″。

⑥测量和放线。锁定物镜的角度，配合其他测量工具，对构件的水平度、垂直度、高低差、扭曲度等进行测量。

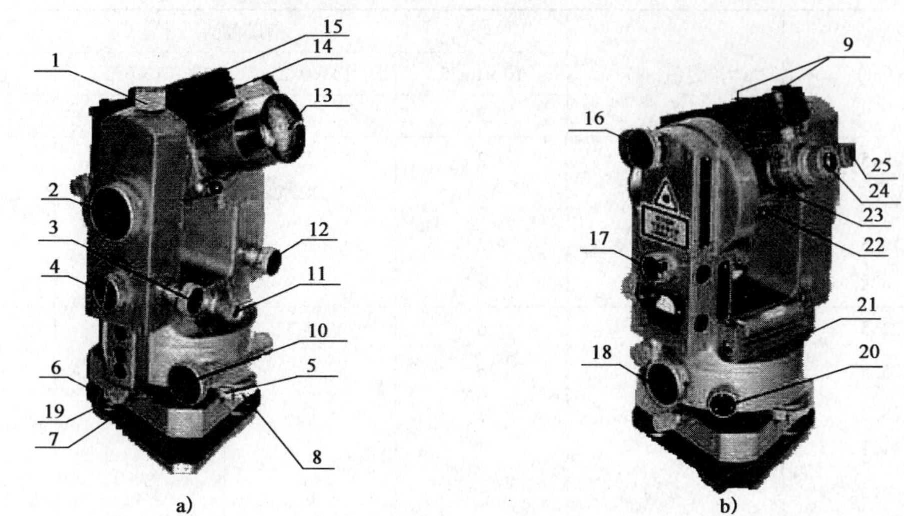

图9-30　苏光J2－JDA激光经纬仪

1-垂直制动手轮;2-测微手轮;3-垂直测微手轮;4-换向手轮;5-换向手轮护盖;6-脚螺旋;7-三角基座底板;8-换盘手轮;9-粗瞄器;10-水平微动手轮;11-光学对点器;12-竖盘水准器微动;13-望远镜物镜;14-电池盒;15-盒盖;16-竖直照明反光镜;17-竖直指标水准器;18-平盘照明反光镜;19-基座锁紧手轮;20-水平制动手轮;21-长水准器;22-光学粗瞄器;23-望远镜调焦手轮;24-望远镜目镜;25-读数显微镜目镜

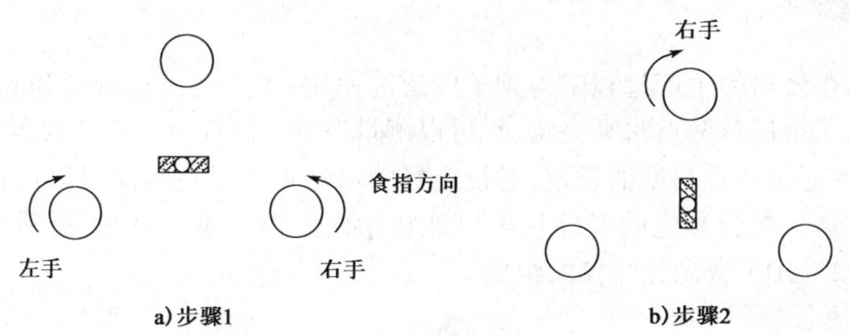

图9-31　安平方法

⑦发射激光。打开开关,发射可见光束,光圈的大小可以通过调整焦距进行调整。

2)Leica 全站仪

(1)简介

全站仪是经纬仪、水准仪、测距仪和计算机的结合,其基本原理和经纬仪类似,不同的是全站仪通过内部 PLC 软件的不同模式的选择,自动地对数据进行处理,转化成坐标,无须从读数显微镜内读取数据。可以完成如下的工作:角度测量,距离测量,悬高测量,面积测量,坐标测量等。

(2)Leica 全站仪的使用

广泛地使用的 Leica 全站仪,在测量大梁对中、小车轨道直线度等工作中,能够快速、准确地完成工作,起到了其他仪器所不能达到的作用。

以测量大梁对中和小车轨道为例,介绍全站仪的使用方法:

①开机 ON。

②调水平(三脚架、底部激光、水泡、电子水泡－－SHIFT＋水泡按钮)。

③进入 PROGRAM 菜单选择 TIE DISTANC,测量 AB 距离得出 Dab 和方位角并记录数据。

④得出方位角之后,选择 SETUP 设置,到 STATION 测站点,选择 SET HZ 设置水平角,转动仪器,使角度显示:方位角＋90°,此时 HZ＝0 水平角置零,就是进入 CONT 进行下一步的测量。

3)激光对中仪(ROTALIGN)

(1)简介

激光对中仪从德国引进,主要完成高速联轴节的安装工作。通过光学原理来和仪器自带的 PLC 程序进行安装工作。主要由:支座、激光发生器、接收器、计算机(主机)组成(图 9-32)。

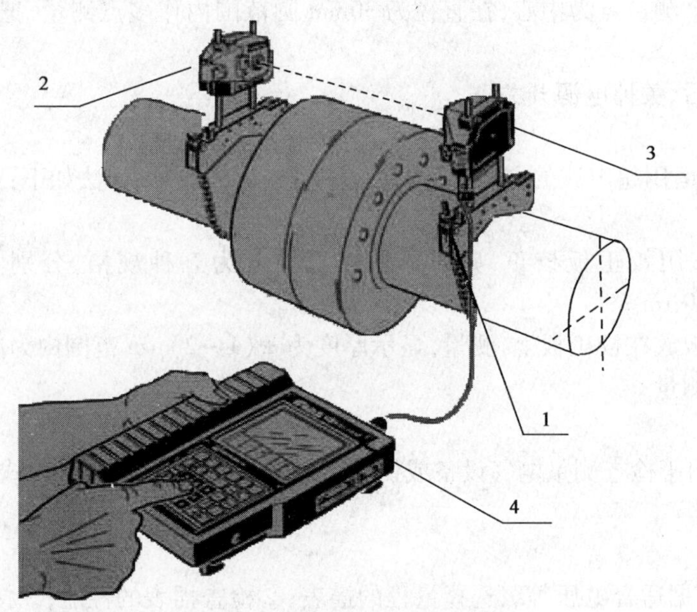

图 9-32　激光对中仪安装示意图

1-支座;2-激光发生器;3-接收器;4-计算机(主机)

(2)使用方法

①安装设备。在联轴节基本对中的条件下,开始安装设备,一般来讲,激光放在减速箱一侧,而传感器装马达(卷筒)一侧。有链条连接和磁铁连接两种方式,但必须固定牢靠。

②选择测量模式。选择连续扫描的模式。

③测量尺寸并输入电脑。按 D 键,并且按照电脑的提示,逐步测量并输入数据。

④调节激光。绿灯慢闪是对中的标志,否则需要调整光束。

⑤测量开始。按 M 键开始测量。慢慢旋转轴,根据提示,按"开始"键进行连续扫描。

⑥测量结果。结束后按 R 键,显示测量结果。

4)超声波测厚仪

常用的 CTS－30 型数字式和 TT300 系列直读超声波测厚仪,是检测特定厚度和特定材料的专用测量仪器，具有“声速设定”功能，根据被检测的材料来选择声速，如钢铁应该调整5 900m/s。它的工作原理是：将起始脉冲与第一个背面回波间的时间或多次背面回波间的经过时间，直接转换成数字读出。

(1)选择合适的探头，通常采用直接接触式双晶直探头，如果高温试件的厚度测量还需要选择特殊高温探头。

(2)打开电源开关，将探头在仪器的标准试块上进行调整，如果显示屏上的数据大于5mm，调整标准为5mm。

(3)工件表面要求光滑，必要是做局部打磨，耦合剂一般使用甘油、机油、浆糊等。探头与检测表面要有良好的耦合，并且要加一定压力(20～30N)，保证探头与检测表面要有良好的声耦合，并且排出多余的耦合剂，减少声波通过耦合层的时间，提高检测精确度。

(4)应该以一个测量点为中心，在直径为30mm圆范围内作多点测量，把显示的最小值作为检测结果。

(5)检测完毕后，关掉电源开关。

5)漆膜测厚仪

漆膜测量就是运用超声波的方法，无损伤地测量油漆的厚度，方法如下：

(1)开机。

(2)面板显示，用校正板校正，归零。标准膜板分为五种规格，分别为：20μm、50μm、100μm、200μm、1000μm。

(3)把标准膜板放在校正板上，测量，显示厚度为±(1～2)μm范围内为准。

(4)可以正常测量。

6)兆欧表

又叫摇表，是用于检查测量电气设备或供电线路绝缘电阻的一种可携式仪表。常见的是手摇式兆欧表。

使用方法：

(1)准备：①根据适合电压等级选择量程的摇表；②检查摇表的性能；③接线。

(2)测量：以2圈/1秒的速度摇动手柄，指针稳定后读数。

(3)测量结束：应对所测设备或电缆进行放电。

7)万用表

万用表是一种多用途电工仪表，它可以测量交直流电流、电压、电阻、频率等，因此称万用表，我们目前常用的是电子万用表。

使用方法：

(1)准备：

①红色和黑色测试棒的连接插头分别插入红色(或标有“+”)的插孔内和黑色(或标有“-”)的插孔。红色表笔接被测电源正极，黑色表笔接被测电源负极。

②根据被测对象，选择测量的种类和量程。

(2)测量及读数：万用表的标度盘上有多条标度尺，它们代表不同的测量种类。测量应根据转换开关所选择的种类及量程，在对应的标度尺上读数。

(3)测量结束：将转换开关旋至“关”(或OFF)挡。

三、主要检测项目

1. 桥架的检测

1）桥架检测条件

（1）将所有的焊缝（包括轨道压板、栏杆、走台、电线穿线管和导电滑架等零部件的焊接）焊完后才能进行检测。

（2）如桥架进行了火焰矫正，则应待完全冷却后再进行测量。

（3）垫架应放置在跨端。桥式起重机应垫在桥架两端的端梁中心位置；门式起重机或装卸桥应垫在主梁的支腿座板中心，但由于支腿的座板也需检测，因此通常把垫架放在主梁的支腿座板外侧尽量靠近座板边缘处，以尽量减小误差。

桥式起重机的桥架应将两端梁的弯板水平面垫成水平，要求在桥架跨度方向的水平偏差不大于5mm，轮距方向不大于2mm。

门式起重机或装卸桥桥架应将跨端支腿中心位置上的上盖板垫成水平，水平偏差不大于2mm。

（4）桥架检测应在没有或很小日照温度变位的情况下进行。如在室外有较强日照情况下检测，应扣除温度变位的影响。

2）主梁上拱度和上翘度的检测

主梁上拱度和上翘度应达到的技术要求如表9-61所示序号1所示。

桥、门式起重机钢结构国内外标准对比 表9-61

序号	项目	国内标准		国外标准		对比
		代号	指标	代号	指标	
1	主梁上拱度	GB/T 14405—2011 GB/T 14406—2011	$\frac{0.9L}{1\,000} \sim \frac{1.4L}{1\,000}$ （最大上拱度在跨中$\frac{L}{10}$范围内）	美国 CMAA HORGAN	$\frac{L}{800}$	数值大于ISO及FEM的规定，和日、美、苏、原联邦德国等国的标准规定值都相当
				ISO FEM	$L>20$m时，>0	
				JISB8801—1974	$\frac{L}{1000} \sim \frac{L}{800}$	
				德国工作标准 D5802	$\left(\frac{0.3}{1\,000} \sim \frac{1}{1\,000}\right)L$	
				苏 ГОСТ 24378－80	$L>17$m时，$\frac{L}{1\,000}$	

续上表

序号	项目	国内标准		国外标准		对比
		代号	指标	代号	指标	
2	主梁水平弯曲	GB/T 14405—2011 GB/T 14406—2011	桥式正轨：$\leqslant \frac{L}{2\,000}$（$L$：两端第一块筋板间的距离，即实测距离），$Q \leqslant 50$t 时，只允许向走台侧凸曲桥式偏轨；单腹板梁及桁架：$L \leqslant 19.5$mm 时，$\leqslant 5$mm；$L > 19.5$mm 时，$\leqslant 8$mm；门式双梁：$\leqslant \frac{L_2}{2\,000}$（$L$：梁全长）其中正轨：最大不得超过 20mm，且只允许向走台侧凸曲；偏轨：单腹板梁、桁架最大不得超过 15mm；门式单梁：$\leqslant \frac{L_2}{2\,000}$，最大不得超过 20mm	苏 ГОСТ 24378－80	$\leqslant \frac{L}{2\,000}$	和原苏联标准的规定相同
3	主梁腹板波浪度	GB/T 14405—2011 GB/T 14406—2011	在 1m 测量长度内，离上盖板 $\frac{H}{3}$ 范围内 $\leqslant 0.7\delta$，其余区域 $\leqslant 1.2\delta$（δ 为腹板厚）	苏 ГОСТ 24378－80	在两个大筋板之间 $\leqslant 3\delta$	我国的标准比原苏联标准高
				ISO 草案	$f \leqslant 0.5\delta$	
4	主梁上盖板水平偏斜 b	GB/T 14405—2011 GB/T 14406—2011	在大筋板处测量 $b \leqslant \frac{B}{200}$，单主梁为 $b \leqslant \frac{B}{300}$	德国 6551－9/80	±2mm	我国的标准与原联邦德国标准相当
5	主梁腹板垂直偏斜 h	GB/T 14405—2011 GB/T 14406—2011	$h \leqslant \frac{H}{200}$ 单腹板梁及桁架；$h \leqslant \frac{H}{300}$	ISO	$< h \leqslant \frac{H}{200}$	与国际标准相当，高于原苏联标准
				ГОСТ 24378－80	$< \frac{H}{125}$	
6	小车轨距	GB/T 14406—2011	正轨箱形：梁端部 ±2mm $L \leqslant 19.5$mm 为 $^{\pm 5}_{\pm 1}$ mm 门式：$^{\pm 7}_{\pm 1}$ mm 偏轨箱形梁、桁架梁：±3mm	ISO 和 FB	±3mm	均高于国际标准及原苏联、日本、原联邦德国等国的标准
				JISB 8861－1974	±4mm	
				德国 7651－9/80	±4mm	

续上表

<table>
<tr><th rowspan="2">序号</th><th rowspan="2">项目</th><th colspan="2">国内标准</th><th colspan="2">国外标准</th><th rowspan="2">对比</th></tr>
<tr><th>代号</th><th>指标</th><th>代号</th><th>指标</th></tr>
<tr><td rowspan="4">7</td><td rowspan="4">小车轨道高低差</td><td rowspan="4">GB/T 14406—2011</td><td rowspan="4">桥式：轨距 $T\leqslant 2.5$m 时，$C\leqslant 3$mm $T>2.5$m 时，$C\leqslant 5$mm 门式：$C\leqslant 3$mm</td><td>ISO</td><td>$\leqslant\frac{1.5T}{1\,000}$</td><td rowspan="4">高于原联邦德国 7651 - 9/80 和原苏联标准，低于日本标准，与 ISO. FEM，VDI3571 相当</td></tr>
<tr><td>ГОСТ 24378 - 80</td><td>$\frac{T}{500}$</td></tr>
<tr><td>FEM</td><td>$\leqslant\frac{1.55T}{1\,000}$</td></tr>
<tr><td>日本</td><td>$\leqslant\frac{T}{1\,000}$</td></tr>
<tr><td rowspan="3">8</td><td rowspan="3">小车轨道水平弯曲</td><td rowspan="3">GB/T 14405—2011</td><td rowspan="3">正轨箱形桥式，能向走台侧凸曲 $L\leqslant 19.5$mm 时，$\leqslant 3$mm；$L>19.5$mm 时，$\leqslant 4$mm</td><td>571</td><td>$T=2$m 时，<8mm
T 为 2 ~ 3m 时，<4.5m</td><td rowspan="3">与德国 7651 - 9/80 大体相当</td></tr>
<tr><td>德国 7651 - 9/80</td><td>≤5mm</td></tr>
<tr><td>德国 7651 - 9/81</td><td>±2mm</td></tr>
<tr><td rowspan="2">9</td><td rowspan="2">小车轨道侧向局部弯曲</td><td rowspan="2">GB/T 14405—2011
GB/T 14406—2011</td><td rowspan="2">任意 2m 范围内≤1mm</td><td>FEM</td><td>2m 内 >1mm</td><td rowspan="2">与 FEM 和原联邦德国 VDI 标准相当</td></tr>
<tr><td>VDI3571</td><td>2m 内 ±1m</td></tr>
<tr><td>10</td><td>小车轨道接头处高低差</td><td>GB/T 14405—2011
GB/T 14406—2011</td><td>≤1mm</td><td>ГОСТ 24378 - 80</td><td>≤1mm</td><td>现原苏联标准相同</td></tr>
<tr><td>11</td><td>小车轨道接头处侧向错位</td><td>GB/T 14405—2011
GB/T 14406—2011</td><td>≤1m</td><td>ГОСТ24378 - 80</td><td>≤1mm</td><td>与原苏联标准相同</td></tr>
<tr><td>12</td><td>小车轨道接头处间隙</td><td>GB/T 14405—2011
GB/T 14406—2011</td><td>≤1m</td><td>ГОСТ24378 - 80</td><td>≤1mm</td><td>和原苏联标准相同</td></tr>
<tr><td rowspan="2">13</td><td rowspan="2">主梁上盖板波浪度</td><td rowspan="2">GB/T 14405—2011
GB/T 14406—2011</td><td rowspan="2">上盖板厚度：$\delta\leqslant 10$ 时，$\leqslant 3$mm；$\delta>10$ 时，$\leqslant 4$mm</td><td>ГОСТ24378 - 80</td><td>上盖板≤5</td><td rowspan="2">高于原苏联标准，与原联邦德国标准相当</td></tr>
<tr><td>德国 7651 - 9/80</td><td>在 150mm 范围内 <1</td></tr>
</table>

续上表

序号	项目	国内标准		国外标准		对比
		代号	指标	代号	指标	
14	小车轨道和盖板间隙	GB/T 14405—2011 GB/T 14406—2011	筋板处应垫实，未垫实处允许间隙：18kg/m 时，≤1mm；24kg/m 时，≤1.5mm；大于 24kg/m 时，≤2mm；连查 10 处，允许两处在允许值的 1.5 倍以内	ГОСТ24378－80	<2mm	不低于原苏联标准的规定
15	重要对接焊缝	GB/T 3323—2005 JB/T 4730—2005	GB/T 3323—2005，二级焊缝 JB/T 4730—2005，一级焊缝	德国	主梁$\frac{H}{2}$以下由跨中$\frac{L}{2}$范围内受拉部分 100% 的 X 线照相检查	我国主梁上下盖板、腹板对接焊缝按标准检查比德国标准高

检测方法有两种：拉钢丝检测和水平仪检测。

(1)拉钢丝检测主梁拱度

采用钢丝直径 $d=0.49\sim0.52$mm，跨端中心位置立等高的测量柱，将小车固定在主梁一端的上盖板上，主梁另一端固定于滑轮座。由钢丝小车拉钢丝经过测量柱顶，绕过滑轮用 147N 的重锤张紧(图 9-33)，也可将钢丝一端拴在弹簧秤上，弹簧秤的另一头挂在可调支座上，调整拉力到 147N。

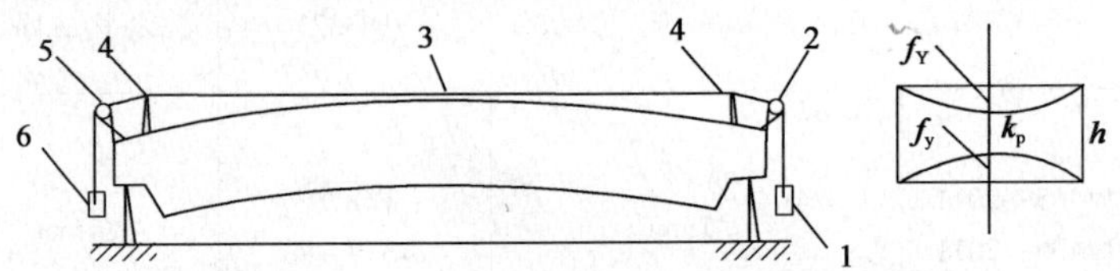

图 9-33　钢丝检测桥式起重机主梁拱度

1-桥架；2-钢丝小车；3-钢丝；4-测量柱；5-滑轮；6-重锤

钢丝应位于小车轨道侧旁(避开轨道压板)的上方，两端与小车轨道中心的水平距离相等。用规格为 150～300mm 钢直尺进行测量。测量位置在跨中。钢直尺垂直于盖板，靠近钢丝，量出从上盖板表面至钢丝的距离 h_0(或 h_1)，即可求得主梁拱度。

$$\begin{cases} F_0 = h - h_0 - f_0 \\ F_x = h - h_x - f_x \end{cases} \tag{9-49}$$

式中：h——测量柱高度；

f_0, f_x——跨中，离跨中 x 处的钢丝自重修正值。

用钢丝检测桥式起重机桥架主梁拱度较方便。检测带悬臂的门式起重机桥架主梁稍复杂一些。图 9-34 测量柱应设置在主梁两端，因两端翘度不一定相等，故其中一根测量柱应能调整高度，调整至两支腿处上盖板到钢丝的距离相等，测出跨中、两支腿中心处以及两端的上盖板至钢丝的距离 $h_0=h_{支1}=h_{支2}=h_{支}$，$h_{端1}$，$h_{端2}$(一般情况下 $h_{端1}\neq h_{端2}$)，查出(或算出)相应点的修正值$f_0=f_{支1}=f_{x2}=f_{支}$，两端修正值$f_{端1}=f_{端2}=0$，显然有如下关系：

$$\begin{cases}F_0=(h_{支}+f_{支})-h_0=f_0\\F_1=(h_{支}+f_{支})-h_{端1}\\F_1=(h_{支}+f_{支})-h_{端2}\end{cases}\tag{9-50}$$

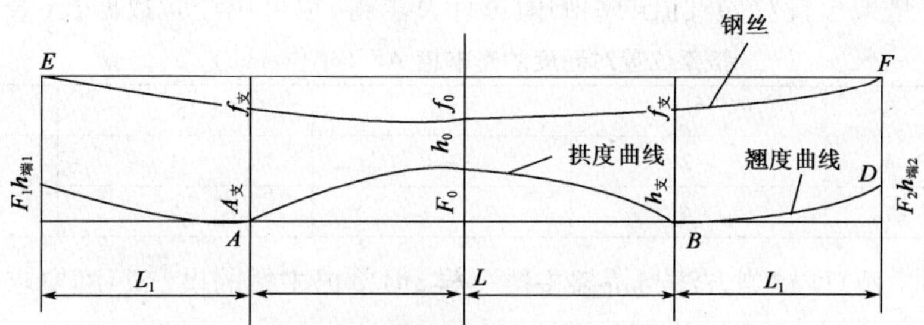

图 9-34　钢丝检测门式起重机主梁拱(翘)度

如仍用等测量柱高也是可以的，但此时 EF 不再与 AB 平行，测得数据之后还需根据几何关系转化，就更不方便了。

(2)用水平仪检测主梁拱度和翘度

将水平仪支放到适当位置，座尺或钢直尺置于上盖板偏离轨道压板处。首先用水平仪测得两跨端中心处 h_0(图 9-35)，然后测得跨中 h 值。

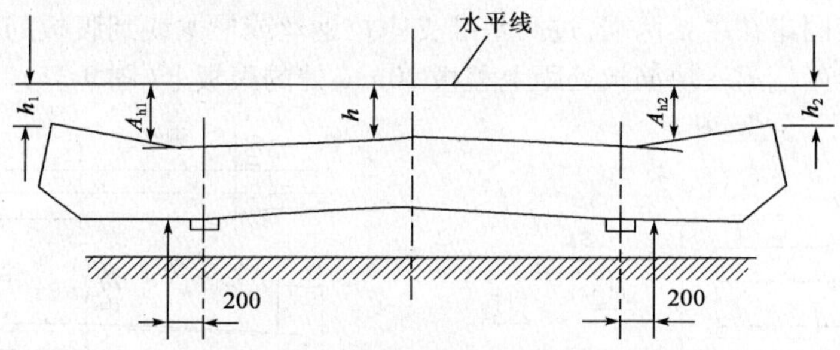

图 9-35　水平仪测量拱度和翘度

主梁跨中拱度为

$$F_0=h_0-h+\Delta F\tag{9-51}$$

式中：h_0——两跨端中心处平均高程值，$h_0=\dfrac{h_{01}+h_{02}}{2}$；

h——跨中处高程；

ΔF——垫架置于偏离跨端中心的影响值。ΔF 值也可用经验数据，如表 9-62 所示。

垫架位置对拱度的影响值 ΔF(单位：mm)　　表 9-62

跨度(mm)		18	22	26	30	35
起重量(t)	5	5	6	8	9	10
	10	3	4	6	7	8
	15	2	3	4	5	6
	20	2	3	4	5	6

测量主梁悬臂翘度,应将座尺或钢直尺分别置放于左、右悬臂端,用水平仪测量分别得出 h_1 和 h_2 值,悬臂端翘度为

$$F_1 = h_1 - h_2 + \Delta F' \tag{9-52}$$

式中:h_1,h_2——水平仪测量悬臂端高程;

$\Delta F'$——垫架位置对翘度值的影响值可计算求得,也可用经验数据表(表 9-63)。

垫架位置对翘度的影响值 $\Delta F'$(单位:mm) 表 9-63

起重量(m)		5	10	15	20
悬臂长(m)	3~6	-2	-1	-1	-1
	6~12	-4	-3	-2	-1

单根主梁拱(翘)度检测方法与桥架主梁一样,但单根主梁的拱(翘)度要求应根据工艺规程的规定。

3)同一截面小车轨道高低差

测量同一截面小车轨道高低差的技术要求如表 9-61 序号 7 所示。测量的方法如下:

用拉钢丝或用水平仪,同时用钢直尺测量两根主梁在同一截面上对应的大筋板处轨顶尺寸,测得的对应尺寸之差的最大值即为轨道高低差,如图 9-36 所示。

4)主梁水平弯曲

测量主梁水平弯曲的技术要求如表 9-61 序号 2 所示。检测方法是将带有钢丝或尼龙线的线车或夹具直接固定在主梁两端,过两基准支座拉钢丝或尼龙线到腹板的距离均为 H_1。两基准支座设于主梁两端第一块筋板处距上盖板 10mm 处的腹板上(图 9-37)。

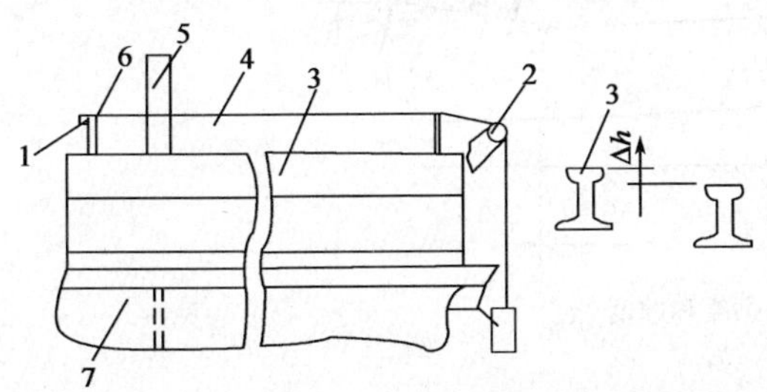

图 9-36 轨道高低差检测

1-147N 重锤;2-滑轮;3-轨道;4-钢丝;5-钢直尺;6-等高棒;7-大筋板

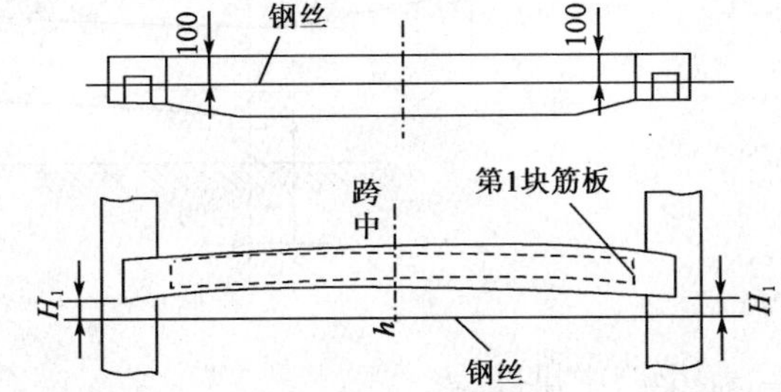

图 9-37 主梁水平弯曲的检测

然后在跨中用钢尺测量钢丝或尼龙线到腹板的距离 h,则主梁的水平弯曲值为

$$f = h - H_1 \tag{9-53}$$

式中:h——跨中钢丝或尼龙线到腹板的距离;

H_1——主梁两端第一块筋板处钢丝或尼龙线到腹板的距离。

钢丝或尼龙线的悬垂量不影响水平弯曲的测量,因此钢丝或尼龙线的直径和拉力不作规定。

5)桥架对角线检测

桥架对角线检测的技术要求是桥架对角线差 $|D_1 - D_2| \leqslant 5\text{mm}$。检测方法如下:

(1)桥式起重机桥架对角线检测方法是先确定测量点,这就是端梁上盖板中心线与弯板垂直面的4个交点(图9-38),若受缓冲器的干扰,可同时错开相等距离。对于车轮嵌入式端梁,可将车轮轴孔中心线引到端梁上盖板上与端梁中心线相交,得4个测量点。然后用盘尺分别测量两条对角线的距离。由于这里只需测出对角线的长度差、盘尺的拉力不作规定,但必须保持不变。$|D_1 - D_2|$即为对角线差。

(2)检测门式起重机或装卸桥的桥架对角线差时,以主梁的支腿法兰座板中心为4个测量点(图9-39),测量方法同上。

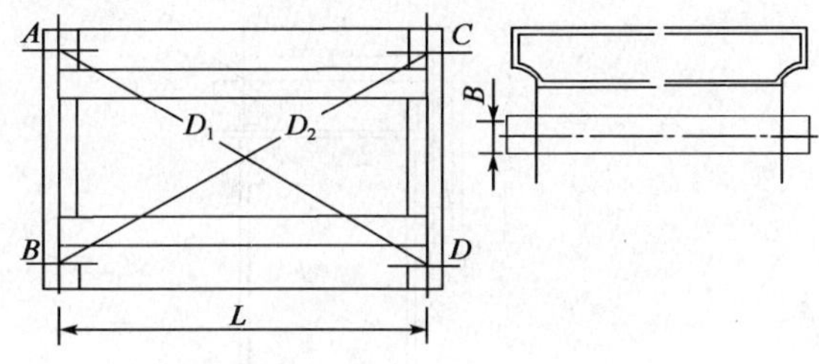

图9-38　桥式起重机桥架对角线差测量

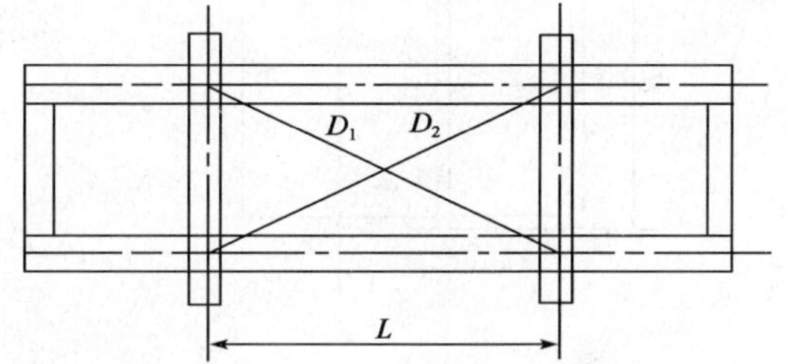

图9-39　桥式起重机桥架对角线差的测量

6)主梁上盖板水平偏斜(图9-40)

主梁上盖板水平偏斜的技术要求如表9-61序号4所示。对组装成桥架以前的单根主梁,水平偏斜$b \leqslant \frac{B}{250}$。

检测方法是:可用水平尺检测,也可用水平仪检测。检测点在上盖板的大筋板和两腹板相交处。

(1)在测量点上放置两个等高支架,支架高度大于钢轨高度,在支架上放水平尺,在支架和水平尺之间垫塞尺调整水平尺,达到水平时,由塞尺的读数即可算出上盖板水平偏斜。

(2)在测量点放置座尺或钢直尺,用水平仪测量对应点的标高,由标高差即可算出上盖板水平偏斜值b。

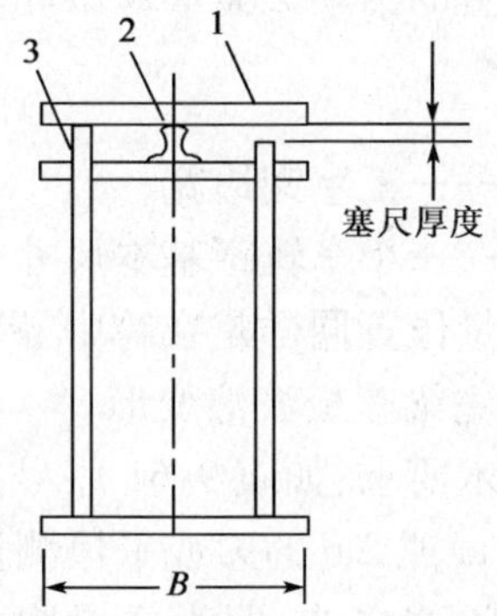

图9-40　上盖板水平偏斜的检测

1-轨道;2-水平尺;3-等高支架

7)主梁腹板垂直偏斜

主梁腹板垂直偏斜的技术要求是:如表9-61序号5所示,对组装成桥架以前的单根主梁,垂直偏斜$h \leqslant \frac{H}{250}$。

检测方法是:在主梁内侧腹板的大筋板处吊线锤,在距上、下盖板分别为30~50mm处,测量腹板与吊线之间的距离a_1和a_2(图9-41)。

测得上、下测点距离为H_1,测$\frac{|a_1 - a_2|}{H_1}$即为主梁腹板垂直偏斜值。

8)小车轨距偏差

技术要求如表9-61序号6所示,检测方法是:

(1)双梁桥架小车轨距偏差的测量是用尺夹固定钢卷尺在跨中和跨端分别测量,测得的3

个数值 L_1、L_2、L_3 与轨距基本尺寸之差即为轨距偏差值[图 9-42a)]。门式起重机桥架小车轨距尚需在悬臂端测量。

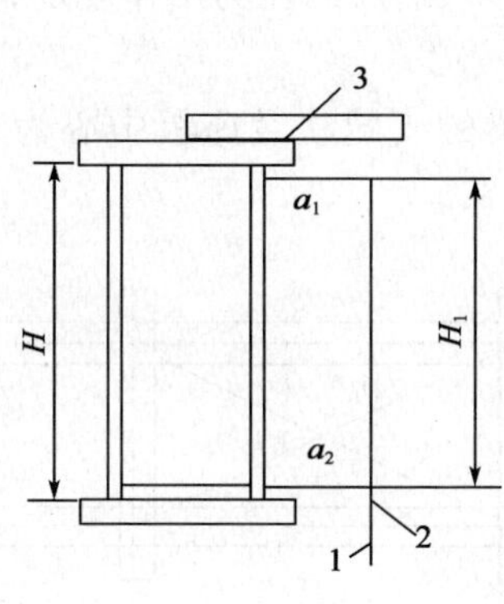

图 9-41 腹板垂直偏斜的检测

1-重锤;2-尼龙丝;3-直尺

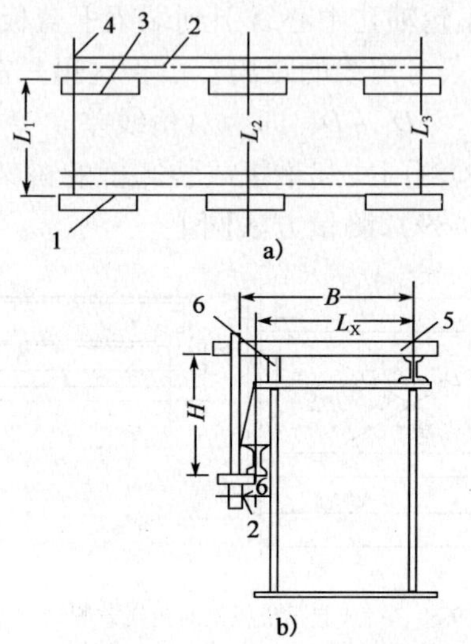

图 9-42 小车轨距的检测

1-尺夹;2-小车;3-钢直尺;4-钢卷尺;5-专用卡尺;6-支架

(2)单主梁桥架小车轨距偏差的测量是利用专用卡尺或直角弯尺进行,如图 9-42b)所示。在主梁副腹板位置上盖板放一支架,支架高度与轨道相等,水平尺放在轨道与支架上,与水平度尺垂直的活动又紧靠反滚轮轨道工字钢边缘,测得数值 B,则小车轨距偏差为

$$\Delta L_X = B - \frac{1}{2}b - L_X \quad (9\text{-}54)$$

式中:b——工字钢边宽;

L_X——小车轨距基本尺寸。

测量位置同样是在跨中、跨端和悬臂端的第一块筋板处。

9)主梁腹板波浪变形

技术要求:如表 9-61 序号 3 所示。检测方法是:用 1m 或 2m 的刀或平尺测量腹板的最大间隙和最小间隙之差,即为主梁腹板波浪变形值(图 9-43)。

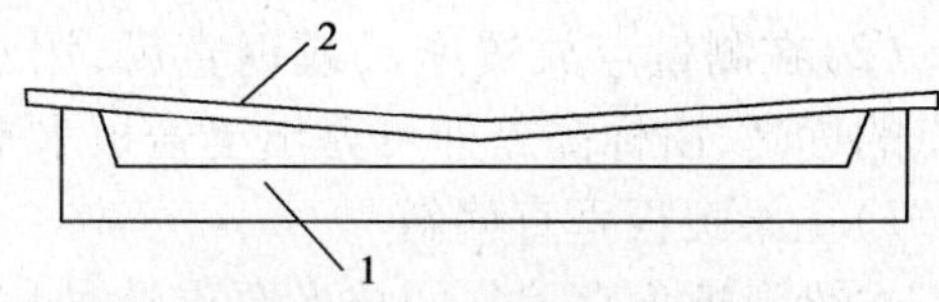

图 9-43 腹板波浪变形的检测

1-直尺;2-腹板

10)桥架跨度差

桥架跨度差的检测方法是:桥式起重机桥架跨度以端梁弯板上下孔为测量点[图 9-44a)];门式起重机桥架跨度以其支腿法兰座板中心为测量点[图 9-44b)],用钢盘尺测量,弹簧秤的拉力按表 9-60 确定,并按本章第六节的方法修正,与跨度的基本尺寸之差即为跨度差,两侧的实测跨度之差即为相对差。

11)小车轨道中心线与腹板中心线偏差。

检测方法:如图 9-45 所示。

(1)用 150mm 专用钢尺测量 a 为轨道底部尺寸的 1/2。

(2)a_1 为腹板厚度值的 1/2。

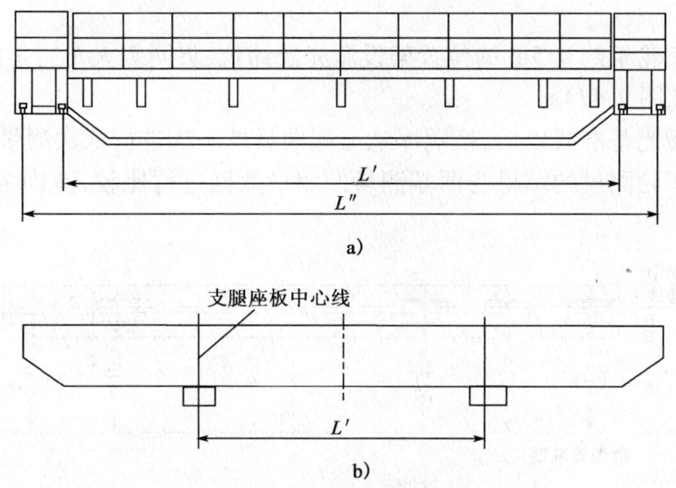

图 9-44　桥架跨度的测量

(3)专用钢尺的缺口始终向上,分别测得 x、x_1 值,位置偏差为

$$d = |(a + x) - (a_1 + x_1)| \tag{9-55}$$

12)小车轨道水平弯曲和侧向局部弯曲

小车轨道水平弯曲和侧向局部弯曲的技术要求如表 9-61 序号 8 及 9 所示。检测方法是:将等高支架平放在主梁端部第一块大筋板处的轨道外侧,用 ϕ0.49 ~ 0.52mm 钢丝拉紧,然后用钢尺测量(图 9-46),测得支架高的最大差值即为全长侧向直线度。

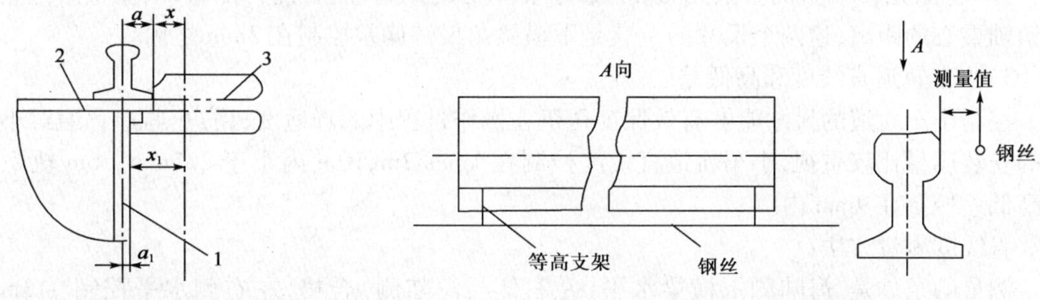

图 9-45　轨道中心线与腹板中心线的位置偏差测量

1-腹板;2-上盖板;3-专用尺

图 9-46　轨道直线度的测量

局部直线度用 2m 专用尺接触轨道侧面,用塞尺测量间隙数值。在所有测得数值中的最大值即为局部侧向直线偏差值。

2. 其他检测项目

1)大车车轮直线度

大车车轮直线度的测量,是检验在同一侧的车轮是否在同一条直线上,防止设备在运行过程中啃轨、摇晃等。根据 FEM 标准要求,相邻车轮与轨道中心偏差在 ±1mm 之内,即要求相邻车轮相对的最大直线度偏差为 2mm。由于总装现场条件的制约,总装前的控制一般为整体直线度最大值不超过 10mm(但必须保证相邻车轮直线度)。

测量方法：

(1)在离开大车轮子约0.5m的位置架设激光经纬仪，将同侧大车行走的最外端两个车轮为基准调整激光线(图9-47)。

(2)在调整好激光基准线以后，按顺序从一端向另外一端进行依次测量。

(3)中间所有车轮测量的结果与两端测量的测量数据进行比较，差即为直线度数据，注意直线度有正负之分。

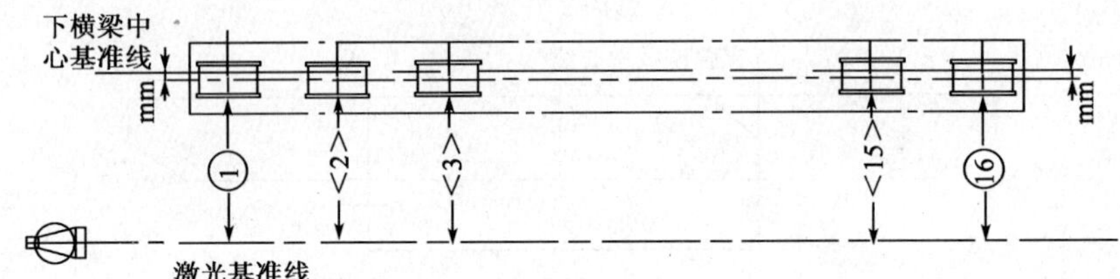

图9-47　大车车轮直线度

2)下横梁角尺

下横梁角尺是设备安装过程中，为了确保有海陆侧下横梁组成的四边形是矩形，而不是平行四边形。

测量方法：

(1)海侧下横梁吊装完毕即刻进行测量，先将激光经纬仪架在平衡梁销轴的中心位置。

(2)以下横梁为基准，测设一条下横梁平行线。

(3)将激光转90°，测量激光点和海侧销轴重心的距离，然后镜头转180°，测量激光点和陆侧销轴重心的距离，这两个尺寸的差就是下横梁角尺。偏差控制在2mm之内。

3)小车轨道直线度和高低差

控制小车轨道的尺寸能够有效保证司机在操作过程中的舒适度，用户、监造普遍对小车轨道的安装质量比较重视，小车轨道直线度控制在1mm/2m，10m内小于2.5mm。6m轨距的轨道高低差控制在9mm内。

直线度测量方法：

测量的条件是，海陆侧下横梁水平(左右侧与海陆侧)合格，左右侧水平控制在3mm以内，海陆侧水平控制在5mm以内。

方法同大车车轮直线度，用激光经纬仪测定基准线，然后每隔2m测量一挡。将数据和基准值相比较就是轨道直线度。

高低差的测量方法：

现以有刻度的液体连通器，测量小车轨道高低差。在同一个截面内观察水柱的高低差。

4)大梁对中

大梁对中是桥式集装箱起重机重要的检验项目，一般要求大梁对中在±25mm之内，即一个锁头的位置。如果超差，需要调整门框斜撑。现以Leica为例，介绍测量大梁对中的方法：

测量方法：

(1)在码头面上架设Leica全站仪，注意视线可以同时看到海侧下横梁、前大梁的头部和铰点处。

(2)以海侧下横的两端为基准,测定仪器的方位角和下横梁平行。

(3)测量前大梁头部和铰点处的坐标,进行比较就可以得出大梁对中值,注意大梁的左右偏向。

5)拉杆应力

为保证拉杆左右受力均匀,延长拉杆的使用寿命,以及保证大梁不受扭。必须经过拉杆应力的测试并进行调整,使得拉杆应力符合要求,即

(1)大梁前伸距在60m以下的岸桥,前后拉杆的分配比例为7:3。

(2)大梁前伸距在60m以上的岸桥,前后拉杆的分配比例为6:4;

(3)在同组拉杆中,左右拉杆受力偏差在10%以内。

拉杆应力的原理是根据在弹性变化内,拉杆的应力 = 应变成正比 × 弹性模量 × 拉杆截面积。通过计算电阻应变片的变化量(在拉杆受力和悬空状态下)来获得拉杆实际的应变。

测量方法:

在完成了贴片后,可进行测量。测量时将前大梁处于水平状态,调整好应变仪的零位,将前大梁仰起至少500mm,使前拉杆有明显折弯,测量和计算出前后左右拉杆组的应力值,如受力不均匀,应进行调整,直至符合要求。

6)整体称重

称重通常从同一批号中抽查一台,测量设备总重量和这些重量在4个角的分布,并计算设备的重心和理论值进行比较。为了满足码头的轮压要求,设备重量必须控制在一定的范围内。

称重的原理是在液压千斤顶受力时的压力值,换算成所承受的重力($W = P \times S$,其中 W 为重力;P 为压力值;S 为千斤顶截面积)。

称重方法:

(1)用两个液压千斤顶将港口装卸设备的海侧或陆侧均匀顶起,直到大车完全离开轨道。

(2)分别从两个压力表(压力传感器)上分别读取刻度值,并重复3遍,读取3组数值。

(3)同样的方法,完成另外一侧的测试。

(4)根据读取的数值和千斤顶计算设备的重量、轮压和重心。

称重时需记录风向和风速,并确认设备上所有的重量是最终的重量。

7)油漆附着力

附着力检测的方法有很多种,画圈法、画格法还有拉开法等,现介绍拉开测试测量油漆的粘结力。拉力测试可按标准ISO 4624进行。

拉力试验方法:

(1)清洁。在涂胶前,用砂纸打磨,用纸巾擦去灰尘。

(2)涂胶。推荐使用双组分的环氧胶,混合胶水后,在小圆柱顶端上胶,放在打磨过的涂膜表面。然后用胶带纸十字样粘牢。双组分环氧胶的固化时间在20℃时大约24h。

(3)切割圆柱周围。要用锋利的刀切割圆柱体的周围,这样才能对正确的面积进行拉力测试。

(4)拉开。用Elcometer 106,该仪器是机械式的拉力试验器。使用剖面为3.14cm^2的小圆柱,有多种刻度范围可供选择。进行试验前,把钳夹放下,夹住圆柱,拉力数据调节到0刻度处。然后施加力量,直到拉开涂膜,读取数据。

涂料的拉力强度取决于涂料本身。拉力测试后的破坏有两种:附着破损和凝聚破损。附着破损是发生在涂层间或第一道涂层和底材间的,凝聚破损是发生在单一涂层内部的。很多

情况下,涂层是本身内部发生破损,所以涂料的凝聚性能是相当重要的。如果有很好的表面处理,环氧涂料的拉力强度可发达到5~10MPa,甚至更高。

另外,划格法也是检验油漆附着力常用的方法之一。具体就是用专用刀具做划格试验。划格时,刀刃与被测表面应垂直,用力应均匀。划格后用软毛刷沿对角线方向轻轻地顺、逆各刷3次。在每处切割区切口交叉处允许涂层有少许薄片剥落,其剥落面积不大于5%。其表面外观如图9-48所示。

8)卷筒静平衡

静平衡都是在工装上进行的,常用的是平行导轨式平衡架。为了减少摩擦系数,导轨架工作面应该淬硬。

测试方法:

(1)让卷筒在水平的胎架上滚动数次,卷筒呈自然状态静止在胎架上后,卷筒最高点就是该卷筒不圆度的最簿点,也就是配重平衡铁块的配置点。然后用夹装工具将被试称重的平衡铁逐量添加,直至卷筒旋转到任何一个角度均可自然地止步。

(2)对称重后的平衡铁进行配重计算工作:可按$(D+h')/(d-h'')$×称重(kg)=实际应配平衡铁的重量(kg)。

注:D为卷筒外径;h'为卷筒表面的试重平衡的厚度(高度);d为卷筒内径;h''为卷筒内径应配置的平衡铁的厚度(高度)。

(3)当卷筒平衡铁实际配重分量准确地计算出结果后,将卷筒加配重铁块焊接到卷筒内圈。

9)齿轮啮合面检查

安装好的齿轮副,在轻微的制动下,运转后齿面上分布的接触擦亮痕迹,接触痕迹的大小在齿面展开图上用百分比计算,如图9-49所示,必要时用规定的薄膜涂料(一般用蓝油)来测量。

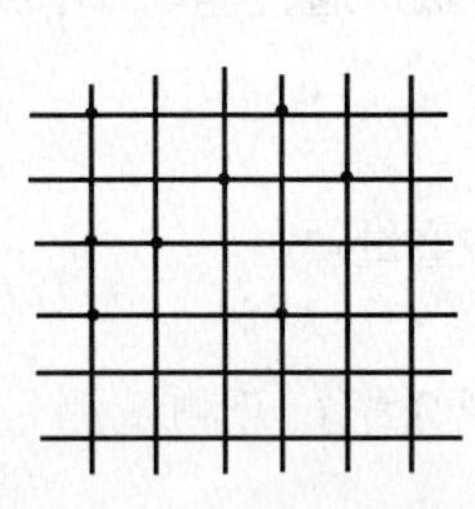

图9-48 划格法测附着力

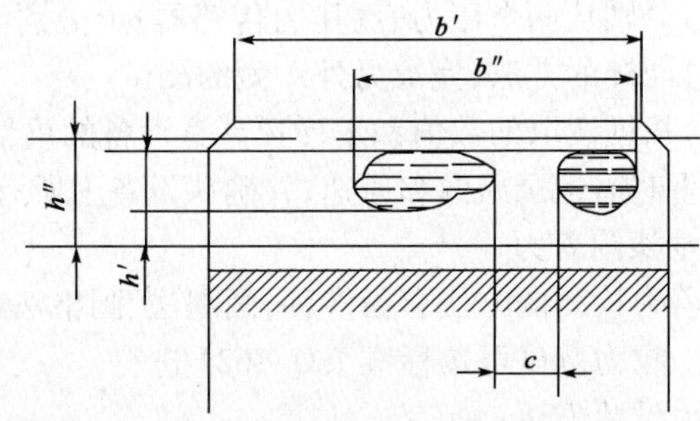

图9-49 齿轮副啮合面

(1)沿齿长方向

接触痕迹的长度b''(扣除超过模数值的断开部分c)与工作长度b'之比,即$(b''-c)/b'\times100\%$。

(2)沿齿高方向

接触痕迹的平均高度h''与工作高度h'之比,即$h''/h'\times100\%$。

10)振动

通常我们测量马达、减速箱等动力或传动装置的振动值,测量的条件是,所有紧固件已经终拧,安装已经结束。

测量方法:将振动仪调整到需要测量挡位,触点轻微用力放在振动源上,读取振动值。为了能够使测量值更加准确，需要测量三个方向的数据。任何一个方向的数据超标都可以认为振动过大。按照 GB 755—2008 规定，转速在 600～1 800 的电机，振动值应不大于0.45mm/s。表 9-64 是 GB 50170—2006 规定的电机振动的双倍振幅值。

电机振动双倍振幅值　　表 9-64

同步转速(r/min)	3 000	1 500	1 000	750 及以下
双倍振幅值(mm)	0.05	0.085	0.10	0.12

11)湿度

手摇式湿度仪，是常用的测量湿度仪器(图 9-50)。

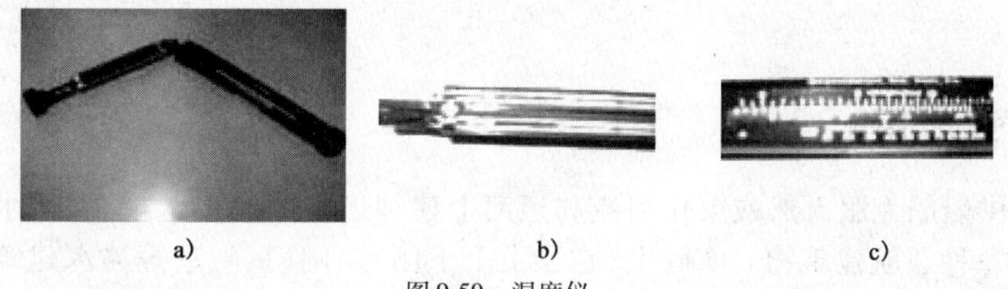

a)　b)　c)

图 9-50　湿度仪

测量方法：手摇式湿度表是有二根温度计组成，其中一根温度计端部带了湿棉布，测量时把中间部分拉出，快速转动 2～3min，使干温、湿温二根温度计上的读数出现差距，再把中间部分塞进座套内，使中间部分干温对准座套上的湿温，中间部分(Y)对着的就是当时空气的湿度。

12)表面粗糙度

加工表面上具有的较小间距和峰谷所组成的微观几何形状特性，称为表面粗糙度。目前比较常用的是比较检验法和一起测量法，比较的方法是目测或用手摸，也可以用反光镜观察，但必须注意二者材料和加工方式基本相同；仪器测量用 Elcometer 系列粗糙度测量仪直接对表面进行测量，从表面指针读取数值。

思　考　题

1. 如何合理选择设备的运输和安装方式？不同形式的运输安装方式各有什么特点？
2. 设备运输的质量控制包括哪几个环节？每个环节中要注意检查哪些内容？
3. 设备安装的质量控制主要包括哪些内容？
4. 制定安装工艺的技术依据是什么？编制安装工艺的基本要求是什么？
5. 起重吊装工程有哪些基本要求？
6. 起重吊装方法的选择原则及步骤有哪些内容？
7. 设备吊装方案的主要内容及其编制依据是什么？
8. 起重吊装工程中，起重载荷有哪些？它们是如何处理的？
9. 索、吊具及牵引装置的计算与选择原则是什么？
10. 设备的调试包括哪些内容？空载试验和负荷运行试验包括哪些项目？
11. 如何作好机电设备的验收工作？
12. 常用检测设备及工具有哪些？主要的功能是什么？

第十章 船闸工程机电设备质量控制

第一节 船闸的作用及基本要求

一、船闸的作用

船闸是供船舶克服天然或渠化河流和运河上建坝形成的集中水位差，用水力直接提升船舶过坝的一种通航建筑物。实际上，它是由上下闸首、闸门、闸室等挡水建筑物和能使闸室水位升降的输水系统形成的水梯。船舶过闸时，由闸首、闸门、闸墙围成的闸室起挡水作用。由廊道和阀门构成的输水系统通过灌（泄）水使闸室水位上升（降落），停在闸室内的船舶藉水浮力随闸室水位的升降而由下游水面升到上游水面，或由上游水面降至下游水面，从而完成过坝作业（图10-1），故船闸又称为过坝建筑物。因船舶过坝是由水力完成，故其营运费用较低；另外，船闸尺度可以按照过闸船舶的需要而定，能够做到船队一次过闸，故为国内外所广泛采用。

二、船闸的组成

船闸主要由闸首、闸室、引航道、导航和靠船建筑物等及其相应的设备组成（图10-2）；同时还包括引航道口门区与上下游航道连续段和外停泊区及前港。这些部分相互关联，组成一个过船建筑物综合体，缺一不可，是船舶安全通畅过闸的保证。我国过去船闸建设中，有的只重视闸室、闸首建设，而忽视引航道及导航和靠船建筑物，以致船闸各部分不配套，影响使用，使设计能力不能充分发挥。

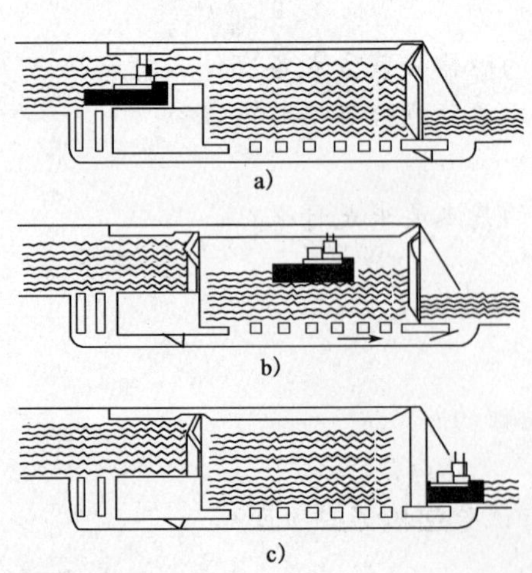

图10-1 船舶过闸示意图

闸首是挡水的建筑物，由两侧边墩和闸门构成，设有闸门及其启闭机械；采用首部输水系统的船闸，在闸首设有灌泄水系统。上闸首是该枢纽挡水前缘建筑物的一部分（闸室伸向上游的例外），将上游引航道与闸室隔开；下闸首和多级船闸的中闸首是闸室的挡水建筑物，下闸首将闸室和下游引航道隔开，中闸首将两相邻闸室隔开。

闸室是由上、下闸首和两侧闸墙围成的厢形空间，包括有效和无效两部分，因形似无盖的长方形厢，故又称闸厢，供过闸船舶安全停泊、升降和通过用。采用分散输水方式的闸室设有输水廊道系统。当船闸灌水或泄水时,闸室的水位由下游水位逐渐升到与上游水位齐平,或逐渐由上游水位降到与下游水位齐平,停泊于闸室中的过闸船舶随着闸室水位的升降而升到上游水位或降到下游水位,再由闸室驶出,完成过闸。

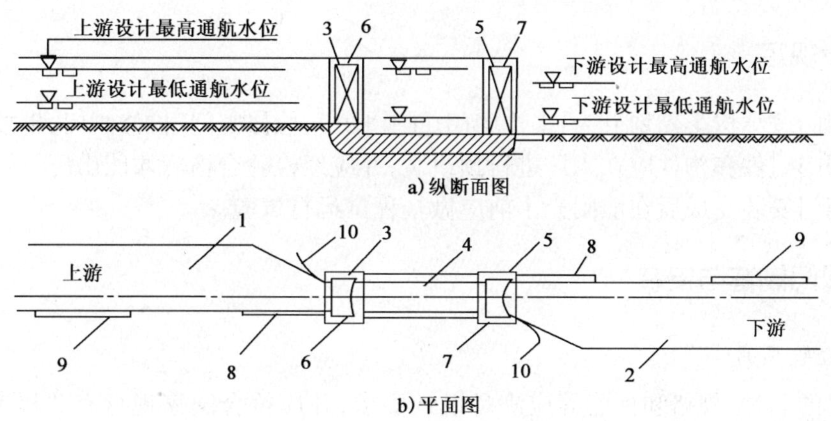

图 10-2 船舶组成示意图

1-上游引航道;2-下游引航道;3-上闸首;4-闸室;5-下闸首;6-上闸门;7-下闸门;8-导航建筑物;9-靠船建筑物;10-辅导航建筑物

引航道是连接闸首与主航道的一段静水渠道,供过闸船舶停泊系靠、调顺、会让和安全通畅进出闸室。与上闸首相接的称上游引航道,与下闸首相接的称下游引航道,在引航道内设有主、辅导航建筑物和靠船建筑物。为使引航道成为静水区域,一般在靠河、湖、水库侧设有防浪隔流建筑物,其上游或下游引航道口门外的水域为引航道口门区。

外停泊区是上、下游引航道外供进出闸船舶等待过闸、重新编队、更换推(拖)船之用的水域,设有靠船、系船及港作推(拖)船等设施。

前港是与水库或湖泊相连接的引航道口门外有防护建筑物掩护的水域,以保证船舶安全通畅进、出引航道和船闸,亦可供船队编解队作业、靠泊和避风等用。

三、基本要求

(1)运行灵便,启闭迅速,启闭时间短。

(2)闸门全部开启状态不应影响船闸的有效净宽。

(3)闸门整体和部件均应有足够的强度和刚度,在外力作用下工况正常,安全可靠,水封良好。

(4)阀门、事故闸门应能在全水头条件下正常启闭,遇故障时能迅速封闭孔口并有减震和防气蚀的措施。

(5)构造简单,容易制造及安装,检修方便,材料省,造价低。

(6)重量轻,启闭力小。

(7)预计闸门上下游可能发生严重淤积时,应有清淤设施。

(8)位于冰冻地区的船闸闸门应有防止闸门承受冰压力的措施。

第二节　闸阀门金属结构

一、一般规定

(1)闸阀门按结构类别划分为:工作闸门、工作阀门、检修闸门、检修阀门、事故闸门。

(2)闸阀门组件和构件应在工厂进行预组装,并应经检验合格后才能出厂。

(3)闸阀门安装完成后在船闸充水前应做全程试运行试验。

二、闸阀门制造与安装

1. 主要检验项目

(1)钢材的品种、规格和性能等应满足设计要求,并应符合国家现行有关标准的规定;进口钢材产品的质量应满足设计和合同规定的要求。

检查方法:检查出厂质量证明文件和复验报告,必要时抽样检查。

(2)焊接与高强螺栓连接的质量应符合 JTS 257—2008 的有关规定。

(3)焊接球节点网架焊缝及圆管 T、K、Y 形节点焊缝内部缺陷分级和探伤方法应符合国家现行标准《焊接球节点钢网架焊缝超声波探伤方法及质量分级法》(JBJ/T 3034.1)和《建筑钢结构焊接技术规程》(JG J81)的有关规定。

检验方法:检查超声波或射线探伤记录并观察检查。

(4)闸门浮箱的密封性试验应满足设计要求。

检验方法:检查试验报告并观察检查。

(5)分节制造的闸门在现场拼装成整体后,应对连接质量进行检查。焊接质量应符合 JT S257—2008的有关规定;螺栓连接应均匀拧紧,节间橡皮压缩量应满足设计要求。

检验方法:检查检测报告并观察检查。对螺栓连接必要时采用测力扳手检查。

2. 一般检验项目

(1)人字闸门门叶制造的允许偏差、检验数量和方法应符合表 10-1 的规定。

人字闸门门叶制造的允许偏差、检验数量和方法　　表 10-1

序号	检验项目		允许偏差(mm)	检验数量	单元测点	检验方法
1	焊前面板与梁组合的局部间隙		1	逐件检查	2	用塞尺等测量
2	门叶横向弯曲		B/1 500 且不大于 6		3	拉线用钢尺或用水准仪等测量
3	门叶竖向弯曲		H/1 500 且不大于 4		3	
4	门叶厚度	$h \leqslant 500$	±3.0		3	用钢尺等测量
		$500 < h \leqslant 1\,000$	±4.0			
		$h > 1\,000$	±5.0			

续上表

序号	检验项目		允许偏差（mm）	检验数量	单元测点	检验方法
5	门叶高度	$H \leqslant 5\,000$	±5.0	逐件检查	3	钢尺等测量
		$5\,000 < H \leqslant 10\,000$	±8.0			
		$10\,000 < H \leqslant 15\,000$	±10.0			
		$H > 15\,000$	±12.0			
6	门叶半宽	$B \leqslant 5\,000$	±2.5		3	
		$5\,000 < B \leqslant 10\,000$	±4.0			
		$B > 10\,000$	±5.0			
7	对角线相对差	H 或 $B \leqslant 5\,000$	3.0		2	
		$5\,000 < H$ 或 $B \leqslant 10\,000$	4.0			
		$10\,000 < H$ 或 $B \leqslant 15\,000$	5.0			
		H 或 $B > 15\,000$	6.0			
8	面板局部凹凸	$8 \leqslant \delta \leqslant 10$	4.0	每 1m 一处	1	用 1m 靠尺和刚尺等测量
		$10 < \delta \leqslant 16$	3.0			
		$\delta > 16$	2.0			
9	顶、底主梁长度相对差	$B \leqslant 5\,000$	2.5	逐件检查	2	用钢尺等测量
		$5\,000 < B \leqslant 10\,000$	4.0			
		$B > 10\,000$	5.0			
10	门轴柱、斜接柱端板的弯曲度	正面	±3.0		4	拉线用钢尺等测量
		侧面	±5.0			
11	扭曲	$5\,000 < B \leqslant 10\,000$	3.0		4	在平台上水平放置，用水准仪测量四角
		$B > 10\,000$	4.0			
12	两边梁中心距	$B \leqslant 10\,000$	±3.0		3	用钢尺等测量
		$B > 10\,000$	±4.0			
13	两边梁平行度	$B \leqslant 10\,000$	3.0		3	拉线用钢尺等测量
		$B > 10\,000$	4.0			
14	顶枢和底枢中心同轴度	$H \leqslant 15\,000$	0.5		2	用经纬仪等测量
		$H > 15\,000$	1.0			

注：B 为门叶宽度，H 为门叶高度，h 为门叶厚度，δ 为门面板厚度，mm。

（2）三角闸门门叶制作的允许偏差、检验数量和方法应符合表 10-2 的规定。

三角闸门门叶制造允许偏差、检验数量和方法　　表 10-2

序号	检验项目		允许偏差（mm）	检验数量	单元测点	检验方法
1	焊前面板与梁组合的局部间隙		1	逐扇检查	2	用塞尺等测量
2	门叶横向弯曲		$B/1\ 500$ 且不大于 6		3	拉线用钢尺量或用弦长 3m 的样本和钢尺等测量
3	门叶竖向弯曲		$B/1\ 500$ 且不大于 6		3	
4	主梁高度	$h \leqslant 500$	±3		3	用钢尺等测量
		$500 < h \leqslant 1\ 000$	±4			
		$h > 1\ 000$	±5			
5	门叶高度	$H \leqslant 5\ 000$	±5		3	
		$5\ 000 < H \leqslant 10\ 000$	±8			
		$10\ 000 < H \leqslant 15\ 000$	±10			
		$H > 15\ 000$	±12			
6	门叶宽度	$B \leqslant 5\ 000$	±5		3	
		$5\ 000 < B \leqslant 10\ 000$	±8			
		$10\ 000 < B \leqslant 15\ 000$	±10			
		$B > 15\ 000$	±12			
7	对角线差	H 或 $B \leqslant 5\ 000$	3		2	
		$5\ 000 < H$ 或 $B \leqslant 10\ 000$	4			
		$10\ 000 < H$ 或 $B \leqslant 15\ 000$	5			
		H 或 $B > 15\ 000$	6			
8	面板局部凹凸	$8 \leqslant \delta \leqslant 10$	4	每 1m 一处	1	用 1m 靠尺和钢尺等测量
		$10 < \delta \leqslant 16$	3			
		$\delta > 16$	2			
9	顶桁架和底桁架支腿中心距		±3	逐榀检查	4	用钢尺等测量主梁、端柱
10	同榀桁架支臂长度相对差	H 或 $B \leqslant 5\ 000$	3		2	用钢尺等测量
		$5\ 000 < H$ 或 $B \leqslant 10\ 000$	4			
		$10\ 000 < H$ 或 $B \leqslant 15\ 000$	5			
		H 或 $B > 15\ 000$	6			
11	顶桁架与底桁架支腿开口弦长	$L_s \leqslant 4\ 000$	±2		2	
		$L_s < 4\ 000$	±3			
12	顶桁架、底桁架与支腿结合中心至顶、底枢支腿结合中心对角线相对差		2		2	用钢尺等测量
13	门叶底缘平直度		2	逐扇检查	1	拉线用钢尺等测量
14	顶、底枢中心同轴度	$H \leqslant 15\ 000$	0.5		2	用经纬仪和卡尺等测量
		$H > 15\ 000$	1			

注：B 为门叶宽度，H 为门叶高度，h 为门叶厚度，δ 为门面板厚度，L_s 为弦长，mm。

（3）横拉闸门门叶制作质量的允许偏差、检验数量和方法应符合表 10-3 的规定。

横拉闸门门叶制作的允许偏差、检验数量和方法　　表 10-3

序号	检验项目		允许偏差（mm）	检验数量	单元测点	检验方法
1	焊前面板与梁组合的局部间隙		1	逐根检查	2	用塞尺测量
2	门叶横向弯曲		B/1 500 且不大于6	逐扇检查	3	拉线用钢尺测量或用水准仪等测量
3	门叶竖向弯曲		H/1 500 且不大于4		3	
4	门叶厚度	$H \leqslant 500$	±3		3	用钢尺测量
		$500 < H \leqslant 1\,000$	±4			
		$H > 1\,000$	±5			
5	门叶高度	$H \leqslant 5\,000$	±5		3	
		$5\,000 < H \leqslant 10\,000$	±8			
		$10\,000 < H \leqslant 15\,000$	±10			
		$H > 15\,000$	±12			
6	门叶宽度	$B \leqslant 5\,000$	±5		3	
		$5\,000 < B \leqslant 10\,000$	±8			
		$10\,000 < B \leqslant 15\,000$	±10			
		$B > 15\,000$	±12			
7	对角线相对差	H 或 $B \leqslant 5\,000$	3		2	
		$5\,000 < H$ 或 $B \leqslant 10\,000$	4			
		$10\,000 < H$ 或 $B \leqslant 15\,000$	5			
		H 或 $B > 15\,000$	6			
8	面板局部凹凸	$8 \leqslant \delta \leqslant 10$	4	每1m一处	1	用1m靠尺和钢尺测量
		$10 < \delta \leqslant 16$	3			
		$\delta > 16$	2			
9	顶、底主梁的长度相对差	$B \leqslant 5\,000$	3	逐扇检查	2	用钢尺测量
		$5\,000 < B \leqslant 10\,000$	4			
		$B > 10\,000$	5			
10	扭　曲	$5\,000 < B \leqslant 10\,000$	3		4	门叶在平台上放置水平，用水准仪测量四角
		$B > 10\,000$	4			
11	两边梁中心距	$B \leqslant 10\,000$	±3		2	用钢尺测量
		$B > 10\,000$	±4			
12	两边梁平行度	$B \leqslant 10\,000$	3		3	拉线用钢尺测量
		$B > 10\,000$	4			
13	顶、底主梁中心距		±3		3	用钢尺测量
14	顶、底主梁平行度		1		3	
15	止水安装面平直度		2		1	拉线用钢尺测量

注：B 为门叶宽度，H 为门叶高度，δ 为门面板厚度，mm。

（4）平板门门叶制作的允许偏差、检验数量和方法应符合表 10-4 的规定。

平板门门叶制作的允许偏差、检验数量和方法　表10-4

序号	检验项目		允许偏差(mm)	检验数量	单元测点	检验方法
1	焊前面板与梁组合的局部间隙		1	逐根检查	2	用塞尺测量
2	门叶横向弯曲		$B/1\,500$,且不大于6	逐扇检查	3	拉线用钢尺或水准仪等测量
3	门叶竖向弯曲		$H/1\,500$,且不大于4		3	
4	门叶厚度	$H \leqslant 500$	±3		3	用钢尺测量
		$500 < H \leqslant 1\,000$	±4			
		$H > 1\,000$	±5			
5	门叶高度	$H \leqslant 5\,000$	±5		3	
		$5\,000 < H \leqslant 10\,000$	±8			
		$10\,000 < H \leqslant 15\,000$	±10			
		$H > 15\,000$	±12			
6	门叶宽度	$B \leqslant 5\,000$	±5		3	
		$5\,000 < B \leqslant 10\,000$	±8			
		$10\,000 < B \leqslant 15\,000$	±10			
		$B > 15\,000$	±12			
7	对角线相对差	H或$B \leqslant 5\,000$	3		2	
		$5\,000 < H$或$B \leqslant 10\,000$	4			
		$10\,000 < H$或$B \leqslant 15\,000$	5			
		H或$B > 15\,000$	6			
8	面板局部凹凸	$8 \leqslant \delta \leqslant 10$	4	每$1m^2$一处	1	用1m靠尺和钢尺测量
		$10 < \delta \leqslant 16$	3			
		$\delta > 16$	2			
9	顶、底主梁长度相对差	$B \leqslant 5\,000$	3	逐扇检查	2	用钢尺测量
		$5\,000 < B \leqslant 10\,000$	4			
		$B > 10\,000$	5			
10	扭　曲	$5\,000 < B \leqslant 10\,000$	3		4	在平台上放置水平,用水准仪测量四角
		$B > 10\,000$	4			
11	两边梁中心距	$B \leqslant 10\,000$	±3		1	用钢尺测量
		$B > 10\,000$	±4			
12	两边梁平行度	$B \leqslant 10\,000$	3		3	拉线用钢尺测量
		$B > 10\,000$	4			
13	顶、底主梁中心距		±3		3	用钢尺测量
14	顶、底主梁平行度		1		3	
15	侧止水螺孔中心至门叶中心距离		±1.5	逐处检查	3	
16	顶止水螺孔中心至门叶底缘距离		±1.5		3	

续上表

序 号	检 验 项 目	允许偏差（mm）	检验数量	单元测点	检 验 方 法
17	门叶底缘平直度	2	逐处检查	1	拉线用钢尺测量
18	门叶底缘倾斜度	3		1	
19	顶止水底座平直度	2		4	用水准仪测量
20	侧止水底座平直度	2		6	用靠尺和钢尺测量
21	吊耳孔纵、横向偏心差	±2		2	吊离地面用钢尺测量

注：*B* 为门叶宽度，*H* 为门叶高度，δ 为门面板厚度，mm。

（5）弧形阀门门叶制作的允许偏差、检验数量和方法应符合表 10-5 的规定。

弧形门门叶制造允许偏差、检验数量和方法 表 10-5

序 号	检 验 项 目		允许偏差（mm）	检验数量	单元测点	检 验 方 法
1	焊前面板与梁组合的局部间隙		1	逐根检查	2	用塞尺测量
2	门叶横向平直度	$B \leqslant 5\,000$	3	逐扇检查	3	拉线用钢尺或水准仪测量
		$5\,000 < B \leqslant 10\,000$	4			
		$B > 10\,000$	5			
3	门叶纵向弧度与样板的间隙		3		3	用弦长 3m 的样板和钢尺测量
4	门叶厚度	$H \leqslant 500$	±3		3	用钢尺测量
		$500 < H \leqslant 1\,000$	±4			
		$H > 1\,000$	±5			
5	门叶高度	$H \leqslant 5\,000$	±5		3	
		$5\,000 < H \leqslant 10\,000$	±8			
		$10\,000 < H$	±10			
6	门叶宽度	$B \leqslant 5\,000$	±5		3	
		$5\,000 < B \leqslant 10\,000$	±8			
		$10\,000 < B \leqslant 15\,000$	±10			
7	对角线相对差	H 或 $B \leqslant 5\,000$	3		4	
		$5\,000 < H$ 或 $B \leqslant 10\,000$	4			
		$10\,000 < H$ 或 $B < 15\,000$	5			
8	面板局部凹凸	$8 \leqslant \delta \leqslant 10$	4	每 1m 一处	1	用 1m 靠尺和钢尺测量
		$10 < \delta \leqslant 16$	3			
		$\delta > 16$	2			
9	铰轴孔同轴度	$B \leqslant 10\,000$	0.5	逐扇检查	2	用经纬仪和卡尺等测量
		$B > 10\,000$	1.0			

注：*B* 为门叶宽度，*H* 为门叶高度，δ 为门面板厚度，mm。

(6)人字闸门的安装质量应符合表10-6和表10-7的规定。

人字闸门门轴柱与斜接柱的安装质量要求 表10-6

<table>
<tr><th>序　号</th><th colspan="3">检验项目</th><th>允许值(mm)</th><th>检验方法</th></tr>
<tr><td rowspan="2">1</td><td rowspan="2">中间支枕座与中心线偏移</td><td colspan="2">支枕垫块</td><td rowspan="2">2.0</td><td rowspan="4">吊线用钢尺测量</td></tr>
<tr><td colspan="2">统长承压条</td></tr>
<tr><td rowspan="2">2</td><td rowspan="2">每对支枕垫块中心线相对偏移</td><td colspan="2">支枕垫块</td><td>4.0</td></tr>
<tr><td colspan="2">统长承压条</td><td>3.0</td></tr>
<tr><td rowspan="4">3</td><td rowspan="4">支枕垫块或承压条间隙</td><td rowspan="2">斜接柱</td><td>支枕垫块</td><td>0~0.4</td><td rowspan="4">用塞尺测量</td></tr>
<tr><td>统长承压条</td><td>0.05~0.1</td></tr>
<tr><td rowspan="2">门轴柱</td><td>支枕垫块</td><td>0.1~0.4</td></tr>
<tr><td>统长承压条</td><td>0.1~0.4</td></tr>
<tr><td rowspan="4">4</td><td rowspan="4">垂直度最大偏差</td><td rowspan="2">门轴柱</td><td>正面</td><td>3.0</td><td rowspan="4">吊线用钢尺测量</td></tr>
<tr><td>侧面</td><td>5.0</td></tr>
<tr><td rowspan="2">斜接柱</td><td>正面</td><td>3.0</td></tr>
<tr><td>侧面</td><td>5.0</td></tr>
</table>

人字闸门安装的允许偏差、检验数量和方法 表10-7

<table>
<tr><th rowspan="2">序　号</th><th rowspan="2" colspan="2">检验项目</th><th colspan="2">允许偏差(mm)</th><th rowspan="2">检验数量</th><th rowspan="2">单元测点</th><th rowspan="2">检验方法</th></tr>
<tr><th>底枢</th><th>顶枢</th></tr>
<tr><td>1</td><td colspan="2">中心间距</td><td>±1.0</td><td>—</td><td rowspan="3">逐对检查</td><td>1</td><td>用钢尺测量</td></tr>
<tr><td>2</td><td colspan="2">蘑菇头高程</td><td>+3.0
0</td><td>—</td><td>1</td><td rowspan="2">用水准仪测量</td></tr>
<tr><td>3</td><td colspan="2">相对高差</td><td>2.0</td><td>1.0</td><td>1</td></tr>
<tr><td rowspan="2">4</td><td rowspan="2">水平倾斜度</td><td>承轴台</td><td>$D_c/1\,000$</td><td>—</td><td rowspan="4">逐扇检查</td><td rowspan="2">2</td><td rowspan="2">用水平尺和钢尺测量</td></tr>
<tr><td>拉杆</td><td>—</td><td>$L_d/1\,000$</td></tr>
<tr><td rowspan="2">5</td><td rowspan="2">斜接柱端水平跳动量</td><td>$B<12\,000$</td><td colspan="2">1.0</td><td rowspan="2">3</td><td rowspan="2">用水准仪测量</td></tr>
<tr><td>$B\geqslant 12\,000$</td><td colspan="2">1.5</td></tr>
</table>

注:①D_c为承轴台外径,L_d为拉杆长度,B为闸门宽度,mm;

②拉杆夹角允许偏差为±1.0°,用角度仪测量逐对检查;

③底横梁在斜接柱端处的下垂量不应大于5.0mm。

(7)三角闸门支承、止水间隙安装质量应符合表10-8和表10-9的规定。

三角闸门止水间隙要求 表10-8

<table>
<tr><th rowspan="2">序　号</th><th rowspan="2">检验项目</th><th colspan="2">允许值(mm)</th><th rowspan="2">检验方法</th></tr>
<tr><th>中缝止水</th><th>边缝止水</th></tr>
<tr><td>1</td><td>止水间隙</td><td>+0.10
+0.05</td><td>+2.00
0</td><td>用塞尺测量</td></tr>
</table>

三角闸门安装的允许偏差、检验数量和方法 表 10-9

<table>
<tr><th>序号</th><th colspan="2">检验项目</th><th>允许偏差(mm)</th><th>检验数量</th><th>单元测点</th><th>检验方法</th></tr>
<tr><td rowspan="3">1</td><td rowspan="3">蘑菇头</td><td>中心间距</td><td>±1.0</td><td rowspan="3">逐对检查</td><td>1</td><td>用钢尺测量</td></tr>
<tr><td>高程</td><td>+3.0
0</td><td>1</td><td rowspan="2">用水准仪测量</td></tr>
<tr><td>相对高差</td><td>2.0</td><td>1</td></tr>
<tr><td>2</td><td colspan="2">承轴台水平倾斜度</td><td>D_c/1 000</td><td rowspan="3">逐根检查</td><td>1</td><td rowspan="2">用水平尺和钢尺测量</td></tr>
<tr><td rowspan="2">3</td><td rowspan="2">拉杆</td><td>水平倾斜度</td><td>L_d/1 000</td><td>1</td></tr>
<tr><td>相对高差</td><td>1.0</td><td>1</td><td>用水准仪测量</td></tr>
<tr><td rowspan="2">4</td><td rowspan="2">闸门门叶中点处水平跳动量</td><td>$B<12\,000$</td><td>1.5</td><td rowspan="2">逐扇检查</td><td rowspan="2">3</td><td rowspan="2">用水准仪测量</td></tr>
<tr><td>$B\geqslant 12\,000$</td><td>2.0</td></tr>
</table>

注:①D_c 为承轴台外径,L_d 为拉杆长度,mm;

②拉杆夹角允许偏差为 ±1.0°,用角度仪测量逐对检查。

(8)横拉闸门安装的允许偏差、检验数量和方法应符合表 10-10 的规定。

横拉闸门安装的允许偏差、检验数量和方法 表 10-10

<table>
<tr><th>序号</th><th>检验项目</th><th>允许偏差(mm)</th><th>检验数量</th><th>单元测点</th><th>检验方法</th></tr>
<tr><td>1</td><td>顶桁架四角高差</td><td>4</td><td rowspan="2">逐扇检查</td><td>1</td><td>用水准仪测量</td></tr>
<tr><td>2</td><td>每对支承块中心线相对偏移</td><td>3</td><td>1</td><td>吊线用钢尺测量</td></tr>
</table>

(9)平板提升门安装的允许偏差、检验数量和方法应符合表 10-11 的规定。

平板提升门安装的允许偏差、检验数量和方法 表 10-11

<table>
<tr><th>序号</th><th colspan="2">检验项目</th><th>允许偏差(mm)</th><th>检验数量</th><th>单元测点</th><th>检验方法</th></tr>
<tr><td>1</td><td colspan="2">门体中心与口门中心位置偏移</td><td>2.0</td><td rowspan="8">逐扇检查</td><td>2</td><td>用钢尺测量</td></tr>
<tr><td>2</td><td colspan="2">滚轮或滑道中心偏差</td><td>±1.5</td><td>4</td><td>用水平尺测量</td></tr>
<tr><td>3</td><td colspan="2">滚轮或滑块与轨道中心线相对偏移</td><td>3.0</td><td>2</td><td>用钢尺测量</td></tr>
<tr><td rowspan="2">4</td><td rowspan="2">滚轮或滑道工作面高低差</td><td>$S\leqslant 10$</td><td>2.0</td><td rowspan="2">2</td><td rowspan="2">用水准仪和钢尺测量</td></tr>
<tr><td>$S>10$</td><td>3.0</td></tr>
<tr><td rowspan="3">5</td><td rowspan="3">滚轮或滑道中心距</td><td>$S\leqslant 5$</td><td>±2.0</td><td rowspan="3">2</td><td rowspan="3">拉丝用钢尺测量</td></tr>
<tr><td>$5<S\leqslant 10$</td><td>±3.0</td></tr>
<tr><td>$S>10$</td><td>±4.0</td></tr>
</table>

注:①S 为轨道或滑道长度,m;

②单吊点平面闸门安装前应作静平衡试验,其左右倾斜度不应超过门高度的 1/1 000,且不大于 8.0mm。

(10)弧形门安装的允许偏差、检验数量和方法应符合表 10-12 的规定。

弧形门安装的允许偏差、检验数量和方法　　表 10-12

序　号	检 验 项 目		允许偏差（mm）	检验数量	单元测点	检 验 方 法
1	闸门中线投影与闸孔中线偏移		1.0	逐扇或逐对检查	2	吊线用钢尺测量
2	铰轴中心高程		±1.0		2	用水准仪测量
3	支臂铰中心间距	$B \leqslant 10$	3.0		1	用钢尺测量
		$B > 10$	2.0			
4	铰轴中心与孔口中心偏移		0.5		2	拉线用钢尺测量

注：B 为门叶宽度，m。

(11)事故门与检修门安装的叠放次序和预拱度应满足设计要求，事故门与检修门安装的质量应符合(9)的规定。

三、运转件制造检验要求

(1)运转件所用材料的品种、规格和性能应满足设计要求并应符合下列规定。

①合金钢应符合现行国家标准《低合金结构钢》(GB/T 1591—2008)和《合金结构钢》(GB/T 3077—1999)等的有关规定。

②锻件的材质、制造内部质量和表面质量等应满足设计要求并应符合现行国家标准《优质碳素结构纲技术条件》(GB/T 699—1999)和《碳素结构纲》(GB/T 700—2006)等的有关规定。

③铸件应符合现行国家标准《一般工程用铸造碳钢件》(GB/T 11352—2009)、《奥氏体锰钢铸件》(GB/T 5680—2010)、《合金铸钢》(JB/Z Q4297—1986)、《灰铸铁件》(GB/T 9439—2010)、《铜合金铸件》(GB/T 13819—1992)和《铸件铜合金技术条件》(GB 1176—1987)等的有关规定。检验方法：检查出厂质量证明文件和试验报告。

(2)零部件的加工应符合下列规定。

①经热处理后零部件的表面硬度应满足设计要求。

②零件表面最终粗糙度应满足设计要求。

③零件的配合公差及形位公差应满足设计要求并应符合现行国家标准《极限与配合》(GB/T 1800.1~2—2009)、《一般公差》(GB/T 1804—2000)、《形状与位置公差》(GB/T 1184—1996)的有关规定。检验方法：检查出厂质量证明文件并抽查测量。

④零件表面镀层的材质、型号、规格、硬度和厚度应满足设计要求。检验方法：检查出厂质量证明文件并抽查测量。

⑤底枢蘑菇头与轴套试组装应研磨吻合，其接触面积应满足设计要求。设计无要求时，最低不小于65%。检验方法：检查测量记录，必要时采用印染法复测。

四、闸门轨道制造与安装

1. 主要检验项目

(1)轨道及配件的品种、规格和性能应满足设计要求。轨道不应有裂纹、析迭、结疤、夹杂、分层或缩松残余等缺陷。检验方法：检查出厂质量证明文件并观察检查，必要时用放大镜、量规等检测。

(2)两平行轨道的接头位置应错开,其错开距离不应等于前后车轮的轮距。

(3)轨道螺栓应紧固。

(4)轨道上车挡的位置应满足设计要求。

2. 一般检验项目

(1)移动式启闭机小车轨道应与大车主梁上翼板紧密贴合,当局部间隙大于0.5mm,长度超过200mm时,应加垫板垫实。

检验数量:施工单位、监理单位全数检查。

检验方法:观察检查。

(2)横拉闸门轨道安装的允许偏差、检查数量和方法应符合表10-13的有关规定。

横拉闸门轨道安装的允许偏差、检查数量和方法　　表10-13

序　号	检 验 项 目		允许偏差(mm)	检验数量	单元测点	检 验 方 法
1	横拉门顶、底轨中心线位置偏移		2	每3m一处	1	用经纬仪和钢尺测量
2	轨道间距		±3			用钢尺测量
3	轨顶高程		±1			用水准仪测量
4	同一横截面两轨高差	$H \leqslant 10\,000$	2			
		$H > 10\,000$	1			
5	纵向顺直		4	每3m一处	1	用水准仪测量
6	轨道与齿条高差		1			
7	轨道接头顶面错位		1	逐个检查	1	用直尺和塞尺测量
8	轨道接头间隙		±1		1	
9	两轨对角线差		4	逐对检查	1	用钢尺测量

注:H为门叶高度,mm。

(3)移动式启闭机小车轨道安装的允许偏差、检查数量和方法应符合表10-14的规定。

小车轨道安装允许偏差、检查数量和方法　　表10-14

序　号	检 验 项 目			允许偏差(mm)	检验数量	单元测点	检 验 方 法
1	轨距偏差	$L \leqslant 2.5$m		±2.0	每3m一处	1	用经纬仪和钢尺测量
		$L > 2.5$m		±3.0			
2	同一横截面两轨高差	$L \leqslant 2.5$m		3.0		1	用水准仪测量
		$L > 2.5$m		4.0			
3	轨道中心线与轨道梁腹板中心线偏差	偏轨箱形梁	$\delta < 12$mm	6.0		1	用经纬仪和钢尺测量
			$\delta \geqslant 12$mm	$\delta/2$			
		单腹板及桁架梁		$\delta/2$			
4	对称箱形梁轨道中心线直线度			3.0		1	用水准仪测量
5	在任意2m范围内的侧向局部弯曲			1.0			
6	轨道接头	顶面及左右错位		1.0	逐个检查	1	用直尺和塞尺测量
		相对高差		1.0		1	
		间隙		2.0		1	

注:单位为mm;L为轨道梁跨度,δ为轨道梁腹板厚度,单位为m。

(4)移动式启闭机大车轨道安装的允许偏差、检查数量和方法应符合表10-15的有关规定。

大车轨道安装允许偏差、检查数量和方法 表 10-15

<table>
<tr><th>序 号</th><th colspan="2">检 验 项 目</th><th>允许偏差
(mm)</th><th>检验
数量</th><th>单元
测点</th><th>检 验 方 法</th></tr>
<tr><td rowspan="2">1</td><td rowspan="2">轨距</td><td>$B \leqslant 10$m</td><td>±3.0</td><td rowspan="9">每 3m 一处</td><td rowspan="2">1</td><td rowspan="2">用经纬仪和钢尺测量</td></tr>
<tr><td>$B > 10$m</td><td>±5.0</td></tr>
<tr><td rowspan="2">2</td><td rowspan="2">同跨两平行轨道的相对高差</td><td>$B \leqslant 10$m</td><td>5.0</td><td rowspan="2">1</td><td rowspan="2">用水准仪测量</td></tr>
<tr><td>$B > 10$m</td><td>8.0</td></tr>
<tr><td rowspan="2">3</td><td rowspan="2">轨道实际中心线与基准线偏移</td><td>$B \leqslant 10$m</td><td>2.0</td><td rowspan="2">1</td><td rowspan="2">用经纬仪和钢尺测量</td></tr>
<tr><td>$B > 10$m</td><td>3.0</td></tr>
<tr><td>4</td><td colspan="2">轨道纵向直线度</td><td>$L/1\,500$,且全行程不大于 2.0</td><td rowspan="2">1</td><td rowspan="2">拉线用钢尺测量</td></tr>
<tr><td rowspan="3">5</td><td rowspan="3">轨道接头</td><td>顶面及左右错位</td><td>1.0</td></tr>
<tr><td>相对高差</td><td>1.0</td><td rowspan="2">1</td><td rowspan="2">用直尺和塞尺测量</td></tr>
<tr><td>间隙</td><td>2.0</td><td>逐处检查</td></tr>
</table>

注:B 为轨距,m;L 为轨道长度,mm。

五、闸阀门试运行要求

(1)闸、阀门安装完成后,应在船闸充水前作全程试运行,各部件运转应灵活可靠。

(2)闸、阀门在全程试运行过程中应运行平稳,无抖动、无异常响声,闸、阀门应开关到位。

(3)闸、阀门全部关闭到位后的止水间隙应符合《水运工程质量检验标准》第 10.9.5 节的有关规定。

第三节 船闸启闭装置制作与安装

一、一般规定

(1)船闸启闭机械制造的成品质量检验应在制造厂家检验合格的基础上进行。检验时应对启闭机械制造的质量控制资料、总装性能和外观质量等进行综合检验和验收。

(2)启闭机械出厂前,应按照设计要求在厂内进行预组装,并应经检验合格才能出厂。

(3)启闭机械安装前,除应按照设计要求对启闭机械进行检查、测试和验收外,还应对预埋件的位置、尺寸、高程和平整度等检查验收,符合设计要求后才能进行安装。安装完成后,应在船闸充水前作全程试运转试验。

(4)启闭机械的每个独立装置都应具备明显的永久性标牌,并应符合现行国家标准《标牌》(GB/T 13306—2011)的有关规定。

二、启闭机制造

1. 主要检验项目

启闭机零件的制造必须符合设计要求和下列规定:

1)零件所用的原材料必须符合设计要求:

(1)铸、锻件不允许出现沙眼、裂纹、缺损和变形等缺陷。

(2)零件热处理后的性能必须达到设计要求。镀铬表面严禁有锈斑、脱落，镀层厚度必须达到设计要求。

(3)焊接结构严禁出现未熔合、未焊透、裂纹、夹渣和气孔等缺陷。

检验方法是检查出厂质量证明和检查重要焊接零件的探伤检验报告。镀层应过程控制，乳铬和硬铬分别控制镀层厚度。

2)启闭机的各组件、部件装配精度必须符合下列规定：

(1)齿轮传动的装配，齿圈的径向跳动和端向跳动必须控制在设计允许的公差范围以内，两齿轮轮齿间的侧隙以及相互啮合的接触斑点必须符合有关规范规定。

(2)滚动轴承装配的允许轴向移动量为0.1～0.7mm，转动灵活，无咬啃现象。

(3)滑动轴承装配的轴套和轴颈之间的间隙及接触斑点必须符合有关规范规定。

(4)联轴器装配的两轴同心度和端面间隙必须符合有关规范规定。

检验方法是用千分表、塞尺、印染法检测和观察检查。

3)液压启闭机油缸总成和泵站的制造装配质量必须符合下列规定：

(1)油缸总成必须做活塞头内泄漏和端盖密封试验。在设计规定的试验压力下和保压时间内，活塞头移动量严禁大于0.5mm。

(2)活塞杆必须做外泄漏试验。在设计规定的试验压力下，活塞杆往复运行100m，漏油量必须小于$0.02d$(ml)，d为活塞杆直径(mm)。

(3)泵站的压力、流量及执行机构的速度调试，必须符合设计要求。

检验方法是用千分表、量杯测量，并检查调试记录。

2.一般检验项目

(1)油泵、阀件及液压元件的型号、规格及其性能应符合设计要求。检验方法是检查出厂质量证明和试验记录。

(2)机械传动启闭机的闭锁装置、制动装置、变速机构和缓冲器等的性能应符合设计要求。检验方法是检查试验记录。

(3)液压启闭机组装件的质量应符合表10-16的规定。

液压启闭机组装件质量要求　　表10-16

序　号	检验项目		质量要求	检验方法
1	镀铬零件	表面	无锈斑、脱落和镀层不均匀	观察检查
		镀层厚度	满足设计要求	用覆层测试仪测量
2	密封件	表面	表面无划伤、裂纹	观察检查
		开口式	相邻两密封圈的接头错开90°以上	检查厂内装配记录
3	油管	材料、内径、壁厚	满足设计要求	检查质量证明文件
		外壁面	无腐蚀	观察检查，必要时测量检查
		管体划痕深度	小于壁厚的10%	
		管体表面	凹入深度不大于壁厚的20%	
		内壁	光洁、无锈蚀、无氧化皮、无夹皮等缺陷	

续上表

序号	检验项目		质量要求	检验方法
4	接头	材料、规格	满足设计要求	检查质量证明文件
		螺纹和密封圈沟槽棱角	无伤痕、毛刺或乱丝等	观察检查
		接头体与螺帽	配合无松动、卡涩	
5	油箱	内部吸油区与回油区	相互隔开，隔板高度不低于最低油面到箱底高度的3/4	观察检查
		箱体煤油渗漏试验	无外渗漏	
6	电气元件		排列整齐，无损坏	观察检查
7	电机和泵站连接的外露旋转件防护罩		齐全、牢固	观察检查
8	泵站调试		压力、流量及执行机构的运行速度满足设计要求	观察检查，检查调试记录

(4)液压启闭机出厂前应按照设计要求和下列规定进行出厂试验。

①液压启闭机油缸的出厂试验质量要求和油缸内泄漏量应符合表10-17和表10-18的规定。

液压启闭机油缸出厂试验质量要求 表10-17

序号	检验项目		质量要求	检验方法
1	空载试验	液压缸全行程往复运行2次	无渗漏，行程满足设计要求	观察检查
		最低启动压力	不大于0.5MPa	
2	耐压试验	液压缸在试验压力下保压5min以上	无渗漏、永久性变形或损坏	
		橡胶软管在试验压力下保压5min以上	无异常变形	
3	外渗漏	在耐压试验及做内渗漏试验时	结合面处及活塞杆处无外渗漏	
		在额定工作压力下活塞杆往复运行累计100m	活塞杆处外渗漏不见滴状	
4	内泄漏	额定工作压力保压10min	内泄漏量不超过表10-18的规定	用量筒、针筒等测量
5	全行程检验	液压缸分别停于两端位置	全行程长度满足设计要求	用钢卷尺测量
		最低工作速度时	全行程无爬行或抖动	观察检查

油缸内泄漏量 表10-18

油缸内径(mm)	100	110	125	140	160	180	200	220	250	320	360	400	450	500
漏油量(ml/min)	0.4	0.45	0.55	0.75	1.0	1.25	1.55	1.9	2.5	4.0	5.1	6.5	8.0	9.8

②液压启闭机泵站出厂试验质量要求应符合表10-19的规定。

液压启闭机泵站出厂试验质量要求　　表 10-19

<table>
<tr><th>序　号</th><th colspan="2">检 验 项 目</th><th>质 量 要 求</th><th>检 验 方 法</th></tr>
<tr><td>1</td><td colspan="2">泵站空载运行</td><td>运行平稳、无异常</td><td rowspan="4">观察检查</td></tr>
<tr><td rowspan="2">2</td><td rowspan="2">耐压试验</td><td>泵站在试验压力下,保压 5min 以上</td><td>无外渗漏、永久性变形或损坏</td></tr>
<tr><td>橡胶软管在试验压力下,保压 5min 以上</td><td>无异常变形</td></tr>
<tr><td>3</td><td colspan="2">阀件动作</td><td>动作无误、灵活</td></tr>
<tr><td>4</td><td colspan="2">泵站运行中的噪声</td><td>不大于 85dB</td><td>用分贝仪测量</td></tr>
</table>

③液压系统所用液压油的牌号和性能应满足设计要求并应符合国家现行有关标准的规定。

④经试验合格的液压缸、油箱及管路所有外露油口,应有效封口。

(5)机械传动式启闭机出厂试验质量要求应符合表 10-20 的规定。

机械传动式启闭机出厂试验的质量要求　　表 10-20

<table>
<tr><th>序　号</th><th colspan="3">检 验 项 目</th><th>质 量 要 求</th><th>检 验 方 法</th></tr>
<tr><td>1</td><td colspan="3">各机构正、反向空运转</td><td>累计运转时间大于 30min 后,机构运转正常</td><td>用测时器测量</td></tr>
<tr><td rowspan="3">2</td><td rowspan="3">自动挂梁</td><td colspan="2">挂脱动作模拟试验</td><td>穿、退销动作正确,挂脱自如</td><td>观察检查</td></tr>
<tr><td rowspan="2">静平衡试验</td><td>单吊点纵、横向倾斜</td><td>不大于 8.0mm</td><td rowspan="2">用钢尺、水准仪等测量</td></tr>
<tr><td>双吊点纵向倾斜</td><td>不大于 8.0mm</td></tr>
<tr><td>3</td><td colspan="3">吊钩负荷试验</td><td>在 1.25 倍设计负荷下,持续时间不小于 10min,无裂纹、断裂和永久变形</td><td>观察检查</td></tr>
<tr><td>4</td><td colspan="3">机械部件运行性能</td><td>运行平稳、无异常</td><td>观察检查</td></tr>
<tr><td>5</td><td colspan="3">制动器松闸间隙</td><td>有间隙、无摩擦</td><td>观察检查</td></tr>
<tr><td>6</td><td colspan="3">各机构运行速度</td><td>满足设计要求</td><td>用测时器测量</td></tr>
<tr><td rowspan="4">7</td><td colspan="3" rowspan="4">仪表式高度指示器</td><td>指示精度不低于 1%</td><td rowspan="4">观察检查</td></tr>
<tr><td>具有可调节定值极限位置、自动切断主回路及报警功能</td></tr>
<tr><td>高度检测元件具有防潮、抗干扰功能</td></tr>
<tr><td>具有纠正指示及调零功能</td></tr>
<tr><td rowspan="5">8</td><td colspan="3" rowspan="5">复合式负荷控制器</td><td>系统精度不低于 2%,传感器精度不低于 0.5%</td><td rowspan="5">观察检查</td></tr>
<tr><td>当负荷达到 110% 额定启闭力时,具有自动切断主回路及报警功能</td></tr>
<tr><td>具有正确显示启闭力数值功能</td></tr>
<tr><td>当监视两个以上吊点时,具有分别显示各吊点启闭力数值功能</td></tr>
<tr><td>传感器及其线路具有防潮、抗干扰功能</td></tr>
</table>

注:各机构正、反向空运转是在车轮架空、不带吊钩的情况下进行的试验。

(6)机械传动启闭机的闭锁装置、制动装置、变速机构和缓冲器等的性能应满足设计要求。

三、启闭机安装

1. 主要检验项目

1)与闸门直接联接的推杆、活塞杆或齿条的安装必须符合下列规定:

(1)启闭机机座或油缸支座中心的允许偏差为2mm。

(2)闸门推拉支座中心至旋转中心距离的允许偏差为2mm。

(3)推杆、活塞杆或齿条水平度允许高差为2mm。

检验方法是用钢尺或水准仪测量。

2)与阀门直接联接的螺杆、吊杆、活塞杆或齿条安装必须符合下列规定:

(1)启闭机机座或油缸支座中心的允许偏差为2mm。

(2)活塞杆或螺杆等直推式启闭机推动阀门关到位后,所剩的预留行程不得大于10mm,检验方法是用钢尺测量。

3)四连杆闸门启闭机的安装必须符合下列规定:

(1)关门状态下,连杆与摇杆之间夹角的允许偏差为0.5°。检验方法是用钢尺、经纬仪测量。

(2)曲柄最大工作转角的允许偏差为1.5°。检验方法是用钢尺、经纬仪测量。

4)齿轮齿条式横拉门启闭机的最后一级齿轮与齿条齿顶间隙和侧隙必须符合设计要求,检验方法是用压铅法测量。

5)卷扬式启闭机的钢丝绳在滑轮和卷筒上的偏斜角和链传动启闭机的链条在链轮和卷筒上的偏斜角必须符合设计要求。检验方法是观察检查和用钢尺测量。

6)制动器的闸瓦退距和电磁铁行程必须符合设计要求和有关规范规定。检验方法是观察检查和用钢尺量。

7)液压传动启闭机的液压油牌号和性能必须符合设计要求和相关标准规定。检验方法是检查出厂质量证明及试验报告。

8)油箱、液压元件、油缸及管路必须严格清洗干净,使从液压系统中回到油箱中的油中无粒径大于10μm的异物。液压管路安装应进行密封性试验。

2. 一般检验项目

(1)启闭机安装的整体布局应排列整齐,场地无污染,检验方法是观察检查。

(2)油路管道应安装牢固,平直整齐。软管不应拉紧、扭转和摩擦。管道应设可装拆接头,检验方法是观察检查。

(3)设有自落回路的液压泵站的安装,其油箱补油的吸程不应超过3m,检验方法是用钢尺测量。

(4)液压式启闭机安装的允许偏差、检验数量和方法应符合表10-21的规定。

液压启闭机安装质量的允许偏差、检验数量和方法 表10-21

<table>
<tr><th>序号</th><th colspan="2">检验项目</th><th>允许偏差(mm)</th><th>检验数量</th><th>单元测点</th><th>检验方法</th></tr>
<tr><td>1</td><td colspan="2">启闭机支座中心位置</td><td>2.0</td><td rowspan="4">逐台检查</td><td>1</td><td rowspan="2">用经纬仪、钢尺测量</td></tr>
<tr><td rowspan="2">2</td><td rowspan="2">双吊点启闭机机架中心位置</td><td>横向</td><td>±2.0</td><td>1</td></tr>
<tr><td>高程</td><td>±5.0</td><td>1</td><td rowspan="2">用水准仪测量</td></tr>
<tr><td>3</td><td colspan="2">双吊点启闭机支承面高差</td><td>2.0</td><td>1</td></tr>
</table>

续上表

序　号	检 验 项 目		允许偏差（mm）	检验数量	单元测点	检 验 方 法
4	闸门推拉座中心至旋转中心距离		2.0	逐台检查	1	用经纬仪等测量
5	活塞杆水平度高差		2.0		1	用水准仪测量
6	门关闭时活塞与端盖的间隙	卧式安装	+10.0 +8.0		1	用塞尺或钢尺测量
		垂直安装	+5.0 +3.0		1	

（5）启闭机安装的允许偏差、检验数量和方法应符合表10-22～表10-25的规定。

固定卷扬式启闭机安装的允许偏差、检验数量和方法　表10-22

序　号	检 验 项 目		允许偏差（mm）	检验数量	单元测点	检 验 方 法
1	启闭机平台	高程	±5mm	逐台检查	1	用水准仪测量
		纵横向水平度（每米）	0.5mm		1	
2	启闭机中心线位置	纵向	±3.0mm		1	用经纬仪测量
		横向			1	
3	双吊点	吊距	±3.0mm		1	
		两吊轴中心高差	±5.0mm		1	用水准仪测量
4	齿轮联轴器偏斜角	鼓型齿	1.5°		1	用角度仪测量
		直齿	0.5°		1	
5	减速器与卷筒之间联轴器偏斜角		1.0°		1	
6	钢丝绳绕进或绕出滑轮槽的最大角度		5.0°		1	

移动式启闭机运行机构安装的允许偏差、检验数量和方法　表10-23

序　号	检 验 项 目			允许偏差（mm）	检验数量	单元测点	检 验 方 法
1	小车跨度	桥机	$L \leqslant 10$	±3.0	逐台检查	1	用钢尺测量
			$L > 10$	±5.0			
		门机	$L \leqslant 10$	±5.0		1	
			$L > 10$	±8.0			
2	小车跨度相对差	桥机	$L \leqslant 10$	3.0		1	用钢尺测量
			$L > 10$	5.0			
		门机	$L \leqslant 10$	5.0		1	
			$L > 10$	8.0			
3	同一横梁下车轮的同位差	两轮		2.0		1	用钢尺测量
		三轮及三轮以上		3.0			
4	同一平衡梁下车轮的同位差			1.0		1	
5	大车跨度			±5.0		1	用钢尺测量
6	大车两侧跨度相对差			5.0		1	

注：L为大、小车跨度，m。

移动式启闭机回转和起升机构安装的允许偏差、检验数量和方法 表 10-24

序号	检验项目		允许偏差(mm)	检验数量	单元测点	检验方法
1	回转机构	立柱中心线垂直度(每米)	0.5	逐件检查	1	用经纬仪或吊线钢尺测量
2		立柱上下支撑中心线的同轴度	0.5		1	
3		回转大齿轮中心线相对立柱上下支撑中心线的同轴度	0.15		1	
4		回转大齿轮中心线相对立柱上下支撑中心线的垂直度	0.01		1	
5	起升机构	卷筒中心线与基准线的偏差	2.0		1	用经纬仪或拉线钢尺测量
6		吊点实际中心线与基准线的偏差	3.0		1	

注:①回转运行齿轮副接触斑点沿齿高不小于40%,沿齿宽不小于50%;
②回转机构的回转角度不应小于180°。

横拉闸门齿轮齿条式启闭机安装允许偏差、检验数量和方法 表 10-25

序号	检验项目	允许偏差(mm)	检验数量	单元测点	检验方法
1	齿条实际中心线与基准线的偏移	2.0	每3m一处	1	用经纬仪或拉线钢尺测量两侧
2	同一截面齿条高程相对差	2.0		1	
3	同一侧轨道与齿条高程相对差	1.0		1	
3	齿条横向倾斜度	±1.0		2	
4	齿条纵向平整度	L/1 500,且全行程不大于2.0		2	

注:L 为齿条纵向长度,mm。

四、启闭机试运转

1. 主要检验项目

1)试运转前必须进行检查,并符合下列要求:

(1)所有连接螺栓必须紧固。

(2)电气线路接线必须正确。

(3)启闭机各润滑部位必须按设计要求加润滑油,润滑点润滑必须良好。

(4)启闭机运动部位和运行范围内严禁遗留杂物。

(5)液压系统中的空气必须全部排除。

(6)液压系统耐压试验阀件和管道等均无泄漏。

检验方法是观察检查。

2)无负荷试运转应符合的要求:

(1)机械传动启闭机的工作制动和安全制动的制动力矩必须调节适当,操作灵活,正确可靠。

(2)液压传动启闭机的溢流阀、安全阀及系统压力的调定值严禁大于设计工作压力。

(3)按闸门、阀门开关的设计要求,反复运行不少于5次;电动机三相电流必须平衡,无杂音和温升过高现象;传动机构和传动齿轮运行必须平稳,严禁有异常的响声。

3)无水试运转应符合的要求:

(1)闸门、阀门运行不少于5次,并能准确开足、关严,启闭速度和同步必须符合设计要求。

(2)各机构元件动作灵敏、平衡可靠。制动器、闭锁装置、安全装置和缓冲装置的性能必须符合设计要求。

(3)闸门、阀门在自由开门或悬吊状态下持续20min,严禁出现飘移或自动下滑现象,检验方法是观察检查和计时测量。

2. 一般检验项目

(1)设有人力驱动装置的启闭机,应先进行手动操作试验,不应有卡阻现象。检验方法是观察检查。

(2)试运转合格后,应复紧各油管接头和连接螺栓,并全部油漆一次。检验方法是观察检查。

(3)启闭机试运行前启闭机运动部位和运行范围内不应有遗留杂物。

(4)启闭机试运行前的检查应符合表10-26的规定。

启闭机试运行前的质量要求　　表10-26

<table>
<tr><th>序　号</th><th>检 验 项 目</th><th>检 验 要 求</th><th>检 验 方 法</th></tr>
<tr><td>1</td><td>螺栓</td><td>连接紧固</td><td>用扳手检查</td></tr>
<tr><td>2</td><td>电气线路</td><td>接线正确</td><td rowspan="4">观察检查</td></tr>
<tr><td>3</td><td>启闭机润滑</td><td>按设计要求加注润滑油,各润滑点的润滑良好</td></tr>
<tr><td>4</td><td>液压式启闭机</td><td>液压介质过滤精度不低于设计规定;液压系统空气全部排除;阀件和管道等耐压元件无渗漏</td></tr>
<tr><td>5</td><td>机械传动式启闭机</td><td>钢丝绳接头牢固,钢丝绳在卷筒滑轮上缠绕方向正确,制动轮旋转无卡阻现象;对双吊点起重机构,两侧钢丝绳尽量调至等长</td></tr>
</table>

(5)液压式启闭机试运行检验应符合表10-27的规定。

液压式启闭机试运行检验要求　　表10-27

<table>
<tr><th>序　号</th><th colspan="2">检 验 项 目</th><th>检 验 要 求</th><th>检 验 方 法</th></tr>
<tr><td>1</td><td colspan="2">机构元件</td><td>各机构在行程内往返运行,机构元件灵敏、平稳可靠</td><td rowspan="8">观察检查</td></tr>
<tr><td>2</td><td colspan="2">油泵</td><td>油泵首次启动时,将油泵溢流阀全部打开,连续空转30~40min,无异常现象</td></tr>
<tr><td>3</td><td colspan="2">过滤器</td><td>过滤器压差在油泵运行前后的变化值满足设计要求</td></tr>
<tr><td>4</td><td colspan="2">油温</td><td>油泵运转时油温在正常工作范围内</td></tr>
<tr><td rowspan="4">5</td><td rowspan="4">系统在空载运行合格后的压力试验</td><td>分别为设计工作压力的25%、50%、75%和100%时</td><td>连续运行15min,系统运行无振动、杂音和温升过高等现象</td></tr>
<tr><td>试验压力逐级升高时</td><td>每升高一级宜稳压2~3min,达到试验压力后,持压15min,系统无异常振动、杂音、温升过高等现象</td></tr>
<tr><td>由试验压力降至工作压力时</td><td>系统所有焊缝和连接口应无漏油,管道无永久变形</td></tr>
<tr><td>溢流阀、安全阀等压力控制元件及系统压力的调定值</td><td>不大于设计工作压力</td></tr>
</table>

(6)固定卷扬式启闭机试运转应满足设计要求和符合表10-28的规定。

固定卷扬式启闭机试运转质量要求 表10-28

序号	检验项目	检验要求	检验方法
1	机构元部件	机构在行程内往返运行时,元部件动作灵敏、平稳可靠	观察检查
2	机械部件	运行时无冲击声和其他异常声音	
3	钢丝绳	运行过程中与其他部件无碰擦	
4	制动闸瓦	松闸时,闸瓦全部打开,间隙满足设计要求	
5	限位开关	动作准确可靠	
6	指示仪表	高度指示仪和荷重指示仪显示准确	
7	主令开关	到达上下极限位置时,开关能发出准确信号并自动切断电源	

(7)移动式启闭机试运行检测应满足设计要求和符合表10-29的规定。

移动式启闭机试运转的质量要求 表10-29

序号	检验项目	检验要求	检验方法
1	机械部件	起升机构和行走机构分别在行程内上、下往返3次,运行时部件无冲击声和其他异常声音	观察检查
2	制动闸瓦	全部离开制动轮,无任何摩擦	
3	轴承和齿轮	润滑良好,轴承温度不超过65℃	用温度计测量
4	车轮	行走时无啃轨现象	观察检查
5	噪声	各项机构产生的噪声不大于85dB	用分贝仪测量

(8)在自由开门、关门位或悬吊状态下持续20min时,闸门、阀门不应出现漂移或自动下滑现象。

(9)试运行合格后,应复紧各油管接头和连接螺栓,并全部油漆一次。

第四节 船闸机电设备监理要点

按照船闸组成,制造阶段总装监理工作分为下述几个部分。

一、金属结构部分

这部分包括钢质闸、阀门结构。取决于它们的尺度和重量,有两种制造方案:一是在制造厂完成整体闸、阀门的制作,然后运到船闸进行安装。尺度较小,重量较轻的闸、阀门且运输条件允许的情况下,多采用这种方案;二是尺度很大,重量很重的闸门分成几个分段,在制造厂完成各个分段的制作,各分段运到船闸现场组装焊接成完整的闸门。

金属结构监理要点:

1)原材料质保书。闸、阀门结构用钢材及焊接用材料(焊条、焊丝、焊剂、保护气体等)均应有供应质量保证书。同时对这些材料的存放保管、领用的技术要求和执行管理情况进行监理。

2)焊接设备的性能及技术状态。检测所用焊接设备的性能,其性能应保证获得良好的焊接质量,同时应考核在焊接过程中这些性能是否被保证。

3)焊工资格审查。审查参与施焊的焊工是否经过培训,考试是否合格。监督现场操作的焊工所从事的焊接工作与其所取得的合格证书上的级别是否相符。发现越级施焊,应立即停止其焊接操作,并查明这种越级施焊发生在哪些构件上,并填写报告,呈请主管部门审核,决定处理方案。目的是控制结构的焊接质量。

4)闸、阀门钢结构制造工艺文件,这些文件包括:

(1)装配焊接工艺规程。

(2)焊接规范参数。

(3)焊缝尺寸规格表。

(4)焊接质量检验及验收标准。

(5)特殊要求:

①对于大型结构的厚板及刚性节点的焊接,如采用预热层间保温、后热等工艺要求。

②控制结构焊接变形的措施。

③重要部位焊缝无损检验等。

(6)对于制造厂制成的分段(如果采用分段)或完整的闸、阀门,测量其几何形状和尺寸。

(7)制成的结构(包括分段和整体)从制造厂到闸门现场起吊及运输中的加强措施。

5)场内制作

(1)督促承包人按照批准的制造工艺措施、进度控制措施和合同规程、技术规范的要求,加强技术管理。

(2)严格执行工序质量"三检制",上道工序不合格,下道工序严禁开工,以保证所有部件尺寸和公差及焊接质量符合规范的要求。

(3)监理应对作业工序进行跟踪、巡视、检查和记录,对违反工艺规程的施工行为及时制止,对出现的不合格零部件责令返工或返修。如果因工艺措施的不当而造成零部件的返工现象,则可以口头或书面的形式告知承包人,并要求暂停施工,重新进行工艺评定。经重新验证的新工艺必须待监理工程师批准后,方可继续施工。

6)现场拼装

(1)审查承包人编制现场总拼装施工方案,内容包括:施工现场布置、临时用电方案、人力设备资源、总拼装技术、质量、进度措施、拼装胎架设置、施工环境、安全保障、质检验收程序等。

(2)分段在船闸现场组装焊接工艺规程(包括组装程序、焊接工艺、质量检验、几何形状及尺寸的控制等)。

(3)总拼装作业工艺流程、质检程序、安全操作执行情况。

(4)总拼装结构尺寸及变形控制、连接件、紧固件按设计要求规范装配。

(5)焊接工艺、质量督查、焊缝按设计要求、技术规范严格检验。

7)防腐

(1)表面预处理。预处理前,将金属表面污物清除干净;表面预处理应采用方式;用表面

粗糙度检测;涂装涂层前,如发现钢材表面出现污染或返锈,应重新处理到原除锈等级;

(2)表面涂装(非喷锌涂层的钢结构表面)。除锈后,结合天气控制涂装底漆时间;按图纸规定的涂装层数、厚度、逐层涂装间隔时间、涂料配置方法以及涂料生产厂家的说明书规定执行;不得在规范禁止的环境条件下进行涂装作业。

(3)喷锌涂层。喷锌材质、喷涂厚度、喷涂时间及喷涂条件应符合相关规定。

(4)喷涂层的检验。检查喷涂材料原材料的出场合格证及现场检验证明以保证喷涂材料与金属机构的结合性能、耐腐蚀性、密度符合规范及设计要求;现场检查喷涂层的外观、涂层厚度符合要求。

(5)涂层封闭。涂层结束并通过检查后,应尽快进行封闭处理。先用毛刷清扫锌涂层表面的灰尘及污物,再涂刷封闭材料;封闭采用水性无机富锌材料,喷涂一道,其干膜厚度为0.4~0.5mm,涂层表干后2h内要防止雨水冲刷造成破坏。

(6)面漆

面漆要求用喷枪喷涂两道,禁用手刷。

二、机电部分

(1)检查用于启闭机制造的所有材料和外构件的出厂合格证、材质证明和有资质单位出具的试验报告。

(2)审查参加启闭机制造的机加工、钳工、电工、焊工和质检人员名册及其资格证,铸锻件检验报告。监理工程师对施工中的材料,均可随时检查,对出现的不合格材料有权停止使用,根据情节的严重性给出监理通知单并报告业主单位。

(3)启闭机制造

①检查承包人制造工艺执行情况,严格执行工序质量“三检制”,上道工序不合格,下道工序严禁开工,以保证所有部件尺寸和公差及焊接质量符合有关规定的要求。

②审批承包人在施工中发现问题的出处理方案和相关资料。

③驻厂监理工程师应对安装作业工序进行巡视、跟踪、检查和记录,对发现违反合同技术规程规范的作业,监理工程师可采取口头、书面警告对已制造的部件指令进行全面检查,直至指令返工、停工等方式予以制止。

④启闭机制造技术要求

a. 液压启闭机所有零部件的加工应严格按各有关图纸上的技术要求执行。

b. 由于所选密封件密封沟槽的加工精度及表面粗糙度要求很高,因此应特别注意零件上该部位的加工,在安装时应严格按有关安装说明及要求进行。

c. 油缸装配前应用汽油把零件清洗干净,装配时不应碰伤、擦毛零件表面,禁止用铁器直接敲击零件,各紧固件必需对称拧紧。

d. 在出厂前应做检验,应根据现行国家标准有关条款规定执行。

e. 出厂前需进行必要的试验,试验要求按有关规范的条款执行,试验项目与方法应符合规范规定的内容。

⑤泵站制造。泵站按设计提供的液压原理及泵站总成方案图制造,并应达到以下要求:

a. 泵站要求密封性能良好,进回油箱分开。

b. 要求能方便地更换液压油和平时的杂质清理。

c. 电机和油泵应置于油箱后部，并采用一体式连接。

d. 制造厂家在泵站施工图及有关工艺图设计完成后，应经设计部门和监理工程师审查同意后方可进行施工。

e. 泵站在厂内组装完成，经测试验收，方可分体包装运至现场安装。

(4)启闭机安装

①检查承包人安装施工工艺执行情况，严格执行工序质量“三检制”，上道工序不合格，下道工序严禁开工，以保证所有部件安装尺寸和公差及焊接质量符合有关规定的要求。

②审批承包人在施工中发现问题的出处理方案和相关资料。

③监理工程师应对安装作业工序进行巡视、跟踪、检查和记录，对发现违反合同技术规程规范的作业，监理工程师可采取口头、书面警告对已安装的部件指令进行全面检查，直至指令返工、停工等方式予以制止。

④启闭机安装技术要求：

a. 启闭机的安装位置应严格按总体布置图上的尺寸进行。

b. 泵站油管的弯制、清洗和安装布置均应符合规范规定，管道设置应使弯道最少以减少阻力，弯曲半径应在规定的范围内，并要求管路走向顺直。

c. 进油管与回油管应用颜色分开。

d. 油缸的安装，当闸、阀门关到位时，闸门油缸活塞与油缸前端盖之间，阀门油缸活塞与前端盖之间均应留有一定的间隙，以保证闸、阀门能严密关闭。

三、闸、阀门及其启闭机总装

1. 联合装备

(1)启闭机试安装测试。

(2)在闸门、阀门和启闭机运行范围内障碍物及建筑垃圾清除。

(3)闸门、阀门的锁定装置、导向装置以及限位装置、水位计传感器等安装就位。

(4)电气控制系统、电气拖动系统、启闭机、闸门、阀门的运行功能检查。

2. 试运行

在闸室无水状态下，将启闭机活塞杆与闸阀门分别连接，要求在最高工作压力下，全行程运行不少于5次，运行平稳无卡阻跳动现象，各液压元件动作灵活可靠，各部位没有永久变形和其他异常现象。按设计要求检查和调整油泵流量、溢流阀的工作压力，并调整限位开关位置。使阀门在全开位置呈自由悬吊状态及漂移。

3. 无水联合调试

(1)闸门、阀门、启闭机与电气控制无水联合调试时，单项操作和程序控制的调试，均必须大于5次。每次运行中，必须按其额定负荷和设计规定的启闭速度逐步进行，直至闸门、阀门运装自如，无异常现象为止。

(2)闸门、阀门必须成对运行3～5次，并按设计规定的启闭时间、运行速度和同步精度进行调设和测定。

(3)闸门、阀门限位开关调整定位、水位计显示、引航道和闸室水位计等的调试符合设计要求。

(4)启闭机就地发出的过载保护信号,调试电气控制设备保护反应的时间与动作应符合设计要求。

(5)检查闸阀门启闭过程中变速运行情况是否达到设计要求,调试开关闸门的同步。阀门应检查是否能顺利吊出检修平台(检查逐节拆除吊杆过程),并对照设计图纸,检查油缸是否能放倒至水平位置。检查吊杆有无变形,接头螺栓有无松动。同时检查闸阀门限位装置等是否符合设计要求。

4. 有水联合调试

(1)闸门、阀门启闭机与电气控制放水联合调试必须按其额定负荷和启闭速度逐步进行,直至闸门、阀门运装自如,无异常现象为止。

(2)闸门、阀门必须成对运行 3 ~ 5 次,并按设计规定的启闭时间、运行速度和同步精度进行调试和测定。

(3)运行结束后,各连接部位应无松动,运动传力部位应无变形,液压系统应无漏油。

(4)在闸室内进行充泄试验,先用小流量油泵启闭闸阀门次数,然后逐步调整到设计流量,启闭闸阀门数次,记下压力、速度等数据,检查项目包括:检查液压系统工作情况,检查和调整溢流阀、压力继电器等的工作压力,检查动水提升和关闭阀门的速度,并记录有否振动情况,检查自落关阀门和强压阀门的情况,并记录启闭阀门的时间。

思 考 题

1. 船闸机电设备运行有哪些基本要求?
2. 船闸闸阀门制造质量检查内容是什么?
3. 船闸启闭机制造应检测哪些内容?
4. 船闸启闭机安装应检查哪些项目?
5. 船闸金属结构的监理控制要点有哪些?
6. 船闸机电的监理控制要点有哪些?

附录1　港口起重输送机械类主要标准

国家和行业标准		
序　号	标 准 号	标 准 名 称
1	GB 3811—2008	《起重机设计规范》
2	GB 6067.1—2010	《起重机械安全规程第1部分:总则》
3	GB 5905—2011	《起重机试验规范和程序》
4	GB/T 15361—2009	《岸边集装箱起重机》
5	GB/T 14783—2009	《轮胎式集装箱门式起重机》
6	GB/T 17495—2009	《港口门座起重机》
7	GB/T 14743—2009	《港口轮胎起重机》
8	GB 7905—1999	《臂架型起重机起重力矩限制器通用技术条件》
9	GB 60681—2005	《汽车起重机和轮胎起重机试验规范》
10	GB 50017—2003	《钢结构设计规范》
11	GB/T 14406—2011	《通用门式起重机》
12	GB 5972—2009	《起重机械用钢丝绳检验和报废实用规范》
13	GB/T 10051.1～3—2011	《起重吊钩机械性能、起重量、应力及材料》
14	GB 9286—1998	《色漆和清漆漆膜的划格试验》
15	GB/T 10595—2009	《带式输送机》
16	GB/T 10596—2011	《埋刮板输送机》
17	GB/T 14741—2009	《港口吸粮机技术条件》
18	GB 14734—2008	《港口浮式起重机安全规程》
19	GB/ 16562—1996	《港口高塔柱式轨道起重机技术条件》
20	GB/T 26474—2011	《集装箱正面吊运起重机技术条件》
21	GB/T 17992—2008	《集装箱正面吊运起重机安全规程》
22	GB/T 14734—2008	《港口浮式起重机安全规程》
23	GB 8918—2006	《重要用途钢丝绳》
24	GB/T 2104—2008	《钢丝绳包装、标志及质量证明书的一般规定》
25	JT/T 5036.1—1993	《内河港口固定起重机台架起重机基本参数系列》
26	JT/T 5036.2—1993	《内河港口固定起重机台架起重机技术条件》
27	JT/T 337—1997	《内河港口固定起重机台架起重机试验方法》
28	JT 5026—1989	《港口牵引车技术条件》
29	JT 5020—1986	《港口装卸机械司机室》

续上表

国家和行业标准		
序　号	标　准　号	标　准　名　称
30	JT 5022—1986	《港口起重机轨道安装技术条件》
31	JT 5024—1989	《港口起重机金属结构静载及动载试验方法》
32	JT/T 79—2008	《港口集装箱大型起重机械检测技术规范》
33	JT/T 90—2008	《港口装卸机械风载荷计算及防风安全要求》
34	JB 3926.2—1999	《垂直斗式提升机技术条件》
35	JB/T 3927—2010	《移式带式输送机》
36	ZBJ 81005.2—1988	《LS 螺旋输送机技术条件》
37	ZBJ 81005.1—1988	《LS 螺旋输送机形式基本参数与尺寸》
38	JB 2391—1985	《0.5-10 吨平衡重式叉车技术条件》
39	JT/ T2014—1990	《港口粉尘浓度测量方法》
40	JT S257—2008	《水运工程质量检验标准》
41	JT J280—2002	《港口设备安装工程技术规范》
42	JT S205.1—2008	《水运工程施工安全防护技术规范》
43	JT S197—2011	《港口货运缆车安全设施技术规范》

附录2 金属结构主要标准

国家标准		
序 号	标 准 号	标 准 名 称
1	GB/T 700—2006	《碳素结构钢》
2	GB 712—2000	《船体用结构钢》
3	GB 1591—2008	《低合金高强度结构钢》
4	GB 699—1999	《优质碳素结构钢技术条件》
5	GB 3077—1999	《合金结构钢技术条件》
6	GB/T 709—2006	《热轧钢板和钢管尺寸、外形、重量及允许偏差》
7	GB/T 702—2008	《热轧钢棒尺寸、外形、重量及允许偏差》
8	GB/T 908—2008	《锻制圆钢和方钢尺寸、外形、重量及允许偏差》
9	GB/T 706—2008	《热轧型钢》
10	GB/T 8162—2008	《结构用无缝钢管》
11	GB 3274—2007	《碳素结构钢和低合金结构钢热轧原钢板和钢带》
12	GB/T 14292—1993	《碳素结构钢和低合金结构钢热轧条钢技术条件》
13	GB/T 222—2006	《钢的成品化学成分允许偏差》
14	GB/T 20066—2006	《钢和铁化学成分测定用试样的取样和制样方法》
15	GB/T 2975—1998	《钢材力学及工艺性能试验取样规定》
16	GB 226—1991	《钢材低倍组织及缺陷酸蚀试验法》
17	GB 10561—2005	《钢中非金属夹杂物含量的测定——标准评级图显微检验法》
18	JTS 15.3—2007	《海港工程钢结构防腐蚀技术规范》
19	JGJ 82—2011	《钢结构高强度螺栓连接技术规范》

附录3 焊接主要标准

国家标准		
序　号	标准号	标准名称
1	GB 50661—2011	《钢结构焊接规范》
2	GB/T 324—2008	《焊缝符号表示法》
3	GB 985.1—2008	《气焊、焊条电弧焊、气体保护焊和高能束焊的推荐坡口》
4	GB 985.2—2008	《埋弧焊的推荐坡口》
5	GB 985.3—2008	《铝及铝合金气体保护焊的推荐坡口》
6	GB 985.4—2008	《复合钢的推荐坡口》
7	GB/T 2650—2008	《焊接接头冲击试验方法》
8	GB/T 2651—2008	《焊接接头拉伸试验方法》
9	GB/T 2652—2008	《焊缝及熔敷金属拉伸试验方法》
10	GB/T 2653—2008	《焊接接头弯曲试验方法》
11	GB/T 2654—2008	《焊接接头硬度试验方法》
12	GB/T 3323—2005	《金属熔化焊焊接接头射线照相》
13	GB 11345—1989	《钢焊缝手工超声波探伤方法和探伤结果分级》
14	GB/T 5117—2012	《非合金钢及细晶粒钢焊条》
15	GB/T 5118—2012	《热强钢焊条》
16	GB/T 6417.1—2005	《金属熔化焊接头缺欠分类及说明》
17	GB/T 6417.2—2005	《金属压力焊接头缺欠分类及说明》

附录4 电气设备主要标准

国家及行业标准		
序号	标准号	标准名称
1	GB 50059—2011	《35～110kV 变电站设计规范》
2	GB 50061—2010	《66kV 及以下架空电力线路设计规范》
3	GB 50034—2004	《建筑照明设计标准》
4	CJJ 45—2006	《城市道路照明设计标准》
5	GB 50058—1992	《爆炸和火灾危险环境电力装置设计规范》
6	GB/T 50062—2008	《电力装置的断电保护和自动装置设计规范》
7	CE CS31—2006	《钢制电缆桥架工程设计规范》
8	CE CS32—1991	《并联电容器用串联电抗器设计选择标准》
9	CE CS33—1991	《并联电容器装置的电压、容量系列选择标准》
10	GB 50233—2005	《110～500kV 架空送电线路施工及验收规范》
11	GB 50147—2010	《电气装置安装工程高压电器施工及验收规范》
12	GB 50148—2010	《电气装置安装工程电力变压器、油浸电抗器、互感器施工及验收规范》
13	GB 50149—2010	《电气装置安装工程母线装置施工及验收规范》
14	GB 50168—2006	《电气装置安装工程电缆线路施工及验收规范》
15	GB 50169—2006	《电气装置安装工程接地装置施工及验收规范》
16	GB 50170—2006	《电气装置安装工程旋转电机施工及验收规范》
17	GB 50171—2012	《电气装置安装工程盘、柜及二次回路接线施工及验收规范》
18	GB 50172—2012	《电气装置安装工程蓄电池施工及验收规范》
19	GB 50173—1992	《电气装置安装工程 35kV 及以下架空电力线路施工及验收规范》
20	GB 50150—2006	《电气装置安装工程电气设备交接试验标准》
21	GB 50303—2002	《建筑电气工程施工质量验收规范》
22	JGJ 46—2005	《施工现场临时用电安全技术规范(附条文说明)》
23	GBJ 143—1990	《架空电力线路、变电所对电视差转台、转播台无线电干扰防护间距标准》
24	GBJ 142—1990	《中、短波广播发射台与电缆载波通信系统的防护间距标准》
25	CEC S37—1991	《工业企业通信工程设计图形及文字符号标准》

续上表

国家及行业标准		
序　　号	标　准　号	标　准　名　称
26	CEC S36—1991	《工业企业调度电话和会议电话工程设计规程》
27	GB 50115—2009	《工业电视系统工程设计规范》
28	GB/T 1032—2012	《三相异步电动机试验方法》
29	GB/T 10233—2005	《低压成套开关设备和电控设备基本试验方法》
30	GB/T 11022—2011	《高压开关设备和控制设备标准的共用技术要求》
31	GB/T 762—2002	《标准电流等级》
32	JT/T 93—2008	《港口装卸机械电气设备安装及检测规范》
33	JT 556—2004	《港口防雷与接地技术要求》
34	JT/T 557—2004	《港口装卸区域照明照度及其测量方法》

附录5　液压气动主要标准

国家标准		
序　号	标　准　号	标　准　名　称
1	GB/T 786.1—2009	《流体传动系统及元件图形符号和回路图　第1部分:用于常规用途和数据处理的图形符号》
2	GB/T 2346—2003	《流体传动系统及元件　公称压力系列》
3	GB/T 2347—1980	《液压泵及马达公称排量系列》
4	GB/T 2348—1993	《液压气动系统及元件　缸内径及活塞杆外径》
5	GB/T 2349—1980	《液压气动系统及元件　缸活塞行程系列》
6	GB/T 2350—1980	《液压气动系统及元件　活塞杆螺纹型式和尺寸系列》
7	GB/T 2351—2005	《液压气动系统用硬管外径和软管内径》
8	GB/T 2352—2003	《液压传动　隔离式充气蓄能器压力和容积范围及特征量》
9	GB/T 2353—2005	《液压泵及马达的安装法兰和轴伸的尺寸系列及标注代号》
10	GB/T 7631.2—2003	《润滑剂、工业用油和相关产品(L类)的分类　第2部分:H组(液压系统)》
11	GB/T 2514—2008	《液压传动　四油口方向控制阀安装面》
12	JB/T 7938—2010	《液压泵站　油箱　公称容积系列》
13	GB/T 2877—2007	《液压二通盖板式插装阀　安装连接尺寸》
14	GB/T 2878.1—2011	《液压传动连接　带米制螺纹和O形圈密封的油口和螺柱端　第1部分:油口》
15	GB/T 2878.2—2011	《液压传动连接　带米制螺纹和O形圈密封的油口和螺柱端　第2部分:重型螺柱端(S系列)》
16	GB/T 2878.4—2011	《液压传动连接　带米制螺纹和O形圈密封的油口和螺柱端　第4部分:六角螺塞》
17	GB/T 2879—2005	《液压缸活塞和活塞杆动密封沟槽尺寸和公差》
18	GB/T 2880—1981	《液压缸活塞和活塞杆窄断面动密封沟槽尺寸系列和公差》
19	GB/T 3452.1—2005	《液压气动用O形橡胶密封圈第1部分:尺寸系列及公差》
20	GB/T 3452.3—2005	《液压气动用O形橡胶密封圈　沟槽尺寸》
21	GB/T 3766—2001	《液压系统通用技术条件》
22	GB/T 5860—2003	《液压快换接头尺寸和要求》
23	GB/T 5861—2003	《液压快换接头试验方法》
24	GB/T 5862—2008	《农业拖拉机和机具　通用液压快换接头》

续上表

国家标准		
序号	标准号	标准名称
25	GB/T 6577—1986	《液压缸活塞用带支承环密封沟槽型式、尺寸和公差》
26	GB/T 6578—2008	《液压缸活塞杆用防尘圈沟槽型式、尺寸和公差》
27	GB/T 7932—2003	《气动系统通用技术条件》
28	JB/T 7939—2010	《单活塞杆液压缸两腔面积比》
29	GB/T 7934—1987	《二能插装式液压阀技术条件》
30	GB/T 7935—2005	《液压元件通用技术条件》
31	GB/T 7936—2012	《液压泵和马达　空载排量测定方法》
32	GB/T 7937—2008	《液压气动管接头及其相关件公称压力系列》
33	GB/T 7939—2008	《液压软管总成试验方法》
34	GB/T 7940.1—2008	《气动五气口方向控制阀　第1部分:不带电气接头的安装面》
35	GB/T 7940.2—2008	《气动五气口方向控制阀　第2部分:带可选电气接头的安装面》
36	GB/T 7940.3—2001	《气动五气口方向控制阀　第3部分:功能识别编码体系》
37	GB/T 8089—2007	《天然生胶烟胶片、白绉胶片和浅色绉胶片》
38	GB/T 8100—2006	《液压传动　减压阀、顺序阀、卸荷阀、节流阀和单向阀　安装面》
39	GB/T 8101—2002	《液压溢流阀　安装面》
40	GB/T 8102—2008	《缸内径8~25mm的单杆气缸安装尺寸》
41	JB/T 6379—2007	《缸内径32~320mm可拆式安装单杆气缸　安装尺寸》
42	GB/T 8104—1987	《流量控制阀试验方法》
43	GB/T 8105—1987	《压力控制阀试验方法》
44	GB/T 8106—1987	《方向控制阀试验方法》
45	GB/T 8107—2012	《液压阀　压差—流量特性的测定》
46	GB/T 9065.5—2010	《液压软管接头　第5部分:37°扩口端软管接头》
47	GB/T 9065.2—2010	《液压软管接头　第2部分:24°锥密封端软管接头》
48	GB/T 9065.3—1988	《液压软管接头连接尺寸焊接式或快换式》
49	GB/T 14039—2002	《液压传动　油液固体颗粒污染等级代号》

附录6　国际常用标准

序　号	简　写	英 文 全 称	中　文
1	AWS	American Welding Society	美国焊接协会
2	ANSI	American National Standards Institute	美国国家标准化组织
3	ASTM	American Society for Testing and Materials	美国实验材料协会
4	ASNT	American Society for Nondestructive Testing	美国非破坏性测试协会
5	AISC	American Institute of Steel Construction-ASD	美国钢结构协会
6	ASME	the American Society of Mechanical Engineers	美国机械工程师协会
7	AS	Australia Standard	澳大利亚电气标准
8	BS	British Standards	英国标准
9	CSA	Canada Standard Association	加拿大标准协会
10	CWB	Canada Welding Bureau	加拿大焊接局
11	CEC	Canadian Electrical Code	加拿大电气标准
12	CE	Council of Europe	欧洲理事会
13	CE	Conformite European	欧洲标准
14	DIN	Deutsche Industry Normen	德国工业标准
15	EC	European Community	欧洲共体
16	EEC	European Economic Community	欧洲经济共同体
17	EN	European Standard	欧洲标准
18	FEM	Federation Europeene de la Manutention	欧洲搬运工程协会
19	IEC	International Electrotechnical Commission	国际电工委员会
20	ISO	International Standards Organization	国际标准化组织
21	IEE	Institution of Electrical and Electronic Engineers	电气工程师协会
22	JIS	Japanese Industrial Organization	日本工业标准
23	NEMA	National Electronic Manufactures Association	国际电气制造者协会
24	NEC	National Electric Code	国标电气标准
25	NEN	Nederlands Electrical Norm	荷兰国家电气标准
26	OSHA	Occupational Safety and Health Administration	职业安全与健康管理局
27	PCMSC	Pacific Coast Marine Safety Code	太平洋海岸海事安全法规
28	SIS	Swedish Standard	瑞典标准
29	SSPC	Steel Structures Painting Council	钢结构油漆标准
30	UL	Underwriters Laboratories Inc	美国权威的认证机构
31	UR	Underwriters Recognized	保险认可

参考文献

[1] 蒋国仁.交通机电工程设备质量控制[M].北京:人民交通出版社,2000.

[2] 刘天佑.钢材质量检验[M].北京:冶金工业出版社,2007.

[3] 郑中兴.材料无损检测与安全评估[M].北京:中国标准出版社,2003.

[4] 伍广.焊接工艺[M].北京:化学工业出版社,2002.

[5] 王积永,张青,沈孝芹,等.起重机械钢结构设计[M].北京:化学工业出版社,2011.

[6] 于惠力,冯新敏,李伟,等.机械零部件设计入门与提高[M].北京:机械工业出版社,2011.

[7] 崔碧海.起重技术[M].重庆:重庆大学出版社,2006.

[8] 吴忠宪.大型设备吊装工程实用手册[M].北京:中国建筑工业出版社,2012.

[9] 中华人民共和国国家标准.GB 3811—2008 起重机设计规范[S].北京:中国标准出版社,2008.

[10] 中华人民共和国国家标准.GB 6067.1—2010 起重机械安全规程第1部分:总则[S].北京:中国标准出版社,2010.

[11] 中华人民共和国国家标准.GB 5905—2011 起重机试验规范和程序[S].北京:中国标准出版社,2011.

[12] 中交第一航务工程局有限公司.JT S257—2008 水运工程质量检验标准[S].北京:人民交通出版社,2008.